Elastizität und Festigkeit im Rohrleitungsbau

Statische Berechnung der Rohrleitungen und ihrer Einzelteile

Von

Helmut von Jürgensonn, VDI
Ingenieur der Vereinigter Rohrleitungsbau G.m.b.H.
Berlin-Mariendorf

Mit 248 Textabbildungen
und 16 Tabellen

Springer-Verlag Berlin Heidelberg GmbH 1940

ISBN 978-3-662-35942-6 ISBN 978-3-662-36772-8 (eBook)
DOI 10.1007/978-3-662-36772-8

Ursprünglich erschienen bei Julius Springer in Berlin 1940
Softcover reprint of the hardcover 1st edition 1940

Vorwort.

Die in den letzten Jahren erfolgte äußerst rasche Entwicklung des Hochdruck-Rohrleitungsbaues und die starke Inanspruchnahme aller, besonders der technischen Fachkräfte, machte das Fehlen eines zusammenfassenden Werkes über die statische Berechnung von Rohrleitungen und ihrer Einzelteile besonders unangenehm bemerkbar. Die genaue Kenntnis der Elastizität der Rohrleitung gewinnt mit steigenden Betriebsdrücken und Temperaturen an Bedeutung. So vielseitig und umfangreich zum Teil die in dieser Beziehung auftauchenden Probleme sind, so wenig Zeit hat gewöhnlich der in der Praxis stehende Ingenieur, sich die erforderlichen Berechnungsgrundlagen selbst zu schaffen.

„Aus der Praxis für die Praxis“ war der Leitfaden für die Entwicklung dieser Arbeit. Das Buch ist daher auch in erster Linie für den mit dem Entwurf oder der Bauleitung einer Rohrleitungsanlage beauftragten Ingenieur bestimmt. Deswegen sind bei der Behandlung des Stoffes nur die notwendigsten theoretischen Entwicklungen berücksichtigt. Es wurde der größte Wert darauf gelegt, solche Berechnungsverfahren auszuwählen bzw. zu entwickeln, die ein Mindestmaß an Zeit und Mühe erfordern und eine hohe Genauigkeit besitzen. Gleichzeitig war es wichtig, die Rechenarbeit selbst in eine Norm einzufügen, die an die Überlegung und Aufmerksamkeit des Rechnenden die geringsten Anforderungen stellt.

Soweit wie möglich wurden dafür auch Linientafeln ausgearbeitet. Zahlreiche Rechenbeispiele erläutern die praktische Anwendung der gegebenen Richtlinien.

Es erschien nicht angebracht, den theoretischen Aufbau der Berechnungsverfahren ganz fallen zu lassen, da sonst das Verständnis der inneren Zusammenhänge beeinträchtigt und die Beurteilung der Grenzen der Gültigkeit und Genauigkeit erschwert wäre. Besonders bei einem eingehenderen Studium dieses Gebietes würde man das Fehlen der theoretischen Grundlagen als Mangel empfinden.

Es muß zugegeben werden, daß ungeachtet der weit fortgeschrittenen technischen Entwicklung doch noch einige Fragen offen bleiben, die einer gründlichen Erforschung wert sind. Als Beispiel sei nur die einwandfreie, auf wirklichkeitsgetreuen Annahmen aufgebaute Berechnung fester Flansche, oder die genaue Spannungsermittlung in Faltenrohrbogen genannt, wofür bisher fast keine theoretisch nachprüfbaren Versuchswerte vorliegen. Das sind Aufgaben, die einer späteren ruhigeren Entwicklungszeit vorbehalten bleiben.

Für das mir bei der Durchführung dieser Arbeit gezeigte verständnisvolle Entgegenkommen möchte ich an erster Stelle Herrn Direktor F. Schwedler meinen Dank aussprechen. Desgleichen bin ich auch meinem Mitarbeiter, Herrn Dipl.-Ing. U. Hiemesch, für seine Unterstützung bei der Untersuchung einiger theoretischer Fragen und bei der Sichtung und Auswertung ausländischen Schrifttums zu Dank verpflichtet.

Berlin, im Oktober 1940.

H. v. Jürgensonn.

Inhaltsverzeichnis.

Verzeichnis der Zahlenbeispiele.

Verzeichnis der Tabellen.

Einführung.

Die Verwendung höchster Drücke und Temperaturen im Rohrleitungsbau bedingt eine genaue Kenntnis aller auftretenden Kräfte und Spannungen. Nicht erst für den Bau, sondern schon beim Entwerfen der Rohrleitungsanlage, soll der Konstrukteur jeden Teil der Anlage nach wirtschaftlichen Gesichtspunkten genau prüfen, um ein Höchstmaß an Erfolg mit einem Mindestmaß an Aufwand zu erreichen.

Die im folgenden behandelten Fragen verdanken ihre ausführliche Klärung in erster Linie der Höchstdrucktechnik. Hier besteht in besonderem Maße die Notwendigkeit, die zu erwartenden Kräfte und Beanspruchungen rechnerisch so genau wie möglich zu erfassen, um dementsprechend die Werkstoffauswahl zu treffen. Selbstverständlich können die gleichen Berechnungsverfahren sinngemäß auch für Rohrleitungen niederer und mittlerer Drücke und Temperaturen angewandt werden. Allerdings haben sich auf diesem Gebiet die Konstrukteure im Laufe der Jahre ein gewisses Fingerspitzengefühl angeeignet. Dadurch vermögen sie bei solchen Leitungen die Kräfte und Spannungen in gewissen Grenzen sicher zu beurteilen und den Entwurf diesen Verhältnissen instinktiv richtig anzupassen.

Der Höchstdruck-Rohrleitungsbau hat sich den Forderungen der Industrie entsprechend äußerst rasch, beinahe sprunghaft, entwickelt. Diesem Fortschritt der Technik ging natürlich auch eine theoretische Erforschung voraus, nur blieb sie auf einzelnen Gebieten in den Anfängen stecken, weil man unter Zuhilfenahme von vereinfachenden Annahmen und der sehr bequemen „Sicherheitszuschläge“ auch ohne genaue Rechnung zu bauen wagte. Auch blieben die wissenschaftlichen Erkenntnisse auf einige wenige Spezialfirmen beschränkt, die ihre Berechnungsverfahren als ein großes Geheimnis streng hüteten.

Ganz abgesehen davon, daß dadurch jeglicher Erfahrungsaustausch unterbunden war, blieben auch die Verbraucherkreise in bezug auf die besonderen im Höchstdruck-Rohrleitungsbau herrschenden Verhältnisse im Unklaren, so daß häufig auch heute noch widersprechende Forderungen an die ausführenden Firmen gestellt werden.

Die besonderen Bedingungen des deutschen Rohstoffmarktes fordern mehr denn je ein sparsames und wirtschaftliches Bauen. Unter Zuhilfenahme der theoretischen Erkenntnisse müssen die zur Verfügung stehenden Werkstoffe sorgsam ausgewählt und ihren Eigenschaften entsprechend so weit wie möglich ausgenutzt werden. Trotzdem muß höchste

Betriebssicherheit als oberster Grundsatz gewährleistet sein, was eben nur durch genaue Berechnung jedes Teiles der Anlage möglich ist.

Im folgenden sind die für den Konstrukteur wichtigen Grundlagen und Berechnungsverfahren gezeigt. Größter Wert wurde auf die Erfordernisse der Praxis gelegt, indem der einfachste Rechnungsgang unter Angabe der Genauigkeit und der Anwendungsgrenzen erläutert wird. Bei der Entwicklung einzelner Formeln, die zum Verständnis notwendig sind, mußten allerdings die Grundbegriffe der technischen Mechanik und der höheren Mathematik als bekannt vorausgesetzt werden. Für die Anwendung ist aber eine durchaus einfache, allgemein verständliche Form gewählt, die durch zahlreiche Linientafeln noch anschaulicher und für den Praktiker bequemer gemacht ist. An durchgerechneten Beispielen kann die Anwendung leicht verfolgt werden.

Zum besseren Verständnis mußten außer den genauen Berechnungsverfahren auch die ganz einfachen, in der Praxis kaum zur Anwendung kommenden Rechnungssätze entwickelt werden. Dadurch bekommt man erst einen Überblick über die zweckmäßigste Wahl der Rechnungsweise und erkennt die Grenzen der Genauigkeit und die jeweils geltenden Voraussetzungen. Nur dann ist der Ingenieur in der Lage, das Ergebnis seiner Rechnung richtig auszuwerten und die Folgerungen zu beurteilen.

In dem in- und ausländischen Schrifttum finden sich verstreut in Zeitschriften und Abhandlungen mehr oder weniger zweckmäßige Berechnungsverfahren für die Ermittlung der Wärmespannungen in Rohren, Beanspruchungen in Flanschen usw. Diese sind vielfach sehr umständlich und eignen sich daher wenig für die praktische Anwendung. Aufgabe dieses Buches ist es, in erster Linie solche Rechnungsarten zu entwickeln, die möglichst bequem und einfach im Gebrauch sind und trotzdem eine genügende Genauigkeit besitzen. Neben eigenen werden auch die im Schrifttum behandelten Berechnungsarten besprochen und die Gründe für etwaige Abweichungen in den Ergebnissen aufgezeigt. Die Beispiele wurden nach Möglichkeit so gewählt, daß an Hand der zahlenmäßigen Ergebnisse die Gleichartigkeit oder Verschiedenheit der Verfahren deutlich wird. Auch läßt sich auf Grund der zahlenmäßigen Durchrechnung am besten beurteilen, welche Rechnungsweise in bezug auf Einfachheit und Genauigkeit den jeweiligen Erfordernissen am besten entspricht. Außerdem sind besonders interessante und lehrreiche Fälle aus der Praxis des Verfassers zahlenmäßig durchgerechnet. Es soll besonders betont werden, daß sämtliche Zahlenbeispiele den praktisch am häufigsten vorkommenden Fällen entnommen sind.

A. Festigkeitsberechnung der Rohre.

I. Allgemeine Grundlagen.

1. Grundbegriffe der Festigkeitslehre.

Dieser Titel enthält eine kurz zusammengefaßte Wiederholung der im Buch von H. WINKEL[1] eingehend erläuterten Grundbegriffe der Festigkeitslehre. Auf die Wiederholung konnte nicht verzichtet werden, damit der organische Aufbau des vorliegenden Buches keine Lücke aufweist und auch um die späteren Entwicklungen richtig zu verstehen. Zum eingehenden Studium aller Zusammenhänge kann das vorgenannte Buch sehr empfohlen werden.

Die Aufgabe der Festigkeitslehre besteht in der Untersuchung des Verhaltens von festen Körpern unter dem Einfluß von Kräften. Man unterscheidet äußere und innere Kräfte.

Die an einem Körper angreifenden Kräfte, zu denen auch die Auflagerkräfte zählen, heißen äußere Kräfte. Mit Rücksicht auf die Forderung des Gleichgewichtes müssen alle äußeren Kräfte den Gleichgewichtsbedingungen genügen. Diese lauten für Kräfte in der Ebene:

1. Die algebraische Summe sämtlicher Seitenkräfte nach zwei — meistens aufeinander senkrecht stehenden — Richtungen muß gleich Null sein;

2. Die algebraische Summe der statischen Momente sämtlicher Kräfte, bezogen auf einen beliebigen Punkt bzw. auf eine beliebige Achse, muß gleich Null sein.

Den angreifenden äußeren Kräfte leistet der Körper Widerstand. Es entstehen in ihm unter der Wirkung der äußeren Kräfte Spannungen, die sich auf den ganzen Körper mehr oder weniger gleichmäßig verteilen. Diese Spannungen sind innere Kräfte; sie wirken den äußeren Kräften entgegen und halten ihnen das Gleichgewicht. Zu ihrer Ermittlung denkt man sich stets den zu untersuchenden Körper durchgeschnitten oder einen Teil desselben herausgeschnitten, bringt an den Schnittflächen die Spannungen als äußere Kräfte an und sieht nunmehr den Körperteil genau so wie zuvor den ganzen Körper als einen Körper an, der unter dem Einfluß aller an ihm angreifenden Kräfte im Gleichgewicht sein muß.

Die Kräfte rufen bei jedem Körper eine Formänderung hervor. Hierbei unterscheidet man zwei Arten:

a) elastische Formänderung, die nach Beendigung der Kraftwirkung wieder verschwindet, und

[1] WINKEL, H.: Festigkeitslehre für Ingenieure. Berlin: Julius Springer 1927.

b) plastische oder bildsame Formänderung, die also auch nach Aufhören der Kraftwirkung bestehen bleibt.

Letztere soll hier nicht in Betracht gezogen werden.

Die zweite Grundaufgabe der Festigkeitslehre besteht also darin, die Größe der Formänderung zu berechnen, die ein elastischer Körper unter dem Einfluß von Kräften erfährt. Diese Formänderung darf — genau wie bei der Spannungsermittlung — einen jeweils für zulässig erachteten Wert nicht überschreiten.

Die Formänderung eines Körpers gibt Aufschluß über die Verteilung der Spannungen.

Der Zugversuch vermittelt in einfachster Weise ein Bild über das Verhalten eines Werkstoffes. Als Maß für die Formänderungsfähigkeit eines Werkstoffes wird die Dehnung ε angesehen:

$$\varepsilon = \frac{\Delta l}{l_0} = \frac{l_1 - l_0}{l_0} = \frac{\text{Verlängerung}}{\text{ursprüngliche Länge}}. \quad (1)$$

Die Querzusammenziehung des Versuchsstabes beim Zugversuch beträgt

$$\varepsilon_q = \frac{d_0 - d_1}{d_0}. \quad (2)$$

Die Beziehung zwischen der Dehnung und der Querzusammenziehung ist für Metalle nach C. v. BACH

$$\frac{\varepsilon}{\varepsilon_q} = m = \frac{10}{3} = 3{,}333 \quad \text{(POISSONsche Zahl)} \quad (3)$$

Der reziproke Wert von m wird im nachstehenden mit μ bezeichnet, also

$$\mu = \frac{1}{m} = 0{,}3. \quad (4)$$

Betrachtet man einen in der Zerreißmaschine eingespannten, auf Zug beanspruchten Versuchsstab mit dem Durchmesser d_0 und der eingespannten Länge l_0, so kann man über die Größe und Verteilung der in ihm wirkenden Spannungen zunächst nichts aussagen. Wir denken uns den Stab durchgeschnitten und fügen die an der Schnittfläche vorhandenen Spannungen als äußere Kräfte an. Wir nehmen ferner an, daß diese Spannungen sich vollkommen gleichmäßig verteilen. Diese Annahme ist überall dann zulässig, wenn die Wirkungslinie der angreifenden Kraft mit der Stabachse zusammenfällt.

Der Anteil der Kraft, der auf die Flächeneinheit des Querschnittes entfällt, heißt bezogene oder spezifische Spannung, kurz Spannung. Sie fällt mit der Richtung der Stabachse zusammen, steht also senkrecht oder normal zum Querschnitt. Daher nennt man solche Spannungen Normalspannungen und bezeichnet sie mit σ. Die durch sie hervorgerufenen Formänderungen sind Längenänderungen.

In der Festigkeitslehre ist 1 kg die Einheit der Kraft und 1 cm^2 die Einheit der Fläche. Heutzutage wird sehr häufig auch 1 mm^2 als Einheit der Fläche gewählt. Dieses ist im folgenden stets besonders angegeben.

Beträgt die an der Zerreißmaschine abgelesene Kraft P kg und hat der Stab eine Querschnittsfläche von F cm^2, so ist seine Spannung

$$\sigma = \frac{P}{F} \text{ kg/cm}^2. \quad (5)$$

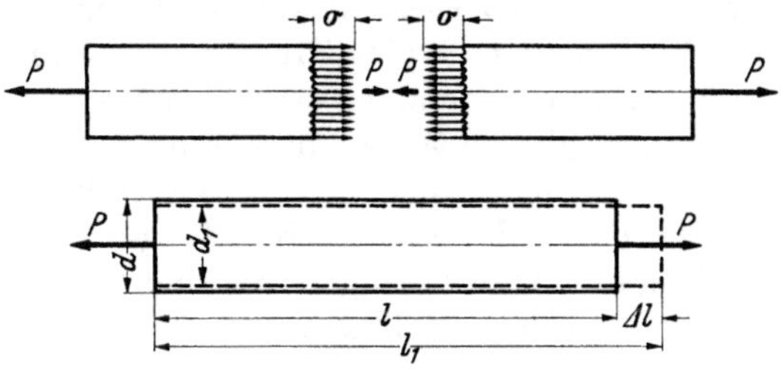

Abb. 1. Geschnittener Zugstab.

Da nach den Gleichgewichtsbedingungen der Kraft P eine entgegengesetzt gerichtete Gegenkraft $-P$ entsprechen muß, treten auch die Spannungen im durchgeschnittenen Stab paarweise auf. Beim nichtgeschnittenen Stab erscheinen die inneren Kräfte nicht, da sie sich wechselseitig aufheben (Abb. 1).

Das aus einem Zugversuch gewonnene Schaubild sieht ähnlich Abb. 2 aus. Die zu jeder Belastung P zugehörige Dehnung ε wird als Abszisse

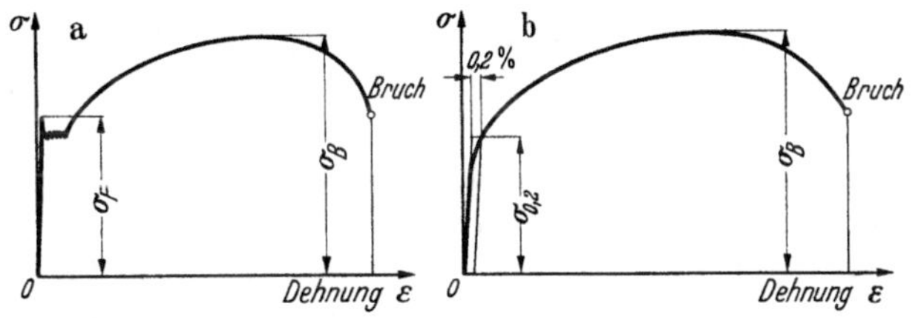

Abb. 2 a und b. Belastungs- (Spannungs-) Dehnungsbild (a) mit ausgeprägter und (b) mit nichtausgeprägter Streckgrenze. (Aus Werkstoff-Handbuch Stahl und Eisen, II. Aufl.)

und darüber die entsprechende aus dem ursprünglichen Stabquerschnitt F ermittelte Spannung $\sigma = P/F$ als Ordinate aufgetragen. Die Kurve $\sigma = f(\varepsilon)$ heißt Spannungs-Dehnungsschaubild; sie zeigt zunächst ein langsames Anwachsen der Dehnung mit steigender Belastung, und zwar sind die Dehnungen den Spannungen proportional. Das drückt man mathematisch aus:

$$\varepsilon = \alpha \cdot \sigma. \quad (6)$$

Darin ist α eine für den betreffenden Werkstoff gültige Kennzahl.

Diese einfache Beziehung, genannt das Hookesche Gesetz, besteht jedoch nur bis zu einer bestimmten Belastungsgrenze, die man Proportionalitätsgrenze nennt. Darüber hinaus wachsen die Dehnungen schneller als die Spannungen, wie das Schaubild Abb. 2 deutlich zeigt. Bei einer noch größeren Belastung tritt eine bedeutende Verlängerung bei nur geringer Steigerung von σ ein; der Stab beginnt zu fließen. Die Spannung σ_f, bei der das Fließen auftritt, heißt Fließ- oder Streckgrenze. Sie wird ebenso wie die Proportionalitätsgrenze als Spannung, d. h. in kg/cm² bzw. kg/mm² angegeben.

Mit weiter steigender Belastung zeigt sich an einer Stelle des Stabes eine deutlich erkennbare Einschnürung. Der Querschnitt wird sichtbar kleiner, und infolgedessen fällt der Waagehebel der Maschine ab; d. h. der Stab hat seine größte Tragfähigkeit erreicht. Die in diesem Augenblick wirksame Spannung wird Zugfestigkeit genannt; sie wird auf den ursprünglichen Querschnitt bezogen und mit σ_B oder K_z bezeichnet.

Entlastet man einen auf Zug beanspruchten Stab, so stellt man fest, daß bis zu einer bestimmten Belastungsgrenze die erfolgte Formänderung (Verlängerung) vollständig verschwindet. Bis zu dieser Grenze zeigt also der Werkstoff eine vollkommene Elastizität. Wird die Belastung über diese Grenze hinaus gesteigert, so wird man auch nach erfolgter Entlastung eine gewisse Formänderung feststellen. Diese Belastungsgrenze, bei der sich eine bleibende Formänderung zeigt, nennt man Elastizitätsgrenze[1]. Die wieder verschwindende, auf die Längeneinheit bezogene Längenänderung heißt elastische Dehnung im Gegensatz zur bleibenden Dehnung, die sich nach dem Überschreiten der Elastizitätsgrenze einstellt.

Als Maß für die Güte des Baustoffes wird die bleibende Dehnung nach dem Bruch in Hundertteilen der ursprünglichen Länge angegeben. Man nennt sie Bruchdehnung.

Beim Druckversuch stellen sich in gewissen Grenzen und unter bestimmten Bedingungen die gleichen Beziehungen zwischen der Spannung und der Dehnung heraus. In diesem Falle werden jedoch die Spannungen zum Unterschied von den als positiv betrachteten Zugspannungen negativ angegeben. Entsprechend der Art der Druckbelastung ist hier auch die Formänderung negativ, d. h. es tritt eine Längenverkürzung ein, die mathematisch einer negativen Dehnung gleichkommt.

Auch beim Druckversuch besteht das sog. Geradliniengesetz, bei dem $\varepsilon = \alpha \cdot \sigma$ Gültigkeit hat, solange die Proportionalitätsgrenze nicht überschritten wird.

Aus der Gleichung (6) folgt

$$\alpha = \frac{\varepsilon}{\sigma}.$$

Setzt man $\sigma = 1$ kg/cm², so bekommt man

$$\alpha = \varepsilon \text{ cm}^2/\text{kg}.$$

[1] Als Elastizitätsgrenze wird entsprechend den Normen die Spannung bezeichnet, bis zu der nur sehr kleine bleibende Verformungen gemessen werden; diese dürfen je nach Vereinbarung 0,003 bis 0,01 % betragen und müssen zur Kennzeichnung der Grenze angegeben werden (z. B. $\sigma_{0,003}$).

Diese Proportionalitätszahl α heißt Dehnungszahl und stellt die Dehnung eines Stabes bei der Einheit der Spannung dar.

Für Flußstahl ist α aus zahlreichen Versuchen ermittelt worden und beträgt

$$\alpha = 1:2150000 = 0{,}000000465 \text{ cm}^2/\text{kg}.$$

In der Festigkeitslehre rechnet man mit dem bequemeren reziproken Wert von α, den man Elastizitätsmodul nennt.

$$E = \frac{1}{\alpha} \text{ kg/cm}^2. \tag{7}$$

Dieser beträgt für normalen Flußstahl bei Raumtemperatur 2150000 bis 2200000 kg/cm².

Nachstehend sollen die in der Festigkeitslehre so wichtigen Begriffe für die Zugfestigkeit und die Streckgrenze nochmals genau festgelegt werden:

Die Zugfestigkeit ist die auf den Anfangsquerschnitt bezogene Höchstbelastung des Probestabes, d. h. der Quotient aus der von der Maschine angezeigten höchsten Last und dem — im Augenblick der Einwirkung der Last oder gar nach dem Bruch natürlich nicht mehr vorhandenen — Anfangsquerschnitt der Probe F_0

$$\sigma_B = \frac{P_{\max}}{F_0}.$$

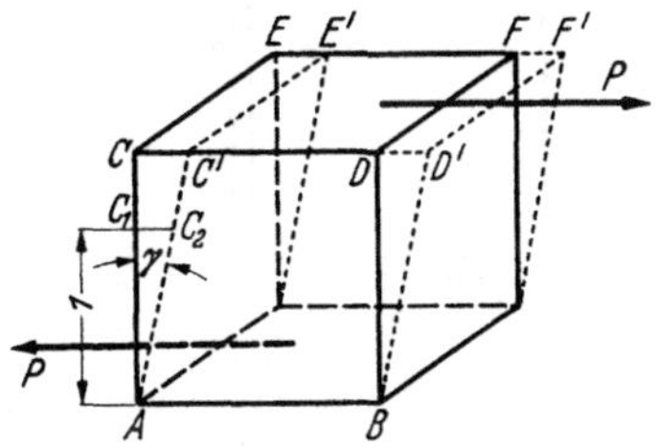

Abb. 3. Schubquader mit Schubbelastung. (Aus H. WINKEL: Festigkeitslehre für Ingenieure. Berlin: Julius Springer 1927.)

Die Fließ- oder Streckgrenze ist bei scharfer Ausprägung die Spannung, bei der trotz zunehmender Formänderung die Kraftanzeige der Prüfmaschine erstmalig unverändert bleibt oder zurückgeht (natürliche Streckgrenze). Man unterscheidet dann die „obere" Streckgrenze von der „unteren" Streckgrenze, auf welche die Spannung von der oberen Streckgrenze absinkt. Ist die Streckgrenze nicht scharf ausgeprägt (z. B. bei Warmzugversuchen), so bestimmt man anstatt der Streckgrenze die Spannung, die 0,2% bleibende Dehnung erzeugt, als die 0,2-Grenze $\sigma_{0,2}$ (Dehngrenze). Hierzu s. Abb. 2.

Die Belastung durch Schubkräfte ist in Abb. 3 veranschaulicht. Denkt man sich das Quader parallel zur Kraftrichtung durchgeschnitten, so muß man sich in der Schnittfläche eine entgegengesetzt wirkende Kraft P vorstellen, die der Schubkraft P das Gleichgewicht hält. Der auf die Einheit der Schnittfläche F entfallende Anteil der Kraft P wird die Schubspannung τ genannt

$$\tau = \frac{P}{F} \text{ kg/cm}^2. \tag{8}$$

Es sei das durch eine Schubkraft P belastete Quader (Abb. 3) aus der Form $ABCDEF$ in die Form eines Prismas $ABC'D'E'F'$ übergegangen, so daß der ursprünglich rechte Winkel CAB in einen spitzen Winkel $C'AB$ übergeht. Für den Fall, daß die Verschiebungen der einzelnen Schichten des Quaders verhältnisgleich den Entfernungen von der Grundfläche wachsen, kann die Änderung γ des rechten Winkels als Maß für die Größe der Verschiebung angesehen werden. Da man in der Festigkeitslehre nur kleine Formänderungen in Betracht zieht, kann man schreiben

$$\operatorname{tg}\gamma \approx \gamma = \frac{CC'}{CA} = \frac{C_1 C_2}{1}.$$

Die Winkeländerung γ mißt man in Bogenmaß und nennt sie die Schiebung, worunter die Strecke verstanden wird, um die sich zwei 1 cm voneinander entfernte Querschnitte unter dem Einfluß der Schubspannung τ gegeneinander verschieben.

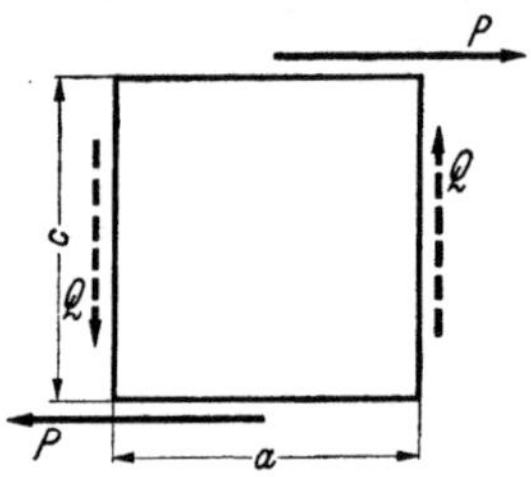

Abb. 4. Schubspannungen am Schubquader. (Aus H. WINKEL: Festigkeitslehre für Ingenieure. Berlin: Julius Springer 1927.)

Auch hier wird die Gültigkeit des HOOKEschen Gesetzes vorausgesetzt, bei welchem die Formänderungen den Spannungen verhältnisgleich sind, d. h.

$$\gamma = \beta \cdot \tau, \tag{9}$$

wobei β innerhalb eines gewissen Spannungsgebietes als unveränderlich angesehen werden darf.

Die Proportionalitätszahl β bei der Schubbelastung ist identisch mit der Dehnungszahl α beim Zugversuch. Auch in diesem Fall wird in der Festigkeitslehre mit dem reziproken Wert von β gerechnet, und zwar

$$G = \frac{1}{\beta} \text{ kg/cm}^2. \tag{10}$$

G wird der Gleichmodul genannt.

Zwischen dem Elastizitätsmodul E und dem Gleitmodul G besteht die Beziehung

$$G = \frac{m}{2(m+1)} \cdot E = 0{,}385 \cdot E. \tag{11}$$

Die Entwicklung dieser Abhängigkeit siehe bei H. WINKEL[1].

Betrachtet man einen Schubquader nach Abb. 4, so kann man folgendes feststellen: aus Gründen des Gleichgewichtes muß der an einer Fläche angreifenden Schubkraft P eine an der entgegengesetzten Fläche wirkende gleich große Gegenkraft $-P$ wirken. Beide Kräfte P bilden ein Kräftepaar mit dem rechtsdrehenden Moment $P \cdot c$, dem

[1] WINKEL, H.: Festigkeitslehre für Ingenieure, S. 53. Berlin: Julius Springer 1927.

ein gleich großes linksdrehendes Kräftepaar entgegenwirken muß, wenn das freigedachte Quader im Gleichgewicht sein soll. Daraus folgt

$$P \cdot c = Q \cdot a$$

oder mit

$$\tau_1 = \frac{P}{a \cdot b} \quad \text{und} \quad \tau_2 = \frac{Q}{b \cdot c},$$

$$\tau_1 \cdot a \cdot b \cdot c = \tau_2 \cdot b \cdot c \cdot a, \qquad \text{d. h. } \tau_1 = \tau_2 .$$

Mit anderen Worten: Schubspannungen treten stets paarweise in zwei aufeinander senkrecht stehenden Ebenen auf und sind von gleicher Größe.

2. Einfluß der Temperatur. Dauerstandfestigkeit.

Die Versuche an den zur Verwendung gelangenden Stählen haben gezeigt, daß die Temperatur in sehr hohem Maße die Festigkeitseigenschaften des Werkstoffes beeinflußt. Mit steigender Temperatur sinken nicht nur die Festigkeit und die Streckgrenze des Werkstoffes, sondern auch der Elastizitäts- und Gleitmodul desselben ab. Im Schaubild Abb. 5 sind diese Verhältnisse veranschaulicht. Man sieht, daß bei höheren Temperaturen mit wesentlich geringeren Festigkeitseigenschaften des Baustoffes gerechnet werden muß.

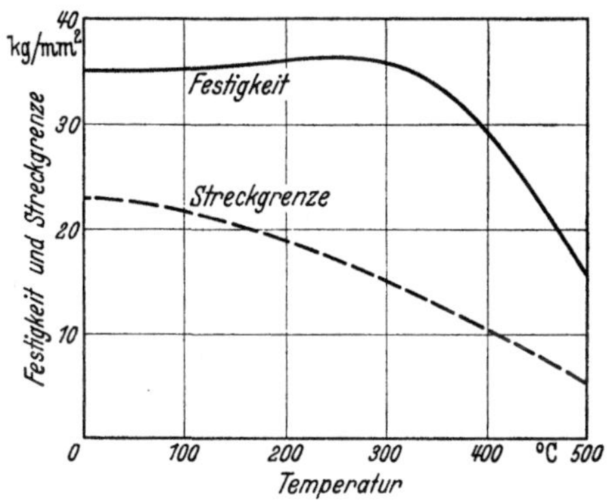

Abb. 5. Allgemeine Abhängigkeit der Festigkeit und Streckgrenze von der Temperatur.

Man muß also bei der Berechnung der Spannungen auf die Temperatur des zu untersuchenden Bauteiles Rücksicht nehmen. Im Abschnitt II/1 sind die auf dem Versuchswege ermittelten Festigkeitseigenschaften für die am häufigsten vorkommenden Stähle für verschiedene Temperaturen angegeben.

Die Temperatur des Werkstoffes hat aber noch eine weitergehende Bedeutung.

Bei Raumtemperatur lassen sich die Festigkeitseigenschaften der Stähle in einfachster Weise durch den Zugversuch ermitteln. Dagegen stößt im warmen Zustande diese einfache Begriffsbestimmung auf Schwierigkeiten, weil in diesem Fall auch die Belastungszeit einen starken Einfluß auf das Versuchsergebnis ausübt. Bei höherer Temperatur stellt sich im Gegensatz zum Versuch bei Raumtemperatur zu einer gegebenen Belastung nicht mehr sofort eine bestimmte bleibende Formänderung ein, sondern diese wächst mit der Zeitdauer der Belastung. Es stellt sich das sog. „Kriechen“ ein, so daß der Versuchsstab auch bei verhältnismäßig kleinen Belastungen nach einer genügend langen Zeit brechen kann.

Trotzdem einige Forscher es bestreiten, darf nach Versuchen von Siebel und Ulrich[1] angenommen werden, daß bei genügend kleiner Belastung die Dehnung auch im Warmversuch noch zum Stillstand kommt. Die Zeitdauer, bis sich der endültige Verformungszustand einstellt, ist auf jeden Fall bedeutend größer als bei Raumtemperatur und kann sich nach Ansicht der Forscher auf Monate erstrecken.

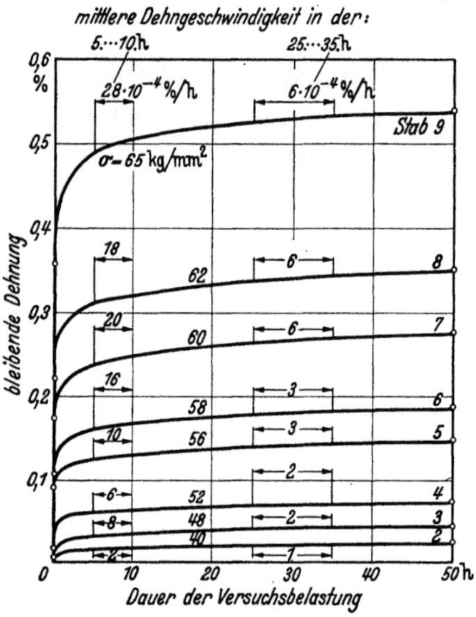

Abb. 6. Linien der bleibenden Dehnung für einen Cr-Mo-Stahl bei 450° C. (Aus M. Ulrich[1]).

Wird nun die Zugbeanspruchung so gesteigert, daß sie einen bestimmten, bei gegebener Temperatur, für jeden Werkstoff eigentümlichen Wert überschreitet, so kommt die Dehnung überhaupt nicht zum Stillstand. Der Stab geht vielmehr unter dauerndem Weiterdehnen zu Bruch. Man nennt diejenige, auf den Ausgangsquerschnitt bezogene Belastung, bei der die Dehnung gerade noch ohne Bruch zum Stillstand kommt, oder bei der die Probe erst nach unendlich langer Zeit bricht, die **Dauerstandfestigkeit** des Werkstoffes bei der betreffenden Temperatur.

In Abb. 6 sind über der Zeit als Abszisse die Linien der bleibenden Dehnung für einen legierten Stahl bei 450° C eingetragen. Die Neigung der Tangente in irgendeinem beliebigen Punkt der Kurven gibt die Dehngeschwindigkeit bei der betreffenden Belastung und zu der entsprechenden Versuchszeit an. Die mittleren Dehngeschwindigkeiten sind in der Abbildung für die Zeit zwischen der 5. und 10. sowie zwischen der 25. und 30. Versuchsstunde für jede Kurve angegeben. Man sieht daraus, daß mit sinkender Belastung auch die Dehngeschwindigkeit naturgemäß kleiner wird.

Es ist klar, daß die genaue Ermittlung der Dauerstandfestigkeit auf dem Versuchswege außerordentlich langwierig und kostspielig ist. Eine

[1] Siebel, E. u. M. Ulrich: Die Bestimmung von Zeit-Dehngrenzen im Dauerstandversuch. Z. VDI Bd. 76 (1932) S. 659; s. a. M. Ulrich: Das Verhalten der Werkstoffe bei hoher Temperatur. Arch. Wärmew. Bd. 18 (1937) S. 169.

Anzahl Forscher hat sich daher bemüht, ein Abkürzungsverfahren zu entwickeln, welches folgende Merkmale aufweist:

a) kurze Dauer des Versuches bis höchstens 100 h;

b) sichere Ermittlung der Belastung, bei der die anfängliche Dehnung mit Bestimmtheit im Laufe der Zeit noch zum Stillstand kommt;

c) Feststellung der Belastung, die zu tragbaren bleibenden Dehnungen führt.

POMP und DAHMEN[1] stellten an Hand zahlreicher Versuche schon im Jahre 1927 fest, daß die Dehnung im allgemeinen sicher zum Stillstand kommt, wenn die Dehngeschwindigkeit in der 25. bis 35. Versuchsstunde den Betrag von $10 \cdot 10^{-4}$% je Stunde (=0,001%/h) nicht überschreitet. Dieses Abkürzungsverfahren genügte nur den Bedingungen unter a) und b), sagte aber nichts über die bleibende Formänderung aus.

Diese Begriffsbestimmung wurde von POMP und ENDERS[2] im Jahre 1930 dahingehend abgeändert, daß unter der Dauerstandfestigkeit diejenige Belastung zu verstehen ist, bei welcher in der 3. bis 6. Stunde die Dehngeschwindigkeit $50 \cdot 10^{-4}$%/h, in der 5. bis 10. Stunde $30 \cdot 10^{-4}$%/h und in der 25. bis 35. Stunde $15 \cdot 10^{-4}$%/h beträgt.

Diese Festlegung der Dauerstandfestigkeit führt jedoch nach Versuchen von M. ULRICH[3] zu untragbaren bleibenden Dehnungen, erfüllt also nicht die Bedingungen unter c). Letztgenannter Forscher setzte sich daher stark für die Festlegung des Begriffes Dauerstandstreckgrenze ein. Er schlug vor, für die Dauerstandstreckgrenze diejenige Belastung festzulegen, bei der die Dehngeschwindigkeit nach Erreichen einer bleibenden Formänderung von 0,2% einen Wert von $10 \cdot 10^{-4}$%/h nicht überschreitet.

Die Analogie mit der Dehn- und Streckgrenze im Kurzzeitversuch ist deutlich erkennbar. SIEBEL und ULRICH weisen nach, daß diese Begriffsbestimmung allen vorhin genannten Bedingungen genügt. Aus den Versuchen von H. ECKARDT[4] geht nämlich deutlich hervor, daß die Zeit-Dehnungslinien weitgehend Parabeln entsprechen. Der Zusammenhang zwischen der bleibenden Dehnung ε_t und der Dehnungszeit t wird dann bestimmt durch die Beziehung

$$\varepsilon_t = \varepsilon_1 \left(\frac{t}{t_1}\right)^m.$$

[1] POMP, A. u. A. DAHMEN: Entwicklung eines abgekürzten Verfahrens zur Ermittlung der Dauerstandfestigkeit von Stahl bei erhöhten Temperaturen. Mitt. K.-Wilh.-Inst. Eisenforschg. Bd. 9 (1927) S. 33.

[2] POMP, A. u. W. ENDERS: Mitt. K.-Wilh.-Inst. Eisenforschg. Bd. 12 (1930) S. 127.

[3] ULRICH, M.: Das Verhalten der Werkstoffe bei hohen Temperaturen. Arch. Wärmew. Bd. 18 (1937) H. 6 S. 169.

[4] ECKARDT, H.: Dauerzugbeanspruchung von Stahl bei erhöhter Temperatur. Diss. Aachen 1929.

Hierin ist ε_1 die Dehnung zu einer bestimmten Zeit t_1 zu Beginn des Versuches. Der Exponent m wird auf dem Versuchswege bestimmt, indem die erhaltenen Werte für die bleibende Dehnung in ein doppellogarithmisches Achsenkreuz eingetragen werden. Die vorhin genannte Gleichung der Parabel ergibt im logarithmischen System für die Zeit-Dehnungslinien eine Gerade von der Form

$$\log \varepsilon_t = \log \varepsilon_1 + m \log\left(\frac{t}{t_1}\right).$$

Die Neigung dieser Geraden zur Abszissenachse ist durch den Wert m gegeben. Auf Grund des geradlinigen Verlaufes der Zeit-Dehnungslinien im doppellogarithmischen Achsenkreuz kann durch Verlängerung der

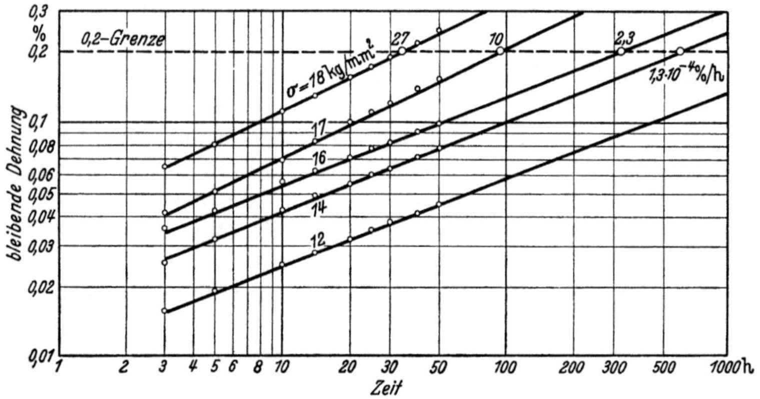

Abb. 7. Linien der bleibenden Dehnung im doppellogarithmischen Netz für einen Cr-Ni-Wo-Stahl bei 600° C. [Aus SIEBEL u. ULRICH: Z. VDI Bd. 76 (1932) Nr. 27, S. 662.]

Geraden bis zur 0,2%-Grenze die Zeit, wann diese Grenze erreicht wird, auf einfachste Art bestimmt werden (s. Abb. 7). Hieraus kann die Dehngeschwindigkeit bei 0,2% bleibender Dehnung nach der Beziehung

$$v = \frac{d\varepsilon}{dt} = \frac{\varepsilon \cdot m}{t} = \frac{0{,}2 \cdot m}{t}$$

berechnet werden.

Der Begriff der praktischen Dauerstandfestigkeit wurde in Deutschland vom DVM[1] genormt, und zwar als *diejenige Beanspruchung, die in der 25. bis 35. Versuchsstunde eine Dehngeschwindigkeit von* $10 \cdot 10^{-4}$ *%/h hervorruft und bei der die bleibende Dehnung nach 50stündiger Belastungsdauer höchstens 0,2% betragen darf.*

Es soll nicht unerwähnt bleiben, daß nur die im Langzeitversuch bestimmte wahre Dauerstandfestigkeit einen Anhaltspunkt für die zulässige Beanspruchung des Werkstoffes geben kann. Voraussetzung ist, daß in dem zu untersuchenden Belastungsfall ähnliche Spannungsver-

[1] Deutscher Verband für die Materialprüfung der Technik.

teilung wie beim Versuch vorliegt. Die im Abkürzungsverfahren bestimmten Näherungswerte für die Dauerstandfestigkeit können nur eine Unterlage für die vergleichende Wertung verschiedener Werkstoffe nach deren voraussichtlichem Verhalten bei hoher Temperatur bieten.

Der tatsächliche in der Praxis vorliegende, meistens zweiachsige Spannungszustand weicht wesentlich von der Spannungsverteilung im Dauerzugversuch ab. Daher können erst die in ähnlich gelagerten Fällen gewonnenen Erfahrungen bestimmte Hinweise in bezug auf die zulässige Beanspruchung gegenüber der Dauerstandfestigkeit geben. Die Betriebserfahrungen müssen sich jedoch auf eine genügend lange Beobachtungsdauer stützen, da man sonst leicht zu Fehlschlüssen gelangt.

Die Dauerstandfestigkeit eines Werkstoffes ist ebenso wie die übrigen Werkstoffeigenschaften temperaturabhängig. Bei den unlegierten Stählen liegt die Dauerstandfestigkeit bis 300 und 350° C weit oberhalb der 0,2-Grenze, womit sie ihren Sinn als Berechnungsgrundlage verliert. Bis zu diesen Temperaturen wird also die 0,2-Grenze als Bezugswert dienen. Das gleiche gilt für eine Anzahl legierter Stähle auch noch bis zu Temperaturen von 400° C und etwas darüber. Über 400° C legt man jetzt gewöhnlich die Dauerstandfestigkeit zugrunde. Mit steigender Temperatur nimmt die Dauerstandfestigkeit immer mehr ab. Sie sinkt dann immer mehr unter die 0,2-Grenze. Im Bereich von 550 bis 650° C gilt das erwähnte Abkürzungsverfahren zur sicheren Beurteilung des Verhaltens des Werkstoffes nicht mehr und es müssen zumindest stichprobenweise Belastungsversuche von längerer Dauer vorgenommen werden.

3. Kerbschlagzähigkeit.

Ein weiteres wesentliches Merkmal des Werkstoffes ist die sog. Kerbschlagzähigkeit desselben. Sie wird im Kerbschlagversuch ermittelt, indem ein gekerbter Probestab, der mit den Enden auf zwei Widerlagern ruht, oder einseitig eingespannt ist, durch einen einzigen Schlag durchgebrochen wird. Die hierzu erforderliche Schlagarbeit in mkg wird auf 1 cm² des gefährdeten Probenquerschnittes im Kerbgrund bezogen und als spezifische Schlagarbeit oder Kerbschlagzähigkeit häufig auch kurz Kerbzähigkeit in mkg/cm² bezeichnet.

Die Kerbschlagzähigkeit ist sehr stark von der Probenform und den Versuchsbedingungen abhängig. Bei Angabe von Kerbschlagwerten müssen daher Form der Probe und Versuchsbedingungen mit angegeben werden, um einen zutreffenden Vergleich mit Werten anderer Werkstoffe zu ermöglichen.

Für einige der gebräuchlichen Rohrstähle sei nachstehend eine Zusammenstellung von Werten für die Kerbschlagzähigkeit gegeben. Die Versuchswerte wurden sämtlich an der DVMR-Probe 10 × 10 × 55 mm mit Rundkerb gewonnen; sie gelten nur für Raumtemperatur.

Werkstoff	Kerbschlag-zähigkeit in mkg/cm²	Bemerkung
St 35.29	12	
St 45.29	9	
(Cu)-Mo-Stahl	12	im Anlieferungszustand gealtert
(Cu)-Mo-Stahl	9	
Cu-Mo-Stahl	9	im Anlieferungszustand gealtert
Cu-Mo-Stahl	7	
Cr-Mo-Stahl	9	im Anlieferungszustand gealtert
Cr-Mo-Stahl	7	
Mo-Stahl	10	
Deutro C S 65	15	

II. Rohrwerkstoffe und deren Eigenschaften.

1. Unlegierte und legierte Rohrstähle.

Im Abschnitt I/2 wurde gezeigt, daß die Temperatur des Werkstoffes einen maßgebenden Einfluß auf seine Festigkeitseigenschaften ausübt. Man muß also bei der Festlegung der Rohrabmessungen darauf Rücksicht nehmen, indem der bei der Betriebstemperatur geltende Festigkeitswert in die Rechnung eingesetzt wird. Soweit es sich nur um die Berücksichtigung des Innendruckes handelt, läßt sich theoretisch die durch die Temperatur bedingte Verminderung der Werkstoffestigkeit durch eine entsprechend große Wandstärke ausgleichen. Die durch die Wärmedehnung ausgelösten Spannungen lassen sich aber auf diese Weise, wie später gezeigt wird, nicht meistern. Außerdem würde diese Maßnahme zu sehr unelastischen Rohrleitungen führen, deren Kräfte auf die Festpunktkonstruktionen, auf Maschinen, Apparate usw. sehr hohe Werte annehmen könnten, ganz abgesehen von dem Gewicht der Rohrleitung, welches entsprechend steigen und sowohl die Frachtkosten als auch den Preis der Anlage unnötig steigern würde.

Man hat daher die Warmfestigkeitseigenschaften der Werkstoffe durch geeignete Legierungszusätze zu verbessern gesucht, und es wurde von der deutschen Stahlindustrie eine große Anzahl von Sonderstählen entwickelt, die allen in den verschiedenen Verwendungsgebieten an sie zu stellenden Anforderungen gerecht werden.

Die im Rohrleitungsbau bisher verwandten Stähle lassen sich in folgende Gruppe einteilen:

a) unlegierte C-Stähle für normale Betriebsverhältnisse, die gewöhnlich bis zu einer Temperatur von 400° C vorgesehen werden und an die keine hohen Anforderungen in bezug auf mechanische, thermische oder chemische Einflüsse gestellt werden;

b) legierte Stähle für hohe Beanspruchungen durch den Innendruck, insbesondere im Zusammenhang mit Temperaturen über 400° C;

c) legierte Stähle für Sonderfälle, wo neben der mechanischen und Wärmebeanspruchung auch die chemische Beeinflußung des Werkstoffes durch das Strömungsmittel eine Rolle spielt.

Über die Entwicklung der verschiedenen Stahlsorten und die maßgebenden Gesichtspunkte für ihre Zusammensetzung sind im Fachschrifttum[1] inzwischen sehr ausführliche Arbeiten veröffentlicht.

Es soll daher im folgenden lediglich eine Zusammenstellung der im Rohrleitungsbau gebräuchlichsten Stähle für normale und Sonderzwecke gegeben werden. Die für die Berechnung der Rohrleitungen maßgebenden Eigenschaften der Werkstoffe sollen gleichfalls angegeben werden. Die stahlerzeugende Industrie hat die für verschiedene Zwecke entwickelten Sonderstähle im wesentlichen vereinheitlicht, so daß für bestimmte Stahlgruppen unabhängig von ihrer Markenbezeichnung annähernd die gleichen Festigkeitsmerkmale Geltung haben.

In der Rohr-Werkstoffübersicht Tabelle 1 sind daher nur die verschiedenen Werkstoffgruppen berücksichtigt, wobei auf einzelne häufig verwendete Markenbezeichnungen hingewiesen ist. ULRICH[2] veröffentlichte eine sehr ausführliche Werkstoffübersicht, die an Hand von Gewähr- und Abnahmewerten zusammengestellt wurde.

Die normalen, am häufigsten verwendeten Stähle sind in der Gruppe der Kohlenstoff-(C)-Stähle zusammengefaßt. Der Kohlenstoffgehalt dieser Stähle schwankt je nach der geforderten Festigkeit zwischen 0,1 und 0,34%. Außerdem enthält diese Stahlgruppe 0,1 bis 0,3% Si und 0,5 bis 0,8% Mn. Man wird sie überall dort verwenden, wo keine hohen Anforderungen an die Warmfestigkeitseigenschaften gestellt werden, d. h. vorwiegend für mittlere Drücke bis 25 atü und bis 400° C Betriebstemperatur.

Die gebräuchlichsten unlegierten Rohrstähle im Rohrleitungsbau sind:

Stahl St 35.29 nach DIN 1629 mit 35 bis 45 kg/mm² Festigkeit und 20% Dehnung und der mittelharte Stahl St 45.29 nach DIN 1629 mit 45 bis 55 kg/mm² Festigkeit und 17% Dehnung.

Der Stahl St 55.29 mit 55 bis 65 kg/mm² Festigkeit wird für Rohre wegen seiner Härte und schweren Bearbeitbarkeit fast gar nicht verwendet.

Die Gruppe der legierten Stähle umfaßt eine ganze Anzahl von Arten mit verschiedenen Legierungsbestandteilen und in verschiedener Zusammensetzung derselben. Die früher häufig verwendeten warmfesten Nickelstähle wurden in neuerer Zeit von den hochwertigeren Molybdän- und Chrom-Molybdän-Stählen verdrängt. Diese beiden letztgenannten Legierungsbestandteile eignen sich in ganz hervorragendem Maße dazu, die Warmfestigkeitseigenschaften des Stahls zu verbessern. Der Mo-Zusatz schwankt zwischen 0,3 bis 0,5% und der Cr-Zusatz zwischen

[1] Siehe Schrifttumübersicht am Schluß.

[2] ULRICH, M.: Werkstoffe von Höchstdruckkesseln. Sonderdruck 25/37 des Hauses der Technik, aus „Technische Mitteilungen" 1937 Heft 15.

Tabelle 1. Röhrenstähle.

Werkstoffe		Hersteller[1]	Dehnung	Zugfestigkeit				Streckgrenze (0,2%-Dehngrenze)					Dauerstandfestigkeit nach DVM				
Stahlart	Einige Markenbezeichnungen		%	in kg/mm²				in kg/mm²					in kg/mm²				
			20°	20°	300°	400°	500°	20°	300°	400°	450°	500°	400°	450°	500°	525°	550°
Unlegiert	St 35.29 (DIN 1629)	verschiedene Werke	20	35/40	32	24	16	23	15	11	9	7	9	5	3		
Unlegiert	St 45.29 (DIN 1629)	verschiedene Werke	17	45/55	42	32	20	26	17	13	11	9	10	6	3		
Mo	K 35 Marwe 14 D	FK MRW	18	45/55	42	38	30	30	25	19	17	15	17	15	12		
Mo-Cu	TH 30 SK 11 Marwe 12 P LH 38	DRW PWR MRW MST	20	38/45	35	31	25	26	21	17	15	13	14	12	9		4
Mo-Cu	TH 31 SK 11 h Marwe 13 P LH 45	DRW PWR MRW MST	18	45/55	42	38	32	29	24	19	17	15	17	15	12	8	5
Cr-Mo	TH 32 FK 335 SK 12 Marwe 17 L	DRW FK PWR MRW	20	45/55	42	38	32	30	26	22	20	18	21	19	15	11	7
Cr-Al	Sicromal 8 Sicromal 9	DRW DRW	15	45/55		34	30	26		21		18	21		13		6
Cr-Si-Mo	Deutro CS 65 (zunderbeständig)	DRW	20/25	45/55	45	42	35	30/40	28	26	22	20	25	21	15		8
Cr-Si-Mo	FKB 2354 (zunderbeständig)	FK	22	50/60	47	42	32	34	26	22	20	18	21	19	16		7

[1] DRW = Deutsche Röhrenwerke AG., Düsseldorf; MRW = Mannesmann-Röhrenwerke AG., Düsseldorf; FK = Friedrich Krupp AG., Essen; PRW = Preß- und Walzwerk AG., Reißholz; MST = Mitteldeutsche Stahlwerke AG., Lauchhammer.

0,7 und 0,85% je nach Stahlsorte. Auch Kupferzusatz wird bei manchen Markenstählen in Höhe von 0,15 bis 3% verwandt.

Die dritte Gruppe umfaßt die für Sonderzwecke vorgesehenen Rohrwerkstoffe; z. B. gewinnt bei sehr hohen Temperaturen von 550° C und darüber die Zunderbeständigkeit der Rohrstähle an Bedeutung. Hierfür eignen sich beispielsweise die Sicromalstähle oder Stähle ähnlicher Zusammensetzung. Auch besonders hohe Korrosionsbeständigkeit und Alterungsbeständigkeit spielen hier eine große Rolle.

In der Tabelle 1 wurden nur die für Rohre verwendeten Stahlarten aufgeführt. Werkstoffe für Flanschen, Schrauben und Muttern sowie Dichtungen werden im Abschnitt C I 4 besonders behandelt.

Für die Auswahl der geeigneten Stahlart sind nach dem oben Gesagten die gegebenen Betriebsverhältnisse, vor allen Dingen die Temperatur maßgebend. Jedoch dürfen nicht nur festigkeitstechnische Gesichtspunkte berücksichtigt werden, sondern es muß auch die Wirtschaftlichkeit in Betracht gezogen werden. Man wird z. B. häufig feststellen, daß bei bestimmten Betriebsverhältnissen rein rechnerisch noch ein normaler unlegierter Stahl ausreichen würde. Vergleicht man aber die Abmessungen bei Verwendung eines warmfesten Sonderstahls, so ergibt sich unter Umständen ein so großer Unterschied in der Wandstärke zugunsten des letzteren, daß der Mehrpreis des an sich teuereren Sonderstahls durch die kleineren Abmessungen mehr als ausgeglichen wird. Außerdem kann gegebenenfalls infolge der geringeren Wandstärke auch der nächst kleinere Außendurchmesser gewählt werden, wodurch sich eine weitere Ersparnis ergibt. Dadurch wird auch noch der Vorteil größerer Elastizität des schwächeren Rohres erreicht, die wiederum die Festpunkte einfacher und daher billiger gestalten läßt. Auch die Frachtkosten fallen dadurch niedriger aus.

Das wird an einem Beispiel am besten klar: Für 40 atü 425° C könnte man bei NW 150 noch den Stahl St 45.29 wählen, der ein Rohr von 165 mm ä. Dmr. und 7 mm Wand bedingt. Bei Verwendung eines Cu-Mo-Stahls würde ein Rohr von 159 mm ä. Dmr. und 5 mm Wandstärke genügen. In dem ersten Fall hat das Rohr 151 mm, im zweiten 149 mm lichte Weite; die Rohre sind also strömungstechnisch einander praktisch gleichwertig. Das zweite Rohr ist aber ungeachtet des an sich teuereren Werkstoffes etwa 5% billiger als das erste und außerdem noch um rd. 33% elastischer. Die Gewichtsersparnis beträgt hierbei etwa 26%.

Allgemein gültige Regeln für die Werkstoffauswahl gibt es nicht. Langjährige Erfahrungen, unter Beachtung der theoretischen und praktischen Erfordernisse, ermöglichen dem planenden Ingenieur das jeweils Richtige zu wählen. Dieses Buch soll ihm ebenfalls helfen, indem die weiteren Abschnitte ihm Wege weisen, um mit einfachsten Mitteln die festigkeitstechnischen Bedingungen einer Rohrleitungsanlage zu erforschen und sich dadurch leichter über die erforderlichen Werkstoffeigenschaften klar zu werden.

2. Elastizitätsmodul.

Für die Bestimmung der Elastizität einer Rohrleitung und der durch sie bedingten Kräfte und Spannungen ist ferner noch der Elastizitätsmodul des Werkstoffes maßgebend. Dieser ist ebenfalls temperaturabhängig und muß für die jeweils geltende Betriebstemperatur in Rechnung gesetzt werden.

Die amerikanischen Forscher A. McCutchan und S. Crocker[1] geben eine einfache Beziehung für den Elastizitätsmodul E als Funktion der

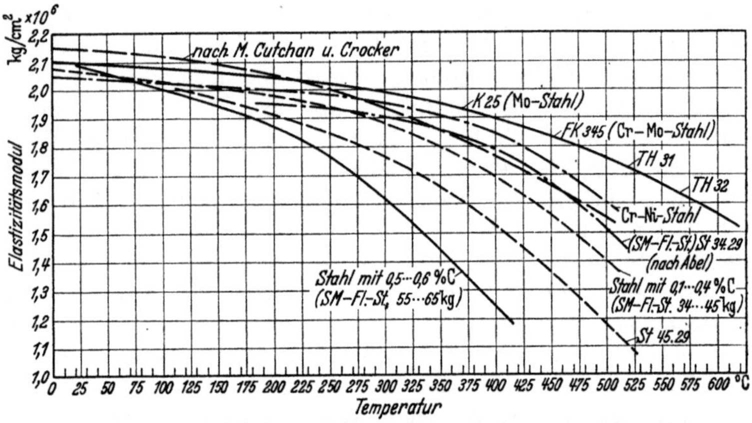

Abb. 8. Elastizitätsmodul einiger Stähle in Abhängigkeit von der Temperatur.

Temperatur an, die mit den Versuchsergebnissen verhältnismäßig gut übereinstimmt.

$$E_t = E_0\left[1-\left(\frac{t}{945}\right)^2\right] \text{ in kg/cm}^2\,{}^*. \tag{12}$$

E_0 = Elastizitätsmodul bei Raumtemperatur kg/cm²,
E_t = Elastizitätsmodul bei der Temperatur t° C.

Für Überschlagsrechnungen genügt diese Formel vollkommen, allerdings muß der Elastizitätsmodul bei Raumtemperatur bekannt sein. Er beträgt für normalen Stahl

$$E_0 = \text{rd. } 2150000 \text{ kg/cm}^2.$$

In der Abb. 8 ist der aus Versuchen ermittelte Elastizitätsmodul für verschiedene Werkstoffe in Abhängigkeit von der Temperatur angegeben. Die Linie nach Gleichung (12) ist zum Vergleich ebenfalls eingetragen.

[1] McCutchan, A. u. S. Crocker: Piping Handbook.

* Die Formel wurde vom Verfasser von englischen auf deutsche Maßeinheiten umgerechnet.

3. Begriff der Sicherheit.

Wenn es möglich wäre, die in Wirklichkeit auftretenden Kräfte und Spannungen nicht nur ihrer Größe nach, sondern auch in bezug auf ihre Verteilung absolut genau zu ermitteln, könnte man die Abmessungen so knapp halten, daß die höchsten Beanspruchungen bis an die äußerste Grenze der zulässigen Spannung heranreichen. Die Festigkeitslehre, deren Aufgabe es ist, die durch die Betriebsbedingungen hervorgerufenen Kräfte und Beanspruchungen zu ermitteln, ist jedoch auf bestimmten vereinfachenden Annahmen aufgebaut, so daß die Ergebnisse der Rechnung von dem tatsächlichen Spannungszustand abweichen. Auch die Betriebsbedingungen lassen sich nicht immer so genau voraussehen, weshalb mit zusätzlichen Beanspruchungen gerechnet werden muß, deren Größe und Richtung von zahlreichen, nicht genau erfaßbaren Umständen abhängen. Zuletzt ist auch die Beschaffenheit des Werkstoffes nicht immer die gleiche. Kleine, auch bei der sorgfältigsten Prüfung unentdeckt gebliebene Werkstoffehler beeinflussen die Festigkeitseigenschaften mehr oder weniger ungünstig.

Es ist daher üblich, die Abmessungen des beanspruchten Teils so festzulegen, daß die unter obengenannten Gesichtspunkten ermittelte Höchstspannung noch um einen gewissen Betrag unterhalb der Festigkeit des Werkstoffes verbleibt. Das Verhältnis der auftretenden Höchstbeanspruchung zur entsprechenden Werkstoffestigkeit nennt man die Sicherheit und bezeichnet sie gewöhnlich mit S.

Die Sicherheit wird nur selten und dann höchstens bei der Beanspruchung im kalten Zustande auf die Bruchfestigkeit des Werkstoffes bezogen. Normalerweise wird im Rohrleitungsbau die Warmstreckgrenze (bis 400° C) oder die Dauerstandfestigkeit des Werkstoffes als Bezugsgrenze für die Sicherheit gewählt. Es muß also

$$S_1 = \frac{\sigma_{\max}}{\sigma_{0,2}} > 1 \qquad \text{oder} \qquad S_2 = \frac{\sigma_{\max}}{\sigma_{\text{Dauer}}} > 1$$

sein. Für die tatsächliche Größe der erforderlichen Sicherheit gibt es keine allgemein gültigen Normen. Nur die Erfahrung kann dem aufmerksam beobachtenden Ingenieur gewisse Richtlinien für die zweckmäßige Wahl der Sicherheitszahl vermitteln. Sie richtet sich in gleicher Weise nach der Bedeutung des zu untersuchenden Anlageteils, wie nach den Betriebsverhältnissen und dem Genauigkeitsgrad der Spannungsermittlung.

Es ist aber häufig nicht nur die Größe der auftretenden Beanspruchungen für die erforderliche Sicherheit ausschlaggebend. In vielen Fällen, z. B. bei der Bemessung der Schrauben für Höchstdruck-Flanschverbindungen, spielt die infolge der Beanspruchung auftretende Formänderung eine bedeutsame Rolle. In diesem Falle könnte die Sicherheit gegen Bruch mehr als ausreichend sein, und trotzdem wäre die Bemessung der Schrauben zu knapp, da durch die Verlängerung der Schrauben ein Nachlassen der Dichtpressung und somit ein Undichtwerden der Flanschverbindung die Folge wäre.

Aus dem oben Gesagten geht hervor, daß nur ein durch langjährige, praktische Erfahrung geschulter Ingenieur in der Lage ist, den Wert der erforderlichen und zweckmäßigen Sicherheit unter Berücksichtigung der jeweiligen Erfordernisse richtig einzuschätzen.

Es ist nicht angebracht, aus Unkenntnis der maßgebenden Umstände „auf alle Fälle“ eine zu hohe Sicherheit in Rechnung zu setzen, da man hierdurch eine dem volkswirtschaftlichen Interesse entgegenstehende Werkstoffvergeudung treibt; noch weniger zulässig ist die zu knappe Bemessung der wichtigen Anlageteile, da hierdurch die Betriebssicherheit der Anlage zu gering wird und nicht nur Anlaß zu kostspieligen Betriebsstörungen gibt, sondern auch zu Unfällen führen kann, die Gesundheit und Leben der Bedienungsmannschaft gefährden.

In den weiteren Abschnitten, die sich mit der Berechnung der einzelnen Rohrleitungsteile befassen, wird an Hand von Berechnungsbeispielen auf die jeweilige Größe der Sicherheit eingegangen.

Es ist bei der Berechnung von Rohrleitungsanlagen nicht immer möglich, von vornherein die gewünschte Sicherheit in Rechnung zu setzen. In den meisten Fällen wird man zuerst einen Entwurf machen müssen, um aus den hiermit gegebenen Abmessungen die durch die Betriebsverhältnisse bedingten Kräfte und Spannungen zu berechnen. Erst am Schluß der Festigkeitsberechnung ersieht man, welche Sicherheit durch die im vorläufigen Entwurf gemachten Annahmen noch vorhanden ist. Dann ist man in der Lage, den Entwurf nach dem Ergebnis der Rechnung entsprechend zu verbessern. Notfalls wird es sich nicht umgehen lassen, in besonders wichtigen Fällen die Rechnung zu wiederholen, um die tatsächliche Sicherheit festzustellen.

III. Einfluß von Druck und Temperatur auf die Rohrwand.

Im Rohrleitungsbau wird die Beanspruchung eines Rohres in erster Linie durch den Innendruck bedingt: Nachdem bei der ersten Planung die Rohrdurchmesser auf Grund der durchfließenden Mengen bestimmt sind, ist es die erste Aufgabe des Ingenieurs, die Wandstärken der Rohre auf Grund der zu erwartenden Spannungen zu bestimmen. Diese Spannungen werden in erster Linie unmittelbar durch den Innendruck (Betriebsdruck) und mittelbar durch die Temperatur hervorgerufen.

Zuerst betrachten wir die Wirkung des Innendruckes.

1. Ermittlung der Wandstärke für einfache Fälle.

Der Innendruck ruft in der Rohrwand drei Arten von Beanspruchungen hervor:

a) tangentiale, d. h. in Umfangsrichtung wirkende Spannungen;

b) axiale, d. h. in Längsrichtung des Rohres wirkende Spannungen;

c) radiale, d. h. in Richtung des Halbmessers wirkende Spannungen.

Setzt man der Einfachheit halber zunächst eine ganz gleichmäßige Spannungsverteilung in der Rohrwand voraus, so lassen sich folgende Beanspruchungen ermitteln:

a) Wir schneiden ein Rohrstück von der Länge L und den Abmessungen d und D, welches durch den Innendruck p beansprucht ist, der Länge nach entlang der Rohrachse durch. Mit Rücksicht auf das Gleichgewicht müssen an der Schnittfläche die Tangentialspannungen σ_t wirkend gedacht werden.

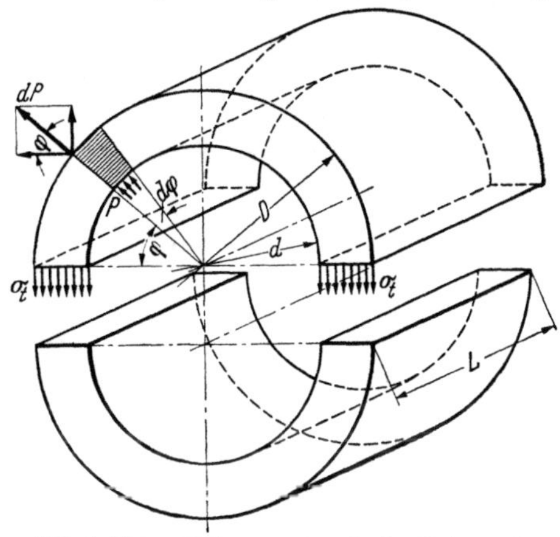

Abb. 9. Tangentialspannungen in der Rohrwand.

Auf das Flächenteilchen $\frac{d}{2}\,d\varphi\cdot L$ wirkt die Kraft

$$dP = p\cdot\frac{d}{2}\,d\varphi\cdot L,$$

wie aus Abb. 9 hervorgeht.

Die senkrecht zur Schnittfläche wirkende Komponente von dP ist $dP\cdot\sin\varphi$, so daß man daraus die auf die untere Rohrhälfte wirkende resultierende Gesamtkraft P ermitteln kann

$$P = \int_0^\pi dP\cdot\sin\varphi = \int_0^\pi p\cdot\frac{d}{2}\,d\varphi\cdot L\cdot\sin\varphi = p\frac{d}{2}L\cdot\int_0^\pi \sin\varphi\cdot d\varphi$$
$$= p\frac{d}{2}L\,[-\cos\varphi]_0^\pi = p\cdot d\cdot L.$$

Dieser Kraft steht ein tragender Querschnitt von $(D-d)L$ gegenüber, so daß die in Umfangsrichtung wirkende Spannung

$$\sigma_t = \frac{p\cdot d\cdot L}{(D-d)\cdot L} = \frac{p\cdot d}{2\cdot s} \qquad (13)$$

beträgt.

Im Rohrleitungsbau werden die Abmessungen in mm, der Druck in atü (kg/cm²) und die Spannungen in kg/mm² eingesetzt. Die Gleichung (13) müßte also für diese Abmessungen lauten

$$\sigma_t = \frac{p\cdot d}{200\cdot s}\ \text{in kg/mm}^2. \qquad (13\text{a})$$

Darin bedeuten

p = Betriebsdruck in atü,
d = innerer Rohrdurchmesser in mm,
s = Rohrwandstärke in mm.

Die Spannung σ_t darf je nach Rohrwerkstoff und Betriebstemperatur einen bestimmten Betrag nicht überschreiten, d. h.

$$\sigma_t \leq k_z = \frac{\text{Streckgrenze}}{\text{Sicherheit}} \text{ bzw. } \frac{\text{Dauerstandfestigkeit}}{\text{Sicherheit}}.$$

Außerdem wird mit Rücksicht auf Herstellungsungenauigkeiten und zum Ausgleich etwaigen Abrostens ein gewisser Zuschlag c zu der rechnerisch ermittelten Mindestwandstärke gemacht.

Damit ergibt sich aus der Gleichung (13a) unter Berücksichtigung der vorhin erwähnten Abmessungen folgende umgewandelte Form für nahtlose Rohre („Kesselformel"):

$$s = \frac{p \cdot d \cdot S_1}{200 \cdot \sigma_{0,2}} + c \quad \text{in mm} \quad (\text{bis } 400^\circ\,\text{C}) \tag{14}$$

bzw.

$$s = \frac{p \cdot d \cdot S_2}{200 \cdot \sigma_{\text{Dauer}}} + c \quad \text{in mm (über } 400^\circ\,\text{C}). \tag{15}$$

Dieses ist die Hauptgleichung für die Berechnung der Rohrwandstärke bzw. zur Prüfung, ob eine irgendwie festgelegte Wandstärke für die vorliegenden Betriebsverhältnisse ausreicht.

Die Sicherheitszahl S richtet sich ebenfalls nach den Betriebsverhältnissen. Außerdem spielt es eine Rolle, ob größere zusätzliche Beanspruchungen durch Biegungs- oder Verdrehungsmomente zu erwarten sind, was wieder von der Form und Lage der Rohrleitung abhängt.

Die Erfahrung hat gezeigt, daß folgende Werte für die Sicherheitszahl S zweckmäßig sind:

bis 400° C: $S_1 \geq 2{,}3$ bis 2,4 in bezug auf die Warmstreckgrenze (0,2-Dehngrenze) des Werkstoffes;

über 400° C: $S_2 \geq 1{,}8$ bis 2,0 in bezug auf die Dauerstandfestigkeit des Werkstoffes.

Der Zuschlag c wird gewöhnlich mit 1 mm eingesetzt.

Es ist bei der Berechnung der Wandstärke häufig bequemer, den Außendurchmesser des Rohres einzusetzen. Die Außendurchmesser liegen nämlich entsprechend dem Walzprogramm der Rohrherstellerwerke fest und sind im Normblatt DIN 2448 verankert. Der genaue Innendurchmesser ist also zunächst unbekannt, da er aus dem festliegenden Außendurchmesser erst nach Berechnung der Wandstärke ermittelt werden kann.

Für diesen Zweck ist nachstehend die Gleichung (14) in eine andere Form umgewandelt angegeben, so daß dort nur der Außendurchmesser D des Rohres erscheint

$$s = \frac{p \cdot D \cdot S}{200 \cdot \sigma_{0,2} + 2 \cdot p \cdot S} + c \quad \text{in mm}. \tag{16}$$

Analog kann die Gleichung (16) auch für Temperaturen über 400° C umgewandelt werden, indem man $\sigma_{0,2}$ durch σ_{Dauer} ersetzt.

Beispiel 1. Es sind die Abmessungen für ein Rohr von 200 NW bei 30 atü und 400° C zu bestimmen. Entsprechend der Betriebstemperatur kann ein Kohlenstoffstahl, z. B. St 45.29, gewählt werden. Die Streckgrenze des Werkstoffes beträgt bei 400° C nach Tabelle 1 $\sigma_{0,2} = 13$ kg/mm², Sicherheit $S = 2{,}35$. Der genormte Außendurchmesser für 200 NW beträgt nach DIN 2448 $D = 216$ mm, somit ist nach Gleichung (16)

$$S = \frac{30 \cdot 216 \cdot 2{,}35}{200 \cdot 13 + 2 \cdot 30 \cdot 2{,}35} + 1 = \frac{15250}{2741} + 1 = 5{,}6 + 1 = \underline{\text{rd. } 6{,}5\,\text{mm}}.$$

Denselben Wert erhält man auch nach Gleichung (14), nachdem jetzt der Innendurchmesser $d = D - 2 \cdot s = 203$ mm bekannt ist, und zwar

$$s = \frac{30 \cdot 203 \cdot 2{,}35}{200 \cdot 13} + 1 = 5{,}5 + 1 = 6{,}5\,\text{mm}.$$

Übrigens schreibt auch das Normblatt DIN 2451 für ein Rohr 200 NW und ND 40 bzw. ND 50 entsprechend den angegebenen Betriebsverhältnissen eine Wandstärke $s = 6{,}5$ mm vor.

Beispiel 2. Man bestimme für ein Rohr 150 NW bei 80 atü 500° C die Mindestabmessungen. Für diese Betriebsverhältnisse wählt man mit Rücksicht auf die hohe Betriebstemperatur einen legierten Sonderstahl, z. B. einen Chrom-Molybdän-Stahl, der bei 500° C eine Dauerstandfestigkeit $\sigma_{\text{Dauer}} = 15$ kg/mm² aufweist. Die Sicherheit setzt man hier, wenn keine besonders ungünstigen Zusatzbeanspruchungen durch Wärmedehnung zu erwarten sind, mit $S = 1{,}8$ ein. Somit ist nach Gleichung (16), wenn für den Außendurchmesser $D = 171$ mm eingesetzt wird,

$$s = \frac{80 \cdot 171 \cdot 1{,}8}{200 \cdot 15 + 2 \cdot 80 \cdot 1{,}8} + 1 = \frac{24600}{3288} + 1 = 7{,}5 + 1 = 8{,}5\,\text{mm}.$$

Der Vollständigkeit halber sei darauf hingewiesen, daß für *längsgeschweißte* Rohre noch ein Faktor, der die Sicherheitszahl der Schweißung darstellt, berücksichtigt werden muß. Die Gleichung (14) lautet dann für *geschweißte Rohre*

$$s = \frac{p \cdot d \cdot S}{200 \cdot \sigma_{0,2} \cdot v} + c \quad \text{in mm}. \tag{17}$$

Hierbei setzt man:

$v = 0{,}8$ für autogengeschweißte Rohre,

$v = 0{,}9$ für mittels Wassergas überlappt geschweißte Rohre.

Diese Angaben findet man auch im DIN 2413.

Auf Grund dieser Überlegungen sind vom Normenausschuß die Wandstärken für Rohre bis ND 100, d. h. bis 64 atü 400° C berechnet und in den Normblättern DIN 2450 für Stahl St 35.29 und DIN 2451 für Stahl St 45.29 festgelegt worden.

Bei normalen Betriebsverhältnissen wird man sich also die Mühe der Wandstärkenberechnungen ersparen können und die erforderlichen Abmessungen aus den genannten Normblättern unmittelbar entnehmen. In allen übrigen Fällen, insbesondere wenn die Betriebstemperatur über 400° C beträgt, ist es unerläßlich, für jeden einzelnen Fall die Wandstärke des Rohres nach den oben gegebenen Gesichtspunkten zu berechnen.

Für autogengeschweißte Rohre findet man für normale Betriebsverhältnisse bis ND 6 die Rohrabmessungen im Normblatt DIN 2454 und für wassergasüberlapptgeschweißte Rohre im Normblatt DIN 2453 bis ND 50.

Es muß gleich an dieser Stelle besonders betont werden, daß die vorhin abgeleitete Hauptgleichung (14) für die Wandstärke des Rohres auf der Annahme aufgebaut ist, daß die Verteilung der Spannungen innerhalb der Wand gleichmäßig ist. Diese Voraussetzung trifft für σ_t nicht zu, wie im Abschnitt III/2 nachgewiesen wird. Man darf also die Gleichung (14), die als sog. „Kesselformel" bekannt ist, nur bei genügend kleinem Verhältnis von Wandstärke zum Innendurchmesser $s/d \ll 0{,}1$, d. h. wenn die Wandstärke bedeutend weniger als $^1/_{10}$ des Innendurchmessers ausmacht, anwenden. Bei einem Verhältnis $s:d = 0{,}1$ ergibt die Gleichung (14) rd. 12% zu kleine Wandstärken, was verhängnisvoll werden kann, weil dieses Verhältnis bei starkwandigen Hochdruckrohren, also bei entsprechend hohen Betriebsverhältnissen, Bedeutung erlangt.

Auf diesen Umstand wurde erstmalig vom Verfasser in einer an die Vereinigung der Großkesselbesitzer e. V. (VGB) gerichteten Mitteilung im April 1938 hingewiesen. Im Abschnitt III/2 soll darauf näher eingegangen werden.

b) Die axiale oder längsgerichtete Beanspruchung in der Rohrwand, hervorgerufen durch den Innendruck, ist folgende.

Man muß sich die Rohrleitung als einen sehr langen, geschlossenen Behälter vorstellen. Schneidet man ein Rohr quer zur Achse durch, so muß man an der Schnittfläche Kräfte anbringen, die den durchschnittenen Zusammenhang des Werkstoffes ersetzen und den durch den Innendruck hervorgerufenen längsgerichteten Kräften das Gleichgewicht halten. Diese durch den Innendruck p bedingte Kraft P ist

$$P = \frac{\pi}{4} \cdot d^2 \cdot p.$$

Dieser Kraft steht ein Querschnitt des Rohres von

$$F = \frac{\pi}{4} \cdot (D^2 - d^2)$$

gegenüber.

Die axiale Beanspruchung im Rohrquerschnitt beträgt folglich

$$\sigma_a = \frac{\pi \cdot d^2 \cdot p \cdot 4}{4 \cdot \pi (D^2 - d^2)} = \frac{p \cdot d^2}{D^2 - d^2}.$$

Da $D^2 - d^2 = (D + d)(D - d) = (2d + 2s) \cdot 2s$ ist, geht vorstehende Gleichung in

$$\sigma_a = \frac{p \cdot d^2}{4(d + s)s} \tag{18}$$

über. Wenn die Abmessungen in mm, p in atü und die Spannung in kg/mm² ausgedrückt werden soll, lautet diese Gleichung

$$\underline{\sigma_a = \frac{p \cdot d^2}{400 \cdot (d + s)s} \text{ in kg/mm}^2.} \tag{18a}$$

Bei kleiner Wandstärke gegenüber dem Innendurchmesser kann man Gleichung (18) näherungsweise auch schreiben

$$\sigma_a \approx \frac{p \cdot d^2}{4 \cdot d \cdot s} = \frac{p \cdot d}{4 \cdot s}.$$

Daraus sieht man, daß die axialgerichteten Beanspruchungen in der Rohrwand nur ungefähr halb so groß sind, wie die Tangentialspannungen nach Gleichung (13). Für die Berechnung der Rohrwandstärke haben also die Axialspannungen keine Bedeutung. Sie spielen aber eine Rolle bei der Betrachtung der im Rohr herrschenden Gesamtspannungen einschließlich der Biegungsspannung durch die Wärmedehnung. Daher ist es wichtig, daß man diese Axialspannung für einen zu untersuchenden Fall ebenfalls berechnet.

c) In radialer Richtung entspricht die Beanspruchung dem Innendruck p, der ja in der gleichen Richtung wirkt. Diese Spannung ist aber nur an der Innenwand dem Werte nach so groß wie p. Nach der Mitte der Wandstärke zu nimmt die Radialspannung mehr und mehr ab und sinkt an der Außenfaser des Rohres auf Null herab.

Diese Beanspruchung stellt eine Druckspannung dar und wird daher negativ ausgedrückt

$$\sigma_r = -p \quad \text{in kg/cm}^2$$

oder

$$\sigma_r = -\frac{p}{100} \quad \text{in kg/mm}^2. \tag{19}$$

Auf der Außenseite des Rohres ist nach dem oben Gesagten $\sigma_r = 0$. Wie die Spannungsverteilung zwischen r_i und r_a verläuft, soll im nächsten Abschnitt behandelt werden.

Es seien nachstehend die vorhin ermittelten Spannungen nochmals zusammengefaßt, da sie bei der weiteren Behandlung des Stoffes von Wichtigkeit sind.

Die durch den Innendruck hervorgerufenen Beanspruchungen in der Rohrwand sind also folgende:

In tangentialer Richtung (mittlere Spannung)

$$\sigma_t = \frac{p \cdot d}{200 \cdot s} \text{ in kg/mm}^2. \tag{13a}$$

In axialer Richtung

$$\sigma_a = \frac{p \cdot d^2}{400\,(d+s)\,s} \text{ in kg/mm}^2. \tag{18a}$$

In radialer Richtung (nur an der Innenfaser!)

$$\sigma_r = -\frac{p}{100} \text{ in kg/mm}^2. \tag{19}$$

2. Wandstärkenberechnung für Sonderfälle und bei starkwandigen Rohren.

Bei der Berechnung der Wandstärke von Behältern mit Stutzenausschnitten ist nach den Bestimmungen des Zentralverbandes der

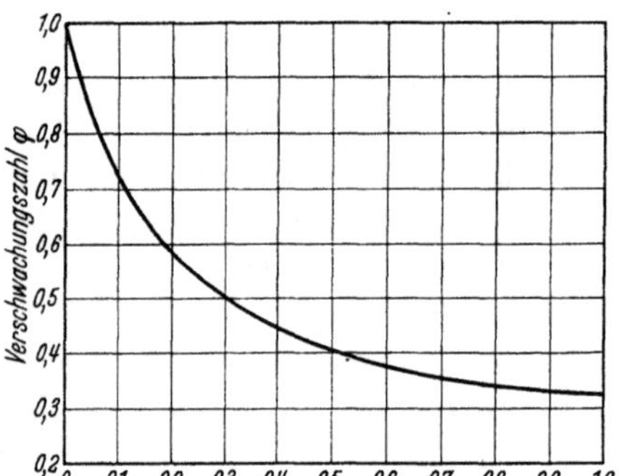

Abb. 10. Verschwächungszahl für Rohre mit Stutzenausschnitten.

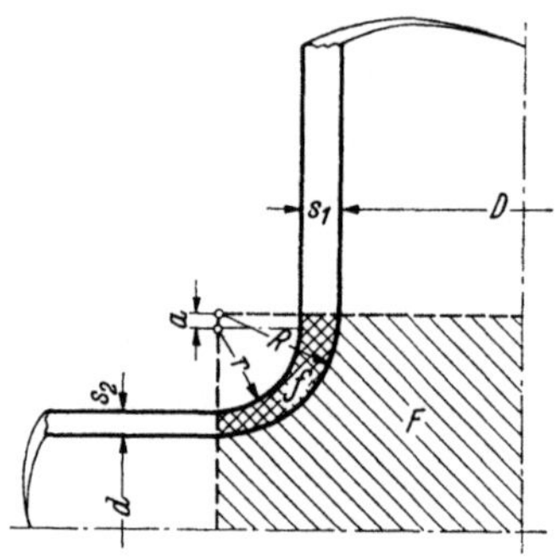

Abb. 11. Spannungsermittlung am Stutzenübergang.

Dampfkessel-Überwachungsvereine die Verschwächungszahl φ in Abhängigkeit vom Verhältnis des Stutzendurchmessers zum Manteldurchmesser zu berücksichtigen.

Die Gleichung (17) nimmt dann die Form an

$$s = \frac{p \cdot d \cdot S}{200 \cdot \sigma_{0,2} \cdot v \cdot \varphi} + c \quad \text{mm}, \tag{17a}$$

wobei die Verschwächungszahl φ aus Abb. 10 zu entnehmen ist.

In ähnlicher Weise muß auch die Wandstärke solcher Rohre nachgeprüft werden, die durch Ausschnitte für Abzweigstutzen geschwächt sind.

Die Untersuchung der an den Rändern der Stutzenausschnitte auftretenden Spannungserhöhung fällt mehr in das Gebiet des Behälterbaues. Es genügt daher der Hinweis auf das Schrifttum[1].

Hier soll lediglich ein einfaches Näherungsverfahren zur Berechnung von Spannungen am Übergang des Mantels zum Stutzen gezeigt werden.

Ist D der innere Manteldurchmesser und d der innere Stutzendurchmesser in cm nach Abb. 11 und p der innere Überdruck in atü, so ist die Spannung im Übergang mit den Halbmessern R und r von dem Verhältnis der Flächen F und f abhängig, und zwar

$$\sigma = p \cdot \frac{F}{f} \quad \text{in kg/cm}^2.$$

Die Flächen sind

$$F = \left(\frac{D}{2} + R\right) \cdot \left(\frac{d}{2} + R\right) - \frac{\pi}{4} R^2 \quad \text{cm}^2,$$

$$f = \frac{\pi}{4} R^2 - \left(\frac{\pi}{4} r^2 + r \cdot a\right) \quad \text{cm}^2,$$

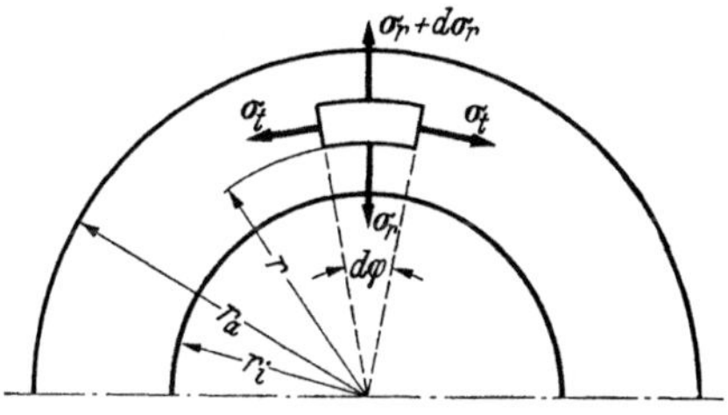

Abb. 12. Spannungen im Rohrquerschnitt.

wobei $a = R - r$ ist.

Die Beanspruchung ist also um so höher, je kleiner der Übergangsquerschnitt f, d. h. je schärfer der Stutzen auf dem Mantel aufgesetzt ist.

Jetzt sollen die Spannungsverhältnisse in starkwandigen Rohren untersucht werden.

Im Abschnitt III/1 wurde schon darauf hingewiesen, daß die dort angegebene Spannungsermittlung auf der Annahme aufgebaut ist, daß die Spannungen sich vollkommen gleichmäßig auf den tragenden Querschnitt verteilen.

Das ist jedoch, wie man sehen wird, nicht der Fall. Bei kleinem Verhältnis $s:d$ ist der durch diese Annahme gemachte Fehler unwesentlich. Er gewinnt jedoch an Bedeutung, je größer die Wandstärke s gegenüber dem Innendurchmesser d wird.

Nachstehend soll die ausführliche Entwicklung der genauen Beziehungen für die Spannungsgröße und Verteilung gegeben werden.

Nach Abb. 12 ist

$2 \cdot r_i$ = Innendurchmesser des Rohres,

$2 \cdot r_a$ = Außendurchmesser des Rohres, $\quad p$ = Innendruck.

Man denke sich aus der Wandstärke des Rohres ein Wandteilchen mit dem beliebigen Halbmesser r, der Stärke dr und der Länge dl herausgeschnitten, welches von zwei Radialebenen mit dem Öffnungswinkel $d\varphi$ begrenzt wird. An diesem Teilchen wirken folgende Spannungen (Abb. 12):

σ_t in tangentialer Richtung, $\quad \sigma_r$ in radialer Richtung.

In axialer Richtung mögen zunächst keine Spannungen vorliegen.

[1] SIEBEL, E. u. S. SCHWAIGERER: Neuere Untersuchungen an Dampfkesseln und Behältern. Berlin: VDI-Verlag 1940.

Nach den Gleichgewichtsbedingungen muß die Summe aller Kräfte in radialer Richtung gleich Null sein, d. h.

$$\sigma_r \cdot r \cdot d\varphi \cdot dl - (\sigma_r + d\sigma_r)(r + dr) \cdot d\varphi \cdot dl + 2 \cdot \sigma_t \cdot dr \cdot dl \cdot \sin\frac{d\varphi}{2} = 0 .$$

Da der Winkel $d\varphi$ sehr klein ist, kann man setzen

$$2 \sin\frac{d\varphi}{2} \approx d\varphi$$

und bekommt

$$\frac{d\sigma_r}{dr} \cdot r + d\sigma_r + \sigma_r - \sigma_t = 0 .$$

Der unendlich kleine Wert $d\sigma_r$ kann ebenfalls vernachlässigt werden, daher

$$\frac{d\sigma_r}{dr} \cdot r + \sigma_r - \sigma_t = 0 . \tag{I}$$

Auch die Betrachtung der Formänderung ergibt eine Beziehung zwischen σ_t und σ_r. Eine Verschiebung des Teilchens kann aus Symmetriegründen nur radial erfolgen und diese Verschiebung in radialer Richtung sei y. Dann ist die tangentiale Dehnung

$$\varepsilon_t = \frac{(r + y) \cdot d\varphi - r \cdot d\varphi}{r \cdot d\varphi} = \frac{y}{r} . \tag{II}$$

Nach der Verschiebung geht der Abstand der inneren Faser r in $r + y$ über. Der Abstand der äußeren Faser vergrößert sich von $r + dr$ auf $r + dr + y + dy$, so daß die radiale Stärke des Teilchens nach der Formänderung

$$(r + dr + y + dy) - (r + y) = dr + dy$$

wird. Somit ergibt sich als radiale Dehnung

$$\varepsilon_r = \frac{dr + dy - dr}{dr} = \frac{dy}{dr} . \tag{III}$$

Mit Rücksicht darauf, daß es sich hier um einen zweiachsigen Spannungszustand handelt, gilt:

$$\varepsilon_t = \frac{\sigma_t}{E} - \frac{\sigma_r}{m \cdot E} , \tag{IV}$$

$$\varepsilon_r = \frac{\sigma_r}{E} - \frac{\sigma_t}{m \cdot E} . \tag{V}$$

Diese beiden Beziehungen nach σ_t bzw. σ_r aufgelöst

$$\sigma_t = \frac{m^2}{m^2 - 1} \cdot E \left[\varepsilon_t + \frac{\varepsilon_r}{m}\right] ,$$

$$\sigma_r = \frac{m^2}{m^2 - 1} \cdot E \left[\varepsilon_r + \frac{\varepsilon_t}{m}\right]$$

und die Ausdrücke (IV) und (V) eingesetzt, erhält man

$$\sigma_t = \frac{m^2}{m^2-1} \cdot E\left[\frac{y}{r} + \frac{1}{m} \cdot \frac{dy}{dr}\right], \tag{VI}$$

$$\sigma_r = \frac{m^2}{m^2-1} \cdot E\left[\frac{dy}{dr} + \frac{1}{m} \cdot \frac{dy}{dr}\right]. \tag{VII}$$

Man bildet jetzt den Differentialquotient

$$\frac{d\sigma_r}{dr} = \frac{m^2}{m^2-1} \cdot E\left[\frac{d^2y}{dr^2} + \frac{1}{m} \cdot \frac{\frac{dy}{dr} \cdot r - y}{r^2}\right]. \tag{VIII}$$

Die Beziehungen (VI), (VII) und (VIII) in (I) eingesetzt

$$\frac{m^2}{m^2-1}\left[\frac{d^2y}{dr^2}\, r + \frac{1}{m}\frac{dy}{dr} - \frac{1}{m}\frac{y}{r} + \frac{dy}{dr} + \frac{1}{m}\frac{y}{r} - \frac{y}{r} - \frac{1}{m}\frac{dy}{dr}\right] = 0$$

und gekürzt

$$\frac{d^2y}{dr^2}\, r + \frac{dy}{dr} - \frac{y}{r} = 0. \tag{IX}$$

Die Lösung dieser homogenen Differentialgleichung zweiter Ordnung ist nach Hütte (26. Aufl., S. 101)

$$y = C_1 \cdot r + C_2 \cdot \frac{1}{r}. \tag{X}$$

Diese Lösung in den Ausdruck (VII) eingesetzt

$$\left.\begin{aligned} \sigma_r &= \frac{m^2}{m^2-1} \cdot E\left[C_1 - \frac{C_2}{r^2} + \frac{1}{m}\, C_1 + \frac{1}{m}\, C_2\, \frac{1}{r^2}\right] \\ &= \frac{m^2}{m^2-1} \cdot E\left[C_1\, \frac{m+1}{m} - \frac{C_2}{r^2} \cdot \frac{m-1}{m}\right]. \end{aligned}\right\} \tag{XI}$$

Die Festwerte C_1 und C_2 lassen sich durch die bekannten Randbedingungen ermitteln, und zwar muß

fur $\qquad r = r_i \qquad \sigma_r = -p$

und für $\qquad r = r_a \qquad \sigma_r = 0$

sein, also

$$\sigma_{r_i} = \frac{m^2}{m^2-1}\, E\left[C_1 \cdot \frac{m+1}{m} - \frac{C_2}{r_i^2}\, \frac{m-1}{m}\right] = -p,$$

$$\sigma_{r_a} = \frac{m^2}{m^2-1}\, E\left[C_1 \cdot \frac{m+1}{m} - \frac{C_2}{r_a^2}\, \frac{m-1}{m}\right] = 0;$$

daraus ergeben sich

$$C_1 = \frac{m+1}{m \cdot E} \cdot p \cdot \frac{r_a^2 \cdot r_i^2}{r_a^2 - r_i^2},$$

$$C_2 = \frac{m-1}{m \cdot E} \cdot p \cdot \frac{r_i^2}{r_a^2 - r_i^2}.$$

Diese Werte in Gleichung (XI) eingesetzt, bekommt man

$$\sigma_r = \frac{m^2}{m^2-1} \cdot E \left[\frac{m^2-1}{m^2 \cdot E} \cdot p \cdot \frac{r_i^2}{r_a^2 - r_i^2} - \frac{m^2-1}{m^2 \cdot E} \cdot p \cdot \frac{r_a^2 \cdot r_i^2}{r_a^2 - r_i^2} \cdot \frac{1}{r^2}\right],$$

$$\sigma_r = p \cdot \left[\frac{r_i^2}{r_a^2 - r_i^2} - \frac{r_a^2 \cdot r_i^2}{r_a^2 - r_i^2} \cdot \frac{1}{r^2}\right] \tag{20}$$

und ebenso aus Gleichung (I)

$$\sigma_t = p \cdot \left[\frac{r_i^2}{r_a^2 - r_i^2} + \frac{r_a^2 \cdot r_i^2}{r_a^2 - r_i^2} \cdot \frac{1}{r^2}\right]. \tag{21}$$

Die Radialspannung σ_r bewegt sich, wie es schon durch die Randbedingungen festgelegt wurde, in den Grenzen zwischen $-p$ und 0, ist also relativ klein. Wo liegt aber der Höchstwert der Umfangsspannung σ_t?

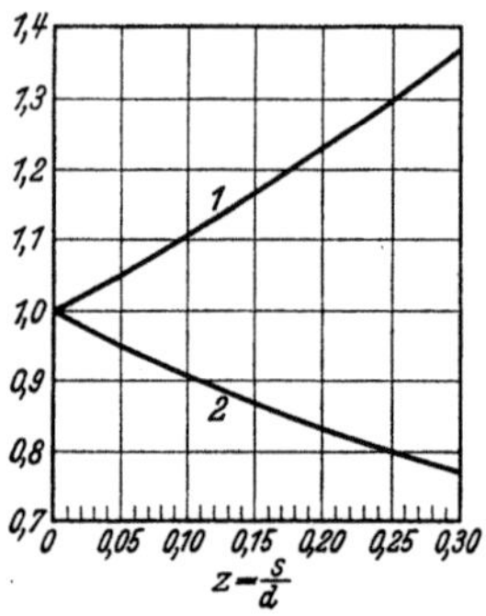

Abb. 13. Verhältnis der wirklichen tangentialen Randspannung zur mittleren Umfangsspannung.

Setzen wir zunächst $r = r_i$

$$\sigma_{t_i} = p \cdot \frac{r_a^2 + r_i^2}{r_a^2 - r_i^2} \quad \text{kg/cm}^2 \tag{22}$$

und dann $r = r_a$

$$\sigma_{t_a} = p \cdot \frac{2 \cdot r_i^2}{r_a^2 - r_i^2} \quad \text{kg/cm}^2. \tag{23}$$

Es ist also sowohl σ_{t_i} als auch σ_{t_a} positiv, d. h. es handelt sich bei σ_t um eine Zugspannung.

Zieht man σ_{t_a} von σ_{t_i} ab, so wird

$$\sigma_{t_i} - \sigma_{t_a} = p \left[\frac{r_a^2 + r_i^2 - 2 r_i^2}{r_a^2 - r_i^2}\right] = p.$$

σ_{t_a} ist also der Höchstwert der Umfangsspannung, wobei der Unterschied zwischen σ_{t_i} und σ_{t_a} genau gleich p ist.

Daraus erkennt man, daß die Umfangsspannung, die wir im Abschnitt III/1 als gleichmäßig verteilt angenommen haben, in Wirklichkeit auf der Innenseite des Rohres ihren Höchstwert besitzt und nach der Außenfaser zu abfällt.

Wie groß der Fehler ist, den man bei der Annahme gleichmäßig verteilter Spannung macht, zeigt Abb. 13. Darin stellt die Linie 1 das Verhältnis der Umfangsspannung σ_{t_i} an der Innenfaser und die Linie 2 das Verhältnis der Umfangsspannung σ_{t_a} an der Außenfaser zu der mittleren Tangentialspannung σ_{t_m} [nach Gleichung (13)] in Abhängigkeit vom Verhältnis $s:d$ dar. Je größer danach die Wandstärke im Vergleich zum Innendurchmesser ist, was bei starkwandigen Hochdruckrohren besonders in Erscheinung tritt, um so größer ist die Ungenauigkeit der Gleichung (13) für die Beurteilung der tatsächlichen Spannungsverteilung.

Auf Grund dieser Tatsache wurde vom Verfasser im Jahre 1938 bei der Vereinigung der Großkesselbesitzer e.V. (VGB) angeregt, bei der Berechnung starkwandiger Rohre — insbesondere solcher für Höchstdruckdampfleitungen — die bisher übliche, auf der mittleren Umfangsspannung aufgebaute sog. „Kesselformel" fallen zu lassen. Statt dessen sollte von einem Verhältnis $s:d \geqq 0{,}08$ ab die BACHsche Formel

$$\sigma_{v\,2} = p \cdot \frac{1{,}3 \cdot r_a^2 + 0{,}4 \cdot r_i^2}{r_a^2 - r_i^2} \tag{24}$$

für die Berechnung der Rohre zugrunde gelegt werden.

Diese Formel von BACH ist allerdings auf der Dehnungshypothese[1] aufgebaut, die nach den neueren Forschungen nicht mehr haltbar erscheint.

Auf Grund der vom Verfasser gegebenen Anregung wurde von Prof. E. SIEBEL, MPA Stuttgart, in der Erkenntnis, daß die Kesselformel bei starkwandigen Rohren tatsächlich zu geringe Werte ergibt, ein anderer Vorschlag gemacht.

Die mittlere Umfangsspannung ist nach der Kesselformel [Gleichung (13)]

$$\sigma_{t_m} = \frac{p \cdot d}{2 \cdot s}.$$

Die Radialspannung ist, wie gezeigt wurde, an der Innenseite des Rohres gleich $-p$ und an der Außenseite gleich Null. Als mittlere Radialspannung erhält man also

$$\sigma_{r_m} = -\frac{1}{2} p.$$

Unter Zugrundelegung der Schubspannungshypothese[1], die den Einfluß der Querspannungen in genügender Weise berücksichtigt, wird die maßgebende Spannung

$$\left.\begin{aligned} \sigma_{v_{\text{Siebel}}} &= \sigma_{t_m} - \sigma_{r_m} = \frac{p \cdot (d+s)}{2 \cdot s} \quad \text{kg/cm}^2 \\ &= \frac{p\,(d+s)}{200 \cdot s} \quad \text{in kg/mm}^2. \end{aligned}\right\} \tag{25}$$

Man sieht, daß im Zähler an Stelle des Innendurchmessers d der mittlere Rohrdurchmesser $d+s$ eingesetzt wird.

Diese Formel lautet nach s aufgelöst

$$s = \frac{p \cdot d}{200 \dfrac{\sigma_{\text{Dauer}}}{S} - p} \quad \text{in mm,} \tag{26}$$

[1] Siehe Abschnitt B IV 2.

bzw. unter Benutzung des Außendurchmessers D

$$s = \frac{p \cdot D}{200 \frac{\sigma_{\text{Dauer}}}{S} + p} \quad \text{in mm,} \tag{27}$$

darin bedeutet S die Sicherheit gegenüber der Dauerstandfestigkeit (s. Abschnitt II/3).

Um sich ein besseres Bild von den Unterschieden in der Berechnungsweise machen zu können, wurden in Abb. 14 die Linien für das Ver-

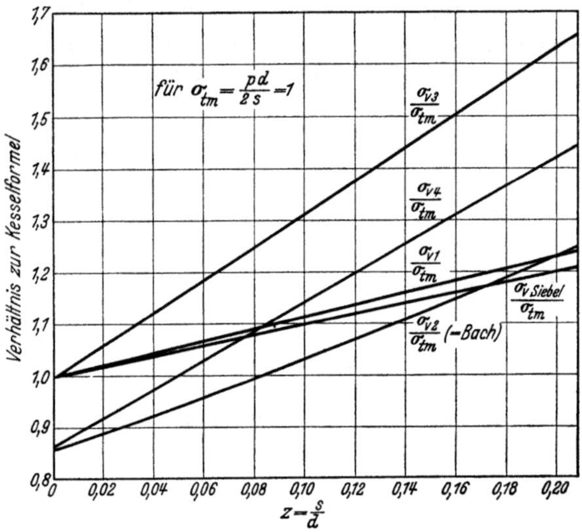

Abb. 14. Vergleich der Bezugsspannungen mit der mittleren Umfangsspannung σ_{tm}.

hältnis der einzelnen Bezugsspannungen zur mittleren Umfangsspannung als Funktion von $s : d$ aufgetragen.

Darin bedeuten:

die Linie $\sigma_{v_1}/\sigma_{t_m}$ = Verhältnis der Bezugsspannung nach der Größtspannungshypothese[1];

die Linie $\sigma_{v_2}/\sigma_{t_m}$ = Verhältnis der Bezugsspannung nach der Größtdehnungshypothese[1] (von BACH).

die Linie $\sigma_{v_3}/\sigma_{t_m}$ = Verhältnis der Bezugsspannung nach der Schubspannungshypothese;

die Linie $\sigma_{v_4}/\sigma_{t_m}$ = das Verhältnis der Bezugsspannung nach der Gestaltsänderungs-Energiehypothese[1];

die Linie $\sigma_{v\,\text{Siebel}}/\sigma_{t_m}$ = das Verhältnis der Bezugsspannung nach dem Vorschlag von SIEBEL.

---

[1] Siehe Abschnitt B IV 2.

Sämtliche Linien sind auf die mittlere Umfangsspannung

$$\sigma_{t_m} = \frac{p \cdot d}{2 \cdot s} = 1$$

bezogen.

Die nähere Erläuterung der verschiedenen Hypothesen erfolgt im Abschnitt B IV 2.

Aus der Abb. 14 sieht man, daß die nach dem Vorschlag von SIEBEL errechnete Bezugsspannung sich kaum merklich von der Bezugsspannung nach der Größtspannungshypothese unterscheidet. Letztere besagt aber, daß die größte auftretende Spannung als Bezugswert dient. Die größte durch den Innendruck im Rohr hervorgerufene Spannung ist aber die Tangentialspannung σ_{t_i} am Innenrand.

Neben der von SIEBEL vorgeschlagenen Gleichung (25) kann also mit demselben Erfolg auch die Gleichung (22)

$$\sigma_{\max} = \sigma_{t_i} = p \frac{r_a^2 + r_i^2}{r_a^2 - r_i^2} \quad \text{kg/cm}^2$$

für die Berechnung starkwandiger Rohre benutzt werden.

Diese Gleichung (22) lautet nach s aufgelöst

$$s = \frac{d}{2}\left[\sqrt{\frac{100 \cdot k_{\text{zul}} + p}{100 \cdot k_{\text{zul}} - p}} - 1\right] + c \quad \text{in mm}, \tag{28}$$

wobei $k_{\text{zul}} = \frac{\sigma_{\text{Dauer}}}{S}$ = zulässige Beanspruchung in kg/mm² ist.

Es sei an dieser Stelle darauf hingewiesen, daß bei der Berechnung der Rohrwandstärke auf die Wandstärkentoleranz, die durch die Abweichungen bei der Herstellung bedingt ist, Rücksicht genommen werden muß. Während im Bereich der normalen und mittleren Wandstärken der in Gleichung (15) angegebene Zuschlag c diese Toleranzen in genügender Weise berücksichtigt, ist bei starkwandigen Rohren für Höchstdruckdampfleitungen der Zuschlag c nicht mehr ausreichend. Die zulässigen Herstellungsabweichungen sind im Normblatt DIN 1629 festgelegt und betragen:

für Rohrwandungen über 50% größer als Normalwand

bis 133 mm Außendurchmesser ± 13% Toleranz,
über 133 bis 318 mm Außendurchmesser ± 15% Toleranz,
über 318 mm Außendurchmesser ± 18% Toleranz.

Um diesen Abweichungen Rechnung zu tragen, muß also — je nach den ermittelten Abmessungen — zu der nach den Gleichungen (26), (27) oder (28) berechneten Mindestwandstärke ein entsprechender Zuschlag gemacht werden.

Dieser **Zuschlag** beträgt im Hinblick auf die Toleranz:

bis 133 mm Außendurchmesser + mindestens 15%,
über 133 bis 318 mm Außendurchmesser + mindestens 18%,
über 318 mm Außendurchmesser + mindestens 22%.

Ein weiterer Zuschlag c für Abrosten usw. braucht dann nicht mehr zu erfolgen.

Auf diese Weise erhält man die sog. **Mittelwandstärke**, die auch bei Inanspruchnahme der größten nach DIN 1629 zulässigen Minustoleranz nicht unter den Wert der Mindestwandstärke absinken kann.

Die Abb. 15 ermöglicht das unmittelbare Ablesen der erforderlichen Rohrwandstärke für verschiedene Durchmesser, Drücke und Temperaturen unter Zugrundelegung der gebräuchlichsten Rohrwerkstoffe. Die Abb. 15 ist aus der Gleichung (27) für Temperaturen von 400° C und mehr entwickelt. Als Sicherheitszahl wurde $S = 1{,}8$ gegenüber der Dauerstandfestigkeit eingesetzt. Der Zuschlag für die Herstellungstoleranzen ist ebenfalls berücksichtigt, so daß unmittelbar die **Mittelwandstärke** abgelesen wird.

Beispiel 3. Es ist die Wandstärke für ein Rohr 150 NW für 80 atü 450° C zu bestimmen.

Als Werkstoff käme ein Cu-Mo-Stahl in Frage, dessen Dauerstandfestigkeit 15 kg/mm² bei 450° C beträgt. Für die Sicherheit sei $S = 1{,}9$ zugrunde gelegt.

$$k_{\text{zul}} = \frac{\sigma_{\text{Dauer}}}{S} = \frac{15}{1{,}9} = 7{,}9 \text{ kg/mm}^2.$$

Nach der Gleichung (28) ist dann

$$s = \frac{150}{2}\left[\sqrt{\frac{100 \cdot 7{,}9 + 80}{100 \cdot 7{,}9 - 80}} - 1\right] + c$$

$$= 75 \cdot \left[\sqrt{1{,}226} - 1\right] + c = 75 \cdot 0{,}107 + c = 8 + c.$$

Der Zuschlag ist hierfür $c = 18\%$ also

$$s = 8 + 18\% = \text{rd. } \underline{9{,}5 \text{ mm}}.$$

Nach Abb. 15 ergibt sich für die gleichen Betriebsverhältnisse genau dieselbe Wandstärke, wenn man $D = 171$ mm verwendet.

Vergleicht man die in Beispiel 2 für die gleichen Betriebsverhältnisse ermittelte Wandstärke mit dem vorhin berechneten Wert für s, so wird man feststellen, daß schon bei einem Verhältnis $s:d = 9{,}5:150 = 0{,}0635$ ein Unterschied von 1 mm in der Wandstärke auftritt. Das beweist die Richtigkeit der Behauptung, daß bei starkwandigen Rohren die Anwendung der normalen „Kesselformel" zu geringe Wandstärken ergibt und daher die genauere Berechnungsweise nach Gleichung (27) oder (28) unbedingt ratsam erscheint.

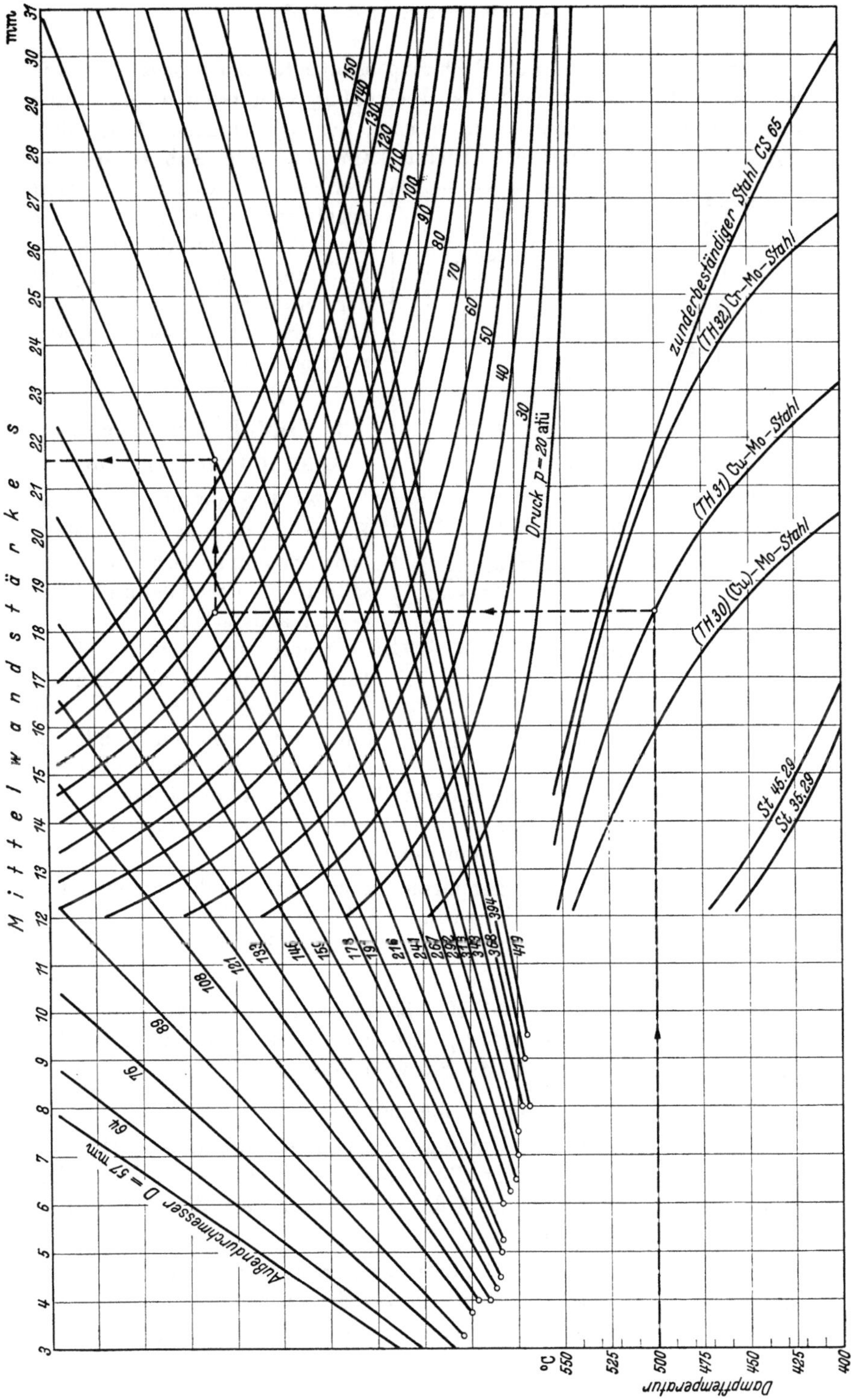

Abb. 15. Linientafel zum Ablesen der Mittelwandstärke.

Zur Prüfung einer durch Rechnung ermittelten oder sonst irgendwie gegebenen Rohrwandstärke ist es zweckmäßig, die durch den Innendruck hervorgerufenen Beanspruchungen nach den Gleichungen (18a), (19), (22) und (23) zu ermitteln. Hierzu kann auch die Abb. 16 benutzt werden, indem man zu dem gegebenen Verhältnis $z = s:d$ die Faktoren für die einzelnen Spannungen σ_{ti}, σ_{ta} und σ_a aus der Abb. 16 abliest und sie mit dem Innendruck p in atü multipliziert.

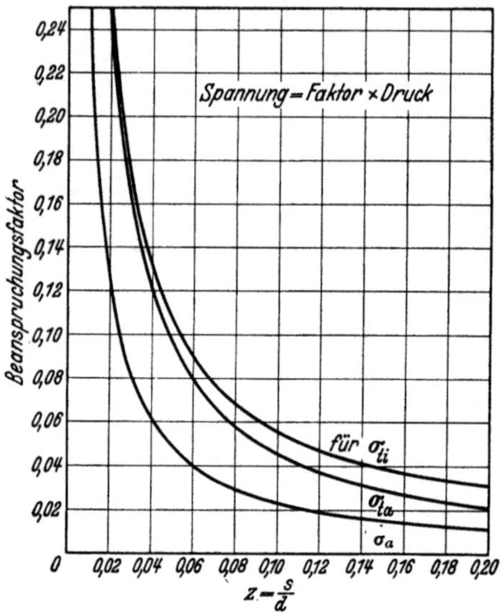

Abb. 16. Spannungen durch den Innendruck in der Rohrwand σ_{ti} nach Gleichung (22), σ_{ta} nach Gleichung (23), σ_a nach Gleichung (18a) in kg/mm².

3. Einfluß der Wärmespannungen im Rohr.

Der Wärmefluß durch die Rohrwand bedingt einen zusätzlichen Spannungszustand in derselben. Bei normalen und mittleren Wandstärken dürfte dieser Umstand kaum eine merkliche Rolle spielen, da der Temperaturunterschied zwischen der inneren und äußeren Wandfaser nur gering sein wird. Dagegen kann der Temperaturunterschied bei starkwandigen Rohren schon 5 bis 10° betragen, so daß es sich immerhin lohnt, die dadurch bedingten Spannungsverhältnisse genauer zu untersuchen.

Die Entwicklung der Beziehungen für die auftretenden Spannungen wird erst im Abschnitt C III 3 ausführlich behandelt. Hier seien nur die endgültigen Formeln für die Spannungen angegeben und die Wirkung derselben erläutert.

Wie im späteren Abschnitt C III 3 bewiesen wird, treten auf Grund des Temperaturunterschiedes $(t_i - t_a)$ zwischen innen und außen in der Rohrwand sog. Schrumpfspannungen auf.

Die Spannungsverteilung ist folgende:

a) Die Tangential- oder Umfangsspannung ist innen negativ (Druckspannung) und außen positiv (Zugspannung). Etwa in der Mitte der Rohrwand ist die Spannung Null. Der Höchstwert der Tangentialspannung ist an der Innenfaser.

b) Die Radialspannung ist durchweg negativ (Druckspannung) und ist sowohl an der Innen- als auch an der Außenfaser gleich Null. Der absolute Wert der Radialspannung ist gegenüber demjenigen der

Umfangspannung sehr gering und kann daher im vorliegenden Falle vernachlässigt werden.

Für die Tangentialspannung gelten folgende Beziehungen:
an der Innenfaser (Druckspannung):

$$\sigma_{t_{wi}} = -\frac{E \cdot \varepsilon \cdot (t_i - t_a)}{300} \cdot \frac{1{,}5 + 2z}{1 + z} \text{ kg/mm}^2, \tag{29}$$

an der Außenfaser (Zugspannung):

$$\sigma_{t_{wa}} = \frac{E \cdot \varepsilon \cdot (t_i - t_a)}{300} \cdot \frac{1{,}5 + z}{1 + z} \text{ kg/mm}^2. \tag{30}$$

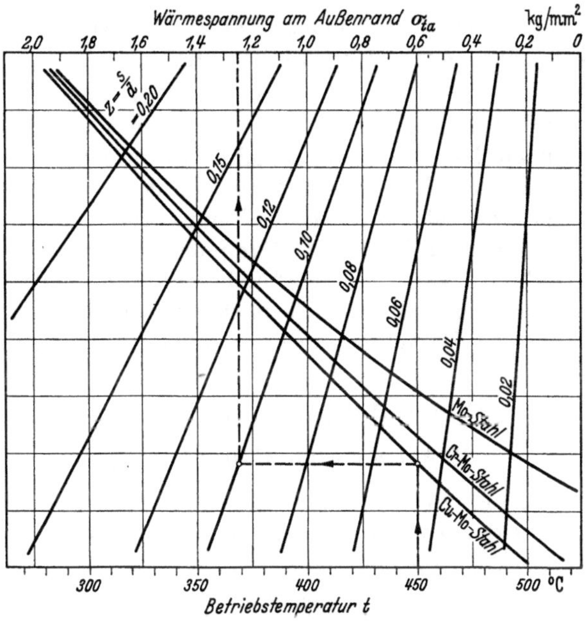

Abb. 17. Linientafel zur Ermittlung der Temperaturspannung in der Rohrwand.

Darin bedeuten:

E = Elastizitätsmodul in kg/cm² bei Betriebstemperatur,

ε = Wärmedehnungszahl in cm/cm° C bei Betriebstemperatur aus Abb. 31,

$t_i - t_a$ = Temperaturunterschied in ° C zwischen Innen- und Außenfaser,

$z = \frac{s}{d}$ = Verhältnis $\frac{\text{Wandstärke}}{\text{Innendurchmesser}}$.

Beispiel 4. Für ein Rohr 200 NW und $s = 20$ mm sollen bei 500 ° C Betriebstemperatur die Wärmespannungen berechnet werden. Der Temperaturunterschied innerhalb der Rohrwand sei $t_i - t_a = 10°$ C.

$E = 1{,}76 \cdot 10^6$ kg/cm² für einen Cr-Mo-Stahl,

$\varepsilon = 15{,}65 \cdot 10^{-6}$ cm/cm °C für einen Cr-Mo-Stahl,

$z = \frac{20}{200} = 0{,}1$.

Eingesetzt in die Gleichungen (29) und (30)

$$\sigma_{t_{wi}} = -\frac{1{,}76 \cdot 10^6 \cdot 15{,}65 \cdot 10}{10^6 \cdot 300} \cdot \frac{1{,}5 + 0{,}2}{1 + 0{,}1} = -1{,}42 \text{ kg/mm}^2,$$

$$\sigma_{t_{wa}} = \frac{1{,}76 \cdot 10^6 \cdot 15{,}65 \cdot 10}{10^6 \cdot 300} \cdot \frac{1{,}5 + 0{,}1}{1 + 0{,}1} = 1{,}33 \text{ kg/mm}^2.$$

Wie man sieht, sind die Spannungen nicht unbedeutend und müssen in kritischen Fällen mitberücksichtigt werden.

Um für solche Fälle die Ermittlung der Wärmespannungen zu erleichtern, wurde die Abb. 17 entworfen. Diese ermöglicht die durch den Temperaturunterschied in der Rohrwand hervorgerufene Beanspruchung für verschiedene Verhältnisse unmittelbar abzulesen. Diese Abbildung ist auf der Annahme aufgebaut, daß der Temperaturunterschied zwischen Innen- und Außenfaser bei 500° C Dampftemperatur und einem Verhältnis $z = s : d = 0{,}1$ $\Delta t = t_i - t_a = 10°$ C beträgt. Für andere Betriebstemperaturen ist Δt in einer wahrscheinlich verhältnisgleichen Abhängigkeit von z und der Dampftemperatur zugrunde gelegt worden.

IV. Die Wärmedehnung und ihr Ausgleich.

1. Allgemeine Grundlagen.

Während der Innendruck eine unmittelbare Beanspruchung des Rohres hervorruft, wird durch die Wärme des durchströmenden Dampfes eine mittelbar auftretende Spannung erzeugt.

Bekanntlich dehnen sich die Metalle bei der Erwärmung aus. Die Ausdehnung ist verhältnisgleich der Länge und nahezu verhältnisgleich der Temperatur. Für die Wärmeausdehnung gilt allgemein folgende Beziehung

$$\alpha = a \cdot t + b \cdot t^2 *,$$

wobei a und b die dem Werkstoff eigenen Festwerte sind. Für normalen unlegierten Kohlenstoffstahl gilt

$$\alpha = 11{,}18 \cdot 10^{-6} \cdot t + 0{,}0053 \cdot 10^{-6} \cdot t^2 \text{ cm/cm}.$$

Die Wärmeausdehnung erfolgt natürlich räumlich, jedoch interessiert uns zunächst nur die lineare Ausdehnung.

* Die Wärmeausdehnung α steht zur Wärmeausdehnungszahl ε (aus Abb. 31) in der Beziehung $\alpha = \varepsilon \cdot t$.

Ein gerades Rohr wird sich in der Verlängerung seiner Achse ausdehnen. In welcher Richtung dehnt sich aber unter dem Einfluß der Erwärmung ein irgendwie gebogenes System aus?

Der Bogen AB (Abb. 18) stellt die Achse eines gebogenen Rohres mit dem Halbmesser r und dem Winkel β dar. Das Bogenelement ds kann bei unendlicher Kleinheit des Winkels $d\varphi$ als gerade angesehen werden. Es dehnt sich infolgedessen in seiner Richtung um den Betrag

$$\alpha \cdot ds = \alpha \cdot r \cdot d\varphi$$

aus. Zerlegt man das Bogenelement ds in zwei Komponenten (Abb. 18 rechts), so ergeben sich auch zwei zugehörige Komponenten der Wärmeausdehnung, und zwar

$$\alpha \cdot ds \cdot \sin\varphi = \alpha \cdot r \cdot \sin\varphi \cdot d\varphi \text{ in der } x\text{-Richtung},$$

$$\alpha \cdot ds \cdot \cos\varphi = \alpha \cdot r \cdot \cos\varphi \cdot d\varphi \text{ in der } y\text{-Richtung}.$$

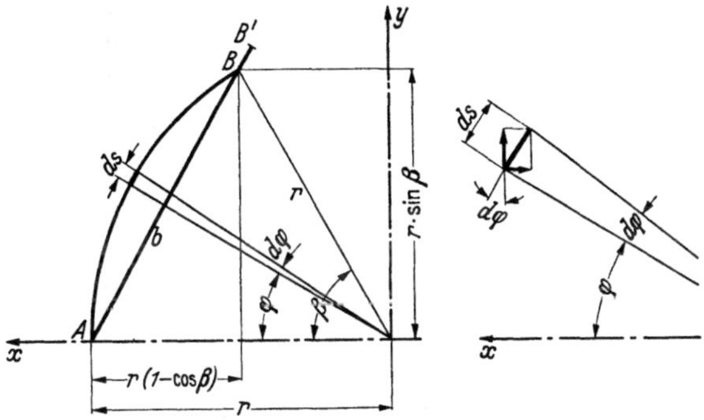

Abb. 18. Richtung und Größe der Wärmeausdehnung.

Die Summe der Wärmedehnungen der Komponenten ergibt auch die Gesamtdehnung des Bogens AB.

$$\int_0^\beta \alpha \cdot r \cdot \sin\varphi \cdot d\varphi = \alpha \cdot r\,[-\cos\varphi]_0^\beta = \alpha \cdot r\,(1 - \cos\beta),$$

$$\int_0^\beta \alpha \cdot r \cdot \cos\varphi \cdot d\varphi = \alpha \cdot r\,[\sin\varphi]_0^\beta = \alpha \cdot r \sin\beta.$$

Beim Vergleich mit der Abb. 18 stellt man fest, daß diese Werte die Wärmedehnungen der Komponenten der Bogensehne b darstellen. Das heißt also, daß das Bogenende B bei der Erwärmung (falls A fest eingespannt gedacht ist) in der Richtung der Bogensehne um den Betrag $\alpha \cdot b$ wandern würde, denn

$$\sqrt{[\alpha \cdot r\,(1 - \cos\beta)]^2 + [\alpha \cdot r \cdot \sin\beta]^2} = \alpha \cdot b.$$

Das heißt weiter, daß jedes System, ganz gleich wie es geformt ist, sich in der Richtung der Verbindungslinie seiner Endpunkte ausdehnt (siehe Abb. 19) und daß die Größe der Wärmedehnung durch das Produkt aus Wärmedehnungszahl und geradem Abstand der Endpunkte des Systems bestimmt wird.

Im folgenden sind vorwiegend die sog. „verhinderten" Wärmedehnungen zu berücksichtigen. Die einzelnen Teile eines Rohrleitungssystems (gerade Schenkel und Bogen) dehnen sich unter dem Einfluß der Wärme tatsächlich aus. Die Endpunkte des Systems müssen aber auf ihrem Platz verharren, denn sie sind entweder als Festpunkte durch entsprechende Eisenkonstruktionen an Gebäudemauern usw. gebunden oder durch den Anschluß an Maschinen, Kessel bzw. Apparate in ihrer Lage festgehalten.

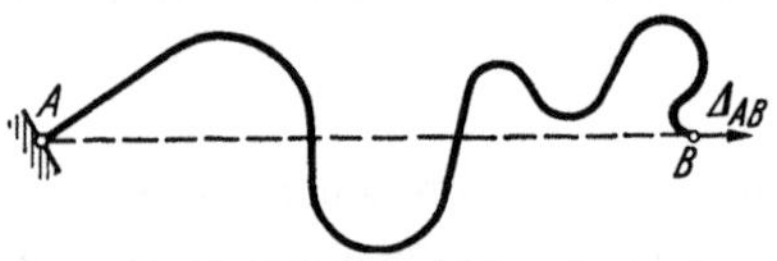

Abb. 19. Beliebiges Rohrsystem.

Verbindet man zwei an sich festliegende Punkte, z. B. Kesselaustrittstutzen und Turbineneintrittstutzen mittels einer ganz geraden Leitung, so würden beim Erwärmen der Leitung — falls diese am Ausknicken gehindert ist — außerordentlich hohe Kräfte und Beanspruchungen auftreten.

So würde bei einer Erwärmung auf 100° C schon eine Spannung im Werkstoff von

$$\sigma = \frac{\Delta l}{l} \cdot E = \frac{1{,}2}{1000} \cdot 2000000 = 2400 \text{ kg/cm}^2$$

wirken. Ein Rohr von 200 NW = 216 · 8 mm würde eine Kraft von

$$P = 53 \cdot 2400 = 127000 \text{ kg}$$

auf die Festpunkte ausüben.

Da weder solche Beanspruchungen noch viel weniger solche Kräfte zugelassen werden können, weil sie die angeschlossenen Maschinen und Apparate gefährden würden, muß der zwischen zwei festen Punkten befindlichen Rohrleitung die Möglichkeit gegeben werden, sich entsprechend auszudehnen.

Man unterscheidet zwei Arten des Dehnungsausgleiches:

a) künstlicher Dehnungsausgleich,

b) natürlicher Dehnungsausgleich.

Diese beiden Arten werden in den nächsten Abschnitten besprochen.

2. Künstlicher Dehnungsausgleich.

Unter künstlichem Dehnungsausgleich versteht man die Einschaltung von besonderen dafür geschaffenen Vorrichtungen — sog. Dehnungskompensatoren oder Dehnungsausgleichern — in die der Wärmedehnung unterworfene Rohrleitung. Man kennt sehr viele Arten von Dehnungsausgleichern, und zwar:

a) Stopfbüchsausgleicher entlasteter und nichtentlasteter Art,
b) Linsenausgleicher,
c) Metallschlauchausgleicher,
d) Kugelgelenkausgleicher,
e) Lyrabogenausgleicher.

Von diesen Ausgleichern interessieren im Rahmen dieses Buches nur die Lyrabogen, weil sie auf der elastischen Verformung von entsprechend ausgebildeten Rohrbogen aufgebaut sind. Diese Lyraausgleicher werden später genauer behandelt.

Die Bauart und Wirkungsweise der meisten übrigen Arten wird als bekannt vorausgesetzt[1]. Es sollen aber die maßgebenden Gesichtspunkte beim Einbau dieser Ausgleicher besprochen und die durch sie hervorgerufenen Kräfte kurz erläutert werden.

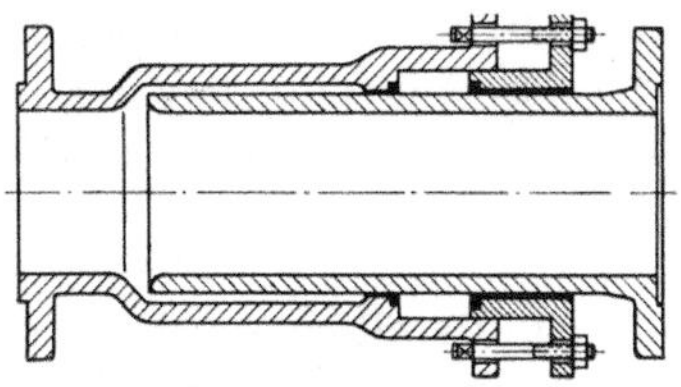

Abb. 20. Stopfbüchsausgleicher ohne Entlastung.

a) Stopfbüchsenausgleicher.

Diese werden bei hohen Betriebsdrücken nicht verwendet, erst recht nicht, wenn es sich um die **unentlastete** Bauart handelt (s. Abb. 20). Der Rückdruck durch die Stopfbüchse ist bei unentlasteten Ausgleichern größerer Abmessungen recht be-

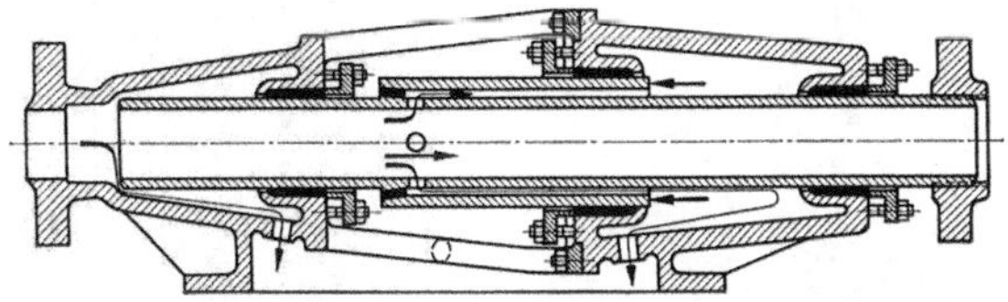

Abb. 21. Entlasteter Stopfbüchsausgleicher, Bauart Seiffert.

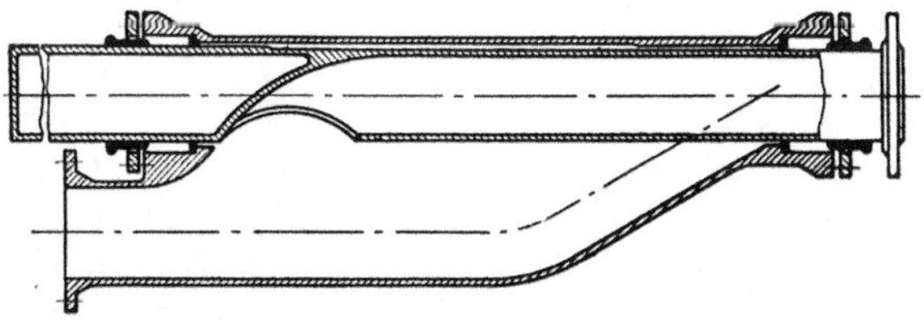

Abb. 22. Entlasteter Stopfbüchsausgleicher, Bauart Vereinigter Rohrleitungsbau.

trächtlich. Seine Größe wird durch die lichte Weite d des Stopfbüchsrohres und durch den Innendruck p bestimmt, und zwar:

$$\text{Rückdruck } P = p \cdot \frac{\pi}{4} d^2 \text{ in kg,}$$

[1] Siehe auch Schwedler-v. Jürgensonn: Handbuch der Rohrleitungen, 2. Aufl. Berlin: Julius Springer 1939.

wenn d in cm eingesetzt wird. Bei 15 atü und 350 NW ergibt sich schon die sehr beachtliche Kraft von 14400 kg.

Die Stopfbüchsausgleicher bedingen daher sehr kräftige Festpunkte. Die entlastete Bauart vermeidet diesen Nachteil durch eine besondere Ausführung (Abb. 21 und 22).

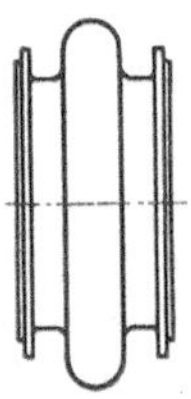

Abb. 23. Linsenausgleicher.

b) Linsenausgleicher.

Diese Art wird nur in Niederdruckleitungen verwendet (Abb. 23). Für sie gilt in bezug auf den Rückdruck das gleiche wie für den Stopfbüchsausgleicher. Nur muß hier für die Berechnung der rückwirkenden Kraft nicht der Rohrdurchmesser, sondern der größte innere Linsendurchmesser eingesetzt werden. Die Aufnahmefähigkeit beträgt je Linse etwa 10 bis 12 mm. Mehrere hintereinandergeschaltete Linsen vergrößern die Aufnahmefähigkeit des Ausgleichersystems. Die Anzahl der Linsen spielt für die Größe des Rückdruckes keine Rolle.

c) Metallschlauchausgleicher[1].

Die Metallschlauchausgleicher arbeiten quer zu ihrer Achse und haben infolge ihrer Längenbegrenzer keine axiale Aufnahmefähigkeit (Abb. 24),

a b

Abb. 24 a und b. Metallschlauchausgleicher, Bauart Pforzheim.
a Type A in einer Ebene beweglich; b Type B in zwei Ebenen beweglich.

was häufig übersehen wird. Sie werden daher unter Zwischenschaltung von Krümmern quer zur Achse der sich dehnenden Rohrleitung

[1] Metallschlauchfabrik Pforzheim G. m. b. H.

eingebaut. Ihre Aufnahmefähigkeit richtet sich nach der Baulänge des Metallschlauches und kann aus der Linientafel (Abb. 25) für verschiedene Nennweiten abgelesen werden.

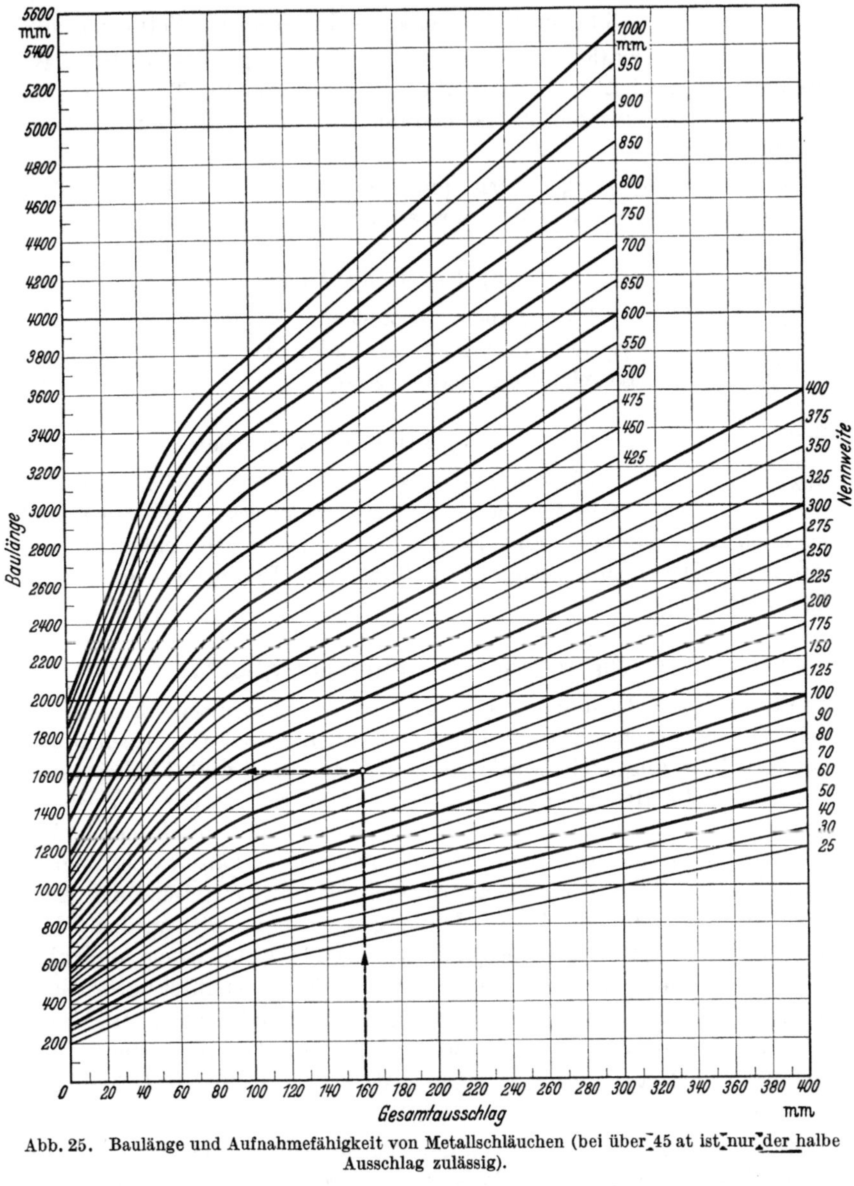

Abb. 25. Baulänge und Aufnahmefähigkeit von Metallschläuchen (bei über 45 at ist nur der halbe Ausschlag zulässig).

Die der Querbewegung des Ausgleichers entgegenwirkende Kraft kann rechnerisch nicht erfaßt werden und ist versuchsmäßig zu wenig erforscht. Die Herstellerfirma gibt an Hand von Erfahrungswerten die Faustformel

$$P = \text{etwa } 1,5 \text{ bis } 3\,\text{mal NW in kg}$$

an bzw. $P =$ etwa 3 bis 5mal NW in kg (bei über 45 atü Betriebsdruck).

Es sei noch erwähnt, daß die Metallschlauchausgleicher auch für Bewegungen in zwei Ebenen ausgeführt werden (Type B). Die Aufnahmefähigkeit in der zweiten Ebene beträgt aber nur $^1/_3$ derjenigen in der Hauptebene.

Diese Art von Ausgleichern sind schon bis zu Drücken von 68 atü und Temperaturen von 500° C ausgeführt worden.

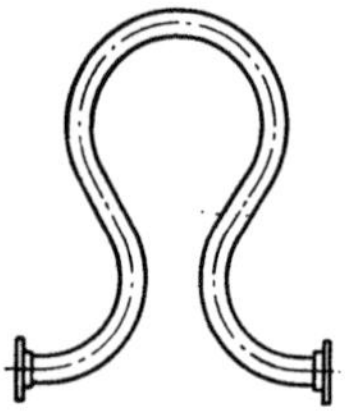
Abb. 26. Lyrabogenausgleicher.

d) Kugelgelenkkompensatoren.

Diese haben zur Zeit nur geringe Bedeutung und werden kaum noch verwendet, da das Dichthalten der Kugelgelenke schwierig ist.

e) Lyrabogenausgleicher.

Diese aus Abb. 26 ersichtliche Ausgleicherform hat auch für hohe Betriebsverhältnisse Bedeutung und ist auch in elastischer und festigkeitstechnischer Hinsicht hier von Interesse. Die rechnerische Behandlung des Lyrabogens erfolgt in Abschnitt B II/3a.

3. Natürlicher Dehnungsausgleich.

Der natürliche Dehnungsausgleich und dessen theoretische Erforschung stellt den eigentlichen Hauptinhalt dieses Buches dar. Die Bezeichnung natürlicher Ausgleich wurde deswegen gewählt, weil hierbei keine künstlichen, für den Dehnungsausgleich besonders gebauten Ausgleichsvorrichtungen verwendet werden; es soll vielmehr durch geschickte Ausnützung der natürlichen durch die örtlichen Verhältnisse bedingten Krümmungen, Schenkel und Rohrformen eines Rohrsystems der Ausgleich der auftretenden Wärmedehnungen sichergestellt werden. Die zwischen zwei festen Anschlußpunkten liegende Rohrleitung muß also so geführt werden, daß durch Verbiegen bzw. Verdrehen ihrer natürlichen Schenkel die durch die Wärme bedingten Längenänderungen elastisch aufgenommen werden. Der Hinweis, daß diese Formänderungen des Rohrsystems elastisch erfolgen müssen, d. h. ohne bleibende Dehnungen zu hinterlassen, ist besonders wichtig.

Der erfahrene Ingenieur, der diese Zusammenhänge beherrscht, wird bei gegebenen örtlichen Verhältnissen durch zweckmäßige Führung und Anordnung von Festpunkten, durch geschickte Ausnutzung der erforderlichen Richtungswechsel in der Rohrleitung mit einem Mindestmaß an

Rohrlänge ein Höchstmaß an Elastizität erzielen. Diese Art des Dehnungsausgleiches stellt bei Höchstdruckdampfleitungen bisher die einzige Möglichkeit dar, die Kräfte und Beanspruchungen, die durch die Wärmedehnung bedingt sind, zu behersschen und in zulässigen Grenzen zu halten.

Es ist die Aufgabe der nächsten Abschnitte, die Grundlagen für die Ermittlung der Elastizität eines Rohrsystems zu schaffen und die verschiedenen Möglichkeiten für die rechnerische Prüfung derselben zu untersuchen.

Die Elastizität eines Rohrsystems ist die Fähigkeit desselben, unter der Einwirkung einer Kraft seine Form zu verändern und nach Aufhören der Kraftwirkung in die alte Form zurückzukehren. Je kleiner die für eine bestimmte Formänderung benötigte Kraft ist, um so größer ist folglich die Elastizität des Systems.

Die Elastizität ist also der reziproke Wert der Steifheit und wird von folgenden Faktoren entscheidend beeinflußt:

a) durch die Form des Rohrsystems;

b) durch die gestreckte Länge desselben;

c) durch die Abmessungen des Rohres, d. h. Außendurchmesser und Wandstärke;

d) durch den Elastizitätsmodul des Rohrwerkstoffes, der seinerseits temperaturabhängig ist.

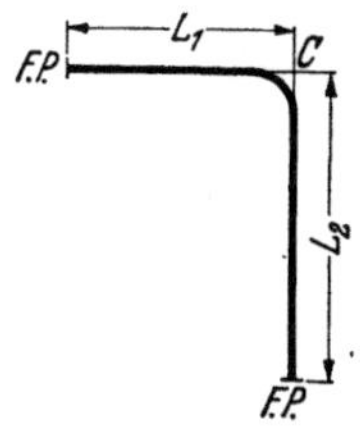

Abb. 27. Normaler Winkelbogen.

Unter Rohrsystem ist hier und im folgenden eine (in einer oder mehreren Ebenen) beliebig gebogene Rohrleitung verstanden, die an den beiden Endpunkten durch Festpunkte (kurz *F.P.*) in ihrer Lage festgehalten wird. Der zwischen den Festpunkten befindliche Teil wird für gewöhnlich gewichtslos und in allen Richtungen frei beweglich angenommen. Für die rechnerische Untersuchung wird im folgenden der Einfachheit halber stets nur die Mittellinie des Rohrsystems dargestellt.

Die Form des Rohrsystems ist, wie man später sehen wird, für die Elastizität desselben von ausschlaggebender Bedeutung. Es gibt elastische und weniger elastische Rohrsysteme. Bei der Beurteilung der Form muß aber stets auch die gestreckte Länge des Rohrsystems in Betracht gezogen werden. Je größer die gestreckte Länge desselben ist, um so elastischer ist das System. Es ist also auch bei an sich ungünstigen Formen der Rohrsysteme ausreichende Elastizität denkbar, wenn die gestreckte Länge genügend groß ist[1].

Nehmen wir als Beispiel den einfachen Winkelbogen nach Abb. 27. Es herrscht vielfach die irrige Auffassung, daß in jedem Falle ausreichende Elastizität gegeben ist, wenn die beiden Schenkel L_1 und L_2

[1] Siehe H. v. JÜRGENSONN: Elastizität von Heißdampfleitungen. Wärme Nr. 50 (1933) S. 809.

einander ungefähr gleich sind oder in ihrer Länge nicht allzusehr voneinander abweichen. In Abb. 28 ist die durch die Wärmedehnung auf die Festpunkte *F.P.* hervorgerufene Kraft, die ja einen Wertmesser für die Elastizität darstellt, für einen Winkelbogen mit einem Schenkelverhältnis $L_2 : L_1 = 1$ in Abhängigkeit von der gestreckten Länge $L = L_1 + L_2$ aufgetragen. Man sieht, daß trotz des an und für sich günstigen Schenkelverhältnisses die Festpunktkraft bei zu geringer gestreckter Länge sehr hohe Werte annehmen kann. Es ist folglich nicht nur das Schenkelverhältnis, d. h. die Form des Systems, sondern auch seine Länge maßgebend. Das Gesagte gilt selbstverständlich nicht allein für den Winkelbogen.

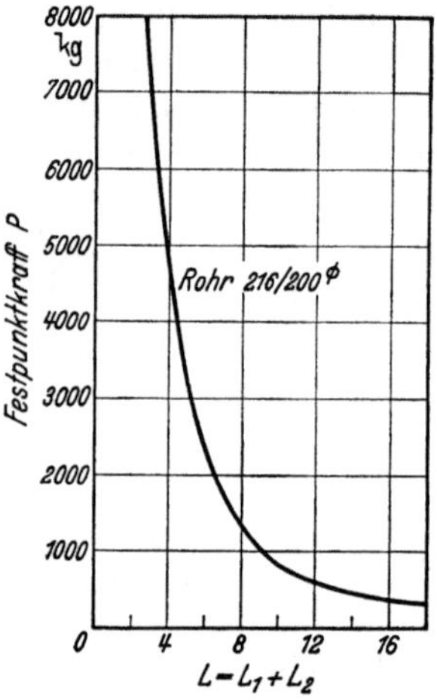

Abb. 28. Festpunktkraft für einen Winkelbogen $L_1 = L_2$ und 216/200 mm Dmr.

Endlich haben noch die Abmessungen des Rohres, und zwar Außendurchmesser und Wandstärke, einen wesentlichen Einfluß auf die Elastizität des Rohrsystems. Es ist ohne weiteres einleuchtend, daß ein Rohr mit großem Durchmesser und Wandstärke steifer, d. h. weniger elastisch ist, als ein Rohr mit kleineren Abmessungen. Dieser Einfluß wird durch das äquatoriale Trägheitsmoment J des Rohres, vielmehr des Rohrquerschnittes, rechnerisch zum Ausdruck gebracht. Das Trägheitsmoment eines Ringquerschnittes berechnet sich aus

$$J = \frac{\pi}{64}(D^4 - d^4) \text{ in cm}^4, \tag{31}$$

wobei D = Außendurchmesser des Rohres in cm
und d = Innendurchmesser des Rohres in cm ist.

Aus den Tabellen 14 bis 16 können für die üblichen genormten Außendurchmesser und für verschiedene Wandstärken die bereits ausgerechneten Rohrträgheitsmomente entnommen werden.

Der Elastizitätsmodul E des Werkstoffes beeinflußt ebenfalls die Elastizität des Rohrsystems. Da E bei Raumtemperatur für die üblichen Rohrstähle fast den gleichen Wert hat, ist also die Temperatur maßgebend, bei der das Rohrsystem arbeitet, weil der Elastizitätsmodul wie bereits gezeigt wurde, temperaturabhängig ist. Bei höherer Temperatur, d. h. geringerem E-Modul ist die Elastizität größer und umgekehrt.

Man könnte also zusammenfassend folgende allgemeine Beziehung für die Elastizität eines beliebigen Rohrsystems aufstellen:

$$\text{Elastizität} = C\,\frac{f(L)}{E \cdot J}\,.$$

Darin bedeuten:

C = ein durch die Form des Systems gegebener Festwert,
$f(L)$ = eine zunächst noch unbekannte bestimmte Funktion der Rohrlänge,
E = Elastizitätsmodul des Rohrwerkstoffes,
J = Rohrträgheitsmoment.

Die Wirkung der einzelnen Größen ist durch die Beziehung klar zum Ausdruck gebracht.

4. Rechnerische Grundlagen für die Wärmedehnung.

Die Wärmedehnung, deren Wirkung auf die Rohrleitung in den folgenden Abschnitten untersucht werden soll, wird als eine Verlängerung, d. h. als Länge in die Berechnung eingesetzt. Es wurde im Abschnitt IV/1 gezeigt, daß die Wärmedehnung in die Richtung der Endpunktverbindungslinie fällt und dem geraden Abstand der Endpunkte verhältnisgleich ist.

Ist der Abstand der Festpunkte (Endpunkte des Systems) gleich l_0 und die Wärmedehnungszahl α gegeben, so ist die Größe der wirksamen Wärmedehnung durch das Produkt $\alpha \cdot l_0$ bestimmt, und zwar in Richtung der Verlängerung der Endpunktverbindungslinie.

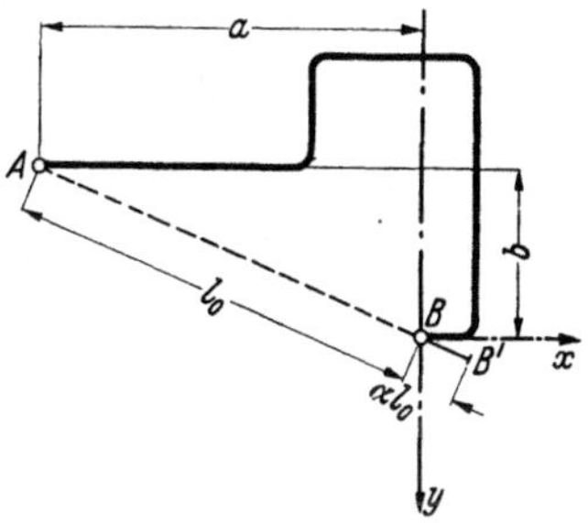

Abb. 29. Wärmedehnung eines Rohrsystems.

Es wird in den meisten Fällen zweckmäßiger sein, nicht mit dieser Wärmedehnung, sondern mit ihren Komponenten zu rechnen, indem man sie in ein durch den Endpunkt als Ursprung gelegtes Zweiachsenkreuz zerlegt. Aus Abb. 29 folgt

$$l_0 = \sqrt{a^2 + b^2}$$

und folglich ist auch

$$\alpha \cdot l_0 = \alpha \cdot \sqrt{a^2 + b^2} = \sqrt{\alpha^2 \cdot a^2 + \alpha^2 \cdot b^2}\,.$$

Man wird also mit den Komponenten der Wärmedehnung $\alpha \cdot a$ und $\alpha \cdot b$ rechnen. Es geht aus der Abbildung deutlich hervor, wie die Komponenten a und b der geraden Festpunktentfernung l_0 zu bestimmen sind.

Für die Durchführung der Berechnung wendet man folgende Überlegung an.

Das eine Festpunktende des zu untersuchenden Rohrsystems wird als festgespannt angesehen. Das andere Ende des Systems denkt man sich zunächst als vom Festpunkt befreit, so daß es sich unter der Wirkung der Wärmedehnung frei bewegen kann. Es wird sich also um den Betrag $\alpha \cdot l_0$ in der Richtung der Verbindungslinie AB verschieben und befindet sich nach erfolgter Erwärmung im Punkt B' (Abb. 29). Jetzt läßt man auf das Ende B' solche Kräfte und Momente einwirken, daß es in die alte Lage, d. h. nach B verschoben wird. Das sind dann die durch die Wärmedehnung hervorgerufenen Kräfte, welche die Rohrleitung zusätzlich beanspruchen und deren Größe man bestimmen will.

Einige Sonderfälle seien noch erwähnt. Es kann z. B. vorkommen, daß ein (oder auch das andere) Ende des Systems einen sog. beweglichen Festpunkt darstellt. Dieses Rohrende ist beispielsweise an irgendeinen Apparat oder eine Maschine angeschlossen, bei welchen der Anschlußstutzen eine besondere Verschiebung erfährt. Das ist häufig beim Anschluß an Turbinen und auch an Kesseln der Fall. Die Turbine hat ihren Festpunkt gewöhnlich an dem zwischen Turbine und Generator befindlichen Lager, so daß der Dampfeintrittsstutzen infolge der Wärmeausdehnung der Turbine eine Verschiebung erfährt, die im Rahmen der Elastizitätsberechnung berücksichtigt werden muß. Beim Kessel, dessen Dampfstutzen normalerweise oben liegt, tritt ebenfalls eine Verschiebung des Stutzens ein, und zwar durch das „Wachsen" des Kesselstahlgerüstes infolge der Feuerungswärme.

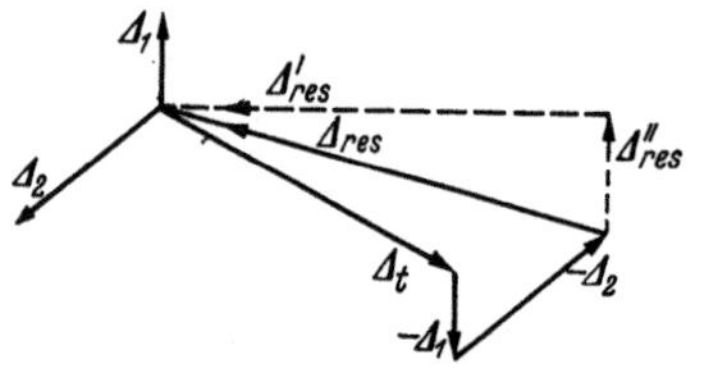

Abb. 30. Zusammensetzung der Wärmedehnung mit anderen Verschiebungen des freien Systemendes.

Es sei Δ_t die durch die Temperatur des Rohrsystems bedingte eigene Wärmeausdehnung (Abb. 30); Δ_1 und Δ_2 seien Verschiebungen des frei gedachten Festpunktendes durch andere äußere Einflüsse. Um diese Verschiebungen zu einer resultierenden Verschiebung Δ_{res} zusammenzusetzen, werden ihre Größen in negativer Richtung zu der Wärmedehnung Δ_t des Rohrsystems geometrisch addiert, wie aus Abb. 30 hervorgeht. Umgekehrt, wenn die Verschiebungen Δ_1 und Δ_2 an dem fest gedachten Systemende auftreten, müssen sie in ihrer tatsächlichen Richtung zu der am anderen, frei gedachten Rohrende wirkenden Wärmedehnung — ebenfalls geometrisch — addiert werden. Die resultierende Verschiebung Δ_{res} bzw. ihre Komponenten Δ'_{res} und Δ''_{res} müssen dann für die Berechnung des Rohrsystems zugrunde gelegt werden.

Die Wärmeausdehnungszahl ε ist abhängig von der Werkstoffart und von der Temperatur. Für einige am häufigsten vorkommende Rohr- und Flanschenstähle sind in Abb. 31 die Wärmeausdehnungszahlen ε in Abhängigkeit von der Temperatur aufgetragen. Die Abb. 32 zeigt die Wärmeausdehnungszahlen ε für verschiedene Schrauben- und Mutterstähle.

Um die Wärmeausdehnung α zu ermitteln, müssen die aus Abb. 31 bzw. 32 entnommenen Werte ε mit der Temperatur t multipliziert werden. Zum Beispiel ist die Wärmedehnung für den Cr-Mo-Stahl TH 32 bei 500° C

$$\alpha = \varepsilon \cdot t = 15{,}66 \cdot 10^{-6} \cdot 500 = 0{,}00784 \text{ cm/cm} = 0{,}784 \text{ cm/m}. \quad (32)$$

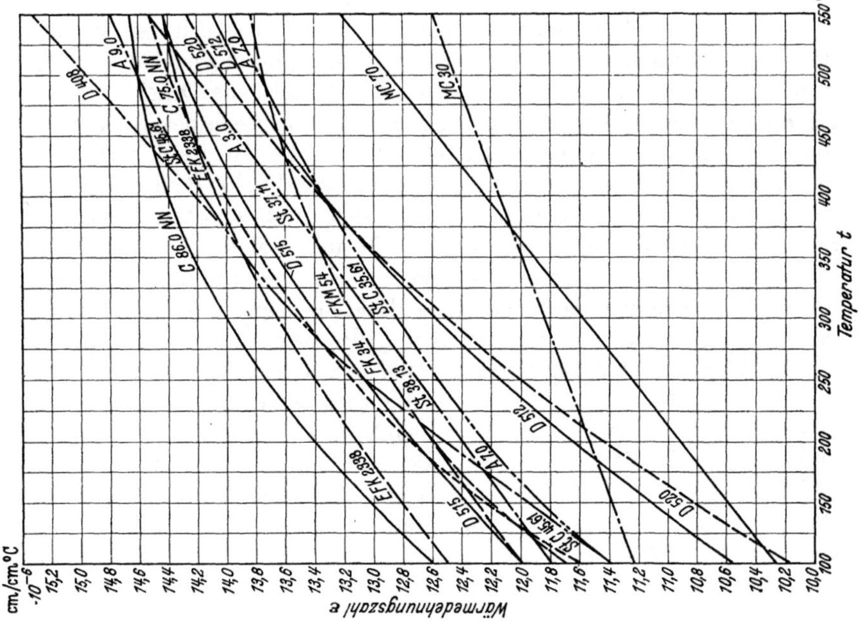

Abb. 32. Wärmeausdehnungszahl ε für Schrauben- und Mutterstähle.

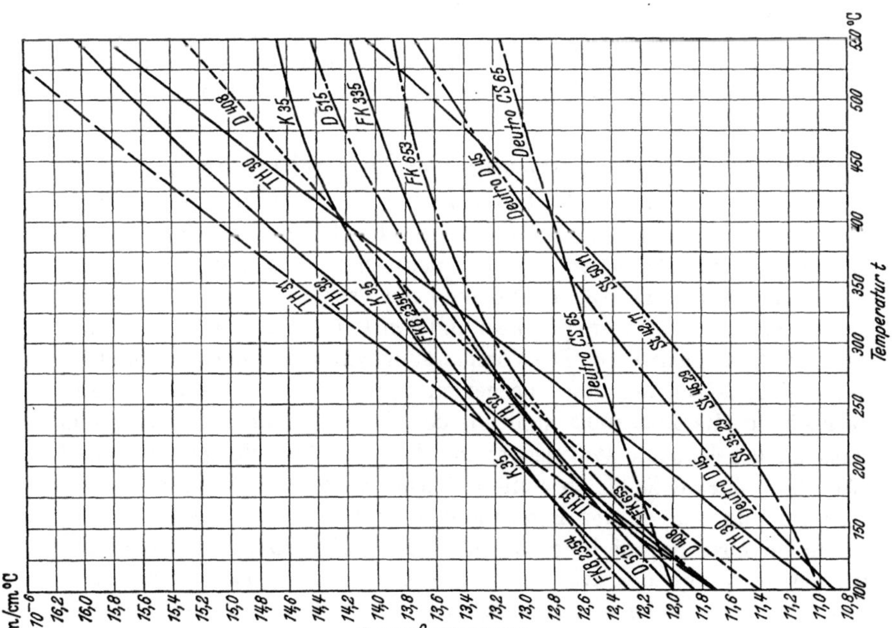

Abb. 31. Wärmeausdehnungszahl ε für Rohr- und Flanschenstähle.

5. Begriff der Vorspannung.

Die Beanspruchung eines Systems ist verhältnisgleich der Wärmedehnung. Betrachten wir z. B. einen Lyrabogen nach Abb. 26 und drücken ihn um den Betrag Δ zusammen. Dazu ist die Druckkraft $-P$ erforderlich und es entsteht an einer bestimmten Stelle des Lyrabogens die größte Beanspruchung σ (s. Abb. 33). Der Punkt A stellt die Lage des freien Bogenendes im unbelasteten und der Punkt B die Lage desselben im belasteten Zustand dar. Man sieht, daß sowohl die Kraft P als auch die Spannung σ vom Nullwert im unbelasteten Zustand bis zu ihrem Größtwert im belasteten Zustand nach einer geraden Linie ansteigen.

Jetzt werden wir das freie Ende des Lyrabogens aus seiner unbelasteten Lage A zunächst um den Betrag $\Delta/2$ auseinanderziehen. Hierzu ist eine Zugkraft $+P/2$ erforderlich und es entsteht im Lyrabogen eine entgegengesetzt gerichtete Spannung $-\sigma/2$. Aus dieser Lage — durch den Punkt C gekennzeichnet — drücken wir den Lyrabogen um den Betrag $\Delta/2$ zusammen. Zuerst werden sich die Kraft $P/2$ und Spannung $\sigma/2$ verringern bis der Punkt A erreicht ist, wo der Bogen vollkommen entlastet ist und folglich weder Kräfte noch Spannungen auf ihn einwirken. Drücken wir den Bogen dann um den weiteren Betrag $\Delta/2$ zusammen, so steigen die Kraft und die Spannung geradlinig an, bis sie im Punkt B' die Größen $-P/2$ bzw. $\sigma/2$ erreicht haben. Auch jetzt hat das freie Ende des Lyrabogens eine Verschiebung von $\frac{\Delta}{2} + \frac{\Delta}{2} = \Delta$ erfahren. Die Kraft und die Beanspruchung erreichten jedoch nur halb so hohe Werte wie im ersten Fall. Man sieht also, daß durch das zuerst erfolgte Auseinanderziehen — Vorspannen — des Lyrabogens eine Herabsetzung der Kräfte und Spannungen erreicht wurde. Man nennt dieses Verfahren das Vorspannen und den Betrag, um den vorgespannt wird, die Vorspannung. Die Vorspannung wird gewöhnlich in Hundertteilen der Wärmedehnung angegeben, z. B. 50% Vorspannung. Der verbleibende Rest bis 100% stellt die den Rohrbogen im Betriebszustand tatsächlich belastende Wärmedehnung dar. Bei 60% Vorspannung sind also $100 - 60 = 40\%$ der gesamten Wärmedehnung im Betriebszustand wirksam und müssen der Berechnung zugrunde gelegt werden.

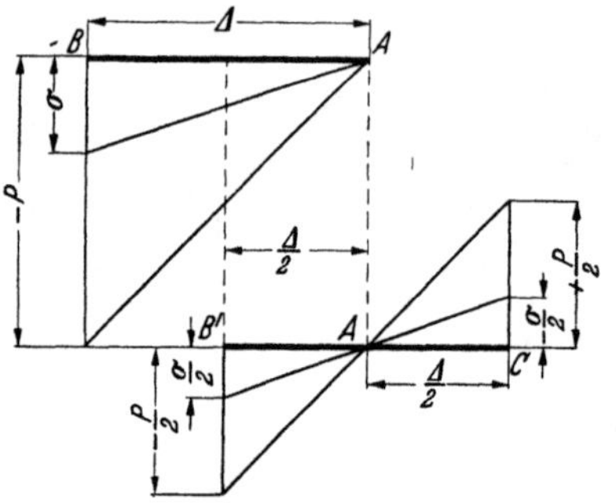

Abb. 33. Wirkung der Vorspannung.

Es sei noch darauf hingewiesen, daß etwaige zusätzliche Verschiebungen des Rohrendes, wie im vorigen Abschnitt erläutert (s. Abb. 30), von der Vorspannung unberührt bleiben und mit ihrer vollen Größe in die Rechnung einzusetzen sind.

B. Elastizitätsberechnung der Rohrleitungen.

I. Berechnungsgrundlagen.

Wenn von Festigkeitsberechnung im Rohrleitungsbau gesprochen wird, so ist in den weitaus meisten Fällen die Nachprüfung der Elastizität oder Nachgiebigkeit einer Rohrleitung gemeint. In dem Abschnitt A IV/3 wurde bereits angedeutet, was unter dem Begriff der Elastizität eines Rohrsystems zu verstehen ist und welche Größen hierauf Einfluß haben.

Wenn ein zwischen zwei Festpunkten festgelegtes Rohrsystem sich unter dem Einfluß der Erwärmung ausdehnt, so müssen sich seine Schenkel so verformen, daß sie trotz ihrer um die Wärmedehnung vergrößerten Länge die gleiche Gesamtentfernung von Festpunkt bis Festpunkt bewahren. Das Rohrsystem will diese Festpunktentfernung entsprechend seiner Wärmedehnung vergrößern und drückt auf die Festpunkte. Mit der gleichen Kraft drücken die Festpunkte auf das Rohrsystem zurück.

Diese Kräfte sind also die Urheber der im Rohrsystem entstandenen Verformungen, die sich als Biegungsmomente auf die einzelnen Schenkel des Systems auswirken. Die Untersuchung dieser Biegungsmomente und ihre rechnerische Ermittlung ist die Hauptaufgabe der Elastizitätsberechnung der Rohrleitungen.

In räumlichen Rohrsystemen treten außer den Biegungsmomenten auch noch Torsions- und Drehmomente auf.

Es soll daher im nachstehenden die Entstehung und Auswirkung von Biegungs- und Drehmomenten näher untersucht werden. Die Erläuterungen sind — entsprechend dem Gegenstand dieser Arbeit — auf Kreisringquerschnitte beschränkt.

1. Biegungsmoment und Biegungsspannung im Rohr.

Ein Biegungsmoment entsteht, wenn die Richtung der angreifenden Kraft nicht mit der Rohrachse zusammenfällt und wenn andererseits die Rohrachse und die Kraft in der gleichen Ebene liegen. Ist diese letzte Bedingung nicht erfüllt, so treten nicht nur Biegungsmomente, sondern auch noch Drehmomente auf, von denen im nächsten Abschnitt die Rede sein wird.

Aus Abb. 34 erkennt man, daß je nach Größe des Winkels α, der die Richtung der Kraftachse zur Rohrachse bestimmt, der biegende Einfluß der Kraft P größer oder kleiner sein kann. Die irgendwie gerichtete

Kraft P läßt sich nämlich in zwei zueinander senkrechte Komponenten zerlegen. Die eine in die Rohrachse fallende Komponente $P \cos \alpha$ erzeugt im Rohr eine Druck- bzw. Zugspannung. Die andere, senkrecht zur Rohrachse gerichtete Komponente ergibt das eigentliche Biegungsmoment.

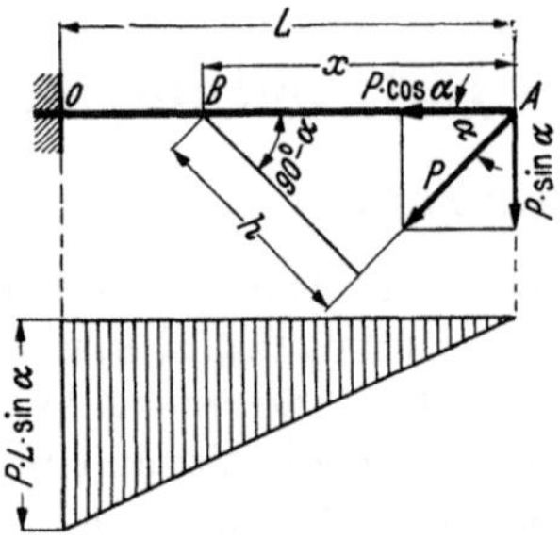

Abb. 34. Biegung am eingespannten Rohr.

Ein Biegungsmoment wird stets durch das Produkt Kraft × Hebelarm dargestellt und hat folglich die Größe cmkg oder mkg, je nach dem in welcher Abmessung der Hebelarm eingesetzt wird. Der Momentenhebelarm steht immer senkrecht auf der Kraft. Das erkennt man aus folgendem:

Das Biegungsmoment im Punkt B ist Kraftkomponente $P \cdot \sin \alpha$ mal Hebelarm x, d. h.

$$M_b = P \cdot \sin \alpha \cdot x .$$

Setzt man dagegen nicht die Komponente, sondern die Hauptkraft P ein, so muß man als Hebelarm die Länge h einführen, d. h.

$$M_b = P \cdot h .$$

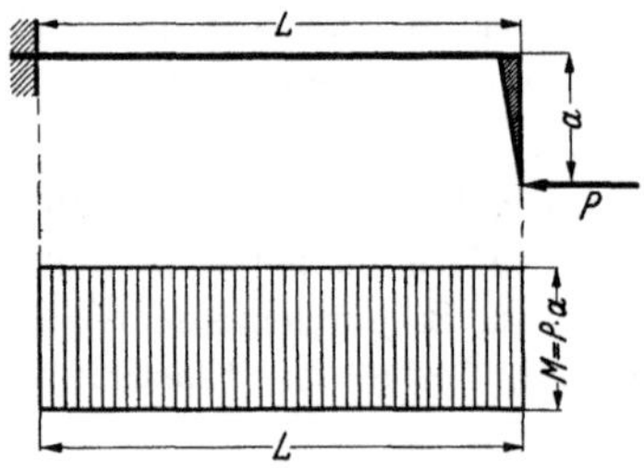

Abb. 35. Biegung $P \cdot a =$ konst. am eingespannten Rohr.

Es ist aber

$$h = x \cdot \sin \alpha ,$$

d. h.

$$M_b = P \cdot x \cdot \sin \alpha ,$$

also das gleiche wie vorhin entwickelt.

Wie man leicht einsehen wird, erzeugt die Kraft P in jedem Querschnitt des Rohres auch noch Querkräfte von der Größe $P \cdot \sin \alpha$. Diese Querkräfte treten in den meisten Fällen der Biegebelastung auf und rufen in den Rohrquerschnitten Schubspannungen hervor. Diese sind jedoch im Vergleich zur Biegungsspannung so klein, daß sie ohne nennenswerten Fehler vernachlässigt werden können.

Der in Abb. 34 dargestellte Belastungsfall ergibt, wie leicht einzusehen ist, in jedem Rohrquerschnitt ein anderes Biegungsmoment. Im Punkt A ist das Moment Null, weil der Hebelarm Null ist. Von dort aus steigt das Biegungsmoment linear an und erreicht im Punkt 0 (Einspannpunkt) seinen Höchstwert $M_{max} = P \cdot L \cdot \sin \alpha$.

Das Momentenschaubild würde also für diesen Fall ein Dreieck (Abb. 34 unten) sein, dessen eine Kathete die Rohrlänge L und die andere Kathete das größte Biegungsmoment $P \cdot L \cdot \sin \alpha$ darstellt.

Der andere Belastungsfall (Abb. 35) stellt die Erzeugung eines gleichbleibenden Biegungsmomentes $M = P \cdot a =$ konst. dar. Hier ist der Hebelarm der Kraft für alle Rohrquerschnitte gleich und ergibt daher auch ein gleiches Biegungsmoment, für welches das Schaubild (Abb. 35 unten) ein Rechteck von der Höhe $P \cdot a$ und der Länge L zeigt. Greift die Kraft P am Ende des Rohres an einem Hebelarm b an, ist aber nicht parallel zur Rohrachse gerichtet, sondern unter dem Winkel α zur Rohrachse geneigt (Abb. 36), so tritt eine Überlagerung der beiden vorhin untersuchten Belastungsfälle ein. Die parallel zur Rohrachse gerichtete Kraftkomponente $P \cdot \cos \alpha$ erzeugt ein gleichbleibendes Biegungsmoment $P \cdot b \cdot \cos \alpha$, während die senkrechte Komponente $P \cdot \sin \alpha$ ein veränderliches Moment $P \cdot x \cdot \sin \alpha$ hervorruft.

Diese Überlegungen werden im weiteren eine große Rolle spielen, weshalb es wichtig schien, diese Begriffe klarzulegen.

Durch das Biegungsmoment wird die Rohrachse gekrümmt, d. h. es tritt eine Verbiegung der ursprünglich geraden Rohrachse ein. Das bedingt im Rohrquerschnitt einerseits eine Längung und andererseits eine Verkürzung der Fasern. Dort, wo die Längung in die Verkürzung übergeht, behalten die Fasern ihre ursprüngliche Länge. Diese Faser nennt man die neutrale Faser.

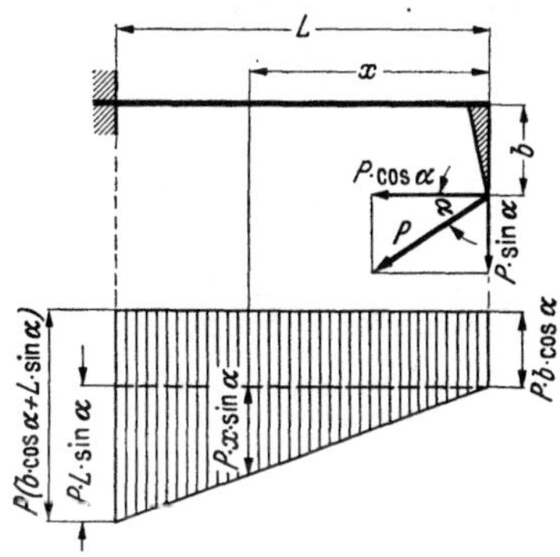

Abb. 36. Ebene Biegung in beliebiger Richtung am eingespannten Rohr.

Die Versuche haben gezeigt, daß die Annahme vom Ebenbleiben der einzelnen Querschnitte eines gebogenen Stabes zutrifft. Das heißt, daß die Längung bzw. Verkürzung der einzelnen Faser ihrem Abstand von der neutralen Faser verhältnisgleich ist.

Bei symmetrischen Querschnitten, wie es z. B. der Rohrquerschnitt ist, soll im allgemeinen angenommen werden, daß die neutrale Faser mit der Rohrachse zusammenfällt. Wie weit diese Annahme zutrifft, soll später grundsätzlich untersucht werden.

Die Längung bzw. Verkürzung der Faser erzeugt im Rohrquerschnitt einen Spannungszustand, und zwar werden in den der Längung unterworfenen Fasern Zugspannungen, in den verkürzten Fasern Druckspannungen hervorgerufen. Die Biegung ist also dadurch gekennzeichnet, daß Zug- und Druckspannungen in ein und demselben Querschnitt gleichzeitig auftreten. Dort, wo die Fasern ihre ursprüngliche Länge behalten, also in der neutralen Faser, ist die Spannung Null. Diese Faser ist also unbelastet.

Aus der Tatsache, daß die Biegungsspannungen Längenänderungen hervorrufen, geht hervor, daß es sich um Normalspannungen handelt. Die Biegungsspannungen stehen also senkrecht auf dem beanspruchten Querschnitt. Da ferner die Längenänderung der einzelnen Fasern ihrem Abstand von der neutralen Faser verhältnisgleich ist, folgt unter Zugrundelegung des HOOKEschen Gesetzes, daß auch die Größe der Biegungsspannungen in dem untersuchten Querschnitt dem jeweiligen Abstand von der neutralen Faser verhältnisgleich ist. Die Verteilung der Spannungen im Rohrquerschnitt ist in Abb. 37 als Schaubild gezeigt. Die räumliche Darstellung ergibt ein Paar einander entgegengesetzt gerichtete „Zylinderringhufe“ (Abb. 38).

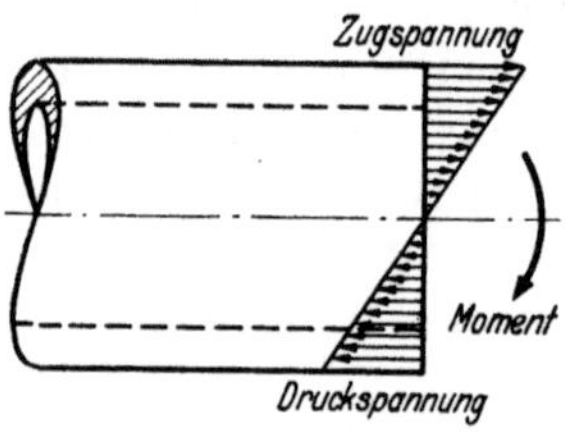

Abb. 37. Biegungsspannungen im Rohrquerschnitt.

Die Biegungsspannungen sind dem Biegungsmoment verhältnisgleich, und es soll nachstehend ihre Größe in Abhängigkeit vom Biegungsmoment untersucht werden.

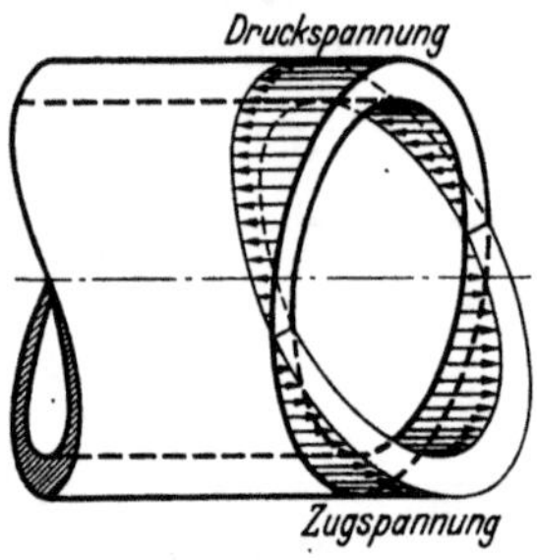

Abb. 38. Räumliches Bild der Biegungsspannungen im Rohrquerschnitt.

Wir schneiden ein mit einem Biegungsmoment M belastetes Rohr durch. Dadurch wird das Gleichgewicht, welches vor dem Schnitt bestanden hat, gestört. Dieses Gleichgewicht muß also wiedergewonnen werden, indem man in der Schnittfläche die Spannungen als äußere Kräfte anbringt.

In Abb. 39 ist ein Rohrquerschnitt dargestellt. Das Biegungsmoment M_b wirke in der durch die Rohrachse und y-Achse gehenden Ebene. Dann fällt die neutrale Ebene des Rohres mit der x-Achse und der Rohrachse zusammen. In der Rohrfaser A wirke die größte positive Biegungsspannung (Zugspannung), in der Rohrfaser C die größte negative (Druck-) Spannung. Nach dem oben Gesagten sind beide bis auf die Vorzeichen gleich groß. In der neutralen Ebene BD sind die Spannungen Null.

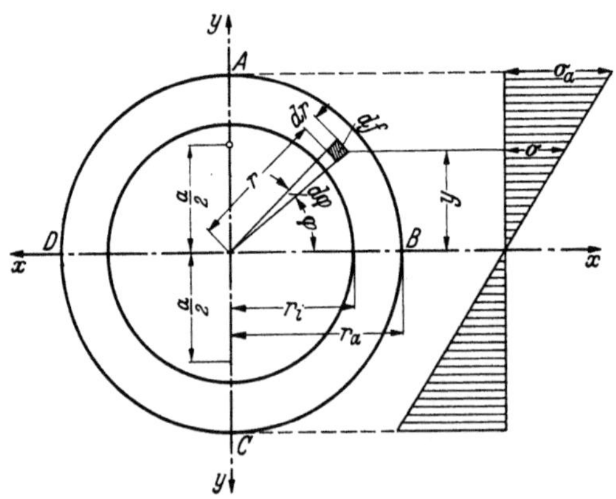

Abb. 39. Biegungsspannungen im Rohrquerschnitt.

Diese Biegungsspannungen, die wir uns als äußere Kräfte auf den Querschnitt wirkend denken, bilden ein Moment, da sie in der oberen Rohrhälfte als Zugspannungen (d. h. aus der Bildebene nach vorne) und in der unteren Rohrhälfte als Druckspannungen (also aus der Bildebene nach hinten) wirken. Man kann sich diese Zug- bzw. Druckkräfte zu je einer resultierenden Kraft P zusammengesetzt denken, deren

Angriffspunkt F im Abstand $a/2$ von der neutralen Ebene liegt. Dann bilden diese beiden resultierenden Kräfte P mit dem gegenseitigen Abstand a ein Moment $P \cdot a$, welches dem äußeren Biegungsmoment M_b das Gleichgewicht halten muß.

Die Gesamtwirkung der als äußere Kräfte gedachten Biegungsspannungen auf jede Rohrhälfte berechnet sich wie folgt.

Es sei df ein unendlich kleines Flächenelement des Rohrquerschnittes, welches durch den Winkel $d\varphi$ und durch den Halbmesserteil dr gebildet wird

$$df = r \cdot d\varphi \cdot dr.$$

Die Kraft, welche auf dieses Flächenelement wirkt, soll mit dP bezeichnet werden und ist natürlich von der an dieser Stelle wirkenden Spannung σ abhängig

$$dP = \sigma \cdot df = \sigma \cdot r \cdot d\varphi \cdot dr.$$

Die Größe der Spannung σ geht aus dem rechten Teil der Abb. 39 hervor, und zwar

$$\sigma = \sigma_a \cdot \frac{y}{r_a} = \frac{r \cdot \sin\varphi}{r_a} \cdot \sigma_a.$$

Der Abstand y stellt gleichzeitig den Hebelarm der Kraft dP in bezug auf die neutrale Ebene dar.

Es ist also das Moment von dP

$$dM = dP \cdot y.$$

Die Summe dieser Momente in bezug auf die neutrale Ebene $x - x$ und zwar für beide Rohrhälften muß dem äußeren Biegungsmoment M_b gleich sein, d. h.

$$M_b = 2 \cdot \sum dM.$$

Eingesetzt folgt

$$\begin{aligned} dM &= dP \cdot y = \sigma \cdot r \cdot d\varphi \cdot dr \cdot r \cdot \sin\varphi \\ &= \frac{r \cdot \sin\varphi}{r_a} \cdot \sigma_a \cdot r \cdot d\varphi \cdot dr \cdot r \cdot \sin\varphi \\ &= \frac{\sigma_a}{r_a} \cdot r^3 \cdot dr \cdot \sin^2\varphi \cdot d\varphi. \end{aligned}$$

Integriert man von 0 bis π und von r_i bis r_a

$$\begin{aligned} M_b &= 2\int dM = 2\,\frac{\sigma_a}{r_a}\int_{r_i}^{r_a} r^3 \cdot dr \cdot \int_0^{\pi} \sin^2\varphi \cdot d\varphi \\ &= 2\,\frac{\sigma_a}{r_a}\left[\frac{r^4}{4}\right]_{r_i}^{r_a} \cdot \left[-0{,}25 \cdot \sin(2\varphi) + 0{,}5 \cdot \varphi\right]_0^{\pi} \\ &= 2\,\frac{\sigma_a}{r_a} \cdot \frac{r_a^4 - r_i^4}{4} \cdot \frac{\pi}{2} = \frac{\pi}{4} \cdot \frac{r_a^4 - r_i^4}{r_a} \cdot \sigma_a. \end{aligned}$$

Daraus

$$\sigma_a = \frac{M_b}{\frac{\pi}{4} \cdot \frac{r_a^4 - r_i^4}{r_a}} \text{ kg/cm}^2. \tag{33}$$

Den im Nenner stehenden Ausdruck bezeichnet man als das Widerstandsmoment des Rohrquerschnittes.

$$W = \frac{\pi}{4} \frac{r_a^4 - r_i^4}{r_a}$$

oder

$$W = \frac{\pi}{32} \cdot \frac{D^4 - d^4}{D} \text{ cm}^3, \tag{34}$$

wenn $D =$ äußerer Rohrdurchmesser in cm
und $d =$ innerer Rohrdurchmesser in cm ist.

Da das äquatoriale Trägheitsmoment für den Rohrquerschnitt lautet

$$J = \frac{\pi}{64} (D^4 - d^4) \text{ cm}^4,$$

kann man das Widerstandmoment W auch durch das Trägheitsmoment J ausdrücken, und zwar

$$W = \frac{2 \cdot J}{D} \text{ cm}^3, \tag{35}$$

daraus folgt:

Die größte an der Außenfaser des Rohres auftretende Biegungsspannung ist

$$\sigma_{b_a} = \frac{M_b}{W} = \frac{M_b \cdot D}{2 \cdot J} \text{ kg/cm}^2. \tag{36}$$

Will man die Biegungsspannung σ in einer beliebigen anderen Rohrwandfaser ermitteln, so muß man anstatt des äußeren Rohrdurchmessers D den Durchmesser für die betreffende Faser einsetzen. An der Rohrinnenwand mit dem Durchmesser d ist also die Biegungsspannung

$$\sigma_{b_i} = \frac{M_b \cdot d}{2 \cdot J} \text{ kg/cm}^2. \tag{37}$$

Die Biegungsspannung wird entweder in kg/cm² oder meistens in kg/mm² angegeben. Dann muß man die Gleichungen (36) und (37) noch durch 100 dividieren.

2. Drehmoment und Drehspannung im Rohr.

Wirkt ein Moment in einer zur Rohrachse senkrechten Ebene, so entsteht ein Torsions- oder Drehmoment im Rohr (Abb. 40).

Würde man an der Außenhaut des Rohres eine zur Rohrachse parallele gerade Linie ziehen, so wird diese Gerade beim Einwirken eines Drehmoments auf das Rohr in eine Schraubenlinie übergehen. Die einzelnen

Querschnitte des Rohres werden also durch ein Drehmoment um einen bestimmten Winkel gegeneinander verdreht. Dieser Verdrehungswinkel ist dem Abstand der Querschnitte verhältnisgleich.

Auch hier besteht eine neutrale Faser, und zwar fällt diese bei einem kreisrunden Rohrquerschnitt mit der Rohrachse zusammen. Da das Rohr einen Hohlzylinder darstellt, hat in diesem Fall die neutrale Faser nur eine theoretische Bedeutung, weil ja in der Rohrachse gar keine Materialfasern vorhanden sind.

Ein Drehmoment ruft im Rohrquerschnitt Torsions- oder Drehspannungen hervor. Entsprechend den anfangs erläuterten Grundbegriffen der Festigkeitslehre handelt es sich hier um Schubspannungen. Die Größe dieser Spannungen ist dem Verdrehungswinkel und folglich dem Drehmoment verhältnisgleich.

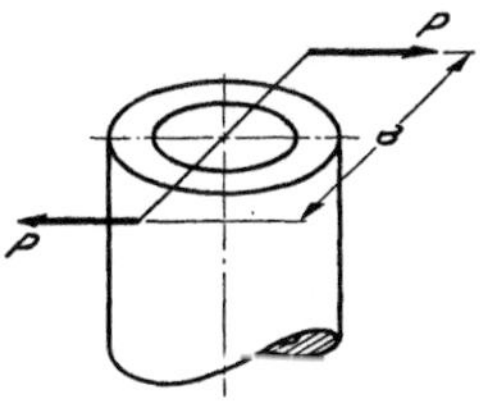

Abb. 40. Drehmoment am Rohr.

Ein Drehmoment wird ebenso wie das Biegungsmoment durch das Produkt Kraft × Hebelarm dargestellt. Wirkt ein Kräftepaar, wie in Abb. 40 dargestellt, symmetrisch zur Rohrachse, so liegt der Fall reiner Drehbeanspruchung vor, und es treten also auch nur Drehspannungen im Rohr auf.

Handelt es sich dagegen um eine Kraft P, die in der zur Rohrachse senkrechten Ebene wirkt, jedoch die Rohrachse nicht schneidet, sondern einen Abstand a von ihr besitzt, so liegt der Fall einer gleichzeitigen Dreh- und Biegungsbeanspruchung vor (Abb. 41). Man denke sich durch die Rohrachse, parallel zu P, zwei gleichgroße, einander entgegengesetzt wirkende Kräfte P' und P'' angebracht. Das Gleichgewicht wird dadurch nicht gestört, wenn

$$P = P' = P''$$

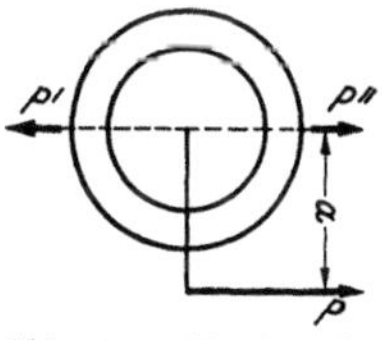

Abb. 41. Gleichzeitige Dreh- und Biegungsbelastung am Rohr.

ist. Dann bildet das Kräftepaar P und P' mit dem Hebelarm a ein Drehmoment

$$M_d = P \cdot a = P' \cdot a$$

und die zweite Kraft P'' belastet das Rohr auf Biegung.

Die durch die Verdrehung der einzelnen Rohrquerschnitte gegeneinander hervorgerufenen Drehspannungen sind dem Abstand von der Rohrachse (neutrale Achse) verhältnisgleich. Das Spannungsbild sieht also so aus, wie in Abb. 42 oben dargestellt. Die größte Drehspannung (Schubspannung) wirkt am Außenrand des Rohrquerschnittes.

Wir denken uns wieder ein durch ein Drehmoment M_d belastetes Rohr zerschnitten. Dann müssen die im Rohrquerschnitt wirkenden Schubspannungen dem äußeren Drehmoment das Gleichgewicht halten.

Auf das unendlich kleine Flächenelement $df = r \cdot d\varphi \cdot dr$ wirkt die Schubkraft

$$dS = \tau \cdot df = \tau \cdot r \cdot d\varphi \cdot dr.$$

Diese Schubkraft dS wirkt am Hebelarm r und erzeugt ein Moment

$$dM = dS \cdot r = \tau \cdot r^2 d\varphi \cdot dr.$$

Aus dem oberen Teil der Abb. 42 erkennt man, daß für die Schubspannung τ folgende Beziehung gilt:

$$\tau = \tau_a \cdot \frac{r}{r_a}.$$

Diese eingesetzt

$$dM = \frac{\tau_a}{r_a} \cdot r^3 \cdot dr \cdot d\varphi.$$

Die Summe aller Momente dM bezogen auf den gesamten Rohrquerschnitt muß also dem äußeren Drehmoment M_d das Gleichgewicht halten, d. h.

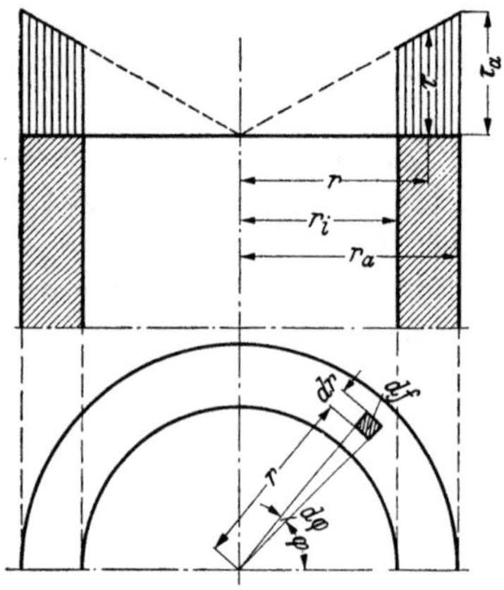

Abb. 42. Torsionsspannungen im Rohrquerschnitt.

$$M_d = \int dM = \frac{\tau_a}{r_a} \int_{r_i}^{r_a} r^3 \cdot dr \cdot \int_0^{2\pi} d\varphi$$

$$= \frac{\tau_a}{r_a} \cdot \frac{r_a^4 - r_i^4}{4} \cdot 2\pi = \frac{r_a^4 - r_i^4}{r_a} \cdot \frac{\pi}{2} \cdot \tau_a,$$

daraus

$$\tau_a = \frac{M_d}{\frac{\pi}{2} \cdot \frac{r_a^4 - r_i^4}{r_a}}. \tag{38}$$

Der im Nenner stehende Ausdruck stellt nach Gleichung (34) das doppelte Widerstandsmoment des Rohrquerschnittes dar

$$\frac{\pi}{2} \cdot \frac{r_a^4 - r_i^4}{r_a} = 2 \cdot W = \frac{4 \cdot J}{D},$$

d. h.

$$\tau_a = \frac{M_d}{2 \cdot W} = \frac{M_d \cdot D}{4 \cdot J} \quad \text{kg/cm}^2. \tag{39}$$

Beim Vergleich der Gleichungen (36) und (39) erkennt man, daß bei gleich großen Momenten $M_b = M_d$ die Biegungsspannung doppelt so groß ausfällt, wie die Drehspannung.

Bei ebenen Rohrsystemen treten allgemein nur Biegungsspannungen auf, während bei räumlichen Systemen in jedem Querschnitt sowohl Biegungs- als auch Drehspannungen wirken. Auf diesen Umstand wird bei der Behandlung räumlicher Rohrsysteme noch besonders eingegangen.

II. Berechnung der Elastizität ebener Rohrsysteme.

1. Grundbegriffe der Berechnung.

Die Festigkeitsberechnung eines Rohrleitungssystems setzt sich zusammen:

a) aus der Bestimmung der wirksamen Wärmedehnung (Zusammensetzung der gedachten Wärmedehnung mit etwaigen tatsächlichen Verschiebungen der Festpunktenden);

b) aus der Ermittlung der wirkenden inneren Kräfte des Systems auf die Festpunkte;

c) aus der Berechnung der durch die Kräfte verursachten Biegungsmomente und Biegungsspannungen im Rohrquerschnitt;

d) aus der Ermittlung der durch den Innendruck und durch den Temperaturunterschied in der Rohrwand bedingten Spannungen;

e) aus der Berechnung der resultierenden Gesamtspannung.

Als Grundlage für die weiteren Betrachtungen werden wir Unverschieblichkeit der Auflager — in unserem Falle der Festpunkte — voraussetzen, was der Wirklichkeit tatsächlich sehr genau entspricht. (Die im Abschnitt A IV/4 erwähnten Verschiebungen berühren diese Annahme nicht, da diese Voraussetzung lediglich für die Entwicklung der Beziehungen für ein durch Wärmedehnung beanspruchtes Rohrsystem gemacht werden soll.)

Eine geringe elastische Formänderung der Festpunktbauarten ist unter der Wirkung der auftretenden Kräfte natürlich immer vorhanden. Die rechnerische Berücksichtigung dieses Umstandes würde aber die Ableitung der Beziehungen außerordentlich verwickeln. Wenn man dagegen die Unverschieblichkeit und vollkommene Starrheit der Auflager zugrunde legt, so begeht man einen sehr geringen Fehler, der zudem noch das Ergebnis nach der sicheren Seite hin beeinflußt.

Ferner muß man zwei Arten des Auflagers oder Festpunktes unterscheiden:

a) Festpunkt, der zwar keine Verschiebung in irgendeiner Richtung, wohl aber eine Drehung bzw. Winkeländerung des Rohrendes zuläßt, im folgenden Gelenkfestpunkt genannt;

b) Festpunkt, der weder eine Verschiebung, noch eine Drehung oder Winkeländerung des Rohrendes gestattet, im folgenden Einspannfestpunkt genannt.

In Wirklichkeit entsprechen die im Rohrleitungsbau vorkommenden Festpunkte keiner der beiden genannten Arten vollkommen genau, denn es ist hier stets eine, wenn auch sehr kleine, elastische Formänderung des Festpunktes selbst zu erwarten. Streng genommen liegt also der statische Wert eines wirklichen Festpunktes zwischen den beiden obengenannten Bedingungen. Man wird aber stets auf der sicheren Seite sein, wenn man diese geringe Formänderung vernachlässigt und die Bedingung unter b), d. h. den Einspannfestpunkt als gegeben ansieht.

Der Festpunkt nach Bedingung a) ist zwar ausführbar (Kugelgelenk), hat aber nur geringe praktische Bedeutung und soll hier nur der Vollständigkeit halber und nicht zuletzt zum leichteren Verständnis der Ableitungen berücksichtigt werden.

a) Ebene Rohrsysteme mit Gelenkfestpunkten.

Die Grundgleichung, auf der alle Festigkeits- oder richtiger Elastizitätsberechnungen beruhen, ist die Gleichung der elastischen Linie:

$$\frac{d^2 y}{d x^2} = \frac{M_b}{E \cdot J}. \tag{40}$$

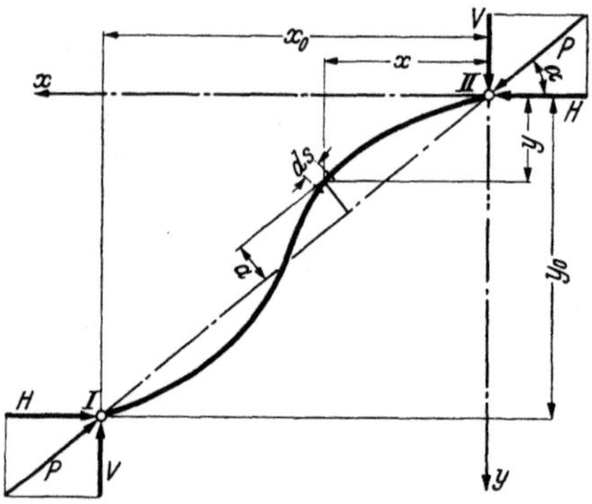

Abb. 43. Rohrsystem mit Gelenkfestpunkten.

Darin bedeuten

M_b = Biegungsmoment,

E = Elastizitätsmodul des Werkstoffes,

J = äquatoriales Trägheitsmoment.

Auf diese Beziehung wird im folgenden noch Bezug genommen.

Es sollen zunächst die Zusammenhänge zwischen der Kraft und der zugehörigen Verschiebung für ein beliebig geformtes Rohrsystem gemäß Abb. 43 untersucht werden. Die Enden I und II stellen Gelenkfestpunkte dar.

Da ein Gelenk kein Biegungsmoment übertragen kann, muß folglich die Kraft P in Richtung der beiden Gelenkfestpunkte wirken.

Von den 4 Auflagergrößen

2 Kräfte P,

2 Kraftrichtungen (Winkel α)

sind also die beiden letzten durch diese Überlegung bekannt, d. h. der Winkel α läßt sich aus den äußeren Maßen des Systems sofort bestimmen

$$\operatorname{tg} \alpha = \frac{y_0}{x_0}.$$

Zerlegt man die Kraft P in zwei zueinander senkrecht stehende Komponenten

2 waagerechte Komponenten H,

2 senkrechte Komponenten V,

so ist zwar deren gegenseitiges Verhältnis durch die gleiche Beziehung

$$\frac{V}{H} = \operatorname{tg}\alpha = \frac{y_0}{x_0}$$

bekannt, nicht jedoch ihre absolute Größe.

Im folgenden soll mit Δ allgemein eine Verschiebung bezeichnet werden.

In der nachstehenden Entwicklung werden unterschieden:

Δ_{HH} = Verschiebung als Wirkung von H in Richtung von H,

Δ_{HV} = Verschiebung als Wirkung von H in Richtung von V

und genau so für die Komponente V bzw. für die Hauptkraft P mit dem entsprechenden Index,

Δ_{TH} = Verschiebung als Wirkung der Temperatur in Richtung von H usw.

Es ist also z. B.

$$\Delta_{TV} = \varepsilon \cdot t \cdot y_0$$

und ebenso

$$\Delta_{TP} = \varepsilon \cdot t \cdot L_0 = \varepsilon \cdot t \cdot \sqrt{x_0^2 + y_0^2} = \varepsilon \cdot t \frac{x_0}{\cos\alpha}.$$

Wir denken uns also das System an einem Ende frei und lassen es sich infolge der Wärmedehnung ausdehnen. Das freie Ende *II* würde sich also in der Richtung der Verbindungslinie der Endpunkte um den Betrag Δ_{TP} verschieben.

Jetzt wird die Kraft P zur Wirkung gebracht und so groß gemacht, daß der Endpunkt *II* unter ihrem Einfluß seine ursprüngliche Lage wieder einnimmt, d. h. es muß (abgesehen vom Vorzeichen)

$$\Delta_{PP} = \Delta_{TP}$$

werden.

Die Größe der Kraft P, die dieser Bedingung entspricht, ist zu ermitteln.

In einem beliebigen Punkt des Systems mit den Koordinaten x und y (Abb. 43) herrscht das Moment

$$M = P \cdot a.$$

Der Satz von CASTIGLIANO besagt:

Die Verschiebung des Angriffspunktes einer Kraft ist der partiellen Ableitung der Formänderungsarbeit nach dieser Kraft gleich.

Die Formänderungsarbeit der Längs- und Querkräfte ist im Verhältnis zu derjenigen der Momente so gering, daß sie vernachlässigt werden kann.

Die Formänderungsarbeit des Momentes ist

$$A = \int_0^l \frac{M^2}{2 \cdot E \cdot J}\, ds,$$

worin M ein Moment darstellt. Die partielle Ableitung der Formänderungsarbeit nach der Kraft P ist

$$\frac{\partial A}{\partial P} = \int_0^l \frac{1}{2 \cdot E \cdot J} \cdot \frac{\partial M^2}{\partial P} ds$$

$$= \frac{1}{2 \cdot E \cdot J} \int_0^l 2 \cdot M \frac{\partial M}{\partial P} ds.$$

Die partielle Ableitung des Moments nach der Kraft P ist in diesem Fall

$$\frac{\partial M}{\partial P} = a,$$

wobei E und J konstant sein sollen.

$$\Delta_{PP} = \frac{\partial A}{\partial P} = \frac{P}{E \cdot J} \int_0^l a^2 \cdot ds.$$

Das Integral $\int_0^l a^2 \cdot ds$ stellt das auf die Kraftachse $P—P$ bezogene Linienträgheitsmoment des Systems dar, d. h.

$$\Delta_{PP} = \frac{P}{E \cdot J} \cdot J_{PP}$$

und daraus

$$P = \frac{E \cdot J \cdot \Delta_{PP}}{J_{PP}}.$$

Setzt man jetzt nach der festgelegten Bedingung $\Delta_{PP} = \Delta_{TP}$ ein, so bekommt man endgültig

$$P = \frac{E \cdot J \cdot \Delta_{TP}}{J_{PP}} = \frac{E \cdot J \cdot \varepsilon \cdot t \cdot \sqrt{x_0^2 + y_0^2}}{J_{PP}}. \quad (41)$$

Diese Beziehung führt zu folgender wichtigen Erkenntnis.

Die Reaktionskraft eines beliebig geformten Systems beiderseits mit Gelenkfestpunkten wird durch das Produkt aus Elastizitätsmodul E, äquatoriales Trägheitsmoment J des Rohrquerschnittes und Wärmedehnung Δ_{TP} in der Kraftrichtung, dividiert durch das auf die Kraftachse $P—P$ bezogene Linienträgheitsmoment J_{PP}, des Systems dargestellt.

Für die Komponenten H und V gilt

$$H = P \cdot \cos\alpha = \frac{E \cdot J \cdot \Delta_{TP} \cdot \cos\alpha}{J_{PP}}$$

und mit $\Delta_{TP} \cdot \cos\alpha = \Delta_{TH}$

$$H = \frac{E \cdot J \cdot \Delta_{TH}}{J_{PP}} = \frac{E \cdot J \cdot \varepsilon \cdot t \cdot x_0}{J_{PP}} \quad (42)$$

und ebenso

$$V = \frac{E \cdot J \cdot \Delta_{TV}}{J_{PP}} = \frac{E \cdot J \cdot \varepsilon \cdot t \cdot y_0}{J_{PP}}. \quad (42a)$$

Für die praktische Anwendung soll an dieser Stelle eine gewisse Vereinfachung eingeführt werden, die die weitere Entwicklung wesentlich erleichtert.

Die einzelnen geraden Schenkel des Rohrsystems sollen nicht mittels gekrümmter Teile (Bogen), sondern mittels biegungssteifer Ecken miteinander verbunden sein. Auf diese Weise soll die Wärmedehnung allein durch die Biegung der geraden Rohrleitungsschenkel aufgenommen werden, und es können die einfachen Biegungsgleichungen gerader Träger angewandt werden.

Das Ergebnis wird durch diese Vereinfachung allerdings im ungünstigen Sinne beeinflußt, d. h. die Rechnung ergibt bei dieser Annahme größere Werte für die Kräfte, als dieses in Wirklichkeit der Fall ist.

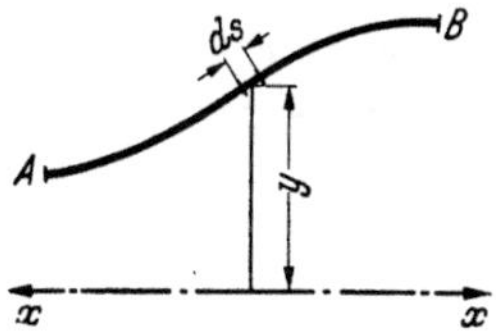

Abb. 44. Linienträgheitsmoment eines beliebigen Systems.

In einem späteren Abschnitt wird gezeigt werden, auf welche Weise auch die Rohrbogen rechnungsmäßig berücksichtigt werden, und welchen Einfluß sie auf die Größe der Kräfte und Spannungen ausüben.

Nachstehend soll der Begriff des Linienträgheitsmoments erläutert werden.

Das Linienträgheitsmoment stellt die Summe der Produkte aus den einzelnen Linienelementen mit dem Quadrat ihres jeweiligen Abstandes von einer irgendwie gewählten Bezugsachse dar. Nach Abb. 44 ist also das auf die Achse x—x bezogene Linienträgheitsmoment eines Systems AB — im folgenden kurz Systemträgheitsmoment genannt —

$$J_x = \sum_A^B ds \cdot y^2$$

oder anders geschrieben

$$J_x = \int_A^B y^2 \cdot ds. \qquad (43)$$

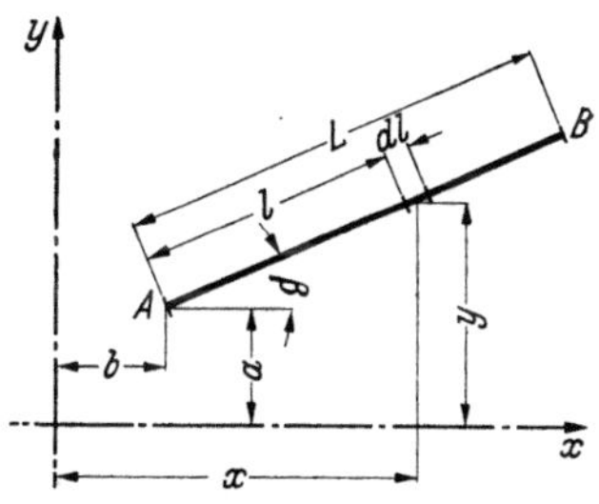

Abb. 45. Linienträgheitsmoment einer Geraden.

Für das statische Moment gilt — nebenbei bemerkt — die Beziehung (s. Abb. 44)

$$M_{st} = \int_A^B y \cdot ds. \qquad (44)$$

Betrachten wir jetzt eine Gerade AB von der Länge L (Abb. 45) und ermitteln für diese Gerade das Linienträgheitsmoment in bezug auf die Achse x—x.

$$J_x = \int_A^B dl \cdot y^2,$$

$$y = a + l \cdot \sin\beta, \qquad y^2 = a^2 + 2\,a\,l \cdot \sin\beta + l^2 \cdot \sin^2\beta$$

eingesetzt

$$J_x = \int_0^L (a^2 + 2\,a\,l \cdot \sin\beta + l^2 \sin^2\beta) \cdot dl = \left[a^2 \cdot l + 2\,a\,\frac{l^2}{2} \cdot \sin\beta + \frac{l^3}{3} \sin^2\beta\right]_0^L$$

$$J_x = a^2 L + a \cdot L^2 \cdot \sin\beta + \frac{L^3}{3} \cdot \sin^2\beta. \tag{45}$$

In entsprechender Weise ergibt sich das Linienträgheitsmoment in bezug auf die Achse y—y.

$$J_y = b^2 \cdot L + b \cdot L^2 \cdot \cos\beta + \frac{L^3}{3} \cos^2\beta. \tag{46}$$

Hierzu einige Sonderfälle:

a) $\beta = 90°$, d. h. die Gerade AB steht senkrecht zur Achse $x - x$. Dann ist

$$\left.\begin{aligned} J_x &= a^2 \cdot L + a \cdot L^2 + \frac{L^3}{3} \\ J_y &= b^2 \cdot L. \end{aligned}\right\} \tag{47}$$

b) $\beta = 0°$, d. h. die Gerade AB liegt parallel zur Achse x—x im Abstand a von ihr.

$$\left.\begin{aligned} J_x &= a^2 \cdot L \\ J_y &= b^2 \cdot L + b \cdot L^2 + \frac{L^3}{3}. \end{aligned}\right\} \tag{48}$$

Im Gegensatz zum Linienträgheitsmoment, welches nur auf eine Achse (oder auf eine Ebene) bezogen wird, muß das **Linienzentrifugalmoment** auf zwei zueinander senkrechte Achsen bezogen werden. Es stellt die Summe der Produkte aus den einzelnen Linienelementen mit den beiden Abständen von einem irgendwie gewählten Achsenkreuz dar. Nach Abb. 45 ist also das Linienzentrifugalmoment der Geraden AB, bezogen auf die Achsen x—x und y—y

$$J_{xy} = \int_A^B x\,y \cdot dl,$$

$$x = b + l \cdot \cos\beta, \qquad y = a + l \cdot \sin\beta,$$

eingesetzt

$$J_{xy} = \int_0^L (b + l \cdot \cos\beta)\,(a + l \cdot \sin\beta) \cdot dl$$

$$= \int_0^L (a\,b + b \cdot l \cdot \sin\beta + a \cdot l \cdot \cos\beta + l^2 \cdot \sin\beta \cdot \cos\beta) \cdot dl$$

$$= \left[a \cdot b \cdot l + b\,\frac{l^2}{2} \sin\beta + a\,\frac{l^2}{2} \cos\beta + \frac{l^3}{3} \cdot \sin\beta \cos\beta\right]_0^L.$$

$$J_{xy} = a \cdot b \cdot L + b\,\frac{L^2}{2} \sin\beta + a\,\frac{L^2}{2} \cos\beta + \frac{L^3}{3} \sin\beta \cdot \cos\beta. \tag{49}$$

Wie man sieht, hat sowohl das Linienträgheitsmoment als auch das Linienzentrifugalmoment die Größe Länge hoch 3, d. h. z. B. cm^3 oder m^3. Im Gegensatz hierzu hat das Trägheitsmoment einer Fläche stets die Größe Länge hoch 4, wie z. B. das Trägheitsmoment des Rohrquerschnittes.

Diese Erkenntnisse sollen auf das in Abb. 46 dargestellte Rohrsystem angewandt werden.

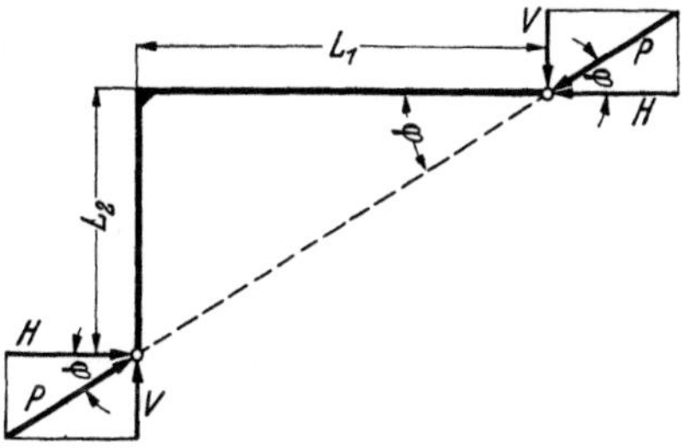

Abb. 46. Winkelbogen mit Gelenkfestpunkten.

Das Linienträgheitsmoment des Systems bezogen auf die Verbindungslinie der Endpunkte, d. h. bezogen auf die Kraftachse, ist unter Berücksichtigung der Gleichungen (45) und (46)

$$J_{P-P} = \frac{L_1^3}{3}\sin^2\varphi + \frac{L_2^3}{3}\cos^2\varphi .$$

Dann kann man für die gedachte Verschiebung $\varDelta$ der Endpunkte in Richtung der P-Achse gemäß Gleichung (41) schreiben

$$E\cdot J\cdot\varDelta = P\cdot J_{P-P}$$
$$= P\left(\frac{L_1^3}{3}\sin^2\varphi + \frac{L_2^3}{3}\cos^2\varphi\right).$$

Die Verschiebung $\varDelta$ ist identisch mit der Wärmedehnung des Systems in Richtung der Kraftachse, d. h.

$$\varDelta = \varDelta_t = \alpha\cdot\sqrt{L_1^2 + L_2^2}.$$

Mit

$$\sin^2\varphi = \frac{\operatorname{tg}^2\varphi}{1+\operatorname{tg}^2\varphi} \quad \text{und} \quad \cos^2\varphi = \frac{1}{1+\operatorname{tg}^2\varphi},$$

sowie $L_2 = L_1\cdot\operatorname{tg}\varphi$ wird

$$E\cdot J\cdot\alpha\cdot L_1\cdot\sqrt{1+\operatorname{tg}^2\varphi} = P\,\frac{L_1^3}{3}\left(\frac{\operatorname{tg}^2\varphi}{1+\operatorname{tg}^2\varphi} + \frac{\operatorname{tg}^3\varphi}{1+\operatorname{tg}^2\varphi}\right),$$

daraus

$$P = \frac{3\cdot E\cdot J\cdot\alpha}{L_1^2}\cdot\frac{(1+\operatorname{tg}^2\varphi)\cdot\sqrt{1+\operatorname{tg}^2\varphi}}{\operatorname{tg}^2\varphi\cdot(1+\operatorname{tg}\varphi)}$$

und mit $\operatorname{tg}\varphi = L_2 : L_1 = n$

$$P = \frac{3\cdot E\cdot J\cdot\alpha}{L_1^2}\cdot\frac{(1+n^2)\cdot\sqrt{1+n^2}}{n^2\cdot(1+n)}\ \text{kg}, \tag{50}$$

Man kann auf dieselbe Art für die verschiedensten Rohrsysteme ähnliche Beziehungen ableiten. Wenn auch die Bedeutung der Rohrsysteme mit Gelenkfestpunkten vom praktischen Standpunkt aus gering ist, sollen nachstehend doch die Beziehungen für einige häufig vorkommende Rohrformen unter Berücksichtigung von biegungssteifen Ecken angegeben werden.

Die allgemeine Beziehung für die Festpunktkraft lautet

$$P = \frac{3 \cdot E \cdot J \cdot \alpha}{L_1^2} \cdot a \text{ kg} \tag{51}$$

und für ihre beiden Komponenten

$$H = \frac{3 \cdot E \cdot J \cdot \alpha}{L_1^2} \cdot b \text{ kg} \tag{52}$$

$$V = \frac{3 \cdot E \cdot J \cdot \alpha}{L_1^2} \cdot c \text{ kg}. \tag{53}$$

Darin bedeuten:

E = Elastizitätsmodul des Rohrwerkstoffes bei Betriebstemperatur aus Abb. 8 in kg/cm^2;

J = äquatoriales Trägheitsmoment des Rohrquerschnittes in cm^4 aus Tabellen 14, 15 und 16;

$\alpha = \varepsilon \cdot t$ = Wärmeausdehnung des Rohrwerkstoffes bei Betriebstemperatur t in cm/cm (ε aus Abb. 31);

L_1, L_2, L_3 usw. = Schenkellängen in cm;

a, b und c = veränderliche, vom Schenkelverhältnis n abhängige Faktoren, die in der Tabelle 2 für verschiedene Rohrformen gegeben sind.

In der Tabelle 2 ist noch ein Faktor q angegeben. Er dient zur Bestimmung der größten auftretenden Biegungsspannung.

Maßgebend für diese Biegungsspannung ist das größte Biegungsmoment, welches durch die Festpunktkraft P im Rohrsystem hervorgerufen wird. Je größer der senkrechte Abstand der Kraft P von irgendeinem Punkt des Rohrsystems ist, um so größer ist dort das Biegungsmoment und folglich auch die Biegungsspannung.

$$M_{b\,\max} = P \cdot h_{\max}.$$

Bekanntlich ist außerdem

$$M_{b\,\max} = W \cdot \sigma_{b\,\max},$$

worin W das Widerstandsmoment des Rohrquerschnittes und $\sigma_{b\,\max}$ die größte Biegungsspannung ist.

Für das Widerstandsmoment des Rohrquerschnittes gilt nach Gleichung (34) die Beziehung

$$W = \frac{\pi \cdot (D^4 - d^4)}{32 \cdot D} = \frac{2 \cdot J}{D},$$

daraus folgt

$$\sigma_{b\,\max} = \frac{M_{b\,\max}}{W} = \frac{P \cdot h_{\max} \cdot D}{2 \cdot J}.$$

Setzt man hier für P die Gleichung (51) ein, so erhält man

$$\sigma_{b\,\max} = \frac{3 \cdot E \cdot D \cdot \alpha}{100 \cdot L_1} \cdot \frac{h_{\max}}{2 \cdot 100 \cdot L_1} \cdot a \text{ kg/mm}^2,$$

worin der Ausdruck

$$\frac{h_{\max}}{200 \cdot L_1} \cdot a = q$$

Tabelle 2. **Reaktionskräfte und Biegungsspannungen für ebene Rohrsysteme mit biegungssteifen Ecken und Gelenkfestpunkten.**

Form des Rohrsystems	Faktoren a, b und c, sowie q
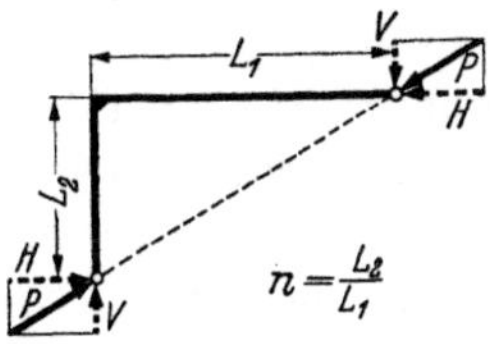	$a = \frac{(1+n^2)\sqrt{1+n^2}}{n^2(1+n)}$ $b = \frac{1+n^2}{n^2(1+n)}$ $c = \frac{1+n^2}{n(1+n)}$ $q = \frac{1+n^2}{200\,n(1+n)}$
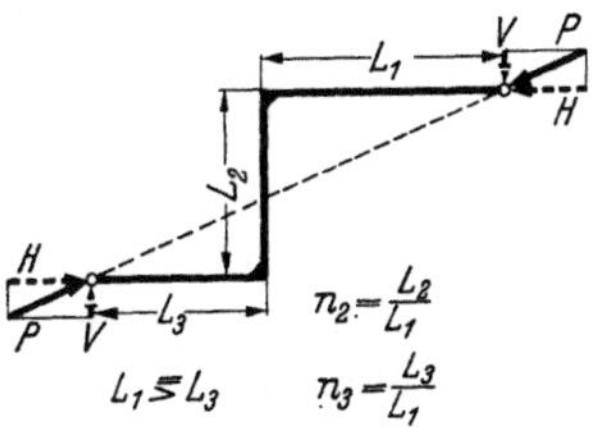	$a = \frac{[n_2^2+(1+n_3)^2]\sqrt{n_2^2+(1+n_3)^2}}{n_2^2(1+n_2-n_2 n_3+n_2 n_3^2+n_3^3)}$ $b = \frac{n_2^2(1+n_3)+(1+n_3)^3}{n_2^2(1+n_2-n_2 n_3+n_2 n_3^2+n_3^3)}$ $c = \frac{n_2^2+(1+n_3)^2}{n_2(1+n_2-n_2 n_3+n_2 n_3^2+n_3^3)}$ $q = \frac{n_2^2+(1+n_3)^2}{200\,n_2(1+n_2-n_2 n_3+n_2 n_3^2+n_3^3)}$
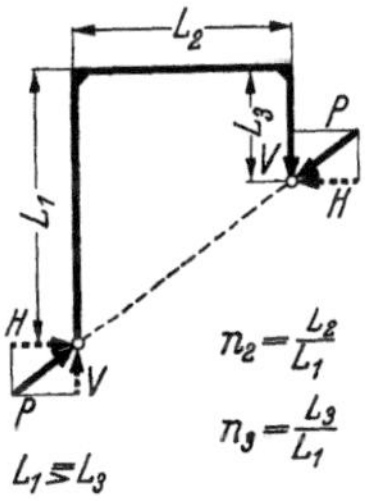	$a = \frac{[n_2^2+(1-n_3)^2]\sqrt{n_2^2+(1-n_3)^2}}{n_2^2(1+n_2+n_2 n_3+n_2 n_3^2+n_3^3)}$ $b = \frac{n_2^2+(1-n_3)^2}{n_2(1+n_2+n_2 n_3+n_2 n_3^2+n_3^3)}$ $c = \frac{n_2^2(1-n_3)+(1-n_3)^3}{n_2^2(1+n_2+n_2 n_3+n_2 n_3^2+n_3^3)}$ $q = \frac{n_2^2+(1-n_3)^2}{200\,n_2(1+n_2+n_2 n_3+n_2 n_3^2+n_3^3)}$
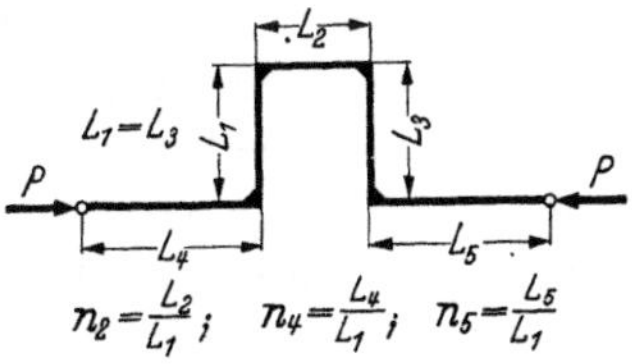	$a = b = \frac{n_2+n_4+n_5}{2+3\cdot n_2}$ $c = 0$ $q = \frac{n_2+n_4+n_5}{200\,(2+3\cdot n_2)}$

gesetzt wurde, so daß für die größte Biegungsspannung in der äußeren Faser des Rohrquerschnittes die Beziehung

$$\sigma_{b\,\max} = \frac{3\cdot E\cdot D\cdot \alpha}{100\cdot L_1}\cdot q \quad \text{kg/mm}^2 \tag{54}$$

gilt. D ist der äußere Rohrdurchmesser in cm und q ein Faktor, der aus der Tabelle 2 zu entnehmen ist.

Soll die Biegungsspannung an der inneren Rohrwandfaser ermittelt werden, so ist in die Gleichung (54) statt des äußeren Durchmessers D der innere Durchmesser d einzusetzen.

Die im Rohrsystem infolge der Wärmedehnung auftretenden Biegungsmomente sind dem senkrechten Abstand der Kraft von dem jeweiligen Punkt des Systems verhältnisgleich. Aus Abb. 47 kann man entnehmen, daß dieser Abstand h in den Endpunkten des Systems Null ist, da die Kraft P infolge der Annahme von Gelenkfestpunkten durch diese hindurchgehen muß. In den Gelenkpunkten ist also das Biegungsmoment $M = 0$ und folglich auch die Biegungsspannung $\sigma_b = 0$.

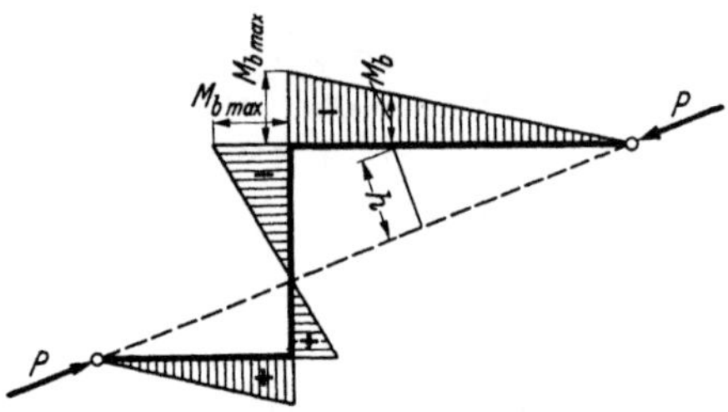

Abb. 47. Biegungsmomente im Rohrsystem mit Gelenkfestpunkten.

Von den Gelenkpunkten ausgehend steigt der senkrechte Abstand der Kraft linear bis zu seinem Höchstwert h_{max} an. Folglich steigen auch die Biegungsmomente und die diesen verhältnisgleichen Biegungsspannungen linear bis zum Höchstwert an.

Aus Abb. 47 kann man weiter erkennen, daß dort, wo die Kraft P das Rohrsystem schneidet, das Biegungsmoment wieder Null wird. Dort treten also auch keine Biegungsspannungen auf. In Abb. 47 ist die Verteilung der Biegungsmomente für einen Z-Bogen dargestellt. Sinngemäß gilt diese Verteilung auch für die Biegungsspannungen.

Im weiteren soll zwischen positiven und negativen Biegungsmomenten unterschieden werden, wobei allgemein folgende Regel gilt: ein Biegungsmoment ist positiv (+), wenn es die Achse des Systems nach unten wölbt, dagegen netativ (—), wenn es die Achse des Systems nach oben wölbt.

Die Annahme von Gelenkfestpunkten hat an sich nur geringe Bedeutung, denn es gibt im Rohrleitungsbau keine Ausführungsbeispiele von Rohranschlüssen, die den Bedingungen eines Gelenkes in vollkommener Weise genügen. Es wurde allerdings an früherer Stelle bereits betont, daß auch die absolute Einspannung praktisch nie erreicht wird, weil eine gewisse Nachgiebigkeit auch bei scheinbar ganz starren Anschlüssen bzw. Festpunktbauarten besteht.

Würde man die verhältnismäßig sehr einfache Berechnung unter Zugrundelegung von Gelenkfestpunkten anwenden, so käme man zu Ergebnissen, die nicht nur zu geringe Kräfte und Spannungen zeigen, sondern — und das ist das Wichtigere — diese Annahme ergibt eine falsche Spannungsverteilung im Rohrsystem. Die Erfahrung lehrt, daß die Endpunkte des Rohrsystems (meistens Flanschanschlüsse) keineswegs frei von Biegungsspannungen sind. Im Gegenteil, viele Erscheinungen und eine große Anzahl praktischer Beobachtungen deuten darauf hin, daß die größten Biegungsspannungen gerade in den Endpunkten des Systems auftreten. Undichtigkeiten an einzelnen in der Nähe der Festpunkte gelegenen Flanschverbindungen zeigen, daß dort zusätzliche Kräfte bzw. Momente auftreten, die — bei zu starren Rohrsystemen —, die Flanschenschrauben unzulässig hoch beanspruchen.

Der Rohrleitungsverband (RV), Berlin, erwarb sich das Verdienst, die bei der Belastung von Rohrbogen auftretenden Kräfte an Hand von Versuchen näher zu prüfen[1]. Diese Arbeiten werden als Vorversuche bezeichnet, denen weitere Versuche folgen sollten. Leider ist die Fortsetzung der Versuche bisher unterblieben. Aus den gewonnenen Erkenntnissen geht jedoch eindeutig hervor, daß der statische Wert eines in der Praxis vorkommenden Festpunktes zwischen dem eines festen Gelenkes und einer festen Einspannung liegt. Die künstlich geschaffenen Versuchsbedingungen werden aber niemals die Verhältnisse in der Praxis so genau berücksichtigen können, wie es notwendig ist, um ein zahlenmäßig auswertbares Urteil zu fällen.

Die vom Verfasser gemachten Erfahrungen beweisen, daß die im Rohrleitungsbau vorkommenden Festpunkte der festen Einspannung wesentlich näher liegen, als dem festen Gelenk. Es ist daher auf jeden Fall richtiger, nicht mit dem festen Gelenk zu rechnen, sondern die — vielleicht etwas zu sichere — feste Einspannung zugrunde zu legen. In der Praxis treten immer zusätzliche Umstände ein, z. B. Reibungswiderstände in den Auflagern, Rollenlagern usw., welche die idealen Annahmen der statischen Berechnung stören und somit zu weniger günstiger Betriebsbedingungen führen, als sie der Rechnung zugrunde lagen. Die geringe überschüssige Sicherheit, die in der Annahme der festen Einspannung liegen mag, ist dadurch gerechtfertigt.

Bevor wir zu der Untersuchung der Rohrsysteme mit fester Einspannung übergehen, soll noch ein Zahlenbeispiel durchgerechnet werden, welches später zum zahlenmäßigen Vergleich der Ergebnisse beider Rechnungsarten herangezogen werden kann.

Beispiel 5. Das in Abb. 48 dargestellte Rohrsystem (*Z*-Bogen) arbeitet bei 40 atü 450° C. Rohr 216 × 7,5 mm aus einem (Cu)-Mo-Stahl. Die Festpunkte seien als feste Gelenke angenommen.

Aus Abb. 8 $E = 1{,}83 \cdot 10^6\ \mathrm{kg/cm^2}$ bei 450° C und aus Abb. 31 $\varepsilon = 14{,}76 \cdot 10^{-6}\ \mathrm{cm/cm\,°C}$ bei 450° C daraus

$$\alpha = \varepsilon \cdot t = 14{,}76 \cdot 10^{-6} \cdot 450 \cdot 100 = 0{,}664\ \mathrm{cm/m}.$$

[1] Temperaturänderung und Rohrleitungsbeanspruchung. Arch. Wärmew. Bd. 15 (1934) S. 295.

Die Schenkelverhältnisse sind nach Abb. 48

$$n_2 = \frac{L_2}{L_1} = \frac{6}{10} = 0,6,$$

$$n_3 = \frac{L_3}{L_1} = \frac{4}{10} = 0,4.$$

Aus der Tabelle 2 folgt dann für den Z-Bogen

$$a = \frac{(0,36 + 1,4^2)\cdot\sqrt{0,36 + 1,4^2}}{0,36\cdot(1 + 0,6 - 0,24 + 0,096 + 0,064)} = \frac{2,32\cdot 1,524}{0,36\cdot 1,52} = 6,45,$$

$$b = \frac{0,36\cdot 1,4 + 2,746}{0,36\cdot 1,52} = \frac{3,25}{0,547} = 5,94,$$

$$c = \frac{0,36 + 1,96}{0,6\cdot 1,52} = \frac{2,32}{0,912} = 2,55,$$

$$q = \frac{c}{200} = \frac{2,55}{200} = 0,01275,$$

$$\frac{3\cdot E\cdot J\cdot\alpha}{100\cdot L_1^2} = \frac{3\cdot 1,83\cdot 10^6\cdot 2660\cdot 0,664}{100\cdot 100\cdot 10^4} = 97.$$

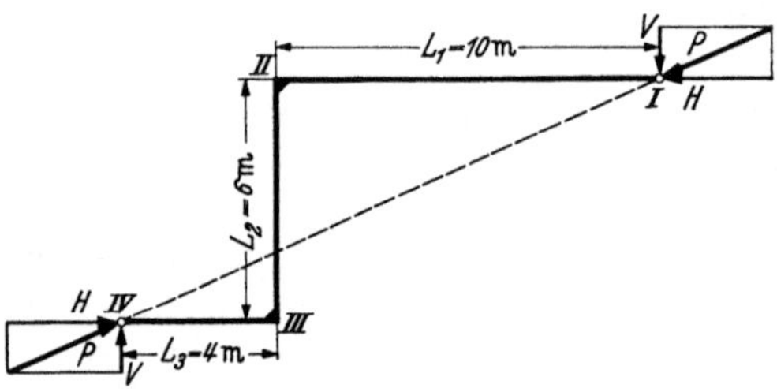

Abb. 48. Rohrsystem in Z-Form mit Gelenkfestpunkten.

Bei 50% Vorspannung darf also nur die Hälfte eingesetzt werden, d. h. 48,5 daher

$$P = 48,5\cdot 6,45 = \underline{313\ \text{kg}}$$

$$H = 48,5\cdot 5,94 = \underline{288\ \text{kg}}$$

$$V = 48,5\cdot 2,55 = \underline{124\ \text{kg}}$$

und für die größte Biegungsspannung im Punkt II

$$\frac{3\cdot E\cdot D\cdot\alpha}{100\cdot L_1} = \frac{3\cdot 1,83\cdot 10^6\cdot 21,6\cdot 0,664}{100\cdot 1000} = 787,$$

oder bei 50% Vorspannung 393,5, daher

$$\sigma_b = 393,5\cdot 0,01275 = \underline{5,15\ \text{kg/mm}^2}.$$

Durch den Innendruck werden in der Rohrwand die folgenden Spannungen erzeugt, die man aus Abb. 16 für ein Verhältnis $z = 7,5:201 = 0,0373$ ablesen kann

$$\sigma_{t_i} = 0,1395\cdot 40 = 5,58\ \text{kg/mm}^2,$$

$$\sigma_{t_a} = 0,1295\cdot 40 = 5,18\ \text{kg/mm}^2,$$

$$\sigma_a = 0,0645\cdot 40 = 2,58\ \text{kg/mm}^2.$$

Die axiale Längsbeanspruchung σ_a ist genau so gerichtet wie die Biegungsspannung σ_b. Folglich müssen sich diese Spannungen algebraisch summieren.

Die größte Längsspannung ist also

$$\sigma_{\max} = \sigma_b + \sigma_a = 5{,}15 + 2{,}58 = \underline{7{,}73\ \text{kg/mm}^2}.$$

Demgegenüber ist die tangentiale Beanspruchung σ_{t_i} ohne Bedeutung, da sie wesentlicher kleiner ist.

Bei 12 kg/mm² Dauerstandfestigkeit ist die verbleibende Sicherheit nach dieser Rechnungsart

$$S = 12 : 7{,}73 = 1{,}55.$$

In einem späteren Abschnitt wird zum Vergleich das gleiche Rohrsystem unter der Annahme von Einspannfestpunkten durchgerechnet.

b) Ebene Rohrsysteme mit Einspannfestpunkten.

Es sei ein beliebig geformtes Rohrsystem nach Abb. 49 gegeben, dessen beide Enden fest eingespannt sind. Durch Temperaturänderung sucht das System sich auszudehnen. Die Wärmedehnung sei $\Delta_T = \alpha \cdot \sqrt{x_0^2 + y_0^2}$ und somit die Komponenten der Wärmedehnung

horizontal $\Delta_{TH} = \alpha \cdot x_0$,
vertikal $\Delta_{TV} = \alpha \cdot y_0$.

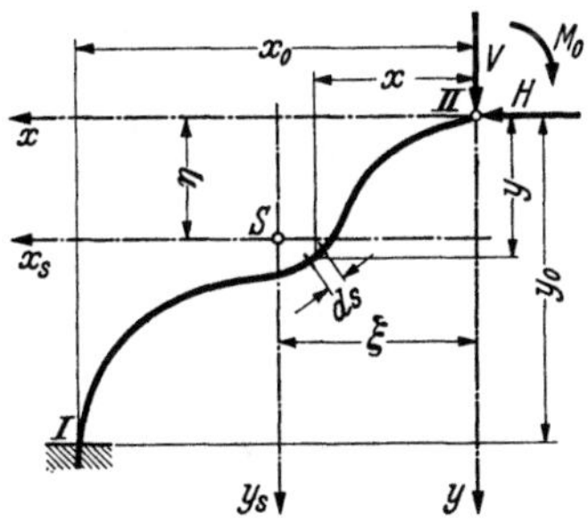

Abb. 49. Rohrsystem mit Einspannfestpunkten.

Für die Untersuchung wird ein auf der ganzen Länge gleichbleibendes äquatoriales Trägheitsmoment J zugrunde gelegt.

Die eine der beiden Einspannungen wird ersetzt durch eine horizontale Kraft H, eine vertikale Kraft V und ein Moment M_0 (Einspannungsmoment).

Dann ist das Biegungsmoment in einem beliebigen Punkt des Systems mit den Koordinaten x und y gegeben durch

$$M = V \cdot x - H \cdot y + M_0.$$

Die partielle Ableitung des Moments nach der Kraft ist

$$\frac{\partial M}{\partial V} = x; \qquad \frac{\partial M}{\partial H} = -y; \qquad \frac{\partial M}{\partial M_0} = 1.$$

Nach dem Satz von CASTIGLIANO ist:

Die Verschiebung des Angriffspunktes einer Kraft ist der partiellen Ableitung der Formänderungsarbeit nach dieser Kraft gleich.

Die Formänderungsarbeit der Längs- und Querkräfte ist im Verhältnis zu derjenigen der Momente so gering, daß sie vernachlässigt werden kann.

Die Formänderungsarbeit ist

$$A = \int_0^L \frac{M^2}{2 \cdot E \cdot J} \cdot ds$$

und, wenn E und J Festwerte sind

$$A = \frac{1}{E \cdot J} \cdot \int_0^L \frac{M^2}{2} \cdot ds.$$

Die Verschiebung in der horizontalen Richtung ist also

$$\Delta_H = \frac{\partial A}{\partial H} = \frac{1}{E \cdot J} \cdot \int_0^L M \frac{\partial M}{\partial H} ds$$

$$= \frac{1}{E \cdot J} \cdot \int_0^L (V \cdot x - H \cdot y + M_0)(-y) \cdot ds$$

$$= \frac{1}{E \cdot J} \left[V \cdot \int_0^L (-x \cdot y)\, ds - H \cdot \int_0^L (-y^2)\, ds + M_0 \int_0^L (-y)\, ds \right]$$

$$= \frac{1}{E \cdot J} \left[H \cdot \int_0^L y^2\, ds - V \cdot \int_0^L x y \cdot ds - M_0 \cdot \int_0^L y \cdot ds \right].$$

Es bedeuten:

$\int_0^L y^2 \cdot ds = J_x$ = Trägheitsmoment des Systems bezogen auf die x-Achse,

$\int_0^L x y \cdot ds = J_{xy}$ = Zentrifugalmoment des Systems bezogen auf die x- und y-Achse,

$\int_0^L y \cdot ds = M_{sx}$ = statisches Moment des Systems bezogen auf die x-Achse.

In gleicher Weise folgt:

$$\Delta_V = \frac{\partial A}{\partial V} = \frac{1}{E \cdot J} \cdot \int_0^L M \frac{\partial M}{\partial V} ds = \frac{1}{E \cdot J} \cdot \int_0^L (V \cdot x - H \cdot y + M_0) \cdot x \cdot ds$$

$$= \frac{1}{E \cdot J} \left[V \cdot \int_0^L x^2\, ds - H \cdot \int_0^L x y \cdot ds + M_0 \cdot \int_0^L x \cdot ds \right].$$

Darin bedeuten:

$\int_0^L x^2\, ds = J_y$ = Trägheitsmoment des Systems bezogen auf die y-Achse,

$\int_0^L x\, ds = M_{sy}$ = statisches Moment des Systems bezogen auf die x-Achse.

Die Verschiebung durch das Einspannmoment ist Null, daher

$$0 = \frac{1}{E \cdot J} \int_0^L M \frac{\partial M}{\partial M_0} \cdot ds = \frac{1}{E \cdot J} \cdot \int_0^L (V \cdot x - H \cdot y + M_0)\, ds$$

$$= \frac{1}{E \cdot J} \left[V \cdot \int_0^L x \cdot ds - H \cdot \int_0^L y \cdot ds + M_0 \cdot \int_0^L ds \right].$$

Daraus folgen die drei allgemeinen Elastizitätsbedingungen:

$$E \cdot J \cdot \Delta_H = H \cdot J_x - V \cdot J_{xy} - M_0 \cdot M_{sx}. \qquad \text{(I)}$$

$$E \cdot J \; \Delta_V = V \cdot J_y - H \cdot J_{xy} + M_0 \cdot M_{sy}. \qquad \text{(II)}$$

$$0 = V \cdot M_{sy} - H \cdot M_{sx} + M_0 \cdot L. \qquad \text{(III)}$$

Der wichtigste Satz der statischen Berechnung geht aus der Gleichung (III) hervor, nämlich

$$M_0 = H \frac{M_{sx}}{L} - V \frac{M_{sy}}{L}.$$

Das statische Moment, dividiert durch die Länge des Systems, stellt den Schwerpunktsabstand von der betreffenden Achse dar, d. h.

$$\underline{M_0 = H \cdot \eta - V \cdot \xi}.$$

Diese Beziehung besagt, daß bei beiderseitiger Einspannung die Kräfte H und V durch den Schwerpunkt des Systems gehen müssen.

Das ist die Grundlage aller weiteren Berechnungen.

Setzt man in den Ausdrücken $M_0 \cdot M_{sx}$ und $M_0 \cdot M_{sy}$ diese Beziehung für M_0 ein, so bekommt man:

$$M_0 \cdot M_{sx} = H \cdot M_{sx} \cdot \eta - V \cdot M_{sx} \cdot \xi$$

und

$$M_0 \cdot M_{sy} = H \cdot M_{sy} \cdot \eta - V \cdot M_{sy} \cdot \xi.$$

Andererseits ist

$$\frac{M_{sx}}{L} = \eta, \quad \text{daher} \quad M_{sx} \cdot \eta = \eta^2 \cdot L,$$

$$\frac{M_{sy}}{L} = \xi, \quad \text{daher} \quad M_{sy} \cdot \xi = \xi^2 \cdot L,$$

Aus obigem folgt ferner

$$M_{sx} \cdot \xi = \eta \cdot \xi \cdot L \qquad \text{und} \qquad M_{sy} \cdot \eta = \eta \cdot \xi \cdot L.$$

Setzt man diese Ausdrücke in die Elastizitätsgleichungen (I) und (II) ein:

$$E \cdot J \cdot \Delta_H = H \cdot J_x - V \cdot J_{xy} - H \cdot \eta^2 \cdot L + V \cdot \eta \cdot \xi \cdot L,$$

$$E \cdot J \cdot \Delta_V = V \cdot J_y - H \cdot J_{xy} - V \cdot \xi^2 \cdot L + H \cdot \eta \cdot \xi \cdot L;$$

andererseits ist:

$$H \cdot J_x - H \cdot \eta^2 \cdot L = H \cdot (J_x - \eta^2 \cdot L) = H \cdot J_{xs},$$
$$V \cdot J_{xy} - V \cdot \eta \cdot \xi \cdot L = V \cdot (J_{xy} - \eta \cdot \xi \cdot L) = V \cdot J_{xys},$$
$$V \cdot J_y - V \cdot \xi^2 \cdot L = V \cdot (J_y - \xi^2 \cdot L) = V \cdot J_{ys}.$$

Die Werte J_{xs}, J_{ys} und J_{xys} stellen nichts anderes dar, als Trägheits- bzw. Zentrifugalmomente des Rohrsystems bezogen auf die durch den Systemschwerpunkt gehenden Achsen x_s und y_s.

Damit lauten die Elastizitätsgleichungen für ein beiderseits eingespanntes Rohrsystem:

(I) $$E \cdot J \cdot \Delta_H = H \cdot J_{xs} - V \cdot J_{xys}, \quad (55)$$

(II) $$E \cdot J \cdot \Delta_V = V \cdot J_{ys} - H \cdot J_{xys}. \quad (56)$$

Diese Beziehungen ergeben den wichtigen Satz:

Für die Ermittlung der Festpunktkräfte bei beiderseits eingespannten Rohrsystemen müssen die Systemträgheitsmomente bzw. Zentrifugalmomente auf die Schwerpunktsachsen bezogen werden.

Aus diesen Gleichungen folgt mit $\Delta_H = \varepsilon \cdot t \cdot x_0$ und $\Delta_V = \varepsilon \cdot t \cdot y_0$, wenn man die Schenkellängen in m und somit die Trägheits- bzw. Zentrifugalmomente in m^3 einsetzt

$$H = \frac{E \cdot J}{10^6} \cdot \frac{\Delta_H \cdot J_{ys} + \Delta_V \cdot J_{xys}}{J_{xs} \cdot J_{ys} - J_{xys}^2} \quad \text{in kg}, \quad (57)$$

$$V = \frac{E \cdot J}{10^6} \cdot \frac{\Delta_V \cdot J_{xs} + \Delta_H \cdot J_{xys}}{J_{xs} \cdot J_{ys} - J_{xys}^2} \quad \text{in kg}. \quad (58)$$

Die Vorzeichen gelten, wenn die Wärmedehnungen Δ_H und Δ_V entgegen den Kraftrichtungen wirkend eingesetzt werden.

Berechnungsbeispiele sind im Abschnitt II/3 gegeben.

c) Ebene Rohrsysteme einerseits eingespannt, andererseits mit Gelenkfestpunkt.

Der Vollständigkeit halber seien auch solche Systeme untersucht, die einerseits einen Einspannfestpunkt und andererseits einen Gelenkfestpunkt haben, wenn sie auch praktisch nicht vorkommen dürften.

Denkt man sich in Abb. 49 das Rohrende *II* als Gelenkfestpunkt ausgebildet, so ist $M_0 = 0$.

Die Elastizitätsgleichungen erhalten somit folgende Form:

$$E \cdot J \cdot \Delta_H = H \cdot J_x - V \cdot J_{xy} \quad \text{(I)}$$
$$E \cdot J \cdot \Delta_V = V \cdot J_y - H \cdot J_{xy} \quad \text{(II)}$$
$$0 = V \cdot M_{sy} - H \cdot M_{sx}. \quad \text{(III)}$$

Dividiert man die Gleichung (III) durch die Länge L des Systems, so wird

$$0 = V \cdot \frac{M_{sy}}{L} - H \cdot \frac{M_{sx}}{L}$$

oder

$$H \cdot \eta = V \cdot \xi .$$

Das beweist, daß die Kräfte durch den Gelenkfestpunkt gehen müssen, da dort nur dann kein Moment auftritt und obige Bedingung erfüllt ist.

Aus den Gleichungen (I) und (II) folgt

$$H = \frac{E \cdot J}{10^6} \cdot \frac{\Delta_H \cdot J_y + \Delta_V \cdot J_{xy}}{J_x \cdot J_y - J_{xy}^2} \quad \text{in kg} \tag{59}$$

$$V = \frac{E \cdot J}{10^6} \cdot \frac{\Delta_V \cdot J_x + \Delta_H \cdot J_{xy}}{J_x \cdot J_y - J_{xy}^2} \quad \text{in kg}, \tag{60}$$

wobei die Schenkellängen in m und somit die Trägheits- bzw. Zentrifugalmomente in m^3, alles andere in cm bzw. kg eingesetzt werden.

In diesem Falle, d. h. bei einem einerseits eingespannten andererseits mit Gelenkfestpunkt versehenen System, werden die Linienträgheitsmomente J_x und J_y und das Zentrifugalmoment J_{xy} des Systems auf die durch den Gelenkpunkt gehenden Kraftachsen bezogen.

Die Gesamtkraft P ist nach Größe und Richtung gegeben durch

$$P = \sqrt{H^2 + V^2} .$$

Sie geht also nicht durch den Schwerpunkt des Systems.

Zum Vergleich lösen wir die Gleichungen (I) und (II) für das beiderseits eingespannte System nach H und V auf. Man erhält nach einigen Umformungen

$$H = \frac{E \cdot J \cdot (\Delta_H \cdot J_y + \Delta_V \cdot J_{xy}) + L \cdot (\eta \cdot J_y - \xi \cdot J_{xy}) \cdot M_0}{10^6 (J_x \cdot J_y - J_{xy}^2)}$$

$$V = \frac{E \cdot J \cdot (\Delta_V \cdot J_x + \Delta_H \cdot J_{xy}) + L \cdot (\eta \cdot J_{xy} - \xi \cdot J_x) \cdot M_0}{10^6 (J_x \cdot J_y - J_{xy}^2)} .$$

Vergleicht man diese Beziehung für ein beiderseits eingespanntes Rohrsystem mit den Gleichungen (59) und (60) eines nur einerseits eingespannten und andererseits mit Gelenkfestpunkten versehenen Rohrsystems, so stellt man fest, daß sie bis auf einen im Zähler stehenden Summanden miteinander übereinstimmen. Dieses zusätzliche Glied kann nun bei bestimmten Systemformen negativ werden, und zwar wenn

$$\eta \cdot J_y < \xi \cdot J_{xy}$$

bzw.

$$\eta \cdot J_{xy} < \xi \cdot J_x$$

ist. In diesem Falle werden die Kräfte bei einem beiderseits eingespannten System kleiner sein, als bei dem nur einerseits eingespannten.

Es sei nachstehend das Beispiel gemäß Abb. 50 durchgerechnet.

Beispiel 6. Für einen einerseits eingespannten Z-Bogen, wie schon im letzten Beispiel 5 durchgerechnet, sollen die gleichen Abmessungen und Betriebsverhältnisse zugrunde gelegt werden.

Rohr 216 × 7,5 mm aus (Cu)-M-Stahl für 40 atü 450° C

$$E = 1{,}83 \cdot 10^6 \text{ kg/cm}^2 \qquad \text{bei } 450^\circ \text{ C}$$

$$\varepsilon = 14{,}76 \cdot 10^{-6} \text{ cm/cm }^\circ\text{C bei } 450^\circ \text{ C}$$

daraus $\alpha = \varepsilon \cdot t = 14{,}76 \cdot 10^{-6} \cdot 450 \cdot 100 = 0{,}664$ cm/m.

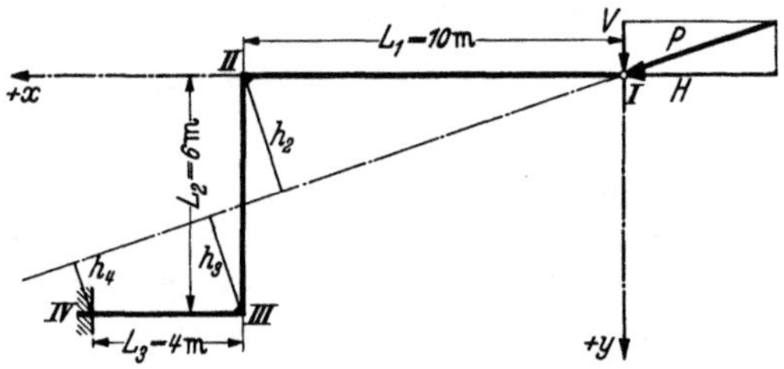

Abb. 50. Z-Bogen einerseits mit Gelenkfestpunkt.

Das Trägheitsmoment des Systems bezogen auf die x-Achse ist

$$J_x = \frac{1}{3} L_2^3 + L_3 \cdot L_2^2 = \frac{1}{3} 216 + 4 \cdot 36 = 216 \text{ m}^3$$

und dasselbe auf die y-Achse bezogen

$$J_y = \frac{1}{3} L_1^3 + L_2 \cdot L_1^2 + \frac{1}{3} L_3^3 + L_3^2 \cdot L_1 + L_3 \cdot L_1^2$$

$$= \frac{1}{3} \cdot 1000 + 6 \cdot 100 + \frac{1}{3} \cdot 64 + 16 \cdot 10 + 4 \cdot 100 = 1514{,}67 \text{ m}^3.$$

Das Zentrifugalmoment ist

$$J_{xy} = \frac{1}{2} L_2^2 \cdot L_1 + L_2 \cdot L_1 \cdot 0 + \frac{1}{2} L_3^2 \cdot L_2 + L_3 \cdot L_2 \cdot L_1$$

$$= \frac{1}{2} \cdot 36 \cdot 10 + 0 + \frac{1}{2} \cdot 16 \cdot 6 + 4 \cdot 6 \cdot 10 = 468 \text{ m}^3.$$

Bei 50% Vorspannung sind die Dehnungskomponenten

$$\Delta_H = \frac{1}{2} \cdot \alpha (L_1 + L_3) = 0{,}5 \cdot 0{,}664 \cdot 14 = 4{,}65 \text{ cm},$$

$$\Delta_V = \frac{1}{2} \cdot \alpha \cdot L_2 = 0{,}5 \cdot 0{,}664 \cdot 6 = 1{,}99 \text{ cm}.$$

Mit einem Rohrträgheitsmoment $J = 2660$ cm⁴ werden diese Werte in die Gleichungen (59) und (60) eingesetzt.

$$H = \frac{1{,}83 \cdot 10^6 \cdot 2660}{10^6} \cdot \frac{4{,}65 \cdot 1514{,}67 + 1{,}99 \cdot 468}{216 \cdot 1514{,}67 - 468^2} = \underline{359\ \text{kg}}$$

$$V = \frac{1{,}83 \cdot 10^6 \cdot 2660}{10^6} \cdot \frac{1{,}99 \cdot 216 + 4{,}65 \cdot 468}{216 \cdot 1514{,}67 - 468^2} = \underline{117\ \text{kg}}$$

$$P = \sqrt{H^2 + V^2} = \underline{378\ \text{kg}}.$$

Der Vergleich mit dem für einen beiderseits mit Gelenken ausgeführten Z-Bogen gemäß dem vorigen Beispiel (Abb. 48) zeigt, daß die Kräfte P und H größer sind, V dagegen in diesem Falle um ein geringes kleiner ausfällt.

Jetzt müssen die Kräfte am Gelenkfestpunkt maßstäblich aufgetragen werden, um die Richtung von P zu ermitteln.

Die Abstände der einzelnen Punkte des Systems von der Kraftlinie P geben die Größe des dort herrschenden Biegungsmoments an:

im Punkt I: $M_{b_1} = P \cdot 0 = 0$,
im Punkt II: $M_{b_2} = P \cdot h_2 = 378 \cdot 312 = 118000$ cmkg,
im Punkt III: $M_{b_3} = P \cdot h_3 = 378 \cdot 264 = 99800$ cmkg,
im Punkt IV: $M_{b_4} = P \cdot h_4 = 378 \cdot 140 = 52900$ cmkg.

Das größte Moment ist also im Punkt II. Dort herrscht eine Biegespannung

$$\sigma_{b\,\max} = \frac{M_b \cdot D}{200 \cdot J} = \frac{118000 \cdot 21{,}6}{200 \cdot 2660} = \underline{4{,}79\ \text{kg/mm}^2}.$$

Die Biegungsspannung ist hier also, trotz der größeren Kraft P, kleiner als bei dem gleichen Z-Bogen mit beiderseitigen Gelenkfestpunkten. Das kommt daher, daß der Abstand $h_{\max}$ infolge der verlagerten Kraftrichtung kleiner geworden ist. Es kann aber ebensogut auch der umgekehrte Fall eintreten, da die Form des Systems einen wesentlichen Einfluß auf diese Verhältnisse ausübt.

d) Zusammenfassender Vergleich der bisherigen Annahmen.

Wie schon betont wurde, trifft die Annahme von Gelenkfestpunkten im Rohrleitungsbau praktisch nicht zu. Sie führt daher auch zu grundlegend falschen Ergebnissen. Der Fehler in der Größenordnung der Kräfte und Spannungen ist nicht so sehr ausschlaggebend, wie die unbedingt irreführende Verteilung der Momente und Spannungen. Gerade letzteres spielt häufig eine wesentliche Rolle bei der Festlegung der Lage der Schweißnähte, die möglichst keinen oder nur geringen Biegungsspannungen ausgesetzt werden sollten. Daher ist die Kenntnis der Spannungsverteilung für den entwerfenden und ausführenden Ingenieur von größter Bedeutung. Man sollte sich also nicht durch die etwas bequemere Rechnungsweise dazu verleiten lassen, die Annahme von Gelenkfestpunkten zugrunde zu legen, es sei denn für ganz grobe Überschlagsberechnungen.

Die andere Annahme und zwar für die beiderseitige feste Einspannung der Enden des Rohrsystems (Einspannfestpunkte) liegt nach den Erfahrungen des Verfassers den tatsächlichen Verhältnissen sehr nahe. Der geringe — wenn überhaupt vorhandene — Fehler beeinflußt das Ergebnis der Berechnung nach der sicheren Seite. Der wichtigste Vorzug dieser Annahme liegt aber in der wirklichkeitsgetreuen Wiedergabe der Spannungsverteilung.

Bei genauen Berechnungen soll man also grundsätzlich nur Einspannfestpunkte zugrunde legen. Der Mehraufwand an Rechenarbeit wird durch die Genauigkeit derselben mehr als wettgemacht, so daß man mit den geringstmöglichen Sicherheitszahlen auskommen kann.

Die dritte Annahme — einerseits Einspannung, andererseits festes Gelenk — hat nur theoretische Bedeutung. Ihr haften die gleichen Mängel an, wie der ersten Annahme, wenn auch nicht überall in gleichem Maße. Eine Rechnungserleichterung bringt sie nicht.

Die grundlegenden Auswirkungen der drei Annahmen seien hier nochmals zusammengefaßt.

1. Beiderseitige Gelenkfestpunkte:

Die Reaktionskraft geht durch beide Gelenkfestpunkte; dadurch ist ihre Lage und Richtung gegeben. Ihre Größe ist aus den Gleichungen (41) und (42) zu ermitteln.

Das Linienträgheitsmoment des Systems wird auf die Hauptkraftachse (Gelenkverbindungslinie) bezogen.

2. Einerseits festes Gelenk, andererseits feste Einspannung:

Die Reaktionskraft geht durch den Gelenkfestpunkt; ihre Größe und Richtung ist durch die beiden aus Gleichungen (59) und (60) zu ermittelnden Kraftkomponenten gegeben.

Die Linienträgheits- und Zentrifugalmomente des Systems sind auf die mit den Kraftkomponenten zusammenfallenden Achsen zu beziehen.

3. Beiderseits Einspannfestpunkte:

Die Reaktionskraft geht durch den Schwerpunkt des Systems; ihre Größe und Richtung ist durch die beiden aus den Gleichungen (57) und (58) zu ermittelnden Kraftkomponenten gegeben.

Die Linienträgheits- und Zentrifugalmomente des Systems sind auf ein den Kraftkomponenten paralleles Achsenkreuz mit dem Ursprung im Systemschwerpunkt zu beziehen.

Die im vorausgegangenen Teil der Erläuterungen zugrunde gelegte Annahme von biegungssteifen Ecken bringt tatsächlich eine große Vereinfachung der Berechnung mit sich. Der dadurch begangene Fehler ist um so kleiner, je kleiner das Verhältnis der gebogenen Rohrteile zu der Länge der geraden Schenkel eines Systems ist. Bei normalen Netzleitungen ist dieses Verhältnis zumeist nicht sehr groß, so daß diese Vereinfachung dort ohne große Fehler zulässig ist.

Bei den verhältnismäßig kurzen Verbindungsbogen, z. B. zwischen Wasserabscheider und Turbine führt diese Annahme aber schon zu sehr erheblichen Fehlern. Dort müßte also der Einfluß der Bogen berücksichtigt werden.

Vollkommen unzulässig ist die Annahme biegungssteifer Ecken bei reinen Dehnungselementen, wie z. B. bei Lyrabogen, die fast nur aus gebogenen Rohrteilen bestehen. Der hier begangene Fehler wird im nächsten Abschnitt an Hand eines auf Versuchsergebnissen aufgebauten Beispiels näher erläutert.

2. Biegungsverhältnisse im gekrümmten Rohr.

a) Theorie der gekrümmten Träger.

In den vorhergehenden Abschnitten wurde bei der Untersuchung der Spannungsverhältnisse in einem durch ein Biegungsmoment belasteten Rohr stets angenommen, daß die neutrale Achse mit der Symmetrieachse des Rohres zusammenfällt. Diese Voraussetzung trifft jedoch nur für gerade Rohre, nicht aber für gebogene Rohre zu.

Infolge der Krümmung des Rohres findet eine Verschiebung der neutralen Achse in Richtung des Krümmungsmittelpunktes statt. Je kleiner der Krümmungshalbmesser R im Vergleich zu den übrigen Abmessungen des Rohres ist, um so größer ist die Verschiebung der neutralen Achse.

Die allgemeine Gleichung für die Biegungsspannung in einem gekrümmten Rohr (kurz Bogenrohr) lautet

$$\sigma = \frac{M_b}{F \cdot R} \pm \frac{r}{R+r} \cdot \frac{M_b}{\varkappa \cdot F \cdot R},$$

wenn nur reine Biegung berücksichtigt wird.

Darin bedeuten

M_b = Biegungsmoment,

$F = \pi (r_a^2 - r_i^2)$ = Querschnittsfläche des Rohres,

R = Biegungshalbmesser des Bogenrohres,

r = beliebiger Rohrhalbmesser zwischen r_i und r_a,

$\varkappa = -\frac{1}{F} \cdot \int \frac{y}{R+y} dF.$

Für ein Bogenrohr gilt für $\varkappa$ die Beziehung

$$\varkappa = \frac{1}{4} \cdot \frac{r_i^2}{R^2} \left(\frac{r_a^2}{r_i^2} + 1 \right) + \frac{1}{8} \cdot \frac{r_i^4}{R^4} \left(\frac{r_a^4}{r_i^4} + \frac{r_a^2}{r_i^2} + 1 \right) + \\ + \frac{5}{64} \cdot \frac{r_i^6}{R^6} \left(\frac{r_a^6}{r_i^6} + \frac{r_a^4}{r_i^4} + \frac{r_a^2}{r_i^2} + 1 \right) + \cdots .$$

In Abb. 51 ist $\varkappa$ für die im Rohrleitungsbau normalerweise vorkommenden Abmessungen in Abhängigkeit vom Querschnittsverhältnis $z = d/s$ für verschiedene Krümmungsverhältnisse $\varrho = R/d$ aufgetragen, wobei $d = 2 \cdot r_i$ = Innendurchmesser des Rohres und s = Wandstärke ist.

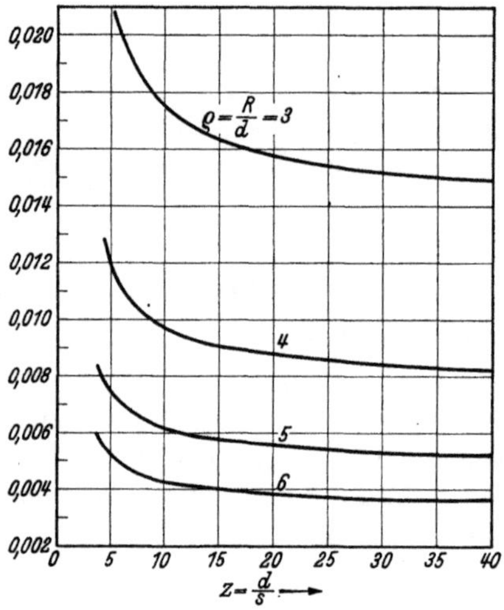

Abb. 51. Wert $\varkappa$ für gebogene Rohre.

Die größte Biegungsspannung tritt bei $r = r_a$ auf, und zwar auf der Außenseite der Krümmung als Zugspannung (+), auf der Innenseite der Krümmung als Druckspannung (—).

Die Spannungskurve $\sigma = f(r)$ ist in diesem Falle keine Gerade mehr, wie bei einem geraden Rohr, sondern eine Hyperbel. Aus Abb. 52 ersieht man, daß die Spannungskurve die Nullinie erst unterhalb der Rohrachse schneidet. Außerdem erkennt man, daß die größte Zugspannung kleiner ist als die größte Druckspannung.

Die vorhin angegebene Beziehung für $\sigma = f(r)$ kann für die äußersten Rohrfasern ($r = r_a$) wie folgt umgeformt werden, wobei wieder $z = d:s$ und $\varrho = R:d$ sind

$$\sigma_b = \frac{M_b}{d^3}\left[\frac{z^2}{\pi(z+1)\cdot\varrho} \pm \frac{z(z+2)}{\varrho\left[2\varrho \pm \left(1+\frac{2}{z}\right)\right]\pi(z+1)\cdot\varkappa}\right].$$

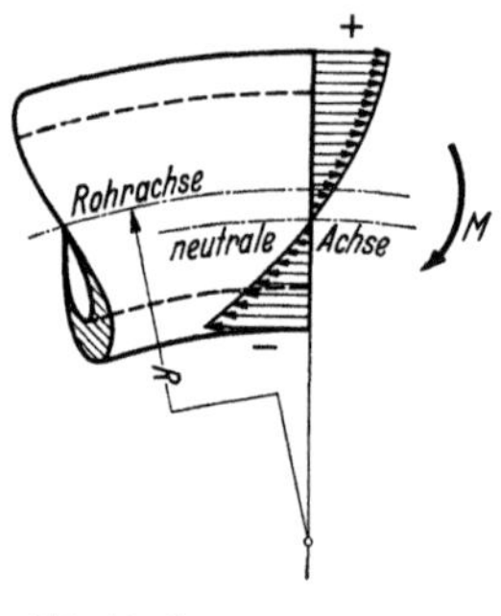

Abb. 52. Spannungsverteilung im Querschnitt eines gebogenen Rohres.

Die +-Zeichen gelten für die größte Zugspannung auf der Außenseite, die —-Zeichen für die größte Druckspannung auf der Innenseite des Bogenrohres. In Abb. 53 wurde der Wert in der eckigen Klammer in Linienform als Funktion von z und ϱ aufgetragen. Die gestrichelten Linien gelten für die (negative) Druckspannung, die ausgezogenen Linien für die (positive) Zugspannung. Dazwischen liegt die für ein gerades Rohr ($\varrho = \infty$) geltende größte Biegungsspannungszahl B. Mit Abb. 53 ist also

$$\sigma_b = \pm \frac{M_b}{d^3} \cdot B. \tag{61}$$

Rechnet man also nach den Beziehungen für gerade Träger (Linie $\varrho = \infty$), so macht man z. B. bei einem normalerweise vorliegenden Krümmungsverhältnis $\varrho = 4{,}5$ einen Fehler von rd. 7%. Hierbei erhält man zu hohe Zugspannungen auf der Außenseite und zu geringe Druckspannungen auf der Innenseite der Krümmung. Gewöhnlich wird man diesen Umstand nicht berücksichtigen, indem man die bequemeren Beziehungen für gerade Rohre benutzt und den begangenen geringen Fehler in der Bestimmung der maßgeblichen Zugspannung als zusätzliche Sicherheit bucht.

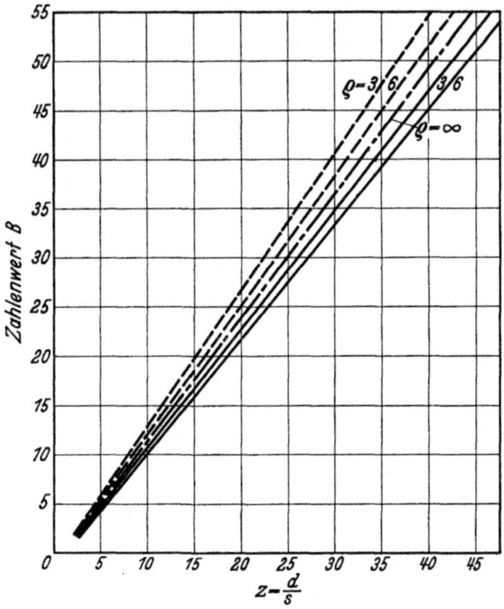

Abb. 53. Wert B für Berechnung der Biegungsspannung in den Außenfasern eines gebogenen Rohres nach Gleichung (61).

b) Querschnittsabplattung und Kármánsche Zahl.

Die übliche Biegungstheorie setzt voraus, daß der Querschnitt des gebogenen Körpers unverändert bleibt. Diese Voraussetzung trifft bei Bogenrohren um so weniger zu, je dünner die Wand im Verhältnis zum Durchmesser ist, und je kleiner der Biegungshalbmesser ist. Auf diese Verhältnisse hat als erster Th. v. Kármán[1] hingewiesen und durch seine Untersuchungen die außerordentlich großen Unterschiede zwischen den gemessenen und berechneten Federungen von Lyraausgleichern erklärt.

Zum besseren Verständnis der Zusammenhänge ist es zweckmäßig, die Kármánschen Überlegungen in etwas abgeänderter Form abzuleiten.

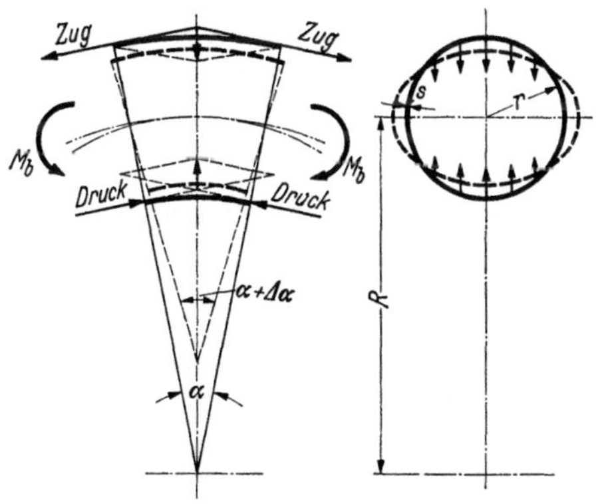

Abb. 54. Formänderung des Querschnittes eines auf Biegung beanspruchten Bogenrohres.

Aus Abb. 54 erkennt man, daß die parallel zur Achse des Bogenrohres gerichteten Biegungsspannungen radial gerichtete Spannungskomponenten hervorrufen, die bei einem Biegungsmoment, welches die Krümmung zu vergrößern sucht, die äußere

[1] Kármán, Th. v.: Über die Formänderung dünnwandiger Rohre, insbesondere federnder Ausgleichrohre. Z. VDI Nr. 45 (1911) S. 1889.

und innere Rohrwand gegen die neutrale Achse zusammendrücken, und umgekehrt. Es tritt also unter der Einwirkung der Biegungsspannungen eine Abplattung des Rohrquerschnittes ein (s. Abb. 54 rechts). Dieses hat zur Folge, daß dem Verbiegen des Rohres um ein gewisses Maß weit geringere Spannungen und ein kleineres Biegungsmoment entsprechen, als man in der normalen Biegungstheorie voraussetzt.

Bei der Ableitung seiner Beziehungen wendet Kármán nicht die Theorie der dünnen Schalen an, da diese zu sehr verwickelten und für die Praxis wenig brauchbaren Ergebnissen führen würde, sondern er leitet die wahrscheinliche Verzerrung des Rohrquerschnittes aus dem Satz vom Minimum der Formänderungsarbeit ab.

Es sei ein Bogenrohr mit dem ursprünglichen Winkel α gegeben. Unter der Wirkung eines Biegungsmomentes M_b wird sich der Winkel α und $\Delta\alpha$ vergrößern, so daß der Endwinkel $\alpha+\Delta\alpha$ entsteht.

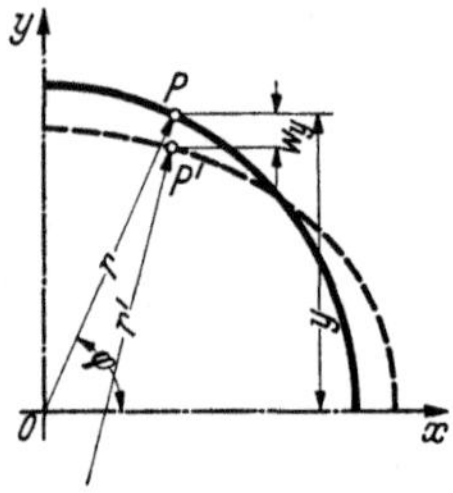

Abb. 55. Querschnittsabplattung eines beanspruchten Bogenrohres.

Die Winkeländerung $\Delta\alpha$ umfaßt also sowohl diejenige, die der Längsdehnung der Fasern entspricht, als auch die zusätzliche Winkeländerung $\Delta\beta$, die durch das Verzerren des Rohrquerschnittes infolge der Abplattung bedingt ist.

Dieser Gesamtwinkeländerung $\Delta\alpha$ entspricht eine scheinbare Längsdehnung

$$\varepsilon_1 = \frac{l_2 - l_1}{l_1} = \frac{[(y+R)\,\alpha + y\cdot\Delta\alpha] - (y+R)\,\alpha}{(y+R)\,\alpha}$$

$$= \frac{y}{y+R}\,\frac{\Delta\alpha}{\alpha}.$$

Im Verhältnis zu R ist y sehr klein und kann daher im Nenner ohne wesentlichen Fehler vernachlässigt werden, daher

$$\varepsilon_1 = \frac{y}{R}\,\frac{\Delta\alpha}{\alpha}.$$

Die scheinbare Gesamtdehnung besteht aus zwei Teilen:

1. Aus der wirklichen Längsdehnung ε_1' der Fasern, hervorgerufen durch die Längsspannung

$$\varepsilon_1' = \frac{\sigma}{E}.$$

2. Aus der scheinbaren Dehnung ε_1'', die durch die Querschnittsabplattung bedingt ist. Diese ist nach Abb. 55

$$\varepsilon_1'' = \frac{l_3 - l_2}{l_2} = \frac{(y+R)\cdot\beta - (y+R+w_y)\cdot\beta}{(y+R+w_y)\cdot\beta}$$

$$= \frac{-w_y}{y+R+w_y}.$$

Auch hier können y und w_y infolge ihrer Kleinheit gegenüber R vernachlässigt werden, daher

$$\varepsilon_1'' = -\frac{w_y}{R}.$$

Da $\varepsilon_1' + \varepsilon_1'' = \varepsilon_1$ ist, folgt

$$\frac{\sigma}{E} - \frac{w_y}{R} = \frac{y}{R}\,\frac{\Delta\alpha}{\alpha},$$

daraus

$$\frac{\sigma}{E} = \frac{y}{R}\,\frac{\Delta\alpha}{\alpha} + \frac{w_y}{R}.$$

Gemäß Abb. 56 ist

$$w_y = w_t \cdot \cos\varphi + w_r \cdot \sin\varphi$$

und

$$y = r \cdot \sin\varphi.$$

Die Querdehnung

$$\varepsilon_2 = \frac{1}{r} \cdot \left(\frac{d w_t}{d\varphi} + w_r\right)$$

setzt KÁRMÁN gleich Null, da er die Bedingung aufstellt, daß die Abplattung des Rohrquerschnittes durch dehnungslose Verzerrung der Rohrwandmittelfaser vor sich geht. Mit $\varepsilon_2 = 0$ wird

$$w_r = -\frac{d w_t}{d\varphi}.$$

Mit diesen Werten folgt für σ

$$\sigma = \frac{E}{R}\left(r \cdot \sin\varphi \frac{\Delta\alpha}{\alpha} + w_t \cdot \cos\varphi - \frac{d w_t}{d\varphi} \cdot \sin\varphi\right).$$

Für die Querbiegung der Rohrwand infolgt der Abplattung des Querschnittes gilt mit Abb. 56

$$\frac{M_q}{E \cdot J_q} = \frac{1}{r'} - \frac{1}{r} = -\frac{1}{r^2}\left(\frac{d^2 w_r}{d\varphi^2} + w_r\right),$$

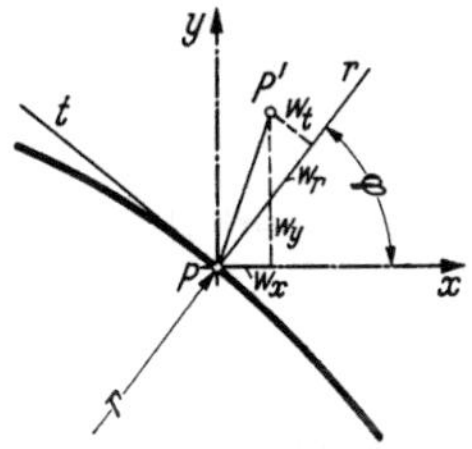

Abb. 56. Faserverschiebung infolge der Querschnittsabplattung.

worin r' den Krümmungshalbmesser der Rohrwand nach der Verzerrung darstellt. Mit $w_r = -d w_t / d\varphi$ ist

$$\frac{M_q}{E \cdot J_q} = \frac{1}{r^2}\left(\frac{d^3 w_t}{d\varphi^3} + \frac{d w_t}{d\varphi}\right).$$

Betrachtet man jetzt die Gesamtformänderungsarbeit, die zum Biegen des Rohrbogens um den Winkel $\Delta\alpha$ notwendig ist, so stellt man fest, daß diese ebenfalls aus zwei Teilen besteht.

$$A = A_1 + A_2.$$

Der erste Teil stellt den zur Längsdehnung der Fasern aufgewendeten Betrag dar. Dieser Anteil ist für ein Raumteilchen $dV = r \cdot d\varphi \cdot 1 \cdot s$ mit der Stärke s und der Breite 1 entsprechend der Längsspannung σ

$$dA_1 = \frac{\sigma^2}{2 \cdot E}\, dV$$

oder

$$A_1 = \int \frac{\sigma^2}{2 \cdot E}\, r \cdot s \cdot d\varphi = \frac{r \cdot s}{2 \cdot E} \int^{2\pi} \sigma^2\, d\varphi.$$

Der zweite Teil der Formänderungsarbeit ist durch die Querbiegung der Rohrwand gegeben, und zwar

$$d A_2 = \frac{M_q^2}{2 \cdot E \cdot J_q} d x,$$

worin $d x = r \cdot d\varphi$ ist.

Um den ersten Teil der Arbeit zu ermitteln, setzt man für σ die ermittelte Beziehung ein

$$A_1 = \frac{E \cdot r \cdot s}{2 \cdot R^2} \int_0^{2\pi} \left(r \cdot \sin\varphi \frac{\Delta\alpha}{\alpha} + w_t \cdot \cos\varphi - \frac{d w_t}{d\varphi} \cdot \sin\varphi \right)^2 \cdot d\varphi .$$

Die Lösung dieses Integrals erreicht KÁRMÁN mit Hilfe eines Näherungsverfahrens, indem er

$$w_t = c_1 \cdot \sin(2\varphi) + c_2 \cdot \sin(4\varphi) + \cdots + c_n \cdot \sin(2 n \varphi)$$

setzt. Er weist nach, daß schon das erste Glied dieser endlichen trigonometrischen Reihe zu einem in der Praxis ausreichend genauen Ergebnis führt. Setzt man also in die Gleichung für σ in erster Näherung den Wert

$$w_t = c \cdot \sin(2\varphi)$$

ein, so erhält man

$$\sigma = \frac{E}{R} \left[r \cdot \sin\varphi \frac{\Delta\alpha}{\alpha} + c \cdot \sin(2\varphi) \cdot \cos\varphi - 2 \cdot c \cdot \cos(2\varphi) \sin\varphi \right]$$

oder entsprechend umgeformt und vereinfacht

$$\sigma = \frac{E}{R} \left[r \cdot \sin\varphi \frac{\Delta\alpha}{\alpha} + 2 \cdot c \cdot \sin^3\varphi \right] \cdot$$

Diesen Ausdruck in die Gleichung für A_1 eingesetzt

$$\begin{aligned} A_1 &= \frac{E \cdot r \cdot s}{2 \cdot R^2} \int_0^{2\pi} \left(r \cdot \sin\varphi \frac{\Delta\alpha}{\alpha} + 2 \cdot c \cdot \sin^3\varphi \right)^2 \cdot d\varphi \\ &= \frac{E \cdot r \cdot s}{2 \cdot R^2} \pi \left[r^2 \left(\frac{\Delta\alpha}{\alpha} \right)^2 + 3 \cdot r \cdot c \cdot \frac{\Delta\alpha}{\alpha} + \frac{5}{2} \cdot c^2 \right] \\ &= \text{Arbeit der Längsdehnung.} \end{aligned}$$

In gleicher Weise wird der zweite Anteil der Formänderungsarbeit mit

$$d A_2 = \frac{M_q^2}{2 \cdot E \cdot J_q} r \cdot d\varphi = \frac{r}{2 \cdot E \cdot J_q} \frac{E^2 \cdot J_q^2}{r^4} \left(\frac{d^3 w_t}{d\varphi^3} + \frac{d w_t}{d\varphi} \right)^2 d\varphi,$$

Mit

$$\begin{aligned} w_t &= c \cdot \sin(2\varphi) \\ \frac{d w_t}{d\varphi} &= 2 \cdot c \cdot \cos(2\varphi) \\ \frac{d^2 w_t}{d\varphi^2} &= -4 \cdot c \cdot \sin(2\varphi) \\ \frac{d^3 w_t}{d\varphi^3} &= -8 \cdot c \cdot \cos(2\varphi) \end{aligned}$$

und dem Trägheitsmoment für die Rohrwand

$$J_q = \frac{s^3}{12}$$

wird

$$d A_2 = \frac{E \cdot s^3}{24} \cdot \frac{1}{r^3} \cdot 36 \cdot c^2 \cdot \cos^2 (2\varphi) \cdot d\varphi,$$

somit

$$A_2 = \frac{3}{2} \cdot \frac{s^3}{r^3} \cdot E \cdot c^2 \int_0^{2\pi} \cos^2 (2\varphi)\, d\varphi = \frac{3}{2} \cdot \frac{s^3}{r^3} \cdot E \cdot c^2 \cdot \pi .$$

Damit erhält man für die Gesamtformänderungsarbeit $A = A_1 + A_2$ den Ausdruck

$$A = \frac{E \cdot r \cdot s}{2 \cdot R^2} \pi \left[r^2 \cdot \left(\frac{\Delta\alpha}{\alpha} \right)^2 + 3 \cdot r \cdot c \frac{\Delta\alpha}{\alpha} + \frac{5}{2} \cdot c^2 \right] + \frac{3}{2} \cdot \frac{s^3}{r^3} \cdot E \cdot c^2 \cdot \pi$$

oder umgeformt

$$A = \frac{E \cdot r \cdot s}{2 \cdot R^2} \pi \left[r^2 \cdot \left(\frac{\Delta\alpha}{\alpha} \right)^2 + 3 \cdot r \cdot c \frac{\Delta\alpha}{\alpha} + \frac{1}{2} \cdot c^2 \left(5 + 6 \cdot \frac{s^2 \cdot R^2}{r^4} \right) \right].$$

Aus dem Satz vom Minimum der Formänderungsarbeit kann jetzt der bisher unbekannt gebliebene Festwert c bestimmt werden, indem man setzt

$$\frac{dA}{dc} = 0 = 3 \cdot r \frac{\Delta\alpha}{\alpha} + c \cdot \left(5 + 6 \cdot \frac{s^2 \cdot R^2}{r^4} \right).$$

Setzt man $\frac{s \cdot R}{r^2} = \lambda$, so wird

$$c = -r \cdot \frac{\Delta\alpha}{\alpha} \cdot \frac{3}{5 + 6 \cdot \lambda^2} \cdot$$

Dieses in den Ausdruck für A eingeführt

$$A_{\min} = \frac{E \cdot r \cdot s}{2 \cdot R^2} \pi \left[r^2 \left(\frac{\Delta\alpha}{\alpha} \right)^2 - 3 \cdot r^2 \cdot \left(\frac{\Delta\alpha}{\alpha} \right)^2 \cdot \frac{3}{5 + 6 \cdot \lambda^2} + \right.$$

$$\left. + \frac{1}{2} \cdot r^2 \left(\frac{\Delta\alpha}{\alpha} \right)^2 \cdot \frac{(5 + 6 \cdot \lambda^2) \cdot 9}{(5 + 6 \cdot \lambda^2)^2} \right]$$

$$= \frac{E \cdot r^3 \cdot s}{2 \cdot R^2} \pi \left(\frac{\Delta\alpha}{\alpha} \right)^2 \cdot \frac{1 + 12 \cdot \lambda^2}{10 + 12 \cdot \lambda^2} \cdot$$

Da die innere Arbeit und die Arbeit des äußeren Moments gleich sein müssen, folgt

$$A = \frac{M_b}{2 \cdot R} \cdot \frac{\Delta\alpha}{\alpha} = \frac{E \cdot r^3 \cdot s}{2 \cdot R^2} \pi \left(\frac{\Delta\alpha}{\alpha} \right)^2 \cdot \frac{1 + 12 \cdot \lambda^2}{10 + 12 \cdot \lambda^2}$$

daraus

$$M_b = \frac{E \cdot r^3 \cdot s}{R} \pi \cdot \frac{\Delta\alpha}{\alpha} \cdot \frac{1 + 12 \cdot \lambda^2}{10 + 12 \cdot \lambda^2}$$

und mit $r^3 \cdot s \cdot \pi = J =$ Trägheitsmoment des Rohrquerschnittes endlich

$$M_b = \frac{E \cdot J}{R} \cdot \frac{\Delta\alpha}{\alpha} \cdot \frac{1 + 12 \cdot \lambda^2}{10 + 12 \cdot \lambda^2} \tag{62}$$

$$= \frac{E \cdot J}{R} \cdot \frac{\Delta\alpha}{\alpha} \cdot K . \tag{62a}$$

worin

$$K = \frac{1 + 12 \cdot \lambda^2}{10 + 12 \cdot \lambda^2} \tag{63}$$

die sog. KÁRMÁN-Zahl darstellt.

Unter Berücksichtigung der Querschnittsabplattung erhält man also gegenüber der normalen Biegungstheorie ein im Verhältnis der KÁRMÁN-*Zahl kleineres Biegungsmoment.*

Die KÁRMÁN-Zahl spielt in der genauen Berechnung von Rohrsystemen eine sehr große Rolle.

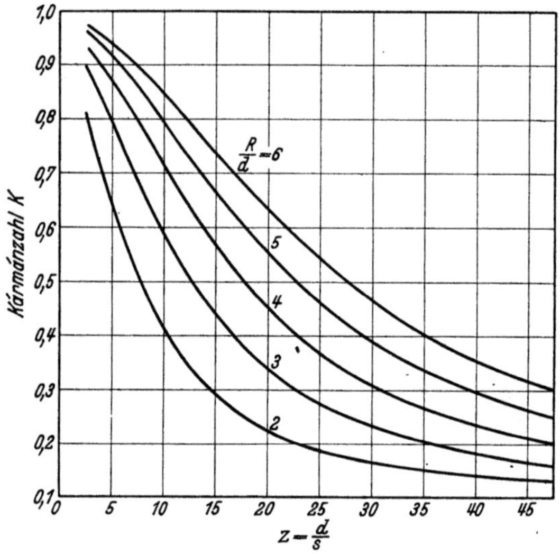

Abb. 57. KÁRMÁN-Zahl.

Sie hängt von der Verhältniszahl

$$\lambda = \frac{s \cdot R}{r^2} = \frac{s \cdot R}{\left(\frac{D - s}{2}\right)^2}$$

ab, worin r den mittleren Halbmesser des Rohrquerschnittes darstellt.

Die für die Berechnung der Rohrleitungen erforderliche KÁRMÁN-Zahl K kann in bequemer Weise aus Abb. 57 entnommen werden.

Darin ist

$z = d/s =$ Verhältnis des tatsächlichen Innendurchmessers zur Wandstärke,

$\varrho = R/d =$ Verhältnis des Biegungshalbmessers zum Innendurchmesser (NW).

In welcher Art diese Erkenntnisse in der Berechnung der Rohrsysteme zu berücksichtigen sind, soll in einem späteren Abschnitt gezeigt werden.

c) Einfluß der Kármán-Theorie auf die Spannungsverhältnisse in Bogenrohren.

Setzt man in die entwickelte Beziehung für die Längsspannung (Biegungsspannung)

$$\sigma_L = \frac{E}{R}\left[r \cdot \sin\varphi \cdot \frac{\Delta\alpha}{\alpha} + 2 \cdot c \cdot \sin^3\varphi\right]$$

den gefundenen Ausdruck

$$c = -r \cdot \frac{\Delta\alpha}{\alpha} \cdot \frac{3}{5 + 6 \cdot \lambda^2}$$

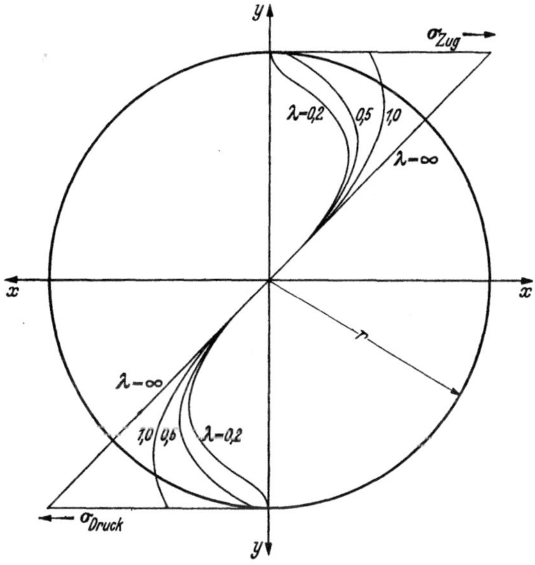

Abb. 58. Biegelängsspannung in Bogenrohren nach Kármán.

ein, so wird

$$\sigma_L = \frac{E}{R}\left[r \cdot \sin\varphi \cdot \frac{\Delta\alpha}{\alpha} - 2 \cdot r\,\frac{\Delta\alpha}{\alpha}\,\frac{3}{5 + 6 \cdot \lambda^2}\sin^3\varphi\right]$$

$$= \frac{E}{R}\,\frac{\Delta\alpha}{\alpha}\,y\left[1 - \frac{6}{5 + 6 \cdot \lambda^2}\left(\frac{y}{r}\right)^2\right].$$

Diese Beziehung besagt, wie Abb. 58 zeigt, daß der Größtwert der Biegungsspannung in gebogenen Rohren nicht immer in der am weitesten von der neutralen Achse liegenden Faser auftritt, sondern bei bestimmten Werten von λ näher zur Rohrachse liegt.

Da gleichzeitig

$$\frac{E}{R} \cdot \frac{\Delta\alpha}{\alpha} = \frac{M_b}{J \cdot K}$$

ist, wird die Biegungsspannung

$$\sigma_L = \frac{M_b \cdot y}{J \cdot K}\left[1 - \frac{6}{5 + 6 \cdot \lambda^2} \cdot \left(\frac{y}{r}\right)^2\right]. \tag{64}$$

Um den Größtwert dieser Spannung zu ermitteln, setzt man das Differential $d\sigma_L/dy = 0$, d. h.

$$\frac{d\sigma_L}{dy} = \frac{M_b}{J \cdot K}\left[1 - \frac{18}{5 + 6 \cdot \lambda^2}\left(\frac{y}{r}\right)^2\right] = 0,$$

daraus

$$\left(\frac{y}{r}\right)^2 = \frac{5 + 6 \cdot \lambda^2}{18}$$

oder

$$y = r\sqrt{\frac{5 + 6 \cdot \lambda^2}{18}}. \tag{65}$$

Bei diesem Wert von y ist also die Längsspannung σ_L im Bogen am größten.

Diese Bedingung gilt aber nur bis zu einem bestimmten Wert von λ. Abb. 58 zeigt, daß mit größer werdendem λ der Größtwert der Längsspannung immer näher an die Außenfaser des Rohrquerschnittes heranrückt. Wenn schließlich σ_L an der Außenfaser am größten wird, ist in der Gleichung (65) $y = r$, d. h.

$$y = r\sqrt{\frac{5 + 6 \cdot \lambda^2}{18}} = r,$$

daraus $\lambda = 1{,}472$.

Für $\lambda > 1{,}472$ ist also der Größtwert der Längsspannung an der Außenfaser des Bogenquerschnittes.

Setzt man den Wert für y aus Gleichung (65) in Gleichung (64) für die Längsspannung ein, so erhält man den Größtwert für σ_L

$$\left.\begin{aligned} \sigma_{L\max} &= \frac{M_b \cdot D}{200 \cdot J}\,\frac{2}{3 \cdot K}\sqrt{\frac{5 + 6 \cdot \lambda^2}{18}} \\ &= \frac{M_b \cdot D}{200 \cdot J} \cdot \beta \text{ kg/mm}^2 \text{ für } \lambda < 1{,}472. \end{aligned}\right\} \tag{66}$$

Setzt man dagegen $y = r$ ein, so wird

$$\left.\begin{aligned} \sigma_{L\max} &= \frac{M_b \cdot D}{200 \cdot J} \cdot \frac{12 \cdot \lambda^2 - 2}{1 + 12 \cdot \lambda^2} \\ &= \frac{M_b \cdot D}{200 \cdot J} \cdot \beta' \text{ kg/mm}^2 \text{ für } \lambda > 1{,}472. \end{aligned}\right\} \tag{67}$$

Die Werte sind: D in cm, J in cm^4 und M_b in cmkg einzusetzen.

Das sind nach Howgaard[1] die größten und für die Beurteilung der Spannungsverhältnisse in den Bogen eines Rohrsystems maßgebenden Beanspruchungen.

Die Berichtigungszahlen $\beta = \frac{2}{3 \cdot K}\sqrt{\frac{5 + 6 \cdot \lambda^2}{18}}$ bzw. $\beta' = \frac{12 \cdot \lambda^2 - 2}{12 \cdot \lambda^2 + 1}$, mit denen der nach der normalen Biegungstheorie ermittelte Wert $\sigma_b = \frac{M_b \cdot D}{200 \cdot J}$

[1] Howgaard, W.: The Elastic Deformation of Pipe Bends. J. Math. Phys., M.I.T. Bd. 6 (1926) Nr. 2; Bd. 8 (1929) Nr. 4.

zu multiplizieren ist, um die tatsächliche Längsspannung im Bogen zu erhalten, sind in Abb. 59 zusammengefaßt.

Man sieht aus dieser Abbildung, daß die größte Längsspannung unter Umständen ganz wesentlich über dem für gerade Rohre ermittelten Wert der Biegespannung liegen kann.

Für das Zahlenbeispiel 5 wurde die größte Biegungsbeanspruchung mit $\sigma_b = 5{,}15$ kg/mm² ermittelt. Das System wurde allerdings unter Zugrundelegung biegungssteifer Ecken berechnet. Nimmt man aber einen

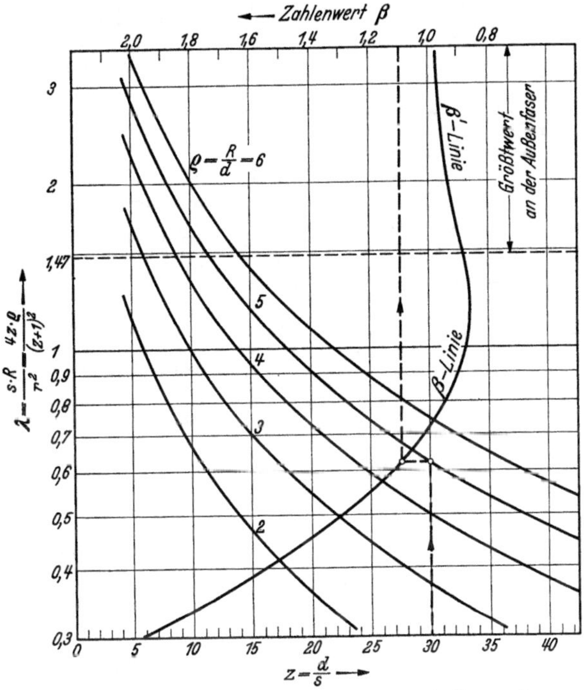

Abb. 59 Berichtungszahl β für die größte Biegelängsspannung in Bogenrohren nach KÁRMÁN.

Biegungshalbmesser $R = 800$ mm an, d. h. $\varrho = R : d = 4$, so wird mit $z = d : s = 201 : 7{,}5 = 26{,}8$ aus Abb. 59 $\beta = 1{,}20$.

Somit würde sich im Bogen *II* des Systems eine größte Längsbeanspruchung

$$\sigma_{L\,\max} = 5{,}15 \cdot 1{,}2 = \underline{6{,}18 \text{ kg/mm}^2}$$

ergeben.

Will man unabhängig von dem Größtwert die Längsspannung an der äußersten Faser ermitteln, so muß in die Gleichung (64) $y = r$ gesetzt werden. Damit wird

$$\left.\begin{aligned} \sigma_{La} &= \frac{M_b \cdot D}{200 \cdot J} \cdot \frac{10 + 12 \cdot \lambda^2}{1 + 12 \cdot \lambda^2} \cdot \frac{6 \cdot \lambda^2 - 1}{6 \cdot \lambda^2 + 5} \\ &= \frac{M_b \cdot D}{200 \cdot J} \cdot \frac{12 \cdot \lambda^2 - 2}{12 \cdot \lambda^2 + 1} = \frac{M_b \cdot D}{200 \cdot J} \cdot \delta \quad \text{in kg/mm}^2 \end{aligned}\right\} \qquad (68)$$

Der Zahlenwert δ wird in bequemer Weise aus Abb. 60 abgelesen.

Die Rohrwand im Bogen wird aber noch durch einen weiteren Umstand nicht unerheblich beansprucht, und zwar durch die Abplattung des Rohrquerschnittes. Es leuchtet ohne weiteres ein, daß eine solche Verzerrung des Querschnittes Spannungen in der Rohrwand hervorrufen muß.

Die Querbiegung wurde bereits vorhin ermittelt und zwar

$$\frac{M_q}{E \cdot J_q} = \frac{1}{r'} - \frac{1}{r} = -\frac{1}{r^2} 6 \cdot c \cdot \cos(2\varphi).$$

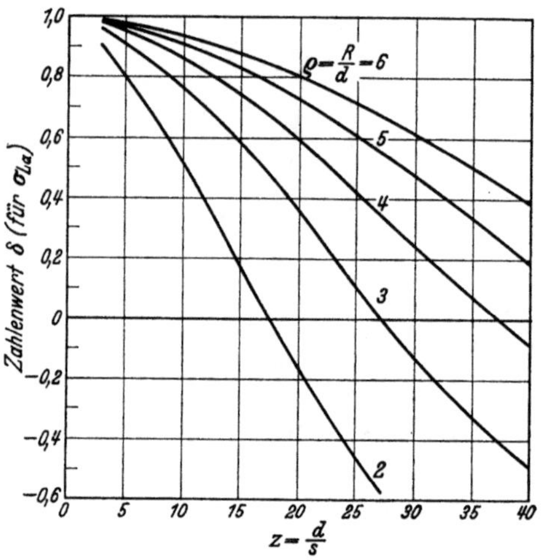

Abb. 60. Berichtungszahl δ für die Biegelängsspannung an der Außenfaser des Bogenrohres.

Setzt man darin

$$c = -r \cdot \frac{\Delta\alpha}{\alpha} \cdot \frac{3}{5 + 6 \cdot \lambda^2}$$

ein, wobei J_q das Trägheitsmoment eines Streifens der Rohrwand von der Breite 1 und der Dicke s

$$J_q = \frac{s^3}{12}$$

darstellt, so wird

$$M_q = \frac{E \cdot J_q}{r} \cdot \frac{\Delta\alpha}{\alpha} \times$$
$$\times \frac{18}{5 + 6 \cdot \lambda^2} \cdot \cos(2\varphi).$$

Aus dem äußeren Biegungsmoment erhält man

$$\frac{E \cdot \Delta\alpha}{\alpha} = \frac{M_b \cdot R}{J \cdot K}$$

daher

$$M_q = \frac{J_q}{r} \cdot \frac{M \cdot R}{J \cdot K} \frac{18}{5 + 6 \cdot \lambda^2} \cdot \cos(2\varphi).$$

Für die Querbiegungsspannung in der Rohrwand gilt an der äußeren Faser

$$\sigma_q = \frac{M_q}{J_q} \cdot \frac{s}{2}.$$

Somit

$$\sigma_q = \frac{M \cdot R}{J \cdot K} \cdot \frac{s}{2 \cdot r} \cdot \frac{18}{5 + 6 \cdot \lambda^2} \cdot \cos(2\varphi)$$

und mit $\frac{R \cdot s}{r^2} = \lambda$ sowie $K = \frac{1 + 12 \cdot \lambda^2}{10 + 12 \cdot \lambda^2}$

$$\sigma_q = \frac{M \cdot r}{2 \cdot J \cdot K} \cdot \frac{18 \cdot \lambda}{5 + 6 \cdot \lambda^2} \cdot \cos(2\varphi)$$
$$= \frac{M \cdot r}{J} \frac{18 \cdot \lambda}{1 + 12 \cdot \lambda^2} \cdot \cos(2\varphi).$$

Der absolute Größtwert von σ_q tritt also bei $\cos(2\varphi)=1$, d. h. bei $\varphi=0$, 90, 180 und 270° ein; andererseits ist $\sigma_q=0$ bei $\varphi=45$, 135, 225 und 315°.

An der Außenfaser der Rohrwand ist

$$r=\frac{D}{2}$$

und somit der Größtwert

$$\sigma_{q\,\max}=\pm\frac{M_b\cdot D}{200\cdot J}\,\frac{18\cdot\lambda}{1+12\cdot\lambda^2}\quad \text{kg/mm}^2. \tag{69}$$

Die Verteilung der Querbiegungsspannungen σ_q über den Rohrquerschnitt ist in Abb. 61 dargestellt. Diese stellen Tangentialspannungen in der Rohrwand dar und liegen in der Ebene senkrecht zur Rohrachse. Es leuchtet ohne weiteres ein, daß diese Spannungen sowohl positive (Zug) als auch negative (Druck) Werte annehmen. In der neutralen Achse sind die Spannungen am größten, und zwar auf der Außenhaut des Rohres positiv (Zugspannungen) und auf der Innenhaut negativ (Druckspannungen).

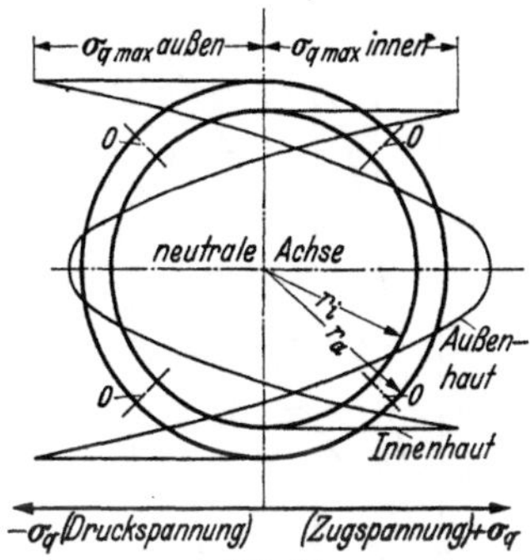

Abb. 61.
Verteilung der Querbiegespannungen über den Querschnitt des Bogenrohres.

In dem am weitesten von der neutralen Achse befindlichen Punkt liegen die Verhältnisse umgekehrt. Ungefähr in der Mitte der Rohrwand wechselt diese Beanspruchung das Vorzeichen, ist also dort gleich Null.

In den auf der Abb. 61 mit 0 bezeichneten Stellen des Rohrumfanges bleibt die Krümmung der Rohrwand unverändert, da dort die Biegungsspannung $\sigma_q=0$ ist.

Um die größte Querbiegungsspannungen $\sigma_{q\,\max}$ zu berechnen, wird die aus der üblichen Biegungstheorie ermittelte Biegungsspannung

$$\sigma_b=\frac{M_b\cdot D}{200\cdot J}\quad \text{kg/mm}^2$$

in dem betreffenden Rohrquerschnitt des Bogenrohres mit der Berichtigungszahl

$$\gamma=\frac{18\cdot\lambda}{1+12\cdot\lambda^2} \tag{70}$$

multipliziert. Es ist also

$$\sigma_{q\,\max}=\frac{M_b\cdot D}{200\cdot J}\cdot\gamma\quad \text{kg/mm}^2. \tag{69}$$

Für γ kann der Zahlenwert in Abhängigkeit vom Wandstärkenverhältnis $z=d:s$ und dem Krümmungsverhältnis $\varrho=R:d$ aus der Abb. 62 entnommen werden.

Die Gleichung (69) gibt den Wert von σ_q für die Außenhaut des Rohres an, da der Außendurchmesser D eingesetzt ist. Für die Innenhaut muß an Stelle von D der Innendurchmesser d eingeführt werden.

Die Abb. 62 zeigt, daß die Querbiegungsspannung σ_q recht erhebliche Werte annehmen kann. Sie muß also unter allen Umständen berücksichtigt werden. Hierbei ist folgendes zu beachten.

Die Spannung σ_q ist eine Tangentialspannung und kann, wie man aus Abb. 61 sieht, sowohl positive wie negative Größtwerte annehmen, je nachdem welcher Punkt des Rohrquerschnittes betrachtet wird. An der gleichen Stelle des Bogenquerschnittes wirkt die durch den Innendruck p hervorgerufene Tangentialspannung σ_t, die sowohl auf der Innen- als auch auf der Außenhaut des Rohres stets positiv ist. An bestimmten Stellen des Bogenquerschnittes sind also sowohl σ_q als auch σ_t gleichgerichtet und müssen addiert werden, um die Gesamtspannung zu erhalten.

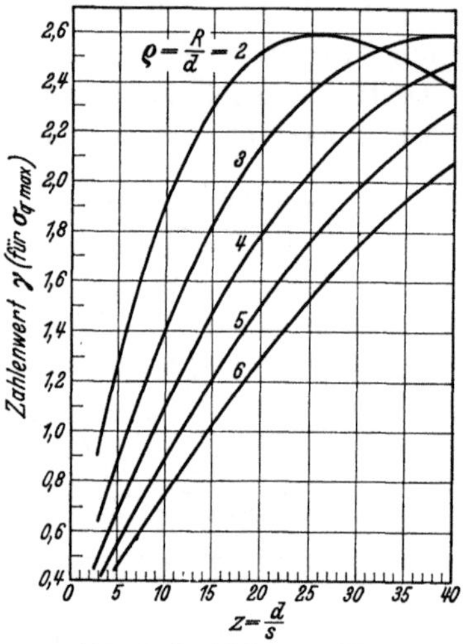

Abb. 62. Berichtigungszahl γ für die Querbiegespannung in Bogenrohren.

Es gelten die Gleichung (22) für σ_{t_i} auf der Innenhaut und die Gleichung (23) für σ_{t_a} auf der Außenhaut des Rohres (s. auch Abb. 16).

Mithin ist die größte Gesamtspannung:

An dem von der neutralen Achse am weitesten entfernten Punkt des Rohrquerschnittes:

$$\text{außen:} \quad \sigma_a = \sigma_{t_a} - \sigma_{q_a};$$
$$\text{innen:} \quad \sigma_i = \sigma_{t_i} + \sigma_{q_i}.$$

In der neutralen Ebene des Bogens dagegen:

$$\text{außen:} \quad \sigma_a = \sigma_{t_a} + \sigma_{q_a};$$
$$\text{innen:} \quad \sigma_i = \sigma_{t_i} - \sigma_{q_i}.$$

Beispiel 7. Die im Beispiel 5 gewonnenen Ergebnisse sollen hier entsprechend dem oben Gesagten weiter ausgewertet werden. Die größte Biegungsspannung im Punkt II des Systems wurde zu $\sigma_b = 5{,}15$ kg/mm² und die durch den Innendruck $p = 40$ atü hervorgerufenen Tangentialspannungen im Rohr aus den Gleichungen (22) und (23) zu $\sigma_{t_i} = 5{,}58$ kg/mm² sowie $\sigma_{t_a} = 5{,}18$ kg/mm² ermittelt. Die Rohrabmessungen sind $D = 216$ mm, $s = 7{,}5$ mm. Aus Abb. 62 liest man für $z = d:s = 201:7{,}5 = 26{,}8$

und für einen angenommenen Biegungshalbmesser $R = 1000$ mm, also $\varrho = R : d = 5$ den Zahlenwert $\gamma = 1{,}84$ ab.

Es ist demnach die Querbiegespannung

$$\text{außen:} \quad \sigma_{q_a} = 5{,}15 \cdot 1{,}84 = 9{,}47 \text{ kg/mm}^2$$

und

$$\text{innen:} \quad \sigma_{q_i} = 5{,}15 \cdot 1{,}84 \frac{201}{216} = 8{,}81 \text{ kg/mm}^2.$$

Mit den vorher angegebenen Werten der Umfangsspannung infolge des Innendruckes ergeben sich folgende Gesamtspannungen im Bogenscheitel:

an der Außenhaut:

$$\sigma_a = 5{,}18 - 9{,}47 = \text{rd.} -4{,}3 \text{ kg/mm}^2 \quad \text{(Druck)},$$

an der Innenhaut:

$$\sigma_i = 5{,}58 + 8{,}81 = +14{,}39 \text{ kg/mm}^2 \quad \text{(Zug)}.$$

In der Ebene der neutralen Achse dagegen sind folgende Gesamtspannungen maßgebend:

an der Außenhaut:

$$\sigma_a' = 5{,}18 + 9{,}47 = 14{,}65 \text{ kg/mm}^2 \quad \text{(Zug)},$$

an der Innenhaut:

$$\sigma_i' = 5{,}58 - 8{,}81 = -3{,}23 \text{ kg/mm}^2 \quad \text{(Druck)}.$$

Diese Beanspruchung an der Außenhaut erscheint in diesem Falle tatsächlich als zu hoch. Allerdings muß berücksichtigt werden, daß die Querbiegungsspannung σ_q eine ausgesprochene Spannungsspitze darstellt, da sie innerhalb der Wandstärke vom positiven Größtwert auf den negativen Größtwert abfällt. Es findet also ein schneller Abbau der Spannungen nach der Wandmitte zu statt.

In gleicher Weise kann auch die durch die Biegungsspannungen hervorgerufene Abplattung des Bogenquerschnittes berechnet werden. Der Wert der Abplattung ergibt sich, wenn man die Gleichung

$$w_y = w_t \cdot \cos\varphi + w_r \cdot \sin\varphi$$

durch Einsetzen von $w_r = -\frac{d w_t}{d\varphi}$ sowie $w_t = c \cdot \sin(2\varphi)$ und

$$c = -\frac{3}{5 + 6 \cdot \lambda^2} r \frac{\Delta\alpha}{\alpha},$$

ferner $y = r \cdot \sin\varphi$ entsprechend umformt. Die endgültige Beziehung lautet dann für den am weitesten von der neutralen Achse entfernten Punkt, also für $y = r$

$$w_y = -\frac{M_b \cdot D}{2 \cdot J} \frac{12}{1 + 12\lambda^2} \cdot \frac{R}{E} \text{ cm}.$$

Die weitere Ausrechnung dieses Wertes für die Abplattung hat keinen Sinn, denn die Größe derselben ist verschwindend gering. Sie spielt, wie gesagt, nur durch ihren Einfluß auf die Biegungsmomente eine wichtige Rolle. Für die im Beispiel 5 gewählten Verhältnisse würde die Abplattung nur 0,5 mm betragen.

Welch große Bedeutung die KÁRMÁN-Zahl für die Berechnung der Elastizität von Rohrsystemen hat, kann man aus Abb. 63 ersehen. Darin sind die an einem Lyrabogen von 399/419 mm Dmr. mit einer Ausladung $A = 7945$ mm und einem Biegungshalbmesser $R = 1600$ mm vom Verfasser gemessenen Reaktionskräfte P in Abhängigkeit von der Dehnungsaufnahme des Lyrabogens aufgetragen. Der Versuch wurde unter Benutzung eines Kraftmessers (Dynamometer) auf der Baustelle durchgeführt, wobei der Lyrabogen weder an dem einen noch an dem anderen Ende eingespannt, sondern nur beweglich abgestützt war. Außer der Linie für die gemessene Kraft wurden in der Abb. 63 die Linien für die berechnete Kraft aufgetragen, und zwar einmal ohne Berücksichtigung der KÁRMÁN-Zahl (d. h. $K = 1$) und das andere Mal mit Berücksichtigung derselben. $K = 1$ ergibt 4mal größere Werte für P als sie der Messung entsprechen. Dagegen liegt die zweite Linie (unter Berücksichtigung der entsprechenden KÁRMÁN-Zahl) den Versuchswerten schon wesentlich näher.

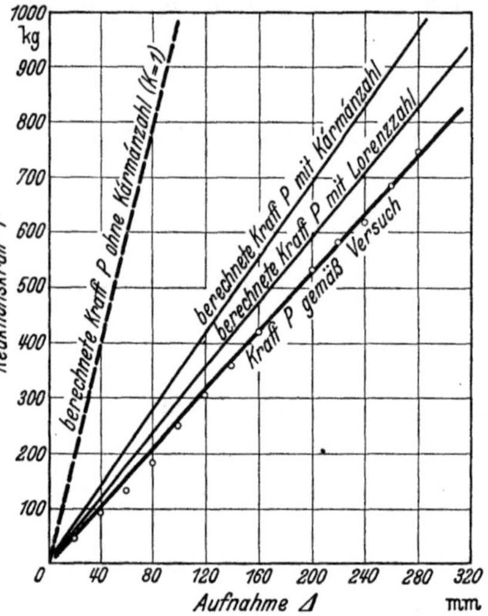

Abb. 63. Reaktionskraft P für einen Lyrabogenausgleicher laut Rechnung und Versuch.

Die verbleibende Abweichung dürfte durch folgende Umstände erklärt sein:

a) Abweichungen in der Wandstärke des Rohres, bedingt durch die Herstellungstoleranzen.

b) Schwächung der Wand in der Außenfaser des Bogens, bedingt durch die Reckung derselben während der Biegearbeit.

c) Gewisse Abflachung des Rohrquerschnittes während der Biegearbeit.

d) Geringe Wellen- oder Faltenbildung an der Innenfaser des Bogens, bedingt durch die Zusammendrückung derselben während der Biegearbeit.

e) Abweichungen im Wert des Elastizitätsmoduls.

Für den Einfluß der Wellen oder Falten an der Innenseite des Bogens gibt KÁRMÁN folgende Beziehung an:

Der scheinbare Elastizitätsmodul erhält die Form

$$E' = E \frac{1}{1 + 6\left(\frac{\varepsilon}{s}\right)^2}.$$

worin ε = halbe Wellentiefe in mm, s = Wandstärke des Rohres in mm bedeuten.

Würde man beim untersuchten Lyrabogen die halbe Wellentiefe $\varepsilon = 1$ mm annehmen, so bekommt man bei $s = 10$ mm

$$E' = E \frac{1}{1 + 6\left(\frac{1}{10}\right)^2} = E \cdot 0{,}943,$$

d. h. eine weitere Angleichung der Rechnungs- und Versuchsergebnisse um rd. 6%.

Die beim Herstellen der Bogen entstehende natürliche Abflachung kann zuweilen einen großen Einfluß haben. Dann muß für die gebogenen Teile des Rohres an Stelle des Trägheitsmomentes

$$J = \frac{\pi}{64}(D^4 - d^4)$$

eines Kreisringquerschnittes, dasjenige für einen elliptisch abgeflachten Querschnitt

$$J_{\text{Ellipse}} = \frac{\pi}{64}(D_1 D_2^3 - d_1 d_2^3)\ \text{cm}^4 \tag{71}$$

eingesetzt werden.

Darin ist

D_1 = große Achse der Ellipse außen in cm,
d_1 = große Achse der Ellipse innen in cm,
D_2 = kleine Achse der Ellipse außen in cm,
d_2 = kleine Achse der Ellipse innen in cm.

Der untersuchte Lyrabogen hatte in den Bogenteilen eine Abflachung von 10 bis 15 mm. Rechnet man mit Rücksicht auf die unabgeflachten geraden Teile mit einem mittleren Wert von 9 mm, so werden

$$D_1 = 41{,}9\ \text{cm}, \quad d_1 = 39{,}9\ \text{cm}, \quad D_2 = 41\ \text{cm}, \quad d_2 = 39\ \text{cm}$$

und somit

$$J_{\text{Ellipse}} = 25700\ \text{cm}^4$$

gegenüber $J = 26900\ \text{cm}^4$ für einen kreisrunden Querschnitt, womit die theoretische Kurve in Abb. 63 um weitere 4,5% näher an die Versuchskurve heranrückt.

d) Lorenzsche Zahl.

Während die von Kármán entwickelte Berichtigungszahl auf dem Satz vom Minimum der Formänderungsarbeit beruht, ist die Theorie von Lorenz[1] auf dem Gleichgewicht der Kräfte an dem beanspruchten Rohrteilchen aufgebaut.

Lorenz stellte für die Berichtigungszahl auf Grund seiner Theorie die Beziehung

$$K_L = \frac{4\lambda^2}{3+4\lambda^2} \tag{72}$$

auf, worin

$$\lambda = \frac{s \cdot R}{r_m^2}$$

ist.

s = Rohrwandstärke in cm,
R = Biegungshalbmesser in cm,
r_m = mittlerer Rohrhalbmesser in cm.

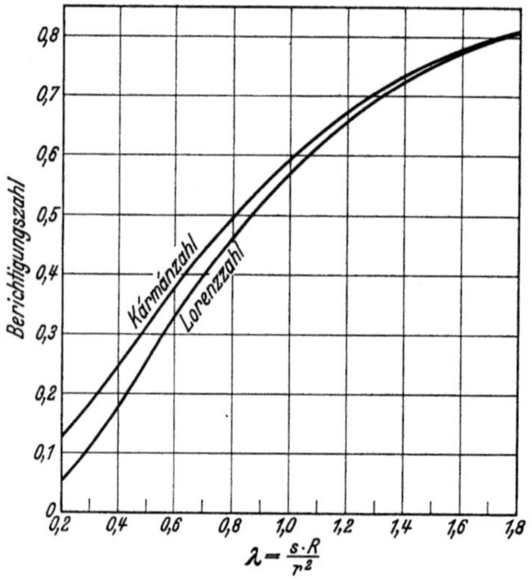

Abb. 64. Vergleich der Kármán-Zahl und der Lorenz-Zahl.

In Abb. 64 sind die Berichtigungszahlen von Kármán und von Lorenz in Abhängigkeit von λ aufgetragen. Man sieht, daß die Anschauung von Lorenz zu kleineren Berichtigungszahlen führt. Es ist also anzunehmen, daß diese Werte den verschiedenen zusätzlichen Einflüssen besser Rechnung tragen. In Abb. 63 wurde die Linie für die berechnete Kraft P unter Berücksichtigung der Lorenz-Zahl ebenfalls eingetragen. Diese liegt noch näher an der Versuchslinie und führt daher zu einer noch besseren Übereinstimmung.

Die Anwendung der Lorenz- bzw. Kármán-Zahl bei der Berechnung ganzer Rohrsysteme soll in einem späteren Abschnitt gezeigt werden.

e) Berechnungsgrundlagen für Bogenrohre.

Die statische Berechnung von Rohrsystemen beruht, wie gezeigt wurde, auf der Ermittlung ihrer Linienträgheits- und Zentrifugalmomente. Die gleichen Überlegungen gelten selbstverständlich auch für ein gekrümmtes Rohr, im folgenden kurz Bogenrohr genannt.

Um das zu beweisen, soll die Wirkung einer Kraft P auf den einerseits eingespannten Bogen (Abb. 65) untersucht werden. P soll in der Ebene des Bogens wirken.

[1] Lorenz, H.: Die Biegung krummer Rohre. Dinglers polytechn. J Bd. 327 (1912) S. 577; Technische Elastizitätslehre, S. 310. 1913.

Die Winkeldrehung $d\beta$ des kleinen Bogenteilchens ds unter dem Einfluß des Biegungsmomentes $M_b = P \cdot y$ ist

$$d\beta = \frac{M_b}{E \cdot J} ds.$$

Daraus folgt die Durchbiegung des freien Bogenendes in der Richtung der Kraft P, also in der Richtung der x-Achse

$$dx = y \cdot d\beta = \frac{M_b}{E \cdot J} \cdot y \cdot ds.$$

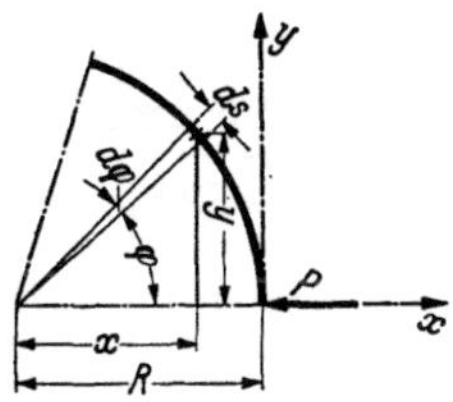

Abb. 65. Bogen mit radialer Kraftbelastung.

Mit $M_b = P \cdot y$ folgt für den ganzen Bogen

$$\Delta_x = \int_0^l \frac{P \cdot y}{E \cdot J} y \cdot ds$$

$$= \frac{P}{E \cdot J} \int_0^l y^2 \, ds.$$

Das Integral $\int_0^l y^2 \, ds$ stellt aber nichts anderes dar, als das Linienträgheitsmoment des Bogens, bezogen auf die x-Achse, d. h. auf die Kraftachse.

Der Bogen weicht aber unter der Wirkung der Kraft P auch senkrecht zur Kraftrichtung aus. Diese Durchbiegung ist nach dem Vorhergehenden

$$dy = (R - x) \cdot d\beta = \frac{M_b}{E \cdot J} (R - x) \cdot ds$$

und mit $M_b = P \cdot y$

$$\Delta_y = \int_0^l \frac{P \cdot y}{E \cdot J} (R - x) \cdot ds$$

$$= \frac{P}{E \cdot J} \int_0^l y \cdot (R - x) \cdot ds.$$

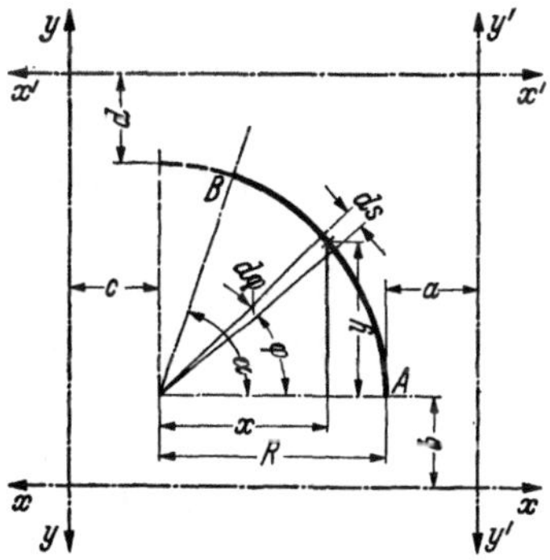

Abb. 66. Beliebiger Bogen.

Das Integral stellt das Linienzentrifugalmoment des Bogens bezogen auf die x- und y-Achse, d. h. auf die Kraftachse und die senkrecht zu ihr gerichtete Achse mit dem Ursprung im Angriffspunkt dar.

Daraus geht hervor, daß es wichtig ist, die Trägheits- und Zentrifugalmomente eines Bogens, bezogen auf beliebige Achsen, zu kennen. Diese sollen nachstehend entwickelt werden.

Für einen beliebigen Bogen (Abb. 66) gelten folgende Beziehungen

$$ds = R \cdot d\varphi; \qquad y = R \cdot \sin\varphi; \qquad x = R \cdot \cos\varphi.$$

Trägheitsmoment bezogen auf die Achse x—x.

$$J_x = \int_A^B (y+b)^2\,ds = \int_A^B (y^2 + 2\cdot b\,y + b^2)\cdot ds$$

oder

$$J_x = \int_0^\alpha (R^2\sin^2\varphi + 2\cdot b\cdot R\cdot\sin\varphi + b^2)\cdot R\cdot d\varphi$$

$$= \int_0^\alpha R^3\sin^2\varphi\,d\varphi + \int_0^\alpha 2\cdot b R^2\sin\varphi\cdot d\varphi + \int_0^\alpha b^2 R\cdot d\varphi.$$

Daraus für einen beliebigen Bogen mit dem Öffnungswinkel α (Abb. 66)

$$J_x = R^3\left[0{,}5\,\alpha - 0{,}25\sin(2\alpha)\right] + 2\cdot R^2\cdot b\cdot(1-\cos\alpha) + R\cdot b^2\cdot\alpha.$$

Für einen 90°-Bogen ist $\alpha = \pi/2$ und $\sin\pi = 0$, $\cos\pi/2 = 0$ und somit

$$\left.\begin{aligned} J_{x\,(90^\circ)} &= \frac{\pi}{4}\cdot R^3 + 2\cdot R^2 b + \frac{\pi}{2} R b^2 \\ &= \underline{0{,}785\cdot R^3 + 2\cdot R^2 b + 1{,}57\cdot R b^2.} \end{aligned}\right\} \quad (73)$$

Trägheitsmoment bezogen auf die Achse y'—y' (s. Abb. 66).

$$J_{y'} = \int_A^B (R - x + a)^2\,ds = \int_A^B (R^2 - 2\cdot R x + 2\cdot R a - 2\cdot x a + x^2 + a^2)\,ds.$$

$$= \int_0^\alpha R^3\,d\varphi - \int_0^\alpha 2\cdot R^3\cos\varphi\cdot d\varphi + \int_0^\alpha 2\cdot R^2\cdot a\cdot d\varphi -$$

$$- \int_0^\alpha 2\cdot R^2\cdot a\cdot\cos\varphi\cdot d\varphi + \int_0^\alpha R^3\cos^2\varphi\cdot d\varphi + \int_0^\alpha R a^2\cdot d\varphi$$

und von 0 bis α integriert:

$$J_{y'} = R^3\cdot\alpha - 2\cdot R^3\sin\alpha + 2\cdot R^2 a\cdot\alpha - 2\cdot R^2 a\cdot\sin\alpha +$$

$$+ R^3\left[0{,}25\cdot\sin(2\,\alpha) + 0{,}5\cdot\alpha\right] + R\cdot a^2\cdot\alpha.$$

Für einen 90°-Bogen ist wieder $\alpha = \pi/2$ und somit

$$\left.\begin{aligned} J_{y'(90^\circ)} &= \frac{\pi}{2} R^3 - 2\cdot R^3 + \pi\cdot R^2\cdot a - 2\cdot R^2\cdot a + \frac{\pi}{4} R^3 + \frac{\pi}{4} R\cdot a^2 \\ &= \underline{0{,}355\cdot R^3 + 1{,}14\cdot R^2\cdot a + 1{,}57\cdot R a^2.} \end{aligned}\right\} \quad (74)$$

Zentrifugalmoment bezogen auf die Achsen x—x und y—y (s. Abb. 66).

$$J_{xy} = \int_A^B (y+b)(x+c)\,ds = \int_A^B (x y + b x + c y + c b)\,ds$$

$$= \int_0^\alpha R^3\sin\varphi\cdot\cos\varphi\cdot d\varphi + \int_0^\alpha R^2\cdot b\cdot\cos\varphi\cdot d\varphi +$$

$$+ \int_0^\alpha R^2 c\cdot\sin\varphi\cdot d\varphi + \int_0^\alpha R\cdot c\cdot b\cdot d\varphi$$

und von 0 bis α integriert

$$J_{xy} = R^3 \cdot 0{,}5 \cdot \sin^2\alpha + R^2 b \cdot \sin\alpha + R^2 c \cdot (1 - \cos\alpha) + R \cdot c \cdot b \cdot \alpha .$$

Für einen 90°-Bogen ist $\alpha = \pi/2$ und daher

$$J_{xy(90^\circ)} = \underline{0{,}5 \cdot R^3 + R^2 b + R^2 c + 1{,}57 \cdot R \cdot b \cdot c.} \qquad (75)$$

Zentrifugalmoment bezogen auf die Achsen x—x und y'—y' (s. Abb. 66).

$$J_{xy'} = \int_A^B (y + b)(R - x + a)\, ds = \int_A^B (Ry + Rb - xy - bx + ay + ab)\, ds$$
$$= \int_0^\alpha R^3 \sin\varphi \cdot d\varphi + \int_0^\alpha R^2 b\, d\varphi - \int_0^\alpha R^3 \sin\varphi \cdot \cos\varphi \cdot d\varphi -$$
$$- \int_0^\alpha R^2 \cdot b \cdot \cos\varphi \cdot d\varphi + \int_0^\alpha R^2 a \cdot \sin\varphi \cdot d\varphi + \int_0^\alpha R \cdot a \cdot b \cdot d\varphi$$

und von 0 bis α integriert

$$J_{xy'} = R^3 (1 - \cos\alpha) + R^2 \cdot b \cdot \alpha - R^3 \cdot 0{,}5 \cdot \sin^2\alpha -$$
$$- R^2 \cdot b \cdot \sin\alpha + R^2 \cdot a (1 - \cos\alpha) + R \cdot a \cdot b \cdot \alpha .$$

Für einen 90°-Bogen ist $\alpha = \pi/2$ somit

$$\left.\begin{aligned} J_{xy'(90^\circ)} &= R^3 + \frac{\pi}{2} R^2 \cdot b - 0{,}5 \cdot R^3 - R^2 b + R^2 a + \frac{\pi}{2} \cdot R \cdot a \cdot b = \\ &= \underline{0{,}5 \cdot R^3 + 0{,}57 \cdot R^2 \cdot b + R^2 \cdot a + 1{,}57\, R \cdot a \cdot b.} \end{aligned}\right\} \quad (76)$$

Zentrifugalmoment bezogen auf die Achsen x'—x' und y'—y' (Abb. 66).

$$J_{x'y'} = \int_A^B (R - y + d)\,(R - x + a)\, ds$$

und in der gleichen Art von 0 bis α integriert:

$$J_{x'y'} = R^3 \cdot \alpha - R^3 \cdot (1 - \cos\alpha) + R^2 \cdot d \cdot \alpha - R^3 \cdot \sin\alpha +$$
$$+ R^3 \cdot 0{,}5 \cdot \sin^2\alpha - R^2 \cdot d \cdot \sin\alpha + R^2 \cdot a \cdot \alpha -$$
$$- R^2 \cdot a (1 - \cos\alpha) + R \cdot a \cdot d \cdot \alpha .$$

Für einen 90°-Bogen ist $\alpha = \pi/2$

$$\left.\begin{aligned} J_{x'y'(90^\circ)} &= \frac{\pi}{2} R^3 - R^3 + \frac{\pi}{2} R^2 \cdot d - R^3 + 0{,}5 \cdot R^3 - R^2 d + \\ &\qquad + \frac{\pi}{2} R^2 \cdot a - R^2 \cdot a + \frac{\pi}{2} R \cdot a \cdot d \\ &= \underline{0{,}07 \cdot R^3 + 0{,}57 \cdot R^2 \cdot d + 0{,}57 \cdot R^2 \cdot a + 1{,}57 \cdot R \cdot a \cdot d.} \end{aligned}\right\} \quad (77)$$

Damit sind alle in ebenen Rohrsystemen vorkommenden Fälle erfaßt. Berechnungsbeispiele folgen im nächsten Abschnitt.

Jetzt muß die Wirkung der Abflachung des Rohrquerschnittes im Bogenrohr auf das Linienträgheitsmoment untersucht werden.

Es wurde gezeigt, daß durch die Abflachung des Rohrquerschnittes das Biegungsmoment in einem bestimmten von den Rohrabmessungen und vom Krümmungsverhältnis abhängigen Maße vermindert wurde. Die folgenden Betrachtungen seien auf die Theorie von KÁRMÁN abgestellt; grundsätzlich gilt das gleiche auch für die LORENZ-Zahl.

Nach KÁRMÁN ist [Gleichung (62a)]

$$M_b = \frac{E \cdot J}{R} \cdot \frac{\Delta\alpha}{\alpha} \cdot K,$$

wobei

$$K = \frac{1 + 12\lambda^2}{10 + 12\lambda^2}$$

ist.

Man sieht daraus, daß das Biegungsmoment der KÁRMÁN-Zahl unmittelbar verhältnisgleich ist.

Andererseits ist das Biegungsmoment gleich Kraft × Hebelarm. Es muß also bei gleichbleibendem Hebelarm die Größe der Kraft der KÁRMÁN-Zahl verhältnisgleich sein.

Ferner wurde nachgewiesen, daß die Durchbiegung eines Systems dem Linienträgheitsmoment verhältnisgleich ist, d. h.

$$\Delta_P = \frac{P}{E \cdot J} \int y^2\, ds,$$

daraus

$$P = \frac{\Delta_P \cdot E \cdot J}{\int y^2\, ds}.$$

Für ein gekrümmtes Rohr müßte es also nach obigem heißen

$$P_{\text{Bogen}} = \frac{\Delta_P \cdot E \cdot J}{\int y^2\, ds} \cdot K,$$

um damit die Wirkung der Querschnittsabflachung zu berücksichtigen.

Handelt es sich um ein aus geraden Schenkeln und Bogen zusammengesetztes System, wie es im Rohrleitungsbau zumeist der Fall ist, so muß obige Beziehung offenbar folgendermaßen lauten

$$P = \frac{\Delta_P \cdot E \cdot J}{\frac{1}{K} \int y^2\, ds + \int z^2\, ds}.$$

Das Integral $\int y^2\, ds$ stellt das Linienträgheitsmoment aller Bogen im Rohrsystem und das Integral $\int z^2\, ds$ dasjenige aller geraden Schenkel des Rohrsystems dar.

Der die Abflachung des Rohrquerschnittes berücksichtigende Zahlenwert K ist stets kleiner als 1. *Das bedeutet, daß die Abflachung des Rohrquerschnittes sich so auswirkt, als ob man mit einer theoretisch größeren Bogenlänge rechnet.* Hiermit ist der Begriff der elastischen Länge gegeben.

Durch die Abflachung des Rohrquerschnittes im Rohrbogen infolge der Biegungsspannungen verhält sich der Bogen so, als ob er ein im Verhältnis $K:1$ kleineres Querschnittsträgheitsmoment oder eine im Verhältnis $1:K$ größere elastische Länge besitzt.

Setzt man in die vorhin entwickelten Beziehungen für das Linienträgheitsmoment des Bogens die Bogenlänge des kleinen Bogenteilchens nicht $ds = R \cdot d\varphi$, sondern

$$ds = \frac{R}{K} \cdot d\varphi$$

ein, so wird eine gedachte im Verhältnis $1/K$ größere Bogenlänge für die Ermittlung des Linienträgheitsmomentes eingeführt, die folgende Beziehung ergibt (s. Abb. 66).

Bezogen auf die Achse $x-x$:

$$J_x = \int_0^\alpha (R^2 \sin^2\varphi + 2 \cdot bR \cdot \sin\varphi + b^2) \frac{R}{K} d\varphi$$

und, wie gezeigt wurde, von 0 bis α integriert

$$J_x = \frac{R^3}{K}[0{,}5 \cdot \alpha - 0{,}25 \cdot \sin(2\alpha)] + 2 \cdot \frac{R^2}{K} \cdot b(1 - \cos\alpha) + \frac{R}{K} b^2 \cdot \alpha$$

$$= \frac{1}{K}\left\{R^3[0{,}5 \cdot \alpha - 0{,}25 \sin(2\alpha)] + 2R^2 b(1 - \cos\alpha) + Rb^2 \cdot \alpha\right\}.$$

Man erhält also tatsächlich ein im Verhältnis $1/K$ vergrößertes Linienträgheitsmoment. Das gleiche gilt natürlich auch in bezug auf die Linien-Zentrifugalmomente.

Es ist besonders zu beachten, daß der Wert K stets in der ersten Potenz bleibt. Es darf also nicht bei der Berechnung von R^3/K der Wert R/K ermittelt und dann in die dritte Potenz erhoben werden, sondern es muß nur R potenziert und dann jeweils durch K dividiert werden.

Es soll in diesem Zusammenhang noch darauf hingewiesen werden, daß nur die elastische Länge des gebogenen Rohres durch den Zahlenwert K beeinflußt wird. Es darf also bei der Ermittlung von Linienträgheits- oder Zentrifugalmomenten eines ganzen Rohrsystems nicht wahllos jeder Wert R durch K dividiert werden. Dort, wo R als ein Abstandsmaß gewertet werden muß, bleibt seine Größe erhalten und darf also nicht durch den Zahlenwert K dividiert werden.

Im folgenden Abschnitt wird an Hand von Beispielen die Berücksichtigung der Kármán-Zahl K in ganzen Rohrsystemen gezeigt.

3. Verschiedene Berechnungsverfahren ebener Rohrsysteme.

In den bisherigen Abschnitten wurden die für die Berechnung von ebenen Rohrsystemen maßgebenden Gesichtspunkte dargelegt und die wichtigen Beziehungen zwischen der Wärmedehnung und den durch sie hervorgerufenen Kräfte mehr oder weniger allgemein entwickelt. Es soll nun im nachstehenden gezeigt werden, wie in praktisch vorkommenden Fällen vorgegangen werden muß.

a) Berechnungsvorschlag des Verfassers.

Die vorgeschlagene Berechnungsart beruht unmittelbar auf dem im Abschnitt B II/1 abgeleiteten Hauptsatz:

Das Produkt $\Delta_P \cdot E \cdot J$ ist dem Produkt aus der Kraft P und dem auf die Kraftachse bezogenen Linienträgheitsmoment des Rohrsystems gleich, wobei Δ_P die mit der Richtung der Kraft P zusammenfallende Wärmedehnung darstellt.

Es handelt sich also darum, auf möglichst einfache und sichere Art das Linienträgheitsmoment des Rohrsystems in bezug auf die Kraftachse zu ermitteln.

Für solche Systeme, die beiderseits Gelenkfestpunkte besitzen, ist die Lage und Richtung der Kraft P von vornherein bekannt. Dort besteht also keine Schwierigkeit. Bei einerseits oder beiderseits eingespannten Systemen ist jedoch die Lage und Richtung der Reaktionskraft P zunächst unbekannt. Bei den ersteren, also einerseits eingespannten andererseits mit Gelenkfestpunkt versehenen Systemen weiß man lediglich, daß die Kraft P durch den Gelenkfestpunkt gehen muß, jedoch liegt die Kraftrichtung zunächst noch nicht fest. Desgleichen muß bei beiderseits eingespannten Systemen die Kraft P durch den Schwerpunkt gehen, jedoch auch hier ist ihre Richtung nicht bekannt.

Es ist daher zweckmäßig, die Kraft P in zwei zueinander senkrechte Komponenten zu zerlegen, und deren Größe einzeln zu bestimmen.

Hierzu muß die stets in der Richtung der Festpunktverbindungslinie wirkende Gesamtwärmedehnung ebenfalls in zwei zu den Kraftkomponenten parallele Dehnungskomponenten zerlegt werden.

Die folgenden Erläuterungen sind auf beiderseits mit Einspannfestpunkten versehene Systeme bezogen, da diese die überwiegende Mehrzahl aller in der Praxis vorkommenden Fälle umfassen.

Da die Kraft durch den Schwerpunkt des Systems gehen muß, ist also zunächst der Schwerpunkt desselben zu ermitteln. Dann wird durch den Schwerpunkt ein Achsenkreuz gelegt, dessen Achsen den beiden Kraftkomponenten parallel sind. Auf diese Achsen müssen nun die Trägheits- bzw. Zentrifugalmomente des Rohrsystems bezogen werden. Wenn diese berechnet sind, können die Kraftkomponenten H und V nach den Gleichungen (57) und (58) ermittelt werden. Mit ihnen ist auch die Richtung der Kraft P bekannt und somit ihre Lage in bezug auf das Rohrsystem eindeutig festgelegt. Jetzt können für jeden Punkt des Rohrsystems auch das Biegungsmoment und die Biegungsbeanspruchung berechnet werden.

Es wird in den meisten Fällen unbequem sein, die Trägheitsmomente unmittelbar auf die Schwerpunktsachsen zu beziehen. In den allermeisten Fällen dürfte es günstiger sein, zunächst ein anderes, zweckmäßig gewähltes Bezugsachsenkreuz zu wählen, dessen Achsen parallel zu den Schwerpunktsachsen gelegt werden.

Hierfür gilt dann folgender Satz:

Das Trägheitsmoment, bezogen auf eine beliebige Achse, ist dem Trägheitsmoment für die parallele Schwerpunktsachse plus dem Produkt aus Länge des Systems und dem Quadrat des Abstandes der beiden Achsen gleich, also, nach Abb. 67

$$J_x = J_{xs} + L \cdot a^2,$$

daraus folgt für das auf die Schwerpunktsachse bezogene Trägheitsmoment

$$J_{xs} = J_x - L \cdot a^2.$$

Das gleiche gilt natürlich auch für das Zentrifugalmoment J_{xys}, und zwar

$$J_{xys} = J_{xy} - L \cdot a \cdot b.$$

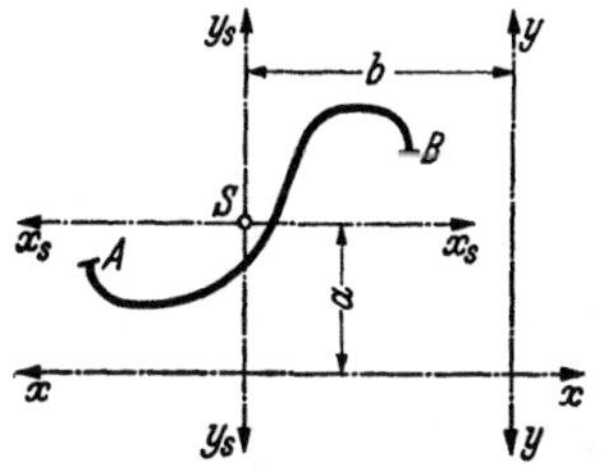

Abb. 67. Bezugsachsen zur Ermittlung der Linienträgheitsmomente.

Darin bedeuten a und b die Abstände der Bezugsachsen von den Schwerpunktsachsen (s. Abb. 67) und L die gestreckte Länge des Systems AB.

Bezieht man für die Ermittlung der Schwerpunktslage auch die statischen Momente auf die Achsen x—x bzw. y—y, so stellen die Werte a und b die Schwerpunktsabstände von den Achsen x und y dar.

Bei der Berechnung der statischen Momente und der Zentrifugalmomente muß stets auch die Richtung der Abstände von den gewählten Bezugsachsen berücksichtigt werden. Legt man willkürlich die eine Richtung als positiv fest, so ist die andere dann negativ, so daß die Abstände jeweils mit den entsprechenden Vorzeichen (+ oder —) eingesetzt werden. Bei den Trägheitsmomenten ist das gleichgültig, weil die Abstände dort stets im Quadrat enthalten sind.

Um das lästige Suchen der entsprechenden Formeln zu vermeiden, sind diese in der Tabelle 3 übersichtlich zusammengestellt. Oben in der Tabelle sind die Bilder für die Lage der Bogen und der Geraden zu den Bezugsachsen angegeben. Die Geraden L sind im Bild 1 und 5 enthalten, die alle vorkommenden Fälle umfassen.

Im mittleren Teil der Tabelle ist zu den Trägheitsmomenten für jedes Bild die Nr. der entsprechenden Formel angegeben, die im unteren Teil zusammengestellt sind. Links sind die Trägheits- bzw. Zentrifugalmomente, rechts die statischen Momente angegeben.

Es soll nachstehend für einen Z-Bogen gemäß Abb. 68 der Entwicklungsgang allgemein, ohne Zahlenwerte gezeigt werden.

Tabelle 3. Formeln der Trägheits- und Zentrifugalmomente für ebene Systeme.

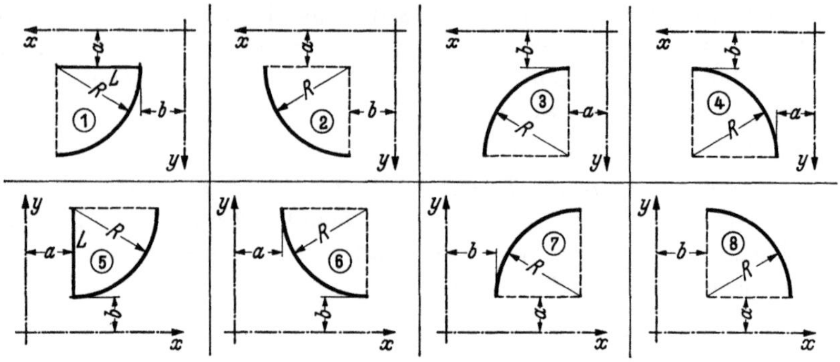

Kraft	In Richtung der Achse		Trägheits- bzw. Zentrifugalmoment	Bild 1	2	3	4	5	6	7	8
			Für Bogen (Nr. der Formel)								
F_x	in	X	J_x	1	1	2	2	2	2	1	1
F_y	in	Y	J_y	2	1	1	2	1	2	2	1
F_x oder F_y	in	XY	J_{xy}	4	3	4	5	4	5	4	3
			Für Gerade (Nr. der Formel)								
F_x	in	X	J_x	7				6			
F_y	in	Y	J_y	6				7			
F_x oder F_y	in	XY	J_{xy}	8				8			

Nr. der Formel	Für Bogen: Trägheitsmomente	Statische Momente
1	$0{,}785\frac{R^3}{K} + 2\frac{R^2}{K}a + 1{,}57\frac{R}{K}a^2$	$\frac{R^2}{K} + 1{,}57\frac{R}{K}a$
2	$0{,}355\frac{R^3}{K} + 1{,}14\frac{R^2}{K}b + 1{,}57\frac{R}{K}b^2$	$0{,}57\frac{R^2}{K} + 1{,}57\frac{R}{K}b$
	Zentrifugalmoment	
3	$0{,}5\frac{R^3}{K} + \frac{R^2}{K}a + \frac{R^2}{K}b + 1{,}57\frac{R}{K}a\cdot b$	
4	$0{,}5\frac{R^3}{K} + 0{,}57\frac{R^2}{K}a + \frac{R^2}{K}b + 1{,}57\frac{R}{K}a\cdot b$	
5	$0{,}07\frac{R^3}{K} + 0{,}57\frac{R^2}{K}a + 0{,}57\frac{R^2}{K}b + 1{,}57\frac{R}{K}ab$	
	Für Gerade: Trägheitsmomente	Statische Momente
6	$\frac{1}{3}L^3 + L^2\cdot b + L\cdot b^2$	$0{,}5L^2 + L\cdot b$
7	$L\cdot a^2$	$L\cdot a$
	Zentrifugalmoment	
8	$0{,}5L^2\cdot a + L\cdot a\cdot b$	

Als Bezugsachsen wählt man hier zweckmäßigerweise die mit den Schenkeln L_1 und L_2 zusammenfallenden Achsen, wobei nach links bzw. unten vom Ursprung die positiven Richtungen seien.

Es muß nun zunächst die Lage der Schwerpunktsachsen x_s und y_s ermittelt werden, wofür die Schwerpunktsabstände η und ξ zu berechnen sind.

Die einzelnen Geraden und Bogen des Z-Bogens bezeichnen wir mit den Nummern entsprechend den Bildern der Tabelle 3.

Die gestreckte Länge des Rohrsystems beträgt

$$L = L_1 + L_2 + L_3 + 3{,}14 \frac{R}{K} \quad \text{in m}.$$

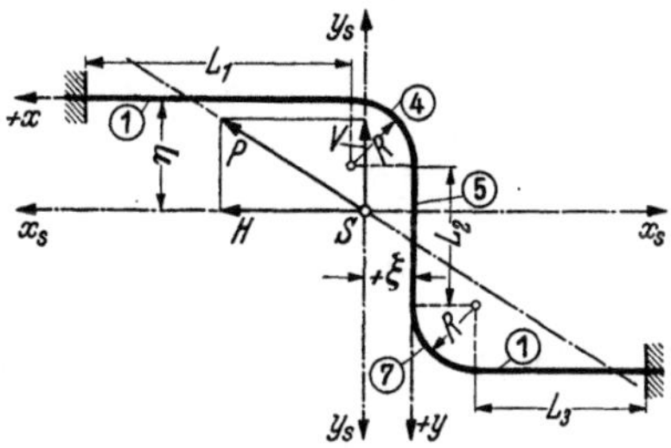

Abb. 68. Z-Bogen mit Einspannfestpunkten.

Wirkung der Kraftkomponente $H (= F_x)$ in der x-Achse. Für den Schenkel L_1 gilt Bild 1, d. h. für das Trägheitsmoment J_x Formel 7

$$J_x = L_1 \cdot a^2 = 0,$$

da nach Abb. 68 $a = 0$ ist. Dementsprechend ist auch das statische Moment

$$M_x = L_1 \cdot a = 0.$$

Für den folgenden Bogen gilt Bild 4, d. h. für das Trägheitsmoment J_x Formel 2

$$J_x = 0{,}355 \frac{R^3}{K} + 0 + 0 \quad \text{in m}^3,$$

da nach Abb. 68 $b = 0$ ist.

Für das statische Moment M_x

$$M_x = 0{,}57 \cdot \frac{R^2}{K} + 0 \quad \text{in m}^2.$$

Für den Schenkel L_2 gilt Bild 5, d. h. für das Trägheitsmoment J_x Formel 6.

$$J_x = \frac{1}{3} \cdot L_2^3 + L_2^2 \cdot R + L_2 \cdot R^2 \quad \text{in m}^3,$$

da nach Abb. 68 in diesem Falle $b = R$ ist; und das statische Moment M_x

$$M_x = 0{,}5 \cdot L_2^2 + L_2 \cdot R \quad \text{in m}^2.$$

Für den folgenden Bogen gilt Bild 7, d. h. für das Trägheitsmoment J_x Formel 1

$$J_x = 0{,}785 \cdot \frac{R^3}{K} + 2 \frac{R^2}{K} (R + L_2) + 1{,}57 \frac{R}{K} (R + L_2)^2,$$

da nach Abb. 68 $a = R + L_2$ ist; das statische Moment M_x

$$M_x = \frac{R^2}{K} + 1{,}57 \frac{R}{K} (R + L_2) \quad \text{in m}^2.$$

Für den Schenkel L_3 gilt Bild 1, d. h. für das Trägheitsmoment J_x Formel 7

$$J_x = L_3 (L_2 + 2R)^2 \quad \text{in m}^3,$$

da nach Abb. 68 $a = L_2 + 2R$ ist; und das statische Moment M_x

$$M_x = L_3 (L_2 + 2R) \quad \text{in m}^2.$$

Die Summe dieser Momente stellt das Gesamtmoment für das ganze Rohrsystem dar

$$J_x = 0{,}355 \cdot \frac{R^3}{K} + \frac{1}{3} \cdot L_2^3 + L_2^2 \cdot R + L_2 R^2 + 0{,}785 \cdot \frac{R^3}{K} + \\ + 2 \cdot \frac{R^2}{K} \cdot (R + L_2) + 1{,}57 \cdot \frac{R}{K} \cdot (R + L_2)^2 + L_3 (L_2 + 2R)^2 \quad \text{in m}^3,$$

oder entsprechend umgeformt

$$J_x = 4{,}71 \cdot \frac{R^3}{K} + 5{,}14 \cdot \frac{R^2}{K} \cdot L_2 + 1{,}57 \cdot \frac{R}{K} \cdot L_2^2 + \frac{1}{3} \cdot L_2^3 + \\ + L_2^2 R + L_2 R^2 + L_2^2 L_3 + 4 \cdot R L_2 L_3 + 4 \cdot R^2 L_3 \quad \text{in m}^3$$

und für das statische Moment

$$M_x = 0{,}57 \frac{R^2}{K} + 0{,}5 \cdot L_2^2 + L_2 \cdot R + \frac{R^2}{K} + 1{,}57 \cdot \frac{R}{K} \cdot (R + L_2) + \\ + L_3 (L_2 + 2R) \quad \text{in m}^2$$

oder entsprechend umgeformt

$$M_x = 3{,}14 \cdot \frac{R^2}{K} + 1{,}57 \cdot \frac{R}{K} \cdot L_2 + 0{,}5 \cdot L_2^2 + L_2 R + L_2 L_3 + 2 \cdot R L_3 \quad \text{in m}^2.$$

In gleicher Weise wird die Wirkung der Kraftkomponente V $(= F_y)$ in der y-Achse ermittelt.

Für den Schenkel L_1 gilt Bild 1, d. h. Formel 6

$$J_y = \frac{1}{3} \cdot L_1^3 + L_1^2 \cdot R + L_1 \cdot R^2 \quad \text{m}^3$$

$$M_y = 0{,}5 \cdot L_1^2 + L_1 \cdot R \quad \text{m}^2,$$

da $b = R$ ist.

Für den Bogen gilt Bild 4, d. h. Formel 2

$$J_y = 0{,}355 \cdot \frac{R^3}{K} + 0 + 0 \quad \text{m}^3$$

$$M_y = 0{,}57 \frac{R^2}{K} + 0 \quad \text{m}^2,$$

da $a = 0$ ist.

Für den Schenkel L_2 gilt Bild 5, d. h. Formel 7

$$J_y = L_2 \cdot a^2 = 0$$

$$M_y = L_2 \cdot a = 0,$$

da $a = 0$ ist.

Für den Bogen gilt Bild 7, d. h. Formel 2

$$J_y = 0{,}355\,\frac{R^3}{K} + 0 + 0 \quad \mathrm{m}^3$$

$$M_y = -\,0{,}57\,\frac{R^2}{K} - 0 \quad \mathrm{m}^2$$

da $b = 0$ ist, und zwar in negativer Richtung.

Für den Schenkel L_3 gilt Bild 1, d. h. Formel 6

$$J_y = \frac{1}{3}\cdot L_3^3 + L_3^2\cdot R + L_3\cdot R^2 \quad \mathrm{m}^3$$

$$M_y = -\,0{,}5\cdot L_3^2 - L_3\cdot R \ \ \mathrm{m}^2,$$

da $b = R$ ist, und zwar in negativer Richtung.

Für das gesamte System gilt wieder die Summe der Momente, d. h.

$$J_y = \frac{1}{3}\cdot L_1^3 + L_1^2\cdot R + L_1 R^2 + 0{,}355\cdot\frac{R^3}{K} + 0{,}355\cdot\frac{R^3}{K} + \\ + \frac{1}{3}\cdot L_3^3 + L_3^2\,R + L_3 R^2$$

$$= \frac{1}{3}\cdot L_1^3 + \frac{1}{3}\cdot L_3^3 + R\cdot(L_1^2 + L_3^2) + R^2\cdot(L_1 + L_3) + 0{,}71\cdot\frac{R^3}{K} \quad \text{in } \mathrm{m}^3$$

$$M_y = 0{,}5\cdot L_1^2 + L_1 R + 0{,}57\cdot\frac{R^2}{K} - 0{,}57\cdot\frac{R^2}{K} - 0{,}5\cdot L_3^2 - L_3 R$$

$$= 0{,}5\,L_1^2 - 0{,}5\,L_3^2 + R\,(L_1 - L_3) \quad \text{in } \mathrm{m}^2.$$

Die Schwerpunktsabstände ermitteln sich hiernach zu

$$\eta = \frac{M_x}{L} \quad \text{und} \quad \pm\,\xi = \frac{M_y}{L} \quad \text{in m.}$$

Somit werden die auf die Schwerpunktsachsen bezogenen Trägheitsmomente

$$J_{x\,s} = J_x - L\cdot\eta^2$$

und

$$J_{y\,s} = J_y - L\cdot\xi^2.$$

Jetzt wird noch das auf die Achsen x und y bezogene Zentrifugalmoment benötigt.

Für den Schenkel L_1 gilt Bild 1, d. h. Formel 8

$$J_{x\,y} = 0{,}5\cdot L_1^2\cdot a + L_1\cdot a\cdot R = 0,$$

da $a = 0$ ist.

Für den Bogen gilt Bild 4, d. h. Formel 5

$$J_{x\,y} = 0{,}07\cdot\frac{R^3}{K} + 0 + 0 + 0 \quad \mathrm{m}^3,$$

da $a = 0$ und $b = 0$ ist.

Für den Schenkel L_2 gilt Bild 5, d. h. Formel 8

$$J_{xy} = 0{,}5 \cdot L_2^2 \cdot a + L_2 \cdot a \cdot R = 0,$$

da $a = 0$ ist.

Für den Bogen gilt Bild 7, d. h. Formel 4

$$J_{xy} = -0{,}5 \frac{R^3}{K} - 0{,}57 \cdot \frac{R^2}{K} \cdot (L_2 + R) - 0 - 0 \quad \text{m}^3,$$

da $a = L_2 + R$ und $b = 0$ ist, wobei die negative Richtung zu beachten ist.

Für den Schenkel L_3 gilt Bild 1, d. h. Formel 8

$$J_{xy} = -0{,}5 \cdot L_3^2 \cdot (L_2 + 2 \cdot R) - L_3 \cdot (L_2 + 2R) \cdot R \quad \text{m}^3,$$

da $a = L_2 + 2R$ und $b = R$ ist. Auch hier ist die negative Richtung zu beachten.

Die Summe der Zentrifugalmomente gilt für das ganze System, d. h.

$$J_{xy} = 0{,}07 \cdot \frac{R^3}{K} - 0{,}5 \cdot \frac{R^3}{K} - 0{,}57 \cdot \frac{R^2}{K} \cdot (L_2 + R) -$$
$$- 0{,}5 \cdot L_3^2 (L_2 + 2 \cdot R) - L_3 \cdot (L_2 + 2 \cdot R) \cdot R \quad \text{in m}^3$$

oder entsprechend umgeformt

$$J_{xy} = -\frac{R^3}{K} - 0{,}57 \cdot \frac{R^2}{K} \cdot L_2 - (L_2 + 2 \cdot R)\,(0{,}5 \cdot L_3^2 + L_3 R) \quad \text{in m}^3$$

und bezogen auf die Schwerpunktsachsen

$$J_{x_s y_s} = J_{xy} - L \cdot \eta \cdot \xi \quad \text{in m}^3.$$

Hier müssen die Vorzeichen genauestens beachtet werden, da J_{xy} in diesem Falle negativ ist, dagegen ξ sowohl positiv ($L_1 > L_3$) als auch negativ ($L_1 < L_3$) sein kann.

Mit diesen Werten ermittelt man die Kraftkomponenten H und V nach folgenden Beziehungen, wobei die Dehnungskomponenten

$$\Delta_H = \alpha\,(L_1 + 2R + L_3) \pm C_H$$
$$\Delta_V = \alpha\,(L_2 + 2R) \pm C_V$$

in cm einzusetzen sind.

$$H = \frac{E \cdot J}{10^6} \cdot \frac{\Delta_H \cdot J_{ys} - \Delta_V \cdot J_{xys}}{J_{xs} \cdot J_{ys} - J_{xys}^2} \quad \text{in kg}$$

$$V = \frac{E \cdot J}{10^6} \cdot \frac{\Delta_V \cdot J_{xs} - \Delta_H\, J_{xys}}{J_{xs} \cdot J_{ys} - J_{xys}^2} \quad \text{in kg.}$$

Darin bedeuten

E = Elastizitätsmodul des Rohrwerkstoffes bei der Betriebstemperatur in kg/cm² (Abb. 8),

J = äquatoriales Rohrträgheitsmoment nach den Tabellen 14 bis 16 in cm⁴,

Δ_H = Wärmedehnung in horizontaler Richtung in cm,

Δ_V = Wärmedehnung in vertikaler Richtung in cm.

Die Abweichung in diesen beiden Gleichungen für H und V gegenüber den Gleichungen (57) und (58) ist durch die Wahl der Achsen in Abb. 68 bedingt. Sieht man das linke Ende des Systems als fest an, so erfolgt die Wärmedehnung Δ_H nach rechts, d. h. entgegen der x-Achse und Δ_V nach unten, d. h. in Richtung der y-Achse. Legt man die Richtung der Wärmedehnung entgegen der Achsenrichtung als positiv fest, so sind Δ_H positiv und Δ_V negativ in die Gleichungen (57) und (58) einzuführen. Dadurch ergibt sich die Kraftkomponente H positiv und die Komponente V negativ. Das stimmt auch gemäß Abb. 68 mit den Achsenrichtungen überein, da die Kraftwirkung in Richtung der Achse positiv sein muß und umgekehrt.

Dieses Beispiel wurde absichtlich so gewählt, um die Bedeutung der Achsenrichtungen zu zeigen.

Mit $P = \sqrt{H^2 + V^2}$ liegt die Reaktionskraft nach Lage, Richtung und Größe fest, indem man sie durch den Schwerpunkt S des Systems legt.

Die vorstehenden Erläuterungen werden vielleicht den Eindruck erwecken, daß dieses Verfahren sehr umständlich und langwierig ist. Das ist jedoch nicht der Fall, da man die Trägheits-, Zentrifugal- und statischen Momente normalerweise nicht für jeden Schenkel und Bogen einzeln ausrechnen wird, sondern unter Zuhilfenahme der Tabelle 3 die Werte gleich nach den dort angegebenen Formeln hintereinander schreibt und durch entsprechende Umformung vereinfacht. Es empfiehlt sich in jedem Falle, die nach Tabelle 3 ermittelten Bildnummern — wie in Abb. 68 gezeigt — an die einzelnen Schenkel und Bogen des Systems anzuschreiben, um Versehen auszuschließen.

Außerdem wurden vom Verfasser für verschiedene häufig vorkommende Rohrsysteme nach diesem Verfahren die Beziehungen für die Schwerpunktsabstände und die Trägheits- bzw. Zentrifugalmomente bereits ermittelt, so daß gleich die Zahlenwerte für die Schenkel und Biegungshalbmesser eingesetzt werden können.

Diese Beziehungen sind nachstehend für einen L-Bogen, Z-Bogen, unsymmetrische Umbogen, symmetrischen (gleichschenkligen) Umbogen, Schwanenhalsbogen und U-Bogen-Ausgleicher aufgeführt.

Es war jedoch nötig, den ausführlichen Gang der Entwicklung an Hand des Z-Bogens zu zeigen, um dem Leser die Möglichkeit zu geben, für ein anderes etwa in Frage kommendes System sich die Beziehungen selbst zu entwickeln.

L-Bogen (Abb. 69).

Gestreckte Rohrlänge ist $L = L_1 + L_2 + 1{,}57 \cdot \frac{R}{K}$ in m.
Schwerpunktsabstände:

$$\eta = \frac{0{,}57 \cdot \frac{R^2}{K} + 0{,}5 \cdot L_2^2 + L_2 \cdot R}{L} \quad \text{in m},$$

$$\xi = \frac{0{,}5 \cdot L_1^2 + L_1 \cdot R + 0{,}57 \cdot \frac{R^2}{K}}{L} \quad \text{in m}.$$

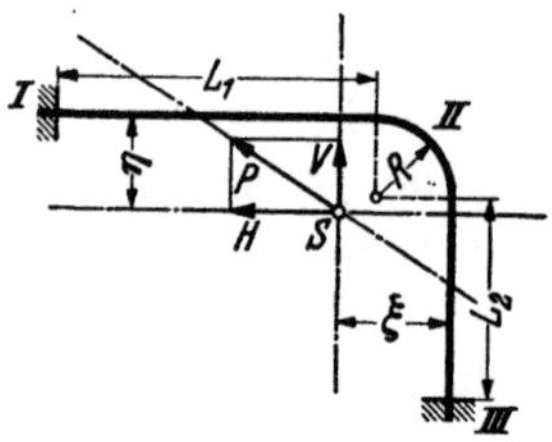

Abb. 69. *L*-Bogen mit Einspannfestpunkten.

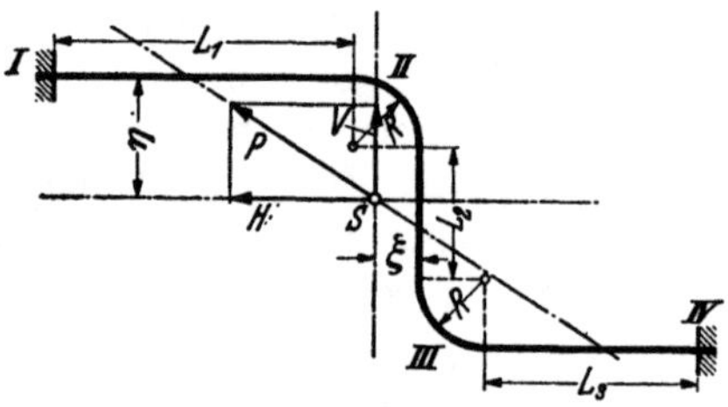

Abb. 70. *Z*-Bogen mit Einspannfestpunkten.

Trägheits- und Zentrifugalmomente, bezogen auf die Schwerpunktsachsen:

$$J_{xs} = 0{,}355 \cdot \frac{R^3}{K} + \frac{1}{3} \cdot L_2^3 + L_2^2 R + L_2 R^2 - L \cdot \eta^2 \quad \text{in m}^3,$$

$$J_{ys} = \frac{1}{3} \cdot L_1^3 + L_1^2 \cdot R + L_1 R^2 + 0{,}355 \cdot \frac{R^3}{K} - L \cdot \xi^2 \quad \text{in m}^3,$$

$$J_{xys} = 0{,}07 \cdot \frac{R^3}{K} - L \cdot \eta \cdot \xi \quad \text{in m}^3.$$

Komponenten der Wärmedehnung:

$$\Delta_H = \alpha \cdot (L_1 + R) \pm C_H \quad \text{in cm},$$

$$\Delta_V = \alpha \cdot (L_2 + R) \pm C_V \quad \text{in cm}.$$

Die Werte C_H bzw. C_V stellen etwaige zusätzliche Verschiebungen des Festpunktes in der entsprechenden Richtung dar.

Kraftkomponenten:

$$H = \frac{E \cdot J}{10^6} \cdot \frac{\Delta_H \cdot J_{ys} - \Delta_V \cdot J_{xys}}{J_{xs} \cdot J_{ys} - J_{xys}^2} \quad \text{in kg},$$

$$V = \frac{E \cdot J}{10^6} \cdot \frac{\Delta_V \cdot J_{xs} - \Delta_H J_{xys}}{J_{xs} \cdot J_{ys} - J_{xys}^2} \quad \text{in kg}.$$

Z-Bogen (Abb. 70).

Gestreckte Rohrlänge $L = L_1 + L_2 + L_3 + 3{,}14 \cdot \frac{R}{K}$ in m.
Schwerpunktsabstände:

$$\eta = \frac{3{,}14 \cdot \frac{R^2}{K} + 1{,}57 \cdot \frac{R}{K} \cdot L_2 + 0{,}5 \cdot L_2^2 + L_2 R + L_2 L_3 + 2 \cdot R L_3}{L} \quad \text{in m}$$

$$\pm \xi = \frac{0{,}5 \cdot L_1^2 - 0{,}5 \cdot L_3^2 + R \cdot (L_1 - L_3)}{L} \quad \text{in m}.$$

(In Abb. 70 ist die Lage des Schwerpunktes für einen positiven ξ-Wert gezeigt.)

Trägheits- und Zentrifugalmomente bezogen auf die Schwerpunktsachsen:

$$J_{xs} = 4{,}71 \cdot \frac{R^3}{K} + 5{,}14 \cdot \frac{R^2}{K} \cdot L_2 + 1{,}57 \cdot \frac{R}{K} \cdot L_2^2 + \frac{1}{3} \cdot L_2^3 + $$
$$+ L_2^2 R + L_2 R^2 + L_2^2 L_3 + 4 \cdot R L_2 L_3 + 4 \cdot R^2 L_3 - L \cdot \eta^2 \quad \text{in m}^3,$$

$$J_{ys} = \frac{1}{3} \cdot L_1^3 + \frac{1}{3} \cdot L_3^3 + R L_1^2 + R L_3^2 + R^2 (L_1 + L_3)$$
$$+ 0{,}71 \cdot \frac{R^3}{K} - L \cdot \xi^2 \quad \text{in m}^3,$$

$$J_{xys} = -\frac{R^3}{K} - 0{,}57 \cdot \frac{R^2}{K} \cdot L_2 - (L_2 + 2 \cdot R)(0{,}5 \cdot L_3^2 + L_3 R) - L \cdot \eta \cdot \xi.$$

Die Komponenten der Wärmedehnung:

$$\Delta_H = \alpha \cdot (L_1 + L_3 + 2 \cdot R) \pm C_H \quad \text{in cm},$$
$$\Delta_V = \alpha \cdot (L_2 + 2 \cdot R) \pm C_V \quad \text{in cm}.$$

Die Werte C_H und C_V stellen — wie für den L-Bogen bereits erklärt — etwaige zusätzliche Verschiebungen der Festpunkte in der entsprechenden Richtung dar.

Kraftkomponenten:

$$H = \frac{E \cdot J}{10^6} \cdot \frac{\Delta_H \cdot J_{ys} - \Delta_V \cdot J_{xys}}{J_{xs} \cdot J_{ys} - J_{xys}^2} \quad \text{in kg},$$

$$V = \frac{E \cdot J}{10^6} \cdot \frac{\Delta_V \cdot J_{xs} - \Delta_H \cdot J_{xys}}{J_{xs} \cdot J_{ys} - J_{xys}^2} \quad \text{in kg}.$$

Unsymmetrischer Umbogen (Abb. 71).
($L_1 > L_3$.)

Gestreckte Rohrlänge $L = L_1 + L_2 + L_3 + 3{,}14 \cdot \frac{R}{K}$ in m.
Schwerpunktsabstände:

$$\eta = \frac{3{,}14 \cdot \frac{R^2}{K} + 1{,}57 \cdot \frac{R}{K} \cdot L_2 + 0{,}5 \cdot L_2^2 + L_2 \cdot R + L_2 L_3 + 2 R L_3}{L} \quad \text{in m},$$

$$\xi = \frac{1{,}14 \cdot \frac{R^2}{K} + 0{,}5 \cdot L_1^2 + 0{,}5 \cdot L_3^2 + R \cdot (L_1 + L_3)}{L} \quad \text{in m}.$$

Trägheits- und Zentrifugalmomente, bezogen auf die Schwerpunktsachsen:

$$J_{xs} = 4{,}71 \cdot \frac{R^3}{K} + 5{,}15 \cdot \frac{R^2}{K} \cdot L_2 + 1{,}57 \cdot \frac{R}{K} L_2^2 + \frac{1}{3} \cdot L_2^3 +$$
$$+ L_2^2 R + L_2 R^2 + L_2^2 L_3 + 4\, R L_2 L_3 + 4\, R^2 L_3 - L \cdot \eta^2 \quad \text{in m}^3,$$

$$J_{ys} = \frac{1}{3} \cdot L_1^3 + \frac{1}{3} \cdot L_3^3 + L_1^2 R + R^2 \cdot (L_1 + L_3) + L_3^2 \cdot R +$$
$$+ 0{,}71 \cdot \frac{R^3}{K} - L \cdot \xi^2 \quad \text{in m}^3,$$

$$J_{xys} = 1{,}14 \frac{R^3}{K} + 0{,}57 \cdot \frac{R^2}{K} \cdot L_2 + (L_2 + 2 \cdot R)(0{,}5 \cdot L_3^2 + L_3 R) -$$
$$- L \cdot \eta \cdot \xi \quad \text{in m}^3.$$

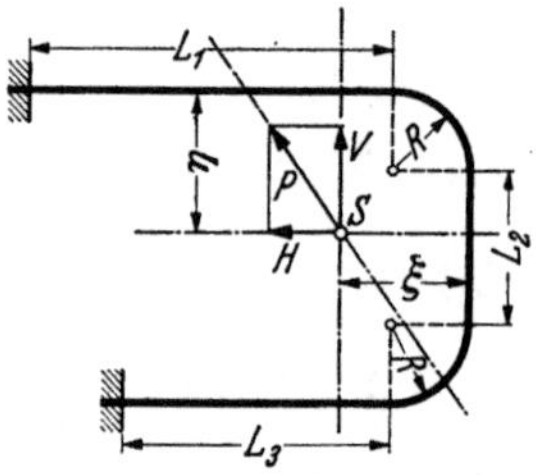

Abb. 71. Unsymmetrischer Umbogen mit Einspannfestpunkten.

Komponenten der Wärmedehnung:

$$\Delta_H = \alpha \cdot (L_1 - L_3) \pm C_H \quad \text{cm},$$
$$\Delta_V = \alpha \cdot (L_2 + 2R) \pm C_V \quad \text{cm}.$$

Kraftkomponenten:

$$H = \frac{E \cdot J}{10^6} \cdot \frac{\Delta_H \cdot J_{ys} - \Delta_V \cdot J_{xys}}{J_{xs} \cdot J_{ys} - J_{xys}^2} \quad \text{in kg},$$

$$V = \frac{E \cdot J}{10^6} \cdot \frac{\Delta_V \cdot J_{xs} - \Delta_H \cdot J_{xys}}{J_{xs} \cdot J_{ys} - J_{xys}^2} \quad \text{in kg}.$$

Ist dagegen $L_1 < L_3$, so wird Δ_H negativ, da $L_1 - L_3$ negativ ist. Dadurch erhält man für die Kraftkomponente H ebenfalls einen negativen Wert, der in Abb. 71 in umgekehrter Richtung aufzutragen ist.

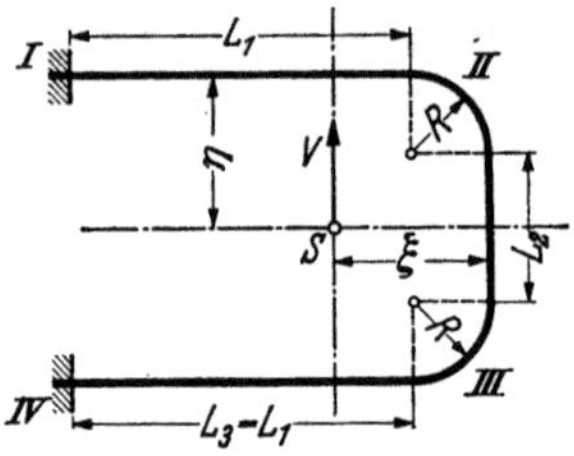

Abb. 72. Symmetrischer Umbogen mit Einspannfestpunkten.

Es können also die gleichen Beziehungen auch für den Fall $L_1 < L_3$ verwendet werden.

Wenn $L_1 = L_3$ ist, so handelt es sich um einen symmetrischen Umbogen, bei dem die Beziehungen sich wesentlich vereinfachen lassen. Das Zentrifugalmoment J_{xys} wird wegen der Symmetrie Null. Hierfür folgen die entsprechenden Beziehungen.

Symmetrischer Umbogen (Abb. 72).

($L_1 = L_3$.)

Gestreckte Rohrlänge $L = 2L_1 + L_2 + 3{,}14 \cdot \frac{R}{K}$ in m.

Schwerpunktsabstände:

$$\eta = 0{,}5 \cdot L_2 + R \quad \text{in m},$$

$$\xi = \frac{1{,}14 \cdot \frac{R^2}{K} + L_1^2 + 2 \cdot L_1 R}{L} \quad \text{in m}.$$

Trägheits- und Zentrifugalmomente, bezogen auf die Schwerpunktsachsen:

J_{xs} hat hier keine Bedeutung,

$$J_{ys} = \frac{2}{3} \cdot L_1^3 + 2 \cdot L_1^2 \cdot R + 2 \cdot L_1 R^2 + 0{,}71 \cdot \frac{R^3}{K} - L \cdot \xi^2 \quad \text{in m}^3,$$

$$J_{xys} = 0.$$

Komponenten der Wärmedehnung:

$$\Delta_V = \alpha \cdot (L_2 + 2R) \pm C_V \quad \text{in cm},$$

$$\Delta_H = 0.$$

Kraftkomponenten:

$$H = 0,$$

$$V = \frac{E \cdot J}{10^6} \cdot \frac{\Delta_V}{J_{ys}} = P \quad \text{in kg}.$$

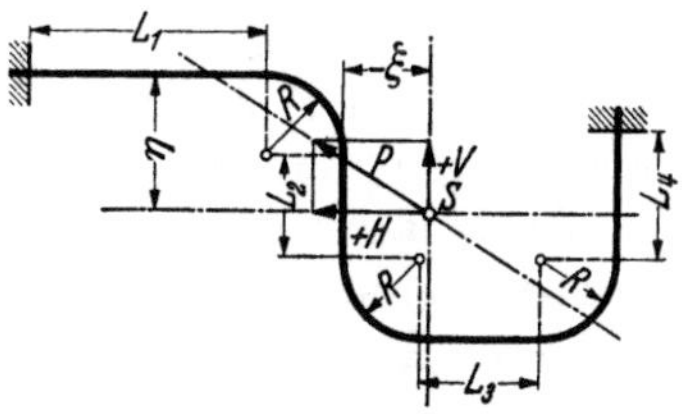

Abb. 73. Schwanenhalsbogen mit Einspannfestpunkten.

Schwanenhalsbogen (Abb. 73).

Gestreckte Rohrlänge:

$$L = L_1 + L_2 + L_3 + L_4 + 4{,}71 \cdot \frac{R}{K} \quad \text{in m}.$$

Schwerpunktsabstände:

$$\pm \eta = \frac{5{,}71 \frac{R^2}{K} + 3{,}14 \frac{R}{K} L_2 + 0{,}5 L_2^2 + L_2 R + L_2 L_3 + 2 L_3 R + L_2 L_4 + L_4 R - 0{,}5 L_4^2}{L} \quad \text{in m}$$

$$\pm \xi = \frac{0{,}5 L_1^2 + L_1 R - 0{,}5 L_3^2 - L_3 R - 2{,}57 \frac{R^2}{K} - 1{,}57 \frac{R}{K} L_3 - L_3 L_4 - 2 L_4 R}{L} \quad \text{in m}.$$

Trägheits- und Zentrifugalmomente, bezogen auf die Schwerpunktsachsen:

$$J_{xs} = 9{,}065 \cdot \frac{R^3}{K} + 10{,}28 \cdot \frac{R^2}{K} \cdot L_2 + 3{,}14 \cdot \frac{R}{K} \cdot L_2^2 + \frac{1}{3} \cdot L_2^3 + L_2^2 \cdot R + L_2 R^2 +$$
$$+ L_3 (L_2 + 2 \cdot R)^2 + \frac{1}{3} L_4^3 + (L_2 + R - L_4)(L_2 + R) \cdot L_4 - L \cdot \eta^2 \quad \text{in m}^3.$$

$$J_{ys} = \frac{1}{3} \cdot L_1^3 + L_1^2 \cdot R + L_1 R^2 + 5{,}065 \cdot \frac{R^3}{K} + 5{,}14 \cdot \frac{R^2}{K} \cdot L_3 + 1{,}57 \cdot \frac{R}{K} \cdot L_3^2 +$$
$$+ \frac{1}{3} \cdot L_3^3 + L_3^2 R + L_3 R^2 + L_4 (L_3 + 2 \cdot R)^2 - L \cdot \xi^2 \quad \text{in m}^3.$$

$$J_{xys} = -5{,}07 \cdot \frac{R^3}{K} - 3{,}14 \cdot \frac{R^2}{K} \cdot L_2 - 2{,}57 \cdot \frac{R^2}{K} \cdot L_3 - 1{,}57 \cdot \frac{R}{K} \cdot L_2 L_3 -$$
$$-(L_2 + 2 \cdot R)(0{,}5 \cdot L_3^2 + L_3 R) - (L_3 + 2 \cdot R)(L_2 L_4 + L_4 R - 0{,}5 \cdot L_4^2) -$$
$$- L \cdot \eta \cdot \xi \quad \text{in m}^3.$$

Komponenten der Wärmedehnung:

$$\Delta_H = \alpha \cdot (L_1 + L_3 + 3 \cdot R) \pm C_H \quad \text{in cm},$$

$$\pm \Delta_V = \alpha \cdot (L_2 + R - L_4) \pm C_V \quad \text{in cm}.$$

Kraftkomponenten:

$$H = \frac{E \cdot J}{10^6} \cdot \frac{\Delta_H \cdot J_{ys} - \Delta_V \cdot J_{xys}}{J_{xs} \cdot J_{ys} - J_{xys}^2} \quad \text{in kg},$$

$$V = \frac{E \cdot J}{10^6} \cdot \frac{\Delta_V \cdot J_{xs} - \Delta_H \cdot J_{xys}}{J_{xs} \cdot J_{ys} - J_{xys}^2} \quad \text{in kg}.$$

Bei diesem Rohrsystem ist ganz besonders auf die Vorzeichen von ξ und Δ_V zu achten. Wenn L_1 gegenüber den anderen Schenkeln sehr groß ist, so wird ξ positiv und muß dann links von L_2 aufgetragen werden. Die in Abb. 73 dargestellte Richtung der Kraftkomponenten ist positiv. Wenn L_4 größer wird als $L_2 + R$, so wird Δ_V negativ. Dabei bleibt aber die Richtung der Kraftkomponenten noch bis zu einer bestimmten Größe von L_4 positiv. Wenn L_4 noch größer wird, dann dreht sich die Richtung von V um (V wird negativ) und muß in der anderen Richtung aufgetragen werden.

Auch der Schwerpunktsabstand η kann bei genügend großem L_4 negativ werden, so daß der Schwerpunkt dann oberhalb der Linie von L_1 zu liegen kommt.

U-Bogen-Ausgleicher
(Abb. 74).

Gestreckte Rohrlänge:

$$L = 2 \cdot L_1 + 2 \cdot L_2 + L_3 + 6{,}28 \cdot \frac{R}{K} \quad \text{in m}.$$

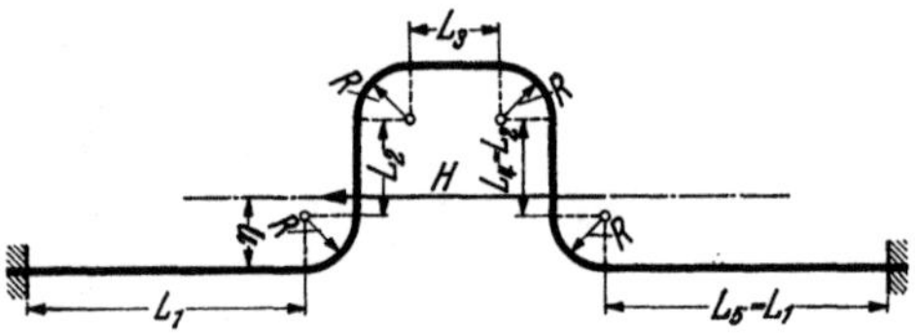

Abb. 74. *U*-Bogenausgleicher mit Einspannfestpunkten.

Schwerpunktsabstand:

$$\eta = \frac{6{,}28 \cdot \frac{R^2}{K} + 3{,}14 \cdot \frac{R}{K} \cdot L_2 + L_2^2 + 2 \cdot L_2 R + L_2 L_3 + 2 \cdot L_3 R}{L} \quad \text{in m}.$$

Trägheitsmoment, bezogen auf die Schwerpunktsachse:

$$J_{xs} = 9{,}42 \cdot \frac{R^3}{K} + 10{,}28 \cdot \frac{R^2}{K} \cdot L_2 + 3{,}14 \cdot \frac{R}{K} \cdot L_2^2 + \frac{2}{3} L_2^3 + 2 \cdot L_2^2 R + 2 \cdot L_2 R^2 + L_2^2 L_3 + 4 \cdot L_2 L_3 R + 4 \cdot L_3 R^2 - L \cdot \eta^2 \quad \text{in m}^3.$$

Wärmedehnung:

$$\Delta_H = \alpha \cdot (2 \cdot L_1 + L_3 + 4 \cdot R) \pm C_H \quad \text{in cm}.$$

Kraft:

$$P = H = \frac{E \cdot J}{10^6} \cdot \frac{\Delta_H}{J_{xs}} \quad \text{in kg}.$$

Wenn die Schenkel L_1 sehr lang sind, wie es normalerweise der Fall ist, darf man sie nicht mit der ganzen Länge in die Rechnung einsetzen. Die statische Berechnung von Rohrsystemen setzt voraus, daß die einzelnen Schenkel und Bogen eines Systems sich zwischen den Festpunkten vollkommen ungehindert bewegen können, und zwar nach allen Richtungen. Bei langer Rohrleitung (großes L_1) wird man schon mit Rücksicht auf die Ausknickgefahr die geraden Schenkel L_1 in gewissen Abständen mit Führungen versehen. Dadurch ist ihnen die freie Bewegungsmöglichkeit quer zu ihrer Richtung nicht mehr in dem Maße möglich, wie es den Voraussetzungen der Berechnung entspricht. Aus diesem Grunde wird man für die Berechnung von η und J_{xs} die gestreckte Rohrlänge kürzer einsetzen, und zwar so, als ob L_1 etwa der doppelten Ausladung des U-Bogen-Ausgleichers (Ausladung $A = L_2 + 2R$) entspricht. Für die Berechnung der Wärmedehnung muß natürlich die tatsächliche ungekürzte Entfernung der Festpunkte eingesetzt werden.

Auf dieser Grundlage ist die Linientafel Abb. 75 entworfen. Nach dem oben Gesagten wurde $L_1 = 2 \cdot A$ in Rechnung gesetzt, wobei A die Ausladung des Ausgleichers darstellt, d. h. $A = L_2 + 2R$.

Zur Verringerung der Anzahl der Veränderlichen ist ferner $L_3 = 1{,}5 \cdot R$ zugrunde gelegt worden.

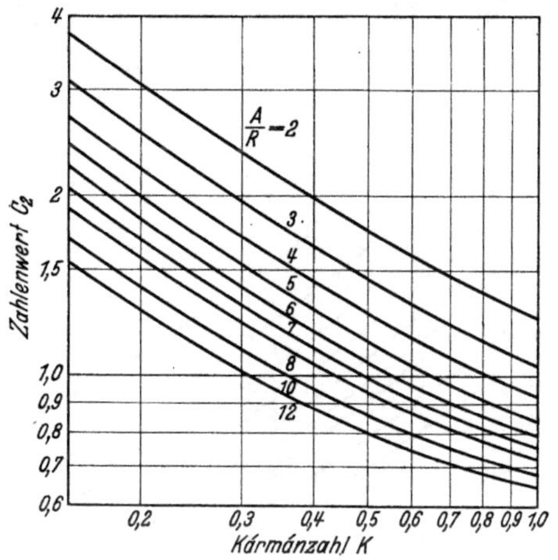

Abb. 75. Berechnung der Reaktionskraft für U-Bogenausgleicher nach Abb. 74.

Der aus Abb. 75 in Abhängigkeit vom Kármán-Faktor K und dem Verhältnis $A:R$ abgelesenen Wert C_2 ist in die Gleichung

$$H = \frac{E \cdot J}{10^6} \cdot \frac{\Delta_H}{A^3 \cdot C_2} \quad \text{in kg}$$

einzusetzen.

Δ_H = Wärmedehnung in cm,
A = Ausladung des Ausgleichers in m,
J = Rohrträgheitsmoment in cm^4,
E = Elastizitätsmodul in kg/cm^2.

Es darf nicht übersehen werden, daß für Δ_H die Wärmedehnung unter Berücksichtigung der Vorspannung einzusetzen ist. Die Kármán-Zahl K ermittelt man aus Abb. 57.

Desgleichen kann aus Abb. 76 unter den gleichen Voraussetzungen die größte Biegungsspannung im Scheitel (L_3) des U-Ausgleichers leicht berechnet werden. Der in der gleichen Art abgelesene Wert C_1 wird in die Gleichung

$$\sigma_b = \frac{E \cdot D}{10^6} \cdot \frac{\Delta_H}{A^2 \cdot C_1} \quad \text{in kg/mm}^2$$

eingesetzt, wobei D den äußeren Rohrdurchmesser in cm darstellt. Die übrigen Werte sind wie oben einzusetzen.

Aus diesen beiden Abbildungen kann der sehr häufig vorkommende U-Bogen-Ausgleicher mit äußerster Genauigkeit ohne große Mühe leicht berechnet werden. Dabei ist es besonders wichtig, daß in den Abb. 75 und 76 der Einfluß der Bogenabflachung ebenfalls berücksichtigt ist. Diese Linientafeln gelten jedoch nicht für Faltenrohrbogen.

In dem „Handbuch der Rohrleitungen"[1] wurden vom Verfasser ähnliche Linientafeln für einen Lyrabogen aufgestellt, aus denen mit Hilfe der gleichen Formeln, wie vorhin für den U-Bogen-Ausgleicher, die Reaktionskraft und die größte Biegungsspannung im Scheitelpunkt berechnet werden kann. Der Vergleich dieser Linientafeln mit den Abb. 75 und 76 zeigt deutlich, daß kein großer Unterschied in den elastischen Eigenschaften beider Ausgleicherarten besteht. Der Lyrabogen ist etwa 10% elastischer und ergibt im gleichen Verhältnis kleinere Reaktionskräfte und Spannungen.

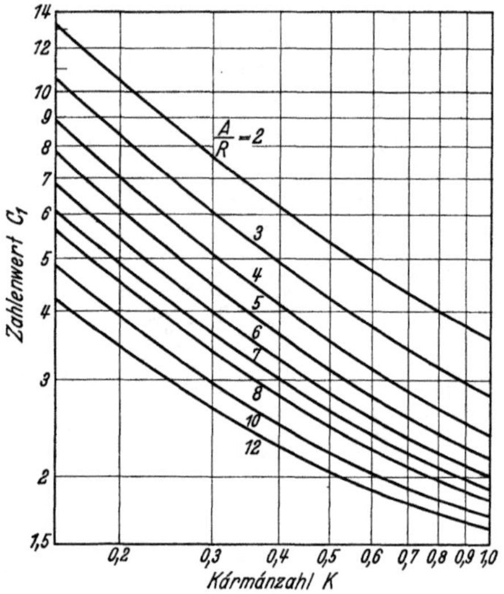

Abb. 76. Berechnung der größten Biegungsspannung im U-Bogenausgleicher nach Abb. 74.

Beispiel 8. Für eine gerade Hochdruckfernleitung von 140 m Länge und 300 NW ist die Anzahl der erforderlichen Ausgleicher zu ermitteln. Die Ausladung der Ausgleicher soll nicht größer als 4,5 m sein. Betriebsverhältnisse sind 40 atü 450° C. Rohrwerkstoff Cu-Mo-Stahl.

Aus Abb. 15 ermittelt man $D = 318$ mm, $s = 9$ mm,

aus Abb. 8 $E = 1{,}84 \cdot 10^6$ kg/cm²,

aus Abb. 31 $\varepsilon = 15{,}6 \cdot 10^{-6}$ cm/cm° C,

d. h. Wärmedehnung $\alpha = 15{,}6 \cdot 10^{-6} \cdot 450 \cdot 100 = 0{,}7$ cm/m.

Die Gesamtwärmedehnung der Fernstrecke beträgt $\alpha \cdot L = 98$ cm $=$ 980 mm.

Bei einer Dauerstandfestigkeit von 15 kg/mm² kann die zulässige Beanspruchung mit $k_{zul} = 10$ kg/mm² eingesetzt werden.

[1] SCHWEDLER, F.-V. JÜRGENSONN: Handbuch der Rohrleitungen, 2. Aufl. Berlin: Julius Springer 1939.

Axiale Beanspruchung durch den Innendruck nach Gleichung (18a)

$$\sigma_a = \frac{p \cdot d^2}{400\,(d+s) \cdot s} = \frac{40 \cdot 300^2}{400 \cdot 309 \cdot 9} = 3{,}24\ \text{kg/mm}^2.$$

Für die Biegungsspannungen verbleibt also der Betrag von

$$\sigma_b = k_{\text{zul}} - \sigma_a = 10 - 3{,}24 = 6{,}76\ \text{kg/mm}^2.$$

Für $A = 4{,}5$ m und $R = 5\,\text{mal} \cdot \text{NW} = 1{,}5$ m ist $A:R = 3$. Aus Abb. 57 für $z = d/s = 300/9 = 33{,}3$ ist $K = 0{,}35$. Hierfür folgt aus Abb. 76 $C_1 = 5{,}25$. Mit diesen Werten ist

$$\Delta_H = \frac{\sigma_b \cdot A^2 \cdot C_1 \cdot 10^6}{E \cdot D} = \frac{6{,}76 \cdot 4{,}5^2 \cdot 5{,}25 \cdot 10^6}{1{,}84 \cdot 10^6 \cdot 31{,}8} = 12{,}3\ \text{cm} = 123\ \text{mm}.$$

Bei 50% Vorspannung nimmt also jeder Ausgleicher $2 \times 123 = 246$ mm Wärmedehnung auf.

Für die Gesamtwärmedehnung der Fernstrecke werden also $980:246 = 4$ U-Bogen-Ausgleicher benötigt.

Die vom Ausgleicher ausgeübte Festpunktkraft beträgt bei $C_2 = 1{,}77$ (aus Abb. 75)

$$H = \frac{1{,}84 \cdot 10^6 \cdot 10450}{10^6} \cdot \frac{12{,}3}{4{,}5^3 \cdot 1{,}77} = 1470\ \text{kg}.$$

Das gleiche Ergebnis hätte man auch bei unmittelbarer Berechnung ohne Benutzung der Abb. 75 und 76 nach den Formeln erhalten, wenn man $L_1 = 2 \cdot A = 9$ m eingesetzt hätte. Nur wäre dann die Berechnung wesentlich umständlicher.

In vielen Fällen ist es beim Entwurf von Rohrleitungsanlagen wichtig, ein kritisch erscheinendes Bogensystem schnell und ohne mühselige Rechenarbeit nachzuprüfen. In solchen Fällen genügt es zunächst, wenn die Wirkung der Bogenabflachung unberücksichtigt gelassen wird, da man ja nur die ungefähre Größenordnung der auftretenden Biegungsbeanspruchungen wissen will. Die Berechnung nach Tabelle 2 wäre nicht zweckmäßig, da die Zugrundelegung von Gelenkfestpunkten zu einem falschen Bild über die Spannungsverteilung führt und auch durch die zahlenmäßige Höhe der Beanspruchung leicht täuscht.

Zu diesem Zweck dienen nachstehende Linientafeln, die es erlauben, die Reaktionskräfte und maßgebenden Biegungsspannungen für einige häufig vorkommende Rohrsysteme unter der vereinfachenden Voraussetzung von biegungssteifen Ecken leicht zu ermitteln.

Die Linientafeln Abb. 77, 79, 80 und 86 sind dem „Handbuch der Rohrleitungen“[1] entnommen.

[1] SCHWEDLER, F.-V. JÜRGENSONN: Handbuch der Rohrleitungen, 2. Aufl. Berlin: Julius Springer 1939.

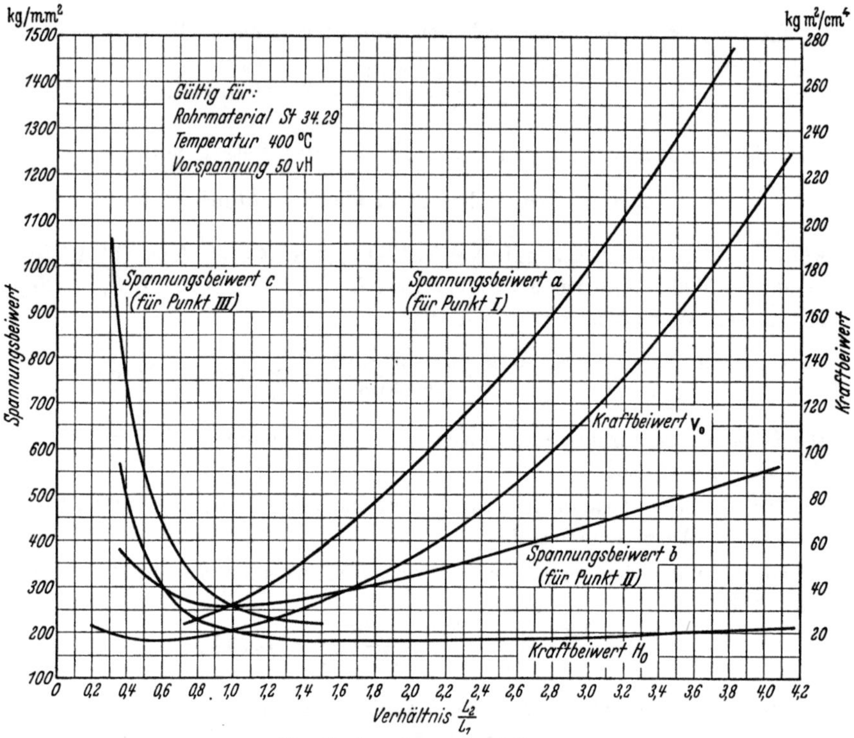

Abb. 77. Berechnung des L-Bogens.

Die Abb. 77 gilt für einen L-Bogen (Winkelbogen) nach Abb. 78. Die Berechnung erfolgt nach folgenden Gleichungen:

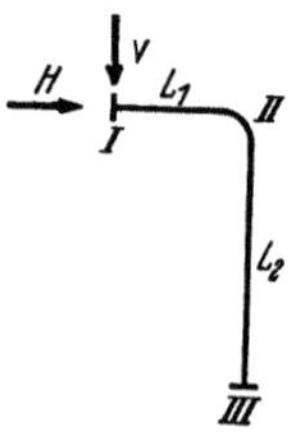

Abb. 78. L-Bogen (Winkelbogen).

Biegungsspannung:

im Punkt I $\sigma_b = a \cdot \frac{L}{D} \cdot c$ kg/mm²,

im Punkt II $\sigma_b = b \cdot \frac{D}{L} \cdot c$ kg/mm².

Reaktionskräfte:

in Richtung von L_1 $H = H_0 \cdot \frac{J}{L^2} \cdot c$ in kg,

in Richtung von L_2 $V = V_0 \cdot \frac{J}{L^2} \cdot c$ in kg.

Hierin bedeuten:

D = Rohraußendurchmesser in m,
$L = L_1 + L_2$ = gestreckte Rohrlänge in m,
a bzw. b = Einheitsspannung in kg/mm² aus Abb. 77 (linke Ordinate),
J = äquatoriales Rohrträgheitsmoment in cm⁴ aus Tabellen 14 bis 16,
H_0 bzw. V_0 = Einheitskräfte aus Abb. 77 (rechte Ordinate!),
c = Hilfszahl aus Abb. 79.

Diese Hilfszahl hat folgende Bedeutung. Die Linientafeln Abb. 77, 80 und 86 sind für einen Rohrwerkstoff St 35.29 und eine Betriebstemperatur von 400° C, sowie für 50% Vorspannung entworfen. Die Umrechnung auf andere Betriebsverhältnisse erfolgt einfach, indem man für die entsprechende Betriebstemperatur und für den gewählten Rohrwerkstoff die Umrechnungszahl c aus Abb. 79 entnimmt.

Beispiel 9. Winkelbogen $L_1 = 6$ m, $L_2 = 12$ m, $D = 267$ mm, $s = 7$ mm, $J = 4830$ cm⁴ soll für eine Temperatur von 350° C geprüft werden.

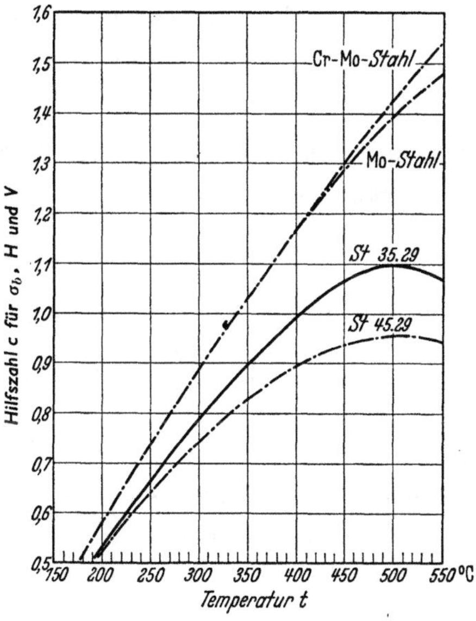

Abb. 79. Umrechnungszahlen für verschiedene Werkstoffe und Temperaturen.

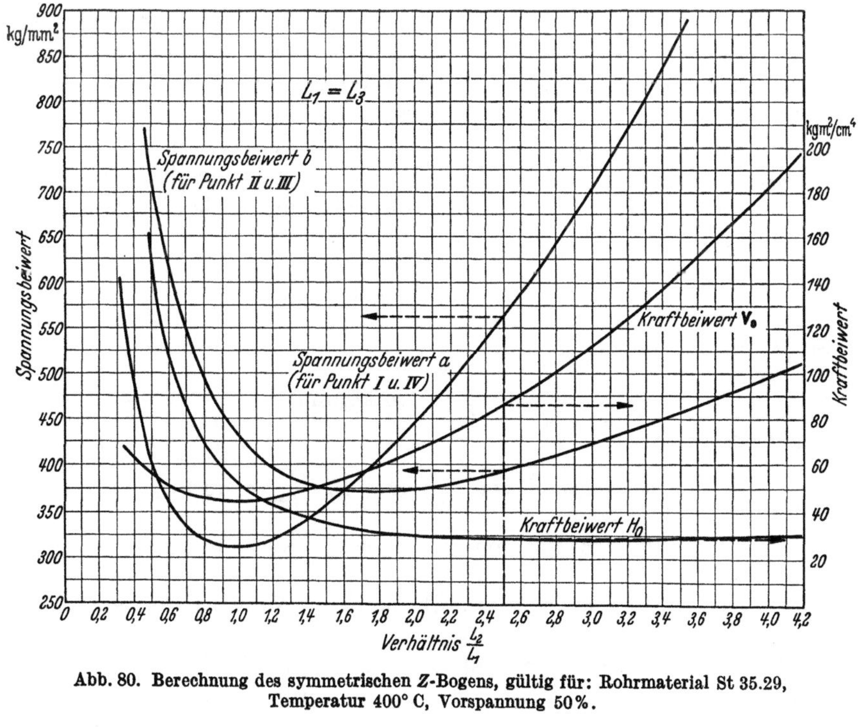

Abb. 80. Berechnung des symmetrischen Z-Bogens, gültig für: Rohrmaterial St 35.29, Temperatur 400° C, Vorspannung 50%.

Es ist $L_2 : L_1 = 12 : 6 = 2$ und $L_1 + L_2 = 18$ m und somit aus Abb. 77

$$a = 555 \text{ kg/mm}^2 \qquad b = 325 \text{ kg/mm}^2$$
$$H_0 = 16{,}0 \qquad V_0 = 52{,}5$$

und aus Abb. 79 $c = 0{,}9$ (für St 35.29 bei 350° C).

Daraus berechnen sich

$$\sigma_b = 555 \cdot \frac{0{,}267}{18} \cdot 0{,}9 = 7{,}4 \text{ kg/mm}^2 \text{ (für Punkt I)},$$
$$\sigma_b = 325 \cdot \frac{0{,}267}{18} \cdot 0{,}9 = 4{,}34 \text{ kg/mm}^2 \text{ (für Punkt II)},$$
$$H = 16{,}0 \cdot \frac{4830}{18^2} \cdot 0{,}9 = 215 \text{ kg},$$
$$V = 52{,}5 \cdot \frac{4830}{18^2} \cdot 0{,}9 = 705 \text{ kg}$$

bei einer Vorspannung von 50%.

Will man statt dessen z. B. eine Vorspannung von 60% berücksichtigen, so rechnet man sämtliche Werte im Verhältnis

$$v = \frac{100 - 60}{50} = \frac{40}{50} = 0{,}8$$

um.

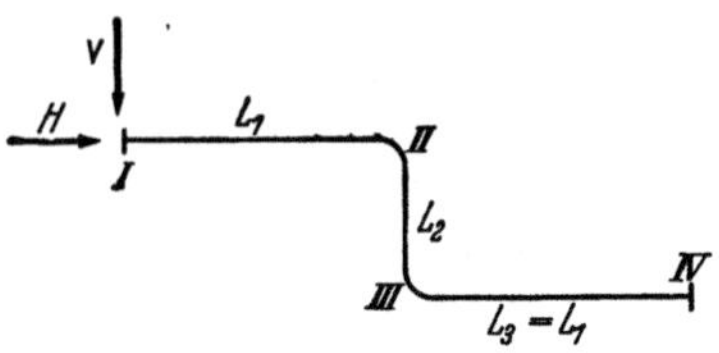

Abb. 81. Symmetrischer Z-Bogen.

Wie man sieht, ist die Rechnung äußerst einfach und trotzdem sehr genau. Die größte Beanspruchung tritt stets an der Einspannstelle des kürzeren Schenkels auf.

Für einen gleichschenkligen Z-Bogen $L_1 = L_3$, ähnlich Abb. 81 gilt die Linientafel Abb. 80. Die Gleichungen sind dieselben, wie vorhin angegeben. Auch hier hat die Hilfszahl c die gleiche Bedeutung.

Biegungsspannungen im Punkt I und IV

$$\sigma_b = a \cdot \frac{D}{L} \cdot c \quad \text{in kg/mm}^2,$$

im Punkt II und III

$$\sigma_b = b \cdot \frac{D}{L} \cdot c \quad \text{in kg/mm}^2.$$

Reaktionskräfte:

$$\text{in Richtung von } L_1 \quad H = H_0 \cdot \frac{J}{L^2} \cdot c \quad \text{in kg},$$
$$\text{in Richtung von } L_2 \quad V = V_0 \cdot \frac{J}{L^2} \cdot c \quad \text{in kg},$$

wobei $L = L_1 + L_2 + L_3$ in m ist. Die übrigen Werte haben die gleiche Bedeutung.

Bei ungleichlangen Schenkeln L_1 und L_3 ist die Umrechnung mit Hilfe der Abb. 82 bis 84 möglich. Diese wurden jedoch nur für die

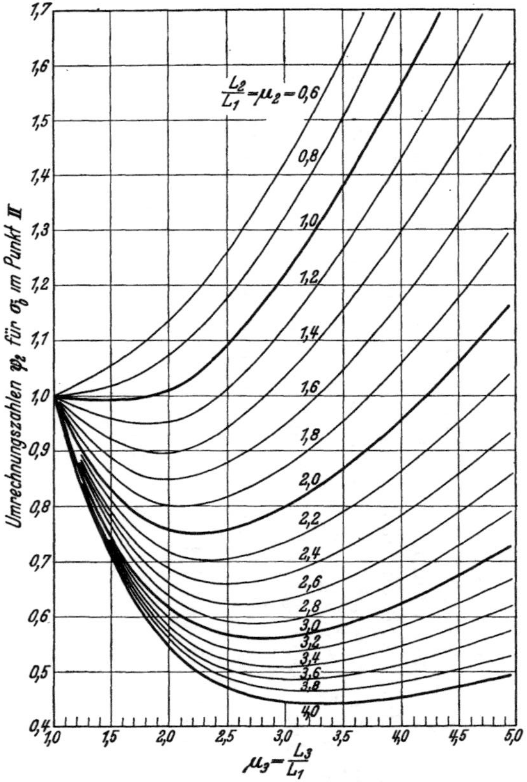

Abb. 82. Umrechnungszahl für unsymmetrischen Z-Bogen (σ_b im Punkt II).

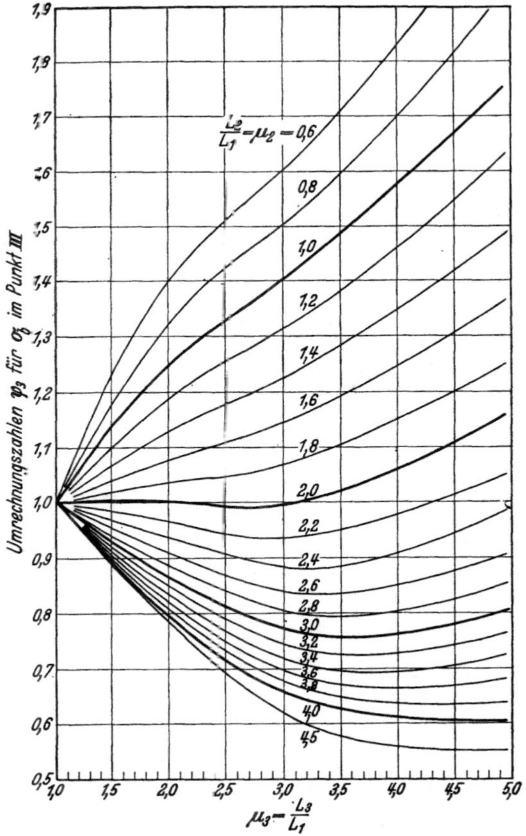

Abb. 83. Umrechnungszahl für unsymmetrischen Z-Bogen (σ_b für Punkt III).

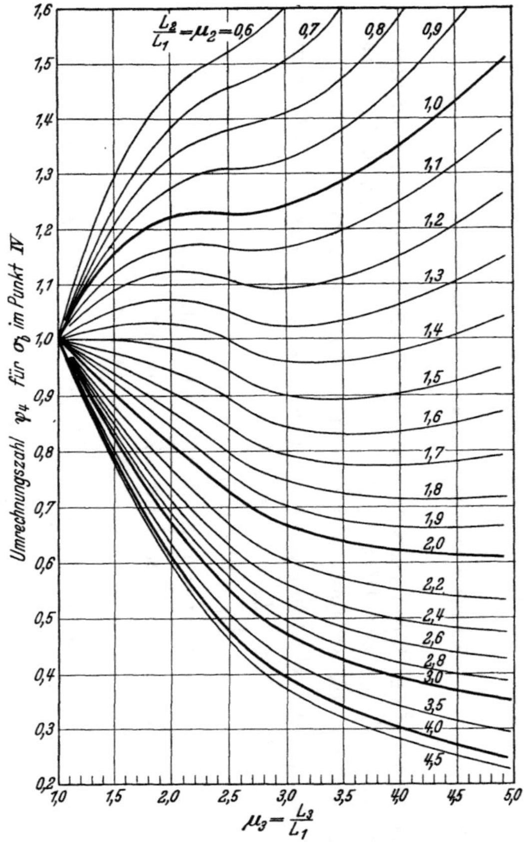

Abb. 84. Umrechnungszahl für unsymmetrischen Z-Bogen (σ_b für Punkt IV).

Bestimmung der Biegungsspannungen in den am meisten beanspruchten Punkten II, III und IV aufgestellt, wobei $L_3 > L_1$ zu setzen ist. Die Berechnung soll an einem Zahlenbeispiel erläutert werden.

Beispiel 10. Unsymmetrischer Z-Bogen $L_3 > L_1$, und zwar $D = 159$ mm

$L_1 = 3$ m, $L_2 = 3{,}6$ m, $L_3 = 9$ m,

$L = 3 + 3{,}6 + 9 = 15{,}6$ m.

Vorspannung = 60%, d. h. Umrechnungszahl $v = 0{,}8$,

Werkstoff Mo-Stahl für 450° C, daher

Umrechnungszahl $c = 1{,}29$ aus Abb. 79.

Die Einheitsspannungen aus Abb. 80 für einen symmetrischen Z-Bogen sind bei $\mu_2 = 3{,}6 : 3 = 1{,}2$

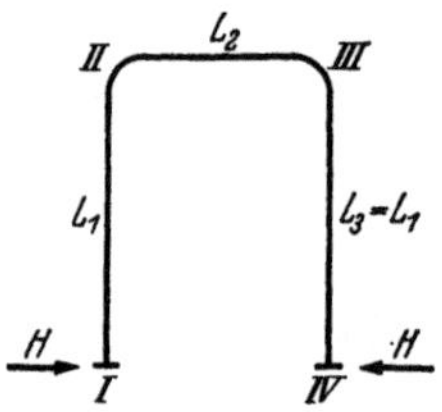

Abb. 85. Symmetrischer Umbogen.

$a = 320$ für Punkt I (und IV),

$b = 395$ für Punkt II (und III).

Die Umrechnungszahlen für den unsymmetrischen Z-Bogen aus Abb. 82 bis 84 für $\mu_2 = 1{,}2$ und $\mu_3 = 9 : 3 = 3$ sind:

im Punkt II $\psi_2 = 1{,}125$,

im Punkt III $\psi_3 = 1{,}31$,

im Punkt IV $\psi_4 = 1{,}09$.

Dann sind die entsprechenden Biegungsspannungen aus der Gleichung

$$\sigma_b = b \cdot \frac{D}{L} \cdot c \cdot v \cdot \psi$$

zu ermitteln, d. h.

in II $\sigma_b = 395 \cdot \frac{0{,}159}{15{,}6} \cdot 1{,}29 \cdot 0{,}8 \cdot 1{,}125 = 4{,}67$ kg/mm²,

in III $\sigma_b = 395 \cdot \frac{0{,}159}{15{,}6} \cdot 1{,}29 \cdot 0{,}8 \cdot 1{,}31 = 5{,}44$ kg/mm²,

in IV $\sigma_b = 395 \cdot \frac{0{,}159}{15{,}6} \cdot 1{,}29 \cdot 0{,}8 \cdot 1{,}09 = 4{,}53$ kg/mm².

Die Spannung im Punkt I ist stets am kleinsten, wenn $L_3 > L_1$ ist. Die größte Spannung ist also im Punkt III.

Für einen symmetrischen Umbogen nach Abb. 85 gilt die Linientafel Abb. 86, die ebenfalls eine mühelose Nachprüfung dieses Systems ermöglicht. Die größte Beanspruchung tritt an den Einspannstellen der Schenkel L_1 und L_3 auf.

Die Gleichungen lauten für die Biegungsspannung im Punkt I und IV

$$\sigma_b = a \cdot \frac{D}{L} \cdot c \quad \text{in kg/mm}^2 \text{ (für } a \text{ siehe linke Ordinate),}$$

im Punkt II und III

$$\sigma_b = b \cdot \frac{D}{L} \cdot c \quad \text{in kg/mm}^2 \text{ (für } b \text{ siehe linke Ordinate)}$$

und für die Reaktionskraft

$$H = P = H_0 \cdot \frac{J}{L^2} \cdot c \quad \text{(für } H_0 \text{ siehe rechte Ordinate)},$$

wobei $L = L_1 + L_2 + L_3$ in m ist.

Die Linientafeln Abb. 77 bis 86 sind hauptsächlich für die schnelle Prüfung des Entwurfes gedacht. Die genaue Ermittlung der Kräfte und

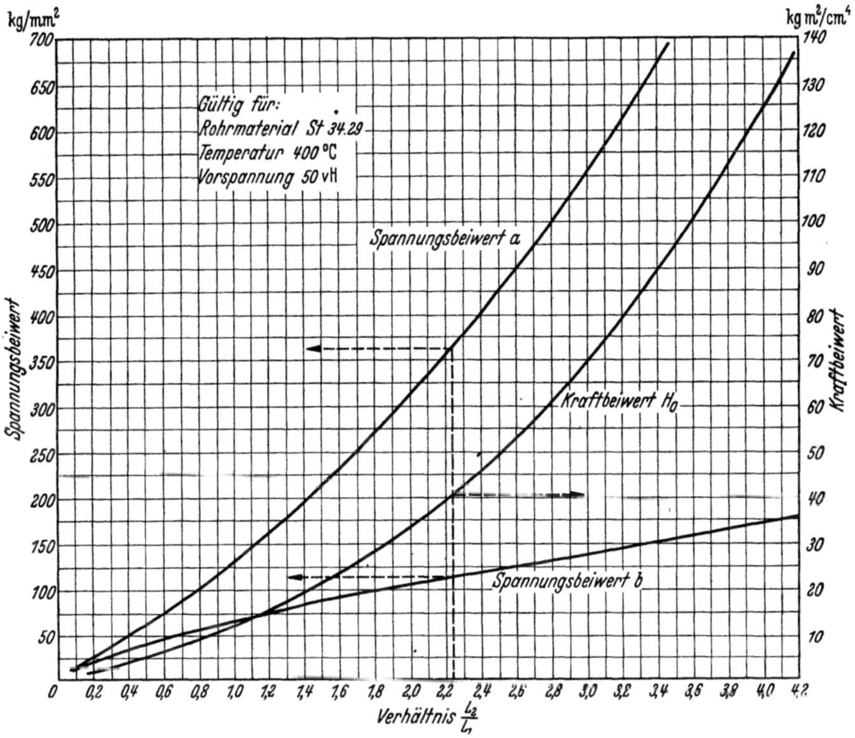

Abb. 86. Berechnung des symmetrischen Umbogens.

Biegungsspannungen erfolgt zweckmäßigerweise unter Benutzung des am Anfang dieses Abschnittes angegebenen Berechnungsverfahrens oder der ausgewerteten Formeln für das entsprechende Rohrsystem. Dann gewinnt man auch die genaue Lage der Kraft und kann diejenigen Punkte ermitteln, die die größten und kleinsten Beanspruchungen aufweisen.

Es soll nun an Hand von Zahlenbeispielen die Berechnungsart erläutert werden. Hierbei wird auch ein Vergleich mit der vereinfachten Rechnung mittels der vorhin erwähnten Linientafeln gezogen werden können. Außerdem sollen bei dieser Gelegenheit auch einige Sonderfälle Berücksichtigung finden.

Beispiel 11. Der im Beispiel 5 durchgerechnete Z-Bogen soll nunmehr unter Berücksichtigung der Bogenteile und für beiderseitige Einspannung (Einspannfestpunkte) geprüft werden (Abb. 87).

Bei einem Biegungshalbmesser $R = 5d = 5 \cdot 200 = 1000$ mm sind die einzelnen geraden Schenkel

$$L_1 = 9 \text{ m},$$
$$L_2 = 4 \text{ m},$$
$$L_3 = 3 \text{ m}.$$

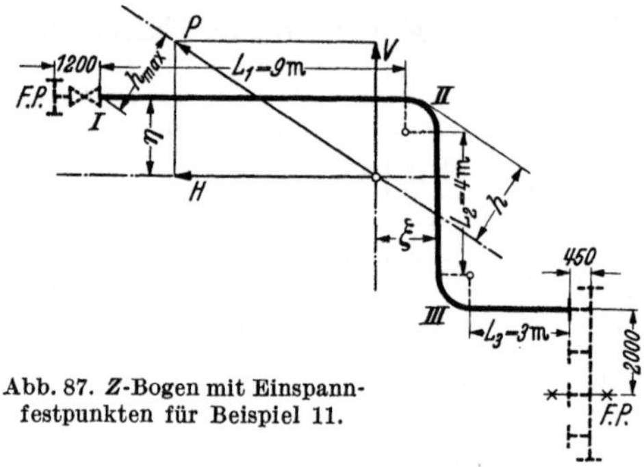

Abb. 87. Z-Bogen mit Einspannfestpunkten für Beispiel 11.

Für das Rohr $216 \times 7{,}5$ folgt aus Abb. 57 die KÁRMÁN-Zahl entsprechend $z = d : s = 26{,}8$, $K = 0{,}425$.

Für die gewählten Betriebsverhältnisse $p = 40$ atü und $t = 450°$ C ist

$$E = 1{,}83 \cdot 10^6 \text{ kg/cm}^2,$$
$$\varepsilon = 14{,}76 \cdot 10^{-6} \text{ cm/cm}° \text{ C},$$

daraus $\alpha = 14{,}76 \cdot 10^{-6} \cdot 450 \cdot 100 = 0{,}664$ cm/m.

Nun können die Schwerpunktsabstände sowie die Trägheits- und Zentrifugalmomente nach den für den Z-Bogen angegebenen Formeln berechnet werden. Zur Vereinfachung ermittelt man

$L_1 = 9$	$L_1^2 = 81$	$L_1^3 = 729$
$L_2 = 4$	$L_2^2 = 16$	$L_2^3 = 64$
$L_3 = 3$	$L_3^2 = 9$	$L_3^3 = 27$
$R = 1$	$R^2 = 1$	$R^3 = 1$
$R/K = 2{,}35$	$R^2/K = 2{,}35$	$R^3/K = 2{,}35$

$$L = 9 + 4 + 3 + 3{,}14 \cdot 2{,}35 = 23{,}38 \text{ m},$$

$$\eta = \frac{3{,}14 \cdot 2{,}35 + 1{,}57 \cdot 2{,}35 \cdot 4 + 0{,}5 \cdot 16 + 4 + 4 \cdot 3 + 2 \cdot 3}{23{,}38} = 2{,}23 \text{ m},$$

$$\xi = \frac{0{,}5 \cdot 81 - 0{,}5 \cdot 9 + 9 - 3}{23{,}38} = +1{,}8 \text{ m}.$$

$$J_{xs} = 4{,}71 \cdot 2{,}35 + 5{,}14 \cdot 2{,}35 \cdot 4 + 1{,}57 \cdot 2{,}35 \cdot 16 + \tfrac{1}{3} \cdot 64 + 16 + 4 +$$
$$+ 16 \cdot 3 + 4 \cdot 4 \cdot 3 + 4 \cdot 3 - 23{,}38 \cdot 4{,}97 = 267{,}72 - 116{,}22 = 151{,}5 \text{ m}^3,$$

$$J_{ys} = \tfrac{1}{3} \cdot 729 + \tfrac{1}{3} \cdot 27 + 81 + 9 + 12 + 0{,}71 \cdot 2{,}35 - 23{,}38 \cdot 3{,}24 =$$
$$= 355{,}67 - 75{,}67 = 280{,}0 \text{ m}^3,$$

$$J_{xys} = -2{,}35 - 0{,}57 \cdot 2{,}35 \cdot 4 - (4 + 2)(0{,}5 \cdot 9 + 3) -$$
$$- 23{,}38 \cdot 2{,}23 \cdot 1{,}8 = -146{,}5 \text{ m}^3,$$

$$J_{xs} \cdot J_{ys} - J_{xys}^2 = 151{,}5 \cdot 280 - 146{,}5^2 = 20930 \text{ m}^6.$$

Die Komponenten der Wärmedehnung sind bei 50% Vorspannung

$$\Delta_H = 0{,}332 \cdot (9 + 3 + 2) = 4{,}65 \text{ cm},$$
$$\Delta_V = 0{,}332 \cdot (4 + 2) = 1{,}98 \text{ cm}.$$

Kraftkomponenten:

$$H = \frac{1{,}83 \cdot 10^6 \cdot 2660}{10^6} \cdot \frac{4{,}65 \cdot 280 + 1{,}98 \cdot 146{,}5}{20\,930} = 371 \text{ kg},$$
$$V = \frac{1{,}83 \cdot 10^6 \cdot 2660}{10^6} \cdot \frac{1{,}98 \cdot 151{,}5 + 4{,}65 \cdot 146{,}5}{20\,930} = 288 \text{ kg},$$
$$P = \sqrt{371^2 + 228^2} = \underline{435 \text{ kg}}.$$

Nach Abb. 87 ist der größte Abstand der Rohrachse (Punkt I) von der Kraftachse $h_{\max} = 245$ cm (Bogen maßstäblich aufzeichnen!).

Dort ist die größte Biegungsspannung

$$\sigma_b = \frac{P \cdot h_{\max} \cdot D}{200 \cdot J} = \frac{435 \cdot 245 \cdot 21{,}6}{200 \cdot 2660} = \underline{4{,}33 \text{ kg/mm}^2}.$$

Fast die gleiche Biegungsspannung herrscht auch im Punkt II, da dort der Abstand von der Kraftachse ebenfalls ungefähr so groß ist, d. h. $h_{II} = 240$ cm.

Diese Berechnung zeigt, daß gegenüber dem Beispiel 5 die Kräfte wesentlich höher, die Biegungsspannungen jedoch kleiner sind. Vor allen Dingen ersieht man, welchen Irrtum man begeht, wenn Gelenkfestpunkte angenommen werden, weil dann an den Festpunkten gar keine Biegungsmomente auftreten dürften, während in Wirklichkeit mit sehr erheblichen Spannungen an den Festpunktenden zu rechnen ist.

Die übrigen Beanspruchungen und deren Zusammensetzung mit der Biegungsspannung sind die gleichen wie im Beispiel 5.

Nimmt man an, daß der Z-Bogen im Punkt I an ein T-Stück unter Zwischenschaltung eines Absperrschiebers und andererseits im Punkt IV an einen Verteiler anschließt, wobei das T-Stück und der Verteiler in diesem Falle Festpunkte darstellen wie in der Abb. 87 gestrichelt angedeutet, so ändern sich die Komponenten der Wärmedehnung wie folgt:

$$\Delta_H = 0{,}332 \cdot (9 + 3 + 2) + 0{,}664 \cdot (1{,}2 + 0{,}45) = 5{,}746 \text{ cm},$$
$$\Delta_V = 0{,}332 \cdot (4 + 2) + 0{,}664 \cdot 2 = 3{,}317 \text{ cm}.$$

Dann treten folgende Kraftkomponenten auf:

$$H = \frac{1{,}83 \cdot 10^6 \cdot 2660}{10^6} \cdot \frac{5{,}746 \cdot 280 + 3{,}317 \cdot 146{,}5}{20\,930} = 487 \text{ kg},$$
$$V = \frac{1{,}83 \cdot 10^6 \cdot 2660}{10^6} \cdot \frac{3{,}317 \cdot 151{,}5 + 5{,}746 \cdot 146{,}5}{20\,930} = 313 \text{ kg},$$
$$P = \sqrt{487^2 + 313^2} = \underline{579 \text{ kg}}.$$

Die größte Biegungsspannung tritt in Punkt I auf und beträgt bei $h_{\max} = 255$ cm.

$$\sigma_b = \frac{579 \cdot 255 \cdot 21{,}6}{200 \cdot 2660} = \underline{6{,}0\ \mathrm{kg/mm^2}}.$$

Man sieht daraus, daß es wesentlich ist, die Wärmedehnung der anschließenden Armaturen, Formstücke usw. zu berücksichtigen, da

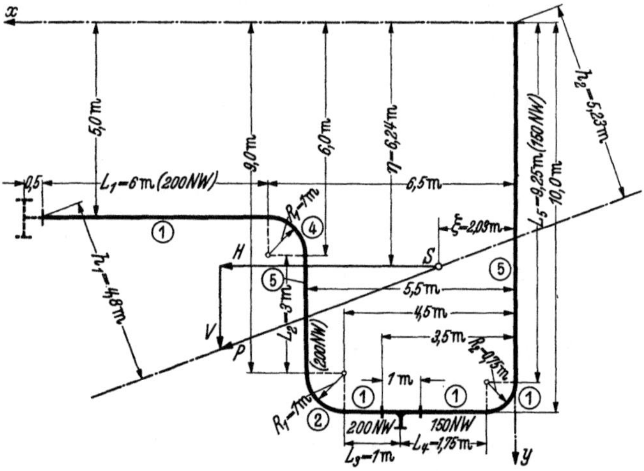

Abb. 88. Rohrsystem mit verschiedenen Nennweiten zu Beispiel 12.

diese den entsprechenden Dehnungsbetrag vergrößern, ohne selbst an der elastischen Verformung des Rohrsystems infolge ihrer Steifheit teilnehmen zu können.

Darin liegt auch die Erklärung, warum die vereinfachte Berechnung mit Hilfe der Abb. 77 bis 86 nur für überschlägige Prüfungen angewendet werden soll. Diese Abbildungen berücksichtigen nur die Wärmedehnung des Rohrsystems selbst und nicht die fast immer noch zusätzlich wirkende Wärmedehnung der Anschlußteile, die als Festpunkt dienen.

Beispiel 12. Das in Abb. 88 dargestellte Rohrsystem besteht zu einem Teil aus Rohr 229×13 mm und zu einem anderen Teil aus Rohr $171 \times 9{,}5$ mm. Betriebsverhältnisse 90 atü 480° C; Rohrwerkstoff Cr-Mo-Stahl.

Aus Abb. 8 $\quad E = 1{,}79 \cdot 10^6\ \mathrm{kg/cm^2}$,

aus Abb. 31 $\quad \varepsilon = 15{,}5 \cdot 10^{-6}\ \mathrm{cm/cm°\,C}$,

d. h. $\alpha = \varepsilon \cdot t = 15{,}5 \cdot 10^{-6} \cdot 480 \cdot 100 = 0{,}745$ cm/m.

Biegungsradien:

für Rohr 200 NW $\quad R_1 = 1000$ mm,

für Rohr 150 NW $\quad R_2 = 750$ mm.

Dementsprechend folgt aus Abb. 57 die KÁRMÁN-Zahl:

für Rohr 200 NW ($z_1 = 15{,}6$) $K_1 = 0{,}65$,

für Rohr 150 NW ($z_2 = 16$) $K_2 = 0{,}64$.

Wie gesagt, besteht das Rohrsystem nach Abb. 88 aus zwei Teilen verschiedener Rohrdurchmesser und dementsprechend verschiedener Elastizität. Das zwischen den beiden Teilen befindliche Stahlguß-T-Stück ist infolge seiner gegenüber dem Rohr sehr großen Gußwandstärke so steif, daß man vollkommene Starrheit des Formstückes mit Sicherheit annehmen kann. Es hat also an der elastischen Verformung des Systems keinen Anteil. Demzufolge muß seine Länge bei der Berechnung der Trägheits- und Zentrifugalmomente des Systems unberücksichtigt bleiben. Wohlverstanden, nur seine elastische Länge ist Null, nicht aber seine Länge, soweit diese ein Abstandsmaß darstellt.

Diesen Begriff der elastischen Länge haben wir schon bei der Erläuterung der Anwendung der KÁRMÁN-Zahl kennengelernt. Man muß also für die elastische Länge des T-Stückes setzen

$$L_{\text{elast}} = 0.$$

Jetzt müssen noch die beiden Teile des Systems verschiedener Durchmesser aufeinander abgestimmt werden. Grundsätzlich wäre es möglich, beide Teile getrennt für sich zu behandeln und die elastischen Verformungen beider Teile, die in ihrer Summe durch die Wärmedehnung des ganzen Systems gegeben sind, so aufeinander abzustimmen, daß die gegeneinander wirkenden Kraftkomponenten beider Teile in horizontaler und vertikaler Richtung gleich sind und auch die Einspannmomente der am T-Stück anschließenden Rohrenden einander gleich sind. Das würde zu einer sehr umständlichen und mühseligen Rechnung führen, da zunächst sehr viele Unbekannte vorliegen.

Es gibt aber noch einen anderen Weg, um dieses System zu berechnen. Im Abschnitt A IV/3 wurde gezeigt, daß für die Elastizität eines Systems folgende allgemeine Beziehung gilt

$$\text{Elastizität} = C \cdot \frac{f(L)}{E \cdot J}.$$

Daraus geht hervor, daß, je größer das Querschnittsträgheitsmoment J des Rohres ist, um so geringer die Elastizität des Systems wird, mit anderen Worten, um so größere Kräfte sind nötig, um eine elastische Verformung herbeizuführen. Die linke Hälfte des Systems mit 200 NW hat ein Trägheitsmoment $J_1 = 5165\ \text{cm}^4$, für die rechte Hälfte mit 150 NW ist $J_2 = 1580\ \text{cm}^4$.

Nimmt man nun für das ganze System ein und dieselbe Nennweite z. B. 200 NW an, so wird es sich theoretisch steifer erweisen, als es in Wirklichkeit ist. Um die gleiche Elastizität des ganzen Systems mit der

NW 200 wie vorher zu erhalten, müssen offenbar die elastischen Längen derjenigen Teile, die an sich 150 NW besitzen, im Verhältnis der Querschnittsträgheitsmomente $J_1 : J_2 = 5165 : 1580 = 3{,}27$ vergrößert werden. Man führt also in die Rechnung die elastischen Längen der Teile 150 NW $3{,}27 = 1/0{,}306$-mal größer ein und kann dann so verfahren, als ob das ganze System die NW 200 besitzt. Die Schenkel $L_4 = 1{,}75$ m und $L_5 = 9{,}25$ m müssen also in die Rechnung mit einer elastischen Länge

$$L_{4e} = 1{,}75 \cdot \frac{1}{0{,}306} = 5{,}72 \text{ m},$$

$$L_{5e} = 9{,}25 \cdot \frac{1}{0{,}306} = 30{,}25 \text{ m}$$

eingeführt werden.

Der Biegungshalbmesser R_2 erhält die elastische Länge

$$R_{2e} = 0{,}75 \cdot \frac{1}{0{,}306} = 2{,}45 \text{ m}.$$

Es ist also

$L_1 = 6$ m	$L_1^2 = 36$ m²	$L_1^3 = 216$ m³
$L_2 = 3$ m	$L_2^2 = 9$	$L_2^3 = 27$
$L_3 = 1$ m	$L_3^2 = 1$	$L_3^3 = 1$
$R_1 = 1$ m	$R_1^2 = 1$	$R_1^3 = 1$
$R_1/K_1 = 1{,}54$ m	$R_1^2/K_1 = 1{,}54$	$R_1^3/K_1 = 1{,}54$
$L_4 = 1{,}75$ m	$L_4^2 = 3{,}06$	$L_4^3 = 5{,}36$
$\frac{L_4}{0{,}306} = 5{,}72$ m	$\frac{L_4^2}{0{,}306} = 10$	$\frac{L_4^3}{0{,}306} = 17{,}53$
$L_5 = 9{,}25$ m	$L_5^2 = 85{,}5$	$L_5^3 = 791$
$\frac{L_5}{0{,}306} = 30{,}25$ m	$\frac{L_5^2}{0{,}306} = 279{,}5$	$\frac{L_5^3}{0{,}306} = 2585$
$R_2 = 0{,}75$ m	$R_2^2 = 0{,}563$	$R_2^3 = 0{,}422$
$\frac{R_2}{0{,}306 \cdot K_2} = 3{,}83$ m	$\frac{R_2^2}{0{,}306 \cdot K_2} = 2{,}87$	$\frac{R_2^3}{0{,}306 \cdot K_2} = 2{,}15$

Unter Zuhilfenahme der Tabelle 3 sollen jetzt die statischen Momente, die Schwerpunktsabstände und die Linien-Trägheits- bzw. Zentrifugalmomente für das ganze System ermittelt werden.

Die gestreckte elastische Länge:

$$L = 6 + 3 + 3{,}14 \cdot 1{,}54 + 1 + 5{,}72 + 30{,}25 + 1{,}57 \cdot 3{,}83 = 56{,}76 \text{ m}.$$

Das statische Moment, bezogen auf die x-Achse:

$$M_x = 6 \cdot 5 + 0{,}57 \cdot 1{,}54 + 1{,}57 \cdot 1{,}54 \cdot 5 + 0{,}5 \cdot 9 + 3 \cdot 6 + 1{,}54 + \\ + 1{,}57 \cdot 1{,}54 \cdot 9 + 1 \cdot 10 + 5{,}72 \cdot 10 + 2{,}87 + 1{,}57 \cdot 3{,}83 \cdot 9{,}25 + \\ + 0{,}5 \cdot 279{,}5 + 0 = 354{,}188 \text{ m}^2,$$

$$\eta = \frac{354{,}188}{56{,}76} = 6{,}24 \text{ m}.$$

Das statische Moment, bezogen auf die y-Achse:

$$M_y = 0,5 \cdot 36 + 6 \cdot 6,5 + 0,57 \cdot 1,54 + 1,57 \cdot 1,54 \cdot 5,5 + 3 \cdot 5,5 + 1,54 + \\ + 1,57 \cdot 1,54 \cdot 4,5 + 0,5 \cdot 1 + 1 \cdot 3,5 + 0,5 \cdot 10 + 5,72 \cdot 0,75 + \\ + 0,57 \cdot 2,87 + 1,57 \cdot 3,83 \cdot 0 + 0 = 115,023 \text{ m}^2.$$

$$\xi = \frac{115,023}{56,76} = 2,03 \text{ m}.$$

Trägheitsmoment, bezogen auf die Schwerachse x':

$$J_{xs} = 6 \cdot 25 + 0,355 \cdot 1,54 + 1,14 \cdot 1,54 \cdot 5 + 1,57 \cdot 1,54 \cdot 25 + \tfrac{1}{3} \cdot 27 + \\ + 9 \cdot 6 + 3 \cdot 36 + 0,785 \cdot 1,54 + 2 \cdot 1,54 \cdot 9 + 1,57 \cdot 1,54 \cdot 81 + \\ + 1 \cdot 100 + 5,72 \cdot 100 + 0,785 \cdot 2,15 + 2 \cdot 2,87 \cdot 9,25 + \\ + 1,57 \cdot 3,83 \cdot 85,5 + \tfrac{1}{3} \cdot 2585 + 0 - 56,76 \cdot 6,24^2 = 2718,52 - 2210 =$$

$$J_{xs} = 508,52 \text{ m}^3.$$

Trägheitsmoment, bezogen auf die Schwerachse y'

$$J_{ys} = \tfrac{1}{3} \cdot 216 + 36 \cdot 6,5 + 6 \cdot 42,25 + 0,355 \cdot 1,54 + 1,14 \cdot 1,54 \cdot 5,5 + \\ + 1,57 \cdot 1,54 \cdot 30,25 + 3 \cdot 30,25 + 0,785 \cdot 1,54 + 2 \cdot 1,54 \cdot 4,5 + \\ + 1,57 \cdot 1,54 \cdot 20,25 + \tfrac{1}{3} \cdot 1 + 1 \cdot 3,5 + 1 \cdot 12,25 + \tfrac{1}{3} \cdot 17,53 + \\ + 10 \cdot 0,75 + 5,72 \cdot 0,5625 + 0,355 \cdot 2,15 + 1,14 \cdot 2,87 \cdot 0 - \\ - 56,76 \cdot 2,03^2 = 830,94 - 234 =$$

$$J_{ys} = 596,94 \text{ m}^3.$$

Zentrifugalmoment, bezogen auf beide Schwerachsen

$$J_{xys} = 0,5 \cdot 36 \cdot 5 + 6 \cdot 5 \cdot 6,5 + 0,07 \cdot 1,54 + 0,57 \cdot 1,54 \cdot 5 + \\ + 0,57 \cdot 1,54 \cdot 5,5 + 1,57 \cdot 1,54 \cdot 5 \cdot 5,5 + 0,5 \cdot 9 \cdot 5,5 + 3 \cdot 5,5 \cdot 6 + \\ + 0,5 \cdot 1,54 + 1,54 \cdot 9 + 1,54 \cdot 4,5 + 1,57 \cdot 1,54 \cdot 9 \cdot 4,5 + 0,5 \cdot 1 \cdot 10 + \\ + 1 \cdot 10 \cdot 3,5 + 0,5 \cdot 10 \cdot 10 + 5,72 \cdot 10 \cdot 0,75 + 0,5 \cdot 2,15 + \\ + 0,57 \cdot 2,87 \cdot 9,25 + 0 + 0 + 0 - 56,76 \cdot 6,24 \cdot 2,03 = 753,233 - 719 =$$

$$J_{xys} = 34,23 \text{ m}^3,$$

$$J_{xs} \cdot J_{ys} - J_{xys}^2 = 508,52 \cdot 596,94 - 34,23^2 = 302\,330 \text{ m}^6.$$

Komponenten der Wärmedehnung:

$$\left.\begin{aligned} \Delta_H &= \frac{0,745}{2} \cdot 12,5 + 0,745 \cdot 0,5 = 5,033 \text{ cm} \\ \Delta_V &= \frac{0,745}{2} \cdot 5 = 1,86 \text{ cm} \end{aligned}\right\} \text{bei } 50\% \text{ Vorspannung.}$$

Kraftkomponenten nach Gleichung (57) und (58):

$$H = \frac{1,79 \cdot 10^6 \cdot 5165}{10^6} \cdot \frac{5,033 \cdot 596,94 + 1,86 \cdot 34,23}{302\,330} = 93,8 \text{ kg},$$

$$V = \frac{1,79 \cdot 10^6 \cdot 5165}{10^6} \cdot \frac{1,86 \cdot 508,52 + 5,033 \cdot 34,23}{302\,330} = 34,2 \text{ kg}.$$

Die Richtung der Kraftkomponenten ist entgegen der Richtung der Wärmedehnungskomponenten:

$$P = \sqrt{93{,}8^2 + 34{,}2^2} = 100\ \text{kg}.$$

Die größten Biegungsmomente treten an beiden Festpunktenden auf, und zwar sind die Hebelarme:

$$h_1 = 480\ \text{cm} \qquad \text{und} \qquad h_2 = 523\ \text{cm}.$$

Biegungsspannungen:

$$\sigma_{b1} = \frac{P \cdot h_1 \cdot D_1}{200 \cdot J_1} = \frac{100 \cdot 480 \cdot 22{,}9}{200 \cdot 5165} = 1{,}063\ \text{kg/mm}^2,$$

$$\sigma_{b2} = \frac{P \cdot h_2 \cdot D_2}{200 \cdot J_2} = \frac{100 \cdot 523 \cdot 17{,}1}{200 \cdot 1580} = 2{,}84\ \text{kg/mm}^2.$$

Die größte Biegungsspannung herrscht also am rechten Festpunktende. Das war auch zu erwarten, da die Wärmeausdehnung des viel steiferen linken Teils des Systems 200 NW im wesentlichen von dem Schenkel L_5 aufgenommen werden muß.

Die Spannungen infolge des Innendruckes sind nach Abb. 16 bei 150 NW für $z = s : d = 0{,}0625$

$$\sigma_{t_i} = 90 \cdot 0{,}0855 = 7{,}7\ \text{kg/mm}^2,$$

$$\sigma_a = 90 \cdot 0{,}0377 = 3{,}4\ \text{kg/mm}^2,$$

$$\sigma_a + \sigma_{b2} = 3{,}4 + 2{,}84 = \underline{6{,}24\ \text{kg/mm}^2}.$$

Man sieht, daß dieses System so elastisch ist, daß die Biegungsspannung für die Beurteilung der Sicherheit keine Bedeutung hat, denn die zusammengesetzte Längsspannung $\sigma_a + \sigma_{b2}$ ist immer noch kleiner als die Tangentialspannung σ_{t_i} im Rohr infolge des Innendruckes. Es ist also $\underline{\sigma_{t_i} = 7{,}7\ \text{kg/mm}^2}$ die maßgebende Beanspruchung im System.

Mit diesem Beispiel soll die Behandlung dieses so vielseitig verwendbaren Berechnungsverfahrens abgeschlossen werden. Es wird in einem späteren Abschnitt gezeigt, daß die gleiche Berechnungsart sich auch auf räumliche Rohrsysteme mit großem Erfolg anwenden läßt, und daß es sich hierbei sogar um eines der kürzesten und einfachsten Berechnungsverfahren räumlicher Bogen handelt.

Der Vollständigkeit halber muß noch auf folgende wichtigen Beziehungen hingewiesen werden:

Wenn ein an einem Ende eingespanntes System durch ein Moment M am freien Ende belastet ist, dann ist die Verschiebung des freien Endes in einer beliebigen Achse dem auf diese Achse bezogenen statischen Moment des Systems verhältnisgleich.

Für das in Abb. 89 dargestellte System gelten also für die beiden Verschiebungen in der x- und y-Achse folgende Beziehungen:

$$\Delta_x = \frac{M \cdot M_x}{E \cdot J} \tag{78}$$

und

$$\Delta_y = \frac{M \cdot M_y}{E \cdot J}, \tag{79}$$

worin M_x = statisches Moment, bezogen auf x-Achse und M_y = statisches Moment, bezogen auf y-Achse, darstellen.

In einem beliebigen Teil ds des Systems herrscht nämlich das Biegungsmoment

$$M_b = M = \text{konst}.$$

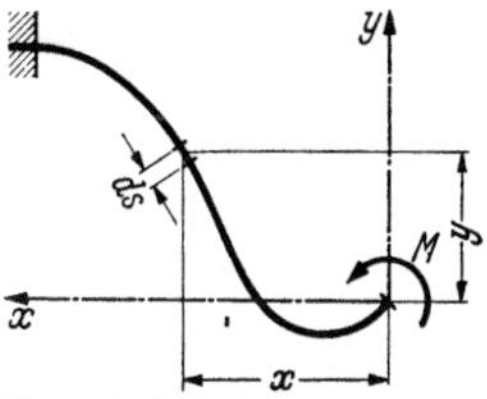

Abb. 89. Belastung durch ein Moment am freien Ende.

Aus der Gleichung der elastischen Linie

$$\frac{d^2 y}{d x^2} = \frac{M_b}{E \cdot J}$$

folgt

$$\frac{d y}{d x} = \int \frac{M \cdot d x}{E \cdot J}$$

und weiter

$$\Delta_y = d y = \int \frac{M \cdot x \cdot d x}{E \cdot J} = \frac{M}{E \cdot J} \int_0^L x \cdot d x = \frac{M \cdot M_y}{E \cdot J}.$$

In gleicher Weise kann auch die Beziehung für Δ_x abgeleitet werden. Übrigens folgt aus dem Ausdruck

$$\frac{d y}{d x} = \int \frac{M \cdot d s}{E \cdot J} = \frac{M}{E \cdot J} \int_0^L d s = \frac{1}{E \cdot J} \cdot M \cdot L,$$

daß die Winkeländerung am freien Ende des durch ein Moment M belasteten Systems (Abb. 89) dem Produkt aus Moment M und gestreckter elastischer Länge L des Systems verhältnisgleich ist, d. h.

$$\operatorname{tg} \beta \approx \beta = \frac{1}{E \cdot J} \cdot M \cdot L. \tag{80}$$

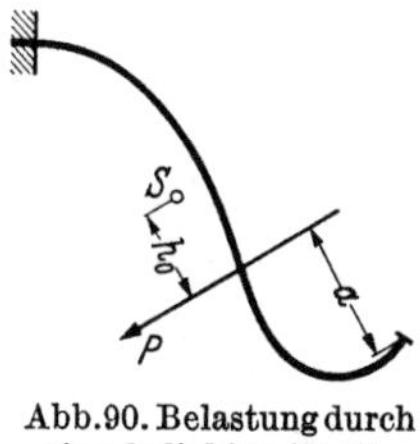

Abb. 90. Belastung durch eine beliebige Kraft.

Das statische Moment eines Systems kann sehr leicht mit Hilfe der Tabelle 3 berechnet werden.

Ist ein einerseits eingespanntes System durch eine beliebige Kraft P im Abstand a vom freien Ende belastet (s. Abb. 90), so gelten folgende Beziehungen:

Die Winkeländerung β am freien Ende des Systems ist dem Produkt aus gestreckter elastischer Länge und dem Moment der Kraft P in bezug auf den Schwerpunkt S des Systems verhältnisgleich, d. h.

$$\operatorname{tg} \beta \approx \beta = \frac{1}{E \cdot J} \cdot M_0 \cdot L. \tag{81}$$

Darin ist $M_0 = P \cdot h_0 =$ Moment der Kraft, bezogen auf den Schwerpunkt des Systems.

Um die Verschiebung des freien Endes zu ermitteln, verlegen wir die Kraft P parallel zu sich selbst an das freie Ende des Systems und zerlegen sie in die Komponenten $H = P \cdot \cos\alpha$ und $V = P \cdot \sin\alpha$ (siehe Abb. 91).

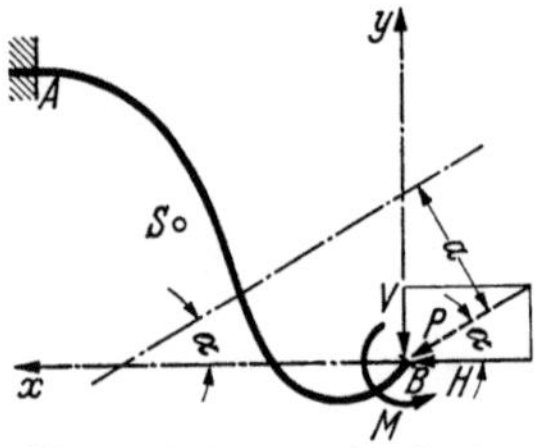

Abb. 91. Belastung durch eine beliebige Kraft.

Zweifellos muß zur Erhaltung des gleichen Belastungszustandes am freien Ende noch ein Moment $M = P \cdot a$ angebracht werden.

Dann sind die Verschiebungen von B nach dem oben Gesagten

$$\Delta_x = \frac{1}{E \cdot J}\,[H \cdot J_x - V \cdot J_{xy} - M \cdot M_x], \quad (82)$$

$$\Delta_y = \frac{1}{E \cdot J}\,[V \cdot J_y - H \cdot J_{xy} + M \cdot M_y]. \quad (83)$$

Darin bedeuten:

J_x = Trägheitsmoment des Systems, bezogen auf die x-Achse,
J_y = Trägheitsmoment des Systems, bezogen auf die y-Achse,
J_{xy} = Zentrifugalmoment, bezogen auf beide Achsen,
M_x und M_y = statische Momente, bezogen auf die x- bzw. y-Achse.

Dabei müssen die Achsen durch den Angriffspunkt der Kraftkomponenten, also mit dem Ursprung im freien Ende des Systems gelegt werden.

Unter Zuhilfenahme dieser Erkenntnisse soll die im Beispiel 12 durchgeführte Berechnung nachgeprüft werden.

Zu diesem Zweck wird das System am rechten Flansch des mittleren T-Stückes durchgeschnitten und beide Hälften unter Berücksichtigung der gegebenen Lage und Größe der Reaktionskraft $P = 100$ kg für sich betrachtet.

Offenbar müssen an dem Schnittpunkt B (s. Abb. 92) folgende Bedingungen erfüllt sein:

a) Die Winkeländerungen im Punkt B beider Systemhälften müssen einander gleich sein;

b) die gegebene Kraft $P = 100$ kg muß im Punkt B jeder Systemhälfte solche Verschiebungen hervorrufen, daß ihre Summe gleich der Wärmedehnung des ganzen Systems ist.

Zunächst soll die Bedingung unter a) nachgeprüft werden.

In bekannter Weise wird aus Abb. 88 für jede Systemhälfte getrennt die Lage des Schwerpunktes durch Berechnung der statischen Momente ermittelt.

Für den linken Teil (200 NW) ist:

$$\eta_1 = \frac{M_{x1}}{L_1} = \frac{98{,}758}{14{,}84} = 6{,}655 \text{ m},$$

$$\xi_1 = \frac{M_{y1}}{L_1} = \frac{104{,}098}{14{,}84} = 7{,}02 \text{ m}.$$

Trägt man die Lage des Schwerpunktes S_1 in die Zeichnung genau ein, so kann der Hebelarm der Kraft P, bezogen auf den Schwerpunkt S_1, abgelesen werden, und zwar $h_0' = 1{,}365$ m $= 136{,}5$ cm (Abb. 92).

Das Moment der Kraft P in bezug auf den Schwerpunkt ist also

$$M_0' = P \cdot h_0'$$
$$= 100 \cdot 136{,}5 = 13650 \text{ cmkg}.$$

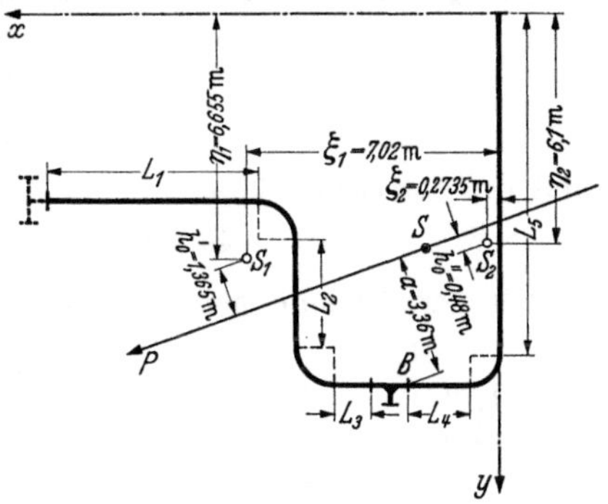

Abb. 92. Rohrsystem mit verschiedenen Nennweiten gemäß Beispiel 12.

Aus Gl. (81) folgt für die Winkeländerung am Punkt B

$$\operatorname{tg} \beta = \frac{M_0 \cdot L}{E \cdot J}$$
$$= \frac{13650 \cdot 1484}{1{,}79 \cdot 10^3 \cdot 5165} = \underline{0{,}00219}.$$

In gleicher Weise findet man für den rechten Teil (150 NW):

$$\eta_2 = \frac{M_{x2}}{L_2} = \frac{78{,}431}{12{,}84} = 6{,}1 \text{ m},$$
$$\xi_2 = \frac{M_{y2}}{L_2} = \frac{3{,}5095}{12{,}84} = 0{,}2735 \text{ m}.$$

Damit liegt der Schwerpunkt S_2 fest, und es folgt (aus Abb. 92)

$$h_0'' = 0{,}48 \text{ m} = 48 \text{ cm}$$
$$M_0'' = P \cdot h_0'' = 100 \cdot 48 = 4800 \text{ cmkg}.$$

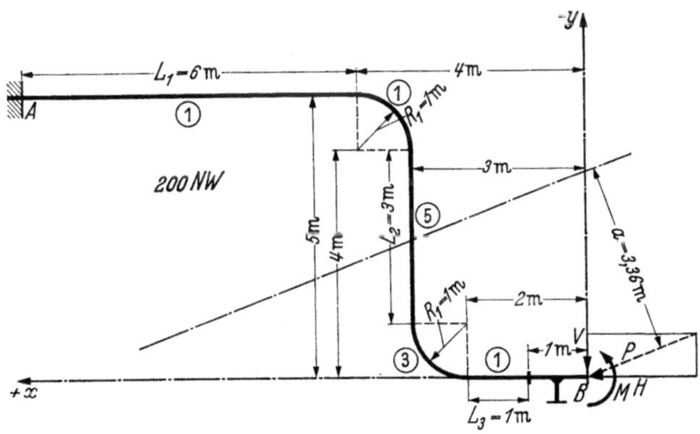

Abb. 93. Linker Teil des Systems nach Abb. 88.

Daraus

$$\operatorname{tg} \beta = \frac{4800 \cdot 1284}{1{,}79 \cdot 10^6 \cdot 1580} = \underline{0{,}00218}.$$

Wie man sieht, stimmen die Winkel β sehr gut überein.

Für die Ermittlung der Verschiebungen am Punkt B des linken Teils (200 NW) werden die Komponenten der Kraft P, und zwar $H = 93{,}8$ kg und $V = 34{,}2$ kg am Punkt B angreifend gedacht (s. Abb. 93).

Außerdem muß dort das Moment M der resultierenden Kraft P wirken, und zwar $M = -P \cdot a = -100 \cdot 3{,}36 = -336$ mkg ($a = 3{,}36$ m aus Abb. 93 oder 88).

Die Trägheits- bzw. Zentrifugalmomente, bezogen auf die neuen x- und y-Achsen, sind nach der Tabelle 3:

$$J_x = 223{,}767 \text{ m}^3$$
$$J_y = 381{,}13 \text{ m}^3$$
$$J_{xy} = -272{,}925 \text{ m}^3$$

und die statischen Momente:

$$M_x = -49{,}698 \text{ m}^2 \qquad \text{und} \qquad M_y = 67{,}008 \text{ m}^2.$$

Mit den Gleichungen (82) und (83) ist für den linken Teil

$$\varDelta_x' = \frac{10^6}{1{,}79 \cdot 10^6 \cdot 5165} [93{,}8 \cdot 223{,}77 - 34{,}2 \cdot (-272{,}93) - (-336)(-49{,}698)]$$
$$= \frac{21000 + 9330 - 16700}{9250} = 1{,}475 \text{ cm (nach links)},$$

$$\varDelta_y' = \frac{10^6}{1{,}79 \cdot 10^6 \cdot 5165} [381{,}13 \cdot 34{,}2 - 93{,}8 \cdot (-272{,}93) + (-336) \cdot 67{,}008]$$
$$= \frac{13030 + 25600 - 22520}{9250} = 1{,}74 \text{ cm (nach unten)}.$$

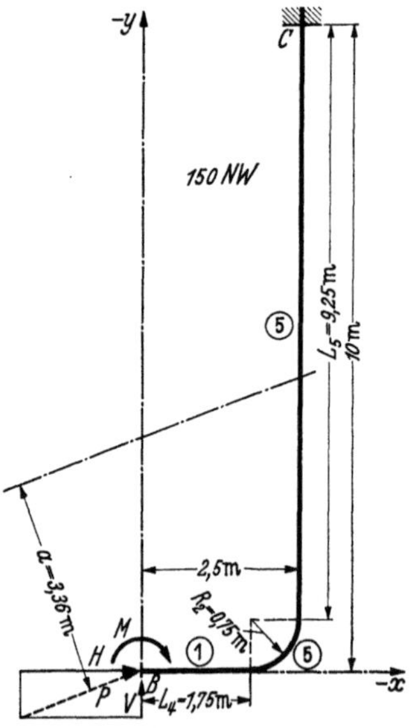

Abb. 94. Rechter Teil des Systems nach Abb. 88.

In ähnlicher Weise werden an Hand der Abb. 94 auch die Verschiebungen des Punktes B des rechten Teils (150 NW) ermittelt, indem die Kraftkomponenten $H = -93{,}8$ kg und $V = -34{,}2$ kg, sowie ein durch die Resultierende P bedingtes Moment $M = P \cdot a = 336$ mkg am Ende B — wie dargestellt — angreifend gedacht werden.

Die Trägheits- und Zentrifugalmomente sind, bezogen auf die neuen Achsen x und y der Abb. 94:

$$J_x = 332{,}9 \text{ m}^3$$
$$J_y = 67{,}59 \text{ m}^3$$
$$J_{xy} = 125{,}6 \text{ m}^3$$

und die statischen Momente:

$$M_x = -50{,}22 \text{ m}^2 \qquad M_y = -28{,}733 \text{ m}^2.$$

Daraus für den rechten Teil nach Gleichung (82) und (83)

$$\varDelta_x'' = \frac{10^6}{1{,}79 \cdot 10^6 \cdot 1580} [(-93{,}8) \cdot 332{,}9 - (-34{,}2) \cdot 125{,}6 - 336\,(-50{,}22)]$$
$$= \frac{-31200 + 4260 + 16880}{2830} = -3{,}56 \text{ cm} \quad \text{(nach rechts, da negativ)},$$

$$\Delta_y'' = \frac{10^6}{1{,}79 \cdot 10^6 \cdot 1580} [(-34{,}2) \cdot 67{,}59 - (-93{,}8) \cdot 125{,}6 + 336\,(-28{,}733)]$$

$$= \frac{-2310 + 11675 - 9655}{2830} = -0{,}1025 \text{ cm} \quad \text{(nach oben, da negativ).}$$

In waagerechter Richtung entsteht also durch die Wirkung der Kraft P eine Verschiebung

im linken Teil: $\Delta_x' = 1{,}475$ cm (nach links),

im rechten Teil: $\Delta_x'' = 3{,}56$ cm (nach rechts).

Die beiden Enden B klaffen also um den Betrag

$$\Delta_x = \Delta_x' + \Delta_x'' = \underline{5{,}035 \text{ cm}}.$$

Und in senkrechter Richtung

im linken Teil: $\Delta_y' = 1{,}74$ cm (nach unten),

im rechten Teil: $\Delta_y'' = 0{,}103$ cm (nach oben).

Die beiden Enden klaffen also um den Betrag

$$\Delta_y = \Delta_y' + \Delta_y'' = \underline{1{,}843 \text{ cm}}.$$

Diese Werte stimmen sehr gut mit den im Beispiel 12 eingesetzten Wärmdedehnungen $\Delta_H = 5{,}033$ cm und $\Delta_V = 1{,}86$ cm überein.

Damit ist die Richtigkeit der Überlegungen bewiesen.

Mit Hilfe des vorgeschlagenen Verfahrens lassen sich also die vielseitigsten Aufgaben der statischen Berechnungen einfach und ohne umständliche Entwicklungen lösen.

b) Berechnungsverfahren von Marbec.

Ein sehr brauchbares Verfahren wurde von M. Marbec[1] vorgeschlagen, welches im wesentlichen auf ähnlichen Grundlagen aufgebaut ist. Marbec führt jedoch einige neue Sonderbegriffe ein, die der ausführlichen Behandlung wert sind. Es sollen nachstehend die Grundlagen dieser Berechnungsart erläutert werden.

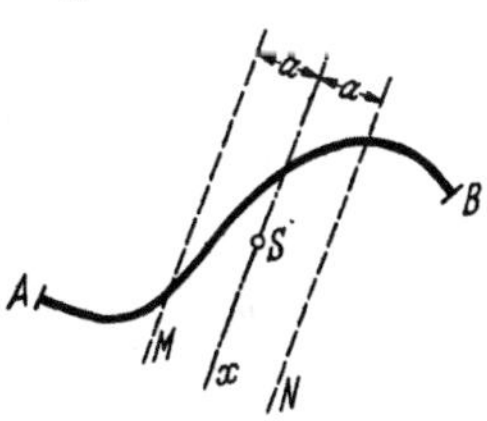

Abb. 95. Trägheitshalbmesser für ein beliebiges System.

Marbec legt den Begriff der Trägheitsellipse seinen Berechnungen zugrunde.

Es ist z. B. S der Schwerpunkt des beliebigen Bogens AB nach Abb. 95. Bestimmt man nun das Trägheitsmoment J_{xs} des Bogens AB in bezug auf die Achse SX, die durch den Schwerpunkt geht, so ist dieses Trägheitsmoment kleiner als jedes Trägheitsmoment, bezogen auf eine andere der Geraden SX parallele Achse.

Schreibt man für J_{xs} die Beziehung

$$J_{xs} = L \cdot a^2,$$

[1] Marbec, M.: Flexibilité des Tubes, Bull. Ass. techn. Maritime (1911) S. 441.

worin L die Länge des Bogens AB darstellt, so nennt man a den **Trägheitshalbmesser**.

Jetzt zieht man im Abstand a von SX zwei parallele Gerade M und N; dann ist die Trägheit des Systems in bezug auf die Achse SX die gleiche, wie diejenige einer Masse L, welche in irgendeinem Punkt der Geraden M oder N konzentriert ist.

Gibt man der Geraden SX verschiedene Richtungen, jedoch stets so, daß sie durch den Schwerpunkt S des Systems geht, und bestimmt für jede neue Richtung den Trägheitshalbmesser a, so umhüllen die beiden Geraden M und N im Abstand a von der jeweiligen Achse SX eine Ellipse. Diese heißt dann **Trägheitsellipse** des Bogens AB. Der Mittelpunkt der Ellipse ist der Schwerpunkt S des Bogens. Die Hauptachsen dieser Ellipse heißen die **Hauptträgheitsachsen** (Abb. 96).

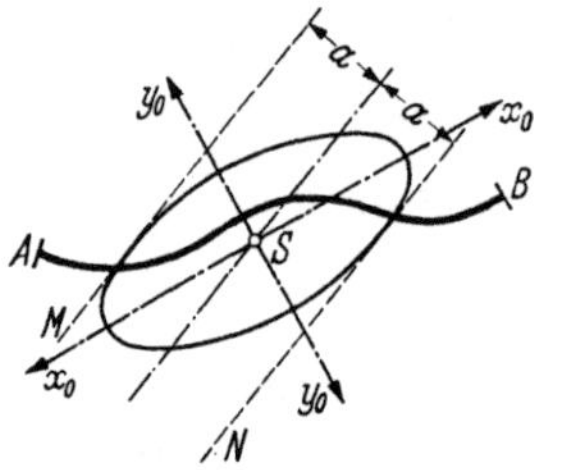

Abb. 96. Trägheitsellipse nach MARBEC.

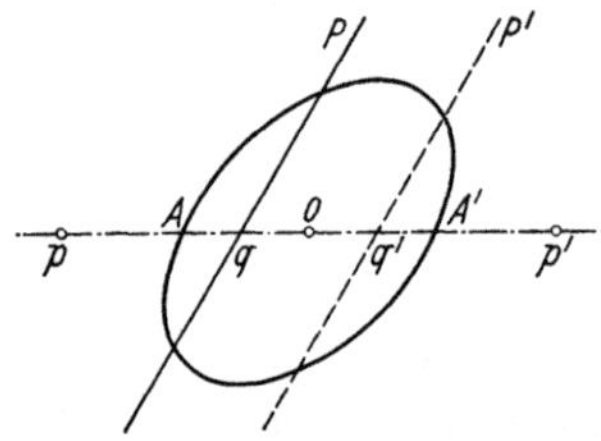

Abb. 97. Pol und Polare der Trägheitsellipse.

Die Gleichung der Trägheitsellipse, bezogen auf ein rechtwinkliges Achsenkreuz mit dem Ursprung S im Schwerpunkt des Bogens, lautet

$$J_{xs} \cdot x^2 - 2 \cdot J_{xys} \cdot x \cdot y + J_{ys} \cdot y^2 = \frac{J_{xs} \cdot J_{ys} - J_{xys}^2}{L}, \qquad (84)$$

worin x und y die Koordinaten eines beliebigen Punktes der Ellipse sind und

$J_{xs} = \int y^2\, ds$ = Trägheitsmoment des Bogens AB, bezogen auf die Achse SX,

$J_{ys} = \int x^2\, ds$ = Trägheitsmoment des Bogens AB, bezogen auf die Achse SY,

$J_{xys} = \int xy\, ds$ = Zentrifugalmoment des Bogens AB, bezogen auf beide Achsen SX und SY.

Fällt das Achsenkreuz SX und SY mit den Hauptachsen der Ellipse zusammen, so ist $J_{xys} = 0$ und die Gleichung lautet dann

$$J_{xs} \cdot x^2 + J_{ys} \cdot y^2 = \frac{J_{xs} \cdot J_{ys}}{L}.$$

In diesem Zusammenhang sind noch folgende Begriffe zu erläutern:

Gegeben sei irgendein Punkt p auf einem beliebigen Durchmesser pp' der Trägheitsellipse gemäß Abb. 97. Diesem Punkt p ist eine **Polare** P zugeordnet; zwischen ihnen bestehen folgende Beziehungen:

1. Die Polare P hat eine zum Durchmesser pp' konjugierte Richtung.

2. Die Entfernung der Polaren P vom Mittelpunkt der Ellipse ist so, daß folgende Gleichung erfüllt ist (s. Abb. 97)

$$\overline{op} \cdot \overline{oq} = (\overline{oA})^2.$$

3. Jede Gerade, die durch p geht, hat ihren Pol auf der Polaren P.

4. Jeder Punkt von P besitzt seine Polare, die durch p geht.

Der in Abb. 97 in bezug auf den Ellipsenmittelpunkt O symmetrisch zu p gelegene Punkt p' soll der falsche Pol der Geraden P sein. Dementsprechend ist die Gerade P' die falsche Polare des Punktes p und die wahre Polare des Punktes p'. Die gleichen Beziehungen wie oben bestehen auch zwischen dem falschen Pol p' und der falschen Polaren P'.

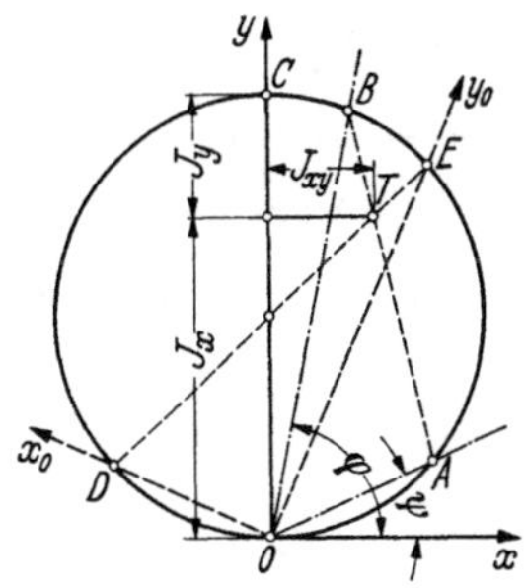

Abb. 98. Trägheitskreis von Mohr-Land.

Die konjugierten (zugeordneten) Durchmesser einer Trägheitsellipse sind solche Durchmesser, von denen der eine alle Sehnen halbiert, die zu dem anderen parallel sind.

Die allgemeine Beziehung für die Winkel φ und ψ von zwei konjugierten Durchmessern zu einem gegebenen Achsenkreuz Ox und Oy lautet

$$J_x - J_{xy} \cdot (\operatorname{tg} \psi + \operatorname{tg} \varphi) + J_y \cdot \operatorname{tg} \psi \cdot \operatorname{tg} \varphi = 0,$$

worin J_x, J_y und J_{xy} die entsprechenden Trägheits- bzw. Zentrifugalmomente, bezogen auf das Achsenkreuz Ox und Oy, darstellen.

Hieraus folgt

$$\operatorname{tg} \varphi = \frac{J_x - J_{xy} \cdot \operatorname{tg} \psi}{J_{xy} - J_y \cdot \operatorname{tg} \psi}. \tag{85}$$

In Anlehnung an den Trägheitskreis von Mohr-Land baut sich die zeichnerische Bestimmung der konjugierten oder zugeordneten Durchmesser wie folgt auf.

Sind für zwei rechtwinklige Achsen Ox und Oy (Abb. 98) die Trägheitsmomente J_x und J_y sowie das Zentrifugalmoment J_{xy} des Systems gegeben, so wird über der Strecke $J_x + J_y$ als Durchmesser ein Kreis, der sog. Trägheitskreis, geschlagen. Am Ende der Strecke J_x und senkrecht dazu wird die Strecke J_{xy} aufgetragen. Der Punkt T ist der Trägheitshauptpunkt. Der durch T gehende Durchmesser DE liefert die Länge der beiden Trägheitshauptachsen, und zwar die Strecken OD und OE; die beiden Strecken TD und TE ergeben die Trägheitsmomente $J_{\max}$ und $J_{\min}$, bezogen auf die Trägheitshauptachsen.

Es sei der eine der konjugierten Durchmesser in seiner Richtung mit der Linie OA gegeben. Man verbindet den Schnittpunkt A des konjugierten Durchmessers und des Kreises mit dem Trägheitshauptpunkt T, verlängert die Linie AT weiter bis zum Schnittpunkt B mit dem Kreis und verbindet B mit O. Es läßt sich leicht nachweisen, daß OB die konjugierte Richtung zu OA darstellt.

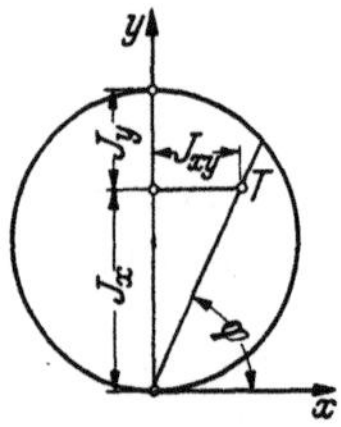

Abb. 99. Trägheitskreis mit konjugierten Durchmessern.

Fällt die Linie OA mit der Achse Ox zusammen (Abb. 98), so gibt es keinen Schnittpunkt, sondern nur einen Tangentenpunkt der Linie Ox an den Kreis. In diesem Falle ist OT die zu Ox konjugierte Richtung.

Beweis: In der Gleichung (85) für $\operatorname{tg}\varphi$ wird $\psi = 0$ und also auch $\operatorname{tg}\psi = 0$ und somit

$$\operatorname{tg}\varphi = \frac{J_x}{J_{xy}},$$

was auch durch die Abb. 99 gegeben ist.

Marbec beweist die Gültigkeit folgender zwei Grundregeln:

1. Die Biegung, d. h. die Winkeldrehung des Systemendpunktes ist

$$\operatorname{tg}\beta = \frac{L \cdot M_0}{E \cdot J}, \tag{86}$$

darin bedeuten

L = gestreckte Länge des Systems;
M_0 = Moment der Kraft in bezug auf den Schwerpunkt des Systems;
J = Querschnittsträgheitsmoment;
E = Elastizitätsmodul.

2. Der Biegungsmittelpunkt ist der falsche Pol der Kraft, bezogen auf die Trägheitsellipse des Systems.

Aus dem ersten Satz geht unmittelbar hervor, daß bei beiderseits eingespannten Systemen die Kraft durch den Schwerpunkt des Systems gehen muß, da nur dann $M_0 = 0$ und folglich auch $\operatorname{tg}\beta = 0$ ist, d. h. keine Winkeldrehung des Endpunktes eintreten kann (Einspannung!).

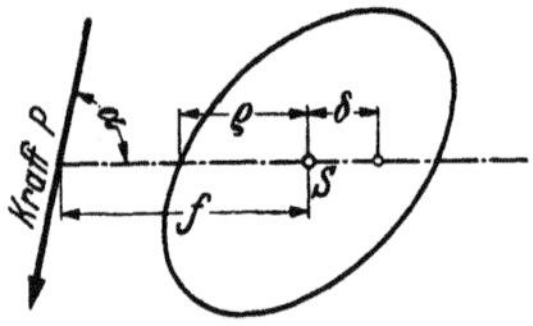

Abb. 100. Kraftwirkung mit Trägheitsellipse.

Gemäß Abb. 100 besteht also zwischen der Größe der Kraft P und der Winkeldrehung β des Endpunktes folgende Beziehung

$$\operatorname{tg}\beta = \frac{L \cdot M_0}{E \cdot J} = \frac{L \cdot P \cdot f \cdot \sin\alpha}{E \cdot J},$$

worin $f \cdot \sin\alpha$ den Abstand der Kraft P vom Schwerpunkt S des Systems darstellt. Dieser ist gleichzeitig auch der Mittelpunkt der Trägheitsellipse.

Entsprechend dem zweiten Satz besteht zwischen den Richtungen der Kraft P und der durch sie erzeugten Verschiebung Δ des Systemendes folgende Abhängigkeit:

Die Senkrechte zur Verschiebung und die Kraftrichtung bilden zwei konjugierte (zugeordnete) Richtungen, bezogen auf die Trägheitsellipse des Systems.

Nimmt man jetzt ein beiderseits eingespanntes System AB an, so muß das eine freigedachte Ende infolge der Wirkung der Kraft P sich ohne Winkeldrehung verschieben, da die Einspannung eine Winkeldrehung nicht zuläßt.

Für die Kraft P gelten dann folgende Bedingungen:

a) Die Kraft geht durch den Schwerpunkt des Systems.

b) Ihre Richtung und die Senkrechte zur Verschiebung stellen zwei konjugierte Richtungen dar.

c) Die Projektion der Kraft auf die Richtung der Verschiebung Δ hat den Wert

$$\frac{E \cdot J \cdot \Delta}{L \cdot \varrho^2}.$$

Dieses beweist Marbec an Hand der Abb. 101 wie folgt:

Die Verschiebung Δ des Punktes B ist offenbar

$$\Delta = \operatorname{tg} \beta \cdot \overline{BI},$$

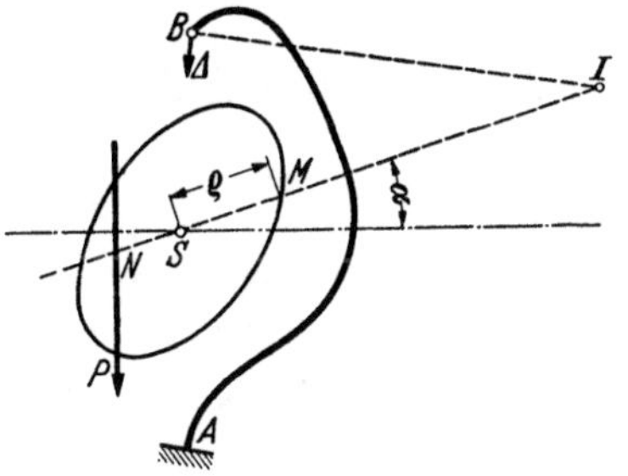

Abb. 101. System AB mit Trägheitsellipse.

wobei I den Biegungsmittelpunkt und die Strecke $\overline{BI}$ den Halbmesser der Biegung darstellen.

Gleichzeitig ist nach dem vorher Gesagten

$$\operatorname{tg} \beta = \frac{L \cdot M_0}{E \cdot J} = \frac{L \cdot P \cdot \overline{SN} \cdot \cos \alpha}{E \cdot J}.$$

Außerdem gilt der Biegungsmittelpunkt I als der falsche Pol der Kraft P. Folglich ist

$$(\overline{SN})(\overline{SI}) = (\overline{SM})^2 = \varrho^2.$$

In dem betrachteten Grenzfall ist der Biegungsmittelpunkt unendlich weit entfernt, da es sich um eine reine Verschiebung ohne Winkeldrehung handelt, so daß $\overline{SI}$ und $\overline{BI}$ gleich und einander parallel sind. Eliminiert man $\operatorname{tg} \beta$ und $\overline{SN}$ aus diesen Gleichungen, so folgt im Grenzfall

$$\overline{SI} = \overline{BI} = \frac{\Delta}{\operatorname{tg} \beta},$$

$$\overline{SN} = \frac{\varrho^2}{\overline{SI}} = \frac{\varrho^2 \cdot \operatorname{tg} \beta}{\Delta},$$

ferner

$$\overline{SN} = \frac{\operatorname{tg} \beta \cdot E \cdot J}{L \cdot P \cdot \cos \alpha},$$

daher

$$\frac{\varrho^2 \cdot \operatorname{tg} \beta}{\Delta} = \frac{\operatorname{tg} \beta \cdot E \cdot J}{L \cdot P \cdot \cos \alpha}$$

und somit

$$P \cdot \cos \alpha = \frac{E \cdot J \cdot \Delta}{L \cdot \varrho^2},$$

d. h. das, was zu beweisen war, denn $P \cdot \cos\alpha$ stellt die Projektion der Kraft auf die Richtung der Verschiebung Δ dar.

Legt man das Achsenkreuz Ox und Oy durch den Schwerpunkt so, daß die Achse Ox mit der Senkrechten zur Verschiebung Δ zusammenfällt, so fällt ϱ in die Ox-Richtung. Somit stellt ϱ die Koordinate x der Trägheitsellipse für $y=0$ dar. Aus der Gleichung für die Trägheitsellipse folgt dann

$$x^2 = \varrho^2 = \frac{J_{xs} \cdot J_{ys} - J_{xys}^2}{J_{xs} \cdot L}.$$

Damit erhält man die Beziehung für die Größe der Kraftprojektion

$$P \cdot \cos\alpha = E \cdot J \cdot \Delta \cdot \frac{J_{xs}}{J_{xs} \cdot J_{ys} - J_{xys}^2}. \tag{87}$$

Die tatsächliche Richtung von P geht aus folgendem hervor. Die Richtung der Kraft und die Senkrechte zur Verschiebung sind einander zugeordnet. Da die Senkrechte zur Verschiebung aber mit der Ox-Achse zusammenfällt, so folgt gemäß Abb. 99

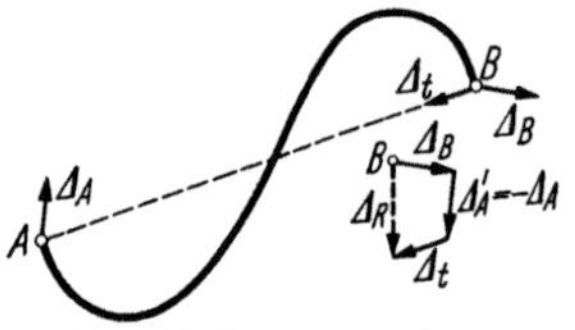

Abb. 102. Zusammensetzung der Verschiebungen.

$$\operatorname{tg}\varphi = \frac{J_{xs}}{J_{xys}}, \tag{88}$$

wobei φ den Winkel der Kraftrichtung zur positiven Ox-Achse darstellt.

Will man nicht die in Richtung der Verschiebung Δ fallende Kraftkomponente, sondern die Kraft selbst ermitteln, so gilt die Beziehung

$$P = E \cdot J \cdot \Delta \, \frac{\sqrt{J_{xs}^2 + J_{xys}^2}}{J_{xs} \cdot J_{ys} - J_{xys}^2}. \tag{89}$$

Bei der Bestimmung von Δ müssen außer der unmittelbaren Wärmedehnung des Systems auch die zusätzlichen Verschiebungen der Festpunktenden des Systems infolge äußerer Einflüsse nach Größe und Richtung berücksichtigt werden. Die Zusammensetzung erfolgt also geometrisch. In die Berechnung wird die endgültig zusammengesetzte Verschiebung Δ nach Größe und Richtung eingeführt.

Das System AB sei am Ende A einer Verschiebung Δ_A und am Ende B einer Verschiebung Δ_B unterworfen, wie in Abb. 102 gezeigt. Die Wärmedehnung des Systems sei Δ_t. Dann müssen diese drei Verschiebungen geometrisch summiert werden, wobei Δ_A entgegengesetzt gerichtet einzuführen ist, d. h. $\Delta'_A = -\Delta_A$. Man erhält auf diese Weise die zusammengesetzte Verschiebung Δ_R, die nach Größe und Richtung bestimmt ist.

Für die Bestimmung der Linienträgheitsmomente und Zentrifugalmomente macht Marbec ebenfalls einen neuartigen Vorschlag. Statt diese Momente nach den früher abgeleiteten Formeln zu berechnen, konzentriert er die Länge jeder Geraden und Bogenstrecke in bestimmten

Punkten und weist nach, daß für die Gerade dieses Verfahren vollkommen richtig ist. Für den 90°-Bogen ist der Fehler so gering, daß er noch innerhalb der Rechenschiebergenauigkeit bleibt.

Dieses Verfahren beruht darauf, daß die Länge einer Geraden L in 3 Punkten konzentriert wird und zwar je $\frac{1}{6}L$ an jedem Ende von L und $\frac{4}{6}L$ in der Mitte — also im Schwerpunkt — von L.

In gleicher Weise wird für einen Bogen mit einem Halbmesser R und einem Winkel α (in Bogenmaß!), d. h. mit einer gestreckten Länge $R \cdot \alpha$ diese Länge in 3 Punkten konzentriert: an jedem Bogenende je $\frac{1}{6}R \cdot \alpha$ und in der Bogenmitte $\frac{4}{6}R \cdot \alpha$. Bei einem 90°-Bogen ist $\alpha = \pi/2 = 1{,}57$, d. h.

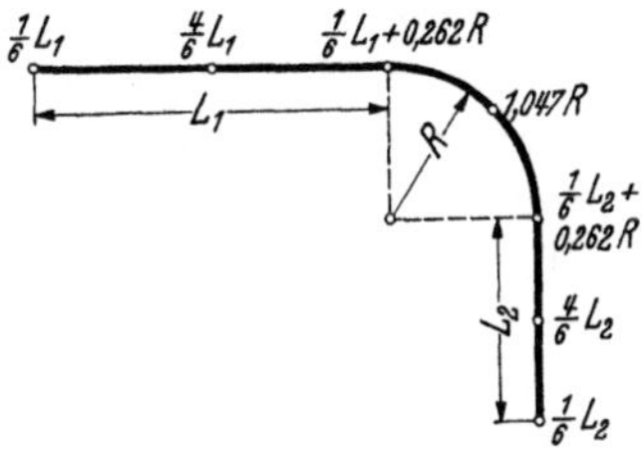

Abb. 103. Punkte mit konzentrierten Längen nach MARBEC.

$$\frac{1}{6}R \cdot \alpha = \frac{1{,}57}{6} \cdot R = 0{,}262 \cdot R$$

und

$$\frac{4}{6} \cdot R \cdot \alpha = \frac{4}{6} \cdot 1{,}57 \cdot R = 1{,}047 \cdot R.$$

Die Abb. 103 veranschaulicht dieses Verfahren.

Die Wirkung der Bogenabflachung wird in gleicher Weise durch die KÁRMÁN- oder LORENZ-Zahl berücksichtigt, indem man die elastische Länge des Bogens im Verhältnis $1/K$ vergrößert. Es ist also dann an Stelle von R der Wert R/K in Rechnung zu setzen.

Für die Bestimmung des Schwerpunktes des Systems werden die gleichen in den einzelnen Punkten konzentrierten Längen benutzt. Es wird der Abstand jedes dieser Punkte von der gewählten Bezugsachse gemessen und mit dem Wert der konzentrierten Länge multipliziert. Die Summe aller dieser Produkte stellt das statische Moment des Systems, bezogen auf die betreffende Achse, dar. Dieses statische Moment, dividiert durch die gestreckte Gesamtlänge des Systems, ergibt den Schwerpunktsabstand.

Für die Trägheitsmomente werden die ins Quadrat erhobenen Abstände jedes Punktes mit der konzentrierten Länge mit dem Längenwert des betreffenden Punktes multipliziert. Man wird aber zweckmäßigerweise diese Abstände gleich von den Schwerpunktsachsen aus messen, um die Trägheitsmomente, bezogen auf die Schwerachsen, zu erhalten.

Der Gang der Berechnung nach MARBEC ist also folgender:

1. Man zeichnet das zu untersuchende Rohrsystem maßstäblich auf.

2. Die Längen der geraden Teile und der Bogen werden nach der vorhin gezeigten Regel in je 3 Punkten konzentriert, indem man die Lage dieser Punkte maßstäblich angibt und die entsprechenden konzentrierten Längen jeweils dazuschreibt.

3. Man wählt ein beliebiges rechtwinkliges Achsenkreuz und bestimmt die statischen Momente aller Massenpunkte in bezug auf diese

Achsen. Daraus berechnen sich die Schwerpunktsabstände des Systems durch Division mit der gestreckten Länge. Den Schwerpunkt trägt man maßstäblich ein.

4. Jetzt muß die zusammengesetzte Verschiebung aus der Wärmedehnung des Systems und etwaigen zusätzlichen Verschiebungen der Endpunkte infolge äußerer Einflüsse ermittelt und nach Lage und Richtung in die Zeichnung eingetragen werden.

5. Durch den Schwerpunkt des Systems als Ursprung wird ein neues rechtwinkliges Achsenkreuz gelegt, und zwar so, daß die positive Y-Achse parallel zur zusammengesetzten Verschiebung liegt. Mit einer Drehung um 90° in Richtung des Uhrzeigers liegt dann die positive X-Achse. Auf die Vorzeichen dieser Achsen ist besonders zu achten, da sie für die Ermittlung des Zentrifugalmomentes eine wesentliche Rolle spielen.

6. In bezug auf diese Achsen werden nun die Trägheits- bzw. Zentrifugalmomente berechnet, indem man den Längenwert jedes Punktes mit dem Quadrat seines Abstandes multipliziert.

Man erhält dann als Summe

$$J_{xs} = \sum l \cdot y^2 \quad \text{in m}^3,$$
$$J_{ys} = \sum l \cdot x^2 \quad \text{in m}^3,$$
$$J_{xys} = \sum l \cdot x \cdot y \quad \text{in m}^3.$$

Darin bedeutet l den jeweiligen im Punkt konzentrierten Längenwert und x und y die Abstände von den entsprechenden Achsen.

Für die Berechnung der Trägheitsmomente kann unter Umständen ein entsprechend unterteilter Maßstab verwendet werden, dessen Teilung das Quadrat des Abstandes angibt.

7. Mit diesen Werten kann die Größe und Richtung der wirkenden Kraft ermittelt werden. Die Neigung der Kraftrichtung zur positiven X-Achse ergibt sich aus

$$\operatorname{tg} \varphi = \frac{J_{xs}}{J_{xys}}. \tag{88}$$

Für die Größe der Kraft gilt die bereits angegebene Beziehung

$$P = \frac{E \cdot J \cdot \Delta}{10^6} \cdot \frac{\sqrt{J_{xs}^2 + J_{xys}^2}}{J_{xs} \cdot J_{ys} - J_{xys}^2} \quad \text{in kg}. \tag{89}$$

Die Werte sind wie folgt einzusetzen:

E = Elastizitätsmodul in kg/cm² (aus Abb. 8);
J = Querschnittsträgheitsmoment in cm⁴ aus Tabelle 14 bis 16;
Δ = zusammengesetzte Verschiebung in cm unter Berücksichtigung der Vorspannung für die Wärmedehnung.
J_{xs}, J_{ys} und J_{xys} in m³; dazu müssen sowohl die Längen als auch die Abstände in m gemessen werden.

Beispiel 13. Das in Beispiel 11 durchgerechnete System soll jetzt zum Vergleich auch nach dem Verfahren von Marbec berechnet werden. Damit wird diese Rechnungsweise am deutlichsten erläutert.

Die Abmessungen sowie die Betriebsverhältnisse sind die gleichen. In Abb. 104 ist dieses System (Z-Bogen) nochmals maßstäblich dargestellt.

Die Länge der einzelnen Schenkel und Bogen ist: $L_1 = 9$ m, $L_2 = 4$ m, $L_3 = 3$ m. Biegungshalbmesser $R = 1$ m, KÁRMÁN-Zahl $K = 0{,}425$. Die elastische Länge eines Bogens ist also

$$\frac{1{,}57 \cdot R}{K} = 3{,}69 \text{ m}.$$

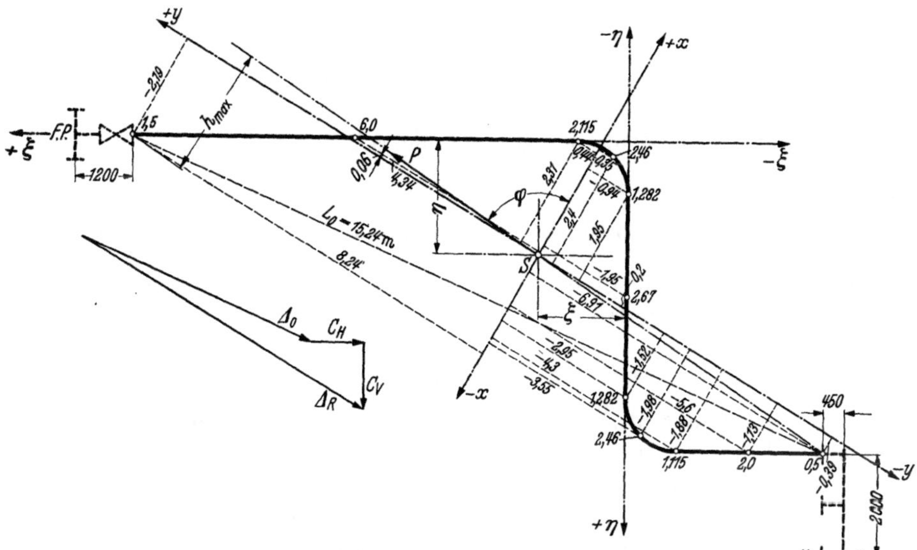

Abb. 104. Rohrsystem mit Einspannfestpunkten nach der MARBEC-Rechnung.

Jetzt soll die Länge jedes Teiles, wie es schon gezeigt wurde, in einzelnen Punkten konzentriert werden. Man erhält dann folgende Längen für die einzelnen Punkte des Systems, die auch in der Abbildung angedeutet sind.

Punkt 1	$= \frac{1}{6} \cdot 9$	$= 1{,}5$ m
Punkt 2	$= \frac{4}{6} \cdot 9$	$= 6{,}0$ m
Punkt 3	$= \frac{1}{6} \cdot 9 + \frac{1}{6} \cdot 3{,}69$	$= 2{,}115$ m
Punkt 4	$= \frac{4}{6} \cdot 3{,}69$	$= 2{,}46$ m
Punkt 5	$= \frac{1}{6} \cdot 3{,}69 + \frac{1}{6} \cdot 4$	$= 1{,}282$ m
Punkt 6	$= \frac{4}{6} \cdot 4$	$= 2{,}67$ m
Punkt 7	$= \frac{1}{6} \cdot 4 + \frac{1}{6} \cdot 3{,}69$	$= 1{,}282$ m
Punkt 8	$= \frac{4}{6} \cdot 3{,}69$	$= 2{,}46$ m
Punkt 9	$= \frac{1}{6} \cdot 3{,}69 + \frac{1}{6} \cdot 3$	$= 1{,}115$ m
Punkt 10	$= \frac{4}{6} \cdot 3$	$= 2{,}0$ m
Punkt 11	$= \frac{1}{6} \cdot 3$	$= 0{,}5$ m
elastische Gesamtlänge		$L = 23{,}383$ m.

Für die Ermittlung der Schwerpunktsabstände werden zunächst zwei beliebige rechtwinklige Achsen ξ und η angenommen. Dann erhält man folgende Werte.

Statisches Moment, bezogen auf ξ-Achse:

$$M_\xi = 0{,}32 \cdot 2{,}46 + 1{,}282 \cdot 1 + 2{,}67 \cdot 3 + 1{,}282 \cdot 5 + 2{,}46 \cdot 5{,}74 + \\ + (1{,}115 + 2 + 0{,}5) \cdot 6 = 52{,}249 \text{ m}^2.$$

Schwerpunktsabstand von der ξ-Achse:

$$\eta = \frac{M_\xi}{L} = \frac{52{,}249}{23{,}383} = 2{,}235 \text{ m}.$$

Statisches Moment, bezogen auf die η-Achse:

$$M_\eta = 1{,}5 \cdot 10 + 6 \cdot 5{,}5 + 2{,}115 \cdot 1 + 2{,}46 \cdot 0{,}32 - \\ - 2{,}46 \cdot 0{,}32 - 1{,}115 \cdot 1 - 2 \cdot 2{,}5 + 0{,}5 \cdot 4 = +42 \text{ m}^2.$$

In diesem Falle muß auf die Vorzeichen geachtet werden! Schwerpunktsabstand von der η-Achse:

$$\xi = \frac{M_\eta}{L} = \frac{42}{23{,}383} = +1{,}8 \text{ m}.$$

Der Schwerpunkt S wird maßstäblich eingetragen. Jetzt muß die Größe und Richtung der zusammengesetzten Verschiebung $\varDelta_R$ ermittelt werden.

Die Wärmedehnung $\varDelta_0$ des Systems erfolgt in der Richtung der Endpunktverbindungslinie L_0 und ihre Größe ist bei 50% Vorspannung:

$$\varDelta_0 = 0{,}5 \cdot L_0 \cdot \alpha = 0{,}5 \cdot 15{,}24 \cdot 0{,}664 = 5{,}06 \text{ cm}.$$

Die zusätzliche Wärmedehnung der anschließenden Armaturen und Formstücke ist:

waagerecht $C_H = (1{,}2 + 0{,}45) \cdot 0{,}664 = 1{,}095$ cm,

senkrecht $C_V = 2{,}0 \cdot 0{,}664 = 1{,}33$ cm.

Diese Verschiebungen werden, wie in Abb. 104 links gezeigt, geometrisch addiert, und zwar $\varDelta_0$ parallel L_0, C_H parallel L_1 und C_V parallel L_2. Daraus erhält man die zusammengesetzte Verschiebung $\varDelta_R$ nach Größe und Richtung, und zwar

$$\varDelta_R = 6{,}65 \text{ cm}.$$

Jetzt wird ein neues Achsenkreuz, und zwar mit dem Ursprung im Schwerpunkt S, gelegt. Die positive Y-Achse wird parallel zu $\varDelta_R$ gezogen, die positive X-Achse um 90° im Uhrzeigersinn dazu gedreht angeordnet. Auf dieses Achsenkreuz bezogen werden nunmehr die Abstände der einzelnen Systempunkte gemessen und daraus die Trägheits- sowie das Zentrifugalmoment errechnet. Bei letzterem sind wieder die Vorzeichen der Achsen zu beachten.

$$J_{xs} = 1{,}5 \cdot 8{,}24^2 + 6 \cdot 4{,}34^2 + 2{,}115 \cdot 0{,}44^2 + 2{,}46 \cdot 0{,}35^2 + \\ + 1{,}282 \cdot 0{,}94^2 + 2{,}67 \cdot 1{,}95^2 + 1{,}282 \cdot 2{,}95^2 + 2{,}46 \cdot 3{,}55^2 + \\ + 1{,}115 \cdot 4{,}3^2 + 2{,}0 \cdot 5{,}6^2 + 0{,}5 \cdot 6{,}91^2 = 376{,}084 \text{ m}^3,$$

$$J_{ys} = 1{,}5 \cdot 2{,}19^2 + 6 \cdot 0{,}06^2 + 2{,}115 \cdot 2{,}31^2 + 2{,}46 \cdot 2{,}4^2 + 1{,}282 \cdot 1{,}95^2 + \\ + 2{,}67 \cdot 0{,}2^2 + 1{,}282 \cdot 1{,}52^2 + 2{,}46 \cdot 1{,}98^2 + 1{,}115 \cdot 1{,}88^2 + \\ + 2{,}0 \cdot 1{,}13^2 + 0{,}5 \cdot 0{,}39^2 = 56{,}7994 \text{ m}^3,$$

$$J_{xys} = 1{,}5 \cdot 8{,}24\,(-2{,}19) + 6 \cdot 4{,}34 \cdot 0{,}06 + 2{,}115 \cdot 0{,}44 \cdot 2{,}31 + \\ + 2{,}46\,(-0{,}35) \cdot 2{,}4 + 1{,}282\,(-0{,}94) \cdot 1{,}95 + 2{,}67\,(-1{,}95) \cdot 0{,}2 + \\ + 1{,}282\,(-2{,}95)\,(-1{,}52) + 2{,}46\,(-3{,}55)\,(-1{,}98) + \\ + 1{,}115\,(-4{,}3)\,(-1{,}88) + 2{,}0\,(-5{,}6)\,(-1{,}13) + \\ + 0{,}5\,(-6{,}91)\,(-0{,}39) = +\,17{,}204 \text{ m}^3.$$

Daraus läßt sich schon die Richtung der wirkenden Kraft berechnen, und zwar

$$\operatorname{tg} \varphi = \frac{J_{xs}}{J_{xys}} = \frac{376{,}084}{17{,}204} = 21{,}9.$$

Das entspricht einem Winkel $\varphi = 87^\circ\,22'$. Die Kraft P wird also mit einer Neigung φ zur positiven X-Achse aufgetragen, wie in der Abbildung gezeigt ist. (Man beachte, daß, wenn das Zentrifugalmoment J_{xys} negativ wird, auch $\operatorname{tg} \varphi$ negativ ist, d. h. φ größer als 90° ist.)

Die Größe der Kraft P ermittelt sich aus

$$P = \frac{E \cdot J \cdot \Delta_R}{10^6} \cdot \frac{\sqrt{J_{xs}^2 + J_{xys}^2}}{J_{xs} \cdot J_{ys} - J_{xys}^2} =$$

$$= \frac{1{,}83 \cdot 10^6 \cdot 2660 \cdot 6{,}65}{10^6} \cdot \frac{\sqrt{376{,}084^2 + 17{,}204^2}}{376{,}084 \cdot 56{,}799 - 17{,}204^2} = 32400 \cdot \frac{376{,}1}{21054} = \underline{579 \text{ kg}}.$$

Man sieht aus diesem Zahlenbeispiel, daß die vom Verfasser vorgeschlagene Rechnungsweise wesentlich einfacher ist und trotzdem genau das gleiche Ergebnis liefert, wie das ebenso genaue und wirklichkeitsgetreue Verfahren von Marbec.

Der größte Abstand eines Punktes des Systems von der Kraftlinie ist $h_{\max} = 2{,}55$ m; somit wird dort die größte Biegungsbeanspruchung auftreten, und zwar

$$\sigma_b = \frac{P \cdot h_{\max} \cdot D}{200 \cdot J} = \frac{579 \cdot 255 \cdot 21{,}6}{200 \cdot 2660} = \underline{6{,}0 \text{ kg/mm}^2}.$$

Also auch in bezug auf die Beanspruchung liefert das Verfahren von Marbec die gleichen Werte.

Es muß jedoch darauf hingewiesen werden, daß der zu berechnende Rohrbogen genau maßstäblich aufgezeichnet und sowohl die Schwerpunktsabstände als auch die Abstände für die Berechnung der

Trägheitsmomente sehr genau abgemessen werden müssen, was etwas lästig und umständlich ist.

Zuletzt seien noch einige Folgerungen aus den vorher abgeleiteten Sätzen erwähnt.

Wirkt auf das freie Ende B eines einerseits eingespannten Systems AB ein Moment M (s. Abb. 105), so liegt die Reaktionskraft im Unendlichen und hat ihren Biegungsmittelpunkt (falschen Pol) im Schwerpunkt S des Systems. Die Biegung erfolgt also um den Schwerpunkt und hat den Wert

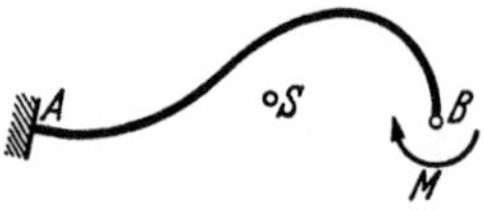

Abb. 105. Moment am freien Ende des eingespannten Systems.

$$\operatorname{tg}\beta = \frac{M \cdot L}{E \cdot J}.$$

Das Kräftepaar, welches das Moment M bedingt, ergibt also nicht nur eine Drehung des freien Endes B, sondern gleichzeitig und notwendigerweise eine Verschiebung von B.

Wirkt auf das freie Ende B eines einerseits eingespannten Systems AB eine Kraft P (s. Abb. 106), so ist P die resultierende Reaktionskraft. Die Biegung erfolgt um den falschen Pol von P und ist wiederum gegeben durch

$$\operatorname{tg}\beta = \frac{M_0 \cdot L}{E \cdot J}.$$

In diesem Falle ist aber M_0 das Moment der Kraft P in bezug auf den Schwerpunkt S des Systems. Es wird also stets, solange die Kraft P nicht durch den Schwerpunkt geht, eine Winkeländerung am freien Ende B erfolgen. Diese Winkeländerung verschwindet nur, wenn $M_0 = 0$ ist, d. h. wenn P durch den Schwerpunkt geht. Die Verschiebung erfolgt aber auch dann nicht in Richtung der Kraft, sondern entsprechend der Normalen zur konjugierten Richtung der Kraft P, d. h. schräg zu ihr. Die Verschiebung würde nur dann in Richtung von P erfolgen, wenn die Kraftrichtung außerdem noch mit einer Hauptträgheitsachse der Ellipse zusammenfiele.

Abb. 106. Kraft am freien Ende des eingespannten Systems.

Wirkt auf ein solches System am freien Ende eine Kraft P und gleichzeitig ein Moment M, so ist die resultierende Kraft R gleich und parallel P und in einem derartigen Abstand h von B gelegen, daß $R \cdot h = M$ ist. Geht in diesem Falle R durch den Schwerpunkt S des Systems, so erfolgt am freien Ende B keine Winkeländerung, sondern nur eine Verschiebung und zwar ebenfalls gemäß der Normalen zur konjugierten Richtung der Kraft R. Der Biegungsmittelpunkt liegt im falschen Pol von R.

Fällt an einem einerseits eingespannten System der Biegungsmittelpunkt mit dem freien Ende B zusammen, so führt das freie Ende keine Verschiebung, sondern lediglich eine einfache Winkeldrehung an seinem Platze aus. Es wäre ein Irrtum, anzunehmen, daß hierzu ein Kräftepaar am freien Ende erforderlich ist. Diese Art der Beanspruchung wird nur durch eine Kraft erzeugt, die gemäß der falschen Polaren von B wirkt. Nur wenn B gleichzeitig im Schwerpunkt S des Systems liegt, wandelt sich die Kraft in ein Kräftepaar um.

Diese Betrachtungen sind wichtig, um in einzelnen Sonderfällen die richtigen Bedingungen besser überblicken zu können.

c) Berechnungsart nach M. Cutchan und S. Crocker[1].

Das nachstehende Berechnungsverfahren ist sehr umständlich und erfordert nicht nur sehr viele und zeitraubende Rechnungen, sondern auch ein erhebliches Maß an Zeichenarbeit. Trotzdem ist die Erläuterung dieser Berechnungsart wichtig, weil es das erste Verfahren war, welches

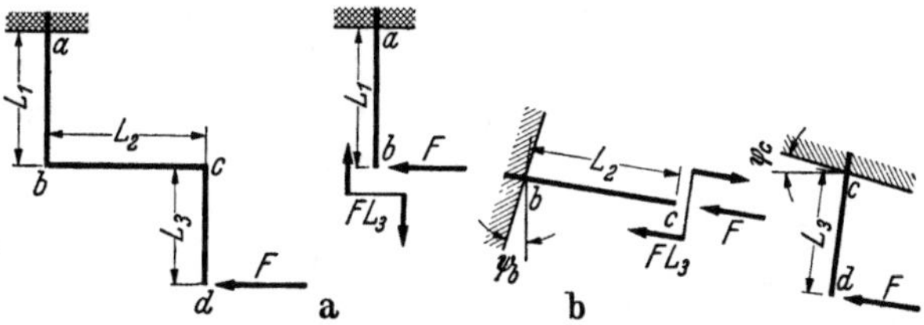

Abb. 107a und b. Wirkung der Kraft auf die Einzelteile.

auch die statische Berechnung von räumlichen Rohrsystemen ermöglichte. Letztere werden in einem späteren Abschnitt behandelt und es sollen zunächst die Grundlagen für ebene Systeme entwickelt werden.

Das Verfahren beruht auf der Überlagerung von elastischen Durchbiegungen und Winkeländerung der einzelnen Teile eines Rohrsystems, wie gerade Rohre, 90°-Bogen usw. Hierzu werden die einzelnen Teile als selbständige Träger behandelt, d. h. das eine Ende wird als eingespannt angesehen, während an dem anderen Ende gewisse Kräfte und Momente angreifen. Durch dieses Hilfsmittel werden die elastischen Eigenschaften eines ganzen Systems bestimmt, indem man einen der beiden Festpunkte des Systems durch entsprechende Kräfte und Einspannmomente ersetzt denkt und diese auf jeden einzelnen Teil des Systems einwirken läßt. Die algebraische Summe dieser Wirkungen ergibt dann das elastische Verhalten des ganzen Systems.

Es werden also die Durchbiegungen jedes einzelnen Teils bestimmt, und zwar:

a) infolge unmittelbarer Einwirkung der Kräfte und Momente;

b) infolge der Winkeländerung der zwischen dem betrachteten Teil und dem Festpunkt liegenden Teile.

Ein Beispiel soll diesen Vorgang erläutern. In Abb. 107 ist ein Z-Bogen durch eine Kraft F am freien Ende belastet. Man zerlegt den Z-Bogen

[1] Cutchan, M. u. S. Crocker: Piping Handbook, Expansion and Flexibility, 2. Ausg., S. 498. New York u. London: McGraw-Hill Book Company, Inc 1931.

in seine Bestandteile, und zwar zwei vertikale und einen horizontalen Schenkel und betrachtet die Wirkung der Kraft F auf jeden Teil getrennt.

Der Schenkel L_1 ist ein einerseits eingespannter Träger mit einer Kraft F und einem Moment $F \cdot L_3$ an seinem freien Ende. Durch deren Wirkung biegt sich der Schenkel L_1 nach links durch. Die Abbiegung des freien Endes sei $+\Delta_{1H}$. Das $+$-Zeichen bedeutet, daß die Durchbiegung in Richtung der Kraftwirkung erfolgt, während das Zeichen H darauf deutet, daß die Verschiebung horizontal erfolgt. Da sämtliche Verschiebungen im Verhältnis zu der Schenkellänge sehr klein sind, kann die Durchbiegung stets senkrecht zur Schenkelachse angenommen werden, wobei die Abweichung in der vertikalen Richtung vernachlässigt wird.

Der Winkel, um den sich die Tangente des freien Endes von L_1 gegenüber dem unbelasteten Zustand gedreht hat, sei ψ_b.

Jetzt betrachtet man die Verschiebungen an dem Ende c des Schenkels L_2. Infolge der Winkeldrehung ψ_b des freien Endes von L_1 wird der Schenkel L_2 um den gleichen Winkel ψ_b gedreht. Das ergibt am freien Ende c dieses Schenkels offensichtlich eine vertikale Verschiebung $+\Delta_{1V} = L_2 \cdot \psi_b$. Außerdem wird der Schenkel L_2 an seinem Ende c durch eine axial wirkende Kraft F und ein Moment $F \cdot L_3$ belastet. Die axiale Kraft F ruft keine Verschiebungen hervor, wohl aber das Moment FL_3, welches eine Verschiebung $+\Delta_{2V}$ am Ende c von L_2 nach unten erzeugt. Die Winkeldrehung am freien Ende c des Schenkels L_2 zusammen mit der bereits erwähnten Winkeldrehung ψ_b sei ψ_c. Durch diese Winkeldrehung wird am freien Ende d des Schenkels L_3 eine horizontale Verschiebung $+\Delta_{2H} = L_3 \cdot \psi_c$ hervorgerufen. Die Kraft F am freien Ende d des Schenkels L_3 erzeugt eine weitere Verschiebung $+\Delta_{3H}$. Somit sind sämtliche Wirkungen der Kraft F auf die einzelnen Teile des Z-Bogens berücksichtigt. Die Summe der Einzelverschiebungen ergibt die Gesamtverschiebung, und zwar:

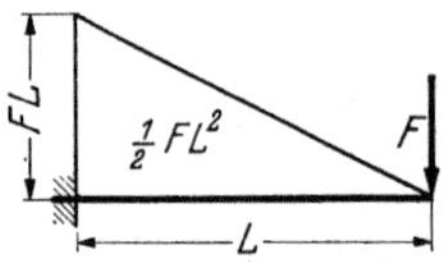

Abb. 108. Eingespannter durch eine Kraft belasteter Träger.

in horizontaler Richtung $\Delta_H = +\Delta_{1H} + \Delta_{2H} + \Delta_{3H}$,

in vertikaler Richtung $\Delta_V = +\Delta_{1V} + \Delta_{2V}$.

Mit Hilfe der Momentenflächen lassen sich die einzelnen Verschiebungen errechnen. Hierzu seien die Momentenflächen für verschiedene Belastungsfälle erläutert.

Für einen einerseits eingespannten und am freien Ende durch eine Kraft F belasteten Träger L (Abb. 108) gilt die Beziehung für das Biegungsmoment

$$M_b = F \cdot x .$$

Die Momentenfläche ist dann

$$\int M_b \cdot dx = \int_0^L F \cdot x \cdot dx = F \cdot \frac{1}{2} \cdot L^2 = F \cdot L \cdot \frac{L}{2} .$$

Das ist aber nichts anderes als die Fläche eines rechtwinkligen Dreiecks mit der Grundlänge L und der Höhe $F \cdot L$, wie es in Abb. 108 dargestellt ist.

Bei einem Träger L mit einem am freien Ende wirkenden Moment M ist das Biegungsmoment über die ganze Länge gleichbleibend (Abb. 109). Die Momentenfläche ist also

$$\int M_b \cdot dx = \int_0^L M \cdot dx = M \cdot L.$$

Das ist die Fläche eines Rechtecks mit der Grundlänge L und der Höhe M.

Überträgt man diese Erkenntnisse auf den in Abb. 107 dargestellten Z-Bogen, so kann man folgendes Momentenflächenbild aufbauen.

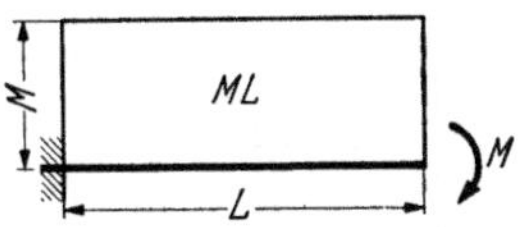

Abb. 109. Eingespannter durch ein Moment belasteter Träger.

Am Schenkel L_1 wirken eine Kraft F und ein Moment $F \cdot L_3$. Man wird also über der Schenkellänge L_1 erst ein Rechteck mit der Höhe $F \cdot L_3$ und darüber ein Dreieck mit der Höhe $F \cdot L_1$ aufzeichnen (s. Abb. 110). Der Schenkel L_2 wird nur durch ein Moment $F \cdot L_3$ beansprucht, da die axiale Kraft F keine Verschiebungen des freien Endes c hervorruft. Über der Schenkellänge L_2 muß also ein Rechteck mit der Höhe $F \cdot L_3$ aufgezeichnet werden. Am Schenkel L_1 wirkt nur eine Kraft F. Das Momentenflächenbild wird also durch ein Dreieck über der Länge L_1 und mit einer Höhe $F \cdot L_3$ dargestellt. Die Gesamtlänge des Z-Bogens ist auf einer Grundlinie abgewickelt worden, indem die Schenkel L_1, L_2 und L_3 aneinandergereiht sind.

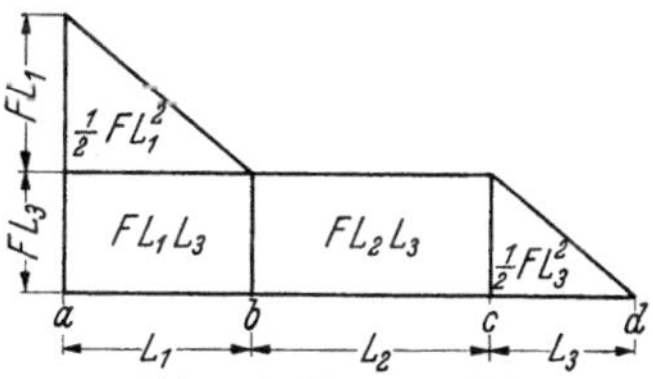

Abb. 110. Momentenbild.

Der Aufbau des Momentenflächenbildes ist aus der Abb. 110 klar zu erkennen.

Jetzt soll der Zusammenhang zwischen Momentenfläche und der Durchbiegung Δ des Trägers bzw. der Winkeländerung ψ seines freien Endes untersucht werden.

Die Differentialgleichung der elastischen Linie lautet allgemein

$$\frac{d^2 y}{d x^2} = -\frac{M_b}{E \cdot J}.$$

Durch Integration erhält man die Winkeländerung

$$\operatorname{tg} \psi = \frac{d y}{d x} = \int \frac{M_b \cdot dx}{E \cdot J}$$

und da E und J normalerweise unveränderlich sind

$$\operatorname{tg} \psi = \frac{1}{E \cdot J} \int M_b \cdot dx.$$

Wie oben gezeigt wurde, ist aber das $\int M_b \cdot dx$ nichts anderes als die Momentenfläche; somit ist also

$$\operatorname{tg}\psi = \frac{\text{Momentenfläche}}{E \cdot J}. \tag{90}$$

Da ψ gewöhnlich nur sehr klein ist, kann der Tangens des Winkels durch den Winkel selbst ersetzt werden, also

$$\psi = \frac{\text{Momentenfläche}}{E \cdot J}. \tag{90a}$$

Das bedeutet, daß die Winkeländerung am freien Ende durch die Momentenfläche, dividiert durch $E \cdot J$, ausgedrückt werden kann.

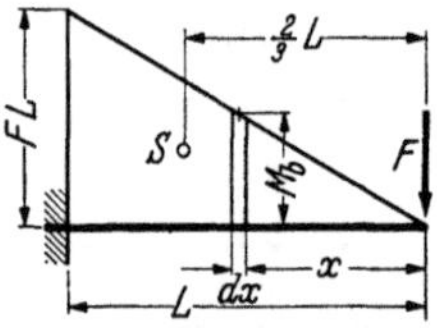

Abb. 111. Momentenfläche für eine Belastung durch eine Kraft.

Die Durchbiegung des belasteten Trägers stellt die Summe der Produkte der Verdrehungen jedes einzelnen Längenteilchens mit dessen Abstand von dem freien Ende dar.

$$y = \sum \psi_x \cdot x = \int \frac{M_b \cdot dx}{E \cdot J}\, x.$$

Das ist aber nichts anderes als das Produkt der Momentenfläche und des Schwerpunktsabstandes dieser Fläche von dem freien Ende (Abb. 111).

In Abb. 111 ist ein Träger L durch eine Kraft F am freien Ende belastet. Aus der Differentialgleichung der elastischen Linie wurde bereits ermittelt:

$$\operatorname{tg}\psi = \frac{dy}{dx} = \int \frac{M_b \cdot dx}{E \cdot J}.$$

$M_b = F \cdot x$ eingesetzt und zwischen $x = 0$ und $x = L$ integriert, bekommt man

$$\operatorname{tg}\psi = \frac{dy}{dx} = \int_0^L \frac{F \cdot x \cdot dx}{E \cdot J} = \frac{F \cdot L^2}{2 \cdot E \cdot J}.$$

Da $\frac{F \,.\, L^2}{2}$, wie man aus der Abbildung erkennt, die Momentenfläche darstellt, bekommt man

$$\operatorname{tg}\psi = \frac{\text{Momentenfläche}}{E \cdot J},$$

was schon früher bewiesen wurde.

Integriert man die Beziehung allgemein, d. h. ohne Grenzen, so bekommt man

$$\frac{dy}{dx} = \int \frac{F \cdot x \cdot dx}{E \cdot J} = \frac{F \cdot x^2}{2 \cdot E \cdot J}.$$

Für die Durchbiegung y irgendeines Punktes muß man nochmals integrieren

$$y = \int \frac{F \cdot x^2}{2 \cdot E \cdot J}\, dx = \frac{F \cdot 2 \cdot x^3}{2 \cdot 3 \cdot E \cdot J}$$

und für den ganzen Träger, d. h. von $x = 0$ bis $x = L$

$$\Delta = y = \frac{F \cdot 2 \cdot L^3}{2 \cdot 3 \cdot E \cdot J} \cdot$$

Schreibt man diese Beziehung wie folgt

$$\Delta = \frac{F \cdot L^2}{2 \cdot E \cdot J} \cdot \frac{2}{3} \cdot L,$$

so erkennt man ohne weiteres, daß der erste Ausdruck

$$\frac{F \cdot L^2}{2 \cdot E \cdot J} = \frac{\text{Momentenfläche}}{E \cdot J} = \psi$$

ist und der zweite $\frac{2}{3} \cdot L$ den Schwerpunktsabstand der Momentenfläche vom Angriffspunkt der Kraft darstellt. Somit ist der vorhin ausgesprochene Satz bewiesen. Es gilt also allgemein für die Durchbiegung

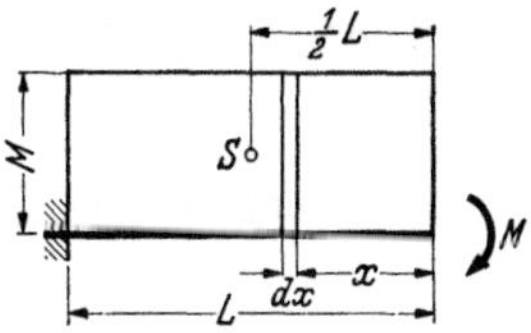

Abb. 112. Momentenfläche für eine Belastung durch ein Moment.

$$\Delta = \psi \cdot \xi_{Mb}$$

oder

$$\Delta = \frac{\text{Momentenfläche}}{E \cdot J} \cdot \text{Schwerpunktsabstand der Fläche}. \tag{91}$$

Für einen am freien Ende durch ein Moment M belasteten Träger gilt genau dasselbe (Abb. 112).

$$\operatorname{tg} \psi = \frac{dy}{dx} = \int_0^L \frac{M \cdot dx}{E \cdot J} = \left[\frac{M \cdot x}{E \cdot J}\right]_0^L = \frac{M \cdot L}{E \cdot J}$$

und für die Durchbiegung

$$y = \int_{x_1}^{x_2} \frac{M \cdot x \cdot dx}{E \cdot J} = \left[\frac{M \cdot x^2}{2 \cdot E \cdot J}\right]_{x_1}^{x_2}.$$

Für die Grenzen $x_1 = 0$ bis $x_2 = L$ wird

$$\Delta = y = \frac{M \cdot L^2}{2 \cdot E \cdot J}$$

oder

$$= \frac{M \cdot L}{E \cdot J} \cdot \frac{L}{2}.$$

Der erste Ausdruck stellt die durch $E \cdot J$ dividierte Momentenfläche und der zweite den Schwerpunktsabstand von dem Angriffspunkt des Moments dar. Also auch für diesen Fall ist die Gültigkeit des Satzes bewiesen.

Man muß sich also folgenden allgemeinen Grundsatz merken:

a) Die Winkeländerung ψ eines einerseits eingespannten, am anderen Ende durch eine Kraft F oder ein Moment M belasteten Trägers wird durch das Produkt aus Momentenfläche und $\frac{1}{E \cdot J}$ bestimmt.

b) Die Durchbiegung Δ des freien Trägerendes, das — wie oben angegeben — belastet ist, wird durch das Produkt aus der Winkeländerung ψ und dem Schwerpunktsabstand der Momentenfläche vom Angriffspunkt der Belastung bestimmt.

Man kann also folgende vier Belastungsfälle festlegen.

Fall I. Verdrehung des eingespannten Trägers durch eine Winkeländerung am Einspannende (Abb. 172).

Winkeländerung am freien Ende b

$$\psi_b = \psi_a .$$

Durchbiegung des freien Endes b

$$\Delta_b = \psi_a \cdot L .$$

Fall II. Belastung eines eingespannten Trägers durch eine Kraft F am freien Ende (Abb. 108).

Winkeländerung am freien Ende

$$\psi_F = \frac{1}{2} \cdot \frac{F \cdot L^2}{E \cdot J} = \frac{\text{Momentenfläche}}{E \cdot J} .$$

Durchbiegung des freien Endes

$$\Delta_F = \psi_F \cdot \tfrac{2}{3} \cdot L .$$

Fall III. Belastung eines eingespannten Trägers durch ein Moment M am freien Ende (Abb. 109).

Winkeländerung am freien Ende

$$\psi_M = \frac{M \cdot L}{E \cdot J} = \frac{\text{Momentenfläche}}{E \cdot J} .$$

Durchbiegung am freien Ende

$$\Delta_M = \psi_M \cdot \tfrac{1}{2} \cdot L .$$

Fall IV. Belastung eines eingespannten Trägers durch ein Drehmoment M_d am freien Ende (Abb. 175).

Verdrehungswinkel am freien Ende

$$\psi_{M_d} = \frac{M_d \cdot L}{G \cdot J_0} .$$

Das polare Querschnittsträgheitsmoment J_0 ist für ein Rohr $J_0 = 2 \cdot J$. Der Gleitmodul ist $G = \frac{m}{2 \cdot (m+1)} \cdot E$ [nach Gleichung (11)], in der $m = \frac{10}{3}$ die Poissonsche Zahl darstellt, also $G = 0{,}385 \cdot E$.

Mit diesen Werten ist der Verdrehungswinkel

$$\psi_{M_d} = \frac{M_d \cdot L}{0{,}385 \cdot E \cdot 2 \cdot J} = 1{,}3 \frac{M_d \cdot L}{E \cdot J} = \frac{\text{Momentenfläche}}{E \cdot J}.$$

Eine Durchbiegung des Trägers findet nicht statt, also

$$\Delta = 0.$$

Zurückkommend auf den anfangs betrachteten Z-Bogen, der in Abb. 113 nochmals dargestellt ist, sollen diese Erkenntnisse unter Zuhilfenahme der für diese Belastungsfälle entwickelten Beziehungen nachstehend angewandt werden.

Aus dem Momentenflächenbild in Abb. 113 werden die Verformungen für jeden Schenkel einzeln berechnet.

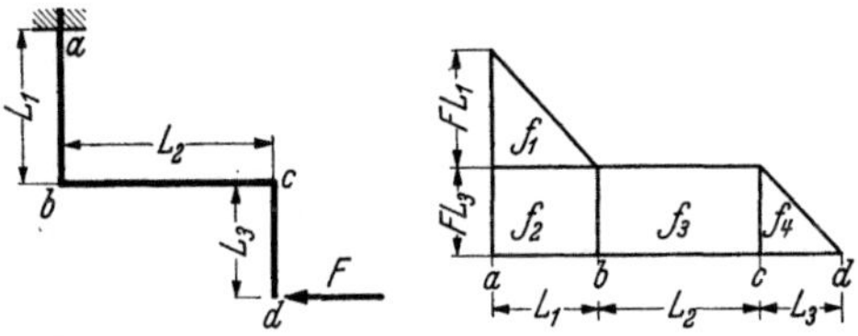

Abb. 113. Belasteter Z-Bogen mit Momentenbild.

Die einzelnen Momentenflächen haben folgende Größe:

Fläche $f_1 = \frac{1}{2} \cdot F \cdot L_1^2$, (Fall II)

Fläche $f_2 = F \cdot L_1 \cdot L_3$, (Fall III)

Fläche $f_3 = F \cdot L_2 \cdot L_3$, (Fall III)

Fläche $f_4 = \frac{1}{2} \cdot F \cdot L_3^2$. (Fall II)

Die Durchbiegungen werden wie folgt ermittelt.

Wirkung von F auf den Schenkel L_1:

Fall II: $E \cdot J \cdot \Delta_{xb} = \psi_F \cdot \frac{2}{3} \cdot L_1 = f_1 \cdot \frac{2}{3} \cdot L$ (nach links).

Wirkung des Moments $F \cdot L_3$ auf den Schenkel L_1:

Fall III: $E \cdot J \cdot \Delta_{xb} = \psi_M \cdot \frac{1}{2} \cdot L_1 = f_2 \cdot \frac{1}{2} \cdot L_1$ (nach links).

Wirkung der Winkeländerung in b auf den Schenkel L_2:

Fall I: $E \cdot J \cdot \Delta_{yc} = \sum \psi_b \cdot L_2 = (f_1 + f_2) \cdot L_2$ (nach unten).

Wirkung des Moments $F \cdot L_3$ auf den Schenkel L_2:

Fall III: $E \cdot J \cdot \Delta_{yc} = \psi_M \cdot \frac{1}{2} \cdot L_2 = f_3 \cdot \frac{1}{2} \cdot L_2$ (nach unten).

Wirkung der Winkeländerung in b und c auf den Schenkel L_3:

Fall I: $E \cdot J \cdot \Delta_{xd} = \sum \psi_c \cdot L_3 = (f_1 + f_2 + f_3) \cdot L_3$ (nach links).

Wirkung der Kraft F auf den Schenkel L_3:

Fall II: $E \cdot J \cdot \Delta_{xd} = \psi_F \cdot \frac{2}{3} \cdot L_3 = f_4 \cdot \frac{2}{3} \cdot L_3$ (nach links).

Bildet man die algebraische Summe aller Verschiebungsanteile, so bekommt man

$E \cdot J \cdot \Delta_x = f_1 \frac{2}{3} \cdot L_1 + f_2 \cdot \frac{1}{2} \cdot L_1 + (f_1 + f_2 + f_3) \cdot L_3 + f_4 \cdot \frac{2}{3} \cdot L_3$ (nach links),

$E \cdot J \cdot \Delta_y = (f_1 + f_2) \cdot L_2 + f_3 \frac{1}{2} L_2$ (nach unten).

Setzt man hier die Werte für die Momentenflächen f_1, f_2, f_3 usw. ein, so können die Verschiebungen Δ_x und Δ_y des Endpunktes d in horizontaler und vertikaler Richtung genau berechnet werden.

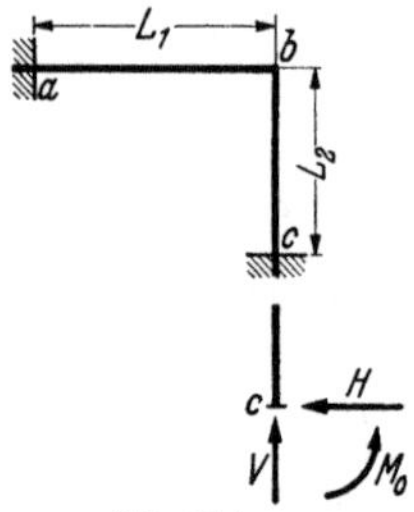

Abb. 114. Winkelbogen mit Einspannfestpunkten.

Übrigens zeigt dieses Beispiel, daß außer einer horizontalen Verschiebung von d nach links auch noch eine vertikale Verschiebung nach unten auftritt, obwohl nur eine horizontale Kraft wirkt.

Es sei ein beiderseits eingespanntes System, z. B. ein Winkelbogen nach Abb. 114 betrachtet, der infolge der Erwärmung einer Wärmedehnung unterworfen ist. Die horizontale Wärmedehnung ist $\Delta_H = L_1 \cdot \alpha$ und die vertikale $\Delta_V = L_2 \cdot \alpha$, wobei α die Wärmedehnungszahl darstellt.

Eine der Einspannungen soll durch entsprechende Kraftkomponenten H und V und durch ein Einspannmoment M_0 ersetzt werden.

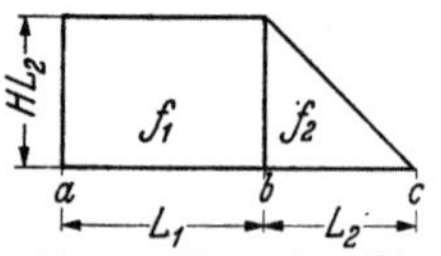

Abb. 115. Momentenbild der Kraft H.

Das Momentenbild der Komponente H ist in Abb. 115 und dasjenige der Komponente V in Abb. 116 gezeigt. Die Momentenflächen stellen nichts anderes dar, als die Winkeländerungen der einzelnen Schenkel. Die Summe der Momentenflächen $f_1 + f_2$ ist also gleichwertig mit der Winkeländerung des frei gedachten Endes c. Infolge der Einspannung darf aber keine Winkeländerung eintreten. Man muß also am Ende c jeweils ein Moment angreifen lassen, dessen Wirkung die durch die Kraft hervorgerufene Winkeländerung wieder aufhebt. Dieses Moment wird auch durch eine Fläche, und zwar durch ein Rechteck (Fall III) dargestellt und unterhalb der Nullinie gezeichnet (Abb. 117). Es ist offensichtlich, daß die Summe

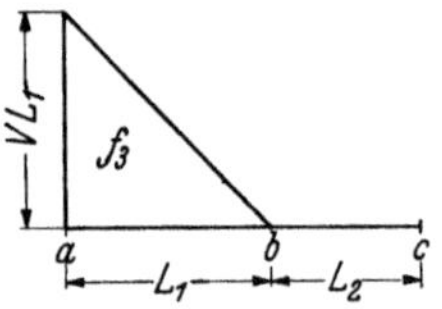

Abb. 116. Momentenbild der Kraft V.

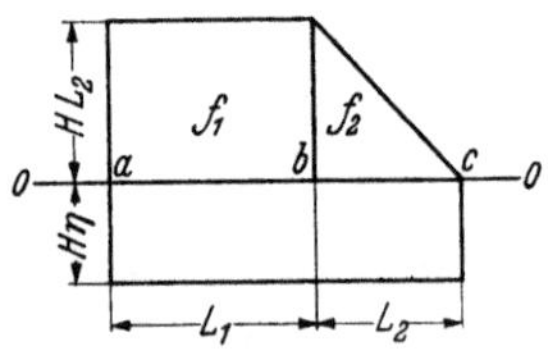

Abb. 117. Momentenbild für H und M_0.

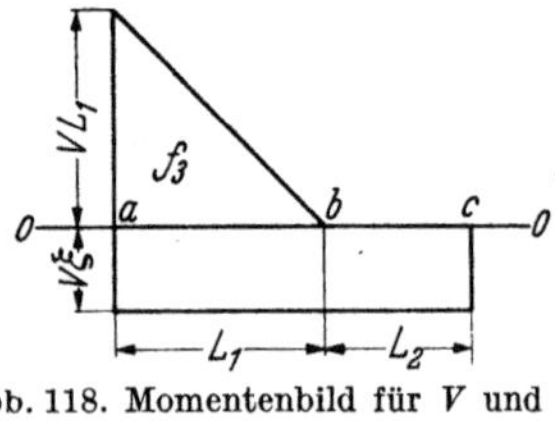

Abb. 118. Momentenbild für V und M_0.

der Momentenflächen oberhalb der Nullinie mit derjenigen unterhalb derselben flächengleich sein muß, damit deren Wirkung, d. h. die Winkeländerung des Endes c gleich Null wird.

In gleicher Weise zeichnet man auch für die Wirkung der vertikalen Komponente V das entsprechende Momentenbild, wobei ebenfalls die Flächen ober- und unterhalb der Nullinie einander gleich sein müssen

(Abb. 118). Diese unterhalb der Nullinie befindlichen Momentenflächen stellen also in ihrer algebraischen Summe die Wirkung des Einspannmomentes M_0 dar.

Die Höhe der unterhalb der Nullinie befindlichen Momentenflächen ermittelt sich aus der Flächengleichheit.

Bei Abb. 117

$$H \cdot \eta = \frac{f_1 + f_2}{L_1 + L_2} = \frac{H \cdot L_1 L_2 + \frac{1}{2} \cdot H \cdot L_2^2}{L_1 + L_2},$$

bei Abb. 118

$$V \cdot \xi = \frac{f_3}{L_1 + L_2} = \frac{\frac{1}{2} \cdot V \cdot L_1^2}{L_1 + L_2}.$$

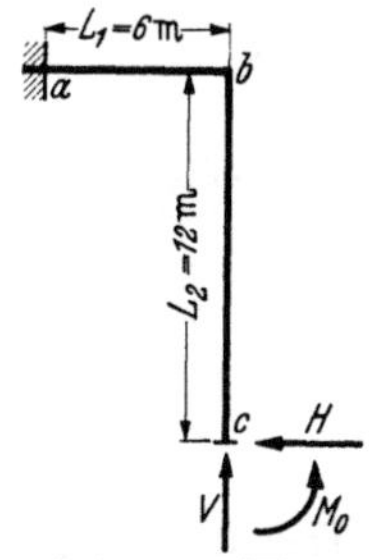

Abb. 119. Winkelbogen mit Einspannfestpunkten.

An Hand eines Zahlenbeispiels soll die Rechnungsart erläutert werden.

Beispiel 14. Der im Beispiel 9 durchgerechnete Winkelbogen (L-Bogen) mit $L_1 = 6$ m und $L_2 = 12$ m sowie $D = 267$ mm, $s = 7$ mm, $J = 4830$ cm^4 soll für eine Temperatur von 350°C geprüft werden (Abb. 119).

Man zeichnet die Biegungsmomentenbilder gemäß Abb. 120 und Abb. 121 auf der gestreckten Länge $L_1 + L_2$ des Winkelbogens.

Es sei zunächst die Wirkung der Komponente H betrachtet. Die Größe des Einspannmomentes wird dargestellt durch

$$H \cdot \eta = \frac{H \cdot L_1 \cdot L_2 + \frac{1}{2} \cdot H \cdot L_2^2}{L_1 + L_2} = H \frac{6 \cdot 12 + 0{,}5 \cdot 12^2}{6 + 12}$$
$$= H \cdot 8 \text{ mkg}.$$

Die in Abb. 120 weiß gelassenen Momentenflächen heben sich gegenseitig auf. Es bleibt die schraffierte Fläche

$$H (L_2 - \eta) L_1 = H \cdot (12 - 8) \cdot 6$$
$$= H \cdot 24 \text{ m}^2\text{kg}$$

übrig. Die Dreiecksfläche ist

$$\tfrac{1}{2} \cdot H \cdot L_2^2 = 0{,}5 \cdot H \cdot 12^2 = H \cdot 72 \text{ m}^2\text{kg}$$

und die Gegenmomentenfläche

$$H \cdot \eta \cdot L_2 = H \cdot 8 \cdot 12 = H \cdot 96 \text{ m}^2\text{kg}.$$

Zur Kontrolle: $H \cdot 24 + H \cdot 72 = H \cdot 96$.

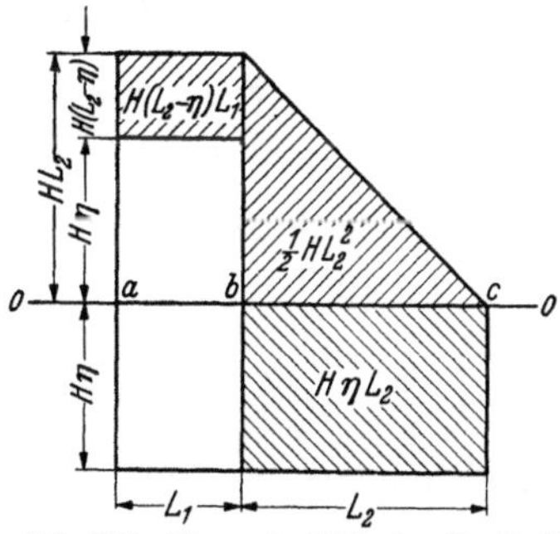

Abb. 120. Momentenbild der Kraft H (Beispiel 14).

Man ermittelt jetzt, wie bereits gezeigt, die Wirkung der Komponente H auf die einzelnen Schenkel.

Fall III: $E \cdot J \cdot \Delta_{Vb} = \psi_M \cdot \frac{1}{2} \cdot L_1 = H \cdot 24 \cdot 0{,}5 \cdot 6 = 72 \cdot H$ (nach unten),

Fall I: $E \cdot J \cdot \Delta_{Hc} = \sum \psi_b \cdot L_2 = H \cdot 24 \cdot 12 = 288 \cdot H$ (nach links),

Fall II: $E \cdot J \cdot \Delta_{Hc} = \psi_F \cdot \frac{2}{3} \cdot L_2 = H \cdot 72 \cdot \frac{2}{3} \cdot 12 = 576 \cdot H$ (nach links),

Fall III: $E \cdot J \cdot \Delta_{Hc} = \psi_M \cdot \frac{1}{2} \cdot L_2 = H \cdot 96 \cdot 0{,}5 \cdot 12 = 576 \cdot H$ (nach rechts).

Damit ist die Wirkung der Komponente H erschöpft.

Die Größe des Einspannmoments nach Abb. 121 für die Wirkung der Kraft V ist

$$V \cdot \xi = \frac{\frac{1}{2} \cdot V \cdot L_1^2}{L_1 + L_2} = V \frac{0{,}5 \cdot 6^2}{6 + 12} = 1 \cdot V \text{ mkg}.$$

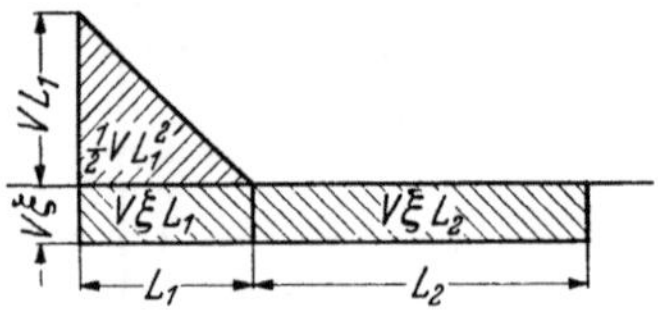

Abb. 121. Momentenbild der Kraft V (Beispiel 14).

Die schraffierten Flächen sind:

$$\tfrac{1}{2} \cdot V \cdot L_1^2 = 0{,}5 \cdot V \cdot 6^2 = V \cdot 18 \text{ m}^2\text{kg}.$$
$$V \cdot \xi \cdot L_1 = V \cdot 6 \text{ m}^2\text{kg},$$
$$V \cdot \xi L_2 = V \cdot 12 \text{ m}^2\text{kg}.$$

Kontrolle: $V \cdot 18 = V \cdot 6 + V \cdot 12$.

Daraus werden in gleicher Weise die Wirkungen der Komponente V auf die Schenkel berechnet.

Fall II: $E \cdot J \cdot \Delta_{Vb} = \psi_F \cdot \frac{2}{3} \cdot L_1 = V \cdot 18 \cdot \frac{2}{3} \cdot 6 = 72 \cdot V$ (nach oben),

Fall III: $E \cdot J \cdot \Delta_{Vb} = \psi_M \cdot \frac{1}{2} \cdot L_1 = V \cdot 6 \cdot 0{,}5 \cdot 6 = 18 \cdot V$ (nach unten),

Fall I: $E \cdot J \cdot \Delta_{Hc} = \sum \psi_b \cdot L_2 = (V \cdot 18 - V \cdot 6) \cdot 12$
$= 144 \cdot V$ (nach rechts),

Fall III: $E \cdot J \cdot \Delta_{Hc} = \psi_M \cdot \frac{1}{2} \cdot L_2 = V \cdot 12 \cdot 0{,}5 \cdot 12 = 72 \cdot V$ (nach links).

Damit ist die Wirkung der Komponente V erschöpft.

Die Summe der einzelnen Verschiebungen in horizontaler und vertikaler Richtung entspricht den wirksamen Komponenten der Wärmedehnung.

$$\begin{aligned} E \cdot J \cdot \Delta_H &= 288 \cdot H + 576 \cdot H - 576 \cdot H - 144 \cdot V + 72 \cdot V \\ &= 288 \cdot H - 72 \cdot V. \end{aligned}$$

$$\begin{aligned} E \cdot J \cdot \Delta_V &= -72 \cdot H + 72 \cdot V - 18 \cdot V \\ &= -72 \cdot H + 54 \cdot V, \end{aligned}$$

Für den Stahl St 35.29 ist bei 350° C

$$E = 1{,}8 \cdot 10^6 \text{ kg/cm}^2,$$
$$\alpha = 12{,}37 \cdot 10^{-6} \cdot 350 \cdot 100 = 0{,}433 \text{ cm/m}.$$

Die Komponenten der Wärmedehnung sind also bei 50% Vorspannung

$$\Delta_H = 0{,}5 \cdot 6 \cdot 0{,}433 = 1{,}3 \text{ cm},$$
$$\Delta_V = 0{,}5 \cdot 12 \cdot 0{,}433 = 2{,}6 \text{ cm},$$

daher

$$E \cdot J \cdot \Delta_H = \frac{1{,}8 \cdot 10^6 \cdot 4830 \cdot 1{,}3}{10^6} = 11\,300,$$

$$E \cdot J \cdot \Delta_V = \frac{1{,}8 \cdot 10^6 \cdot 4830 \cdot 2{,}6}{10^6} = 22\,600.$$

Man bekommt also folgende zwei Gleichungen

$$11300 = 288 \cdot H - 72 \cdot V,$$
$$22600 = -72 \cdot H + 54 \cdot V.$$

Daraus ermitteln sich die Kraftkomponenten

$$\underline{H = 216\,\text{kg},}$$
$$\underline{V = 705\,\text{kg}.}$$

Diese Berechnungsart führt also genau zum gleichen Ergebnis, wie die einfache Ermittlung der Kraftkomponenten mit Hilfe der Linientafel Abb. 77 im Beispiel 9.

Das größte Biegungsmoment wirkt, wie man sich leicht überzeugen kann, im Punkt a.

Aus den Momentenbildern kann man die Momente leicht bestimmen, und zwar

Im Punkt a:

$$M_{b_a} = H\,(L_2 - \eta) - V\,(L_1 - \xi)$$
$$= 216\,(12 - 8) - 705\,(6 - 1) = -2661\,\text{mkg}.$$

Das negative Vorzeichen hat keine Bedeutung.

Daraus die größte Biegungsspannung

$$\sigma_b = \frac{2661 \cdot 100 \cdot 26{,}7}{200 \cdot 4830} = \underline{7{,}35\,\text{kg/mm}^2}.$$

Also auch die Biegungsspannung stimmt mit derjenigen aus Beispiel 9 sehr gut überein.

Jetzt soll diese Berechnungsart auch auf gekrümmte Rohre (Rohrbogen) angewandt werden.

Belastungsfall V.

In Abb. 122 ist ein Bogen AB dargestellt, der durch eine Kraft F parallel zu der x-Achse belastet ist.

Das Biegungsmoment im Bogenteilchen ds ist

$$M_b = F \cdot R\,(\cos\varphi - \cos\alpha).$$

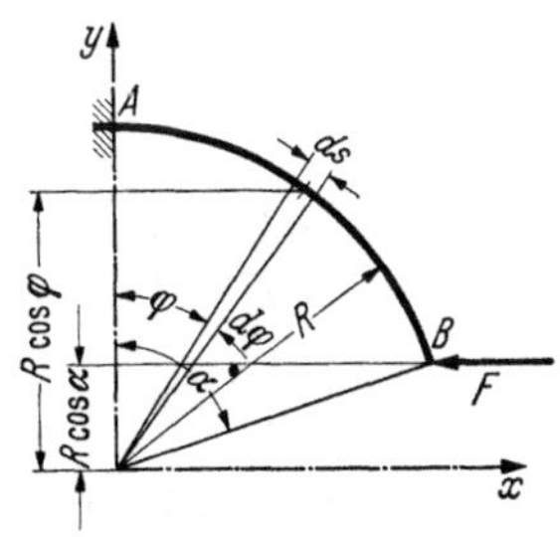

Abb. 122. Bogen mit seitlicher Kraft.

Aus der Differentialgleichung der elastischen Linie findet man für die dem Biegungsmoment entsprechende Winkeländerung

$$\psi = \int_0^\alpha \frac{M_b \cdot ds}{K \cdot E \cdot J},$$

wobei $ds = R \cdot d\varphi$ ist. Eingesetzt und von 0 bis α integriert

$$\psi = \frac{F \cdot R^2}{K \cdot E \cdot J} \cdot \int_0^\alpha (\cos\varphi - \cos\alpha) \cdot d\varphi$$

$$= \frac{F \cdot R^2}{K \cdot E \cdot J} (\sin\alpha - \alpha \cdot \cos\alpha).$$

Die Durchbiegung des Bogens in der x-Richtung ergibt sich durch die Summe der Produkte aus der Winkeländerung des Teilchens ds und seines senkrechten Abstandes von der Kraftachse.

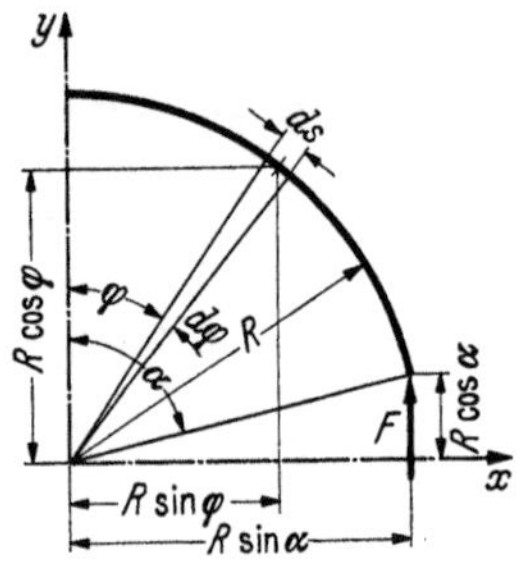

Abb. 123. Bogen mit tangentialer Kraft.

Dieser Abstand ist $R(\cos\varphi - \cos\alpha)$, daher

$$\Delta_x = \sum \psi \cdot R \cdot (\cos\varphi - \cos\alpha)$$

$$= \frac{F \cdot R^3}{K \cdot E \cdot J} \int_0^\alpha (\cos\varphi - \cos\alpha)^2 \cdot d\varphi$$

$$= \frac{F \cdot R^3}{K \cdot E \cdot J} \left[\alpha (0{,}5 + \cos^2\alpha) - 1{,}5 \cdot \sin\alpha \cdot \cos\alpha\right].$$

Der Wert K im Nenner berücksichtigt die Abflachung des Bogenquerschnittes durch die Biegungsspannungen. Hierüber siehe Abschnitt B II/2b (KÁRMÁN-Zahl).

Die Durchbiegung des Bogens in der y-Richtung ergibt sich durch die Summe der Produkte aus der Winkeländerung des Teilchens ds und des jeweiligen horizontalen Abstandes vom freien Ende.

Dieser horizontale Abstand ist $R(\sin\alpha - \sin\varphi)$, daher

$$\Delta_y = \sum \psi \cdot R \cdot (\sin\alpha - \sin\varphi)$$

$$= \frac{F \cdot R^3}{K \cdot E \cdot J} \int_0^\alpha (\cos\varphi - \cos\alpha)(\sin\alpha - \sin\varphi) \cdot d\varphi$$

$$= \frac{F \cdot R^3}{K \cdot E \cdot J} [0{,}5 \cdot \sin^2\alpha - \alpha \cdot \sin\alpha \cdot \cos\alpha + \cos\alpha - \cos^2\alpha].$$

Für den 90°-Bogen ist $\alpha = \pi/2$ und damit $\cos\alpha = 0$ und $\sin\alpha = 1$. Die vorstehenden Gleichungen erhalten daher folgende Form (s. Abb. 176)

$$\psi_F = \frac{F \cdot R^2}{K \cdot E \cdot J},$$

$$\Delta_x = \Delta_F = 0{,}7854 \cdot \frac{F \cdot R^3}{K \cdot E \cdot J} = 0{,}7854 \cdot \psi_F \cdot R \quad \text{(in Kraftrichtung)},$$

$$\Delta_y = \Delta_{\perp F} = 0{,}5 \cdot \frac{F \cdot R^3}{K \cdot E \cdot J} = 0{,}5 \cdot \psi_F \cdot R \quad \text{(senkrecht zur Kraft)}.$$

Belastungsfall VI.

In ähnlicher Weise werden die Beziehungen für einen in der anderen Richtung belasteten Bogen entwickelt (Abb. 123).

Im Bogenteilchen ds wirkt das Biegungsmoment:

$$M_b = F \cdot R \cdot (\sin\alpha - \sin\varphi), \quad ds = R \cdot d\varphi,$$

$$\psi_F = \int \frac{M_b \cdot ds}{K \cdot E \cdot J} = \frac{F \cdot R^2}{K \cdot E \cdot J} \int_0^\alpha (\sin\alpha - \sin\varphi) \cdot d\varphi$$

$$= \frac{F \cdot R^2}{K \cdot E \cdot J} (\alpha \cdot \sin\alpha + \cos\alpha - 1),$$

$$\Delta_y = \sum \psi \cdot R (\sin\alpha - \sin\varphi)$$

$$= \frac{F \cdot R^3}{K \cdot E \cdot J} \int_0^\alpha (\sin\alpha - \sin\varphi)^2 \cdot d\varphi$$

$$= \frac{F \cdot R^3}{K \cdot E \cdot J} [\alpha \cdot (0{,}5 + \sin^2\alpha) + 1{,}5 \cdot \sin\alpha \cdot \cos\alpha - 2 \cdot \sin\alpha],$$

$$\Delta_x = \sum \psi \cdot R \cdot (\cos\varphi - \cos\alpha)$$

$$= \frac{F \cdot R^3}{K \cdot E \cdot J} \int_0^\alpha (\sin\alpha - \sin\varphi)(\cos\varphi - \cos\alpha) \cdot d\varphi$$

$$= \frac{F \cdot R^3}{K \cdot E \cdot J} [1{,}5 \cdot \sin^2\alpha - \alpha \cdot \sin\alpha \cdot \cos\alpha + \cos\alpha - 1].$$

Bei einem 90°-Bogen ist $\alpha = \pi/2$. Damit ergeben sich folgende Beziehungen (s. Abb. 177).

$$\psi_F = 0{,}57 \frac{F \cdot R^2}{K \cdot E \cdot J},$$

$$\Delta_y = \Delta_F = 0{,}3554 \frac{F \cdot R^3}{K \cdot E \cdot J} = 0{,}624 \cdot \psi_F \cdot R \quad \text{(in Kraftrichtung)},$$

$$\Delta_x = \Delta_{\perp F} = 0{,}5 \cdot \frac{F \cdot R^3}{K \cdot E \cdot J} = 0{,}876 \cdot \psi_F \cdot R \quad \text{(senkrecht zur Kraft)}.$$

Belastungsfall VII.

Für einen durch ein Moment M belasteten Bogen (Abb. 124) ergeben sich folgende Beziehungen:

Im Bogenteilchen ds wirkt das Biegungsmoment:

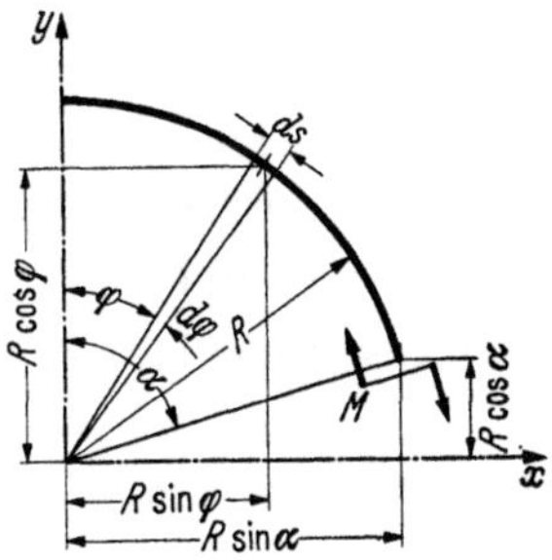

Abb. 124. Bogen mit Momentenbelastung.

$$M_b = M = \text{konst.}, \quad ds = R \cdot d\varphi,$$

$$\psi_F = \int \frac{M_b \cdot ds}{K \cdot E \cdot J} = \frac{M \cdot R}{K \cdot E \cdot J} \int_0^\alpha d\varphi$$

$$= \frac{M \cdot R}{K \cdot E \cdot J} \cdot \alpha,$$

$$\Delta_y = \sum \psi \cdot R (\sin\alpha - \sin\varphi)$$

$$= \frac{M \cdot R^2}{K \cdot E \cdot J} \int_0^\alpha (\sin\alpha - \sin\varphi) \cdot d\varphi = \frac{M \cdot R^2}{K \cdot E \cdot J} [\alpha \cdot \sin\alpha + \cos\alpha - 1],$$

$$\Delta_x = \sum \psi \cdot R\,(\cos\varphi - \cos\alpha)$$
$$= \frac{M \cdot R^2}{K \cdot E \cdot J} \int_0^\alpha (\cos\varphi - \cos\alpha) \cdot d\varphi = \frac{M \cdot R^2}{K \cdot E \cdot J}\,[\sin\alpha - \alpha \cdot \cos\alpha]\,.$$

Bei einem 90°-Bogen ist $\alpha = \pi/2$ (s. Abb. 178), daher:

$$\psi_M = 1{,}57\,\frac{M \cdot R}{K \cdot E \cdot J}\,,$$

$$\Delta_x = \Delta_{AM} = \frac{M \cdot R^2}{K \cdot E \cdot J} = 0{,}637 \cdot \psi_M \cdot R \quad \text{(in Richtung des Momentenarmes)},$$

$$\Delta_y = \Delta_{\perp AM} = 0{,}57 \cdot \frac{M \cdot R^2}{K \cdot E \cdot J} = 0{,}363 \cdot \psi_M \cdot R$$

(senkrecht zum Momentenarm).

Damit sind sämtliche für ebene Rohrsysteme in Frage kommenden Belastungsfälle erfaßt. Es ist im Abschnitt B III/3 c für räumliche Systeme

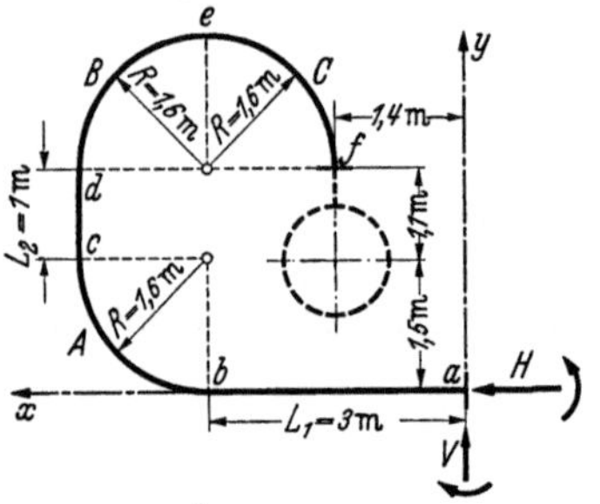

Abb. 125. Turbinen-Anschlußbogen (zu Beispiel 15).

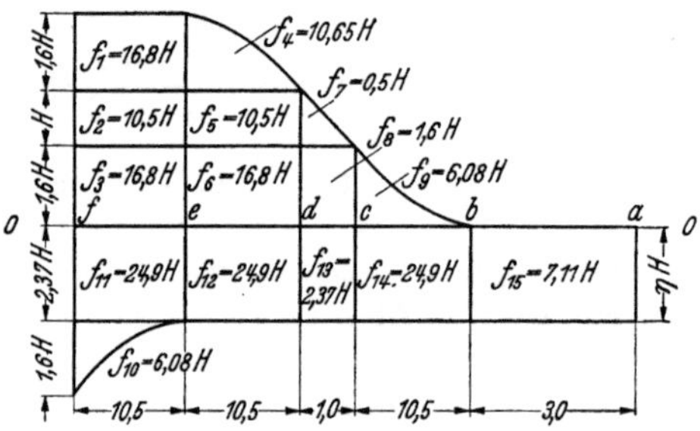

Abb. 126. Momentenbild für die Kraft H.

zur besseren Übersicht eine Gesamtzusammenstellung aller Belastungsfälle mit den dazugehörigen Formeln gegeben, um bei der praktischen Berechnung nicht lange suchen zu müssen.

Zum besseren Verständnis soll noch ein Beispiel aus der Praxis durchgerechnet werden:

Beispiel 15. Ein Turbinenanschlußbogen nach Abb. 125 mit 400 NW = 419 mm ä. Dmr. und 10 mm Wand ist in bezug auf die durch Wärmedehnung hervorgerufenen Kräfte und Spannungen zu untersuchen.

Betriebsverhältnisse 18 atü, 350° C. Rohrwerkstoff St. 35.29 und hierfür

$$E = 1{,}8 \cdot 10^6\ \text{kg/cm}^2, \qquad \alpha = 12{,}37 \cdot 10^{-6} \cdot 350 \cdot 100 = 0{,}433\ \text{cm/m}.$$

KÁRMÁN-Zahl für $d : s = 399 : 10 = 40$ und $\varrho = R : d = 4$ aus Abb. 57

$$K = 0{,}24\,.$$

Die gestreckte elastische Länge eines Bogens 90° ist also

$$\frac{1{,}57 \cdot R}{K} = \frac{1{,}57 \cdot 1{,}6}{0{,}24} = 10{,}5\ \text{m}\,.$$

Der Aufbau der Momentenflächenbilder erfolgt in nachstehender Weise.

Die Wirkung der Kraftkomponente H (s. Abb. 126) auf den Schenkel L_1 ist Null. Es wirkt aber am Schenkel L_1 ein Einspannmoment, dessen

Größe zu bestimmen ist. Man zeichne also nach Belastungsfall III ein Rechteck von der Länge $L_1 = 3$ m und der zunächst noch unbekannten Höhe $\eta \cdot H$ unterhalb der Nullinie. Dieses Einspannmoment wirkt über die ganze Länge des Systems. Es ist also die gestreckte Länge auf der Nullinie aufzutragen, was nicht maßstäblich zu erfolgen braucht. Für die gestreckte Länge des Bogens ist dessen elastische Länge, also nach Division mit der KÁRMÁN-Zahl K, wie oben bereits ausgerechnet, aufzutragen. Das Rechteck des unbekannten Einspannmomentes ist mit der Höhe $\eta \cdot H$ bis zum Endpunkt f des Systems zu verlängern.

Die Wirkung von H auf den Bogen A entspricht dem Belastungsfall VI. Man zeichnet also zwischen den Punkten b und c das entsprechende Momentenflächenbild oberhalb der Nullinie. Das im Punkte c durch H erzeugte Biegungsmoment entspricht dem Produkt $R \cdot H = 1{,}6 \cdot H$ mkg. Auch dieses Moment setzt sich bis zum Endpunkt f fort, muß also als Rechteck über der entsprechenden Länge der Grundlinie (Nullinie) gezeichnet werden.

Die Wirkung von H auf den Schenkel L_2 entspricht dem Belastungsfall II. Die Momentenfläche ist also ein Dreieck mit der einen Kathete $= L_2 = 1$ m und der anderen Kathete = Moment $H \cdot L_2 = H$ mkg. Auch dieses Moment setzt sich weiter fort bis f und es wird durch das entsprechende Rechteck bis f dargestellt.

Die Wirkung von H auf den Bogen B entspricht dem Belastungsfall V. Die entsprechende Momentenfläche wird zwischen den Punkten d und e aufgetragen, und zwar wieder mit der Höhe $R \cdot H = 1{,}6 \cdot H$ mkg entsprechend dem wirkenden Biegungsmoment. Dieses Moment überlagert sich ebenfalls bis zum Punkt f.

Die Wirkung von H auf den Bogen C entspricht dem Belastungsfall VI Im Punkt e kehrt sich die Richtung des Bogens gegenüber der Kraftrichtung H um. Die Momentenfläche muß also unterhalb der Nullinie, wie in Abb. 126 gezeigt, aufgetragen werden.

Die Größe der Flächen ermittelt man aus den Angaben für die entsprechenden Belastungsfälle. Bei den Rechtecken ergeben sich die Flächen durch Multiplikation der Länge mit der Höhe. Da die Höhen Momente darstellen, erscheint also die zu berechnende Kraftkomponente H auch jedesmal in dem Wert der Momentenfläche.

Nachdem sämtliche Momentenflächen bestimmt sind, bildet man deren Summe und zieht die unterhalb der Nullinie liegende Momentenfläche f_{10} von dieser Summe ab.

$$\sum (f_1 \text{ bis } f_9) = 90{,}23 \cdot H,$$

$$\sum (f_1 \text{ bis } f_9) - f_{10} = 90{,}23 \cdot H - 6{,}08 \cdot H = 84{,}15 \cdot H.$$

Dieser Wert ergibt nach Division durch die gestreckte elastische Länge des Systems die Größe des Einspannmomentes $\eta \cdot H$

$$\sum L = 10{,}5 + 10{,}5 + 1 + 10{,}5 + 3 = 35{,}5 \text{ m},$$

$$\eta \cdot H = \frac{84{,}15 \cdot H}{35{,}5} = 2{,}37 \cdot H \text{ mkg},$$

Das ergibt die Höhe der dem Einspannmoment entsprechenden Momentenfläche.

In der Bezeichnung $\eta \cdot H$ ist absichtlich der Buchstabe η gewählt worden, mit dem bisher der Schwerpunktsabstand bezeichnet wurde. Auch in diesem Fall stellt der Wert η nichts anderes dar als den Schwerpunktsabstand des Systems, bezogen auf die Kraftlinie H. Die Komponente H der wirkenden Gesamtkraft muß, wie schon früher bewiesen wurde, durch den Schwerpunkt des Systems gehen, weil es sich um ein beiderseits eingespanntes System handelt.

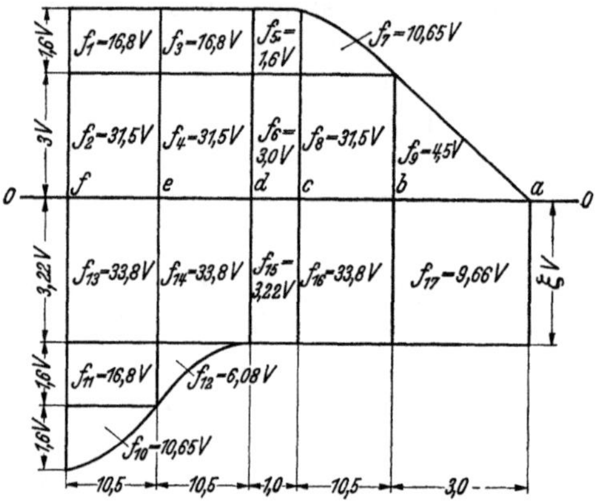

Abb. 127. Momentenbildung für die Kraft V.

Mit Hilfe der nunmehr bekannten Größe des Einspannmoments $\eta \cdot H = 2{,}37 \cdot H$ mkg können auch die entsprechenden Momentenflächen f_{11} bis f_{15} bestimmt werden.

Zur Sicherheit prüfe man nochmals, ob die Summen aller Flächen ober- und unterhalb der Nullinie einander gleich sind.

In entsprechender Weise werden die Momentenbilder für die Wirkung der Kraftkomponente V entwickelt (s. Abb. 127) und ihre Größe berechnet. Auch hier findet im Punkt d eine Umkehrung der Richtung der Systemform in bezug auf die Kraftlinie V statt. Es sind daher die den Bogen B und C entsprechenden Momentenflächen unterhalb der Nullinie aufzutragen.

Die Größe des Einspannmoments $\xi \cdot V$ ergibt sich aus

$$\xi \cdot V = \frac{\Sigma(f_1 \text{ bis } f_9) - \Sigma(f_{10} \text{ bis } f_{12})}{\Sigma L} = \frac{147{,}85 - 33{,}53}{35{,}5} \cdot V$$

$$= 3{,}22 \cdot V \text{ mkg}.$$

Aus diesen Momentenbildern sollen mit Hilfe der vorhin entwickelten Belastungsfälle die einzelnen Wirkungen auf die Schenkel und Bogen des Systems berechnet werden.

Zunächst sei die Wirkungen der Komponente H gemäß Momentenbild Abb. 126 betrachtet.

Die Summen der Winkeländerungen am Ende eines jeden Teiles des Systems werden durch die algebraische Summen der Momentenflächen bestimmt:

$$\sum \psi_e = \sum f_e = f_1 + f_2 + f_3 - f_{10} - f_{11} = 13{,}12 \cdot H,$$
$$\sum \psi_d = \sum f_e + f_4 + f_5 + f_6 - f_{12} = 26{,}17 \cdot H,$$
$$\sum \psi_c = \sum f_d + f_7 + f_8 - f_{13} = 25{,}9 \cdot H,$$
$$\sum \psi_b = \sum f_c + f_9 - f_{14} = 7{,}08 \cdot H,$$
$$\sum \psi_a = \sum f_b - f_{15} = \sim 0.$$

Fall VII: $E \cdot J \cdot \Delta_{Ve} = \psi_M \cdot 0{,}637 \cdot R = (f_1 + f_2 + f_3 - f_{11})\, 0{,}637 \cdot R$
$= 19{,}2 \cdot H \cdot 0{,}637 \cdot 1{,}6 = 19{,}55 \cdot H$ (nach oben),

$E \cdot J \cdot \Delta_{He} = \psi_M \cdot 0{,}363 \cdot R = 19{,}2 \cdot H \cdot 0{,}363 \cdot 1{,}6 = 11{,}15 \cdot H$
(nach rechts).

Fall VI: $E \cdot J \cdot \Delta_{He} = \psi_F \cdot 0{,}624 \cdot R = f_{10} \cdot 0{,}624 \cdot R$
$= 6{,}08 \cdot H \cdot 0{,}624 \cdot 1{,}6 = 6{,}07 \cdot H$ (nach links),

$E \cdot J \cdot \Delta_{Ve} = \psi_F \cdot 0{,}876 \cdot R = f_{10} \cdot 0{,}876 \cdot R$
$= 6{,}08 \cdot H \cdot 0{,}876 \cdot 1{,}6 = 8{,}52 \cdot H$ (nach unten).

Fall I: $E \cdot J \cdot \Delta_{Hd} = \sum \psi_e \cdot R = \sum f_e \cdot R = (f_1 + f_2 + f_3 - f_{10} - f_{11}) \cdot R$
$= 13{,}12 \cdot H \cdot 1{,}6 = 21{,}0 \cdot H$ (nach links),

$E \cdot J \cdot \Delta_{Vd} = \sum \psi_e \cdot R = \sum f_e \cdot R$
$= 13{,}12 \cdot H \cdot 1{,}6 = 21{,}0 \cdot H$ (nach oben).

Fall V: $E \cdot J \cdot \Delta_{Hd} = \psi_F \cdot 0{,}7854 \cdot R = f_4 \cdot 0{,}7854 \cdot R$
$= 10{,}65 \cdot H \cdot 0{,}7854 \cdot 1{,}6 = 13{,}38 \cdot H$ (nach links).

$E \cdot J \cdot \Delta_{Vd} = \psi_F \cdot 0{,}5 \cdot R = f_4 \cdot 0{,}5 \cdot R$
$= 10{,}65 \cdot H \cdot 0{,}5 \cdot 1{,}6 = 8{,}55 \cdot H$ (nach oben).

Fall VII: $E \cdot J \cdot \Delta_{Hd} = \psi_M \cdot 0{,}637 \cdot R = (f_5 + f_6 - f_{12}) \cdot 0{,}637 \cdot R$
$= 2{,}4 \cdot H \cdot 0{,}637 \cdot 1{,}6 = 2{,}445 \cdot H$ (nach links),

$E \cdot J \cdot \Delta_{Vd} = \psi_M \cdot 0{,}363 \cdot R = (f_5 + f_6 - f_{12}) \cdot 0{,}363 \cdot R$
$= 2{,}4 \cdot H \cdot 0{,}363 \cdot 1{,}6 = 1{,}393 \cdot H$ (nach oben).

Fall I: $E \cdot J \cdot \Delta_{Hc} = \sum \psi_d \cdot L_2 = \sum f_d \cdot L_2$
$= 26{,}17 \cdot H \cdot 1{,}0 = 26{,}17 \cdot H$ (nach links).

Fall II: $E \cdot J \cdot \Delta_{Hc} = \psi_F \cdot \frac{2}{3} \cdot L_2 = 0{,}5 \cdot H \cdot \frac{2}{3} \cdot 1 = 0{,}333 \cdot H$ (nach links).

Fall III: $E \cdot J \cdot \Delta_{Hc} = \psi_M \cdot \frac{1}{2} \cdot L_2 = (f_8 - f_{13}) \cdot \frac{1}{2} \cdot L_2$
$= (-)\,0{,}77 \cdot H \cdot 0{,}5 \cdot 1 = 0{,}385 \cdot H$ (nach rechts).

Fall I: $E \cdot J \cdot \Delta_{Hb} = \sum \psi_c \cdot R = \sum f_c \cdot R$
$= 25{,}9 \cdot H \cdot 1{,}6 = 41{,}4 \cdot H$ (nach links),

$E \cdot J \cdot \Delta_{Vb} = \sum \psi_c \cdot R = \sum f_c \cdot R$
$= 25{,}9 \cdot H \cdot 1{,}6 = 41{,}4 \cdot H$ (nach unten).

Fall VI: $E \cdot J \cdot \Delta_{Hb} = \psi_F \cdot 0{,}624 \cdot R = f_9 \cdot 0{,}624 \cdot R$
$= 6{,}08 \cdot H \cdot 0{,}624 \cdot 1{,}6 = 6{,}07 \cdot H$ (nach links),

$E \cdot J \cdot \Delta_{Vb} = \psi_F \cdot 0{,}876 \cdot R = f_9 \cdot 0{,}876 \cdot R$
$= 6{,}08 \cdot H \cdot 0{,}876 \cdot 1{,}6 = 8{,}52 \cdot H$ (nach unten).

Fall VII: $E \cdot J \cdot \Delta_{Vb} = \psi_M \cdot 0{,}637 \cdot R = f_{14} \cdot 0{,}637 \cdot R$
$= 24{,}9 \cdot H \cdot 0{,}637 \cdot 1{,}6 = 25{,}4 \cdot H$ (nach oben),

$E \cdot J \cdot \Delta_{Hb} = \psi_M \cdot 0{,}363 \cdot R = f_{14} \cdot 0{,}363 \cdot R$
$= 24{,}9 \cdot H \cdot 0{,}363 \cdot 1{,}6 = 14{,}44 \cdot H$ (nach rechts).

Fall I: $E \cdot J \cdot \Delta_{Va} = \sum \psi_b \cdot L_1 = \sum f_b \cdot L_1$
$= 7{,}08 \cdot H \cdot 3 = 21{,}24 \cdot H$ (nach unten).

Fall III: $E \cdot J \cdot \Delta_{Va} = \psi_M \cdot \frac{1}{2} \cdot L_1 = f_{15} \cdot 0{,}5 \cdot L_1$
$= 7{,}11 \cdot H \cdot 0{,}5 \cdot 3 = 10{,}66 \cdot H$ (nach oben).

Damit ist die Wirkung der Komponente H erschöpft. Es muß jetzt die algebraische Summe aller dieser Verschiebungen gebildet werden. Dabei werden die in Richtung der Komponenten H und V erfolgenden Verschiebungen (also nach links und nach oben) als positiv und die in entgegengesetzter Richtung als negativ betrachtet.

$$E \cdot J \cdot \Delta_H = H \cdot (-11{,}15 + 6{,}07 + 21{,}0 + 13{,}38 + 2{,}445 + 26{,}17 + {} + 0{,}333 - 0{,}385 + 41{,}4 + 6{,}07 - 14{,}44),$$

$$E \cdot J \cdot \Delta_H = \underline{H \cdot 90{,}893 \text{ m}^3\,\text{kg}},$$

$$E \cdot J \cdot \Delta_V = H \cdot (19{,}55 - 8{,}52 + 21 + 8{,}525 + 1{,}393 - 41{,}4 - 8{,}52 + {} + 25{,}4 - 21{,}24 + 10{,}66),$$

$$E \cdot J \cdot \Delta_V = \underline{H \cdot 6{,}848 \text{ m}^3\,\text{kg}}.$$

In gleicher Weise soll die Wirkung der Kraftkomponente V auf die einzelnen Teile des Systems untersucht werden (s. Abb. 127).

$$\sum \psi_e = \sum f_e = f_1 + f_2 - f_{10} - f_{11} - f_{13} = -12{,}95 \cdot V,$$
$$\sum \psi_d = \sum f_e + f_3 + f_4 - f_{12} - f_{14} = -4{,}53 \cdot V,$$
$$\sum \psi_c = \sum f_d + f_5 + f_6 - f_{15} = -3{,}15 \cdot V,$$
$$\sum \psi_b = \sum f_c + f_7 + f_8 - f_{16} = +5{,}20 \cdot V,$$
$$\sum \psi_a = \sum f_b + f_9 - f_{17} = \sim 0.$$

Fall VII: $E \cdot J \cdot \Delta_{He} = \psi_M \cdot 0{,}363 \cdot R = (f_1 + f_2 - f_{11} - f_{13}) \cdot 0{,}363 \cdot R$
$= (-)\, 2{,}3 \cdot V \cdot 0{,}363 \cdot 1{,}6 = 1{,}335 \cdot V$ (nach rechts),

$E \cdot J \cdot \Delta_{Ve} = \psi_M \cdot 0{,}637 \cdot R = (-)\, 2{,}3 \cdot V \cdot 0{,}637 \cdot 1{,}6$
$= 2{,}345 \cdot V$ (nach oben).

Fall V: $E \cdot J \cdot \Delta_{Ve} = \psi_F \cdot 0{,}7854 \cdot R = f_{10} \cdot 0{,}7854 \cdot R$
$= 10{,}65 \cdot V \cdot 0{,}7854 \cdot 1{,}6 = 13{,}38 \cdot V$ (nach oben).

$E \cdot J \cdot \Delta_{He} = \psi_F \cdot 0{,}5 \cdot R = f_{10} \cdot 0{,}5 \cdot R$
$= 10{,}65 \cdot V \cdot 0{,}5 \cdot 1{,}6 = 8{,}55 \cdot V$ (nach rechts).

Fall I: $E \cdot J \cdot \Delta_{Hd} = \sum \psi_e \cdot R = (-)\, 12{,}95 \cdot V \cdot R$
$= (-)\, 12{,}95 \cdot V \cdot 1{,}6 = 20{,}73 \cdot V$ (nach links),

$E \cdot J \cdot \Delta_{Vd} = \sum \psi_e \cdot R = (-)\, 12{,}95 \cdot V \cdot R$
$= (-)\, 12{,}95 \cdot V \cdot 1{,}6 = 20{,}73 \cdot V$ (nach oben).

Fall VII: $E \cdot J \cdot \Delta_{Hd} = \psi_M \cdot 0{,}637 \cdot R = (f_3 + f_4 - f_{14}) \cdot 0{,}637\, R$
$= 14{,}5 \cdot V \cdot 0{,}637 \cdot 1{,}6 = 14{,}78 \cdot V$ (nach rechts),

$E \cdot J \cdot \Delta_{Vd} = \psi_M \cdot 0{,}363 \cdot R = 14{,}5 \cdot V \cdot 0{,}363 \cdot 1{,}6$
$= 8{,}42 \cdot V$ (nach unten).

Fall VI: $E \cdot J \cdot \Delta_{Vd} = \psi_F \cdot 0{,}624 \cdot R = f_{12} \cdot 0{,}624 \cdot R$
$= 6{,}08 \cdot V \cdot 0{,}624 \cdot 1{,}6 = 6{,}07 \cdot V$ (nach oben),

$E \cdot J \cdot \Delta_{Hd} = \psi_F \cdot 0{,}876 \cdot R$
$= 6{,}08 \cdot V \cdot 0{,}876 \cdot 1{,}6 = 8{,}52 \cdot V$ (nach links).

Fall I: $E \cdot J \cdot \Delta_{Hc} = \sum \psi_d \cdot L_2 = \sum f_d \cdot L_2$
$= (-)\, 4{,}53 \cdot V \cdot 1 = 4{,}53 \cdot V$ (nach links).

Fall III: $E \cdot J \cdot \Delta_{Hc} = \psi_M \cdot 0{,}5 \cdot L_2 = (f_5 + f_6 - f_{15}) \cdot 0{,}5 \cdot L_2$
$= 1{,}38 \cdot V \cdot 0{,}5 \cdot 1 = 0{,}69 \cdot V$ (nach rechts).

Fall I: $E \cdot J \cdot \Delta_{Hb} = \sum \psi_c \cdot R = \sum f_c \cdot R$
$= (-)\, 3{,}15 \cdot V \cdot 1{,}6 = 5{,}04 \cdot V$ (nach links),

$E \cdot J \cdot \Delta_{Vb} = \sum \psi_c \cdot R$
$= (-)\, 3{,}15 \cdot V \cdot 1{,}6 = 5{,}04 \cdot V$ (nach unten).

Fall V: $E \cdot J \cdot \Delta_{Vb} = \psi_F \cdot 0{,}7854 \cdot R = f_7 \cdot 0{,}7854 \cdot R$
$= 10{,}65 \cdot V \cdot 0{,}7854 \cdot 1{,}6 = 13{,}38 \cdot V$ (nach oben),

$E \cdot J \cdot \Delta_{Hb} = \psi_F \cdot 0{,}5 \cdot R$
$= 10{,}65 \cdot V \cdot 0{,}5 \cdot 1{,}6 = 8{,}55 \cdot V$ (nach rechts).

Fall I: $E \cdot J \cdot \Delta_{Va} = \sum \psi_b \cdot L_1 = \sum f_b \cdot L_1$
$= 5{,}2 \cdot V \cdot 3{,}0 = 15{,}6 \cdot V$ (nach oben).

Fall II: $E \cdot J \cdot \Delta_{Va} = \psi_F \cdot \frac{2}{3} \cdot L_1 = f_9 \cdot \frac{2}{3} \cdot L_1$
$= 4{,}5 \cdot V \cdot 0{,}666 \cdot 3 = 9 \cdot V$ (nach oben).

Fall III: $E \cdot J \cdot \Delta_{Va} = \psi_M \cdot \frac{1}{2} \cdot L_1 = f_9 \cdot 0{,}5 \cdot L_1$
$= (-)\, 9{,}66 \cdot V \cdot 0{,}5 \cdot 3 = 14{,}49 \cdot V$ (nach unten).

Damit ist die Wirkung der Komponente V erschöpft. Die algebraische Summe der Verschiebungen aller Teile gibt die Endverschiebung des frei gedachten Endes a. Die positiven und negativen Richtungen werden wie vorher bestimmt.

$$E \cdot J \cdot \Delta_H = V \cdot (-1{,}335 - 8{,}55 + 20{,}73 - 14{,}78 + 8{,}52 + 4{,}53 - 0{,}69 + 5{,}04 - 8{,}55),$$

$$E \cdot J \cdot \Delta_H = \underline{V \cdot 4{,}915 \text{ m}^3\,\text{kg}},$$

$$E \cdot J \cdot \Delta_V = V \cdot (2{,}345 + 13{,}38 + 20{,}73 - 8{,}42 + 6{,}07 - 5{,}04 + 13{,}38 + 15{,}6 + 9 - 14{,}49),$$

$$E \cdot J \cdot \Delta_V = \underline{V \cdot 52{,}555 \text{ m}^3\,\text{kg}}.$$

Die umständliche und umfangreiche Rechenarbeit bedingt gewisse Ungenauigkeiten. Es muß an sich der Faktor der Komponente V bei der horizontalen Verschiebung Δ_H mit dem vorher ausgerechneten Faktor der Komponente H bei der vertikalen Verschiebung Δ_V genau übereinstimmen. Der durch diese Ungenauigkeit bedingte Fehler dürfte aber in diesem Falle ohne große Bedeutung sein und stellt mehr oder weniger einen Schönheitsfehler dar, da durch die Übereinstimmung dieser Werte die Richtigkeit der Berechnung am besten zu überprüfen ist.

Die Komponenten der Wärmedehnung ermitteln sich aus der Abbildung des Systems, und zwar

$$\left.\begin{array}{ll} \Delta_H = 1{,}4 \cdot 0{,}433 \cdot 0{,}5 & = 0{,}303 \text{ cm} \\ \Delta_V = (1{,}5 \cdot 0{,}5 + 1{,}1)\, 0{,}433 & = 0{,}8 \text{ cm} \end{array}\right\} \text{bei 50 \% Vorspannung,}$$

Das Rohrträgheitsmoment ist $J = 26\,900$ cm⁴. Somit

$$E \cdot J \cdot \Delta_H = 1{,}8 \cdot 10^6 \cdot 26900 \cdot 0{,}303 = 14650 \cdot 10^6 \text{ cm}^3\,\text{kg},$$

$$E \cdot J \cdot \Delta_V = 1{,}8 \cdot 10^6 \cdot 26900 \cdot 0{,}8 = 38700 \cdot 10^6 \text{ cm}^3\,\text{kg}.$$

Man erhält also folgende zwei Gleichungen

$$14650 \cdot 10^6 = (H \cdot 90{,}893 + V \cdot 4{,}915) \cdot 10^6 \text{ cm}^3\,\text{kg},$$

$$38700 \cdot 10^6 = (H \cdot 6{,}848 + V \cdot 52{,}555) \cdot 10^6 \text{ cm}^3\,\text{kg},$$

daraus in bekannter Weise die beiden Kraftkomponenten:

$$\underline{H = 112 \text{ kg},}$$

$$\underline{V = 723 \text{ kg}.}$$

Die wesentlich einfachere und daher genauere Rechnung nach dem Vorschlag des Verfassers. (Abschnitt B II/3a) ergibt für den gleichen Bogen die Kräfte $H = 105$ kg und $V = 755$ kg. An sich müßten genau die gleichen Werte errechnet werden, was jedoch auf die sehr umständliche und daher viele Ungenauigkeiten enthaltende Rechnungsweise nach CUTCHAN zurückzuführen ist.

Bevor auf die weitere Ermittlung der Biegungsmomente und Spannungen eingegangen wird, soll die Bedeutung der Zahlenwerte in den obengenannten Gleichungen für die Kräfte gezeigt werden. Diese stellen nämlich nichts anderes dar als die Linienträgheits- und Zentrifugalmomente des untersuchten Systems.

In der oberen Gleichung ist der Zahlenwert der Kraftkomponente H das Trägheitsmoment des Systems, bezogen auf die x-Achse, d. h.

$$J_x = 90{,}893 \text{ m}^3 .$$

Der Zahlenwert der Komponente V ist das Zentrifugalmoment des Systems, bezogen auf die beiden Achsen x und y, und zwar ist es in diesem Falle negativ

$$J_{xy} = -4{,}915 \text{ m}^3 .$$

In der zweiten Gleichung ist der Zahlenwert der Komponente H ebenfalls das Zentrifugalmoment. Aus diesem Grunde wurde vorhin betont, daß diese beiden Werte miteinander übereinstimmen müßten, weil das Zentrifugalmoment des Systems nur einen vollkommen eindeutigen Wert haben kann. Der richtige Wert ist

$$J_{xy} = -6{,}848 \text{ m}^3 ,$$

während der andere Wert ungenau ermittelt war.

Der Zahlenwert der Komponente V stellt das Trägheitsmoment des Systems, bezogen auf die y-Achse dar und zwar

$$J_y = 52{,}555 \text{ m}^3 .$$

Die auftretenden Biegungsmomente können jetzt auf verschiedene Art ermittelt werden.

Am einfachsten ist es, das System maßstäblich aufzuzeichnen, den Schwerpunkt desselben einzutragen (die Schwerpunktsabstände η und ξ waren schon berechnet) und die beiden Kraftkomponenten H und V durch den Schwerpunkt gehend miteinander geometrisch zu addieren. Die sich dann ergebende Gesamtkraft $P = \sqrt{H^2 + V^2}$ zeigt dann auch ohne weiteres den größten Abstand irgendeines Punktes des Systems von der Kraftlinie, womit das größte Biegungsmoment bestimmt ist.

Die Berechnungsweise von CUTCHAN ermöglicht aber noch einen anderen Weg zur Bestimmung der Momente. Dieser ist zwar wesentlich umständlicher, soll aber hier der Vollständigkeit halber erläutert werden.

Man setzt in den Ordinaten der Momentenbilder Abb. 126 und 127 die errechneten Werte für H und V ein und erhält:

Nach Abb. 126 mit $H = 112$ kg

für Punkt f: $H\,(1{,}6 + 1 + 1{,}6 - 2{,}37 - 1{,}6) = \quad 25{,}8$ mkg,
für Punkt e: $H\,(1{,}6 + 1 + 1{,}6 - 2{,}37) = \quad 205{,}0$ mkg,
für Punkt d: $H\,(1 + 1{,}6 - 2{,}37) = \quad 25{,}8$ mkg,
für Punkt c: $H\,(1{,}6 - 2{,}37) = -\quad 86{,}3$ mkg,
für Punkt b: $H\,(-2{,}37) = -265{,}5$ mkg,
für Punkt a: $H\,(-2{,}37) = -265{,}5$ mkg.

Nach Abb. 127 mit $V = 723$ kg

für Punkt f: $V\,(1{,}6 + 3 - 3{,}22 - 1{,}6 - 1{,}6) = -1315$ mkg,
für Punkt e: $V\,(1{,}6 + 3 - 3{,}22 - 1{,}6) = -\quad 159$ mkg,
für Punkt d: $V\,(1{,}6 + 3 - 3{,}22) = \quad 997{,}5$ mkg,
für Punkt c: $V\,(1{,}6 + 3 - 3{,}22) = \quad 997{,}5$ mkg,
für Punkt b: $V\,(3 - 3{,}22) = -\quad 159$ mkg,
für Punkt a: $V\,(-3{,}22) = -2330$ mkg.

Diese Momente, hervorgerufen durch die Komponenten H und V, wirken teilweise im gleichen Sinne und teilweise einander entgegen. Wir haben bei der Ermittlung der Momente diejenigen über der Nullinie als positiv und diejenigen unter der Nullinie als negativ angenommen. Andererseits wirken die Einspannmomente (unter der Nullinie) in den beiden Momentenbildern, wie man aus Abb. 125 ersehen kann, einander entgegen. Es muß also bei der Zusammensetzung der Momente wie folgt vorgegangen werden.

Wenn das Moment durch H und dasjenige durch V gleiche Vorzeichen haben, so wirken sie also einander entgegen und müssen voneinander abgezogen werden. Bei ungleichem Vorzeichen wirken sie in diesem Falle im gleichen Sinne und summieren sich folglich

für Punkt f: $M_f = 1315 + 25{,}8 = 1340{,}8$ mkg,
für Punkt e: $M_e = 205 + 159 = 364{,}0$ mkg,
für Punkt d: $M_d = 997{,}5 - 25{,}8 = 971{,}7$ mkg,
für Punkt c: $M_c = 997{,}5 + 86{,}3 = 1083{,}8$ mkg,
für Punkt b: $M_b = 265{,}5 - 159 = 106{,}5$ mkg,
für Punkt a: $M_a = 2330 - 265{,}5 = 2064{,}5$ mkg.

Wie man sieht, herrscht das größte Biegungsmoment im Punkt a, und zwar

$$M_a = M_{max} = 2064{,}5 \text{ mkg} = 206\,450 \text{ cmkg}.$$

Daraus die größte Biegungsspannung im Punkt a

$$\sigma_{b\,\max} = \frac{M_{\max} \cdot D}{200 \cdot J} = \frac{206450 \cdot 41{,}9}{200 \cdot 26900}$$

$$= \underline{1{,}61\ \mathrm{kg/mm^2}}.$$

Diese Beanspruchung ist niedrig und liegt daher in zulässigen Grenzen.

Der Wert für die größte Biegungsspannung nach dem Verfahren des Verfassers würde 1,71 kg/mm² betragen.

Es soll besonders betont werden, daß sowohl die Kräfte als auch die Biegungsmomente und Spannungen nach beiden Verfahren einander genau gleich sein müssen, wenn die zahlenmäßige Ausrechnung ohne jede Ungenauigkeit durchgeführt wird. Das ist aber bei dem von CUTCHAN vorgeschlagenen Verfahren äußerst schwierig. Dieses erfordert, wie man sieht, eine sehr umfangreiche und mühselige Rechenarbeit und ein hohes Maß an Aufmerksamkeit und Überlegung, besonders in bezug auf die Bestimmung der Richtung der Verschiebungen. Dort liegt auch meist die Fehlerquelle, da man sich die Wirkung der einzelnen Momente und Kräfte auf jeden Schenkel genau im Geiste vorstellen muß, um die Verschiebungen und Verdrehungswinkel richtig zu bewerten.

d) Verfahren nach C. T. MITCHELL [1].

Es soll hier gleich vorweggenommen werden, daß es sich um ein Näherungsverfahren handelt, welches weder die Größe noch die Lage der wirkenden Kräfte streng richtig angibt. Die Größe des Fehlers hängt von der Form des Systems ab und soll weiter unten näher behandelt werden.

Diese Rechnungsweise stellt ein zeichnerisches Verfahren dar, für welches nur wenige und einfache Formeln notwendig sind. Es läßt sich sowohl auf ebene als auch auf räumliche Systeme anwenden. Außerdem wird bei diesem Verfahren der Einfluß der Bogenabflachung vernachlässigt, was, wie gezeigt wurde, zu erheblichen Abweichungen führen kann.

Nachstehend sollen die Voraussetzungen dieser Rechnungsweise behandelt werden.

MITCHELL geht von der Annahme aus, daß die Richtung der wirkenden Gesamtkraft parallel zur Festpunktverbindungslinie ist. Diese Voraussetzung trifft nur in wenigen Einzelfällen zu, z. B. bei Lyra- und U-Bogenausgleichern. In fast allen anderen Fällen führt das zu mehr oder weniger erheblichen Fehlern. Beispielsweise würde diese Annahme bei einem symmetrischen Z-Bogen ($L_1 = L_3$) zu dem Ergebnis führen, daß die Gesamtkraft durch die Endpunkte des Z-Bogens geht, was, wie wir

[1] MITCHELL, C. T.: A Graphical Method for Determining Expansion Stresses in Pipe Lines, Fuels & Steam Power 1930. Trans. Amer. Soc. mech. Engrs. Bd. 52 S. 167 FSP 25.

wissen, nicht zutrifft. In anderen Fällen ergeben sich dort, wo gerade die größten Beanspruchungen vorliegen, nach diesem Verfahren wesentlich kleinere Biegungsmomente. Dadurch verschiebt sich das Bild der Spannungsverteilung, und das kann leicht zu Fehlschlüssen führen.

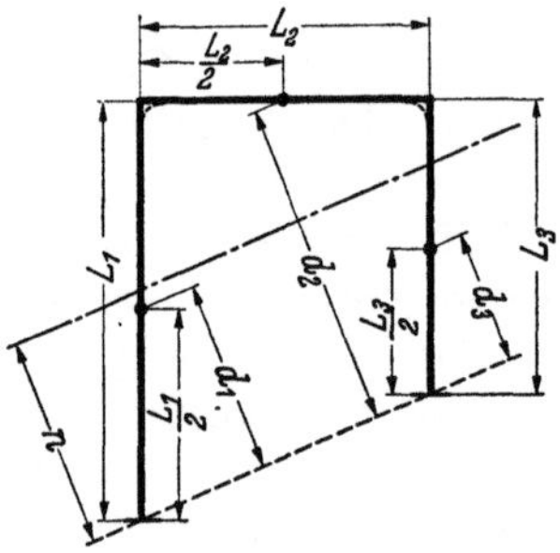

Abb. 128. Rechnungsverfahren nach MITCHELL.

Im übrigen hat das Verfahren von MITCHELL eine gewisse Ähnlichkeit mit dem vorhin behandelten Verfahren von CUTCHAN, da es auch die Momentenflächen einführt. Nur ist die Auswertung der Momentenbilder wesentlich einfacher und anschaulicher.

An Hand der Abb. 128 soll der Berechnungsvorgang erläutert werden.

Man zeichnet das System maßstäblich auf und ersetzt die Bogen durch biegungssteife Ecken. Dann wird für jeden Schenkel sein Schwerpunkt, der auf halber Länge desselben liegt, angedeutet. Nun können die Abstände d_1, d_2, d_3 usw. der Schwerpunkte jedes Schenkels von der Verbindungslinie der Festpunkte gemessen werden. Mit diesen Abständen wird der Abstand n der neutralen Achse von der Festpunktverbindungslinie nach der Formel

$$n = \frac{L_1 \cdot d_1 + L_2 \cdot d_2 + L_3 \cdot d_3 + \cdots}{L_1 + L_2 + L_3 + \cdots}$$

errechnet, und die neutrale Achse parallel zur Festpunktverbindungslinie gezeichnet.

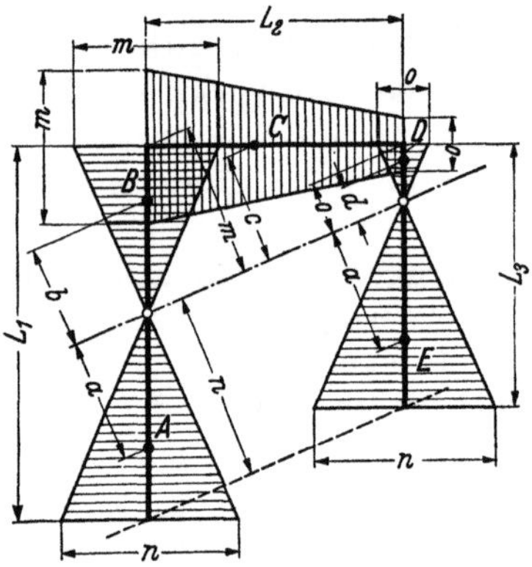

Abb. 129. Momentenflächen nach MITCHELL.

Diese neutrale Achse stellt nach der Annahme von MITCHELL gleichzeitig die Lage der wirkenden Gesamtkraft dar. Der Abstand irgendeines Punktes des Systems von der neutralen Achse ist also danach gleichzeitig auch der Hebelarm des dort wirkenden Biegungsmomentes.

Jetzt müssen die Momentenflächen dargestellt werden. Diese werden unmittelbar auf dem betreffenden Schenkel gezeichnet, und zwar so, daß der Schenkel die Momentenfläche halbiert (s. Abb. 129). Die Höhe der Momentenfläche entspricht dem Abstand des betreffenden Punktes von der neutralen Achse, die Länge der Fläche ist gleich der Schenkellänge. Dort, wo die neutrale Achse das System schneidet, muß das Moment natürlich gleich Null sein, und somit ergeben sich als Momentenflächen zum Teil Trapeze (oder Rechtecke) und zum Teil Dreiecke.

Nachdem die Momentenflächen gezeichnet sind, werden ihre Flächen nach folgenden Grundformeln berechnet:

Fläche eines Dreiecks

$$F = 0{,}5 \cdot h \cdot b,$$

d. h. Produkt aus halber Höhe und Grundfläche

Fläche eines Trapezes

$$F = 0{,}5 \cdot h\,(b_1 + b_2),$$

d. h. Produkt aus halber Höhe und der Summe der beiden parallelen Seiten.

Die Flächen werden in m^2 bestimmt und mit A, B, C, D usw. bezeichnet.

Ferner müssen die Schwerpunkte jeder Momentenfläche ermittelt werden. Da die Flächen symmetrisch zu den jeweiligen Schenkeln liegen, wird der Flächenschwerpunkt auf der Schenkelachse sein. Bei einem Dreieck befindet sich der Flächenschwerpunkt im Abstand von einem Drittel der Dreieckhöhe von der Grundlinie oder zwei Drittel von seiner Spitze. Für die Bestimmung des Schwerpunktes eines Trapezes dient die Abb. 130 als Erläuterung.

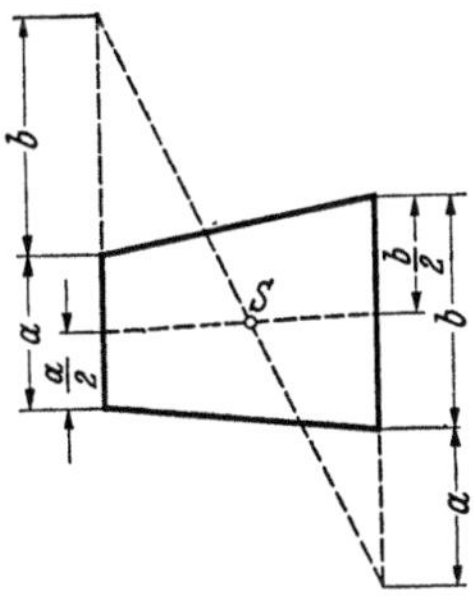

Abb. 130. Schwerpunkt eines Trapezes.

Nachher werden die Abstände a, b, c, d usw. der Flächenschwerpunkte von der neutralen Achse in m gemessen.

Um die Richtigkeit des bisherigen Rechnungsganges zu prüfen, bildet man die Summe aller Momentenflächen über und unter der neutralen Achse. Diese beiden Summen müssen einander gleich sein.

Aus den Flächen A, B, C, D usw. sowie deren Schwerpunktsabständen a, b, c, d usw. bildet man den Wert

$$M = A \cdot a + B \cdot b + C \cdot c + D \cdot d \quad \text{usw.} \quad \text{in } m^3.$$

Mit diesem Wert kann nun die wirkende Gesamtkraft P ermittelt werden, und zwar nach der Gleichung

$$P = \frac{E \cdot J \cdot \Delta}{M \cdot 10^6} \quad \text{in kg}. \qquad (92)$$

Darin bedeuten:

E = Elastizitätsmodul in kg/cm^2;
J = Querschnittsträgheitsmoment des Rohres in cm^4;
Δ = Wärmedehnung in cm unter Berücksichtigung der Vorspannung. Hierfür wird als wirksame Länge der unmittelbare Abstand zwischen den beiden Festpunktenden des Systems eingesetzt.

Damit ist die Größe und Lage der Kraft P bestimmt, und es kann aus dem größten Abstand eines Rohrleitungspunktes von der neutralen

Achse das größte Biegungsmoment und aus diesem die größte dort wirkende Biegungsspannung berechnet werden.

Der Wert M stellt nichts anderes dar, als das Linienträgheitsmoment des Systems, bezogen auf die neutrale Achse.

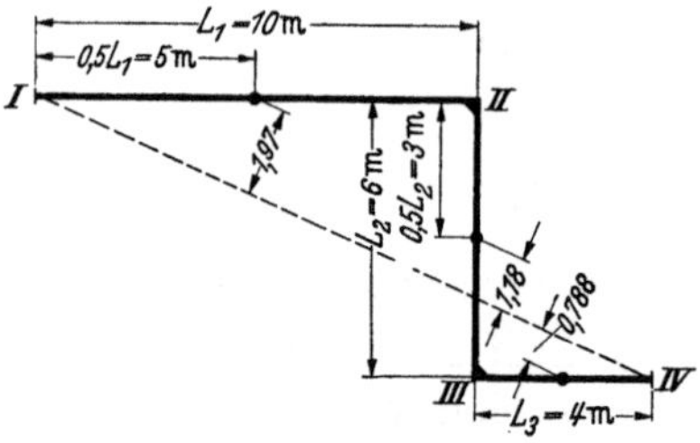

Abb. 131. Z-Bogen für Beispiel 16.

Diese Berechnungsweise soll an Hand eines Rechnungsbeispiels kurz erläutert werden. Es wird hierfür das in Beispiel 11 durchgerechnete System gewählt, um einen Vergleich zwischen dieser und der genauen Rechnungsweise zu ermöglichen.

Beispiel 16. Das System (Z-Bogen nach Abb. 131) sei mit biegungssteifen Ecken angenommen. Die Schenkel sind $L_1 = 10$ m, $L_2 = 6$ m, $L_3 = 4$ m; Rohr 200 NW = 216 mm ä. Dmr., 7,5 mm Wand, $J = 2660$ cm^4.

Die Betriebsverhältnisse sind gemäß Beispiel 11: $p = 40$ atü, $t = 450°$ C; hierfür

$$\left.\begin{aligned} \alpha &= 0{,}664 \text{ cm/m} \\ E &= 1{,}83 \cdot 10^6 \text{ kg/cm}^2 \end{aligned}\right\} \text{ bei } 450° \text{ C.}$$

Aus den Schwerpunkten der einzelnen Schenkel wird gemäß Abb. 131 der Abstand n der neutralen Achse ermittelt.

$$n = \frac{10 \cdot 1{,}97 + 6 \cdot 1{,}18 - 4 \cdot 0{,}788}{10 + 6 + 4} = \frac{23{,}63}{20}$$
$$= 1{,}182 \text{ m}$$

und diese parallel zur Verbindungslinie der Systemendpunkte gezeichnet.

Die Abstände der Schenkelendpunkte von der neutralen Achse werden abgemessen und als Ordinaten der Momentenflächen für jeden Schenkel so aufgetragen, daß die Schenkel ihre Momentenflächen halbieren (Abb. 132).

Es ergeben sich dann als Momentenflächen 4 Dreiecke A, B, C und D, sowie ein Trapez E. In bekannter Art werden zuerst die Flächen berechnet.

$$\begin{aligned} A &= 0{,}5 \cdot 3 \cdot 1{,}182 &&= 1{,}772 \text{ m}^2, \\ B &= 0{,}5 \cdot 7 \cdot 2{,}76 &&= 9{,}656 \text{ m}^2, \\ C &= 0{,}5 \cdot 3 \cdot 2{,}76 &&= 4{,}14 \text{ m}^2, \\ D &= 0{,}5 \cdot 3 \cdot 2{,}76 &&= 4{,}14 \text{ m}^2, \\ E &= 0{,}5 \cdot 4\,(2{,}76 + 1{,}182) &&= 7{,}884 \text{ m}^2. \end{aligned}$$

Die Summe der Flächen A, D und E unter der neutralen Achse und diejenige der Flächen B und C über der neutralen Achse muß gleich sein

$$\begin{aligned} 1{,}772 + 4{,}14 + 7{,}884 &= 13{,}796 \text{ m}^2, \\ 9{,}656 + 4{,}14 &= 13{,}796 \text{ m}^2. \end{aligned}$$

Also ist die Rechnung bisher richtig.

Jetzt werden die Schwerpunkte der Flächen festgelegt und deren Abstände von der neutralen Achse gemessen.

$$a = 0{,}788\,\text{m}; \quad b = 1{,}84\,\text{m}; \quad c = 1{,}84\,\text{m}; \quad d = 1{,}84\,\text{m}; \quad e = 2{,}075\,\text{m}.$$

Daraus folgt das Linienträgheitsmoment M, bezogen auf die neutrale Achse

$$M = 1{,}772 \cdot 0{,}788 + 9{,}656 \cdot 1{,}84 + 4{,}14 \cdot 1{,}84 + \\ + 4{,}14 \cdot 1{,}84 + 7{,}884 \cdot 2{,}075 = 50{,}777\ \text{m}^3.$$

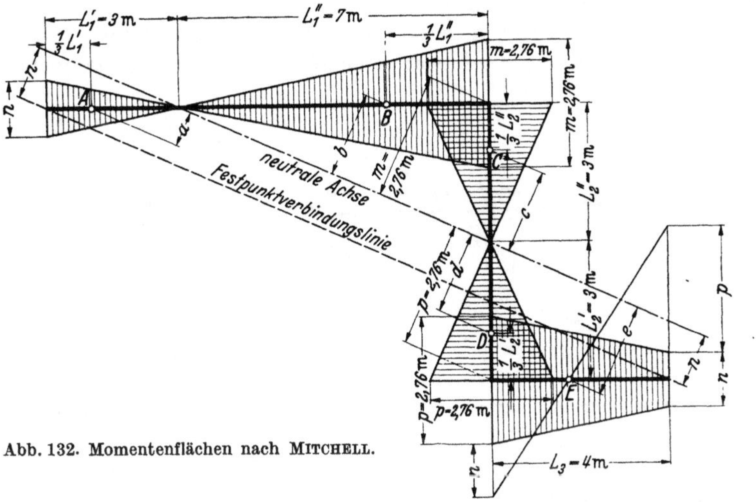

Abb. 132. Momentenflächen nach MITCHELL.

Die Wärmedehnung der Rohrleitung (ohne Berücksichtigung der Wärmedehnung der angeschlossenen Formstücke) beträgt

$$\Delta = L_0 \cdot \alpha = 15{,}23 \cdot 0{,}664 \cdot 0{,}5 = 5{,}06\ \text{cm bei } 50\%\ \text{Vorspannung.}$$

Somit

$$P = \frac{1{,}83 \cdot 10^6 \cdot 2660 \cdot 5{,}06}{50{,}777 \cdot 10^6} = \underline{485\ \text{kg}}.$$

Im Beispiel 11 wurde die Kraft für die gleichen Verhältnisse mit $P = 435$ kg, also um 10% geringer ermittelt. Teilweise wird der Unterschied durch die biegungssteifen Ecken, zum größten Teil aber durch die der Wirklichkeit nicht entsprechende Annahme der neutralen Achse parallel zur Festpunktverbindungslinie bedingt.

Die größte Biegungsspannung tritt in den Eckpunkten II und III auf, und zwar

$$\sigma_{b\,\max} = \frac{485 \cdot 245 \cdot 21{,}6}{200 \cdot 2660} = \underline{4{,}83\ \text{kg/mm}^2}.$$

Für den Abstand von der Kraftlinie wurde hier wieder ein Bogen $R = 1$ m statt der biegungssteifen Ecken angenommen, um keine zu ungünstige Beanspruchung zu erhalten.

Bei dem gewählten Beispiel sind, wie man sieht, die Unterschiede in den Ergebnissen nicht besonders groß und auch die Verteilung der Biegungsmomente stimmt mit der Wirklichkeit verhältnismäßig gut überein.

Anders ist es dagegen, wenn man beispielsweise einen symmetrischen Z-Bogen annimmt. Dann ergeben sich nach dem Verfahren von MITCHELL an den Endpunkten des Z-Bogens gar keine Beanspruchungen, da infolge der Symmetrie die Kraftachse (neutrale Achse) mit der Festpunktverbindungslinie zusammenfällt.

In Wirklichkeit treten gerade an den Endpunkten die größten Biegungsspannungen auf, und zwar beispielsweise für einen symmetrischen

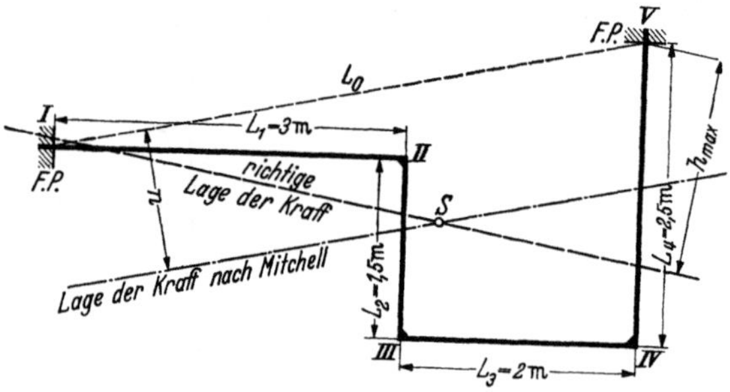

Abb. 133. Vergleich der genauen Rechnung mit dem Verfahren von MITCHELL.

Z-Bogen mit $L_1 = L_3 = 5$ m und $L_2 = 9$ m und die gleichen übrigen Verhältnisse wie im Beispiel 16 angegeben:

im Punkt I und IV, also an den Endpunkten,

$$\sigma_{b\,\max} = 6{,}01 \text{ kg/mm}^2$$

und in den Punkten II und III

$$\sigma_b = 5{,}42 \text{ kg/mm}^2.$$

Bei symmetrischen Z-Bogen darf also dieses Verfahren nicht angewandt werden.

Ganz besonders kraß ist der Fehler bei dem recht häufig vorkommenden System gemäß Abb. 133. Schon die Richtung der Kraft P ist nach MITCHELL eine ganz andere, als sie nach einem der anderen beschriebenen Verfahren ermittelt wird. Die Abbildung zeigt deutlich, welch großer Unterschied in der Richtung der Kraft bei dem angegebenen System auftritt. Die Unstimmigkeit täuscht natürlich auch über die Stelle der höchsten Biegungsbeanspruchung, die unbedingt im Punkt V vorliegt, während im Punkt I fast kein Moment vorhanden ist. Dagegen wären nach MITCHELL die Biegungsspannungen in I und V gleich groß, am größten jedoch in IV.

Zahlenmäßig ergibt sich nach MITCHELL in den Punkten I und V die gleich große Biegungsspannung $\sigma_b = 5{,}1$ kg/mm². In Wirklichkeit beträgt aber die Beanspruchung im Punkt V $\sigma_b = 12{,}2$ kg/mm², also weit mehr als zulässig wäre.

Es erscheint unter diesen Umständen sehr bedenklich, ein Verfahren anzuwenden, das zu solchen fehlerhaften Ergebnissen führen kann.

Auch der Unterschied von 55% in der Größe der Reaktionskraft ist sehr bedeutend; die Kraft ergibt sich nach dem Verfahren von MITCHELL zu 805 kg, während der richtige Wert unter Zugrundelegung biegungssteifer Ecken $P = 1250$ kg beträgt.

Im übrigen hat es noch den Nachteil, daß für einigermaßen zuverlässige Rechnungsergebnisse ein hohes Maß an Zeichengenauigkeit beim Entwurf der Momentenflächen und der Bestimmung ihrer Schwerpunktsabstände erforderlich ist.

Dieses Verfahren dürfte daher, abgesehen von der nicht zutreffenden Annahme der Kraftrichtung, schon allein infolge des erforderlichen Arbeitsaufwandes für die Praxis nur geringe Bedeutung haben.

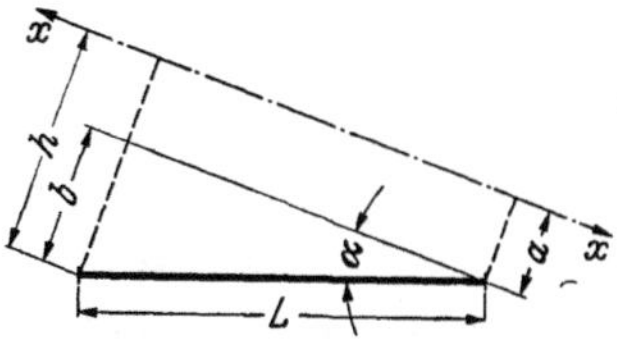

Abb. 134. Gerade L mit Bezugsachse x.

Es läßt sich aber eine sehr wesentliche Vereinfachung auf der gleichen Grundlage vornehmen, so daß die Zeichenarbeit sich auf die Festlegung der neutralen Achse beschränkt.

Es ist nämlich, wie nachstehend bewiesen wird, weder das Aufzeichnen der Momentenflächen noch die Bestimmung ihrer Fläche, ihres Schwerpunktes und seines Abstandes von der neutralen Achse erforderlich. Vorausgesetzt, daß die gleiche Annahme der Kraftrichtung parallel zur Festpunktverbindungslinie zugrunde gelegt werden soll, genügt es, den Schwerpunkt des ganzen Systems zu bestimmen und die neutrale Achse zu zeichnen. Alle übrigen Werte können dann unmittelbar aus der Zeichnung abgelesen werden.

Es wurde bereits erwähnt, daß der Wert M das auf die neutrale Achse bezogene Linienträgheitsmoment des Systems darstellt. M setzt sich also aus der Summe der Trägheitsmomente der einzelnen Schenkel bzw. ihrer Teile zusammen.

Für eine unter dem Winkel α zur Achse geneigte Gerade L (s. Abb. 134) gilt die Beziehung für das Trägheitsmoment, wie bereits früher gezeigt wurde

$$J_x = \tfrac{1}{3} L^3 \cdot \sin^2\alpha + L^2 \cdot a \cdot \sin\alpha + L \cdot a^2.$$

Gemäß der Abbildung ist

$$\sin\alpha = \frac{b}{L} = \frac{h-a}{L}$$

und

$$\sin^2\alpha = \frac{h^2 - 2\cdot ha + a^2}{L^2}.$$

Eingesetzt

$$J_x = \frac{1}{3} \cdot L^3 \cdot \frac{h^2 - 2\,h a + a^2}{L^2} + L^2 \cdot a \frac{h-a}{L} + L \cdot a^2$$

$$= \frac{1}{3} L\,(h^2 + h \cdot a + a^2). \tag{93}$$

Dasselbe Ergebnis erhält man auch, wenn man nach dem Vorschlag von MITCHELL die Momentenfläche eines Trapezes mit den Seiten h und a und der Höhe L einsetzt und mit dem Schwerpunktsabstand c der Trapezfläche von der neutralen Achse multipliziert, was leicht zu beweisen ist.

Ist $a = 0$, d. h. die Gerade L liegt mit einem ihrer Enden an der x-Achse an (Abb. 135), so vereinfacht sich die Gleichung

$$J_x = \tfrac{1}{3}\, L \cdot h^2. \tag{94}$$

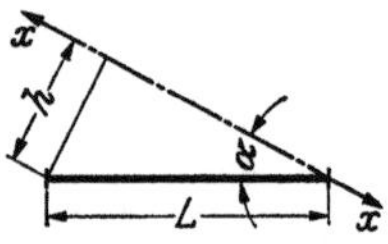

Abb. 135. Gerade L mit Bezugsachse x.

Es genügt also, die Abstände der Schenkelendpunkte oder ihrer Teile (falls der Schenkel von der neutralen Achse geschnitten wird) zu messen und in die vorstehenden Gleichungen (93) und (94) für J_x einzusetzen. Die Summe dieser Einzelträgheitsmomente ergibt dann den Wert M.

Die mühselige und umständliche Ermittlung der Momentenflächen, die Bestimmung ihrer Flächengröße und ihrer Schwerpunkte ist also gar nicht nötig, was den Arbeitsaufwand ganz bedeutend herabsetzt.

Damit kommt man aber von selbst auf das im nächsten Abschnitt behandelte Verfahren von F. PEITER und M. J. FISH.

e) Verfahren nach F. PEITER und M. J. FISH[1].

Über dieses Verfahren berichtet E. SCHWENK[2] ohne allerdings eine kritische Betrachtung anzuschließen. Es ist nämlich im Grunde genommen genau dasselbe Verfahren, wie das von MITCHELL, und es weist daher auch die gleichen Mängel auf wie dieses.

Die Verfasser gehen ebenfalls von der Annahme aus, daß die Richtung der Hauptkraft und somit die neutrale Achse parallel zur Festpunktverbindungslinie des Systems liegt. Daß diese Voraussetzung nicht zutrifft, wurde im vorigen Abschnitt bereits gezeigt.

Der einzige Unterschied zwischen diesem und dem von MITCHELL vorgeschlagenen Weg liegt also nur in der Rechnungsweise selbst. Es werden nicht die Momentenflächen entworfen, sondern das Linienträgheitsmoment des Systems wird aus den Abständen der Enden der einzelnen

[1] PEITER, F. u. M. J. FISH: A Method for Determination of Reactions and Stresses in Expansion Pipe Bends. Combustion, Bd. 10 (1938/39) Nr. 6, S. 26—31.

[2] SCHWENK, E.: Ermittlung von Spannungen in Rohrbogen-Ausgleichern. Arch. Wärmew. Bd. 20 (1939) Heft 6 S. 159.

Schenkel bzw. ihrer Teile von der neutralen Achse mit Hilfe der im letzten Abschnitt zum Schluß angegebenen Gleichungen (93) und (94) errechnet.

Der Wert M stellt die Summe der Einzelträgheitsmomente dar

$$M = J_{1x} + J_{2x} + J_{3x} + J_{4x} + \cdots \quad \text{in } m^3,$$

und mit diesem wird nach der Gleichung (92) die Hauptkraft P errechnet.

Die neutrale Achse wird, genau wie bei dem MITCHELLschen Verfahren, durch den Schwerpunkt des Systems und parallel zur Festpunktverbindungsstelle gezeichnet.

Beispiel 17. Der im vorigen Beispiel nach dem Verfahren von MITCHELL berechnete Z-Bogen (Abb. 131) soll nach dem Vorschlag von PEITER und FISH geprüft werden.

Die Lage des Schwerpunktes, d. h. der Abstand n der neutralen Achse von der Festpunktverbindungslinie, war schon bestimmt, und zwar

$$n = 1{,}182 \text{ m}.$$

Es werden jetzt aus der maßstäblichen Zeichnung (Abb. 132) des Bogens die Abstände n, m und p gemessen; $n = 1{,}182$ m; $m = 2{,}76$ m; $p = 2{,}76$ m. Die einzelnen von der neutralen Achse abgetrennten Schenkelteile sind

$$L_1' = 3 \text{ m}; \quad L_1'' = 7 \text{ m}; \quad L_2' = 3 \text{ m}; \quad L_2'' = 3 \text{ m}; \quad L_3 = 4 \text{ m}.$$

Mit der Gleichung (94) erhält man:

$$\begin{aligned}
J_{1x} &= \tfrac{1}{3} L_1' \cdot n^2 = \tfrac{1}{3} \cdot 3 \cdot 1{,}182^2 &&= 1{,}397 \text{ m}^3\\
J_{2x} &= \tfrac{1}{3} L_1'' \cdot m^2 = \tfrac{1}{3} \cdot 7 \cdot 2{,}76^2 &&= 17{,}77 \text{ m}^3\\
J_{3x} &= \tfrac{1}{3} L_2' \cdot m^2 = \tfrac{1}{3} \cdot 3 \cdot 2{,}76^2 &&= 7{,}62 \text{ m}^3\\
J_{4x} &= \tfrac{1}{3} L_2'' \cdot p^2 = \tfrac{1}{3} \cdot 3 \cdot 2{,}76^2 &&= 7{,}62 \text{ m}^3
\end{aligned}$$

und nach Gleichung (93)

$$\begin{aligned}
J_{5x} &= \tfrac{1}{3} L_4 (p^2 + p \cdot n + n^2)\\
&= \tfrac{1}{3} \cdot 4 \cdot (2{,}76^2 + 2{,}76 \cdot 1{,}182 + 1{,}182^2) = 16{,}37 \text{ m}^3\\
&\qquad \Sigma J_x = M = 50{,}777 \text{ m}^3
\end{aligned}$$

daraus gemäß Gleichung (92)

$$P = \frac{E \cdot J \cdot \Delta}{M \cdot 10^6} = \frac{1{,}83 \cdot 10^6 \cdot 2660 \cdot 5{,}06}{50{,}777 \cdot 10^6} = 485 \text{ kg}.$$

Auch aus der zahlenmäßigen Übereinstimmung der Rechnungsergebnisse der Beispiele 16 und 17 erkennt man, daß dieses Verfahren demjenigen von MITCHELL vollkommen gleichwertig ist.

Es müssen also auch die gleichen Vorbehalte in bezug auf seine Anwendungsmöglichkeit für die Praxis beachtet werden. In jedem Falle ist dieses Verfahren bedeutend einfacher als dasjenige von MITCHELL, und es dürfte sich daher — mit entsprechender Einschränkung — bei rohen Überschlagsrechnungen eher in der Praxis bewähren.

Übrigens führen die Verfasser an Stelle der biegungssteifen Ecken eine unter 45° zu den Anschlußschenkeln liegende Tangente an den Bogen ein.

Wenn man die Länge dieser Tangente bei der Berechnung der Schwerpunktsabstände und Trägheitsmomente durch die KÁRMÁN-Zahl K dividieren würde, so wäre damit eine weitere Annäherung an die tatsächlichen Verhältnisse gegeben. Die Verfasser verzichten jedoch bewußt auf die Berücksichtigung der Querschnittsabflachung in den gebogenen Rohrteilen mit dem Hinweis, daß hierdurch eine zusätzliche Sicherheit gegeben ist.

f) Berechnung von Sonderfällen.

Es soll nachstehend die Berechnung eines Sonderfalles gezeigt werden, die zwar in der Praxis nur selten angewandt werden dürfte, jedoch das Verständnis für die erläuterten Berechnungen vertiefen wird.

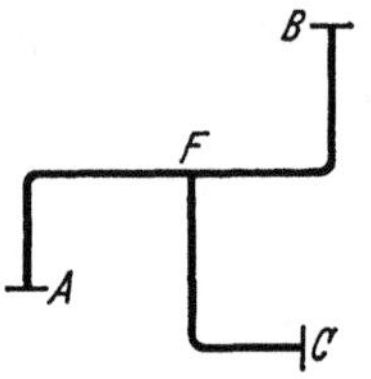

Abb. 136. Zusammengesetztes System.

Die zusammengesetzten Systeme, wie z. B. in Abb. 136 gezeigt, sind im Rohrleitungsbau recht häufig. Es wird aber gewöhnlich der Verbindungspunkt F für die Berechnung der Einfachheit halber als Festpunkt (evtl. als verschiebbarer Festpunkt) angesehen, und die Bogen AF, BF und CF als drei getrennte statisch unbestimmte Systeme behandelt. Das trifft jedoch nicht zu, denn der Punkt F ist unter der Wirkung der Kräfte sowohl gewissen Verschiebungen, als auch einer bestimmten Winkeldrehung ausgesetzt.

Würde man diese kennen, so könnte man die drei genannten Einzelbogen für sich berechnen. Man weiß aber, daß diese drei Bogen auf den Verbindungspunkt F bestimmte, ihrer Elastizität entsprechende Kräfte ausüben. Diese Kräfte müssen unter sich im Gleichgewicht sein. Außerdem muß auch Momentengleichgewicht bestehen, so daß die Aufgabe auf Grund dieser Bedingungen gelöst werden kann.

Man geht also so vor, als ob die Verschiebungen und die Winkeldrehung des Verbindungspunktes F bekannt wären, indem man ihre Richtung zunächst annimmt. Das Ergebnis zeigt nachher durch das Vorzeichen von selbst, ob die angenommene Richtung richtig war.

An Hand folgenden Zahlenbeispiels wird der Rechnungsgang verständlich.

Beispiel 18. Das in Abb. 137 dargestellte zusammengesetzte Rohrsystem hat $D = 216$ mm, $s = 8$ mm, $J = 2825$ cm⁴ und soll für eine Temperatur von 400° C berechnet werden.

$$E = 1{,}7 \cdot 10^6 \,\text{kg/cm}^2, \qquad \alpha = 0{,}51 \text{ cm/m}.$$

Der Einfachheit halber sind biegungssteife Ecken angenommen, was jedoch die grundsätzlichen Überlegungen nicht beeinflußt.

Der Verbindungspunkt C mache auf Grund der Krafteinwirkungen eine zunächst unbekannte Verschiebung und eine Winkeldrehung. Diese nehmen wir wie folgt an:

Verschiebung dx horizontal nach rechts,
Verschiebung dy vertikal nach unten,
Winkeldrehung $d\varphi$ im Uhrzeigersinn.

Wenn die angenommenen Richtungen stimmen, werden die Verschiebungen positiv herauskommen. Ergeben sie sich mit negativem Vorzeichen, so ist die Richtung entgegengesetzt.

Die in unbekannter Richtung wirkenden Hauptkräfte der 3 Bogen müssen einander das Gleichgewicht halten. Sie werden je in eine horizontale und vertikale Komponente zerlegt und an den Enden I, II und III wirkend angenommen. Außerdem wirken dort noch die Einspannmomente M_1, M_2 und M_3, die aus den elastischen Eigenschaften der drei Einzelsysteme, ebenso wie die Kraftkomponenten, ermittelt werden.

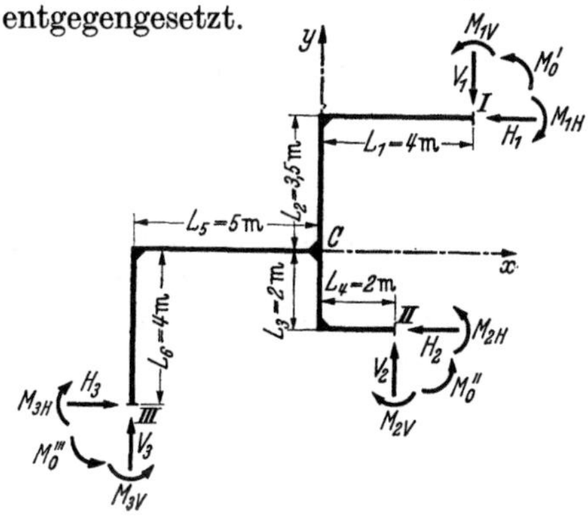

Abb. 137. Zusammengesetztes Rohrsystem für Beispiel 18.

Nachdem der Punkt C unter der Wirkung der inneren Kräfte und Momente die vorhin angegebenen, zunächst angenommenen Verschiebungen dx und dy, sowie die Winkeldrehung $d\varphi$ ausgeführt hat, halten wir ihn in dieser Lage fest und denken uns die 3 Endpunkte des Systems vollkommen frei. Zweifellos werden dann die Verschiebungen dx und dy des Punktes C sowie die Winkeldrehung desselben sich in gleicher Größe auch auf die Endpunkte I, II und III des Systems auswirken. Gleichzeitig verschieben sich die Endpunkte unter der Wirkung der Wärmedehnung um die entsprechenden Dehnungskomponenten Δ_{WH} bzw. Δ_{WV} in horizontaler und vertikaler Richtung.

Unter dem Einfluß dieser Bedingungen ergeben sich folgende Verschiebungen der Endpunkte.

Punkt I:

horizontale Verschiebung $\Delta_H' = + L_2 \cdot d\varphi + dx + \Delta_{WH}'$
$= + 350 \cdot d\varphi + dx + 1{,}02$ cm,

vertikale Verschiebung $\Delta_V' = - L_1 \cdot d\varphi - dy + \Delta_{WV}'$
$= - 400 \cdot d\varphi - dy + 0{,}8925$ cm,

eine Winkeldrehung $d\varphi$.

Punkt II:

horizontale Verschiebung $\Delta''_H = -L_3 \cdot d\varphi + dx + \Delta''_{WH}$
$= -200 \cdot d\varphi + dx + 0{,}51$ cm,

vertikale Verschiebung $\Delta''_V = +L_4 \cdot d\varphi + dy + \Delta''_{WV}$
$= +200 \cdot d\varphi + dy + 0{,}51$ cm,

eine Winkeldrehung $d\varphi$.

Punkt III:

horizontale Verschiebung $\Delta'''_H = +L_6 \cdot d\varphi - dx + \Delta'''_{WH}$
$= +400 \cdot d\varphi - dx + 1{,}275$ cm,

vertikale Verschiebung $\Delta'''_V = -L_5 \cdot d\varphi + dy + \Delta'''_{WV}$
$= -500 \cdot d\varphi + dy + 1{,}02$ cm,

eine Winkeldrehung $d\varphi$.

Die Wärmedehnungen wurden hierbei aus den entsprechenden Schenkellängen und der Wärmedehnungszahl $\alpha = 0{,}51$ cm/m unter Berücksichtigung von 50% Vorspannung errechnet.

Die Vorzeichen wurden in Abhängigkeit von der Richtung der Wärmedehnung mit dem Ausgangspunkt C gewählt. Verschiebungen gleicher Richtung mit der Wärmedehnung des entsprechenden Bogens wurden also mit positivem Vorzeichen versehen. Die Winkeldrehung $d\varphi$ des Punktes C wirkt sich in gleicher Größe auch auf die Endpunkte I, II und III des Systems aus. Diese Winkeldrehung muß durch ein entsprechendes zusätzliches Moment M_0 ausgeglichen werden. Man wird also an den Endpunkten die Momente M'_0, M''_0 und M'''_0 entgegen dem Uhrzeigersinn wirkend annehmen.

Für diese Momente gilt die Beziehung entsprechend Gl. (81)

$$\frac{E \cdot J \cdot d\varphi}{10^6} = M'_0 \cdot (L_1 + L_2) = M''_0 \cdot (L_3 + L_4) = M'''_0 \cdot (L_5 + L_6) \quad \text{m}^2\,\text{kg}$$

oder

$$M'_0 \cdot (4 + 3{,}5) = M''_0 \cdot (2 + 2) = M'''_0 \cdot (5 + 4) \quad \text{m}^2\,\text{kg},$$

daraus

$$M''_0 = M'_0 \cdot \frac{7{,}5}{4} = 1{,}875 \cdot M'_0 \quad \text{m kg},$$

$$M'''_0 = M'_0 \cdot \frac{7{,}5}{9} = 0{,}8333 \cdot M'_0 \quad \text{m kg}.$$

Es soll jetzt der Bogen I berechnet werden. Hierzu wird das Verfahren von CUTCHAN angewandt.

Es ist offensichtlich, daß die Summe der Momentenflächen über und unter der Nullinie nicht mehr gleich sein kann (Abb. 138), da noch eine Winkeldrehung $d\varphi$ des Punktes I durch das zusätzliche Moment M'_0 ausgeglichen werden muß. Sieht man aber von der dem Moment M'_0

zugehörigen Fläche $L_2 M_0' + L_1 M_0'$ ab, so muß wieder die Summe der restlichen Momentenflächen über und unter der Nullinie gleich sein, woraus sich die Größe des Einspannmomentes ergibt

$$M_{1H} = \frac{0,5 \cdot L_2^2 \cdot H_1}{L_1 + L_2} = \frac{0,5 \cdot 12,25}{7,5} \cdot H_1 = 0,816 \cdot H_1 \text{ m kg}.$$

Die Lage der Momentenfläche für M_0' ergibt sich daraus, daß M_0' im gleichen Sinne wirkt wie die Kraftkomponente H_1. Die Fläche wird also über der Nullinie liegen.

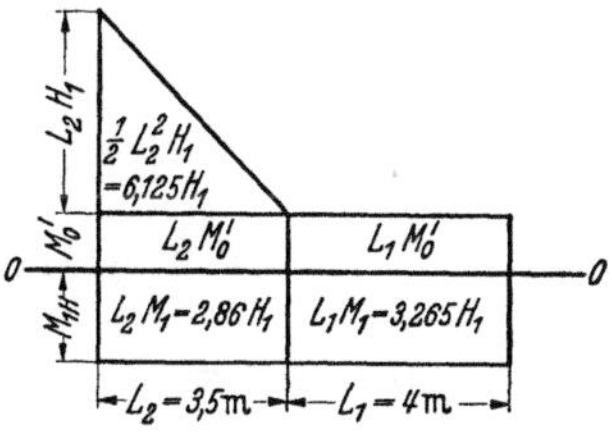

Abb. 138. Momentenbild für H_1.

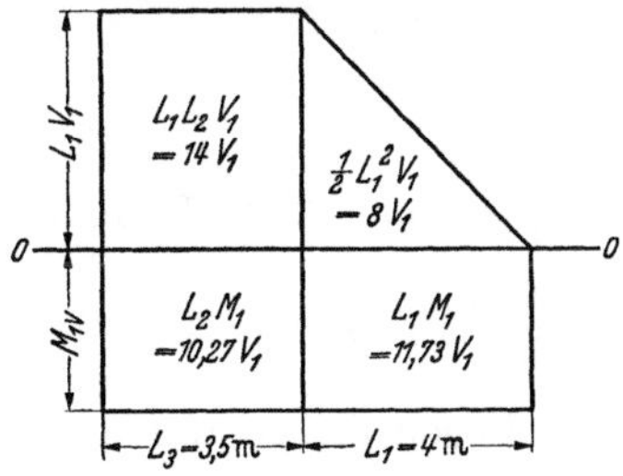

Abb. 139. Momentenbild für V_1.

Aus der Abb. 138 werden die Verschiebungen, wie im Abschnitt B II/3c gezeigt, ermittelt.

Fall II: $E \cdot J \cdot \Delta_H = 6,125 \cdot H_1 \cdot \frac{2}{3} \cdot 3,5 = 14,3 \cdot H_1$ links,

Fall III: $E \cdot J \cdot \Delta_H = 3,5 \cdot M_0' \cdot 0,5 \cdot 3,5 = 6,125 \cdot M_0'$ links,

Fall III: $= 2,86 \cdot H_1 \cdot 0,5 \cdot 3,5 = 5,0 \cdot H_1$ rechts,

Fall I: $E \cdot J \cdot \Delta_V = 3,265 \cdot H_1 \cdot 4 = 13,05 \cdot H_1$ oben,

Fall I: $= 3,5 \cdot M_0' \cdot 4 = 14,0 \cdot M_0'$ oben,

Fall III: $E \cdot J \cdot \Delta_V = 3,265 \cdot H_1 \cdot 0,5 \cdot 4 = 6,53 \cdot H_1$ unten,

Fall III: $= 4 \cdot M_0' \cdot 0,5 \cdot 4 = 8,0 \cdot M_0'$ oben,

daraus

$$\frac{E \cdot J \cdot \Delta_H}{10^6} = 14,3 \cdot H_1 + 6,125 \cdot M_0' - 5,0 \cdot H_1$$

$$= 9,3 \cdot H_1 + 6,125 \cdot M_0' \quad \text{kg m}^3,$$

$$\frac{E \cdot J \cdot \Delta_V}{10^6} = -13,05 \cdot H_1 - 14 \cdot M_0' + 6,53 \cdot H_1 - 8 \cdot M_0'$$

$$= -6,52 \cdot H_1 - 22 \cdot M_0' \quad \text{kg m}^3.$$

Aus dem Momentenflächenbild (Abb. 139) für die Kraftkomponente V_1 werden in gleicher Weise die Verschiebungen ermittelt. Hier ist das zusätzliche Moment M_0' nicht berücksichtigt, da seine Wirkung bereits im Momentenbild der Kraft H_1 in Rechnung gesetzt wurde. Man kann natürlich das Moment M_0' auch bei beiden Kraftkomponenten H_1 und V_1 berücksichtigen, indem man in jedem der entsprechenden Momentenbilder $\frac{1}{2} M_0'$ einsetzt.

Aus Abb. 139 folgt

$$M_{1V} = \frac{L_1 L_2 + 0{,}5 \cdot L_1^2}{L_1 + L_2} \cdot V_1 = \frac{14 + 8}{7{,}5} V_1 = 2{,}935 \cdot V_1 \text{ m kg}.$$

$$\begin{aligned}
&\text{Fall III: } E \cdot J \cdot \Delta_H = 3{,}73 \cdot V_1 \cdot 0{,}5 \cdot 3{,}5 = \ 6{,}52 \ \cdot V_1 \text{ rechts,}\\
&\text{Fall I: } \quad E \cdot J \cdot \Delta_V = 3{,}73 \cdot V_1 \cdot 4 \qquad = 14{,}92 \ \cdot V_1 \text{ unten,}\\
&\text{Fall II: } \quad E \cdot J \cdot \Delta_V = 8 \cdot V_1 \cdot \tfrac{2}{3} \cdot 4 \qquad = 21{,}333 \cdot V_1 \text{ unten,}\\
&\text{Fall III: } E \cdot J \cdot \Delta_V = 11{,}73 \cdot V_1 \cdot 2 \qquad = 23{,}46 \ \cdot V_1 \text{ oben,}
\end{aligned}$$

daraus

$$\frac{E \cdot J \cdot \Delta_H}{10^6} = -6{,}52 \cdot V_1 \text{ kg m}^3,$$

$$\frac{E \cdot J \cdot \Delta_V}{10^6} = 14{,}92 \cdot V_1 + 21{,}333 \cdot V_1 - 23{,}46 \cdot V_1 = 12{,}793 \cdot V_1 \text{ kg m}^3,$$

daraus folgen die gesamten Verschiebungen für den Punkt I

$$\frac{E \cdot J \cdot \Delta'_H}{10^6} = 9{,}3 \cdot H_1 - 6{,}52 \cdot V_1 + 6{,}125 \cdot M'_0 \text{ kg m}^3,$$

$$\frac{E \cdot J \cdot \Delta'_V}{10^6} = 12{,}793 \cdot V_1 - 6{,}52 \cdot H_1 - 22 \cdot M'_0 \text{ kg m}^3.$$

Mit den vorher ausgerechneten Werten für Δ'_H und Δ'_V ist

$$\begin{aligned}
\frac{E \cdot J \cdot \Delta'_H}{10^6} &= \frac{1{,}7 \cdot 10^6 \cdot 2825}{10^6} (350 \cdot d\varphi + dx + 1{,}02)\\
&= M'_0 \cdot (L_1 + L_2) \cdot 350 + 4800\, dx + 4895\\
&= 2625 \cdot M'_0 + 4800 \cdot dx + 4895 \text{ kg m}^3,
\end{aligned}$$

und

$$\begin{aligned}
\frac{E \cdot J \cdot \Delta'_V}{10^6} &= \frac{1{,}7 \cdot 10^6 \cdot 2825}{10^6} (-400 \cdot d\varphi - dy + 0{,}8925)\\
&= -M'_0 \cdot (L_1 + L_2) \cdot 400 - 4800\, dy + 4280\\
&= -3000 \cdot M'_0 - 4800\, dy + 4280 \text{ kg m}^3.
\end{aligned}$$

Damit lauten die Gleichungen

$$2625 \cdot M'_0 + 4800 \cdot dx + 4895 = 9{,}3 \cdot H_1 - 6{,}52 \cdot V_1 + 6{,}125 \cdot M'_0$$

$$-3000 \cdot M'_0 - 4800 \cdot dy + 4280 = 12{,}793 \cdot V_1 - 6{,}52 \cdot H_1 - 22 \cdot M'_0$$

und somit

[1] $$4800 \cdot dx + 4895 = 9{,}3 \cdot H_1 - 6{,}52 \cdot V_1 - 2619 \cdot M'_0,$$

[2] $$-4800 \cdot dy + 4280 = 12{,}793 \cdot V_1 - 6{,}52 \cdot H_1 + 2978 \cdot M'_0.$$

Man kann leicht feststellen, daß die Zahlenwerte vor den Komponenten H_1 und V_1 die Linienträgheits- bzw. Zentrifugalmomente des Bogens I bezogen auf die entsprechenden Schwerpunktsachsen darstellen.

Die Zahlenwerte 6,125 und 22 des Moments M'_0 stellen die statischen Momente des Bogens, bezogen auf die Achsen der Komponenten H_1 und V_1, dar. Das Vorzeichen ergibt sich aus der Drehrichtung des Moments M'_0 in bezug auf die Drehrichtung des entsprechenden Kraftmoments. Das Kraftmoment von H_1 ist linksdrehend, d. h. mit M'_0 gleichgerichtet, daher das Pluszeichen. Das Kraftmoment von V_1 ist rechtsdrehend, d. h. entgegengesetzt von M'_0 gerichtet, daher das Minuszeichen.

Unter den gleichen Gesichtspunkten ergeben sich für den Bogen II folgende Gleichungen (s. Abb. 140 und 141)

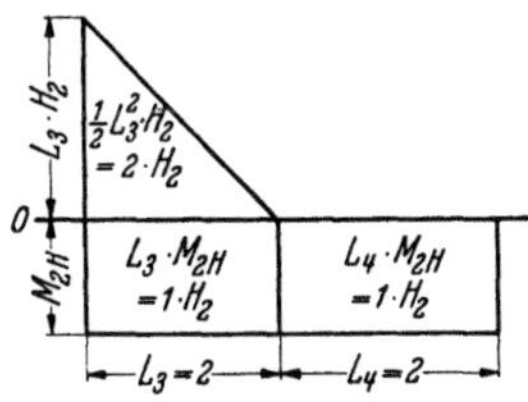

Abb. 140. Momentenbild für H_2.

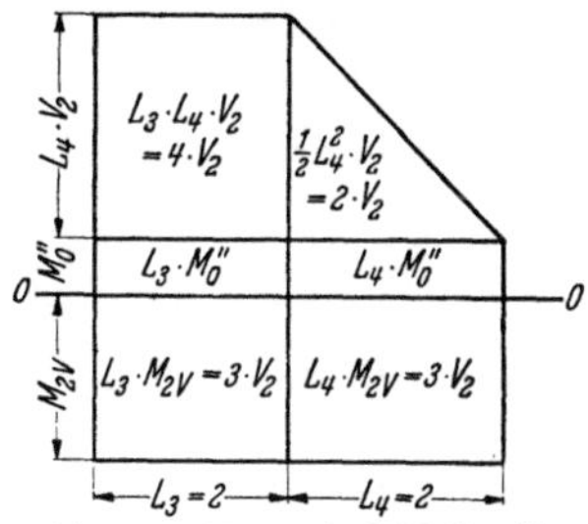

Abb. 141. Momentenbild für V_2.

$$\frac{E \cdot J \cdot \Delta''_H}{10^6} = 1{,}667 \cdot H_2 - V_2 - 2 \cdot M''_0 \quad \text{kg m}^3,$$
$$\frac{E \cdot J \cdot \Delta''_V}{10^6} = 1{,}667 \cdot V_2 - H_2 + 6 \cdot M''_0 \quad \text{kg m}^3,$$

mit

$$\frac{E \cdot J \cdot d\varphi}{10^6} = M''_0\,(L_3 + L_4) = 4 \cdot M''_0 \quad \text{kg m}^3$$

wird

$$\begin{aligned}\frac{E \cdot J \cdot \Delta''_H}{10^6} &= \frac{1{,}7 \cdot 10^6 \cdot 2825}{10^6}\,(-200 \cdot d\varphi + d\,x + 0{,}51)\\ &= -M''_0\,(L_3 + L_4) \cdot 200 + 4800 \cdot d\,x + 2450\\ &= -800 \cdot M''_0 + 4800 \cdot d\,x + 2450 \quad \text{kg m}^3,\end{aligned}$$

$$\begin{aligned}\frac{E \cdot J \cdot \Delta''_V}{10^6} &= \frac{1{,}7 \cdot 10^6 \cdot 2825}{10^6}\,(200 \cdot d\varphi + d\,y + 0{,}51)\\ &= M''_0\,(L_3 + L_4) \cdot 200 + 4800 \cdot d\,y + 2450\\ &= 800 \cdot M''_0 + 4800 \cdot d\,y + 2450 \quad \text{kg m}^3.\end{aligned}$$

Damit lauten die Gleichungen

$$-800 \cdot M''_0 + 4800 \cdot d\,x + 2450 = 1{,}667 \cdot H_2 - V_2 - 2 \cdot M''_0,$$
$$800 \cdot M''_0 + 4800 \cdot d\,y + 2450 = 1{,}667 \cdot V_2 - H_2 + 6 \cdot M''_0$$

oder

[3] $$4800 \cdot d\,x + 2450 = 1{,}667 \cdot H_2 - V_2 + 798 \cdot M''_0,$$

[4] $$4800 \cdot d\,y + 2450 = 1{,}667 \cdot V_2 - H_2 - 794 \cdot M''_0.$$

In gleicher Weise ergeben sich die Elastizitätsgleichungen für den Bogen III (s. Abb. 142 und 143)

$$\frac{E \cdot J \cdot \Delta_H'''}{10^6} = 14{,}233 \cdot H_3 - 11{,}12 \cdot V_3 + 28 \cdot M_0''' \quad \text{kg m}^3,$$

$$\frac{E \cdot J \cdot \Delta_V'''}{10^6} = 24{,}316 \cdot V_3 - 11{,}12 \cdot H_3 - 12{,}5 \cdot M_0''' \quad \text{kg m}^3,$$

mit

$$\frac{E \cdot J \cdot d\varphi}{10^6} = M_0''' \cdot (L_5 + L_6) = 9 \cdot M_0''' \quad \text{kg m}^2$$

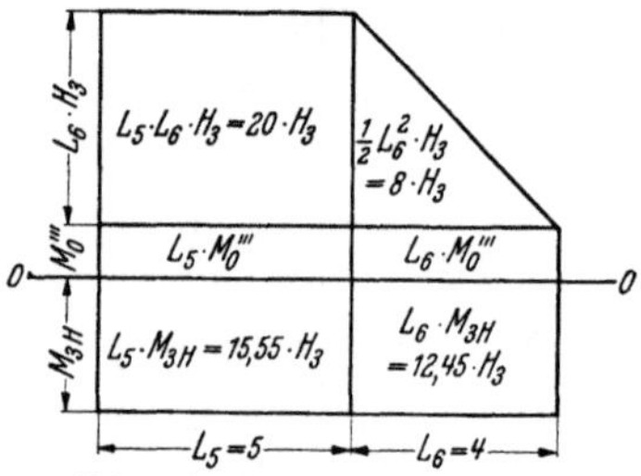

Abb. 142. Momentenbild für H_3.

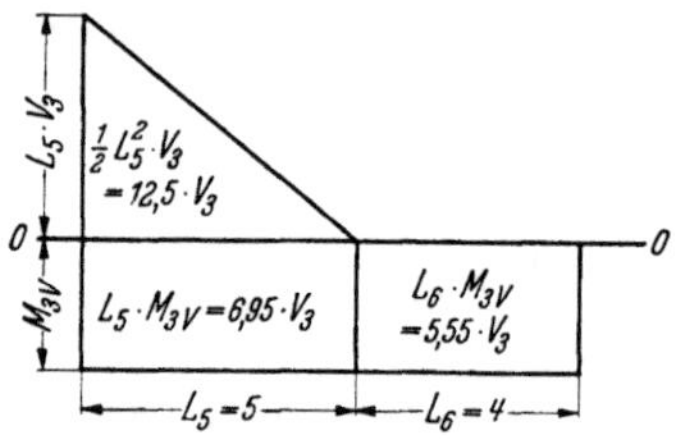

Abb. 143. Momentenbild für V_3.

wird

$$\frac{E \cdot J \cdot \Delta_H'''}{10^6} = \frac{1{,}7 \cdot 10^6 \cdot 2825}{10^6} (400 \cdot d\varphi - dx + 1{,}275)$$

$$= M_0''' (L_5 + L_6) \cdot 400 - 4800 \cdot dx + 6120$$

$$= 3600 \cdot M_0''' - 4800\, dx + 6120 \quad \text{kg m}^3,$$

$$\frac{E \cdot J \cdot \Delta_V'''}{10^6} = \frac{1{,}7 \cdot 10^6 \cdot 2825}{10^6} (-500 \cdot d\varphi + dy + 1{,}02)$$

$$= - M_0''' (L_5 + L_6) \cdot 500 + 4800\, dy + 4895$$

$$= -4500 \cdot M_0''' + 4800 \cdot dy + 4895 \quad \text{kg m}^3.$$

Damit lauten die Gleichungen

$$3600 \cdot M_0''' - 4800 \cdot dx + 6120 = 14{,}233 \cdot H_3 - 11{,}12 \cdot V_3 + 28 \cdot M_0'''$$

$$-4500 \cdot M_0''' + 4800 \cdot dy + 4895 = 24{,}316 \cdot V_3 - 11{,}12 \cdot H_3 - 12{,}5 \cdot M_0'''$$

oder

$$[5] \quad -4800 \cdot dx + 6120 = 14{,}233 \cdot H_3 - 11{,}12 \cdot V_3 - 3572 \cdot M_0''' \quad \text{kg m}^3,$$

$$[6] \quad +4800 \cdot dy + 4895 = 24{,}316 \cdot V_3 - 11{,}12 \cdot H_3 + 4487 \cdot M_0''' \quad \text{kg m}^3.$$

Damit sind die elastischen Eigenschaften des Systems erschöpft. Es sind in den erhaltenen 6 Gleichungen 3 unbekannte Horizontalkomponenten, 3 unbekannte Vertikalkomponenten, 2 unbekannte Verschiebungen dx und dy und 3 unbekannte Momente M_0, also insgesamt 11 Unbekannte.

Zur Lösung der Aufgabe müssen also auch 11 Gleichungen zur Verfügung stehen.

Weitere Gleichungen sind wie bereits gezeigt:

[7] $$M_0'' = 1{,}875 \cdot M_0',$$

[8] $$M_0''' = 0{,}8333 \cdot M_0'.$$

Ferner die beiden Gleichgewichtsbedingungen für die Kraftkomponenten:

[9] $$H_1 + H_2 - H_3 = 0,$$

[10] $$V_2 + V_3 - V_1 = 0,$$

sowie die Gleichgewichtsbedingung für die Momente bezogen auf Punkt III.

[11] $$M_{1H} - M_{1V} - M_{2H} + M_{2V} + M_{3H} - M_{3V} - M_0' - M_0'' - M_0''' - \\ - 7{,}5 \cdot H_1 + 9 \cdot V_1 - 2 \cdot H_2 - 7 \cdot V_2 = 0.$$

Die Einspannmomente ergeben sich aus den Schwerpunktsabständen der 3 Systeme, und zwar

$$M_{1H} = 0{,}816 \cdot H_1 \quad \text{und} \quad M_{1V} = 2{,}935 \cdot V_1 \quad \text{m kg},$$

wie bereits angegeben war.

$$M_{2H} = \frac{0{,}5 \cdot L_3^2}{L_3 + L_4} H_2 = \frac{2}{4} \cdot H_2 = 0{,}5 \cdot H_2 \quad \text{m kg},$$

$$M_{2V} = \frac{L_3 L_4 + 0{,}5 \cdot L_4^2}{L_3 + L_4} V_2 = \frac{4+2}{4} \cdot V_2 = 1{,}5 \cdot V_2 \quad \text{m kg},$$

$$M_{3H} = \frac{L_5 L_6 + 0{,}5 \cdot L_6^2}{L_5 + L_6} H_3 = \frac{20+8}{9} \cdot H_3 = 3{,}11 \cdot H_3 \quad \text{m kg},$$

$$M_{3V} = \frac{0{,}5 \cdot L_5^2}{L_5 + L_6} \cdot V_3 = \frac{12{,}5}{9} \cdot V_3 = 1{,}39 \cdot V_3 \quad \text{m kg}.$$

Aus den Gleichungen [1] bis [6] ermittelt man in bekannter Weise unter Beachtung der Gleichung [7] und [8]

$$H_1 = 803 \cdot dx - 410 \cdot dy + 1184 + 184{,}5 \cdot M_0' \quad \text{kg},$$

$$V_1 = 410 \cdot dx - 585 \cdot dy + 940 + 139 \cdot M_0' \quad \text{kg},$$

$$H_2 = 4500 \cdot dx + 2700 \cdot dy + 3675 - 564 \cdot M_0' \quad \text{kg},$$

$$V_2 = 2700 \cdot dx + 4500 \cdot dy + 3675 + 556 \cdot M_0' \quad \text{kg},$$

$$H_3 = -525 \cdot dx + 240{,}5 \cdot dy + 914 - 138{,}2 \cdot M_0' \quad \text{kg},$$

$$V_3 = -240 \cdot dx + 307{,}5 \cdot dy + 620 - 90{,}6 \cdot M_0' \quad \text{kg}.$$

Diese Beziehungen werden ebenfalls in die Gleichung [11] eingesetzt und es können dann, wenn auch recht umständlich, die 11 Unbekannten aus den genannten Gleichungen errechnet werden. Hier soll lediglich das Ergebnis angegeben werden, da die Lösung solcher Aufgaben an sich als bekannt vorausgesetzt werden muß.

Man erhält die Kraftkomponenten:

$$H_1 = 902 \text{ kg} \qquad V_1 = 966 \text{ kg}$$
$$H_2 = 187 \text{ kg} \qquad V_2 = 336 \text{ kg}$$
$$H_3 = 1089 \text{ kg} \qquad V_3 = 630 \text{ kg}$$

die Verschiebungen:

$$dx = -0{,}539 \text{ cm}$$
$$dy = -0{,}408 \text{ cm}$$

und die zusätzlichen Momente

$$M_0' = -0{,}0765 \text{ mkg},$$
$$M_0'' = -0{,}1433 \text{ mkg},$$
$$M_0''' = -0{,}0637 \text{ mkg}.$$

Sowohl die Richtung der Verschiebungen dx und dy als auch diejenige der Winkeldrehung $d\varphi$ wurde also falsch angenommen, da alle diese Werte negativ erscheinen. Die Verschiebung dx erfolgt also nach links, dy nach oben und die Winkeländerung $d\varphi$ entgegen dem Uhrzeigersinn.

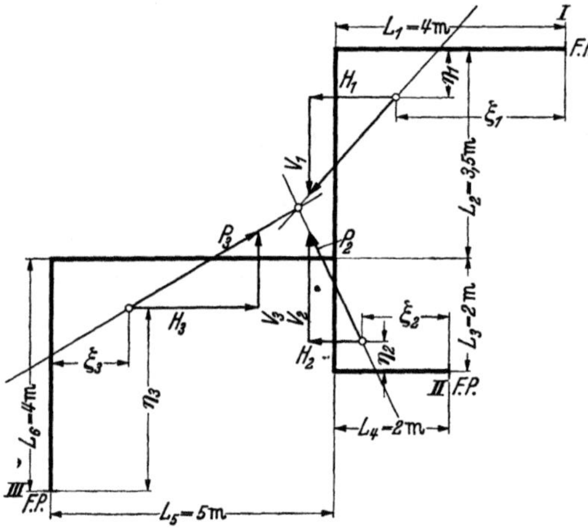

Abb. 144. Kraftwirkung im Rohrsystem nach Beispiel 18.

Die Momente an den Endpunkten I, II und III ergeben sich aus den Schwerpunktsabständen unter Berücksichtigung der Zusatzmomente M_0. Daraus kann man die Koordinaten des Punktes bestimmen, durch den die Hauptkraft jedes Bogens gehen muß.

$$\eta_1 = \frac{M_{1H} - M_0'}{H_1} = 0{,}816 + \frac{0{,}0765}{902} \approx 0{,}8161 \text{ m},$$

$$\xi_1 = \frac{M_{1V}}{V_1} = 2{,}935 \text{ m},$$

$$\eta_2 = \frac{M_{2H}}{H_2} = 0{,}5 \text{ m},$$

$$\xi_2 = \frac{M_{2V} - M_0''}{V_2} = 1{,}5 + \frac{0{,}1433}{336} \approx 1{,}5 \text{ m},$$

$$\eta_3 = \frac{M_{3H} - M_0'''}{H_3} = 3{,}11 + \frac{0{,}0637}{1089} \approx 3{,}11 \text{ m},$$

$$\xi_3 = \frac{M_{3V}}{V_3} = 1{,}39 \text{ m}.$$

Diese Koordinaten gelten von der entsprechenden Kraftachse aus gerechnet.

Zeichnet man das System maßstäblich auf und bestimmt an Hand vorgenannter Werte die genaue Lage und Richtung aller Kräfte, so wird man feststellen, daß die Hauptkräfte P_1, P_2 und P_3 sich alle in einem Punkt schneiden. Das stellt eine weitere Prüfung für die Richtigkeit der Rechnung dar (s. Abb. 144).

Mit diesem Beispiel soll die Behandlung der bei ebenen Systemen vorkommenden Sonderfälle abgeschlossen werden.

Man kann mit Hilfe dieser Hinweise auch andere ähnliche Aufgaben lösen.

g) Kritischer Vergleich der behandelten Berechnungsverfahren.

Es liegen im Schrifttum noch einige weitere Versuche vor, die Berechnung von statisch unbestimmten Rohrsystemen in eine einfache und möglichst mühesparende Form zu bringen. Die besondere Behandlung dieser Verfahren lohnt sich hier nicht, da sie entweder auf ähnlichen Grundlagen aufgebaut wurden, wie in den vorigen Abschnitten gezeigt, oder es wurden bei ihrer Entwicklung derartige Vereinfachungen und sogar falsche Voraussetzungen zugrunde gelegt, daß der praktische Wert solcher Verfahren natürlich mehr oder weniger in Frage gestellt ist.

In diesem Zusammenhang müssen solche Verfahren wie beispielsweise das von G. BERTLING[1] vorgeschlagene mit größter Vorsicht angewandt, wenn nicht ganz abgelehnt werden. Der Vorschlag wurde auf so primitiver Grundlage aufgebaut, daß eine Gewähr für die Richtigkeit nicht einmal für rohe Überschlagsrechnungen gegeben ist.

Es muß überhaupt vor verdächtig einfachen Formeln, sei es zur Bestimmung der Festpunktkräfte oder Biegungsspannungen, sei es zur Festlegung der erforderlichen Abmessungen der Längenausgleicher dringend gewarnt werden. Die Aufgabe ist nun einmal nicht so einfach, als daß sie mit einigen wenigen Rechenschieberzügen auf Grund primitiver Formeln gelöst werden könnte.

Bei Anwendung jedes vereinfachten Verfahrens muß man sich über die Grundlagen desselben und die Grenzen seiner Gültigkeit und Genauigkeit stets im Klaren sein. Anderenfalls kann man in der Praxis sehr unangenehme Überraschungen erleben.

Es soll daher nachstehend der praktische Wert der erläuterten Berechnungsverfahren nicht nur in bezug auf den erforderlichen Arbeitsaufwand, sondern vor allen Dingen im Hinblick auf die zu erwartende Genauigkeit kurz zusammenfassend beleuchtet werden.

---

[1] BERTLING, G.: Auslegung von Schenkelrohr-Längenausgleichern für Heißdampfleitungen. Arch. Wärmew. Bd. 18 (1937) Heft 9, S. 251; s. auch Wärme Nr. 39 (1938) S. 709.

Die vom Verfasser vorgeschlagene Rechnungsweise (Abschnitt B II/3a) und die Verfahren von MARBEC (3b) sowie M. CUTCHAN (3c) sind in der Genauigkeit ihrer Rechnungsergebnisse und mit Bezug auf die Exaktheit ihrer Grundlagen einander vollkommen gleichwertig. Die Notwendigkeit, die Abflachung des Rohrquerschnittes in den gebogenen Rohrteilen zu berücksichtigen, wurde an Hand einer praktischen Versuchsmessung an einem Lyrabogen nachgewiesen. Je geringer der Anteil der Bogen an der Gesamtlänge des Systems ist, um so weniger wird das Ergebnis durch die Bogenabflachung beeinflußt. Für Überschlagsrechnungen braucht sie gar nicht berücksichtigt zu werden, soweit es sich nicht um ausgesprochene Längenausgleicher, wie Lyrabogen u. ä. handelt, die fast nur aus Bogenrohren bestehen. Für diese können zweckmäßig die angegebenen Linientafeln zur Verringerung der Rechenarbeit angewandt werden.

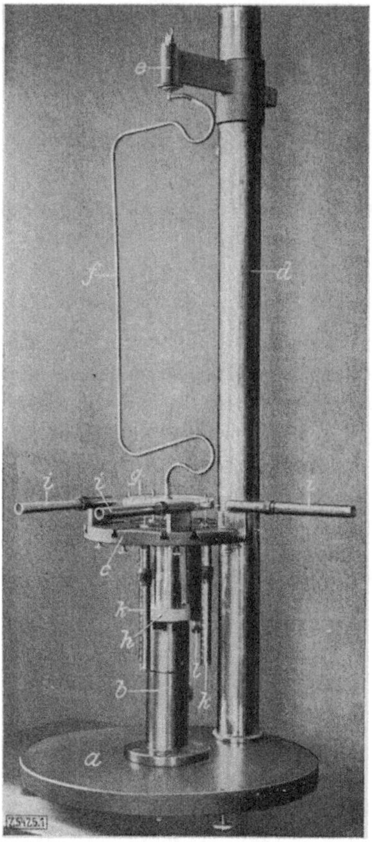

Abb. 145. Ansicht der Modellwaage mit eingespanntem Rohrmodell.

a Grundplatte; *b* Ständer; *c* verstellbarer Meßtisch; *d* Säule; *e* Ausleger; *f* Rohrmodell; *g* Einspannteller; *h* Mikrometerschraube zum Verstellen des Meßtisches in senkrechter Richtung; *i* Meßfedern zum Messen der Verformungskräfte X_m, Y_{1m} und Y_{2m} in waagerechter Richtung; *k* Meßfedern zum Messen der Verformungskräfte Z_{1m}, Z_{2m} und Z_{3m} in senkrechter Richtung (das dritte Meßrohr ist durch den Ständer des Meßtisches verdeckt); *l* Lampe zur Anzeige des Abhebvorganges beim Einregeln der Meßvorrichtung.

Die durchgerechneten Zahlenbeispiele dürften ohne weiteres zeigen, daß das erstgenannte Verfahren in bezug auf Einfachheit der Rechnung den beiden anderen überlegen ist. Der Vorschlag von MARBEC ist außerdem sehr stark von der Zeichengenauigkeit abhängig, da die Maße aus der Zeichnung abgegriffen werden müssen. Das Höchstmaß an Arbeitsaufwand erfordert das Verfahren von CUTCHAN, wodurch es für die Praxis wohl kaum in Betracht kommt.

Die Anwendung der etwas einfacheren Berechnungsformeln für Systeme mit Gelenkfestpunkten ist im Hinblick auf das sich ergebende falsche Bild der Spannungsverteilung nicht empfehlenswert, zumal der Unterschied im Arbeitsaufwand nicht erheblich ist.

Die beiden weiteren Verfahren von MITCHELL sowie PEITER und FISH bedingen ebenfalls einen Fehler in der Spannungsverteilung, der bei einigen Formen der Systeme (z. B. bei symmetrischen Z-Bogen) sehr groß werden kann. Im allgemeinen sind aber diese Verfahren nicht schlecht und jedenfalls der Rechnungsweise mit Gelenkfestpunkten vorzuziehen. Man muß sich nur stets darüber klar sein, ob die zugrunde liegende Annahme nicht zu übermäßiger Verzerrung der Ergebnisse führt.

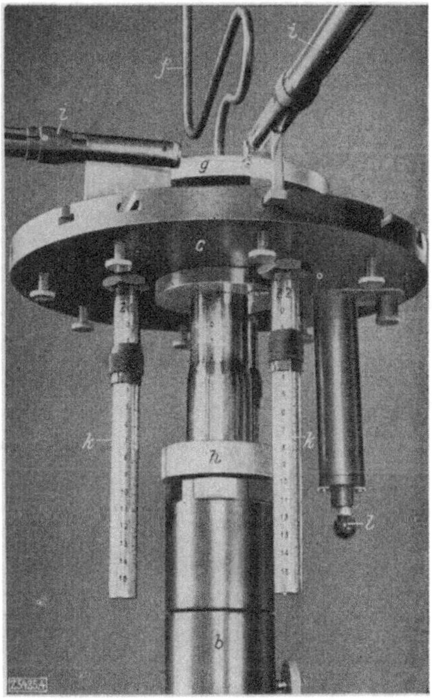

a b

Abb. 146a und b. Meßtisch der Modellwaage.
a Ansicht von oben; b Ansicht von unten. Erklärung der Einzelteile s. Abb. 145.

Zum Schluß verdient noch ein Verfahren besonderer Erwähnung. BERG, BERNHARD und SIPPEL[1] machen den originellen Vorschlag, die rechnerische Ermittlung der auftretenden Kräfte durch ein besonders entwickeltes Modellverfahren zu ersetzen, um den Aufwand an Zeit und Mühe für die statische Berechnung auf ein Mindestmaß herabzusetzen. Hierfür wird eine sinnreich entworfene Modellwaage gemäß Abb. 145[2] angewandt, mit Hilfe deren die wirkenden Kräfte und Momente

[1] BERG, S., H. BERNHARD u. K. TH. SIPPEL: Ermittlung der Auflagerreaktionen warmbetriebener Rohrleitungen durch Modellversuche. Z. VDI Bd. 83 (1939) Nr. 9, S. 281.

[2] Die Abb. 145 bis 147 sind dem vorerwähnten Aufsatz in der Z. VDI Bd. 83 (1939) Nr. 9, S. 281, entnommen.

gemessen werden können. Das Modell wird aus nahtlosem dünnwandigen Messingrohr in entsprechend verkleinertem Maßstab angefertigt und in die Meßwaage eingespannt.

Die Beanspruchung des Modells soll nicht durch Erwärmung erfolgen, sondern dadurch, daß das eine der eingespannten Rohrmodellenden um den der Wärmedehnung entsprechenden Betrag dem festen Ende genähert wird. Die dadurch bedingten Kraft- und Momentreaktionen werden mit Hilfe von sorgfältig geeichten Meßfedern mit Mikrometerteilung gemessen. Die Anordnung der Federn am Meßtisch zeigen die Abb. 146a und b, während die Abb. 147 einen Schnitt durch eine Meßfeder darstellt.

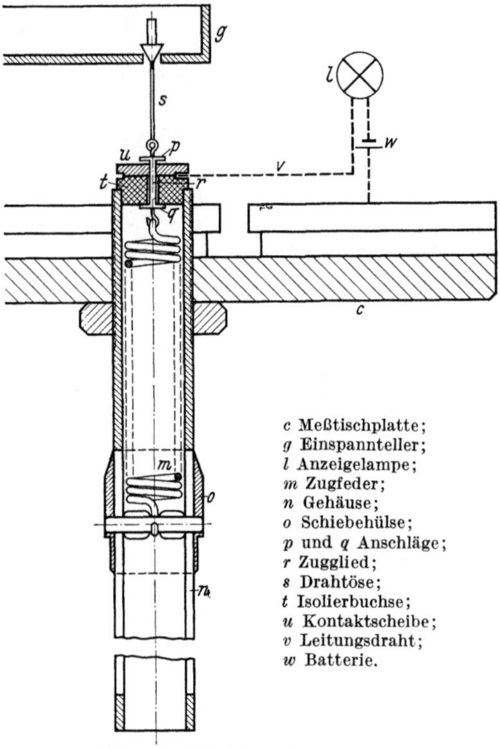

c Meßtischplatte;
g Einspannteller;
l Anzeigelampe;
m Zugfeder;
n Gehäuse;
o Schiebehülse;
p und *q* Anschläge;
r Zugglied;
s Drahtöse;
t Isolierbuchse;
u Kontaktscheibe;
v Leitungsdraht;
w Batterie.

Abb. 147. Schnitt durch eine Meßfeder.

Wenn es möglich wäre, ein der Hauptausführung des Rohrsystems geometrisch vollständig ähnliches Modell herzustellen, so würden die durch elastische Verformungen hervorgerufenen Momente M und M_m sich wie

$$\frac{M}{M_m} = \frac{E \cdot J \cdot r_m}{E_m \cdot J_m \cdot r} = \frac{\varphi_E \, \varphi_L^4}{\varphi_L} = \varphi_E \cdot \varphi_L^3$$

und die Kräfte wie

$$\frac{P}{P_m} = \frac{M \cdot L_m}{L \cdot M_m} = \varphi_E \cdot \varphi_L^2$$

verhalten. Hierin bedeuten:

Modell	Hauptausführung	Bedeutung der Größe
P_m	$P = \varphi_P \cdot \varphi_x \cdot P_m$	Reaktionskraft
M_m	$M = \varphi_M \cdot \varphi_x \cdot M_m$	Reaktionsmoment
J_m	$J = \varphi_J \cdot J_m$	Trägheitsmoment
E_m	$E = \varphi_E \cdot E_m$	Elastizitätsmodul
L_m	$L = \varphi_L \cdot L_m$	Irgendeine Länge, ausgenommen Durchmesser und Wanddicke
d_m	$d = \varphi_d \cdot d_m$	Rohraußendurchmesser
r_m	$r = \varphi_r \cdot r_m$	Mittlerer Rohrhalbmesser
s_m	$s = \varphi_s \cdot s_m$	Wanddicke
Δx_m	$\Delta x = \varphi_x \cdot \Delta x_m$	Verformungsweg durch Wärmedehnung
K_m	K	Kármánsche Zahl

Mit φ ist also ganz allgemein der Ähnlichkeitsmaßstab bezeichnet, wobei der Zeigerbuchstabe auf die Bedeutung desselben hinweist.

Um nun in der Wahl des Modellrohres möglichst unabhängig zu sein[1] und, soweit es geht, handelsübliche Abmessungen verwerten zu können, entwickeln die Verfasser eine gewisse Abhängigkeit zwischen den Abmessungen der Hauptausführung und des Modells. Sie weisen nach, daß der Längenmaßstab φ_L durch die KÁRMÁN-Zahlen für die Hauptausführung und das Modell gegeben ist, und zwar müssen die KÁRMÁN-Zahlen in beiden Fällen einander gleich sein, d. h.

$$K = K_m$$

und somit

$$\lambda = \lambda_m,$$

wobei

$$\lambda = \frac{R \cdot s}{r^2}$$

ist. Dadurch ist der Längenmaßstab bestimmt zu

$$\varphi_L = \frac{R}{R_m} = \frac{r^2 \cdot s_m}{r_m^2 \cdot s} = \frac{\varphi_r^2}{\varphi_s}.$$

Unter dieser Voraussetzung gelten folgende Ähnlichkeitsmaßstäbe:

Für die Reaktionskraft

$$\varphi_P = \frac{\varphi_E \cdot \varphi_s^4}{\varphi_r^3}$$

und für das Reaktionsmoment

$$\varphi_M = \frac{\varphi_E \cdot \varphi_s^3}{\varphi_r}.$$

Mit Hilfe dieser Beziehungen können aus den mit der Modellwaage gemessenen Kräften und Momenten die tatsächlichen Größen derselben für die Hauptausführung in einfachster Weise errechnet werden.

Wird das mit dem obengenannten Längenmaßstab hergestellte Modell um den Betrag

$$\Delta x_m = \varphi_x \cdot \Delta x$$

verformt, dann stehen die Spannungen im Modell zu denjenigen der Hauptausführung im Verhältnis

$$\frac{\sigma_m}{\sigma} = \frac{\varphi_L^2}{\varphi_x \cdot \varphi_E \cdot \varphi_d}.$$

Durch geeignete Wahl von φ_x muß ein übermäßiges Anwachsen der Modellbeanspruchung σ_m vermieden werden, da sonst eine Fälschung des Vergleichs durch Überstrecken des Modells eintreten kann.

[1] Die Wandstärke des Modellrohres muß so klein wie möglich sein, da die KÁRMÁN-Zahlen nur für kleine Verhältnisse s/r Gültigkeit haben.

An einem Zahlenbeispiel erläutern die Verfasser den Rechnungsgang und weisen tatsächlich eine gute Übereinstimmung zwischen statischer Berechnung und Versuchsauswertung nach.

Der Gedanke der Modellprüfung ist zweifellos originell. Es muß jedoch berücksichtigt werden, daß die Ersparnis an Rechenarbeit durch die erforderliche Anfertigung des Modells mehr als wettgemacht werden dürfte. Die Modellherstellung muß äußerst genau und sorgfältig unter Beachtung verschiedener Vorsichtsmaßnahmen erfolgen und erfordert daher ebenfalls besonders geschulte Fachkräfte; andernfalls ist die Übereinstimmung der Versuchsergebnisse mit den tatsächlich zu erwartenden Kräften in Frage gestellt.

Die in diesem Buch gegebenen Richtlinien für die statische Berechnung von Rohrsystemen dürften die Arbeit bereits wesentlich erleichtern, so daß der hierfür erforderliche Aufwand an Zeit und Mühe höchstens bei sehr schwierigen räumlichen Rohrsystemen eine Modellanwendung rechtfertigen würde.

III. Berechnung der Elastizität von räumlichen Rohrsystemen.

Die Grundsätze und Bedingungen für die Berechnung räumlicher Systeme sind an sich die gleichen, wie sie in mehreren Abwandlungen für ebene Rohrsysteme abgeleitet wurden. Nur ist die Lösung der Aufgabe nicht mehr so einfach, weil die Anzahl der Unbekannten größer wird.

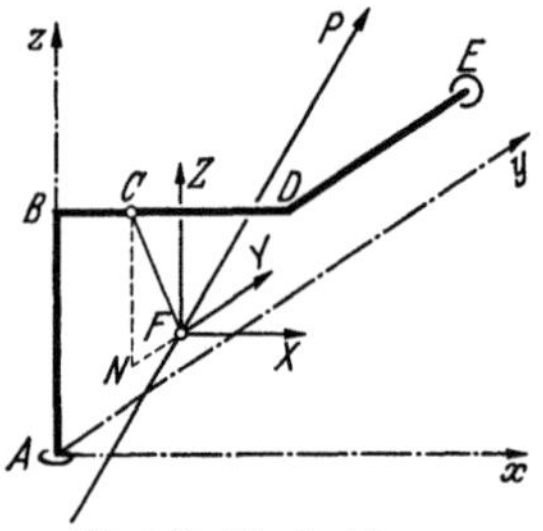

Abb. 148. Kraftwirkung im räumlichen System.

Während bei ebenen Rohrsystemen auch sämtliche Kräfte in der gleichen Ebene wirken, tritt bei räumlichen Systemen eine irgendwie im Raum liegende Kraft P auf. Diese ist also zu allen Schenkeln des Systems windschief gerichtet (Abb. 148). An keiner Stelle schneidet diese Kraft irgendeinen Schenkel.

Wählt man einen beliebigen Punkt C des Systems und legt durch diesen Punkt senkrecht zu dem betreffenden Schenkel BD eine Ebene, so wird diese in einem bestimmten Punkt F die Kraftlinie schneiden. Die Verbindungslinie CF liegt also in dieser Ebene. Jetzt wird die Kraft P in drei Komponenten X, Y und Z zerlegt, die jeweils parallel zu dem gewählten Achsenkreuz $A\,x$, $A\,y$ und $A\,z$ sind und ihren Ursprung im Punkt F haben. Es leuchtet ohne weiteres ein, daß die Komponenten Y und Z mit der Hilfsebene zusammenfallen, während die Komponente X senkrecht zu ihr steht.

Das Produkt X mit der Verbindungslinie CF bildet ein Biegungsmoment M_b in bezug auf den Punkt C.

Zerlegt man die Verbindungslinie CF ebenfalls in ihre Komponenten, und zwar CN parallel zur z-Achse und NF parallel zur y-Achse, so ist CN senkrecht zur Kraftkomponente Y und NF senkrecht zur Komponente Z.

Dadurch erhält man in bezug auf den Punkt C noch zwei Drehmomente

$$M_d' = Y \cdot \overline{CN} \quad \text{und} \quad M_d'' = Z \cdot \overline{NF}.$$

Die Größe des Biegungsmoments wechselt für jeden Punkt des Systems, diejenige der Drehmomente bleibt über die Länge des jeweiligen Schenkels gleich. Es treten aber — und das ist für die weiteren Betrachtungen sehr wichtig — in jedem Punkt des räumlichen Systems stets sowohl Biegungs- wie Drehmomente gleichzeitig auf.

Die Darstellung der räumlichen Systeme erfolgt, um sie plastisch erscheinen zu lassen, zweckmäßig in Parallelperspektive. Es sollen im folgenden nur solche Systeme betrachtet werden, deren Schenkel jeweils aufeinander senkrecht stehen.

1. Berechnungsgrundlagen.

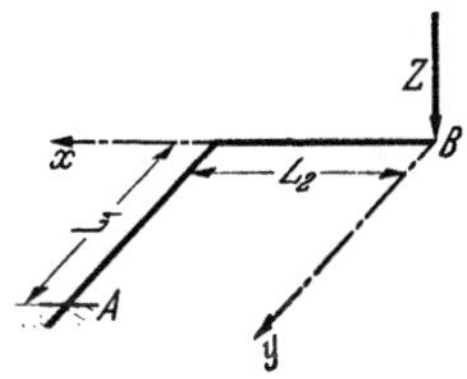

Abb. 149. Kraft senkrecht zur Systemebene.

Die Grundlagen der Berechnung sind für räumliche Systeme, wie schon gesagt war, die gleichen wie bei ebenen Systemen. Man muß sich aber stets den räumlichen Charakter des Systems vergegenwärtigen und dementsprechend die räumlichen Wirkungen der Kräfte berücksichtigen.

In Abb. 149 ist ein ebener Winkelbogen AB dargestellt, der durch eine senkrecht zu der Bogenebene stehende Kraft Z beansprucht ist. Im Angriffspunkt B der Kraft denken wir uns ein Dreiachsenkreuz x, y und z gelegt und betrachten die Wirkung der Kraft Z in den verschiedenen Richtungen.

Die Kraft Z bildet den Schnittpunkt der beiden Ebenen xz und yz und wirkt folglich auch in diesen beiden Ebenen.

Zuerst soll die Wirkung der Kraft Z in der xz-Ebene betrachtet werden. Der Schenkel L_1 steht senkrecht zu dieser Ebene und wird auf Verdrehung beansprucht. Das Drehmoment ist

$$M_d = Z \cdot L_2.$$

Die hierdurch im Schenkel L_1 hervorgerufene Verdrehung ist

$$\psi = \int_0^{L_1} \frac{M_d \cdot dl}{G \cdot J_0} *,$$

* Der Einfachheit halber ist der Tangens durch den Winkel ersetzt.

wobei

dl = Längenteilchen von L_1,

G = Gleitmodul $= \frac{m}{2(m+1)} \cdot E = 0{,}385 \cdot E$,

J_0 = Polares Querschnitts-Trägheitsmoment des Rohres $= 2 \cdot J$

ist.

Die Ausdrücke für G und J_0 eingesetzt und integriert von 0 bis L_1

$$\psi = \frac{M_d \cdot L_1}{0{,}385 \cdot E \cdot 2 \cdot J} = \frac{M_d \cdot L_1}{0{,}77 \cdot E \cdot J}$$

$$= 1{,}3 \frac{M_d \cdot L_1}{E \cdot J}.$$

Man sieht daraus, daß es nötig ist, die Länge des auf Verdrehung beanspruchten Schenkels mit dem Zahlenwert 1,3 zu multiplizieren, um die Wirkung von Biegungs- und Drehmomenten unmittelbar miteinander vergleichen zu können.

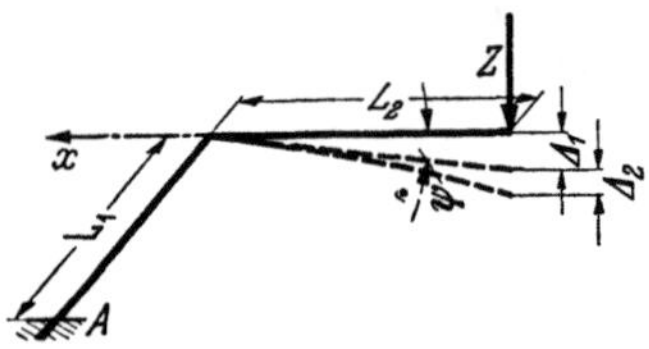

Abb. 150. Kraftwirkung in der xz-Ebene.

$M_d = Z \cdot L_2$ eingesetzt

$$\psi = \frac{Z \cdot L_2 \cdot 1{,}3 \cdot L_1}{E \cdot J}.$$

Der Verdrehungswinkel ψ am Ende des Schenkels L_1 wirkt sich auf den anschließenden Schenkel L_2 in Form einer Winkelverdrehung nach unten aus. In der Abb. 150 ist es übertrieben groß dargestellt.

Die entsprechende Verschiebung des Punktes B nach unten ist

$$\Delta_1 = \psi \cdot L_2 = \frac{1{,}3 \cdot L_1 \cdot L_2^2}{E \cdot J} \cdot Z.$$

Der Wert über dem Bruchstrich stellt nichts anderes dar, als das Trägheitsmoment des um 30% verlängerten Schenkels L_1 bezogen auf die yz-Ebene.

$$J'_{yz} = 1{,}3 \cdot L_1 \cdot L_2^2.$$

Die Wirkung von Z auf den Schenkel L_2 (immer noch in der xz-Ebene betrachtet) stellt eine gewöhnliche Biegung dar. Die Durchbiegung beträgt bekanntlich

$$\Delta_2 = \frac{Z}{E \cdot J} \cdot \frac{1}{3} L_2^3.$$

Der Wert $\frac{1}{3} L_2^3$ stellt das Trägheitsmoment des Schenkels L_2, bezogen auf die yx-Ebene dar. Die Gesamtwirkung von Z in der xz-Ebene ist also

$$\Delta_{xz} = \Delta_1 + \Delta_2 = \frac{Z}{E \cdot J}\left(1{,}3\, L_1 \cdot L_2^2 + \frac{1}{3} \cdot L_2^3\right) = \frac{Z}{E \cdot J}\,(J'_{yz} + J''_{yz}).$$

Jetzt soll die Wirkung von Z in der anderen, der yz-Ebene untersucht werden.

Der Schenkel L_1 ist parallel zur yz-Ebene, wird also auf Biegung beansprucht. Die Durchbiegung ist (Abb. 151)

$$\Delta_{yz} = \frac{Z}{E \cdot J} \cdot \frac{1}{3} \cdot L_1^3 = \frac{Z}{E \cdot J} \cdot J'_{xz}.$$

Das Ende von L_1 zeigt infolge der Durchbiegung eine Neigung

$$\psi_2 = \frac{Z \cdot L_1^2}{2 \cdot E \cdot J}.$$

Um denselben Winkel wird auch der anschließende Schenkel L_2 um seine Längsachse gedreht (nicht verdreht), was aber keine weiteren Wirkungen verursacht.

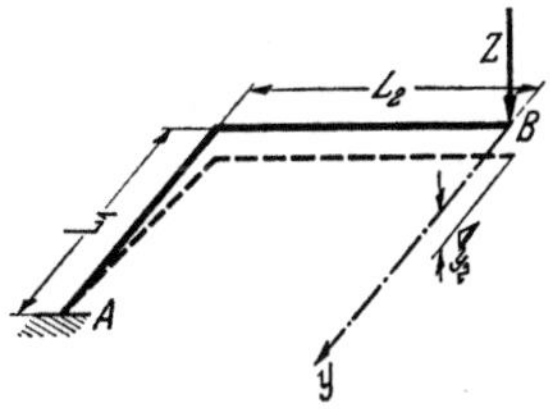

Abb. 151. Kraftwirkung in der yz-Ebene.

Damit ist erwiesen, daß auch bei räumlicher Kraftwirkung die elastischen Eigenschaften des Systems sich durch Linienträgheitsmomente ausdrücken lassen.

Das Linienträgheitsmoment wird stets auf diejenige der beiden der Kraft gemeinsamen Ebenen bezogen, die senkrecht zur jeweils untersuchten Wirkungsebene steht. Dabei müssen diejenigen Schenkel, die senkrecht zur Wirkungsebene gerichtet sind, mit 1,3 multipliziert werden.

Den Zusammenhang zwischen den Linienträgheitsmomenten bzw. Zentrifugalmomenten und dem elastischen Verhalten räumlicher Systeme hat TH. ABEL[1] nachgewiesen.

Da die Berechnung räumlicher Systeme infolge der erforderlichen räumlichen Vorstellung noch mehr Aufmerksamkeit und Mühe als bei ebenen Systemen erfordert, ist hier erst recht die Aufstellung einfachster, leicht einprägsamer Regeln, die in gewissem Sinne ein mechanisches Rechnen ohne umständliche Überlegungen gestatten, erforderlich. Diese sollen im Abschnitt B III/b gebracht werden.

Im übrigen gelten für die räumlichen Systeme die gleichen Erkenntnisse. Beiderseits mit Gelenkfestpunkten ausgerüstete Systeme besitzen eine durch die Gelenke führende Reaktionskraft.

Bei beiderseitiger Einspannung (Einspannfestpunkte) geht die Hauptkraft durch den Schwerpunkt des Systems. Hier muß aber auf einen besonderen Umstand hingewiesen werden.

Der Schwerpunkt hat bei räumlichen Systemen nur theoretische Bedeutung und ist nur durch die Form der entsprechenden Beziehungen mit dem Begriff des Schwerpunktes verwandt.

Für die statischen Momente gelten nämlich infolge des Zusammenwirkens von Biegung und Verdrehung genau dieselben Regeln, wie für die vorhin erläuterte Bestimmung der Linien-Trägheitsmomente, indem

[1] ABEL, TH.: Beitrag zur statischen Untersuchung von räumlichen Hochdruckrohrleitungen bei Temperaturänderungen. Diss. T. H. Aachen 1933.

diejenigen Schenkel, die senkrecht zur jeweiligen Wirkungsebene stehen, mit 1,3 zu multiplizieren sind. Auch für die gestreckte Rohrlänge gilt das gleiche.

Da für jede Richtung zwei Wirkungsebenen vorhanden sind, ergeben sich entsprechend den 3 Richtungen auch 3 Paar Schwerpunktsabstände, die untereinander auch paarweise nicht gleich sind.

Diese Verhältnisse werden später bei der praktischen Durchrechnung klar.

2. Berücksichtigung der Bogen in räumlichen Systemen.

Ein Bogenrohr wird in räumlichen Systemen ebenfalls gleichzeitig auf Biegung und Verdrehung beansprucht.

In Abb. 152 ist ein einerseits eingespannter Bogen AB perspektivisch dargestellt, der am Ende B durch eine senkrecht zur Bogenebene stehende, also parallel zur y-Achse gerichtete Kraft P beansprucht ist.

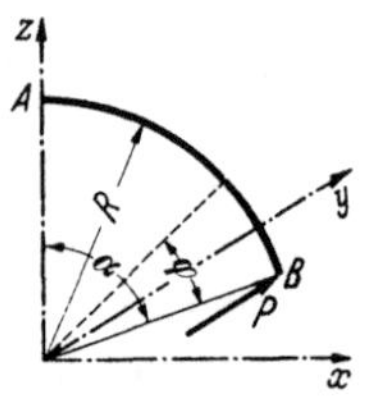

Abb. 152.
Kraftwirkung senkrecht zur Bogenebene.

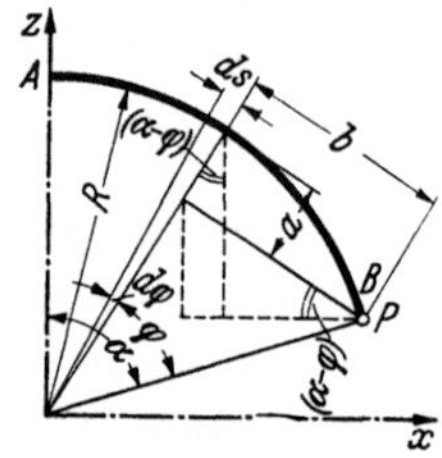

Abb. 153.
Momente im Bogen durch die Kraft P.

Aus dem Grundriß des Bogens nach Abb. 153 folgt für das Bogenteilchen ds

$$\text{Biegungsmoment} \quad M_b = P \cdot b = P \cdot R \cdot \sin\varphi$$

$$\text{Drehmoment} \quad M_d = P \cdot a = P \cdot R\,(1 - \cos\varphi)\,.$$

Bezieht man die wirkenden Momente auf eine der xy-Ebene parallele Ebene, so folgt ohne weiteres aus der Abb. 153

$$M_{b(xy)} = P \cdot b \cdot \cos(\alpha - \varphi) = P \cdot R \cdot \sin\varphi \cdot \cos(\alpha - \varphi),$$

$$M_{d(xy)} = P \cdot a \cdot \sin(\alpha - \varphi) = P \cdot R \cdot (1 - \cos\varphi) \cdot \sin(\alpha - \varphi)\,.$$

Der Verdrehungswinkel im Punkt B in bezug auf die xy-Ebene ist also danach

$$\psi_{xy} = \int_A^B \frac{M_{b(xy)} \cdot ds}{E \cdot J} - \int_A^B \frac{M_{d(xy)} \cdot ds}{G \cdot J_0}\,.$$

Entsprechend

$$\frac{1}{G \cdot J_0} = \frac{1{,}3}{E \cdot J}\,,$$

wird

$$\psi_{xy} = \frac{1}{E \cdot J}\left[\int_A^B M_{b(xy)} \cdot ds - \int_A^B M_{d(xy)} \cdot 1{,}3\,ds\right].$$

Nach Einsetzen der Ausdrücke für M_b und M_d und $ds = R \cdot d\varphi$, sowie nach Umformung mit

$$\cos(\alpha - \varphi) = \cos\alpha \cdot \cos\varphi + \sin\alpha \cdot \sin\varphi,$$
$$\sin(\alpha - \varphi) = \sin\alpha \cdot \cos\varphi - \cos\alpha \cdot \sin\varphi$$

erhält man

$$\psi_{xy} = \frac{P \cdot R^2}{E \cdot J} \int_0^\alpha (\sin\alpha \cdot \sin^2\varphi - 0{,}3 \cdot \cos\alpha \cdot \sin\varphi \cdot \cos\varphi -$$
$$- 1{,}3 \cdot \sin\alpha \cdot \cos\varphi + 1{,}3 \cdot \sin\alpha \cdot \cos^2\varphi + 1{,}3 \cdot \cos\alpha \cdot \sin\varphi)\, d\varphi$$

und nach Integration in den Grenzen $\varphi = 0$ bis $\varphi = \alpha$

$$\psi_{xy} = \frac{P \cdot R^2}{E \cdot J} \left[1{,}15 \cdot \alpha \cdot \sin\alpha - 1{,}3 \cdot (1 - \cos\alpha)\right].$$

Für einen 90°-Bogen ist $\alpha = \pi/2$ und daher mit $\sin\alpha = 1$; $\cos\alpha = 0$

$$\psi_{xy} = 0{,}5064\, \frac{P \cdot R^2}{E \cdot J}. \tag{95}$$

Die Gesamtdurchbiegung des Bogens in Kraftrichtung errechnet sich in ähnlicher Weise aus der Abb. 153:

$$\Delta_y = \int \psi_{xy} \cdot \left[b \cdot \cos(\alpha - \varphi) - a \cdot \sin(\alpha - \varphi)\right]$$
$$= \frac{P \cdot R^3}{E \cdot J} \int_0^\alpha (\sin\alpha \cdot \sin^2\varphi - 0{,}3 \cdot \cos\alpha \cdot \sin\varphi \cos\varphi -$$
$$- 1{,}3 \cdot \sin\alpha \cdot \cos\varphi + 1{,}3 \cdot \sin\alpha \cdot \cos^2\varphi + 1{,}3 \cdot \cos\alpha \cdot \sin\varphi)^2\, d\varphi.$$

Nach Quadrieren des Klammerausdruckes und Integration in den Grenzen von $\varphi = 0$ bis $\varphi = \alpha$ wird

$$\Delta_y = \frac{P \cdot R^3}{E \cdot J} (2{,}45 \cdot \alpha + 0{,}15 \cdot \sin\alpha \cdot \cos\alpha - 2{,}6 \cdot \sin\alpha).$$

Für einen 90°-Bogen ist wieder $\alpha = \pi/2$ und somit

$$\Delta_y = 1{,}249\, \frac{P \cdot R^3}{E \cdot J}. \tag{96}$$

In entsprechender Weise wird der Verdrehungswinkel im Punkt B in bezug auf die yz-Ebene ermittelt.

Für die Momente gelten die Beziehungen aus Abb. 153

$$M_{b(yz)} = P \cdot b \cdot \sin(\alpha - \varphi) = P \cdot R \cdot \sin\varphi \cdot \sin(\alpha - \varphi),$$
$$M_{d(yz)} = P \cdot a \cdot \cos(\alpha - \varphi) = P \cdot R \cdot (1 - \cos\varphi) \cdot \cos(\alpha - \varphi),$$

daraus

$$\psi_{yz} = \frac{1}{E \cdot J} \left[\int_A^B M_{b(yz)} \cdot ds + \int_A^B M_{d(yz)} \cdot 1{,}3 \cdot ds\right]$$

und somit

$$\psi_{yz} = \frac{P \cdot R^2}{E \cdot J} \int_0^\alpha (-0,3 \cdot \sin\alpha \cdot \sin\varphi \cdot \cos\varphi - \cos\alpha \cdot \sin^2\varphi + $$
$$+ 1,3 \cdot \cos\alpha \cdot \cos\varphi - 1,3 \cdot \cos\alpha \cdot \cos^2\varphi + 1,3 \cdot \sin\alpha \cdot \sin\varphi)\, d\varphi.$$

Integriert erhält man

$$\psi_{yz} = \frac{P \cdot R^2}{E \cdot J}(1,15 \cdot \sin\alpha - 1,15\,\alpha \cdot \cos\alpha).$$

Für einen 90°-Bogen ist $\alpha = \pi/2$ und daher

$$\psi_{yz} = 1,15\frac{P \cdot R^2}{E \cdot J}. \tag{97}$$

Es ist in manchen Fällen für die Berechnung vorteilhaft, die Gesamtdurchbiegung Δ des Bogens zu unterteilen, und zwar

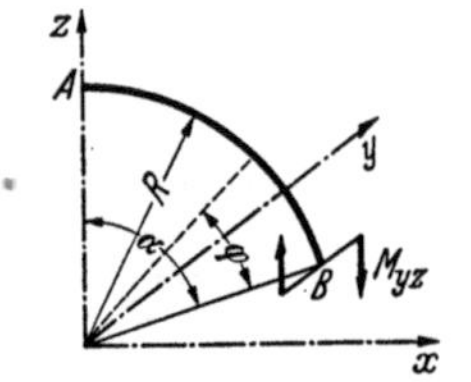

Abb. 154. Bogen mit einem in der yz-Ebene wirkenden Moment.

$$\Delta_{xy} = \psi_{xy} \cdot 0,754 \cdot R = 0,382\frac{P \cdot R^3}{E \cdot J} \tag{98}$$

als Anteil entsprechend der Verdrehung des Bogens senkrecht zur Ebene des freien Bogenendes, und

$$\Delta_{yz} = \psi_{yz} \cdot 0,754 \cdot R = 0,867\frac{P \cdot R^3}{E \cdot J} \tag{99}$$

als Anteil entsprechend der Verdrehung des Bogens in der Ebene tangential zum freien Bogenende.

Dann ist wieder die Gesamtdurchbiegung

$$\Delta = \Delta_{xy} + \Delta_{yz} = 1,249\frac{P \cdot R^3}{E \cdot J}$$

wie bereits entwickelt war.

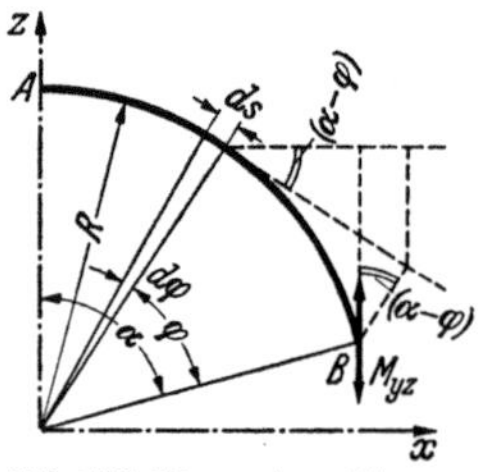

Abb. 155. Momentenwirkung im Bogen.

Für die weiteren vorkommenden räumlichen Belastungsfälle von Bogen seien nur die endgültigen Beziehungen angegeben, da deren Entwicklung an sich in genau der gleichen Weise erfolgt.

In Abb. 154 ist der Bogen AB durch ein in B angreifendes in der yz-Ebene wirkendes Moment M belastet. Dieses ruft im Bogenteilchen ds ebenfalls ein Biegungsmoment

$$M_b = M \cdot \sin(\alpha - \varphi)$$

und ein Drehmoment

$$M_d = M \cdot \cos(\alpha - \varphi)$$

hervor, wie aus Abb. 155 leicht zu erkennen ist.

Diese Momente rufen im Endpunkt B des Bogens folgende Verdrehungen hervor.

In der yz-Ebene

$$\psi_{yz} = \frac{M \cdot R}{E \cdot J} (1{,}15 \cdot \alpha + 0{,}15 \cdot \sin\alpha \cdot \cos\alpha)$$

und in der xy-Ebene

$$\psi_{xy} = \frac{M \cdot R}{E \cdot J} 0{,}15 \cdot \sin^2\alpha .$$

Die Gesamtdurchbiegung des Bogens im Punkt B in y-Richtung ist

$$\Delta_y = \frac{M \cdot R^2}{E \cdot J} (1{,}15 \cdot \sin\alpha - 1{,}15 \cdot \alpha \cdot \cos\alpha) .$$

Für den 90°-**Bogen** ist $\alpha = \pi/2$, $\sin\alpha = 1$, $\cos\alpha = 0$ und somit

$$\psi_{yz} = 1{,}806 \frac{M \cdot R}{E \cdot J}, \qquad (100)$$

$$\psi_{xy} = 0{,}15 \frac{M \cdot R}{E \cdot J}. \qquad (101)$$

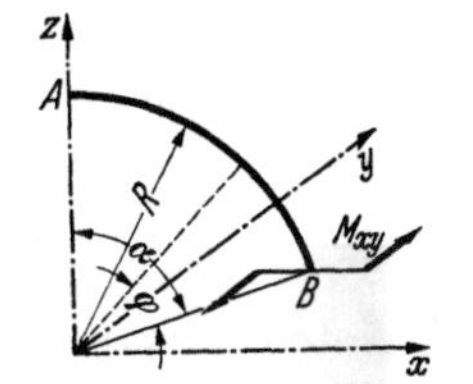

Abb. 156. Bogen mit einem in der xy-Ebene wirkenden Moment.

Ferner sind die Teildurchbiegungen

$$\Delta_{yz} = \psi_{yz} \cdot 0{,}695 \cdot R = 1{,}254 \frac{M \cdot R^2}{E \cdot J} \qquad (102)$$

als Anteil entsprechend der Verdrehung in der Ebene tangential zum freien Bogenende, und

$$\Delta_{xy} = \psi_{xy} \cdot 0{,}695 \cdot R = 0{,}104 \cdot \frac{M \cdot R^2}{E \cdot J} \qquad (103)$$

als Anteil entsprechend der Verdrehung in der Ebene senkrecht zum freien Bogenende.

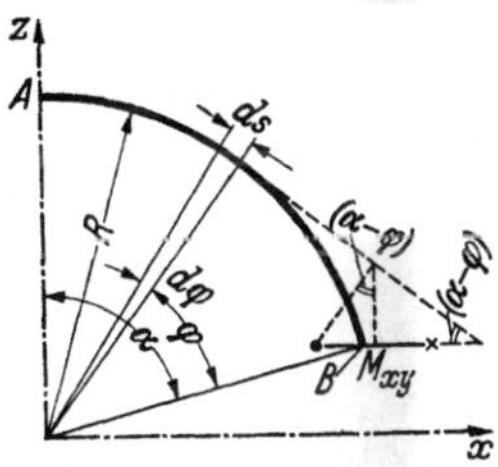

Abb. 157. Momentenwirkung im Bogen.

Die Gesamtdurchbiegung ist hiernach

$$\Delta_y = \Delta_{yz} - \Delta_{xy} = 1{,}15 \frac{M \cdot R^2}{E \cdot J}. \qquad (104)$$

Ein weiterer in Frage kommender Belastungsfall ist in Abb. 156 dargestellt. Der Bogen AB ist am freien Ende B durch ein in der xy-Ebene wirkendes Moment M belastet.

Durch dieses werden im Bogenteilchen ds folgende Momente erzeugt (Abb. 157).

Ein Biegungsmoment

$$M_b = M \cdot \cos(\alpha - \varphi)$$

und ein Drehoment

$$M_d = M \cdot \sin(\alpha - \varphi) .$$

Diese Momente verursachen im Endpunkt B des Bogens folgende Verdrehungen:

In der yz-Ebene

$$\psi_{yz} = \frac{M \cdot R}{E \cdot J} \cdot 0{,}15 \sin^2\alpha$$

und in der xy-Ebene

$$\psi_{xy} = \frac{M \cdot R}{E \cdot J} \cdot (1{,}15 \cdot \alpha - 0{,}15 \cdot \sin\alpha \cdot \cos\alpha).$$

Die Gesamtdurchbiegung des Bogens im Punkt B in y-Richtung ist

$$\Delta_y = \frac{M \cdot R^2}{E \cdot J} \left[1{,}15\,\alpha \cdot \sin\alpha - 1{,}3\,(1 - \cos\alpha)\right].$$

Für den 90°-Bogen ist mit $\alpha = \pi/2$

$$\psi_{yz} = 0{,}15 \frac{M \cdot R}{E \cdot J}, \tag{105}$$

$$\psi_{xy} = 1{,}806 \frac{M \cdot R}{E \cdot J}. \tag{106}$$

Ferner sind die Teildurchbiegungen

$$\Delta_{yz} = \psi_{yz} \cdot 0{,}306 \cdot R = 0{,}0459 \frac{M \cdot R^2}{E \cdot J} \tag{107}$$

als Anteil entsprechend der Verdrehung in der Ebene tangential zum freien Bogenende und

$$\Delta_{xy} = \psi_{xy} \cdot 0{,}306 \cdot R = 0{,}5523 \frac{M \cdot R^2}{E \cdot J} \tag{108}$$

als Anteil entsprechend der Verdrehung in der Ebene senkrecht zum freien Bogenende.

Die Gesamtdurchbiegung ist also

$$\Delta_y = \Delta_{xy} - \Delta_{yz} = 0{,}5064 \frac{M \cdot R^2}{E \cdot J}. \tag{109}$$

Damit sind alle in räumlichen Systemen vorkommenden Belastungsfälle von Bogen, unter Berücksichtigung derjenigen, die schon im Abschnitt B II/3c entwickelt wurden, behandelt.

Mit Hilfe dieser Beziehungen ist es möglich, jedes räumliche System zu berechnen und die wirkenden Kräfte zu ermitteln. Wie es im Einzelfall am zweckmäßigsten zu erfolgen hat, wird im nächsten Abschnitt gezeigt werden.

Zunächst soll noch auf den Einfluß der Querschnittsabplattung in den Bogen eingegangen werden.

Zweifellos erfolgt auch bei gleichzeitigem Zusammenwirken von Biegungs- und Drehmomenten im Bogen eine, allerdings nur durch die Biegungsspannungen hervorgerufene, Querschnittsabplattung. Es müßte also auch hier ein der Kármán-Zahl ähnlicher Wert K' berücksichtigt werden. Die Zahl K' ist jedenfalls kleiner als 1, was durch Versuche mehrfach bestätigt wurde. Jedoch war es bisher nicht möglich, eine ähnliche Abhängigkeit für K' von den Abmessungen des Rohres (r und s) und dem Biegungshalbmesser R zu entwickeln, wie es von Kármán für ebene Bogenbelastungen erfolgt ist.

Es genügt aber nach meiner Ansicht bei den an sich viel elastischeren räumlichen Systemen, wenn die K-Zahl nach KÁRMÁN nur bei den Belastungsfällen angewandt wird, welche ein in der Bogenebene liegendes Biegungsmoment ergeben. Die gleichzeitig von den anderen Kraftkomponenten herrührende Verdrehung des Bogens wird entsprechend den vorhin entwickelten Beziehungen ohne Berücksichtigung der K-Zahl berechnet. Auf diese Weise dürfte der durch Biegungsspannungen bedingten Querschnittsabflachung in genügender Art Rechnung getragen sein.

Dieser Umstand wird in den folgenden Berechnungsverfahren berücksichtigt.

3. Verschiedene Berechnungsverfahren für räumliche Rohrsysteme.

Es liegt auch für räumliche Rohrsysteme eine Anzahl mehr oder weniger geeigneter Berechnungsvorschläge vor. Diese lassen sich auch wieder in solche unterteilen, die mit großer Genauigkeit das tatsächliche elastische Verhalten des Systems berücksichtigen, und in andere, die gewisse Vereinfachungen anwenden und dadurch an Exaktheit des Aufbaues einbüßen.

Andererseits ist gerade bei der Berechnung räumlicher Systeme jede irgendwie vertretbare Erleichterung der ungeheuren Rechenarbeit unbedingt zu begrüßen. Es wird auch mit Rücksicht auf die an sich wesentlich größere Elastizität der räumlichen Systeme eine brauchbare Vereinfachung der Berechnung nicht so streng zu verurteilen sein, wenn sie nicht zu grundsätzlich falschen Ergebnissen führt. Erst recht sind solche Lösungen zu bevorzugen, die bei gleicher Genauigkeit ein Mindestmaß an Mühe erfordern und an die Aufmerksamkeit des berechnenden Ingenieurs möglichst geringe Anforderungen stellen, indem der Rechnungsgang in einen gewissen Rahmen eingefügt wird, der die einzelnen Rechnungshandlungen selbsttätig festlegt.

Ein solches Berechnungsverfahren wurde vom Verfasser entwickelt und hat sich in der Praxis sehr gut bewährt (siehe Abschnitt B III/3b). Zunächst soll jedoch ein von ABEL[1] entwickeltes Verfahren besprochen werden, da es gewissermaßen die Grundlage für die statische Berechnung von räumlichen Rohrleitungssystemen darstellt.

a) Berechnungsverfahren nach ABEL[1].

Bei beiderseitiger Einspannung hat ein räumliches System 12 unbekannte Auflagergrößen, und zwar

6 Auflagerkräfte,
6 Einspannungsmomente,

[1] ABEL, TH.: Beitrag zur statischen Untersuchung von räumlichen Hochdruckrohrleitungen bei Temperaturänderungen. Diss. T. H. Aachen 1933.

denen nur 6 Gleichgewichtsbedingungen gegenüberstehen. Es ist folglich sechsfach statisch unbestimmt.

In seiner Arbeit weist Abel nach, daß der Angriffspunkt der Reaktionskräfte auch bei räumlichen Systemen mit beiderseitiger Einspannung im Schwerpunkt des Systems liegt. Dadurch und durch die Anwendung der in der Baustatik eingeführten Theorie der starren Ergänzungsstäbe gelingt es Abel, die Aufgabe erfolgreich zu lösen, indem der Ansatz auf ein System von 3 Gleichungen mit 3 Unbekannten zurückgeführt wird.

Zu diesem Zweck wird eine der beiden Einspannungen entfernt und durch 3 Kräfte und 3 Einspannmomente ersetzt gedacht, in ähnlicher Weise, wie es schon für ebene Systeme angewandt worden ist.

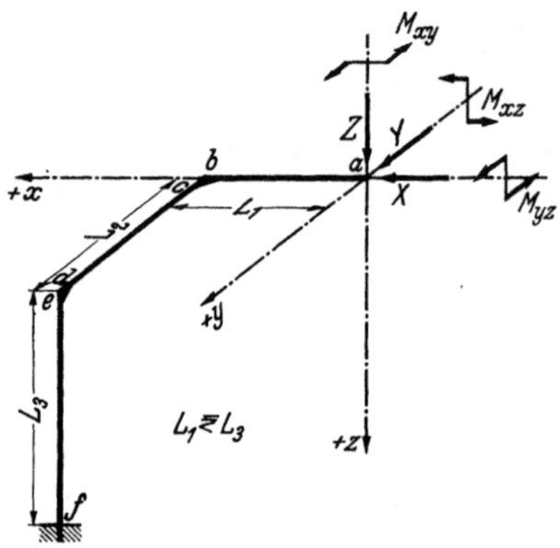

Abb. 158. Räumliches System mit 3 Schenkeln.

Durch Verlegung des Kräfteangriffs in den Schwerpunkt des Systems werden die drei Einspannmomente ausgeschaltet, und man erhält, wie gesagt, drei Gleichungen mit den drei unbekannten Kräften.

Abel führt seine Betrachtungen nur für Systeme mit senkrecht aufeinanderstehenden Schenkeln durch, ohne die verbindenden Bogen zu berücksichtigen. Er führt also zur Vereinfachung der Lösung biegungssteife Ecken ein. Diese Einschränkung ist nach seiner Meinung zulässig, da es sich zumeist um die Untersuchung von Netzleitungen handelt, bei denen das Verhältnis der geraden Längen zu den Bogenlängen groß ist.

Diese Begründung ist nach meiner Auffassung nicht richtig, da man räumliche Netzleitungen äußerst selten berechnen wird. Sie besitzen infolge ihrer Länge schon gefühlsmäßig eine ausreichende Elastizität und dürften daher selten unzulässige Beanspruchungen ergeben. Dagegen sind die Fälle sehr häufig, daß ziemlich kurze räumlich gestaltete Verbindungsbogen, z. B. zwischen Wasserabscheider und Kraftmaschine, einer Prüfung unterzogen werden müssen, weil sie wegen ihrer geringen gestreckten Länge verhältnismäßig steif sind. In solchen Fällen ist aber auch das Verhältnis der geraden zu den gebogenen Längen klein, und man begeht dadurch einen nicht unwesentlichen Fehler, wenn man biegungssteife Ecken zugrunde legt und den die Elastizität vergrößernden Einfluß der Bogen und damit auch der Bogenabflachung vernachlässigt.

Eines der von Abel untersuchten Rohrsysteme ist in Abb. 158 dargestellt. Die rechte Einspannung ist durch die Kräfte X, Y und Z und durch die Einspannmomente M_{yz}, M_{xz} und M_{xy} ersetzt. Das gewählte Achsenkreuz x, y und z ist jeweils den Schenkeln L_1, L_2 und L_3 parallel gerichtet mit dem Ursprung im freigemachten Ende.

Mit Rücksicht auf die bereits behandelten Beziehungen zwischen dem polaren und äquatorialen Rohrträgheitsmoment sowie zwischen dem Gleit- und dem Elastizitätsmodul ist der bei Torsionsbeanspruchung maßgebende Quotient

$$\frac{1}{G \cdot J_0} = \frac{1{,}3}{E \cdot J}.$$

ABEL führt infolgedessen für seine Betrachtungen drei sog. Ersatzsysteme ein, und zwar

Ersatzsystem I:	$1{,}3 \cdot L_1$	L_2	L_3
Ersatzsystem II:	L_1	$1{,}3 \cdot L_2$	L_3
Ersatzsystem III:	L_1	L_2	$1{,}3 \cdot L_3$

ohne allerdings näher zu erläutern, wie und wann diese Systeme bei der praktischen Anwendung jeweils einzusetzen sind. Hierauf wird im nächsten Abschnitt näher eingegangen. Es ist also jeweils derjenige Schenkel, der auf Verdrehung durch die betreffende Kraftkomponente beansprucht wird, mit 1,3 zu multiplizieren.

Die Entwicklung führt zu einem System von 3 Gleichungen von der Form

[1] $$E \cdot J \cdot \Delta_x = A \cdot X + B \cdot Y + C \cdot Z, \tag{110}$$

[2] $$E \cdot J \cdot \Delta_y = D \cdot X + E \cdot Y + F \cdot Z, \tag{111}$$

[3] $$E \cdot J \cdot \Delta_z = G \cdot X + H \cdot Y + K \cdot Z. \tag{112}$$

Die Werte Δ_x, Δ_y und Δ_z stellen die Komponenten der Wärmedehnung in Richtung der jeweiligen Achsen dar, und zwar:

$$\Delta_x = \alpha \cdot L_1 \cdot q,$$

$$\Delta_y = \alpha \cdot L_2 \cdot q,$$

$$\Delta_z = \alpha \cdot L_3 \cdot q,$$

worin

$$\alpha = \text{Wärmedehnung in cm/cm}$$

$$= \varepsilon \cdot \Delta t \text{ bei } t^\circ \text{ C},$$

$$L = \text{Schenkellänge in cm},$$

$$q = \text{Vorspannung}$$

bedeuten.

Die Zahlenwerte A, B, C, D usw. sind Funktionen der Form des Rohrsystems und seiner Schenkellängen und sind aus nachstehender Tabelle 4 für ein räumliches System, bestehend aus drei zueinander senkrechten Schenkeln L_1, L_2 und L_3 gemäß Abb. 158, zu ersehen.

Tabelle 4. Beiwerte $A, B, C, D, E, F, G, H, K$ für räumliches System nach Abb. 158.

Gleichung		Für Kraft X	Für Kraft Y	Für Kraft Z
[1]	$+E \cdot J \cdot \varepsilon \cdot \Delta t \cdot L_1$	$+\frac{L_2^3}{3} + L_2^2 \cdot 1{,}3\,L_3 + \frac{L_3^3}{3} - \frac{0{,}25\,L_3^4}{L_1 + 1{,}3\,L_2 + L_3} - \frac{(0{,}5\,L_2^2 + 1{,}3\,L_2\,L_3)^2}{L_1 + L_2 + 1{,}3\,L_3}$	$-\frac{0{,}5\,L_1^2 \cdot L_2\,(0{,}5\,L_2 + 1{,}3\,L_3)}{L_1 + L_2 + 1{,}3\,L_3}$	$-\frac{0{,}25\,L_1^2 \cdot L_3^2}{L_1 + 1{,}3\,L_2 + L_3}$
[2]	$+E \cdot J \cdot \varepsilon \cdot \Delta t \cdot L_2$	$-\frac{0{,}5\,L_1^2 \cdot L_2 \cdot (0{,}5\,L_2 + 1{,}3\,L_3)}{L_1 + L_2 + 1{,}3\,L_3}$	$+\frac{L_1^3}{3} + L_1^2 \cdot L_2 + L_1^2 \cdot 1{,}3\,L_3 + \frac{L_3^3}{3} - \frac{(0{,}5\,L_1^2 + L_1\,L_2 + L_1 \cdot 1{,}3\,L_3)^2}{L_1 + L_2 + 1{,}3\,L_3} - \frac{0{,}25\,L_3^4}{1{,}3\,L_1 + L_2 + L_3}$	$-\frac{0{,}25\,L_2^2 \cdot L_3^2 + 0{,}65\,L_1\,L_2\,L_3^2}{1{,}3 \cdot L_1 + L_2 + L_3}$
[3]	$+E \cdot J \cdot \varepsilon \cdot \Delta t \cdot L_3$	$-\frac{0{,}25\,L_1^2 \cdot L_3^2}{L_1 + 1{,}3\,L_2 + L_3}$	$-\frac{0{,}25\,L_2^2 \cdot L_3^2 + 0{,}65\,L_1\,L_2\,L_3^2}{1{,}3\,L_1 + L_2 + L_3}$	$+\frac{L_1^3}{3} + L_1^2 \cdot 1{,}3\,L_2 + L_1^2\,L_3 + \frac{L_2^3}{3} + L_2^2\,L_3 - \frac{(0{,}5\,L_1^2 + L_1 \cdot 1{,}3\,L_2 + L_1\,L_3)^2}{L_1 + 1{,}3 \cdot L_2 + L_3} - \frac{(0{,}5\,L_2^2 + L_2\,L_3)^2}{1{,}3\,L_1 + L_2 + L_3}$

Die am frei gedachten Ende wirkenden Einspannmomente sind

$$M_{yz} = \frac{1}{1{,}3 \cdot L_1 + L_2 + L_3} \left[- Y \cdot 0{,}5 \cdot L_3^2 + Z\,(0{,}5 \cdot L_2^2 + L_2 L_3)\right],$$

$$M_{xz} = \frac{1}{L_1 + 1{,}3 \cdot L_2 + L_3} \left[- X \cdot 0{,}5 \cdot L_3^2 + Z \cdot (0{,}5 \cdot L_1^2 + L_1 L_3 + L_1 \cdot 1{,}3 \cdot L_2)\right],$$

$$M_{xy} = \frac{1}{L_1 + L_2 + 1{,}3 \cdot L_3} \left[- X\,(0{,}5 \cdot L_2^2 + L_2 \cdot 1{,}3 \cdot L_3) + {} \right.$$
$$\left. + Y\,(0{,}5 \cdot L_1^2 + L_1 L_2 + L_1 \cdot 1{,}3 \cdot L_3)\right].$$

Der Index des Einspannmoments zeigt an, in welcher Ebene dasselbe wirkt.

Es ist häufig zweckmäßiger, nicht mit den Schenkellängen selbst, sondern mit ihren Verhältnissen zu einer bestimmten Schenkellänge zu arbeiten, d. h. dimensionslos zu rechnen. Das bietet den praktischen Vorteil, daß man für eine Reihe häufig vorkommender Schenkelverhältnisse die Kraftkomponenten und Einspannmomente für das System nach Abb. 158 in einfachster Weise aus folgenden Gleichungen berechnen kann.

Kraftkomponenten:

$$X = \frac{E \cdot J \cdot \varepsilon \cdot \Delta t}{L_1^2} \cdot a, \qquad Y = \frac{E \cdot J \cdot \varepsilon \cdot \Delta t}{L_1^2} \cdot b, \qquad Z = \frac{E \cdot J \cdot \varepsilon \cdot \Delta t}{L_1^2} \cdot c \quad \text{in kg}.$$

Resultierende Hauptkraft:

$$P = \frac{E \cdot J \cdot \varepsilon \cdot \Delta t}{L_1^2} \sqrt{a^2 + b^2 + c^2} = \sqrt{X^2 + Y^2 + Z^2} \quad \text{kg}.$$

Einspannmomente im Punkt a:

$$M_{yz} = \frac{E \cdot J \cdot \varepsilon \cdot \Delta t}{L_1} \cdot u, \qquad M_{xz} = \frac{E \cdot J \cdot \varepsilon \cdot \Delta t}{L_1} \cdot v,$$

$$M_{xy} = \frac{E \cdot J \cdot \varepsilon \cdot \Delta t}{L_1} \cdot w \quad \text{in cm/kg}.$$

Darin bedeuten:

L_1, L_2 und L_3 = Schenkellängen in cm;
E = Elastizitätsmodul in kg/cm² bei t °C;
ε = Wärmedehnungszahl in cm/cm °C bei t °C;
Δt = Temperaturunterschied der Rohrerwärmung;
= $t - t_0$ in °C;
J = Rohrträgheitsmoment in cm⁴;

a, b, c, u, v, w = Zahlenwerte aus nachfolgenden Linientafeln Abb. 159 bis 164[1].

[1] Diese Linientafeln wurden unter Auswertung und Erweiterung der von Abel errechneten Tabellen entworfen.

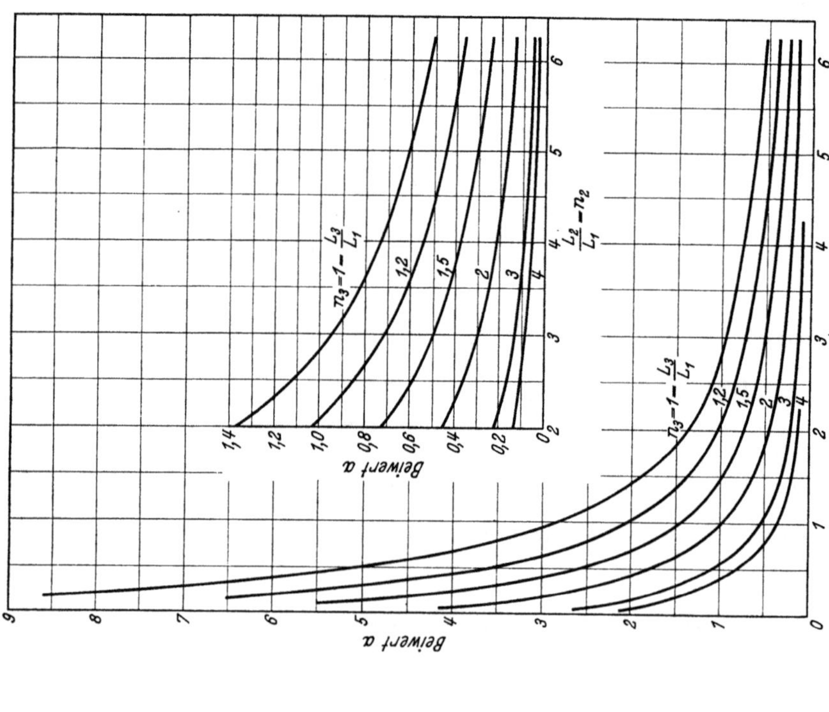

Abb. 159. Beiwert a für die Kraftkomponente X.

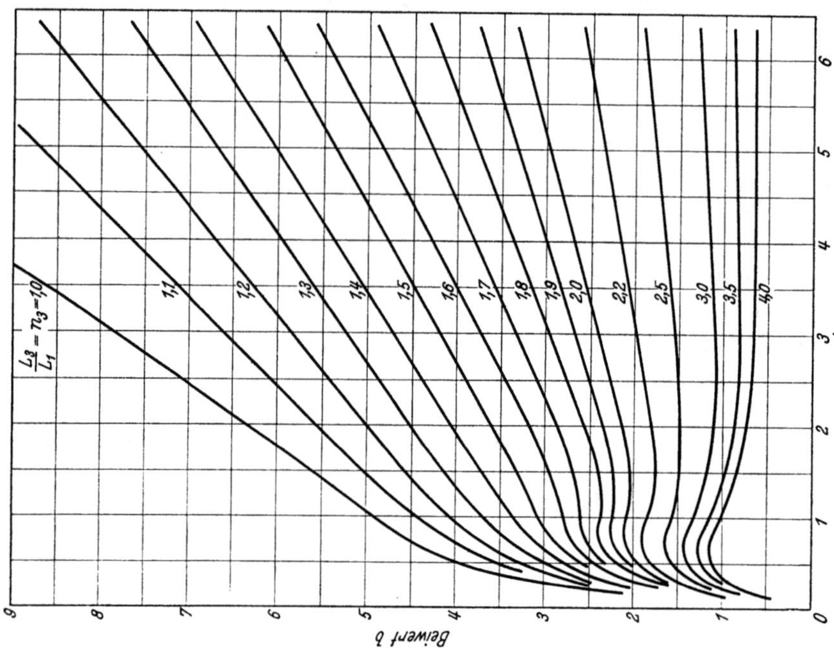

Abb. 160. Beiwert b für die Kraftkomponente Y.

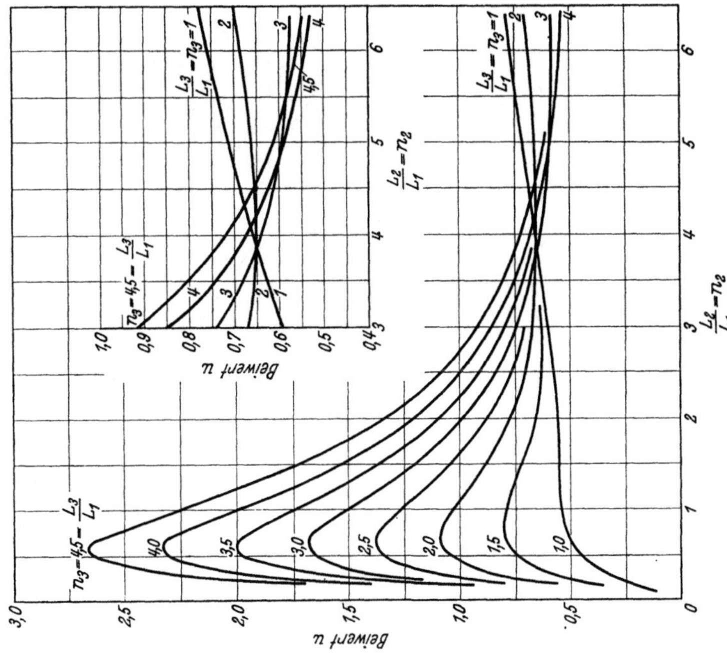

Abb. 162. Beiwert u für das Einspannmoment M_{yz}.

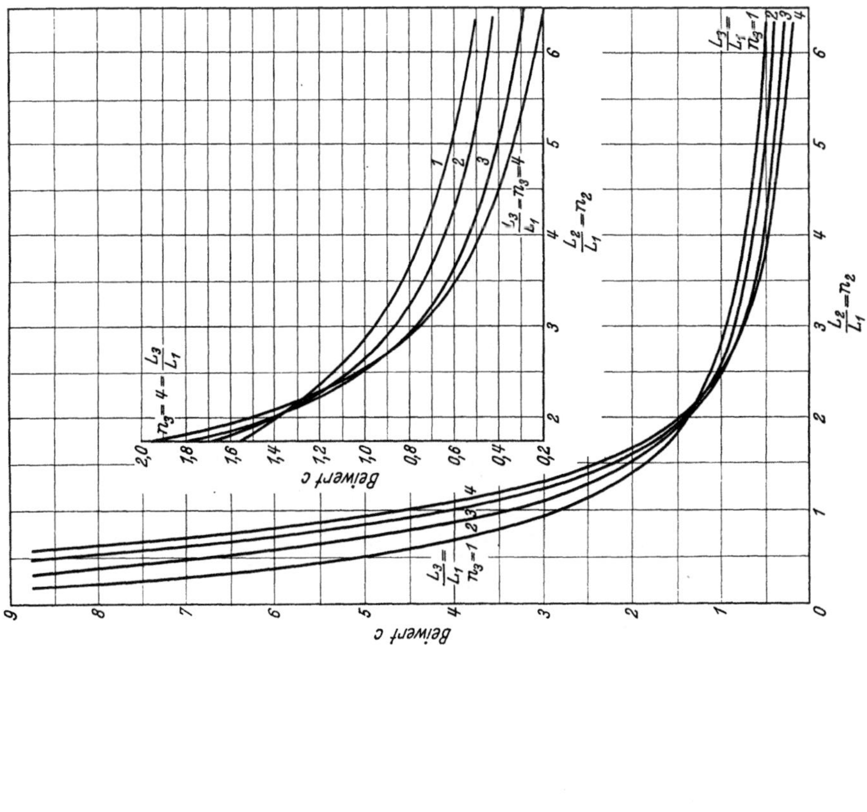

Abb. 161. Beiwert c für die Kraftkomponente Z.

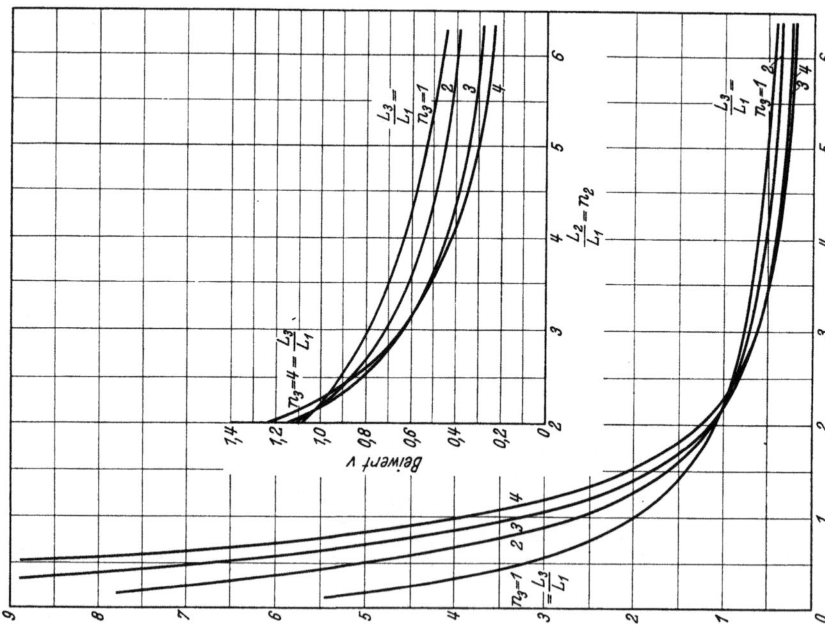

Abb. 163. Beiwert v für das Einspannmoment M_{xz}.

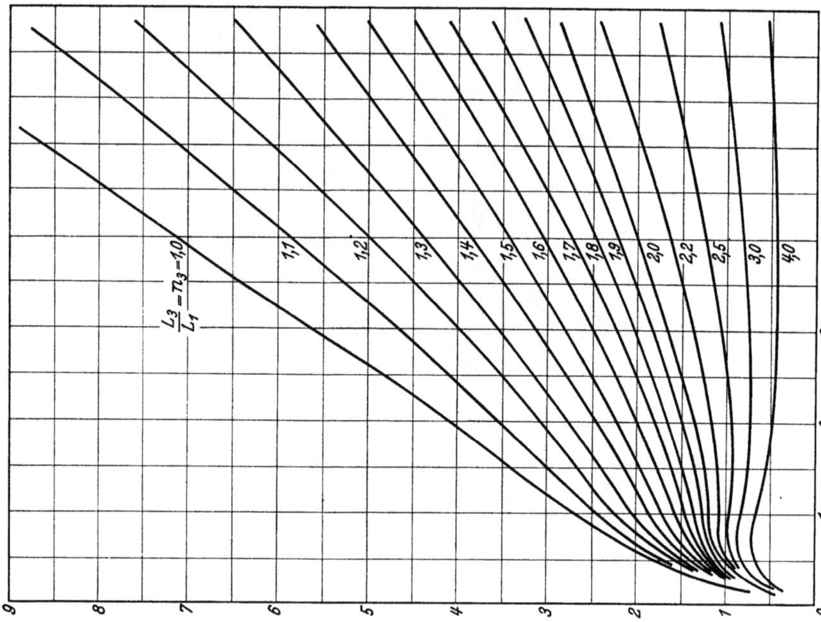

Abb. 164. Beiwert w für das Einspannmoment M_{xy}.

Hierfür sind die Schenkelverhältnisse n_2 und n_3 wie folgt gewählt

$$n_2 = \frac{L_2}{L_1}, \qquad n_3 = \frac{L_3}{L_1},$$

wobei L_1 kleiner als L_3 ist.

Diese Linientafeln ermöglichen ein sehr schnelles und bequemes Berechnen des einfachsten vorkommenden räumlichen Rohrsystems gemäß Abb. 158. Sie berücksichtigen allerdings, wie schon gesagt wurde, den Einfluß der Biegungen nicht, sondern sind unter Zugrundelegung von biegungssteifen Ecken entworfen.

Will man die Biegungs- und Drehmomente für alle anderen Punkte des Systems nach Abb. 158 ermitteln, um daraus das größte Moment und somit die größte Beanspruchung zu errechnen, so können hierfür folgende Beziehungen dienen.

Schenkel L_1. Punkt a.

$$\left.\begin{aligned} M_{b(xy)} &= M_{xy} \\ M_{b(xz)} &= M_{xz} \\ M_{d(yz)} &= M_{yz} \end{aligned}\right\} \text{aus den vorhin genannten Gleichungen für die Einspannmomente.}$$

Schenkel L_1. Punkt b.

$$M_{b(xy)} = Y \cdot L_1 - M_{xy},$$
$$M_{b(xz)} = Z \cdot L_1 - M_{xz},$$
$$M_{d(yz)} = M_{yz}.$$

Schenkel L_2.

Punkt c.

$$M_{b(xy)} = Y \cdot L_1 - M_{xy},$$
$$M_{b(yz)} = M_{yz},$$
$$M_{d(xz)} = Z \cdot L_1 - M_{xz},$$

Punkt d.

$$M_{b(xy)} = X \cdot L_2 - Y \cdot L_1 + M_{xy},$$
$$M_{b(yz)} = Z \cdot L_2 - M_{yz},$$
$$M_{d(xz)} = Z \cdot L_1 - M_{xz}.$$

Schenkel L_3.

Punkt e.

$$M_{b(xz)} = Z \cdot L_1 - M_{xz},$$
$$M_{b(yz)} = Z \cdot L_2 - M_{yz},$$
$$M_{d(xy)} = X \cdot L_2 - Y \cdot L_1 + M_{xy},$$

Punkt f.

$$M_{b(xz)} = Z \cdot L_1 - X \cdot L_3 - M_{xz},$$
$$M_{b(yz)} = Z \cdot L_2 - Y \cdot L_3 - M_{yz},$$
$$M_{d(xy)} = X \cdot L_2 - Y \cdot L_1 + M_{xy}.$$

Der Vollständigkeit halber sei auch das vierschenklige von ABEL untersuchte System gemäß Abb. 165 erwähnt, da es in ähnlichen Fällen eine vereinfachte Nachprüfung der auftretenden Kräfte und Momente gestattet.

Dieses System mit den Schenkeln L_1, L_2, L_3 und L_4 ist ebenfalls beiderseits mit Einspannfestpunkten versehen, von denen einer durch die Kraftkomponenten X, Y und Z und die Einspannmomente M_{yz}, M_{xz} und M_{xy} ersetzt gedacht wird.

Für die drei Kraftkomponenten gelten wieder die Gleichungen (110), (111) und (112).

Für die Zahlenwerte A, B, C, D usw. gelten nachstehende Beziehungen, die für die Schenkelverhältnisse

$$n_2 = \frac{L_2}{L_1}, \qquad n_3 = \frac{L_3}{L_1}, \qquad n_4 = \frac{L_4}{L_1}$$

angegeben sind.

$$A = + L_1^3 \left\{ \frac{1}{3} (1 + n_4)^3 + n_2 + 1{,}3 \cdot n_3 + \frac{1}{3} \cdot n_3^3 + 1{,}3 \cdot n_3^2 n_4 - \right.$$
$$\left. - \frac{[0{,}5 (1 + n_4)^2 + n_2 + 1{,}3 \cdot n_3]^2}{1 + n_2 + 1{,}3 \cdot n_3 + n_4} - \frac{[0{,}5 \cdot n_3^2 + 1{,}3 \cdot n_3 n_4]^2}{1{,}3 + n_2 + n_3 + 1{,}3 \cdot n_4} \right\},$$

$$B = - L_1^3 \frac{(0{,}5 \cdot n_2^2 + 1{,}3 \cdot n_2) \cdot n_3 (0{,}5 \cdot n_3 + 1{,}3 \cdot n_4)}{1{,}3 + n_2 + n_3 + 1{,}3 \cdot n_4},$$

$$C = - L_1^3 \cdot \frac{n_2 [0{,}5 (1 + n_4)^2 + 0{,}5 \cdot n_2 + 0{,}65 \cdot n_3 - 0{,}5 (1 + n_4)]}{1 + n_2 + 1{,}3 \cdot n_3 + n_4} -$$
$$- L_1^3 \cdot \frac{0{,}5 \cdot n_2^2 [0{,}5 (1 + n_4)^2 - (1 + n_4)]}{1 + n_2 + 1{,}3 \cdot n_3 + n_4},$$

$$D = B,$$

$$E = + L_1^3 \left\{ \frac{1}{3} (1 + n_4)^3 + 1{,}3 \cdot n_2 + n_3 + \frac{1}{3} \cdot n_2^3 + n_2^2 n_3 + 1{,}3 \cdot n_2^2 n_4 - \right.$$
$$\left. - \frac{[0{,}5 (1 + n_4)^2 + 1{,}3 n_2 + n_3]^2}{1 + 1{,}3 \cdot n_2 + n_3 + n_4} - \frac{[0{,}5 \cdot n_2^2 + n_2 n_3 + 1{,}3 \cdot n_2 n_4]^2}{1{,}3 + n_2 + n_3 + 1{,}3 \cdot n_4} \right\},$$

$$F = - L_1^3 \cdot \frac{n_3 [0{,}5 (1 + n_4)^2 + 0{,}65 \cdot n_2 + 0{,}5 \cdot n_3 - 0{,}5 (1 + n_4)]}{1 + 1{,}3 \cdot n_2 + n_3 + n_4} -$$
$$- L_1^3 \cdot \frac{[1{,}3 \cdot n_2 + 0{,}5 \cdot n_3] \cdot n_3 \cdot [0{,}5 (1 + n_4)^2 - (1 + n_4)]}{1 + 1{,}3 \cdot n_2 + n_3 + n_4},$$

$$G = C,$$

$$H = F,$$

$$K = + L_1^3 \left\{ \frac{1}{3} \cdot n_2^3 + 1{,}3 \cdot n_2^2 n_3 + n_2^2 n_4 + \frac{1}{3} \cdot n_3^3 + n_3^2 n_4 - \right.$$
$$\left. - \frac{[0{,}5 \cdot n_3^2 + n_3 n_4]^2}{1 + 1{,}3 \cdot n_2 + n_3 + n_4} - \frac{[0{,}5 \cdot n_2^2 + 1{,}3 \cdot n_2 n_3 + n_2 n_4]^2}{1 + n_2 + 1{,}3 \cdot n_3 + n_4} \right\}.$$

Die Lösung der drei Gleichungen für die drei Kraftkomponenten kann entweder durch aufeinanderfolgendes Ausschalten der Unbekannten erfolgen oder unter Zuhilfenahme von Determinanten. Die erstgenannte Art ist einfacher und führt schneller zum Ziel.

Die Beziehungen für die Einspannmomente dieses Rohrsystems lauten

$$M_{yz} = L_1 \frac{Z\,[0{,}5 \cdot n_3^2 + n_3 n_4] - Y\,[0{,}5\,(1 + n_4)^2 + 1{,}3 \cdot n_2 + n_3]}{1 + 1{,}3 \cdot n_2 + n_3 + n_4},$$

$$M_{xz} = L_1 \cdot \frac{Z\,[0{,}5 \cdot n_2^2 + 1{,}3 \cdot n_2 n_3 + n_2 n_4] - X\,[0{,}5\,(1 + n_4)^2 + n_2 + 1{,}3 \cdot n_3]}{1 + n_2 + 1{,}3 \cdot n_3 + n_4},$$

$$M_{xy} = L_1 \cdot \frac{Y\,[0{,}5\, n_2^2 + n_2 n_3 + 1{,}3\, n_2 n_4] - X\,[0{,}5 \cdot n_3^2 + 1{,}3\, n_3 n_4]}{1{,}3 + n_2 + n_3 + 1{,}3\, n_4}.$$

Die Biegungs- und Drehmomente in den übrigen Punkten des vierschenkligen räumlichen Rohrsystems nach Abb. 165 werden sinngemäß in gleicher Weise ermittelt, wie das für die dreischenklige Form des Systems nach Abb. 158 gezeigt war.

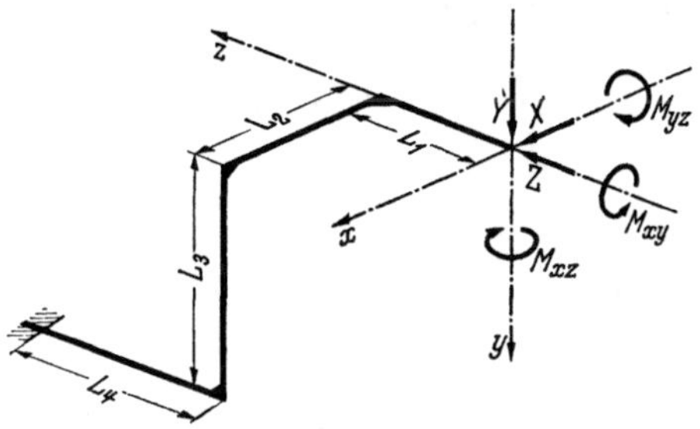

Abb. 165. Räumliches System mit 4 Schenkeln.

Es muß besonders betont werden, daß bei der Berechnung ähnlicher Systeme nach den vorstehenden Gleichungen die Lage der Achsen und der Kraftkomponenten zu den Schenkeln des Systems genau den in Abb. 158 bzw. 165 festgelegten Richtungen entsprechen muß, da man andernfalls zu vollkommen falschen Ergebnissen kommt.

Das nachstehende Zahlenbeispiel zeigt die Anwendung der genannten Berechnungsart.

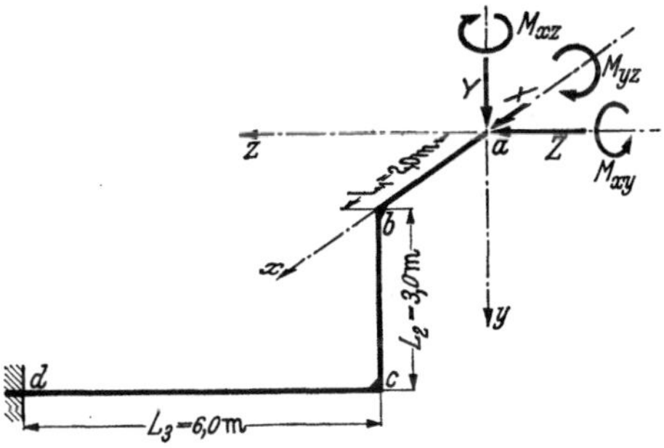

Abb. 166. Räumliches System mit 3 Schenkeln.

Beispiel 19. Gegeben ist das in Abb. 166 dargestellte dreischenklige räumliche System mit $L_1 = 200$ cm, $L_2 = 300$ cm und $L_3 = 600$ cm. Rohrabmessungen $D = 191$ mm, $s = 6$ mm, $J = 1493$ cm^4. Rohrtemperatur 400° C. Das entspricht einer Wärmedehnungszahl

$$\varepsilon = 12{,}75 \cdot 10^{-6}\ \text{cm/cm° C} \quad \text{(aus Abb. 31)}$$

und

$$E = 1{,}7 \cdot 10^6\ \text{kg/cm}^2 \quad \text{(aus Abb. 8)}.$$

Entsprechend der Form des Systems und der Lage der Schenkel wird das Achsenkreuz mit Bezug auf Abb. 158 festgelegt, und zwar die x-Achse parallel L_1, die y-Achse parallel L_2 und die z-Achse parallel L_3.

Die rechte Einspannung wird durch drei Kraftkomponenten X, Y und Z und drei Einspannmomente M_{yz}, M_{xz} und M_{xy} ersetzt.

Zwecks bequemerer Rechnung werden die Schenkelverhältnisse eingeführt

$$n_2 = \frac{L_2}{L_1} = \frac{300}{200} = 1{,}5,$$

$$n_3 = \frac{L_3}{L_1} = \frac{600}{200} = 3.$$

Um die in der Tabelle 4 angegebenen Gleichungen für die Zahlenwerte der unbekannten Kraftkomponenten so umzuformen, daß darin nicht die Schenkellängen, sondern die Schenkelverhältnisse erscheinen, dividiert man alle Gleichungen durch L_1^3. Man erhält dann für diese Zahlenwerte folgende Beziehungen:

$$A = L_1^3\left\{\frac{1}{3}\cdot n_2^3 + 1{,}3\cdot n_2^2 n_3 + \frac{1}{3}\cdot n_3^3 - \frac{0{,}25\, n_3^4}{1+1{,}3\cdot n_2 + n_3} - \frac{(0{,}5\cdot n_2^2 + 1{,}3\cdot n_2 n_3)^2}{1+n_2+1{,}3\cdot n_3}\right\}$$

$$= 8\cdot 10^6\left\{0{,}333\cdot 3{,}375 + 1{,}3\cdot 2{,}25\cdot 3 + 9 - \frac{0{,}25\cdot 81}{5{,}95} - \frac{(0{,}5\cdot 2{,}25 + 1{,}3\cdot 1{,}5\cdot 3)^2}{6{,}4}\right\}$$

$$= 8\cdot 10^6\cdot 7{,}895 = \underline{63{,}2\cdot 10^6}\ \text{cm}^3,$$

$$B = L_1^3\left\{-\frac{0{,}5\cdot n_2(0{,}5\cdot n_2 + 1{,}3\cdot n_3)}{1+n_2+1{,}3\cdot n_3}\right\}$$

$$= 8\cdot 10^6\left\{-\frac{0{,}5\cdot 1{,}5\,(0{,}5\cdot 1{,}5 + 1{,}3\cdot 3)}{6{,}4}\right\} = 8\cdot 10^6(-0{,}545) = \underline{-4{,}36\cdot 10^6}\ \text{cm}^3,$$

$$C = L_1^3\left\{-\frac{0{,}25\cdot n_3^2}{1+1{,}3\cdot n_2 + n_3}\right\} = 8\cdot 10^6\left\{-\frac{0{,}25\cdot 9}{5{,}95}\right\}$$

$$= 8\cdot 10^6(-0{,}378) = \underline{-3{,}027\cdot 10^6}\ \text{cm}^3,$$

$$D = B = \underline{-4{,}36\cdot 10^6}\ \text{cm}^3,$$

$$E = L_1^3\left\{\frac{1}{3} + n_2 + 1{,}3\cdot n_3 + \frac{1}{3}\cdot n_3^3 - \frac{(0{,}5+n_2+1{,}3\cdot n_3)^2}{1+n_2+1{,}3\cdot n_3} - \frac{0{,}25\cdot n_3^4}{1{,}3+n_2+n_3}\right\}$$

$$= 8\cdot 10^6\left\{0{,}3333 + 1{,}5 + 3{,}9 + 9 - \frac{(0{,}5+1{,}5+3{,}9)^2}{6{,}4} - \frac{0{,}25\cdot 81}{5{,}8}\right\}$$

$$= 8\cdot 10^6\cdot 5{,}9033 = \underline{47{,}24\cdot 10^6}\ \text{cm}^3,$$

$$F = L_1^3\left\{-\frac{0{,}25\, n_2^2\cdot n_3^2 + 0{,}65\cdot n_2\cdot n_3^2}{1{,}3+n_2+n_3}\right\}$$

$$= 8\cdot 10^6\left\{-\frac{0{,}25\cdot 2{,}25\cdot 9 + 0{,}65\cdot 1{,}5\cdot 9}{5{,}8}\right\}$$

$$= 8\cdot 10^6(-2{,}48) = \underline{-19{,}83\cdot 10^6}\ \text{cm}^3,$$

$$G = C = \underline{-3{,}027\cdot 10^6}\ \text{cm}^3,$$

$$H = F = \underline{-19{,}83\cdot 10^6}\ \text{cm}^3,$$

$$K = L_1^3 \left\{ \frac{1}{3} + 1,3 \cdot n_2 + n_3 + \frac{1}{3} n_2^3 + n_2^2 n_3 - \frac{(0,5 + 1,3 \cdot n_2 + n_3)^2}{1 + 1,3 \cdot n_2 + n_3} - \right.$$
$$\left. - \frac{(0,5 \cdot n_2^2 + n_2 n_3)^2}{1,3 + n_2 + n_3} \right\}$$
$$= 8 \cdot 10^6 \left\{ 0,333 + 1,3 \cdot 1,5 + 3 + 1,125 + 2,25 \cdot 3 - \right.$$
$$\left. - \frac{(0,5 + 1,3 \cdot 1,5 + 3)^2}{5,95} - \frac{(0,5 \cdot 2,25 + 1,5 \cdot 3)^2}{5,8} \right\}$$
$$= 8 \cdot 10^6 \cdot 2,7183 = \underline{21,75 \cdot 10^6} \text{ cm}^3.$$

Diese Werte setzt man in die Gleichungen (110) bis (112) ein. Die Komponenten der Wärmedehnung sind mit

$$\alpha = \varepsilon \cdot t = 12,75 \cdot 10^{-6} \cdot 400 = 0,0051 \text{ cm/cm},$$
$$\Delta_x = \alpha \cdot L_1 \cdot 0,5 = 0,0051 \cdot 200 \cdot 0,5 = 0,51 \text{ cm},$$
$$\Delta_y = \alpha \cdot L_2 \cdot 0,5 = 0,0051 \cdot 300 \cdot 0,5 = 0,765 \text{ cm},$$
$$\Delta_z = \alpha \cdot L_3 \cdot 0,5 = 0,0051 \cdot 600 \cdot 0,5 = 1,53 \text{ cm},$$

und zwar bei 50% Vorspannung.

Damit wird

$$E \cdot J \cdot \Delta_x = 1,7 \cdot 10^6 \cdot 1493 \cdot 0,51 = 1295 \cdot 10^6 \text{ cm}^3,$$
$$E \cdot J \cdot \Delta_y = 1,7 \cdot 10^6 \cdot 1493 \cdot 0,765 = 1943 \cdot 10^6 \text{ cm}^3,$$
$$E \cdot J \cdot \Delta_z = 1,7 \cdot 10^6 \cdot 1493 \cdot 1,53 = 3886 \cdot 10^6 \text{ cm}^3.$$

Die Zahlenwerte 10^6 kürzen sich auf beiden Seiten der Gleichungen fort und man erhält:

[1] $$1295 = 63,2 \cdot X - 4,36 \cdot Y - 3,027 \cdot Z,$$
[2] $$1943 = -4,36 \cdot X + 47,24 \cdot Y - 19,83 \cdot Z,$$
[3] $$3886 = -3,027 \cdot X - 19,83 \cdot Y + 21,75 \cdot Z.$$

Da die Lösung der drei Gleichungen mittels Determinanten langwierig ist, sollen die Kraftkomponenten durch aufeinanderfolgendes Ausschalten der Unbekannten bestimmt werden.

Hierzu wird die Gleichung [1] mit (— 6,55) multipliziert und mit der Gleichung [2] addiert:

$$-8480 = -414,0 \cdot X + 28,55 \cdot Y + 19,83 \cdot Z$$
$$+1943 = -4,36 \cdot X + 47,24 \cdot Y - 19,83 \cdot Z$$
(A) $$-6537 = -418,36 \cdot X + 75,79 \cdot Y + 0$$

Die Gleichung [2] wird mit (+ 1,097) multipliziert und mit der Gleichung [3] addiert:

$$+2130 = -4,78 \cdot X + 51,8 \cdot Y - 21,75 \cdot Z$$
$$+3886 = -3,027 \cdot X - 19,83 \cdot Y + 21,75 \cdot Z$$
(B) $$+6016 = -7,807 \cdot X + 31,97 \cdot Y + 0$$

Gleichung (B) wird mit (— 2,37) multipliziert und mit Gleichung (A) addiert

$$\begin{aligned} -\ 6537 &= -418{,}36 \cdot X + 75{,}79 \cdot Y \\ -14263 &= +\ \ 18{,}50 \cdot X - 75{,}79 \cdot Y \\ \hline -20800 &= -\ 399{,}86 \cdot X + 0 \end{aligned}$$

Daraus

$$X = \frac{-20800}{-399{,}86} = \underline{+52\ \mathrm{kg}}$$

in Gleichung (B) eingesetzt:

$$6016 = -406 + 31{,}97 \cdot Y,$$

daraus

$$Y = \frac{6016 + 406}{31{,}97} = \underline{201\ \mathrm{kg}}.$$

In Gleichung [3] eingesetzt:

$$3886 = -157{,}5 - 3980 + 21{,}75 \cdot Z,$$

daraus

$$Z = \frac{3886 + 157{,}5 + 3980}{21{,}75} = \underline{369\ \mathrm{kg}}.$$

Mit diesen Werten lassen sich die Einspannmomente berechnen, und zwar:

$$\begin{aligned} M_{yz} &= \frac{L_1}{1{,}3 + n_2 + n_3}\left[-Y \cdot 0{,}5 \cdot n_3^2 + Z\,(0{,}5 \cdot n_2^2 + n_2\,n_3)\right] \\ &= \frac{200}{5{,}8}\left[-201 \cdot 0{,}5 \cdot 9 + 369\,(0{,}5 \cdot 2{,}25 + 1{,}5 \cdot 3)\right] \\ &= 34{,}5 \cdot 1170 = \underline{40350\ \mathrm{cmkg}}. \end{aligned}$$

$$\begin{aligned} M_{xz} &= \frac{L_1}{1 + 1{,}3 \cdot n_2 + n_3}\left[-X \cdot 0{,}5 \cdot n_3^2 + Z\,(0{,}5 + n_3 + 1{,}3 \cdot n_2)\right] \\ &= \frac{200}{5{,}95}\left[-52 \cdot 0{,}5 \cdot 9 + 369\,(0{,}5 + 3 + 1{,}3 \cdot 1{,}5)\right] \\ &= 33{,}6 \cdot 1776 = \underline{59650\ \mathrm{cmkg}}. \end{aligned}$$

$$\begin{aligned} M_{xy} &= \frac{L_1}{1 + n_2 + 1{,}3 \cdot n_3}\left[-X\,(0{,}5 \cdot n_2^2 + 1{,}3 \cdot n_2 \cdot n_3) + Y\,(0{,}5 + n_2 + 1{,}3\,n_3)\right] \\ &= \frac{200}{6{,}4}\left[-52\,(0{,}5 \cdot 2{,}25 + 1{,}3 \cdot 1{,}5 \cdot 3) + 201\,(0{,}5 + 1{,}5 + 1{,}3 \cdot 3)\right] \\ &= 31{,}25 \cdot 822 = \underline{25700\ \mathrm{cmkg}}. \end{aligned}$$

Zum Vergleich sollen die Kraftkomponenten und Einspannmomente auch unter Benutzung der Linientafeln Abb. 159 bis 164 berechnet werden.

Für $n_2 = 1{,}5$ und $n_3 = 3$ werden aus diesen Abbildungen die Beiwerte

$$a = 0{,}34, \quad b = 1{,}18, \quad c = 2{,}25,$$
$$u = 1{,}21, \quad v = 1{,}8, \quad w = 0{,}75$$

abgelesen und in die Gleichungen für die Kraftkomponenten bzw. Einspannmomente eingesetzt.

$$X = \frac{1{,}7 \cdot 10^6 \cdot 1493 \cdot 0{,}0051 \cdot 0{,}5}{4 \cdot 10^4} \cdot 0{,}34 = 162 \cdot 0{,}34 = 55 \text{ kg},$$

$$Y = 162 \cdot 1{,}18 = 191 \text{ kg},$$

$$Z = 162 \cdot 2{,}25 = 364 \text{ kg};$$

desgleichen die Einspannmomente

$$M_{yz} = \frac{1{,}7 \cdot 10^6 \cdot 1493 \cdot 0{,}0051 \cdot 0{,}5}{200} \cdot 1{,}21 = 32400 \cdot 1{,}21 = 39200 \text{ cmkg},$$

$$M_{xz} = 32400 \cdot 1{,}8 \quad = 58300 \text{ cmkg},$$

$$M_{xy} = 32400 \cdot 0{,}75 = 24300 \text{ cmkg}.$$

Wie man sieht, erhält man mit Hilfe der Linientafeln diese Werte sehr schnell und mühelos, wobei die Übereinstimmung als gut bezeichnet werden kann. Die Abweichungen sind auf die Linientafeln zurückzuführen, deren Ablesegenauigkeit naturgemäß nur eine beschränkte ist.

Trotzdem sind für solche Zwecke Linientafeln vorteilhafter als Tabellen, da erstere eine sicherere Interpolation gestatten.

Die Arbeit von ABEL ist zweifellos für die Entwicklung der Berechnung räumlicher Systeme richtungweisend gewesen. Sie gibt aber kein abschließendes Bild über die Anwendung der entwickelten Grundlagen auf räumliche Systeme beliebiger Form. Es sind gewisse zusammenfassende Beziehungen für zwei ganz bestimmte Systemformen angegeben, die jedoch für den Praktiker keinen Hinweis enthalten, wie er diese Beziehungen in allgemeingültiger Weise auswerten soll.

Außerdem wurde bereits darauf hingewiesen, daß die Vernachlässigung der Biegungen (Anwendung biegungssteifer Ecken) nur für solche Systeme zulässig ist, bei denen das Verhältnis der geraden Längen zu den Längen der Bogen groß ist.

Im allgemeinen wird man aber die kurzschenkligen Systeme mit großem Anteil der Bogen an der Gesamtlänge viel häufiger genau nachrechnen müssen, weil gerade bei solchen Systemen die Kräfte und Beanspruchungen meistens die kritische Grenze erreichen.

Im nächsten Abschnitt wird daher ein vom Verfasser ausgearbeitetes Verfahren ausführlich behandelt, das sich auf Systeme beliebiger Form anwenden läßt und welches die Bogen und deren Einfluß auf die Kräfte und Spannungen genau berücksichtigt und trotzdem ein erträgliches Maß an Rechenarbeit erfordert.

b) Berechnungsvorschlag des Verfassers.

Die im vorangegangenen Abschnitt angegebenen drei Gleichungen für die drei Kraftkomponenten eines beliebig geformten, an beiden Enden eingespannten (Einspannfestpunkte) räumlichen Systems lauten:

[1] $$E \cdot J \cdot \Delta_x = + A \cdot X + B \cdot Y + C \cdot Z, \quad (110)$$

[2] $$E \cdot J \cdot \Delta_y = + D \cdot X + E \cdot Y + F \cdot Z, \quad (111)$$

[3] $$E \cdot J \cdot \Delta_z = + G \cdot X + H \cdot Y + K \cdot Z. \quad (112)$$

Die Faktoren A, B, C usw. sind Funktionen der Schenkellängen und der Form des Systems. Die Entwicklung ihrer Abhängigkeit von den Schenkellängen zeigt deutlich, daß man diesen Werten eine ganz bestimmte und für alle mit biegungssteifen Ecken versehenen Systeme beliebiger Form gültige Deutung geben kann.

Legt man durch den Schwerpunkt S des Systems ein Dreiachsenkreuz, dessen Achsen jeweils parallel zu den einzelnen Schenkeln des Systems sind, und bezeichnet man die den Achsen Sx, Sy und Sz jeweils parallelen Kraftkomponenten mit X, Y und Z, so ist die Bedeutung der Faktoren folgende:

$$A = + (J_{(xy)} + J_{(xz)}),$$

d. h. gleich der Summe der beiden Systemträgheitsmomente, einmal auf die xy-Ebene, das andere Mal auf die xz-Ebene bezogen;

$$B = - J_{(xz)(yz)},$$

d. h. gleich dem negativen System-Zentrifugalmoment, bezogen auf die xz- und yz-Ebenen;

$$C = - J_{(xy)(yz)},$$

d. h. gleich dem negativen System-Zentrifugalmoment, bezogen auf die xy- und yz-Ebenen;

$$D = - J_{(xz)(yz)} = B;$$
$$E = + (J_{(xy)} + J_{(yz)}),$$

d. h. gleich der Summe der beiden Systemträgheitsmomente, einmal auf die xy-Ebene, das andere Mal auf die yz-Ebene bezogen;

$$F = - J_{(xy)(xz)},$$

d. h. gleich dem negativen System-Zentrifugalmoment, bezogen auf die xy- und xz-Ebenen;

$$G = - J_{(xy)(yz)} = C;$$
$$H = - J_{(xy)(xz)} = F;$$
$$K = + (J_{(xz)} + J_{(yz)}),$$

d. h. gleich der Summe der Systemträgheitsmomente, einmal auf die xz-Ebene, das andere Mal auf die yz-Ebene bezogen.

Damit erhalten die drei Gleichungen (110) bis (112) folgende allgemeingültige Form:

$$E \cdot J \cdot \Delta_x = + (J_{(xy)} + J_{(xz)}) \cdot X - J_{(xz)(yz)} \cdot Y - J_{(xy)(yz)} \cdot Z, \quad (113)$$

$$E \cdot J \cdot \Delta_y = - J_{(xz)(yz)} \cdot X + (J_{(xy)} + J_{(yz)}) \cdot Y - J_{(xy)(xz)} \cdot Z, \quad (114)$$

$$E \cdot J \cdot \Delta_z = - J_{(xy)(yz)} \cdot X - J_{(xy)(xz)} \cdot Y + (J_{(xz)} + J_{(yz)}) \cdot Z. \quad (115)$$

Es muß dabei betont werden, daß die Lage des Schwerpunktes nicht etwa einheitlich für alle diese Trägheits- und Zentrifugalmomente ist. Die Schwerpunktsabstände sind vielmehr von der jeweiligen Kraftkomponente und deren Wirkungsebene abhängig.

Jede Kraftrichtung stellt die Schnittlinie von zwei Ebenen dar, und es muß folglich die Wirkung der Kraft sowohl in der einen als auch in der anderen Ebene betrachtet werden. Zum Beispiel hat die Kraftkomponente X die Wirkungsebenen xz und xy, die Kraftkomponente Y die Wirkungsebenen yz und xy und die Kraftkomponente Z die Wirkungsebenen yz und xz.

Die Wirkungsebene bei den Trägheitsmomenten des Systems steht (unter Beachtung der jeweiligen Kraftkomponente) senkrecht zur Indexebene des jeweiligen Trägheitsmoments.

Die Wirkungsebene bei den Zentrifugalmomenten steht senkrecht zu beiden Indexebenen des betreffenden Zentrifugalmoments.

Aus nachstehender Tabelle sind die jeweils zugehörigen Wirkungsebenen ersichtlich.

Tabelle 5. Zuordnung der Momente und Wirkungsebenen.

Gleichung für	Kraft X		Kraft Y		Kraft Z	
$E \cdot J \cdot \Delta_x$	$J_{(xy)}$	$J_{(xz)}$	$J_{(xz)\,(yz)}$		$J_{(xy)\,(yz)}$	
Wirkungsebene	xz	xy	xy		xz	
$E \cdot J \cdot \Delta_y$	$J_{(xz)\,(yz)}$		$J_{(xy)}$	$J_{(yz)}$	$J_{(xy)\,(xz)}$	
Wirkungsebene	xy		yz	xy	yz	
$E \cdot J \cdot \Delta_z$	$J_{(xy)\,(yz)}$		$J_{(xy)\,(xz)}$		$J_{(xz)}$	$J_{(yz)}$
Wirkungsebene	xz		yz		yz	xz

Die äußerst wichtige Bedeutung der Wirkungsebene besteht darin, daß alle Schenkel, die senkrecht zu ihr stehen, durch die zugehörige Kraftkomponente auf Verdrehung beansprucht werden. Infolge des Zusammenhanges zwischen polarem und äquatorialem Trägheitsmoment

$$J_0 = 2 \cdot J$$

und zwischen Gleitmodul und Elastizitätsmodul

$$G = \frac{m}{2 \cdot (m+1)} \cdot E = 0{,}385 \cdot E$$

folgt

$$\frac{1}{G \cdot J_0} = \frac{1{,}3}{E \cdot J}.$$

Daher müssen also sämtliche geraden Schenkel, die senkrecht zur Wirkungsebene stehen, mit 1,3 multipliziert werden.

Die gleichen Vorschriften gelten auch für die Bestimmung der gestreckten Länge des ganzen Systems und für die Berechnung der statischen Momente.

Wohlgemerkt, diese Beeinflussung durch die Wirkungsebene gilt nur für die Längen der Schenkel, nicht aber für irgendwelche zur Berechnung der statischen Momente, Trägheitsmomente usw. einzusetzenden Abstände.

Dadurch wird das vorhin von der Lage des Systemschwerpunktes Gesagte verständlich. Dieser hat an sich nur eine bedingte Ähnlichkeit mit dem physikalischen Schwerpunkt des wirklichen Systems; der Schwerpunkt bezieht sich auf das sog. Ersatzsystem.

Betrachtet man das in Abb. 167 dargestellte räumliche System mit den fünf Schenkeln L_1, L_2, L_3, L_4 und L_5 so ergeben sich in bezug auf die drei Wirkungsebenen xy, yz und xz folgende drei Ersatzsysteme.

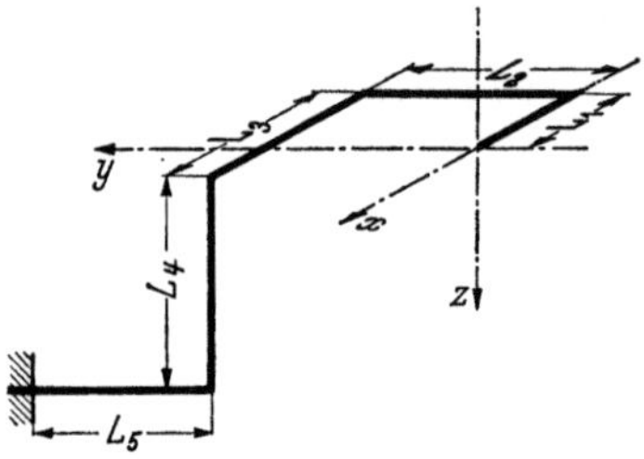

Abb. 167. Räumliches System mit 5 Schenkeln.

Für die Wirkungsebene xy:

Ersatzsystem L_1, L_2, L_3, $1{,}3 \cdot L_4$, L_5.

Für die Wirkungsebene yz:

Ersatzsystem $1{,}3 \cdot L_1$, L_2, $1{,}3 \cdot L_3$, L_4, L_5.

Für die Wirkungsebene xz:

Ersatzsystem L_1, $1{,}3 \cdot L_2$, L_3, L_4, $1{,}3 \cdot L_5$.

Man merke sich also, daß alle Schenkel, die auf der Wirkungsebene senkrecht stehen, im entsprechenden Ersatzsystem mit 1,3 multipliziert werden müssen.

Die Bestimmung der gestreckten Länge des Systems, die Berechnung der statischen Momente, der Trägheits- und Zentrifugalmomente erfolgt also für jede Wirkungsebene so, als ob man jeweils nur das dazugehörige Ersatzsystem betrachtet.

Die vorstehenden Erläuterungen werden vielleicht den Eindruck eines äußerst schwierigen und viele Fehlerquellen einschließenden Berechnungsverfahrens erwecken. Das ist jedoch, wie die weiteren Hinweise zeigen werden, nicht der Fall. Es wird im folgenden ein Verfahren angegeben werden, bei dem die einzelnen Handlungen in einen festen Rahmen zusammengefaßt sind, so daß die Berücksichtigung der entsprechenden Wirkungsebene selbsttätig erfolgt und hierdurch gleich die richtigen Gleichungen für die Trägheits-, Zentrifugal- und statischen Momente angewandt werden.

An Hand eines Beispiels soll zunächst die Übereinstimmung vorstehender Überlegungen mit den von ABEL entwickelten Beziehungen gezeigt werden.

Für das in Abb. 158 dargestellte räumliche System werden auf Grund der vorstehenden Erläuterungen die Trägheitsmomente bestimmt. Dieses System entspricht genau dem von ABEL behandelten dreischenkligen System.

Die Kraft X besitzt die zwei Wirkungsebenen xz und xy. Aus der Tabelle 5 ersieht man, daß zu der Wirkungsebene xz das Trägheitsmoment J_{xy} gehört.

Der Wirkungsebene xz entsprechend kommt hier das Ersatzsystem II $= (L_1,\ 1{,}3 \cdot L_2,\ L_3)$ in Frage, da L_2 senkrecht zu xz steht.

Das auf die xy-Ebene bezogene Trägheitsmoment ist

$$J'_{xy} = \tfrac{1}{3} \cdot L_3^3 .$$

Das auf die xy-Ebene bezogene statische Moment ist

$$M_{xy} = 0{,}5 \cdot L_3^2$$

und die gestreckte Länge des Ersatzsystems II

$$L_{xy} = L_1 + 1{,}3 \cdot L_2 + L_3 .$$

Folglich beträgt das auf die parallele xy-Schwerpunktsebene bezogene Trägheitsmoment des Systems

$$J_{(xy)} = J'_{xy} - L_{xy} \cdot \eta_{xy}^2 .$$

Der Schwerpunktsabstand ist

$$\eta_{xy} = \frac{M_{xy}}{L_{xy}}$$

und somit der Ausdruck

$$L_{xy} \cdot \eta_{xy}^2 = L_{xy} \cdot \frac{M_{xy}^2}{L_{xy}^2} = \frac{M_{xy}^2}{L_{xy}} .$$

Also ist das Trägheitsmoment in bezug auf die Schwerpunktsebene

$$J_{(xy)} = \frac{1}{3} L_3^3 - \frac{0{,}25 \cdot L_3^4}{L_1 + 1{,}3 \cdot L_2 + L_3} .$$

In gleicher Weise berechnet man das Trägheitsmoment J_{xz}.

Für dieses ist die Wirkungsebene xy und folglich muß das Ersatzsystem III $= (L_1,\ L_2,\ 1{,}3 \cdot L_3)$ in Betracht gezogen werden.

Das auf die xz-Ebene bezogene Trägheitsmoment ist

$$J'_{xz} = 1{,}3 \cdot L_3 \cdot L_2^2 + \tfrac{1}{3} \cdot L_2^3 .$$

Das auf die xz-Ebene bezogene statische Moment ist

$$M_{xz} = 1{,}3 \cdot L_3 \cdot L_2 + 0{,}5 \cdot L_2^2$$

und die gestreckte Länge des Ersatzsystems III

$$L_{xz} = L_1 + L_2 + 1{,}3 \cdot L_3 .$$

Damit erhält man das Trägheitsmoment des Systems, bezogen auf die parallele xz-Schwerpunktsebene

$$J_{(xz)} = J'_{xz} - \frac{M_{xz}^2}{L_{xz}} = 1{,}3 \cdot L_3 \cdot L_2^2 + \frac{1}{3} \cdot L_2^3 - \frac{(1{,}3 \cdot L_3 \cdot L_2 + 0{,}5 \cdot L_2^2)^2}{L_1 + L_2 + 1{,}3 \cdot L_3}.$$

Die Summe der beiden Trägheitsmomente ist also

$$J_{(xz)} + J_{(xy)} = \frac{1}{3} \cdot L_2^3 + L_2^2 \cdot 1{,}3 \cdot L_3 + \frac{1}{3} \cdot L_3^3 - \\ - \frac{0{,}25 \cdot L_3^4}{L_1 + 1{,}3 \cdot L_2 + L_3} - \frac{(0{,}5 \cdot L_2^2 + 1{,}3 \cdot L_2 L_3)^2}{L_1 + L_2 + 1{,}3 \cdot L_3}.$$

Der Vergleich dieses Ausdruckes mit dem in der Tabelle 4 oben zweite Spalte von links stehenden zeigt die vollkommene Übereinstimmung derselben.

Der Vollständigkeit halber sei noch für die Komponente Y das Zentrifugalmoment $J_{(xz)(yz)}$ ermittelt.

Die Wirkungsebene muß zu den beiden Indexebenen xz und yz des Zentrifugalmoments senkrecht stehen. Es ist also xy in diesem Falle die Wirkungsebene. Danach folgt hierfür das Ersatzsystem III = $(L_1,\ L_2,\ 1{,}3 \cdot L_3)$.

Das Zentrifugalmoment, bezogen auf die xz- und yz-Ebene, ist:

$$J'_{(xz)(yz)} = 1{,}3 \cdot L_3 \cdot L_1 \cdot L_2 + 0{,}5 \cdot L_2^2 \cdot L_1.$$

Das statische Momente, bezogen auf die xz-Ebene ist

$$M_{xz} = 1{,}3 \cdot L_3 \cdot L_2 + 0{,}5 \cdot L_2^2$$

und das statische Moment, bezogen auf die yz-Ebene

$$M_{yz} = 0{,}5 \cdot L_1^2 + L_1 \cdot L_2 + L_1 \cdot 1{,}3 \cdot L_3.$$

Das Zentrifugalmoment, bezogen auf die durch den Schwerpunkt des Ersatzsystems III gehenden Ebenen xz und yz, ist

$$J_{(xz)(yz)} = J'_{(xz)(yz)} - \frac{M_{xz} \cdot M_{yz}}{L_{xz}}.$$

Es ist hier gleichgültig, ob man L_{xz} oder L_{yz} einsetzt, weil beide Längen sich auf das Ersatzsystem III beziehen. Folglich ist

$$J_{(xz)(yz)} = 1{,}3 \cdot L_1 L_2 L_3 + 0{,}5 \cdot L_1 L_2^2 - \\ - \frac{(1{,}3 \cdot L_2 L_3 + 0{,}5 \cdot L_2^2)(0{,}5 \cdot L_1^2 + L_1 L_2 + 1{,}3 \cdot L_1 L_3)}{L_1 + L_2 + 1{,}3 \cdot L_3}.$$

Die Klammern ausmultipliziert und auf einen Nenner gebracht ergibt

$$J_{(xz)(yz)} = \frac{0{,}5 \cdot L_1^2 L_2 (0{,}5 \cdot L_2 + 1{,}3 \cdot L_3)}{L_1 + L_2 + 1{,}3\, L_3}.$$

Auch dieser Ausdruck entspricht genau dem von Abel entwickelten Wert, und zwar in der Tabelle 4 oben zweite Spalte von rechts.

In der gleichen Weise könnte man auch die genaue Übereinstimmung der übrigen Werte nachweisen.

Bevor auf das eigentliche Berechnungsverfahren eingegangen wird, muß noch auf folgenden Umstand hingewiesen werden.

Bei der Berechnung der Längen, der statischen Momente, sowie der Trägheits- und Zentrifugalmomente der gebogenen Teile eines Systems ist es notwendig, das gleichzeitige Auftreten von Biegung und Verdrehung in jedem Bogenteilchen zu berücksichtigen. Diese Tatsache bedingt gewisse Unterschiede in dem Wert des statischen Moments bzw. Trägheitsmoments, je nachdem welches Ende des Bogens eingespannt und welches durch die die zweite Einspannung ersetzenden Kraftkomponenten und Momente belastet ist. Auf diesen Umstand wird im weiteren näher eingegangen.

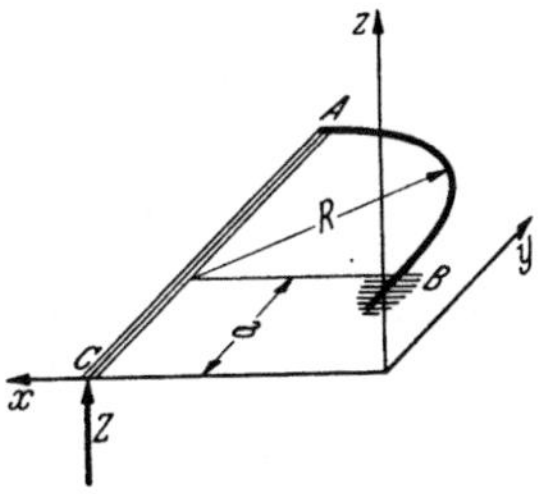

Abb. 168. Bogen mit räumlicher Kraftwirkung in A.

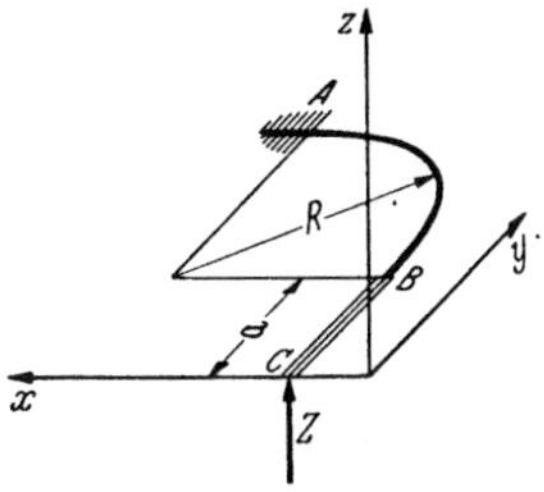

Abb. 169. Bogen mit räumlicher Kraftwirkung in B.

Der Begriff des Trägheits- bzw. Zentrifugalmoments verliert hier gewissermaßen seine Bedeutung, denn für diesen ist die Lage der Bogeneinspannung an sich gleichgültig und nur die Lage des Bogens zur Kraftangriffsebene allein maßgebend. Demgegenüber ist zu beachten, daß das gleichzeitige Auftreten von Biegungs- und Drehmomenten in einem räumlich belasteten Bogen eine unterschiedliche Wirkung hervorruft, je nachdem an welchem Bogenende die Kraft oder der Momentenhebelarm angreift, und welches Ende als eingespannt betrachtet wird.

In Abb. 168 und 169 ist ein Bogen AB dargestellt, der durch eine Kraft Z senkrecht zu seiner Ebene belastet ist. In Abb. 168 ist der Bogen in B eingespannt; am Ende A greift ein starrer Hebel $\overline{AC} = R + a$ an, an dessen Ende C die Kraft Z wirkt. Dagegen ist der Bogen in Abb. 169 in A eingespannt, während in B ebenfalls ein starrer Hebel $\overline{CB} = a$ befestigt ist, an dessen Ende C die gleiche Kraft Z wirkt. In beiden Abbildungen ist die Lage des Bogens zur xz-Ebene vollkommen gleich und es soll die Verschiebung des Angriffspunktes C in Kraftrichtung ermittelt werden, wobei als Wirkungsebene der Kraft die yz-Ebene gelten soll.

Man erkennt, daß in Abb. 168 das eingespannte Ende B des Bogens mit Bezug auf die gewählte Wirkungsebene auf Biegung und das freie Ende A auf Drehung beansprucht wird. Der Bogen nach Abb. 169 wird dagegen umgekehrt belastet: Biegung am freien Ende B und Verdrehung am eingespannten Ende A.

Abb. 168 zeigt ohne weiteres, daß hier eine Überlagerung von zwei Wirkungen stattfindet. Einmal wird der Bogen durch die Kraft Z beansprucht, als ob sie unmittelbar in A wirken würde. Ferner greift in A ein Moment von der Größe $Z \cdot (R+a)$ an. Beide Wirkungen überlagern sich.

Aus dem Abschnitt B III/2 können die Verschiebungen ermittelt werden, und zwar:

Durch die seitliche Kraft Z erfolgt eine Verschiebung von A um

$$\Delta_1 = 0{,}382 \frac{Z \cdot R^3}{E \cdot J} \quad \text{nach oben.}$$

Die gleiche Verschiebung Δ_1 erfolgt also auch in C. Die Verdrehung von A ist

$$\psi'_{yz} = 0{,}5064 \frac{Z \cdot R^2}{E \cdot J}.$$

Dadurch wird der Punkt C um den Betrag Δ_2 nach unten verschoben

$$\Delta_2 = (R+a) \cdot \psi'_{yz} = 0{,}5064 \cdot \frac{Z \cdot R^3}{E \cdot J} + 0{,}5064 \frac{Z \cdot R^2 \cdot a}{E \cdot J} \quad \text{nach unten.}$$

Das Moment $Z(R+a)$ bewirkt eine Verdrehung des Endes A um

$$\psi''_{xz} = 1{,}806 \cdot \frac{Z(R+a) \cdot R}{E \cdot J}.$$

Dadurch erfolgt ebenfalls eine Verschiebung des Punktes C nach oben um

$$\Delta_3 = (R+a) \cdot \psi''_{yz} = 1{,}806 \cdot \frac{Z(R+a)^2 \cdot R}{E \cdot J} \quad \text{nach oben.}$$

Die unmittelbare Wirkung dieses Moments auf das Ende A bewirkt eine Verschiebung desselben um

$$\Delta_4 = 0{,}5064 \cdot \frac{Z \cdot (R+a) \cdot R^2}{E \cdot J} \quad \text{nach unten.}$$

Die Zusammenfassung aller dieser Verschiebungen für den Punkt C ergibt

$$\Delta_{yz} = \frac{Z}{E \cdot J} [1{,}176 \cdot R^3 + 2{,}6 \cdot R^2 \cdot a + 1{,}806 \cdot R \cdot a^2].$$

Führt man die gleiche Untersuchung auch für den Punkt C des Bogens nach Abb. 169 durch, so erhält man

durch die Kraft Z

$$\Delta_1 = 0{,}867 \frac{Z \cdot R^3}{E \cdot J} \quad \text{nach oben}$$

und den Biegungswinkel in B

$$\psi'_{yz} = 1{,}15 \frac{Z \cdot R^2}{E \cdot J},$$

daher eine weitere Verschiebung von C um

$$\Delta_2 = a \cdot \psi'_{yz} = 1{,}15 \frac{Z \cdot R^2 \cdot a}{E \cdot J} \quad \text{nach oben;}$$

durch das Moment $Z \cdot a$

$$\Delta_3 = a \cdot \psi''_{yz} = 1{,}806 \frac{Z \cdot R \cdot a^2}{E \cdot J} \quad \text{nach oben}$$

und

$$\Delta_4 = 1{,}15 \frac{Z \cdot R^2 \cdot a}{E \cdot J} \quad \text{nach oben,}$$

d. h. insgesamt

$$\Delta_{yz} = \frac{Z}{E \cdot J} [0{,}867 \cdot R^3 + 2{,}3 \cdot R^2 \cdot a + 1{,}806 \cdot R \cdot a^2].$$

Man erkennt also, daß die Ausdrücke in der eckigen Klammer einander nicht gleich sind, während man aus der Berechnung der Trägheitsmomente in bezug auf die xz-Ebene infolge derselben Lage des Bogens zu dieser Ebene gleiche Werte erhalten würde.

Ähnlich liegen die Verhältnisse auch für die statischen und Zentrifugalmomente.

Streng genommen dürfte man also bei der Untersuchung räumlicher Systeme unter Berücksichtigung von Bogen (an Stelle biegungssteifer Ecken) nicht mehr von Trägheits-, Zentrifugal- oder statischen Momenten sprechen. Trotzdem wurde mit Rücksicht auf bessere Anschaulichkeit diese Begriffsbezeichnung beibehalten, wenn auch die darunter zu verstehenden Werte zahlenmäßig mit den Trägheits- bzw. Zentrifugalmomenten nicht mehr genau übereinstimmen.

Die weiter angegebenen für den praktischen Fall zu benutzenden Formeln wurden auf dieser Grundlage ermittelt und in der Tabelle 6 zusammengestellt.

Jetzt soll das eigentliche Berechnungsverfahren erläutert werden.

Die in den früheren Abschnitten entwickelten Beziehungen für die Trägheits- und Zentrifugalmomente von Geraden und Bogen wurden in der folgenden Tabelle 6 sinnvoll zusammengefaßt. Auf der rechten Seite der Tabelle sieht man oben eine Gerade L und darunter einen Bogen mit dem Biegungshalbmesser R in allen normal vorkommenden Stellungen zum gewählten Achsenkreuz x, y und z. Die entsprechenden Abstände sind einheitlich festgelegt; a ist stets der Abstand der offenen Seite der Geraden oder des Bogens von der gegenüberstehenden Ebene, während b den Abstand der geschlossenen Bogenseite oder des Endes der Geraden von der entsprechenden Ebene darstellt. Der Wert c stellt den Abstand der Bogenebene von der betreffenden Achsenebene dar.

In der Tabelle 6 wird man ferner feststellen, daß die Bilder der Bogen nicht nur eine Nummer aufweisen, sondern daß außerdem das eine Bogenende mit A und das andere mit B bezeichnet ist. Diese Unterscheidung soll dazu dienen, dasjenige Bogenende zu kennzeichnen, welches

Tabelle 6. Formelzusammenstellung

<table>
<tr><th rowspan="3">Kraft</th><th rowspan="3">Wirkungsebene</th><th rowspan="3">Trägheits- bzw. Zentrifugal-momente</th><th colspan="3">Bild der Geraden</th><th colspan="6">Bild</th></tr>
<tr><th rowspan="2">1</th><th rowspan="2">2</th><th rowspan="2">3</th><th colspan="2">4</th><th colspan="2">5</th><th colspan="2">6</th></tr>
<tr><th colspan="6">Bogenende, das an den</th></tr>
<tr><th></th><th></th><th></th><th></th><th></th><th></th><th>A</th><th>B</th><th>A</th><th>B</th><th>A</th><th>B</th></tr>
<tr><td>X</td><td>xy</td><td>$J_{(xz)}$</td><td>1</td><td>2</td><td>3</td><td colspan="2">6</td><td colspan="2">12</td><td>10</td><td>11</td></tr>
<tr><td>X</td><td>xz</td><td>$J_{(xy)}$</td><td>3</td><td>2</td><td>1</td><td colspan="2">12</td><td colspan="2">6</td><td>8</td><td>9</td></tr>
<tr><td>Y</td><td>xy</td><td>$J_{(yz)}$</td><td>2</td><td>1</td><td>3</td><td colspan="2">6</td><td>11</td><td>10</td><td colspan="2">12</td></tr>
<tr><td>Y</td><td>yz</td><td>$J_{(xy)}$</td><td>2</td><td>3</td><td>1</td><td colspan="2">12</td><td>9</td><td>8</td><td colspan="2">6</td></tr>
<tr><td>Z</td><td>yz</td><td>$J_{(xz)}$</td><td>1</td><td>3</td><td>2</td><td>8</td><td>9</td><td colspan="2">12</td><td colspan="2">7</td></tr>
<tr><td>Z</td><td>xz</td><td>$J_{(yz)}$</td><td>3</td><td>1</td><td>2</td><td>9</td><td>8</td><td colspan="2">7</td><td colspan="2">12</td></tr>
<tr><td>X oder Y</td><td>xy</td><td>$J_{(xz)(yz)}$</td><td>4</td><td>4</td><td>5</td><td colspan="2">13</td><td>19</td><td>18</td><td>18</td><td>19</td></tr>
<tr><td>X oder Z</td><td>xz</td><td>$J_{(xy)(yz)}$</td><td>5</td><td>4</td><td>4</td><td>17</td><td>16</td><td colspan="2">14</td><td>16</td><td>17</td></tr>
<tr><td>Y oder Z</td><td>yz</td><td>$J_{(xy)(xz)}$</td><td>4</td><td>5</td><td>4</td><td>16</td><td>17</td><td>17</td><td>16</td><td colspan="2">14</td></tr>
</table>

Nr. der Formel	Trägheits- bzw. Zentrifugalmomente
	Formeln
1	$\frac{1}{3} L^3 + L^2 b + L \cdot b^2$
2	$L \cdot a^2$
3	$1{,}3 \cdot L \cdot a^2$
4	$0{,}5 \cdot L^2 \cdot a + L \cdot a \cdot b$
5	$1{,}3 \cdot L \cdot a_1 \cdot a_2$

Formeln

6	$0{,}785 \frac{R^3}{K} + 2 \cdot \frac{R^2}{K} \cdot a + 1{,}57 \cdot \frac{R}{K} a^2$
7	$0{,}355 \frac{R^3}{K} + 1{,}14 \frac{R^2}{K} b + 1{,}57 \frac{R}{K} \cdot b^2$
8	$1{,}176 \cdot R^3 + 2{,}6 \cdot R^2 \cdot a + 1{,}805 \cdot R \cdot a^2$
9	$0{,}867 \cdot R^3 + 2{,}3 \cdot R^2 \cdot a + 1{,}805 \cdot R \cdot a^2$
10	$0{,}372 \cdot R^3 + 1{,}31 \cdot R^2 \cdot b + 1{,}805 \cdot R \cdot b^2$
11	$0{,}381 \cdot R^3 + 1{,}01 \cdot R^2 \cdot b + 1{,}805 \cdot R \cdot b^2$
12	$1{,}805 \cdot R \cdot c^2$
13	$0{,}5 \frac{R^3}{K} + \frac{R^2}{K} \cdot a + \frac{R^2}{K} \cdot b + 1{,}57 \frac{R}{K} \cdot a \cdot b$
14	$0{,}5 \frac{R^3}{K} + 0{,}57 \frac{R^2}{K} \cdot a + \frac{R^2}{K} \cdot b + 1{,}57 \frac{R}{K} \cdot a \cdot b$
15	$0{,}07 \frac{R^3}{K} + 0{,}57 \frac{R^2}{K} \cdot a + 0{,}57 \frac{R^2}{K} \cdot b + 1{,}57 \frac{R}{K} \cdot a \cdot b$
16	$1{,}3 \cdot R^2 \cdot c + 1{,}805 \cdot R \cdot a \cdot c$
17	$1{,}15 \cdot R^2 \cdot c + 1{,}805 \cdot R \cdot a \cdot c$
18	$0{,}655 \cdot R^2 \cdot c + 1{,}805 \cdot R \cdot b \cdot c$
19	$0{,}506 \cdot R^2 \cdot c + 1{,}805 \cdot R \cdot b \cdot c$

für räumliche Systeme.

<table>
<tr><td colspan="18">des Bogens</td></tr>
<tr><td colspan="2">7</td><td colspan="2">8</td><td colspan="2">9</td><td colspan="2">10</td><td colspan="2">11</td><td colspan="2">12</td><td colspan="2">13</td><td colspan="2">14</td><td colspan="2">15</td></tr>
<tr><td colspan="18">festen Teil des Systems anschließt</td></tr>
<tr><td>A</td><td>B</td><td>A</td><td>B</td><td>A</td><td>B</td><td>A</td><td>B</td><td>A</td><td>B</td><td>A</td><td>B</td><td>A</td><td>B</td><td>A</td><td>B</td><td>A</td><td>B</td></tr>
<tr><td colspan="2">6</td><td colspan="2">12</td><td>8</td><td>9</td><td colspan="2">7</td><td colspan="2">12</td><td>8</td><td>9</td><td colspan="2">7</td><td colspan="2">12</td><td>10</td><td>11</td></tr>
<tr><td colspan="2">12</td><td colspan="2">7</td><td>9</td><td>8</td><td colspan="2">12</td><td colspan="2">7</td><td>10</td><td>11</td><td colspan="2">12</td><td colspan="2">6</td><td>11</td><td>10</td></tr>
<tr><td colspan="2">7</td><td>11</td><td>10</td><td colspan="2">12</td><td colspan="2">7</td><td>9</td><td>8</td><td colspan="2">12</td><td colspan="2">6</td><td>9</td><td>8</td><td colspan="2">12</td></tr>
<tr><td colspan="2">12</td><td>10</td><td>11</td><td colspan="2">6</td><td colspan="2">12</td><td>11</td><td>10</td><td colspan="2">7</td><td colspan="2">12</td><td>8</td><td>9</td><td colspan="2">7</td></tr>
<tr><td>9</td><td>8</td><td colspan="2">12</td><td colspan="2">6</td><td>10</td><td>11</td><td colspan="2">12</td><td colspan="2">6</td><td>11</td><td>10</td><td colspan="2">12</td><td colspan="2">7</td></tr>
<tr><td>11</td><td>10</td><td colspan="2">7</td><td colspan="2">12</td><td>11</td><td>10</td><td colspan="2">6</td><td colspan="2">12</td><td>9</td><td>8</td><td colspan="2">6</td><td colspan="2">12</td></tr>
<tr><td colspan="2">14</td><td>19</td><td>18</td><td>16</td><td>17</td><td colspan="2">15</td><td>17</td><td>16</td><td>16</td><td>17</td><td colspan="2">14</td><td>17</td><td>16</td><td>18</td><td>19</td></tr>
<tr><td>19</td><td>18</td><td colspan="2">15</td><td>17</td><td>16</td><td>19</td><td>18</td><td colspan="2">14</td><td>18</td><td>19</td><td>17</td><td>16</td><td colspan="2">13</td><td>19</td><td>18</td></tr>
<tr><td>17</td><td>16</td><td>18</td><td>19</td><td colspan="2">13</td><td>18</td><td>19</td><td>19</td><td>18</td><td colspan="2">14</td><td>19</td><td>18</td><td>16</td><td>17</td><td colspan="2">15</td></tr>
</table>

Statische Momente	Längen	Nr. der Formel
für Gerade		
$0{,}5 \cdot L^2 + L \cdot b$	L	1
$L \cdot a$	L	2
$1{,}3 \cdot L \cdot a$	$1{,}3 \cdot L$	3
Die statischen Momente und Längen wie bei den Trägheitsmomenten mit gleichem Index		4
		5
für Bogen		
$\frac{R^2}{K} + 1{,}57 \frac{R}{K} a$	$1{,}57 \cdot \frac{R}{K}$	6
$0{,}57 \frac{R^2}{K} + 1{,}57 \frac{R}{K} b$	$1{,}57 \cdot \frac{R}{K}$	7
$1{,}3 \cdot R^2 + 1{,}805 \cdot R \cdot a$	$1{,}805 \cdot R$	8
$1{,}15 \cdot R^2 + 1{,}805 \cdot R \cdot a$	$1{,}805 \cdot R$	9
$0{,}655 \cdot R^2 + 1{,}805 \cdot R \cdot b$	$1{,}805 \cdot R$	10
$0{,}506 \cdot R^2 + 1{,}805 \cdot R \cdot b$	$1{,}805 \cdot R$	11
$1{,}805 \cdot R \cdot c$	$1{,}805 \cdot R$	12
Hier werden die gleichen statischen Momente und Längen eingesetzt, wie für die Trägheitsmomente mit gleichem Index		13
		14
		15
		16
		17
		18
		19

Tabelle 6. (Fortsetzung.)

Bilder der Geraden und Bogen.

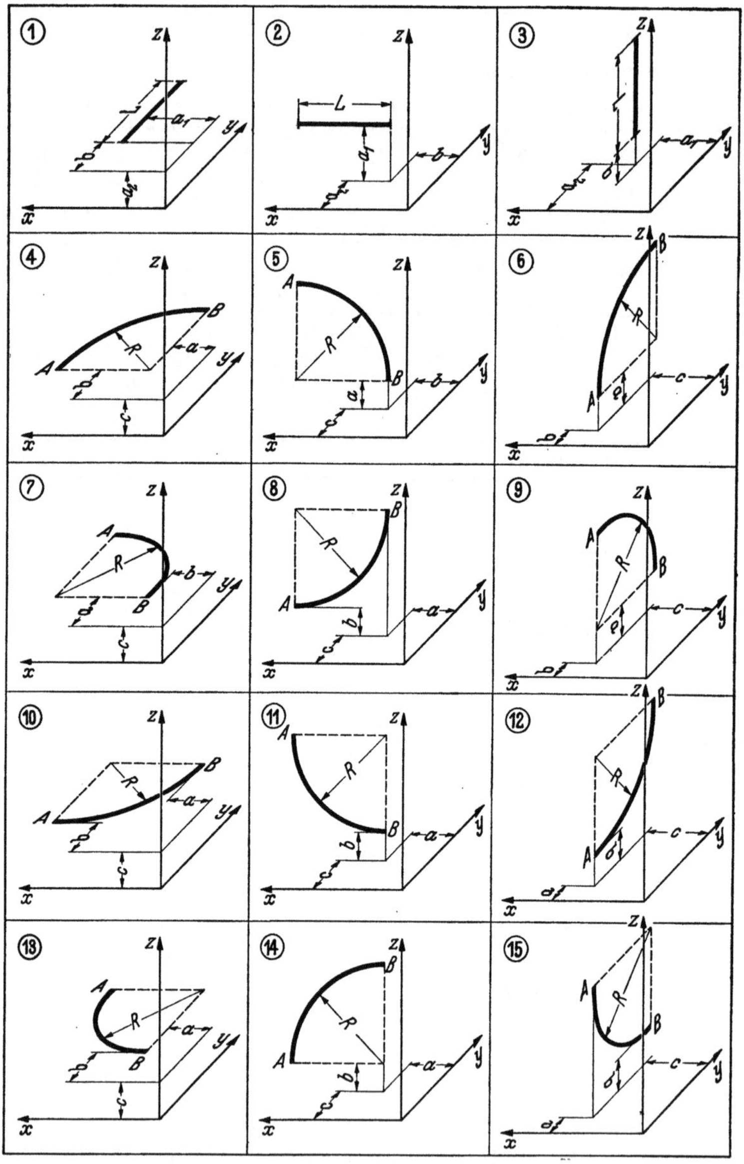

$$\text{(I)} \quad E \cdot J \cdot \Delta_x = + (J_{(xy)} + J_{(xz)}) \cdot X - J_{(xz)\,(yz)} \cdot Y - J_{(xy)\,(yz)} \cdot Z,$$

$$\text{(II)} \quad E \cdot J \cdot \Delta_y = - J_{(xz)\,(yz)} \cdot X + (J_{(xy)} + J_{(yz)}) \cdot Y - J_{(xy)\,(xz)} \cdot Z,$$

$$\text{(III)} \quad E \cdot J \cdot \Delta_z = - J_{(xy)\,(yz)} \cdot X - J_{(xy)\,(xz)} \cdot Y + (J_{(xz)} + J_{(yz)}) \cdot Z.$$

näher zu der festen Einspannstelle des ganzen Systems liegt. Aus Abb. 170 erkennt man den Unterschied für den Bogen 15. An sich ist die Lage dieses Bogen in bezug auf das Achsenkreuz in beiden Systemen der Abb. 170 vollkommen gleich; auch die Abstände von allen Achsenebenen sind die gleichen. Trotzdem besteht der Unterschied darin, daß im linken System das Ende *A* des Bogen 15 und im rechten System das Ende *B* desselben Bogens näher zur festen Einspannung des Systems liegt. Dementsprechend greifen die Kraftkomponenten und Momente an verschiedenen Enden dieses Bogens an und ergeben dadurch auch unterschiedliche Wirkungen.

Würde man aber ohne Berücksichtigung dieses Umstandes die Trägheits- und Zentrifugalmomente nur aus den Abständen dieses Bogens von den entsprechenden Achsenebenen berechnen, so bekäme man natürlich auch die gleichen Werte, da die Abstände in beiden Fällen gleich sind.

Die bei räumlichen Systemen gleichzeitig auftretende Biegungs- und Verdrehungswirkung in jedem Bogenteilchen verursacht aber — je nach dem Angriffspunkt der Kräfte — verschieden große Wirkungen, da in dem einen Fall das feste Bogenende z. B. einer Verdrehung und in dem anderen Fall einer Biegung durch ein und dieselbe Kraftkomponente ausgesetzt ist. Die schon erwähnte Umrechnung der elastischen Längen der auf Verdrehung beanspruchten Teile bedingt hier also den erläuterten Unterschied in den Werten der Trägheits- bzw. Zentrifugalmomente.

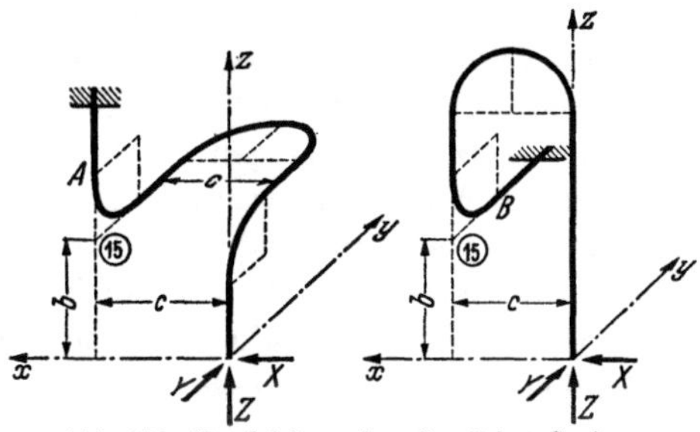

Abb. 170. Vergleich zweier räumlicher Systeme.

Das zu untersuchende räumliche System wird nun in Parallelperspektive so gezeichnet (braucht nicht maßstäblich zu sein), daß das von der Einspannung befreit gedachte Systemende rechts vorne entsprechend dem Ursprung des Achsenkreuzes in der Tabelle 6 liegt. Dort, wo die wirkenden Kräfte *X*, *Y* und *Z* angreifen, wird der Ursprung des Achsenkreuzes angeordnet und die Achsen in ihren Richtungen genau entsprechend den Bildern in der Tabelle 6 festgelegt, d. h. die *x*-Achse nach links, die *y*-Achse schräg nach rechts hinten und die *z*-Achse nach oben.

Die Kraftkomponenten *X*, *Y* und *Z* werden parallel zu den entsprechenden Achsen angeordnet.

Hat man das räumliche System, so wie oben gesagt, gezeichnet, so wird man beim Vergleich mit den Bildern der Tabelle 6 (beachte Fortsetzung!) feststellen, daß jeder Geraden und jedem Bogen des Systems ein ganz bestimmtes Bild der Tabelle 6 entspricht. Die entsprechenden

Bildnummern werden an die einzelnen Geraden und Bogen jeweils angeschrieben, unter Angabe des bei den Bogen als fest zu bezeichnenden Endes A oder B.

Außerdem sollten zum bequemeren Rechnen alle Abstände der einzelnen Bogen und Geraden, so wie es in den Bildern der Tabelle gezeigt ist, in der Zeichnung zahlenmäßig eingetragen werden.

Daraufhin kann mit der Berechnung der Trägheits- und Zentrifugalmomente, sowie der entsprechenden statischen Momente und gestreckten Längen begonnen werden.

Die Reihenfolge ist in der Tabelle links oben angegeben. Man beginnt also mit der Wirkung der Kraft X in der xy-Ebene (Wirkungsebene), wofür das Trägheitsmoment $J'_{(xz)}$, das statische Moment M_{xz} und die Länge L_{xz} für jeden einzelnen Bogen und jeden geraden Schenkel zu ermitteln sind. Man liest entsprechend der auf der Zeichnung eingetragenen Bildnummer aus der Tabelle in der zugehörigen Zeile die Nummer der Gleichung ab. Die Gleichungen für die Trägheits- und statischen Momente sowie die Längen sind unten links auf der Tabelle mit den zugehörigen Nummern angegeben. Die Rechnung erfolgt gleich durch Einsetzen der entsprechenden Zahlenwerte. Die einzelnen ausgerechneten Werte für jeden Teil des räumlichen Systems werden untereinander geschrieben und, wenn alle Teile des Systems erfaßt sind, addiert.

Man erhält damit das Trägheitsmoment bezogen auf die entsprechende Ebene, die durch den Angriffspunkt der Kräfte geht. Da aber das Trägheitsmoment auf die Schwerpunktsebene benötigt wird, muß noch eine Umrechnung erfolgen.

Hat man also auf diese Weise die für die erste Spalte der Tabelle geltenden Werte $J'_{(xz)}$, M_{xz} und L_{xz} ermittelt, so folgt das auf die Schwerpunktsebene bezogene Trägheitsmoment bekanntlich aus

$$J_{(xz)} = J'_{(xz)} - \frac{M_{xz}^2}{L_{xz}} \text{ in } \mathrm{m}^3.$$

Die Längen werden zweckmäßig in m eingesetzt, so daß sich die Trägheits- und Zentrifugalmomente in m^3 ergeben.

In der gleichen Weise verfährt man für die in der nächsten Spalte der Tabelle angegebene Wirkung der Kraft X in der xz-Ebene, wofür $J'_{(xy)}$, M_{xy} und L_{xy} in der beschriebenen Weise zu berechnen sind.

Nachdem alle sechs Trägheitsmomente berechnet sind, kann man feststellen, daß die gestreckten Längen des ganzen Systems sich für gleiche Wirkungsebenen in gleicher Größe ergeben.

Jetzt müssen noch die drei Zentrifugalmomente berechnet werden. Hierfür sind in der Tabelle nur die Formeln der Zentrifugalmomente angegeben und keine solchen für die statischen Momente. Die besondere Berechnung derselben, ebenso wie der Längen, ist hierfür nicht notwendig. Es können die gleichen, bereits im Zusammenhang mit der Ermittlung der Trägheitsmomente berechneten statischen Momente und Längen **für die gleiche Wirkungsebene** eingesetzt werden. Dabei muß aber beachtet werden, daß bei gleichen Wirkungsebenen die Längen gleich sind, nicht aber die statischen Momente.

In der siebenten Spalte der Tabelle ist z. B. für die Wirkung der Kräfte X oder Y in der xy-Ebene (Wirkungsebene) das Zentrifugalmoment $J_{(xz)\,(yz)}$ angegeben. Dieses, auf die beiden Schwerpunktsebenen bezogen, muß also heißen

$$J_{(xz)\,(yz)} = J'_{(xz)\,(yz)} - \frac{M_{xz} \cdot M_{yz}}{L_{xz}} \quad \text{in m}^3.$$

Man sieht also, daß außerdem auch der Index der beiden statischen Momente mit demjenigen des Zentrifugalmomentes übereinstimmen muß. Übrigens stammen diese statischen Momente auch aus der Wirkung der gleichen Kräfte, also in diesem Falle X und Y. Um ein Versehen auszuschließen, achte man am besten auf die Übereinstimmung der Wirkungsebenen.

Hat man auf diese Weise alle sechs Trägheits- und drei Zentrifugalmomente berechnet, so setzt man sie in die drei Gleichungen (113), (114) und (115) ein.

Für den Elastizitätsmodul E wird der Wert für den betriebswarmen Rohrwerkstoff aus der Linientafel Abb. 8 eingesetzt. Es war vorher angegeben worden, daß für die Berechnung der Trägheits- und Zentrifugalmomente alle Längen in m einzusetzen sind. Wird also der Elastizitätsmodul E in kg/cm² angegeben, so müssen alle Summanden auf der rechten Seite der drei Gleichungen mit 10^6 multipliziert werden. Es ist jedoch zweckmäßiger, um nicht mit zu großen Zahlen rechnen zu müssen, die Trägheitsmomente auf der rechten Seite in m beizubehalten und die linke Seite der Gleichungen durch 10^6 zu dividieren, d. h.

$$\frac{E \cdot J \cdot \Delta_x}{10^6} = \text{usw.}$$

J stellt das Rohrträgheitsmoment in cm⁴ dar. Für Δ_x, Δ_y und Δ_z als Komponenten der Wärmedehnung sind die Werte in cm, und zwar nach Abzug der gewählten Vorspannung einzusetzen. Etwaige zusätzliche, von außen bedingte Verschiebungen der Systemfestpunkte sind in gleicher Weise zu berücksichtigen, wie es für ebene Systeme bereits angegeben war. Die zusätzlichen Verschiebungen in den entsprechenden Achsenrichtigungen sind also **algebraisch** zu den jeweiligen Wärmedehnungen Δ_x, Δ_y oder Δ_z hinzuzählen. Damit können die drei Kraftkomponenten X, Y und Z aus den Gleichungen (113) bis (115) berechnet werden.

Die Einspannmomente an dem freigedachten Ende werden entsprechend dem gewählten Achsenkreuz durch das Produkt aus Kraft mal

Schwerpunktsabstand in der jeweiligen Wirkungsebene bestimmt. Es ergeben sich infolgedessen sechs Einspannmomente, die sich paarweise zu je einem Moment zusammensetzen lassen und so die drei resultierenden Einspannmomente M_{yz}, M_{xz} und M_{xy} bilden. Das erstgenannte Moment M_{yz} ist an dem freien Ende gemäß Abb. 158 ein Drehmoment, während die beiden anderen Biegungsmomente darstellen.

Die sechs Biegungs- bzw. Drehmomente lauten wie folgt:
in der xy-Ebene:

$$M'_{xy} = Y \cdot \eta_{yz} \quad \text{und} \quad M''_{xy} = X \cdot \eta_{xz};$$

in der xz-Ebene:

$$M'_{xz} = Z \cdot \eta_{yz} \quad \text{und} \quad M''_{xz} = X \cdot \eta_{xy};$$

in der yz-Ebene:

$$M'_{yz} = Z \cdot \eta_{xz} \quad \text{und} \quad M''_{yz} = Y \cdot \eta_{xy}.$$

Beim aufmerksamen Vergleich dieser Momentenzusammenstellung mit der in Tabelle 6 gezeigten Zusammengehörigkeit der Kräfte und Wirkungsebenen wird man leicht den Zusammenhang für die Ermittlung der sechs Momente feststellen.

Aus diesen ergeben sich dann durch algebraische Zusammensetzung die endgültigen drei Einspannmomente

$$M_{xy} = M'_{xy} - M''_{xy} = Y \cdot \eta_{yz} - X \cdot \eta_{xz},$$
$$M_{xz} = M'_{xz} - M''_{xz} = Z \cdot \eta_{yz} - X \cdot \eta_{xy},$$
$$M_{yz} = M'_{yz} - M''_{yz} = Z \cdot \eta_{xz} - Y \cdot \eta_{xy}.$$

Die Einspannmomente sowie die durch die Kräfte hervorgerufenen Momente setzen sich in ihrer Wirkung — jedoch immer in der gleichen Ebene — über das ganze Rohrsystem bis zum Festpunktende fort. Aus der Überlagerung dieser Momentenwirkungen läßt sich für jeden Punkt des Systems der dort herrschende Spannungszustand ermitteln.

Ein richtiges Urteil über die Einfachheit dieses Berechnungsverfahrens im Vergleich zu anderen läßt sich am besten an Hand eines Zahlenbeispiels gewinnen.

Beispiel 20. Das in Abb. 171 dargestellte räumliche System stellt einen äußerst kurzen Verbindungsbogen zwischen Wasserabscheider und Turbine für eine Höchstdruckanlage dar.

Betriebsverhältnisse $p = 120$ atü, $t = 510°$ C.

Rohrmaterial: Cr-Mo-Stahl:

Wärmedehnungszahl $\varepsilon = 15{,}74 \cdot 10^{-6}$ cm/cm°C, daher

$$\alpha = \varepsilon \cdot t \cdot 100 = 0{,}803 \text{ cm/m}.$$

Elastizitätsmodul $E = 1{,}74 \cdot 10^6\ \mathrm{kg/cm^2}$.

Rohrabmessungen aus Abb. 15 für Rohr 150 NW:

$$D = 178\ \mathrm{mm}, \quad s = 15\ \mathrm{mm}, \quad d = 148\ \mathrm{mm}, \quad J = 2575\ \mathrm{cm^4}.$$

KÁRMÁN-Zahl bei $R = 5d$ und $d:s = 10$ aus Abb. 57: $K = 0{,}79$.

Das System wird zunächst vorschriftsgemäß so gezeichnet, daß das Achsenkreuz x, y, z die in Tabelle 6 dargestellten Richtungen hat, wobei L_1 in die Richtung der y-Achse fällt.

Die Kraftkomponenten X, Y und Z können jetzt mit Hilfe dieser Tabelle berechnet werden. Dafür werden die einzelnen Schenkel und

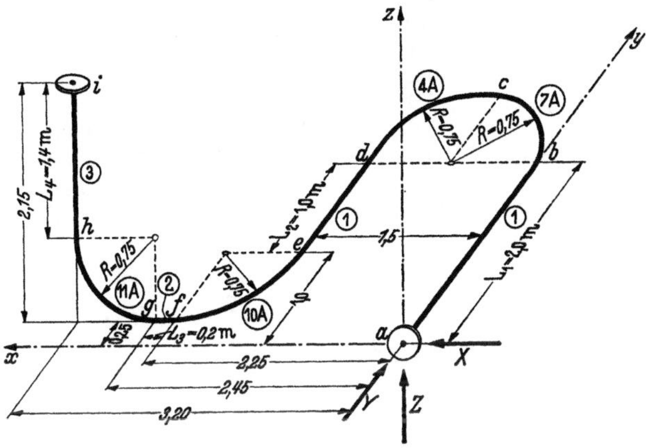

Abb. 171. Räumliches System für Beispiel 20.

Bogen des Systems, wie in Abb. 171 gezeigt, mit den jeweiligen Bildnummern gemäß Tabelle 6 versehen. Die Nummern sind mit Kreisen eingerahmt.

In der folgenden Ausrechnung werden in der ersten Spalte die Formelnummern, die an Hand der Tabelle festgelegt sind, in der zweiten Spalte die Trägheitsmomente, in der dritten Spalte die statischen Momente und in der vierten Spalte die Längen eingetragen. Zur leichteren Ausrechnung dient:

	L^2	L^3	$1{,}3 \cdot L$
$L_1 = 2$	4	8	2,6
$L_2 = 1$	1	1	1,3
$L_3 = 0{,}2$	0,04	0,008	0,26
$L_4 = 1{,}4$	1,96	2,744	1,82
$R = 0{,}75$	0,5625	0,422	
$R/K = 0{,}95$	0,712	0,535	

$$1{,}57 \frac{R}{K} = 1{,}493, \qquad 1{,}805\, R = 1{,}355.$$

Wirkung der Kraft X in der xy-Ebene.

Nr.	$J'_{(xz)}$	M_{xz}	L_{xz}
1	$\frac{1}{3}\cdot 8 = 2{,}667$	$0{,}5\cdot 4 = 2{,}0$	2,0
6	$0{,}785\cdot 0{,}535 = 0{,}42$	$0{,}712 = 0{,}712$	1,493
	$2\cdot 0{,}712\cdot 2 = 2{,}85$	$1{,}57\cdot 0{,}95\cdot 2 = 2{,}985$	
	$1{,}57\cdot 0{,}95\cdot 4 = 5{,}97$		
6	$0{,}785\cdot 0{,}535 = 0{,}42$	$0{,}712 = 0{,}712$	1,493
	$2\cdot 0{,}712\cdot 2 = 2{,}85$	$1{,}57\cdot 0{,}95\cdot 2 = 2{,}985$	
	$1{,}57\cdot 0{,}95\cdot 4 = 5{,}97$		
1	$\frac{1}{3}\cdot 1 = 0{,}333$	$0{,}5\cdot 1 = 0{,}5$	1,0
	$1\cdot 1 = 1{,}0$	$1\cdot 1 = 1{,}0$	
	$1\cdot 1 = 1{,}0$		
7	$0{,}355\cdot 0{,}535 = 0{,}19$	$0{,}57\cdot 0{,}712 = 0{,}406$	1,493
	$1{,}14\cdot 0{,}712\cdot 0{,}25 = 0{,}203$	$1{,}57\cdot 0{,}95\cdot 0{,}25 = 0{,}373$	
	$1{,}57\cdot 0{,}95\cdot 0{,}0625 = 0{,}093$		
2	$0{,}2\cdot 0{,}0625 = 0{,}0125$	$0{,}2\cdot 0{,}25 = 0{,}05$	0,2
12	$1{,}805\cdot 0{,}75\cdot 0{,}0625 = 0{,}0847$	$1{,}805\cdot 0{,}75\cdot 0{,}25 = 0{,}338$	1,355
3	$1{,}82\cdot 0{,}0625 = 0{,}1137$	$1{,}82\cdot 0{,}25 = 0{,}455$	1,82
	$J'_{(xz)} = 24{,}1769$	$M_{xz} = 12{,}516$	10.854

$$J_{(xz)} = J'_{(xz)} - \frac{M_{xz}^2}{L_{xz}} = 24{,}177 - \frac{12{,}516^2}{10{,}854}$$

$$= 9{,}736 \text{ m}^3,$$

$$\eta_{xz} = \frac{M_{xz}}{L_{xz}} = \frac{12{,}516}{10{,}854} = 1{,}154 \text{ m}.$$

Wirkung der Kraft X in der xz-Ebene.

Nr.	$J'_{(xy)}$	M_{xy}	L_{xy}
3	0	0	2,6
12	0	0	1,355
12	0	0	1,355
3	0	0	1,3
12	0	0	1,355
2	0	0	0,2
7	$0{,}355\cdot 0{,}535 = 0{,}19$	$0{,}57\cdot 0{,}712 = 0{,}406$	1,493
1	$\frac{1}{3}\cdot 2{,}744 = 0{,}915$	$0{,}5\cdot 1{,}96 = 0{,}98$	1,4
	$1{,}96\cdot 0{,}75 = 1{,}47$	$1{,}4\cdot 0{,}75 = 1{,}05$	
	$1{,}4\cdot 0{,}5625 = 0{,}788$		
	$J'_{(xy)} = 3{,}363$	$M_{xy} = 2{,}436$	11,058

$$J_{xy} = 3{,}363 - \frac{2{,}436^2}{11{,}058} = 2{,}827 \text{ m}^3,$$

$$\eta_{xy} = \frac{2{,}436}{11{,}058} = 0{,}22 \text{ m}.$$

Wirkung der Kraft Y in der xy-Ebene.

Nr.	$J'_{(yz)}$	M_{yz}	L_{yz}
2	0	0	2,0
7	$0{,}355 \cdot 0{,}535 = 0{,}19$	$0{,}57 \cdot 0{,}712 = 0{,}406$	1,493
6	$0{,}785 \cdot 0{,}535 = 0{,}42$	$0{,}712 = 0{,}712$	1,493
	$2 \cdot 0{,}712 \cdot 0{,}75 = 1{,}068$	$1{,}57 \cdot 0{,}95 \cdot 0{,}75 = 1{,}120$	
	$1{,}57 \cdot 0{,}95 \cdot 0{,}5625 = 0{,}840$		
2	$1 \cdot 2{,}25 = 2{,}25$	$1 \cdot 1{,}5 = 1{,}5$	1,0
7	$0{,}355 \cdot 0{,}535 = 0{,}19$	$0{,}57 \cdot 0{,}712 = 0{,}406$	1,493
	$1{,}14 \cdot 0{,}712 \cdot 1{,}5 = 1{,}218$	$1{,}57 \cdot 0{,}95 \cdot 1{,}5 = 2{,}240$	
	$1{,}57 \cdot 0{,}95 \cdot 2{,}25 = 3{,}355$		
1	$\frac{1}{3} \cdot 0{,}008 = 0{,}003$	$0{,}5 \cdot 0{,}04 = 0{,}02$	0,2
	$0{,}04 \cdot 2{,}25 = 0{,}09$	$0{,}2 \cdot 2{,}25 = 0{,}45$	
	$0{,}2 \cdot 5{,}06 = 1{,}012$		
9	$0{,}867 \cdot 0{,}422 = 0{,}366$	$1{,}15 \cdot 0{,}5625 = 0{,}647$	1,355
	$2{,}3 \cdot 0{,}5625 \cdot 2{,}45 = 3{,}17$	$1{,}805 \cdot 0{,}75 \cdot 2{,}45 = 3{,}315$	
	$1{,}805 \cdot 0{,}75 \cdot 6 = 8{,}125$		
3	$1{,}3 \cdot 1{,}4 \cdot 10{,}24 = 18{,}65$	$1{,}3 \cdot 1{,}4 \cdot 3{,}2 = 5{,}82$	1,82
	$J'_{(yz)} = 40{,}947$	$M_{yz} = 16{,}636$	10,854

$$J_{(yz)} = 40{,}947 - \frac{16{,}636^2}{10{,}854} = 15{,}447 \text{ m}^3,$$

$$\eta_{yz} = \frac{16{,}636}{10{,}854} = 1{,}532 \text{ m}.$$

Wirkung der Kraft Y in der yz-Ebene.

Nr.	$J'_{(xy)}$	M_{xy}	L_{xy}
2	0	0	2,0
12	0	0	1,355
12	0	0	1,355
2	0	0	1,0
12	0	0	1,355
3	0	0	0,26
11	$0{,}381 \cdot 0{,}422 = 0{,}161$	$0{,}506 \cdot 0{,}5625 = 0{,}285$	1,355
1	$\frac{1}{3} \cdot 2{,}744 = 0{,}915$	$0{,}5 \cdot 1{,}96 = 0{,}98$	1,4
	$1{,}96 \cdot 0{,}75 = 1{,}47$	$1{,}4 \cdot 0{,}75 = 1{,}05$	
	$1{,}4 \cdot 0{,}5625 = 0{,}788$		
	$J'_{(xy)} = 3{,}334$	$M_{xy} = 2{,}315$	10,080

$$J_{(xy)} = 3{,}334 - \frac{2{,}315^2}{10{,}08} = 2{,}8025 \text{ m}^3,$$

$$\eta_{xy} = \frac{2{,}315}{10{,}08} = 0{,}2295 \text{ m}.$$

Wirkung der Kraft Z in der yz-Ebene.

Nr.	$J'_{(xz)}$	M_{xz}	L_{xz}
1	$\frac{1}{3} \cdot 8 = 2{,}667$	$0{,}5 \cdot 4 = 2{,}0$	2,0
9	$0{,}867 \cdot 0{,}422 = 0{,}366$	$1{,}15 \cdot 0{,}5625 = 0{,}647$	1,355
	$2{,}3 \cdot 0{,}5625 \cdot 2 = 2{,}59$	$1{,}805 \cdot 0{,}75 \cdot 2 = 2{,}71$	
	$1{,}805 \cdot 0{,}75 \cdot 4 = 5{,}420$		
8	$1{,}176 \cdot 0{,}422 = 0{,}496$	$1{,}3 \cdot 0{,}5625 = 0{,}732$	1,355
	$2{,}6 \cdot 0{,}5625 \cdot 2 = 2{,}925$	$1{,}805 \cdot 0{,}75 \cdot 2 = 2{,}71$	
	$1{,}805 \cdot 0{,}75 \cdot 4 = 5{,}420$		
1	$\frac{1}{3} \cdot 1 = 0{,}333$	$0{,}5 \cdot 1 = 0{,}5$	1,0
	$1 \cdot 1 = 1{,}0$	$1 \cdot 1 = 1{,}0$	
	$1 \cdot 1 = 1{,}0$		
10	$0{,}372 \cdot 0{,}422 = 0{,}157$	$0{,}655 \cdot 0{,}5625 = 0{,}368$	1,355
	$1{,}31 \cdot 0{,}5625 \cdot 0{,}25 = 0{,}184$	$1{,}805 \cdot 0{,}75 \cdot 0{,}25 = 0{,}339$	
	$1{,}805 \cdot 0{,}75 \cdot 0{,}0625 = 0{,}085$		
3	$1{,}3 \cdot 0{,}2 \cdot 0{,}0625 = 0{,}016$	$1{,}3 \cdot 0{,}2 \cdot 0{,}25 = 0{,}065$	0,26
12	$1{,}805 \cdot 0{,}75 \cdot 0{,}0625 = 0{,}085$	$1{,}805 \cdot 0{,}75 \cdot 0{,}25 = 0{,}339$	1,355
2	$1{,}4 \cdot 0{,}0625 = 0{,}088$	$1{,}4 \cdot 0{,}25 = 0{,}35$	1,4
	$J'_{(xz)} = 22{,}832$	$M_{xz} = 11{,}780$	10,080

$$J_{(xz)} = 22{,}832 - \frac{11{,}78^2}{10{,}08} = 9{,}062 \text{ m}^3,$$

$$\eta_{xz} = \frac{11{,}78}{10{,}08} = 1{,}168 \text{ m}.$$

Wirkung der Kraft Z in der xz-Ebene.

Nr.	$J'_{(yz)}$	M_{yz}	L_{yz}
3	0	0	2,6
11	$0{,}381 \cdot 0{,}422 = 0{,}161$	$0{,}506 \cdot 0{,}5625 = 0{,}285$	1,355
9	$0{,}867 \cdot 0{,}422 = 0{,}366$	$1{,}15 \cdot 0{,}5625 = 0{,}646$	1,355
	$2{,}3 \cdot 0{,}5625 \cdot 0{,}75 = 0{,}97$	$1{,}805 \cdot 0{,}75 \cdot 0{,}75 = 1{,}016$	
	$1{,}805 \cdot 0{,}75 \cdot 0{,}5625 = 0{,}762$		
3	$1{,}3 \cdot 1 \cdot 2{,}25 = 2{,}925$	$1{,}3 \cdot 1 \cdot 1{,}5 = 1{,}95$	1,3
11	$0{,}381 \cdot 0{,}422 = 0{,}161$	$0{,}506 \cdot 0{,}5625 = 0{,}285$	1,355
	$1{,}01 \cdot 0{,}5625 \cdot 1{,}5 = 0{,}853$	$1{,}805 \cdot 0{,}75 \cdot 1{,}5 = 2{,}03$	
	$1{,}805 \cdot 0{,}75 \cdot 2{,}25 = 3{,}050$		
1	$\frac{1}{3} \cdot 0{,}008 = 0{,}003$	$0{,}5 \cdot 0{,}04 = 0{,}02$	0,2
	$0{,}04 \cdot 2{,}25 = 0{,}09$	$0{,}2 \cdot 2{,}25 = 0{,}45$	
	$0{,}2 \cdot 5{,}06 = 1{,}012$		
6	$0{,}785 \cdot 0{,}535 = 0{,}42$	$0{,}712 = 0{,}712$	1,493
	$2 \cdot 0{,}712 \cdot 2{,}45 = 3{,}49$	$1{,}57 \cdot 0{,}95 \cdot 2{,}45 = 3{,}65$	
	$1{,}57 \cdot 0{,}95 \cdot 6 = 8{,}95$		
2	$1{,}4 \cdot 10{,}24 = 14{,}34$	$1{,}4 \cdot 3{,}2 = 4{,}48$	1,4
	$J'_{(yz)} = 37{,}553$	$M_{yz} = 15{,}524$	11,058

$$J_{(yz)} = 37{,}553 - \frac{15{,}524^2}{11{,}058} = 15{,}753 \text{ m}^3,$$

$$\eta_{yz} = \frac{15{,}524}{11{,}058} = 1{,}404 \text{ m}.$$

Jetzt sollen die drei Zentrifugalmomente ermittelt werden, wofür jedoch die Bestimmung der statischen Momente und Längen nicht notwendig ist, da diese gleich denjenigen sind, die für die Trägheitsmomente mit gleicher Wirkungsebene berechnet wurden.

Wirkung der Kräfte X oder Y in der xy-Ebene.

Nr.	$J'_{(xz)(yz)}$	
4		0
14	$0{,}5 \cdot 0{,}535$	= 0,268
	$0{,}57 \cdot 0{,}712 \cdot 2$	= 0,812
13	$0{,}5 \cdot 0{,}535$	= 0,268
	$0{,}712 \cdot 2$	= 1,424
	$0{,}712 \cdot 0{,}75$	= 0,534
	$1{,}57 \cdot 0{,}95 \cdot 2 \cdot 0{,}75$	= 2,240
4	$0{,}5 \cdot 1 \cdot 1{,}5$	= 0,75
	$1 \cdot 1{,}5 \cdot 1$	= 1,5
15	$0{,}07 \cdot 0{,}535$	= 0,037
	$0{,}57 \cdot 0{,}712 \cdot 1{,}5$	= 0,609
	$0{,}57 \cdot 0{,}712 \cdot 0{,}25$	= 0,110
	$1{,}57 \cdot 0{,}95 \cdot 1{,}5 \cdot 0{,}25$	= 0,559
4	$0{,}5 \cdot 0{,}04 \cdot 0{,}25$	= 0,005
	$0{,}2 \cdot 0{,}25 \cdot 2{,}25$	= 0,113
17	$1{,}15 \cdot 0{,}5625 \cdot 0{,}25$	= 0,162
	$1{,}805 \cdot 0{,}75 \cdot 2{,}45 \cdot 0{,}25$	= 0,829
5	$1{,}3 \cdot 1{,}4 \cdot 3{,}2 \cdot 0{,}25$	= 1,456
	$J'_{(xz)(yz)}$	= 11.676

Die gestreckte Länge und die Schwerpunksabstände der gleichen Wirkungsebene (xy) sind:

$$L_{(xz)(yz)} = 10{,}854 \text{ m},$$
$$\eta_{xz} = 1{,}154 \text{ m},$$
$$\eta_{yz} = 1{,}532 \text{ m},$$
$$J_{(xz)(yz)} = J'_{(xz)(yz)} - L_{(xz)(yz)} \cdot \eta_{xz} \cdot \eta_{yz},$$
$$= 11{,}676 - 10{,}854 \cdot 1{,}154 \cdot 1{,}532$$
$$= -7{,}524 \text{ m}^3.$$

Wirkung der Kräfte X oder Z in der xz-Ebene.

Nr.	$J'_{(xy)(yz)}$	
5		0
10		0
17		0
5		0
19		0
4		0
14	$0{,}5 \cdot 0{,}535$	= 0,268
	$0{,}57 \cdot 0{,}712 \cdot 2{,}45$	= 0,995
4	$0{,}5 \cdot 1{,}96 \cdot 3{,}2$	= 3,135
	$1{,}4 \cdot 3{,}2 \cdot 0{,}75$	= 3,36
	$J'_{(xy)(yz)}$	= 7,758

$$L_{(xy)(yz)} = 11{,}058 \text{ m},$$
$$\eta_{xy} = 0{,}22 \text{ m},$$
$$\eta_{yz} = 1{,}404 \text{ m},$$
$$J_{(xy)(yz)} = 7{,}758 - 11{,}058 \cdot 0{,}22 \cdot 1{,}404$$
$$= 4{,}303 \text{ m}^3.$$

Wirkung der Kräfte Y oder Z in der yz-Ebene.

Nr.	$J'_{(xy)(xz)}$	
4		0
17		0
16		0
4		0
18		0
5		0
19	$0{,}506 \cdot 0{,}5625 \cdot 0{,}25$	= 0,071
4	$0{,}5 \cdot 1{,}96 \cdot 0{,}25$	= 0,245
	$1{,}4 \cdot 0{,}25 \cdot 0{,}75$	= 0,262
	$J'_{(xy)(xz)}$	= 0,578

$$L_{(xy)(xz)} = 10{,}08 \text{ m},$$
$$\eta_{xy} = 0{,}2295 \text{ m},$$
$$\eta_{xz} = 1{,}168 \text{ m},$$
$$J_{(xy)(xz)} = 0{,}578 - 10{,}08 \cdot 0{,}2295 \cdot 1{,}168$$
$$= -2{,}127 \text{ m}^3.$$

Der Festpunkt i führe infolge Wärmedehnung des Turbinengehäuses in der negativen x-Achsenrichtung eine Verschiebung von 6 mm aus. Diese Bewegung muß also zu der Wärmedehnung des Systems hinzugezählt werden.

Bei 50% Vorspannung ist:

$$\begin{aligned} \Delta_x &= 3{,}2 \cdot 0{,}803 \cdot 0{,}5 + 0{,}6 = 1{,}885 \text{ cm}, \\ \Delta_y &= 0{,}25 \cdot 0{,}803 \cdot 0{,}5 = 0{,}101 \text{ cm}, \\ \Delta_z &= 2{,}15 \cdot 0{,}803 \cdot 0{,}5 = 0{,}864 \text{ cm}, \end{aligned}$$

$$\begin{aligned} E \cdot J \cdot \Delta_x &= 1{,}74 \cdot 10^6 \cdot 2575 \cdot 1{,}885 = 8440 \cdot 10^6 \text{ kg cm}^3, \\ E \cdot J \cdot \Delta_y &= 1{,}74 \cdot 10^6 \cdot 2575 \cdot 0{,}101 = 452 \cdot 10^6 \text{ kg cm}^3, \\ E \cdot J \cdot \Delta_z &= 1{,}74 \cdot 10^6 \cdot 2575 \cdot 0{,}864 = 3870 \cdot 10^6 \text{ kg cm}^3. \end{aligned}$$

Der Faktor 10^6 wird beim Einsetzen dieser Werte in die Gleichungen (113), (114) und (115) gestrichen, da die Trägheitsmomente auf der rechten Seite in m^3 eingeführt sind.

Somit erhält man

$$\begin{aligned} 8440 &= (2{,}827 + 9{,}736) \cdot X - (-7{,}524) \cdot Y - 4{,}303 \cdot Z, \\ 452 &= -(-7{,}524) \cdot X + (2{,}8025 + 15{,}447) \cdot Y - (-2{,}127) \cdot Z, \\ 3870 &= -4{,}303 \cdot X - (-2{,}127) \cdot Y + (9{,}062 + 15{,}753) \cdot Z \end{aligned}$$

oder

$$\begin{aligned} 8440 &= +12{,}563 \cdot X + 7{,}524 \cdot Y - 4{,}303 \cdot Z, \\ 452 &= +7{,}524 \cdot X + 18{,}25 \cdot Y + 2{,}127 \cdot Z, \\ 3870 &= -4{,}303 \cdot X + 2{,}127 \cdot Y + 24{,}815 \cdot Z. \end{aligned}$$

In bekannter Weise werden durch aufeinanderfolgendes Ausschalten die drei Unbekannten X, Y und Z ermittelt, und zwar

$$\underline{X = 1083 \text{ kg},}$$

$$\underline{Y = -467 \text{ kg},}$$

$$\underline{Z = 384 \text{ kg}.}$$

Zur Prüfung in die erste Gleichung eingesetzt

$$\begin{aligned} 8440 &= 12{,}563 \cdot 1083 + 7{,}524 \cdot (-467) - 4{,}303 \cdot 384 \\ &= 13600 - 3510 - 1650 = 8440. \end{aligned}$$

Also stimmt die Ausrechnung der Kraftkomponenten.

Bei dem gewählten Raumsystem liegt übrigens der Fall vor, daß für die y-Achse die Wärmedehnung und die entsprechende Kraftkomponente gleichgerichtet sind. In dieser Richtung wird also auf den Festpunkt keine Druckkraft, sondern eine Zugkraft ausgeübt.

Würde man den Schenkel L_1 länger machen, so würde der absolute Betrag der negativen Komponente Y kleiner werden, bis er — bei genügend großem L_1 — auf 0 herabsinkt. Macht man dann L_1 noch größer, so dreht sich die Kraftrichtung um und Y wird von da ab positiv.

Jetzt müssen die Einspannmomente in a und daraus die Biegungsmomente für die übrigen Punkte des Systems berechnet werden.

Hierzu müssen die Momente der in gleichen Wirkungsebenen wirkenden Komponenten zusammengefaßt werden.

Wirkungsebene xz.

Komponente $X = 1083$ kg.

Schwerpunktsabstand $\eta_{xy} = 0{,}22$ m.

Einspannmoment $M_{xz} = 1083 \cdot 0{,}22 = 238{,}5$ mkg.

Für die übrigen Punkte des Systems ermitteln sich die Momente als Produkt der Komponente X und des Abstandes von der entsprechenden Schwerpunktsebene (xy), d. h. für die Punkte a—g beträgt dieser Abstand immer $\eta_{xy} = 0{,}22$ m, für Punkt h ist $\xi_h = R - \eta_{xy} = 0{,}75 - 0{,}22 = 0{,}53$ m und für Punkt i ist $\xi_i = R + L_4 - \eta_{xy} = 2{,}15 - 0{,}22 = 1{,}93$ m.

Die Momente sind also

Punkt	a	b	c	d	e	f	g	h	i
M_x	−238,5	−238,5	−238,5	−238,5	−238,5	−238,5	−238,5	+574	+2090

Die Vorzeichen werden folgendermaßen festgelegt:

Sieht man in der Richtung der zur Wirkungsebene senkrechten Achse, also in diesem Falle der positiven y-Achse, so sind die im Uhrzeigersinne drehenden Momente positiv und umgekehrt negativ. Hierbei muß die betreffende Kraftkomponente in der jeweiligen Schwerpunktsebene wirkend gedacht werden.

Wirkungsebene xz.

Komponente $Z = 384$ kg.

Schwerpunktsabstand $\eta_{yz} = 1{,}404$ m.

Daraus werden in gleicher Weise die Abstände von der yz-Schwerpunktsebene für die einzelnen Punkte des Systems berechnet und die Momente durch Multiplikation mit der Kraft ermittelt.

Punkt	a	b	c	d	e	f	g	h	i
Abstand	1,404	1,404	0,654	0,096	0,096	0,846	1,046	1,796	1,796
M_z	+539	+539	+251	−36,8	−36,8	−325	−402	−689	−689

Die algebraische Summe dieser beiden Momente in jedem Punkt stellt das in der xz-Ebene wirkende Moment dar, also

Punkt	a	b	c	d	e	f	g	h	i
M_x	−238,5	−238,5	−238,5	−238,5	−238,5	−238,5	−238,5	+574	+2090
M_z	+539	+539	+251	− 36,8	− 36,8	−325	−402	−689	− 689
M_{xz}	+300,5	+300,5	+ 12,5	−275,3	−275,3	−563,5	−640,5	−115	+1401

Im weiteren sollen die entsprechenden Abstände ξ und die Momente für die gleiche Wirkungsebene in einer Tabelle für beide Kraftkomponenten zusammengefaßt werden.

Wirkungsebene yz.

Für die Kraft $Y = -467$ kg ist

$$\eta_{xy} = 0{,}23 \text{ m}.$$

Für die Kraft $Z = 384$ kg ist

$$\eta_{xz} = 1{,}168 \text{ m}.$$

Punkt	a	b	c	d	e	f	g	h	i
ξ_{xy}	0,23	0,23	0,23	0,23	0,23	0,23	0,23	0,52	1,92
ξ_{xz}	1,168	0,832	1,582	0,832	0,168	0,918	0,918	0,918	0,918
M_y	−107	−107	−107	−107	−107	−107	−107	+243	+897
M_z	−448	+319	+608	+319	− 64,5	−352	−352	−352	−352
M_{yz}	−555	+212	+501	+212	−171,5	−459	−459	−109	+545

Wirkungsebene xy.

Für die Kraft $X = 1083$ kg ist

$$\eta_{xz} = 1{,}154 \text{ m}.$$

Für die Kraft $Y = -467$ kg ist

$$\eta_{yz} = 1{,}532 \text{ m}.$$

Punkt	a	b	c	d	e	f	g	h	i
ξ_{xz}	1,154	0,846	1,596	0,846	0,154	0,904	0,904	0,904	0,904
ξ_{yz}	1,532	1,532	0,782	0,032	0,032	0,718	0,918	1,668	1,668
M_x	+1250	−916	−1728	−916	+167	+978	+978	+978	+978
M_y	+ 716	+716	+ 365	+ 15	+ 15	−335	−428	−779	−779
M_{xy}	+1966	−200	−1363	−901	+182	+643	+550	+199	+199

In jedem Punkt des Systems treten also drei Momente, und zwar zwei Biegungsmomente und ein Drehmoment auf. Das Drehmoment wirkt jeweils in der zum betreffenden Rohrschenkel senkrechten Ebene. Die beiden anderen Momente liegen in der Ebene des Schenkels. Ihre Zusammensetzung erfolgt geometrisch.

Im Punkt a sind folgende Momente:

$$\text{Drehmoment } M_{d\,(xz)} = +300{,}5 \text{ mkg},$$
$$\text{Biegungsmoment } M_{b\,(yz)} = -555 \text{ mkg},$$
$$\text{Biegungsmoment } M_{b\,(xy)} = +1966 \text{ mkg}.$$

Das resultierende Biegungsmoment ist folglich

$$M_{b\,\mathrm{res}} = \sqrt{M_{yz}^2 + M_{xy}^2} = \sqrt{308000 + 3860000}$$
$$= \sqrt{4168000} = 2040 \text{ mkg}.$$

In nachstehender Tabelle sind in gleicher Weise für die übrigen Punkte des Systems die Momente ausgerechnet. Die Vorzeichen bei den Drehmomenten haben keine Bedeutung und sind daher fortgelassen.

Punkt	a	b	c	d	e	f	g	h	i
M_d	300,5	300,5	501	275,3	275,3	459	459	199	199
$M_{b\,\mathrm{res}}$	2040	282	1364	925	250	855	845	158	1505

Das größte Biegungsmoment tritt im Punkt a auf. Wenn auch dort das Drehmoment kleiner als im Punkt c ist, so wird die größte Gesamtbeanspruchung zweifellos doch im Punkt a vorliegen.

In den meisten Fällen kann man, wie auch in diesem Beispiel, schon aus den einzelnen Momenten die Stelle der größten Beanspruchung beurteilen. Dann genügt die Ausrechnung des resultierenden Biegungsmoments für den am meisten beanspruchten Punkt des Systems.

Im Punkt a wirken also folgende Beanspruchungen:

Biegungsspannung nach Gleichung (36)

$$\sigma_b = \frac{204000 \cdot 17{,}8}{200 \cdot 2575} = \underline{7{,}05 \text{ kg/mm}^2};$$

Verdrehungsspannung nach Gleichung (39)

$$\tau = \frac{30050 \cdot 17{,}8}{400 \cdot 2575} = 0{,}52 \text{ kg/mm}^2.$$

Man sieht hieraus, daß die Verdrehungsspannung gegenüber der Biegungsbeanspruchung vollkommen ohne Bedeutung ist.

Die mittleren Beanspruchungen durch den Innendruck sind:

in tangentialer Richtung nach Gleichung (13a)

$$\sigma_{tm} = \frac{120 \cdot 148}{200 \cdot 15} = 5{,}92 \text{ kg/mm}^2,$$

in axialer Richtung nach Gleichung (18a)

$$\sigma_a = \frac{120 \cdot 148^2}{400 \cdot (148 + 15) \cdot 15} = 2{,}69 \text{ kg/mm}^2.$$

Die Biegungsspannung setzt sich mit der axialen, durch den Innendruck verursachten Spannung algebraisch zusammen, d. h. es ist die resultierende axiale Spannung im Punkt a

$$\sigma_{a\,\mathrm{res}} = \sigma_b + \sigma_a = 7{,}05 + 2{,}69 = \underline{\underline{9{,}74\ \mathrm{kg/mm^2}}}.$$

Diese Beanspruchung wirkt in einem geraden Stück des Systems. Man müßte also prüfen, ob die durch die Abflachung der gebogenen Rohrteile in anderen Punkten des Systems hinzukommenden Spannungen etwa das Ergebnis wesentlich verschieben.

Zum Beispiel ist im Bogenpunkt c das Biegungsmoment ziemlich groß. Die dort wirkende Biegungslängsspannung ist mit dem Zahlenwert $\beta = 0{,}91$ (aus Abb. 59 bei $z = 148:15 = 9{,}9$ und $\varrho = 750:148 \approx 5$) nach Gleichung (66)

$$\sigma = \frac{136400 \cdot 17{,}8}{200 \cdot 2575} \cdot 0{,}91 = 4{,}29\ \mathrm{kg/mm^2}$$

und die durch die Abflachung verursachte tangentiale Querbiegespannung mit $\gamma = 0{,}88$ (aus Abb. 62)

$$\sigma_q = \frac{136400 \cdot 17{,}8}{200 \cdot 2575} \cdot 0{,}88 = 4{,}15\ \mathrm{kg/mm^2}.$$

Diese Spannung summiert sich in der Ebene der neutralen Achse mit der durch den Innendruck verursachten Tangentialspannung [nach Gleichung (23)]

$$\sigma_{ta} = p \frac{2 \cdot r_i^2}{r_a^2 - r_i^2} = 120 \frac{2 \cdot 7{,}4^2}{8{,}9^2 - 7{,}4^2} = 537{,}5\ \mathrm{kg/cm^2}$$
$$= 5{,}38\ \mathrm{kg/mm^2}.$$

Also ist die resultierende tangentiale Spannung im Punkt c

$$\sigma_{t\,\mathrm{res}} = \sigma_q + \sigma_{ta} = 4{,}15 + 5{,}38 = \underline{\underline{9{,}53\ \mathrm{kg/mm^2}}}.$$

Man sieht also, daß die größte Spannung im Punkt a doch überwiegt.

Die weitere Zusammensetzung der Beanspruchungen unter Berücksichtigung der Verdrehungsspannung soll in einem späteren Abschnitt behandelt werden.

An Hand dieses Beispiels ist der vom Verfasser vorgeschlagene Rechnungsgang in ausreichender Weise erläutert. Absichtlich wurde ein nicht ganz einfacher Fall gewählt, um die Vorteile des Verfahrens recht deutlich zum Ausdruck zu bringen. Von allen dem Verfasser bekannten Berechnungsarten für statisch unbestimmte räumliche Rohrsysteme dürfte dieser Weg den geringsten Arbeitsaufwand erfordern, wobei eine hohe Genauigkeit des Ergebnisses gewährleistet ist. Vor allen Dingen stellt dieses Verfahren die geringsten Anforderungen an die Konzentrationsfähigkeit des Rechnenden, da alle Rechnungsgänge für die Ermittlung der elastischen Eigenschaften des Systems durch die Tabelle 6 in eine feste Norm gebracht sind. Der Rechnungsgang wird also dadurch ohne weitere Überlegungen in gewissem Sinne selbsttätig vorgeschrieben.

c) Berechnungsverfahren nach A. M. Cutchan und S. Crocker[1].

Auf der gleichen Grundlage, wie es bereits für ebene Systeme im Abschnitt B II/3c entwickelt wurde, sind nachstehend auch die Beziehungen für räumliche Systeme zusammengestellt.

Die Entwicklung der für räumliche Systeme erforderlichen Belastungsfälle von Bogen ist bereits in Abschnitt B III/2 gegeben.

Diese und die im Abschnitt B II/3c entwickelten Beziehungen lassen sich für die Berechnung von räumlichen Systemen in 10 normale Belastungsfälle zusammenfassen. Obwohl ein Teil dieser Belastungsfälle schon für die Berechnung von ebenen Systemen angegeben war, sollen der besseren Übersicht wegen auch die früher schon genannten nochmals übersichtlich geordnet hier zusammengestellt werden.

Zusammenstellung aller Belastungsfälle für ebene und räumliche Systeme.

Fall I. Verdrehung des eingespannten Trägers durch eine Winkeländerung am Einspannende (Abb. 172).

Winkeländerung am freien Ende b:

$$\psi_b = \psi_a;$$

Verschiebung des freien Endes b:

$$\Delta_b = \psi_b \cdot L.$$

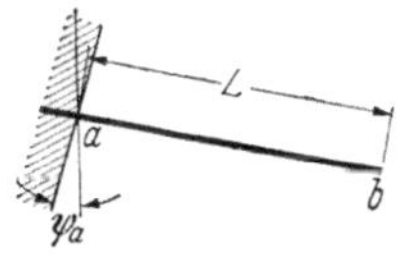

Abb. 172. Einfache Winkeländerung.

Fall II. Belastung eines eingespannten Trägers durch eine Kraft F am freien Ende (Abb. 173).

Winkeländerung am freien Ende:

$$\psi_F = \frac{1}{2}\frac{F \cdot L^2}{E \cdot J} = \frac{\text{Momentenfläche}}{E \cdot J},$$

Verschiebung des freien Endes:

$$\Delta_F = \psi_F \frac{2}{3} \cdot L.$$

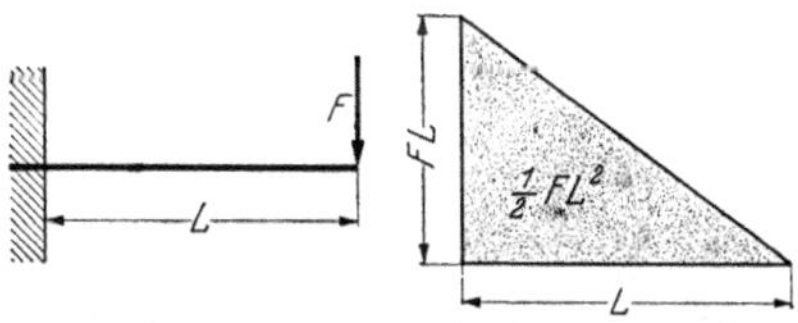

Abb. 173. Träger mit einer Kraft am freien Ende.

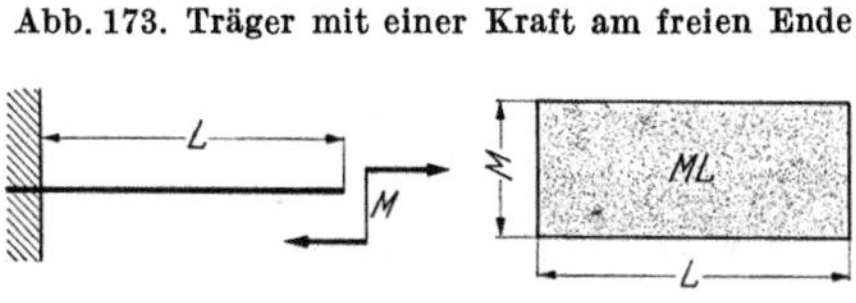

Abb. 174. Träger mit einem Biegungsmoment.

Fall III. Belastung eines eingespannten Trägers durch ein Moment M am freien Ende (Abb. 174):

[1] Piping Handbook, New York and London: McGraw-Hill Book Company, Inc. 1931.

Winkeländerung am freien Ende:

$$\psi_M = \frac{M \cdot L}{E \cdot J} = \frac{\text{Momentenfläche}}{E \cdot J}.$$

Verschiebung des freien Endes:

$$\Delta_M = \psi_M \cdot \frac{1}{2} \cdot L.$$

Fall IV. Belastung eines eingespannten Trägers durch ein Drehmoment M_d am freien Ende (Abb. 175).

Verdrehung des freien Endes:

$$\psi_{M_d} = 1{,}3 \frac{M_d \cdot L}{E \cdot J} = \frac{\text{Momentenfläche}}{E \cdot J}.$$

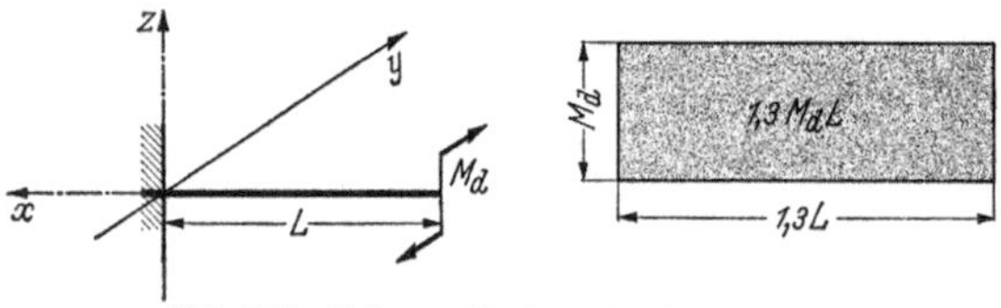

Abb. 175. Träger mit einem Drehmoment.

Eine Verschiebung des freien Endes findet nicht statt, daher

$$\Delta = 0.$$

Fall V. Belastung eines eingespannten 90°-Bogens durch eine radial wirkende Kraft F_r in der Bogenebene (Abb. 176).

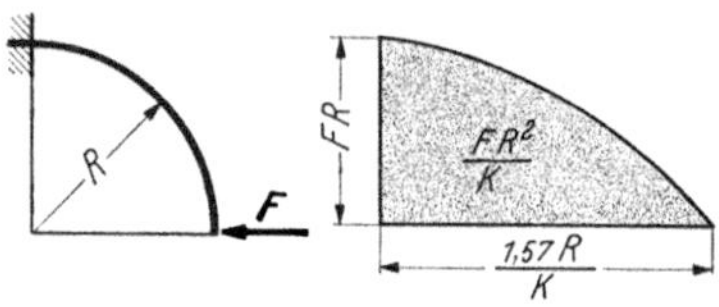

Abb. 176. Bogen mit einer radialen Kraft.

Winkeldrehung am freien Ende:

$$\psi_F = \frac{F \cdot R^2}{K \cdot E \cdot J} = \frac{\text{Momentenfläche}}{E \cdot J}.$$

Verschiebung des freien Endes:

a) $\Delta_F = \psi_F \cdot 0{,}7854 \cdot R$ in Kraftrichtung,

b) $\Delta_{\perp F} = \psi_F \cdot 0{,}5 \cdot R$ senkrecht zur Kraftrichtung.

Fall VI. Belastung eines eingespannten 90°-Bogens durch eine tangential wirkende Kraft F_t in der Bogenebene (Abb. 177).

Winkeldrehung am freien Ende:

$$\psi_F = \frac{0{,}5708 \cdot F \cdot R^2}{K \cdot E \cdot J} = \frac{\text{Momentenfläche}}{E \cdot J}.$$

Verschiebung des freien Endes:

a) $\Delta_F = \psi_F \cdot 0{,}624 \cdot R$ in Kraftrichtung,

b) $\Delta_{\perp F} = \psi_F \cdot 0{,}876 \cdot R$ senkrecht zur Kraftrichtung.

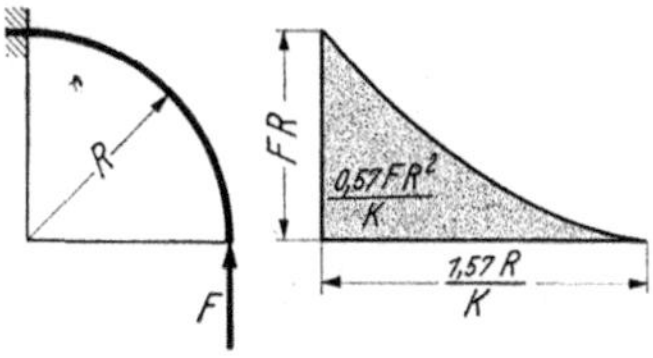

Abb. 177. Bogen mit einer tangentialen Kraft.

Fall VII. Belastung eines eingespannten 90°-Bogens durch ein in der Bogenebene wirkendes Moment M (Abb. 178).

Winkeldrehung am freien Ende:

$$\psi_M = \frac{1{,}5708 \cdot M \cdot R}{K \cdot E \cdot J} = \frac{\text{Momentenfläche}}{E \cdot J}.$$

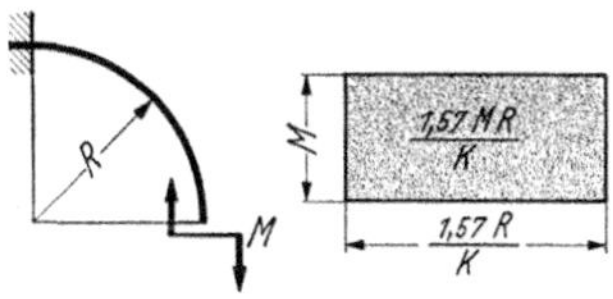

Abb. 178. Bogen mit einem Biegungsmoment.

Verschiebung des freien Endes:

a) $\Delta_{AM} = \psi_M \cdot 0{,}637 \cdot R$ in Richtung des Momentenarmes,

b) $\Delta_{\perp AM} = \psi_M \cdot 0{,}363 \cdot R$ senkrecht zum Momentenarm.

Fall VIII. Belastung eines eingespannten 90°-Bogens durch eine senkrecht zur Bogenebene wirkende Kraft F (Abb. 179).

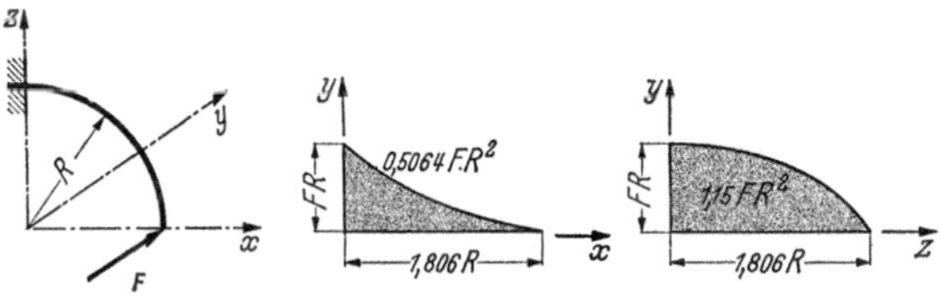

Abb. 179. Bogen mit einer senkrecht zur Bogenebene wirkenden Kraft.

Winkeldrehung am freien Ende:

a) $\psi_{xy} = \frac{0{,}5064 \cdot F \cdot R^2}{E \cdot J} = \frac{\text{Momentenfläche}}{E \cdot J}$,

b) $\psi_{yz} = \frac{1{,}15 \cdot F \cdot R^2}{E \cdot J} = \frac{\text{Momentenfläche}}{E \cdot J}$.

Verschiebung des freien Endes:

a) $\Delta_{xy} = \psi_{xy} \cdot 0{,}754 \cdot R$ in Richtung der Kraft (proportional der Verdrehung senkrecht zur Ebene des freien Bogenendes),

b) $\Delta_{yz} = \psi_{yz} \cdot 0{,}754 \cdot R$ in Richtung der Kraft (proportional der Verdrehung in der Ebene tangential zum freien Bogenende),

c) $\Delta_F = \Delta_{xy} + \Delta_{yz} = \frac{1{,}2485 \cdot F \cdot R^3}{E \cdot J}$ gesamte Verschiebung in Kraftrichtung.

Fall IX. Belastung eines eingespannten 90°-Bogens durch ein Moment in der Ebene tangential zum freien Bogenende (Abb. 180).

Winkelverdrehung am freien Ende:

a) $\psi_{xy} = \frac{0{,}15 \cdot M \cdot R}{E \cdot J} = \frac{\text{Momentenfläche}}{E \cdot J}$,

b) $\psi_{yz} = \frac{1{,}806 \cdot M \cdot R}{E \cdot J} = \frac{\text{Momentenfläche}}{E \cdot J}$.

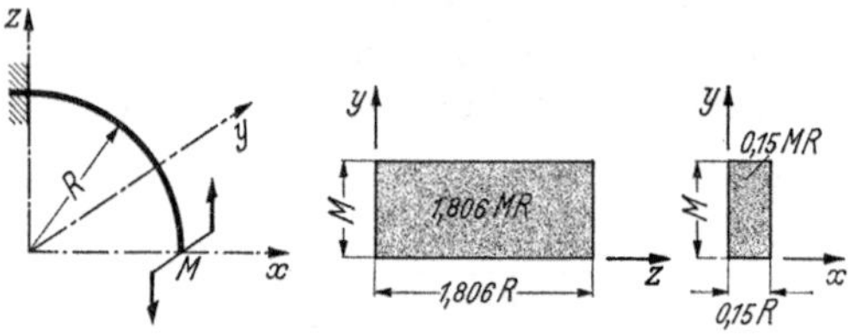

Abb. 180. Bogen mit einem tangential zum Bogenende wirkenden Moment.

Verschiebung des freien Endes:

a) $\Delta_{xy} = \psi_{xy} \cdot 0{,}695 \cdot R$ in Richtung der negativen y-Achse (proportional der Verdrehung in der Ebene senkrecht zum freien Bogenende),

b) $\Delta_{yz} = \psi_{yz} \cdot 0{,}695 \cdot R$ in Richtung der positiven y-Achse (proportional der Verdrehung in der Ebene tangential zum freien Bogenende),

c) $\Delta_M = \Delta_{yz} - \Delta_{xy} = \frac{1{,}15 \cdot M \cdot R^2}{E \cdot J} = \psi_{yz} \cdot 0{,}637 \cdot R$ resultierende Verschiebung proportional der großen Verdrehung.

Fall X. Belastung eines eingespannten 90°-Bogens durch ein am freien Bogenende wirkendes Drehmoment M_d (Abb. 181).

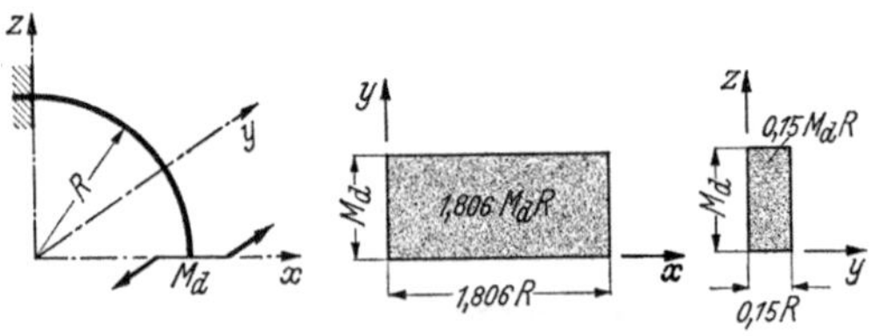

Abb. 181. Bogen mit einem Drehmoment.

Winkeldrehung am freien Ende:

a) $\psi_{xy} = \frac{1{,}806 \cdot M_d \cdot R}{E \cdot J} = \frac{\text{Momentenfläche}}{E \cdot J}$,

b) $\psi_{yz} = \frac{0{,}15 \cdot M_d \cdot R}{E \cdot J} = \frac{\text{Momentenfläche}}{E \cdot J}$.

Verschiebung des freien Endes:

a) $\Delta_{xy} = \psi_{xy} \cdot 0{,}306 \cdot R$ in Richtung der **positiven** y-Achse (proportional der Verdrehung in der Ebene senkrecht zum freien Bogenende),

b) $\Delta_{yz} = \psi_{yz} \cdot 0{,}306 \cdot R$ in Richtung der **negativen** y-Achse (proportional der Verdrehung in der Ebene tangential zum freien Bogenende),

c) $\Delta_{M_d} = \Delta_{xy} - \Delta_{yz} = \frac{0{,}5064 \cdot M_d \cdot R^2}{E \cdot J} = \psi_{xy} \cdot 0{,}280 \cdot R$ resultierende Verschiebung proportional der großen Verdrehung.

Die zehn Belastungsfälle reichen aus, um alle vorkommenden ebenen und räumlichen Systeme mit senkrecht zueinander stehenden Schenkeln zu berechnen.

Es soll nicht unerwähnt bleiben, daß in den Belastungsfällen IX und X von den Verfassern dieses Verfahrens gewisse Vereinfachungen vorgenommen werden.

Im Fall IX wird nur die Biegung und Verdrehung des Bogens in der yz-Ebene berücksichtigt. Dagegen bleibt die durch die kleine Fläche $0{,}15 \cdot M \cdot R$ dargestellte Verdrehung des freien Bogenendes in der xy-Ebene unberücksichtigt.

Ähnlich wird im Fall X nur die Biegung und Verdrehung des Bogens in der xy-Ebene in Betracht gezogen. Der andere Anteil, dargestellt durch die kleine Fläche $0{,}15 \cdot M_d \cdot R$ als Verdrehung in der yz-Ebene, bleibt unberücksichtigt.

Ferner entsteht durch die Belastungen der Fälle VIII, IX und X auch eine geringe radiale Verschiebung des freien Bogenendes, welche ebenfalls vernachlässigt wird, da sie im Vergleich zu den Verschiebungen senkrecht zur Bogenebene nur sehr klein ist.

Der Gang der Berechnung ist ähnlich, wie für ebene Systeme angegeben. Es muß aber, wie es im letzten Abschnitt gezeigt war, die räumliche Lage der Kräfte entsprechend berücksichtigt werden, indem man die Wirkung jeder der drei Kraftkomponenten in je zwei Ebenen betrachtet. Es ergeben sich also sechs Momentenschaubilder, aus denen die Verschiebungen der einzelnen Punkte des Systems unter Zuhilfenahme der angegebenen Belastungsfälle errechnet werden.

Der Rechnungsgang wird am besten klar an Hand eines Zahlenbeispiels. Hierbei soll absichtlich das gleiche Beispiel gewählt werden, wie es im letzten Abschnitt nach dem Rechenverfahren des Verfassers untersucht worden war. Dadurch ist es am einfachsten, sich ein Bild über die erforderliche Rechenarbeit zu machen; gleichzeitig ist auch ein unmittelbarer Vergleich der Rechnungsergebnisse möglich.

Beispiel 21. Der gleiche räumliche Bogen, wie in Beispiel 20 berechnet, ist in nachstehender Abb. 182 dargestellt. Auch die Abmessungen sollen die gleichen bleiben.

Nach dem Verfahren von CUTCHAN müssen für jede Kraft in je zwei Wirkungsebenen die Momentenschaubilder gezeichnet werden.

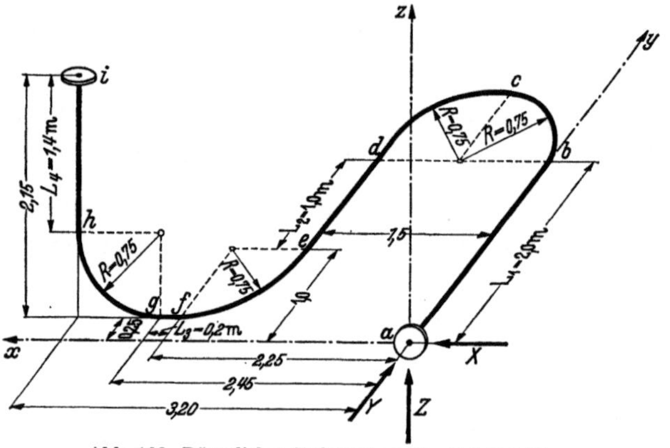

Abb. 182. Räumliches Rohrsystem für Beispiel 21.

Wirkung der Komponente X in der xy-Ebene.

Mit Ausnahme des Bogens gh und des Schenkels L_4 liegen alle übrigen Teile des Systems in der Wirkungsebene. Die elastische Bogenlänge gh ist also nach Fall IX 1,15mal größer als die tatsächliche gestreckte Länge dieses Bogens, d. h. $1{,}15 \cdot 1{,}57 \cdot R = 1{,}805 \cdot R$. Für die elastische Länge des Schenkels L_4 ist $1{,}3 \cdot L_4$ einzusetzen.

Daraus ergibt sich die gestreckte elastische Länge des für diese Wirkungsebene geltenden Ersatzsystems zu

$$L_{xz} = L_1 + 1{,}57\frac{R}{K} + 1{,}57 \cdot \frac{R}{K} + L_2 + 1{,}57 \cdot \frac{R}{K} + L_3 + 1{,}805 \cdot R + 1{,}3 \cdot L_4$$
$$= 2 + 1{,}493 + 1{,}493 + 1 + 1{,}493 + 0{,}2 + 1{,}355 + 1{,}82$$
$$= 10{,}854 \text{ m}.$$

Diese Länge dient als Grundlinie für das Momentenschaubild Abb. 183. Im übrigen gelten für das Aufzeichnen dieses Schaubildes und für das Ausrechnen der Flächen die gleichen Gesichtspunkte, wie bei der Berechnung von ebenen Systemen. Es müssen aber die entsprechenden Belastungsfälle für räumliche Systeme berücksichtigt werden.

Um die Höhe der dem Einspannmoment $\eta_{xz} X$ entsprechenden Momentenfläche zu bestimmen, muß zunächst die Summe aller bisher bestimmten positiven Flächen über der Linie O—O berechnet werden. Von dieser Summe ist dann die Summe der durch die Kraft X bedingten negativen Momentenflächen in Abzug zu bringen. Die Differenz stellt das statische Moment M_{xz} des Systems multipliziert mit der Kraft X in der xy-Ebene dar:

$$X \cdot M_{xz} = \sum f = (1{,}364 + 3{,}64 + 1{,}016 + 2{,}71 + 0{,}15 + 0{,}4 + 1{,}12 + 2{,}99 + 0{,}75 + 2 + 1{,}12 + 2{,}99 + 0{,}712 + 2{,}99 + 2) \cdot X - (1{,}364 + 1{,}82 + 1{,}364 + 1{,}016 + 1{,}355 + 1{,}016 + 0{,}15 + 0{,}2 + 0{,}15 + 1{,}12 + 1{,}493 + 0{,}712 + 0{,}75 + 0{,}5 + 0{,}406) \cdot X = 12{,}536 \cdot X .$$

Die Höhe der Einspann-Momentenfläche beträgt also

$$\eta_{xz} \cdot X = \frac{X \cdot M_{xz}}{L_{xz}} = \frac{12{,}536 \cdot X}{10{,}854} = 1{,}154 \cdot X .$$

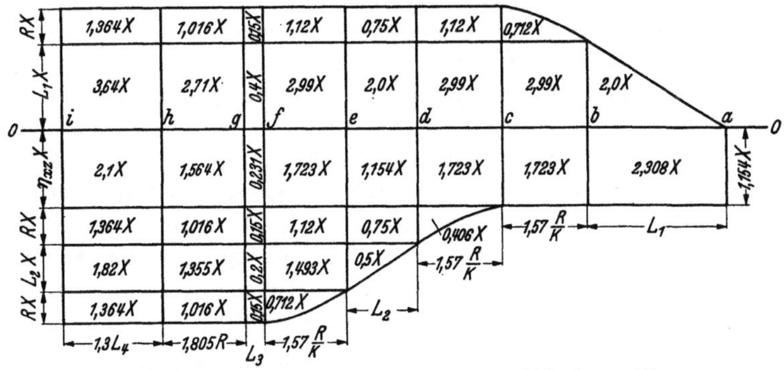

Abb. 183. Momentenbild für die Wirkung von X in der xy-Ebene.

Jetzt können auch die Einzelflächen des Einspannmoments berechnet werden, indem die elastische Länge jedes Teiles des Systems mit dem Wert $\eta_{xz} \cdot X$ multipliziert wird.

Zur Prüfung der Richtigkeit müssen nachher die Summen der positiven und negativen Momentenflächen einander genau gleich sein, was nachstehend bewiesen wird.

Die Summen der Momentenflächen bis zu den einzelnen Punkten des Systems sind dann folgende:

$$\sum \psi_i = 0,$$

$$\sum \psi_h = (1{,}364 + 3{,}64 - 2{,}1 - 1{,}364 - 1{,}82 - 1{,}364) \cdot X = -1{,}644 \cdot X,$$

$$\sum \psi_g = (-1{,}644 + 1{,}016 + 2{,}71 - 1{,}564 - 1{,}016 - 1{,}355 - 1{,}016) \cdot X = -2{,}869 \cdot X,$$

$$\sum \psi_f = (-2{,}869 + 0{,}15 + 0{,}4 - 0{,}231 - 0{,}15 - 0{,}2 - 0{,}15) \cdot X = -3{,}05 \cdot X,$$

$$\sum \psi_e = (-3{,}05 + 1{,}12 + 2{,}99 - 1{,}723 - 1{,}12 - 1{,}493 - 0{,}712) \cdot X = -3{,}988 \cdot X,$$

$$\sum \psi_d = (-3{,}988 + 0{,}75 + 2 - 1{,}154 - 0{,}75 - 0{,}5) \cdot X = -3{,}642 \cdot X,$$

$$\sum \psi_c = (-3{,}642 + 1{,}12 + 2{,}99 - 1{,}723 - 0{,}406) \cdot X = -1{,}661 \cdot X,$$

$$\sum \psi_b = (-1{,}661 + 0{,}712 + 2{,}99 - 1{,}723) \cdot X = +0{,}318 \cdot X,$$

$$\sum \psi_a = (+0{,}318 + 2 - 2{,}308) \cdot X = \sim 0.$$

Diese Prüfung zeigt also ebenfalls die Richtigkeit der Ausrechnung der Momentenflächen.

Die Wirkung der Komponente X in der xy-Ebene ist nun folgende. Die Momentenflächen für die Teile des Systems von i bis c verursachen eine Verschiebung des jeweils frei gedachten Endes nach rechts bzw. nach vorne (d. h. aus der Zeichenebene heraus) soweit sie über der Linie O—O liegen und nach links bzw. nach hinten, soweit sie unter der Linie O—O liegen. Für den Teil des Systems vom Punkt c bis a wirken die Momentenflächen etwas anders. Das jeweils frei gedachte Ende wird nach links bzw. nach vorne verschoben, soweit die Momentenflächen über der Linie O—O liegen und umgekehrt, nach rechts bzw. nach hinten, soweit sie unterhalb der Linie O—O liegen.

Diese Überlegung muß also jedesmal genau durchgeführt werden, bevor an die weitere Rechnung herangegangen wird. Die Überlegung wird in der Weise vorgenommen, daß die entsprechende Kraftkomponente nacheinander in jedem einzelnen Punkt des Systems angreifend gedacht wird. Dann läßt sich die Richtung der Verschiebung leicht vorstellen. Das Einspannmoment wirkt in entgegengesetzter Richtung.

Diese Richtung der Verschiebungen schreibt man der besseren Übersicht wegen zweckmäßig in folgender Form

von Punkt i bis c $\qquad$ von Punkt c bis a

$$O \frac{\text{rechts bzw. vorne}}{\text{links bzw. hinten}} O \qquad\qquad O \frac{\text{links bzw. vorne}}{\text{rechts bzw. hinten}} O$$

Jetzt folgt die Ausrechnung der einzelnen Verschiebungen für jeden Punkt des Systems angefangen vom eingespannten Ende i. Hierbei ist jeweils der entsprechende Belastungsfall zu berücksichtigen, der nachfolgend in der ersten Spalte angegeben wird.

I: $E \cdot J \cdot \Delta_{yg} = \sum \psi_h \cdot R = (-)\,1{,}644 \cdot X \cdot 0{,}75 \qquad = 1{,}233 \cdot X$ hinten,

IXc: $\qquad = \psi_M \cdot 0{,}637 \cdot R = (-)\,1{,}225 \cdot X \cdot 0{,}637 \cdot 0{,}75 = 0{,}585 \cdot X$ hinten,

I: $E \cdot J \cdot \Delta_{yf} = \sum \psi_g \cdot L_3 = (-)\,2{,}869 \cdot X \cdot 0{,}2 \qquad = 0{,}5738 \cdot X$ hinten,

III: $\qquad = \psi_M \cdot 0{,}5 \cdot L_3 = (-)\,0{,}181 \cdot X \cdot 0{,}5 \cdot 0{,}2 \qquad = 0{,}0181 \cdot X$ hinten,

I: $E \cdot J \cdot \Delta_{ye} = \sum \psi_f \cdot R = (-)\,3{,}05 \cdot X \cdot 0{,}75 \qquad = 2{,}287 \cdot X$ hinten,

Vb: $\qquad = \psi_F \cdot 0{,}5 \cdot R = 0{,}712 \cdot X \cdot 0{,}5 \cdot 0{,}75 \qquad = 0{,}267 \cdot X$ hinten,

VIIb: $\qquad = \psi_M \cdot 0{,}363 \cdot R = (-)\,0{,}226 \cdot X \cdot 0{,}363 \cdot 0{,}75 = 0{,}0615 \cdot X$ hinten,

I: $E \cdot J \cdot \Delta_{xe} = \sum \psi_f \cdot R = (-)\,3{,}05 \cdot X \cdot 0{,}75 \qquad = 2{,}287 \cdot X$ links,

Va: $\qquad = \psi_F \cdot 0{,}7854 \cdot R = 0{,}712 \cdot X \cdot 0{,}7854 \cdot 0{,}75 \qquad = 0{,}4195 \cdot X$ links,

VIIa: $\qquad = \psi_M \cdot 0{,}637 \cdot R = (-)\,0{,}226 \cdot X \cdot 0{,}637 \cdot 0{,}75 = 0{,}108 \cdot X$ links,

I: $E \cdot J \cdot \Delta_{xd} = \sum \psi_e \cdot L_2 = (-)\,3{,}988 \cdot X \cdot 1{,}0 \qquad = 3{,}988 \cdot X$ links,

II: $\qquad = \psi_F \cdot \tfrac{2}{3} L_2 = 0{,}5 \cdot X \cdot 0{,}6667 \cdot 1{,}0 \qquad = 0{,}3333 \cdot X$ links,

III: $\qquad = \psi_M \cdot 0{,}5 \cdot L_2 = (+)\,0{,}846 \cdot X \cdot 0{,}5 \cdot 1{,}0 \qquad = 0{,}423 \cdot X$ rechts,

$$
\begin{aligned}
&\text{I:} & E \cdot J \cdot \Delta_{xc} &= \sum \psi_d \cdot R = (-)\,3{,}642 \cdot X \cdot 0{,}75 &&= 2{,}73 \cdot X \text{ links,}\\
&\text{VIa:} & &= \psi_F \cdot 0{,}624 \cdot R = 0{,}406 \cdot X \cdot 0{,}624 \cdot 0{,}75 &&= 0{,}19 \cdot X \text{ links,}\\
&\text{VIIb:} & &= \psi_M \cdot 0{,}363 \cdot R = (+)\,2{,}387 \cdot X \cdot 0{,}363 \cdot 0{,}75 &&= 0{,}65 \cdot X \text{ rechts,}\\
&\text{I:} & E \cdot J \cdot \Delta_{yc} &= \sum \psi_d \cdot R = (-)\,3{,}642 \cdot X \cdot 0{,}75 &&= 2{,}73 \cdot X \text{ hinten,}\\
&\text{VIb:} & &= \psi_F \cdot 0{,}876 \cdot R = 0{,}406 \cdot X \cdot 0{,}876 \cdot 0{,}75 &&= 0{,}2665 \cdot X \text{ hinten,}\\
&\text{VIIa:} & &= \psi_M \cdot 0{,}637 \cdot R = (+)\,2{,}387 \cdot X \cdot 0{,}637 \cdot 0{,}75 &&= 1{,}14 \cdot X \text{ vorne,}\\
&\text{I:} & E \cdot J \cdot \Delta_{xb} &= \sum \psi_c \cdot R = (-)\,1{,}661 \cdot X \cdot 0{,}75 &&= 1{,}245 \cdot X \text{ rechts,}\\
&\text{Va:} & &= \psi_F \cdot 0{,}7854 \cdot R = 0{,}712 \cdot X \cdot 0{,}7854 \cdot 0{,}75 &&= 0{,}4195 \cdot X \text{ links,}\\
&\text{VIIa:} & &= \psi_M \cdot 0{,}637 \cdot R = (+)\,1{,}267 \cdot X \cdot 0{,}637 \cdot 0{,}75 &&= 0{,}605 \cdot X \text{ links,}\\
&\text{I:} & E \cdot J \cdot \Delta_{yb} &= \sum \psi_c \cdot R = (-)\,1{,}661 \cdot X \cdot 0{,}75 &&= 1{,}245 \cdot X \text{ hinten,}\\
&\text{Vb:} & &= \psi_F \cdot 0{,}5 \cdot R = 0{,}712 \cdot X \cdot 0{,}5 \cdot 0{,}75 &&= 0{,}267 \cdot X \text{ vorne,}\\
&\text{VIIb:} & &= \psi_M \cdot 0{,}363 \cdot R = (+)\,1{,}267 \cdot X \cdot 0{,}363 \cdot 0{,}75 &&= 0{,}345 \cdot X \text{ vorne,}\\
&\text{I:} & E \cdot J \cdot \Delta_{xa} &= \sum \psi_b \cdot L_1 = (+)\,0{,}318 \cdot X \cdot 2{,}0 &&= 0{,}636 \cdot X \text{ links,}\\
&\text{II:} & &= \psi_F \tfrac{2}{3} L_1 = 2 \cdot X \cdot 0{,}6667 \cdot 2{,}0 &&= 2{,}667 \cdot X \text{ links,}\\
&\text{III:} & &= \psi_M \cdot 0{,}5 \cdot L_1 = 2{,}308 \cdot X \cdot 0{,}5 \cdot 2 &&= 2{,}308 \cdot X \text{ rechts.}
\end{aligned}
$$

Die Differenz aller nach rechts und links, also in der x-Richtung wirkenden Verschiebungen ist daraus

$$E \cdot J \cdot \Delta_x = 9{,}7573 \cdot X \text{ nach links,}$$

und ebenso für die y-Richtung

$$E \cdot J \cdot \Delta_y = 7{,}5149 \cdot X \quad \text{nach hinten.}$$

Wirkung der Komponente X in der xz-Ebene.

Mit Ausnahme des Schenkels L_4 und des Bogens gh stehen alle übrigen Teile des Systems senkrecht zur Wirkungsebene.

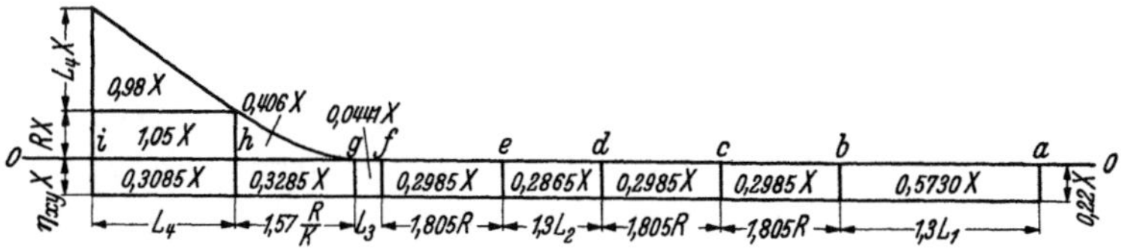

Abb. 184. Momentenbild für die Wirkung von X in der xz-Ebene.

Daraus ergibt sich die elastische Länge des für diese Ebene geltenden Ersatzsystems zu

$$
\begin{aligned}
L_{xy} &= 1{,}4 + 1{,}493 + 0{,}2 + 1{,}355 + 1{,}3 + 1{,}355 + 1{,}355 + 2{,}6\\
&= 11{,}058 \text{ m}.
\end{aligned}
$$

Diese Länge dient als Grundlinie für das Momentenschaubild Abb. 184.

Die Größe des Einspannmoments ist nach dem Vorhergehenden

$$\eta_{xy} \cdot X = \frac{M_{xy} \cdot X}{L_{xy}},$$

$$M_{xy} \cdot X = (0{,}98 + 1{,}05 + 0{,}406) \cdot X = 2{,}436 \cdot X,$$

$$\eta_{xy} \cdot X = \frac{2{,}436 \cdot X}{11{,}058} = 0{,}22 \cdot X.$$

Hiermit wird die Größe der Momentenflächen für das Einspannmoment bestimmt.

Die Summen der Momentenflächen bis zu den einzelnen Punkten des Systems sind dann folgende:

$$\begin{aligned}
\sum \psi_i & & &= 0,\\
\sum \psi_h &= (0{,}98 + 1{,}05 - 0{,}3085) \cdot X &&= 1{,}7215 \cdot X,\\
\sum \psi_g &= (1{,}7215 + 0{,}406 - 0{,}328) \cdot X &&= 1{,}7995 \cdot X,\\
\sum \psi_f &= (1{,}7995 - 0{,}0441) \cdot X &&= 1{,}7554 \cdot X,\\
\sum \psi_e &= (1{,}7554 - 0{,}2985) \cdot X &&= 1{,}4569 \cdot X,\\
\sum \psi_d &= (1{,}4569 - 0{,}2865) \cdot X &&= 1{,}1704 \cdot X,\\
\sum \psi_c &= (1{,}1704 - 0{,}2985) \cdot X &&= 0{,}8719 \cdot X,\\
\sum \psi_b &= (0{,}8719 - 0{,}2985) \cdot X &&= 0{,}5734 \cdot X,\\
\sum \psi_a &= (0{,}5734 - 0{,}573) \cdot X &&= 0.
\end{aligned}$$

Die Richtung der Verschiebungen ist für das ganze System

$$O \frac{\text{links bzw. unten}}{\text{rechts bzw. oben}} O$$

II:	$E \cdot J \cdot \Delta_{xh} = \psi_F \frac{2}{3} L_4 = 0{,}98 \cdot X \cdot 0{,}667 \cdot 1{,}4$	$= 0{,}914 \cdot X$	links,
III:	$= \psi_M \cdot 0{,}5 \cdot L_4 = 0{,}7415 \cdot X \cdot 0{,}5 \cdot 1{,}4$	$= 0{,}519 \cdot X$	links,
I:	$E \cdot J \cdot \Delta_{xg} = \sum \psi_h \cdot R = 1{,}7215 \cdot X \cdot 0{,}75$	$= 1{,}291 \cdot X$	links,
VIa:	$= \psi_F \cdot 0{,}624 \cdot R = 0{,}406 \cdot X \cdot 0{,}624 \cdot 0{,}75$	$= 0{,}19 \cdot X$	links,
VIIb:	$= \psi_M \cdot 0{,}363 \cdot R = 0{,}3285 \cdot X \cdot 0{,}363 \cdot 0{,}75$	$= 0{,}0895 \cdot X$	rechts,
I:	$E \cdot J \cdot \Delta_{zg} = \sum \psi_h \cdot R = 1{,}7215 \cdot X \cdot 0{,}75$	$= 1{,}291 \cdot X$	unten,
VIb:	$= \psi_F \cdot 0{,}876 \cdot R = 0{,}406 \cdot X \cdot 0{,}876 \cdot 0{,}75$	$= 0{,}2665 \cdot X$	unten,
VIIa:	$= \psi_M \cdot 0{,}637 \cdot R = 0{,}3285 \cdot X \cdot 0{,}637 \cdot 0{,}75$	$= 0{,}157 \cdot X$	oben,
I:	$E \cdot J \cdot \Delta_{zf} = \sum \psi_g \cdot L_3 = 1{,}7995 \cdot X \cdot 0{,}2$	$= 0{,}36 \cdot X$	unten,
III:	$= \psi_M \cdot 0{,}5 \cdot L_3 = 0{,}0441 \cdot X \cdot 0{,}5 \cdot 0{,}2$	$= 0{,}0044 \cdot X$	oben,
I:	$E \cdot J \cdot \Delta_{ze} = \sum \psi_f \cdot R = 1{,}7554 \cdot X \cdot 0{,}75$	$= 1{,}315 \cdot X$	unten,
Xc:	$= \psi_M \cdot 0{,}28 \cdot R = 0{,}2985 \cdot X \cdot 0{,}28 \cdot 0{,}75$	$= 0{,}0627 \cdot X$	oben,
I:	$E \cdot J \cdot \Delta_{zc} = \sum \psi_d \cdot R = 1{,}1704 \cdot X \cdot 0{,}75$	$= 0{,}878 \cdot X$	unten,
IXc:	$= \psi_M \cdot 0{,}637 \cdot R = 0{,}2985 \cdot X \cdot 0{,}637 \cdot 0{,}75$	$= 0{,}1427 \cdot X$	oben,
I:	$E \cdot J \cdot \Delta_{zb} = \sum \psi_c \cdot R = 0{,}8719 \cdot X \cdot 0{,}75$	$= 0{,}653 \cdot X$	unten,
Xc:	$= \psi_M \cdot 0{,}28 \cdot R = 0{,}2985 \cdot X \cdot 0{,}28 \cdot 0{,}75$	$= 0{,}0627 \cdot X$	oben,

Die algebraischen Summen der Verschiebungen in beiden Richtungen sind

$$E \cdot J \cdot \Delta_x = 2{,}8245 \cdot X \text{ nach links,}$$
$$E \cdot J \cdot \Delta_z = 4{,}334 \cdot X \text{ nach unten.}$$

Wirkung der Komponente Y in der xy-Ebene.

Auf Grund der gleichen Überlegungen ist hier die elastische Gesamtlänge des Systems

$$L_{yz} = 1{,}82 + 1{,}355 + 0{,}2 + 1{,}493 + 1{,}0 + 1{,}493 + 1{,}493 + 2$$
$$= 10{,}854 \text{ m.}$$

Die Größe des Einspannmoments ist

$$\eta_{yz} \cdot Y = \frac{M_{yz} \cdot Y}{L_{yz}}.$$

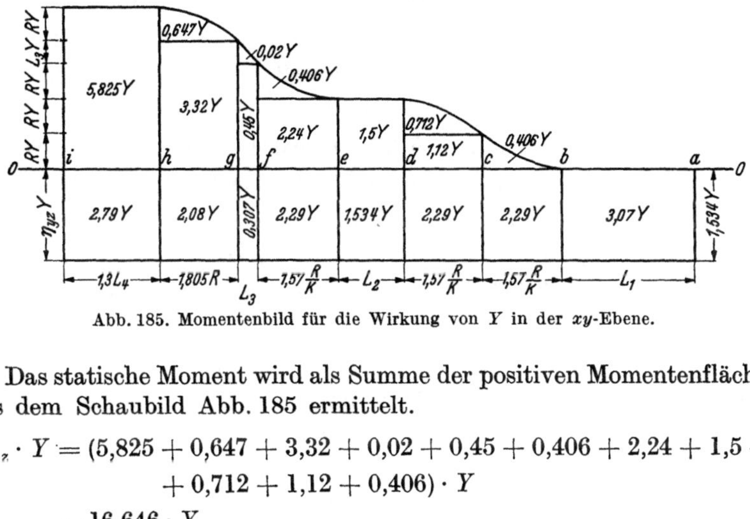

Abb. 185. Momentenbild für die Wirkung von Y in der xy-Ebene.

Das statische Moment wird als Summe der positiven Momentenflächen aus dem Schaubild Abb. 185 ermittelt.

$$M_{yz} \cdot Y = (5{,}825 + 0{,}647 + 3{,}32 + 0{,}02 + 0{,}45 + 0{,}406 + 2{,}24 + 1{,}5 +$$
$$+ 0{,}712 + 1{,}12 + 0{,}406) \cdot Y$$
$$= 16{,}646 \cdot Y,$$

$$\eta_{yz} \cdot Y = \frac{16{,}646\, Y}{10{,}854} = 1{,}534 \cdot Y.$$

Hiermit wird die Größe der Momentenflächen für das Einspannmoment bestimmt.

Die Summe der Momentenflächen bis zu den einzelnen Punkten des Systems ist hiermit

$$\sum \psi_i = 0,$$
$$\sum \psi_h = (5{,}827 - 2{,}79) \cdot Y = 3{,}035 \cdot Y,$$
$$\sum \psi_g = (3{,}035 + 0{,}647 + 3{,}32 - 2{,}08) \cdot Y = 4{,}922 \cdot Y,$$
$$\sum \psi_f = (4{,}922 + 0{,}02 + 0{,}45 - 0{,}307) \cdot Y = 5{,}085 \cdot Y,$$

$$\sum \psi_e = (5{,}085 + 0{,}406 + 2{,}24 - 2{,}29) \cdot Y = 5{,}441 \cdot Y,$$
$$\sum \psi_d = (5{,}441 + 1{,}5 - 1{,}534) \cdot Y = 5{,}407 \cdot Y,$$
$$\sum \psi_c = (5{,}407 + 0{,}712 + 1{,}12 - 2{,}29) \cdot Y = 4{,}949 \cdot Y,$$
$$\sum \psi_b = (4{,}949 + 0{,}406 - 2{,}29) \cdot Y = 3{,}065 \cdot Y,$$
$$\sum \psi_a = (3{,}065 - 3{,}07) \cdot Y = 0.$$

Die Richtung der Verschiebungen ist

für Punkt i bis c: $O \frac{\text{links bzw. hinten}}{\text{rechts bzw. vorne}} O$ — für Punkt c bis a: $O \frac{\text{rechts bzw. hinten}}{\text{links bzw. vorne}} O$

I: $E \cdot J \cdot \Delta_{yg} = \sum \psi_h \cdot R = 3{,}035 \cdot Y \cdot 0{,}75 = 2{,}275 \cdot Y$ hinten,
VIIIb: $= \psi_F \cdot 0{,}754 \cdot R = 0{,}647 \cdot Y \cdot 0{,}754 \cdot 0{,}75 = 0{,}366 \cdot Y$ hinten,
IXc: $= \psi_M \cdot 0{,}637 \cdot R = 1{,}24 \cdot Y \cdot 0{,}637 \cdot 0{,}75 = 0{,}5925 \cdot Y$ hinten,
I: $E \cdot J \cdot \Delta_{yf} = \sum \psi_g \cdot L_3 = 4{,}922 \cdot Y \cdot 0{,}2 = 0{,}9844 \cdot Y$ hinten,
II: $= \psi_F \tfrac{2}{3} L_3 = 0{,}02 \cdot Y \cdot 0{,}667 \cdot 0{,}2 = 0{,}0027 \cdot Y$ hinten,
III: $= \psi_M \cdot 0{,}5 \cdot L_3 = 0{,}143 \cdot 0{,}5 \cdot 0{,}2 = 0{,}0143 \cdot Y$ hinten,
I: $E \cdot J \cdot \Delta_{ye} = \sum \psi_f \cdot R = 5{,}085 \cdot Y \cdot 0{,}75 = 3{,}81 \cdot Y$ hinten,
VIa: $= \psi_F \cdot 0{,}624 \cdot R = 0{,}406 \cdot Y \cdot 0{,}624 \cdot 0{,}75 = 0{,}19 \cdot Y$ hinten,
VIIb: $= \psi_M \cdot 0{,}363 \cdot R = (-)\, 0{,}05 \cdot Y \cdot 0{,}363 \cdot 0{,}75 = 0{,}0136 \cdot Y$ vorne,
I: $E \cdot J \cdot \Delta_{xe} = \sum \psi_f \cdot R = 5{,}085 \cdot Y \cdot 0{,}75 = 3{,}81 \cdot Y$ links,
VIb: $= \psi_F \cdot 0{,}876 \cdot R = 0{,}406 \cdot Y \cdot 0{,}876 \cdot 0{,}75 = 0{,}2665 \cdot Y$ links,
VIIa: $= \psi_M \cdot 0{,}637 \cdot R = (-)\, 0{,}05 \cdot Y \cdot 0{,}637 \cdot 0{,}75 = 0{,}0239 \cdot Y$ rechts,
I: $E \cdot J \cdot \Delta_{xd} = \sum \psi_e \cdot L_2 = 5{,}441 \cdot Y \cdot 1 = 5{,}441 \cdot Y$ links,
III: $= \psi_M \cdot 0{,}5 \cdot L_2 = (-)\, 0{,}034 \cdot Y \cdot 0{,}5 \cdot 1 = 0{,}017 \cdot Y$ rechts,
I: $E \cdot J \cdot \Delta_{xc} = \sum \psi_d \cdot R = 5{,}407 \cdot Y \cdot 0{,}75 = 4{,}055 \cdot Y$ links,
Vb: $= \psi_F \cdot 0{,}5 \cdot R = 0{,}712 \cdot Y \cdot 0{,}5 \cdot 0{,}75 = 0{,}267 \cdot Y$ links,
VIIb: $= \psi_M \cdot 0{,}363 \cdot R = (-)\, 1{,}17 \cdot Y \cdot 0{,}363 \cdot 0{,}75 = 0{,}3185 \cdot Y$ rechts,
I: $E \cdot J \cdot \Delta_{yc} = \sum \psi_d \cdot R = 5{,}407 \cdot Y \cdot 0{,}75 = 4{,}055 \cdot Y$ hinten,
Va: $= \psi_F \cdot 0{,}785 \cdot R = 0{,}712 \cdot Y \cdot 0{,}785 \cdot 0{,}75 = 0{,}419 \cdot Y$ hinten,
VIIa: $= \psi_M \cdot 0{,}637 \cdot R = (-)\, 1{,}17 \cdot Y \cdot 0{,}637 \cdot 0{,}75 = 0{,}559 \cdot Y$ vorne,
I: $E \cdot J \cdot \Delta_{yb} = \sum \psi_c \cdot R = 4{,}949 \cdot Y \cdot 0{,}75 = 3{,}71 \cdot Y$ hinten,
VIa: $= \psi_F \cdot 0{,}624 \cdot R = 0{,}406 \cdot Y \cdot 0{,}624 \cdot 0{,}75 = 0{,}19 \cdot Y$ hinten,
VIIb: $= \psi_M \cdot 0{,}363 \cdot R = (-)\, 2{,}29 \cdot Y \cdot 0{,}363 \cdot 0{,}75 = 0{,}623 \cdot Y$ vorne,
I: $E \cdot J \cdot \Delta_{xb} = \sum \psi_c \cdot R = 4{,}949 \cdot Y \cdot 0{,}75 = 3{,}71 \cdot Y$ rechts,
VIb: $= \psi_F \cdot 0{,}876 \cdot R = 0{,}406 \cdot Y \cdot 0{,}876 \cdot 0{,}75 = 0{,}2665 \cdot Y$ rechts,
VIIa: $= \psi_M \cdot 0{,}637 \cdot R = (-)\, 2{,}29 \cdot Y \cdot 0{,}637 \cdot 0{,}75 = 1{,}094 \cdot Y$ links,
I: $E \cdot J \cdot \Delta_{xa} = \sum \psi_b \cdot L_1 = 3{,}065 \cdot Y \cdot 2 = 6{,}13 \cdot Y$ rechts,
III: $= \psi_M \cdot 0{,}5 \cdot L_1 = 3{,}07 \cdot 0{,}5 \cdot 2 = 3{,}07 \cdot Y$ links.

Die algebraische Summe der Verschiebungen in beiden Richtungen ist daraus

$$E \cdot J \cdot \Delta_y = 15{,}4133 \cdot Y \text{ nach hinten,}$$

$$E \cdot J \cdot \Delta_x = 7{,}5376 \cdot Y \text{ nach links.}$$

Wirkung der Komponente Y in der yz-Ebene.

Unter Beachtung des Vorgesagten ermittelt man die elastische Gesamtlänge des Systems

$$L_{xy} = 1{,}4 + 1{,}355 + 0{,}26 + 1{,}355 + 1{,}0 + 1{,}355 + 1{,}355 + 2{,}0$$
$$= 10{,}08 \text{ m}.$$

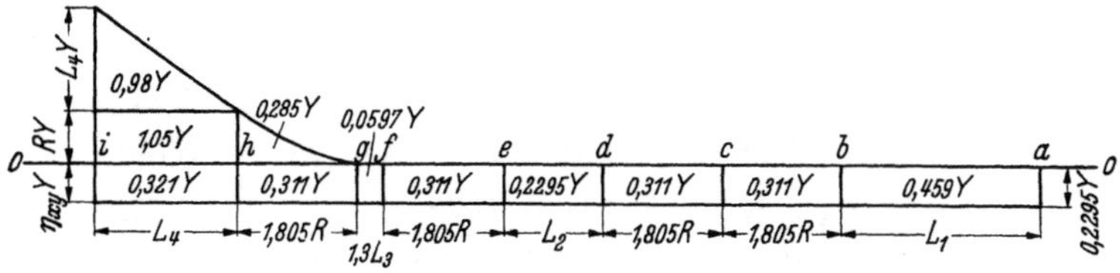

Abb. 186. Momentenbild für die Wirkung von Y in der yz-Ebene.

Diese Länge bildet die Grundlinie des Momentenschaubildes nach Abb. 186.

Die Größe des Einspannmoments ist

$$\eta_{xy} \cdot Y = \frac{M_{xy} \cdot Y}{L_{xy}},$$

$$M_{xy} \cdot Y = (0{,}98 + 1{,}05 + 0{,}285) \cdot Y = 2{,}315 \cdot Y,$$

daraus

$$\eta_{xy} \cdot Y = \frac{2{,}315 \cdot Y}{10{,}08} = 0{,}2295\, Y.$$

Hiermit wird die Größe der Momentenflächen für das Einspannmoment bestimmt. Danach ist

$$
\begin{aligned}
\sum \psi_i &&= 0,\\
\sum \psi_h &= (0{,}98 + 1{,}05 - 0{,}321) \cdot Y &= 1{,}709 \cdot Y,\\
\sum \psi_g &= (1{,}709 + 0{,}285 - 0{,}311) \cdot Y &= 1{,}683 \cdot Y,\\
\sum \psi_f &= (1{,}683 - 0{,}0597) \cdot Y &= 1{,}6233 \cdot Y,\\
\sum \psi_e &= (1{,}6233 - 0{,}311) \cdot Y &= 1{,}3123 \cdot Y,\\
\sum \psi_d &= (1{,}3123 - 0{,}2295) \cdot Y &= 1{,}0828 \cdot Y,\\
\sum \psi_c &= (1{,}0828 - 0{,}311) \cdot Y &= 0{,}7718 \cdot Y,\\
\sum \psi_b &= (0{,}7718 - 0{,}311) \cdot Y &= 0{,}4608 \cdot Y,\\
\sum \psi_a &= (0{,}4608 - 0{,}459) \cdot Y &= 0.
\end{aligned}
$$

Die Richtung der Verschiebungen ist für das ganze System

$$O\frac{\text{hinten bzw. oben}}{\text{vorne bzw. unten}}O.$$

II:	$E\cdot J\cdot \Delta_{yh} = \psi_F \frac{2}{3} L_4 = 0{,}98\cdot Y\cdot 0{,}667\cdot 1{,}4$	$= 0{,}915\cdot Y$ hinten,
III:	$= \psi_M \frac{1}{2} L_4 = 0{,}729\cdot Y\cdot 0{,}5\cdot 1{,}4$	$= 0{,}51\cdot Y$ hinten,
I:	$E\cdot J\cdot \Delta_{yg} = \sum \psi_h\cdot R = 1{,}709\cdot Y\cdot 0{,}75$	$= 1{,}28\cdot Y$ hinten,
VIIIa:	$= \psi_F\cdot 0{,}754\cdot R = 0{,}285\cdot Y\cdot 0{,}754\cdot 0{,}75$	$= 0{,}161\cdot Y$ hinten,
Xc:	$= \psi_M\cdot 0{,}28\cdot R = 0{,}311\cdot Y\cdot 0{,}28\cdot 0{,}75$	$= 0{,}0653\cdot Y$ vorne,
I:	$E\cdot J\cdot \Delta_{ze} = \sum \psi_f\cdot R = 1{,}6233\cdot Y\cdot 0{,}75$	$= 1{,}216\cdot Y$ oben,
IXc:	$= \psi_M\cdot 0{,}637\cdot R = 0{,}311\cdot Y\cdot 0{,}637\cdot 0{,}75$	$= 0{,}1487\cdot Y$ unten,
I:	$E\cdot J\cdot \Delta_{zd} = \sum \psi_e\cdot L_2 = 1{,}3123\cdot Y\cdot 1{,}0$	$= 1{,}3123\cdot Y$ oben,
III:	$= \psi_M\cdot 0{,}5\, L_2 = 0{,}2295\cdot Y\cdot 0{,}5\cdot 1{,}0$	$= 0{,}1148\cdot Y$ unten,
I:	$E\cdot J\cdot \Delta_{zc} = \sum \psi_d\cdot R = 1{,}0828\cdot Y\cdot 0{,}75$	$= 0{,}8125\cdot Y$ oben,
Xc:	$= \psi_M\cdot 0{,}28\cdot R = 0{,}311\cdot Y\cdot 0{,}28\cdot 0{,}75$	$= 0{,}0653\cdot Y$ unten,
I:	$E\cdot J\cdot \Delta_{zb} = \sum \psi_c\cdot R = 0{,}7718\cdot Y\cdot 0{,}75$	$= 0{,}579\cdot Y$ unten,
IXc:	$= \psi_M\cdot 0{,}637\cdot R = 0{,}311\cdot Y\cdot 0{,}637\cdot 0{,}75$	$= 0{,}1487\cdot Y$ oben,
I:	$E\cdot J\cdot \Delta_{za} = \sum \psi_b\cdot L_1 = 0{,}4608\cdot Y\cdot 2$	$= 0{,}9216\cdot Y$ unten,
III:	$= \psi_M\cdot 0{,}5\cdot L_1 = 0{,}459\cdot Y\cdot 0{,}5\cdot 2{,}0$	$= 0{,}459\cdot Y$ oben.

Die algebraische Summe der Verschiebungen in beiden Richtungen ist danach

$$E\cdot J\cdot \Delta_y = 2{,}8007\cdot Y \text{ nach hinten,}$$
$$E\cdot J\cdot \Delta_z = 2{,}1191\cdot Y \text{ nach oben.}$$

Wirkung der Komponente Z in der yz-Ebene.

Elastische Gesamtlänge des Systems ist

$$L_{xz} = 1{,}4 + 1{,}355 + 0{,}26 + 1{,}355 + 1{,}0 + 1{,}355 + 1{,}355 + 2{,}0 = 10{,}08 \text{ m}.$$

Die Größe des Einspannmoments ist

$$\eta_{xz}\cdot Z = \frac{M_{xz}\cdot Z}{L_{xz}}.$$

Das statische Moment wird als algebraische Summe der Momentenflächen aus dem Momentenschaubild Abb. 187 ermittelt.

$$M_{xz}\cdot Z = (3{,}85 + 3{,}725 + 0{,}715 + 3{,}725 + 2{,}75 + 3{,}725 + 0{,}647 + 2{,}71 + 2{,}0)\cdot Z - (3{,}5 + 3{,}385 + 0{,}65 + 0{,}647 + 2{,}37 + 0{,}5 + 0{,}75 + 0{,}285)\cdot Z$$
$$= 23{,}847\cdot Z - 12{,}087\cdot Z = 11{,}76\cdot Z,$$

$$\eta_{xz}\cdot Z = \frac{11{,}76\cdot Z}{10{,}08} = 1{,}166\cdot Z.$$

Hiermit ist die Größe der Momentenflächen für das Einspannmoment bestimmt. Danach ist

$$\begin{aligned}
&\sum \psi_i && = 0\\
&\sum \psi_h = (3{,}85 - 1{,}633 - 3{,}5)\cdot Z && = -1{,}283\cdot Z,\\
&\sum \psi_g = (-1{,}283 + 3{,}725 - 1{,}581 - 3{,}385)\cdot Z && = -2{,}524\cdot Z,\\
&\sum \psi_f = (-2{,}524 + 0{,}715 - 0{,}303 - 0{,}65)\cdot Z && = -2{,}762\cdot Z,\\
&\sum \psi_e = (-2{,}762 + 3{,}725 - 1{,}581 - 2{,}37 - 0{,}647)\cdot Z && = -3{,}635\cdot Z,\\
&\sum \psi_d = (-3{,}635 + 2{,}75 - 1{,}166 - 0{,}75 - 0{,}5)\cdot Z && = -3{,}301\cdot Z,\\
&\sum \psi_c = (-3{,}301 + 3{,}725 - 1{,}581 - 0{,}285)\cdot Z && = -1{,}442\cdot Z,\\
&\sum \psi_b = (-1{,}442 + 0{,}647 + 2{,}71 - 1{,}581)\cdot Z && = +0{,}334\cdot Z,\\
&\sum \psi_a = (+0{,}334 + 2{,}0 - 2{,}335)\cdot Z && = 0.
\end{aligned}$$

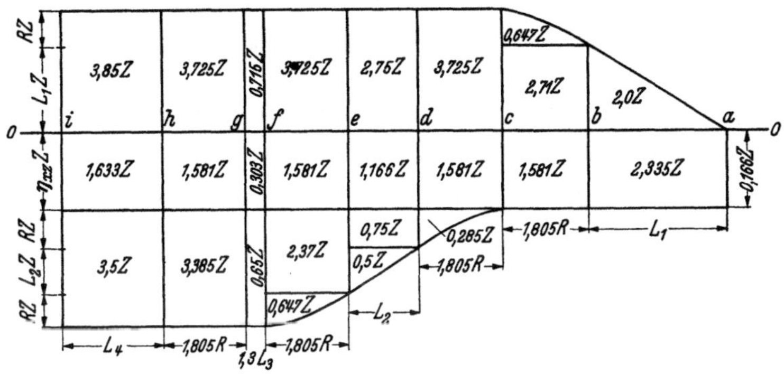

Abb. 187. Momentenbild für die Wirkung von Z in der yz-Ebene.

Die Richtung der Verschiebungen ergibt sich nach der gleichen Überlegung wie bei der Komponente X in der xy-Ebene:

für Punkt i bis c $\qquad$ für Punkt c bis a

$$O \frac{\text{unten bzw. vorne}}{\text{oben bzw. hinten}} O \qquad\qquad O \frac{\text{oben}}{\text{unten}} O$$

$$\begin{aligned}
&\text{III:} && E\cdot J\cdot \Delta_{yh} = \psi_M\cdot 0{,}5\cdot L_4 = (-)\,1{,}283\cdot Z\cdot 0{,}5\cdot 1{,}4 && = 0{,}898\cdot Z \text{ hinten},\\
&\text{I:} && E\cdot J\cdot \Delta_{yg} = \sum \psi_h\cdot R = (-)\,1{,}283\cdot Z\cdot 0{,}75 && = 0{,}963\cdot Z \text{ hinten},\\
&\text{Xc:} && \phantom{E\cdot J\cdot \Delta_{yg}} = \psi_M\cdot 0{,}280\cdot R = (-)\,1{,}241\cdot Z\cdot 0{,}28\cdot 0{,}75 && = 0{,}261\cdot Z \text{ hinten},\\
&\text{I:} && E\cdot J\cdot \Delta_{ze} = \sum \psi_f\cdot R = (-)\,2{,}762\cdot Z\cdot 0{,}75 && = 2{,}07\cdot Z \text{ oben},\\
&\text{VIIIb:} && \phantom{E\cdot J\cdot \Delta_{ze}} = \psi_F\cdot 0{,}754\cdot R = 0{,}647\cdot Z\cdot 0{,}754\cdot 0{,}75 && = 0{,}366\cdot Z \text{ oben},\\
&\text{IXc:} && \phantom{E\cdot J\cdot \Delta_{ze}} = \psi_M\cdot 0{,}637\cdot R = (-)\,0{,}226\cdot Z\cdot 0{,}637\cdot 0{,}75 && = 0{,}1080\cdot Z \text{ oben},\\
&\text{I:} && E\cdot J\cdot \Delta_{zd} = \sum \psi_e\cdot L_2 = (-)\,3{,}635\cdot Z\cdot 1{,}0 && = 3{,}635\cdot Z \text{ oben},\\
&\text{II:} && \phantom{E\cdot J\cdot \Delta_{zd}} = \psi_F\,\tfrac{2}{3}\,L_2 = 0{,}5\cdot Z\cdot 0{,}6667\cdot 1 && = 0{,}3333\cdot Z \text{ oben},\\
&\text{III:} && \phantom{E\cdot J\cdot \Delta_{zd}} = \psi_M\cdot 0{,}5\,L_2 = +\,0{,}834\cdot Z\cdot 0{,}5\cdot 1 && = 0{,}417\cdot Z \text{ unten},
\end{aligned}$$

I: $E \cdot J \cdot \Delta_{zc} = \sum \psi_d \cdot R = (-)\, 3{,}301 \cdot Z \cdot 0{,}75 \quad = 2{,}475 \cdot Z$ oben,

VIIIa: $= \psi_F \cdot 0{,}754 \cdot R = 0{,}285 \cdot Z \cdot 0{,}754 \cdot 0{,}75 \quad = 0{,}1610 \cdot Z$ oben,

Xc: $= \psi_M \cdot 0{,}280 \cdot R = (+)\, 2{,}144 \cdot Z \cdot 0{,}28 \cdot 0{,}75 \quad = 0{,}45 \cdot Z$ unten,

I: $E \cdot J \cdot \Delta_{zb} = \sum \psi_c \cdot R = (-)\, 1{,}442 \cdot Z \cdot 0{,}75 \quad = 1{,}082 \cdot Z$ unten,

VIIIa: $= \psi_F \cdot 0{,}754 \cdot R = 0{,}647 \cdot Z \cdot 0{,}754 \cdot 0{,}75 \quad = 0{,}366 \cdot Z$ oben,

IXc: $= \psi_M \cdot 0{,}637 \cdot R = 1{,}129 \cdot Z \cdot 0{,}637 \cdot 0{,}75 \quad = 0{,}54 \cdot Z$ oben,

I: $E \cdot J \cdot \Delta_{za} = \sum \psi_b \cdot L_1 = 0{,}334 \cdot Z \cdot 2{,}0 \quad = 0{,}668 \cdot Z$ oben,

II: $= \psi_F \tfrac{2}{3} L_1 = 2 \cdot Z \cdot 0{,}6667 \cdot 2{,}0 \quad = 2{,}6667 \cdot Z$ oben,

III: $= \psi_M \cdot 0{,}5 \cdot L_1 = 2{,}335 \cdot Z \cdot 0{,}5 \cdot 2{,}0 \quad = 2{,}335 \cdot Z$ unten.

Die algebraischen Summen der Verschiebungen in beiden Richtungen sind

$$E \cdot J \cdot \Delta_y = 2{,}122 \cdot Z \text{ nach hinten,}$$
$$E \cdot J \cdot \Delta_z = 9{,}105 \cdot Z \text{ nach oben.}$$

Wirkung der Komponente Z in der xz-Ebene.

Die elastische Gesamtlänge des Systems ist

$$L_{yz} = 1{,}4 + 1{,}493 + 0{,}2 + 1{,}355 + 1{,}3 + 1{,}355 + 1{,}355 + 2{,}6 = 11{,}058 \text{ m}.$$

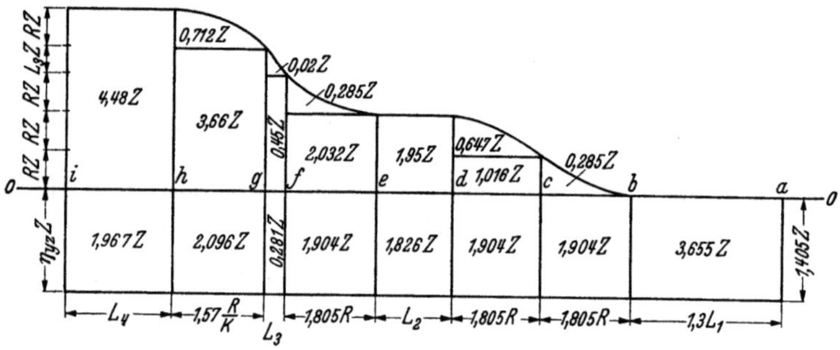

Abb. 188. Momentenbild für die Wirkung von Z in der xz-Ebene.

Die Größe des Einspannmoments ist

$$\eta_{yz} \cdot Z = \frac{M_{yz} \cdot Y}{L_{yz}}.$$

Aus dem Momentenschaubild Abb. 188 ermittelt man

$$M_{yz} \cdot Y = (4{,}48 + 0{,}712 + 3{,}66 + 0{,}02 + 0{,}45 + 0{,}285 + 2{,}032 + 1{,}95 + 0{,}647 + 1{,}016 + 0{,}285) \cdot Z = 15{,}537 \cdot Z,$$

$$\eta_{yz} \cdot Z = \frac{15{,}537 \cdot Z}{11{,}058} = 1{,}405 \cdot Z.$$

Damit wird die Größe der einzelnen Flächen für das Einspannmoment bestimmt. Aus der Abb. 188 folgt

$$\begin{aligned}
&\sum \psi_i && = 0,\\
&\sum \psi_h = (4{,}48 - 1{,}967)\cdot Z && = 2{,}513\cdot Z,\\
&\sum \psi_g = (2{,}513 + 0{,}712 + 3{,}66 - 2{,}096)\cdot Z && = 4{,}789\cdot Z,\\
&\sum \psi_f = (4{,}789 + 0{,}02 + 0{,}45 - 0{,}281)\cdot Z && = 4{,}978\cdot Z,\\
&\sum \psi_e = (4{,}978 + 0{,}285 + 2{,}032 - 1{,}904)\cdot Z && = 5{,}391\cdot Z,\\
&\sum \psi_d = (5{,}391 + 1{,}95 - 1{,}826)\cdot Z && = 5{,}515\cdot Z,\\
&\sum \psi_c = (5{,}515 + 0{,}647 + 1{,}016 - 1{,}904)\cdot Z && = 5{,}274\cdot Z,\\
&\sum \psi_b = (5{,}274 + 0{,}285 - 1{,}904)\cdot Z && = 3{,}655\cdot Z,\\
&\sum \psi_a = (3{,}655 - 3{,}655)\cdot Z && = 0.
\end{aligned}$$

Die Richtung der Verschiebungen ist für das ganze System

$$O \frac{\text{oben bzw. rechts}}{\text{unten bzw. links}} O.$$

III:	$E\cdot J\cdot \Delta_{xh} = \psi_M\cdot 0{,}5\cdot L_4 = 2{,}513\cdot Z\cdot 0{,}5\cdot 1{,}4$	$= 1{,}76\cdot Z$ rechts,
I:	$E\cdot J\cdot \Delta_{xg} = \sum \psi_h\cdot R = 2{,}513\cdot Z\cdot 0{,}75$	$= 1{,}885\cdot Z$ rechts,
Vb:	$= \psi_F\cdot 0{,}5\cdot R = 0{,}712\cdot Z\cdot 0{,}5\cdot 0{,}75$	$= 0{,}267\cdot Z$ rechts,
VIIb:	$= \psi_M\cdot 0{,}363\cdot R = 1{,}564\cdot Z\cdot 0{,}363\cdot 0{,}75$	$= 0{,}426\cdot Z$ rechts,
I:	$E\cdot J\cdot \Delta_{zg} = \sum \psi_h\cdot R = 2{,}513\cdot Z\cdot 0{,}75$	$= 1{,}885\cdot Z$ oben,
Va:	$= \psi_F\cdot 0{,}785\cdot R = 0{,}712\cdot Z\cdot 0{,}785\cdot 0{,}75$	$= 0{,}419\cdot Z$ oben,
VIIa:	$= \psi_M\cdot 0{,}637\cdot R = 1{,}564\cdot Z\cdot 0{,}637\cdot 0{,}75$	$= 0{,}747\cdot Z$ oben,
I:	$E\cdot J\cdot \Delta_{zf} = \sum \psi_g\cdot L_3 = 4{,}789\cdot Z\cdot 0{,}2$	$= 0{,}9578\cdot Z$ oben,
II:	$= \psi_F\,\frac{2}{3}\,L_3 = 0{,}02\cdot Z\cdot 0{,}6667\cdot 0{,}2$	$= 0{,}0027\cdot Z$ oben,
III:	$= \psi_M\cdot 0{,}5\cdot L_3 = 0{,}169\cdot 0{,}5\cdot 0{,}2$	$= 0{,}0169\cdot Z$ oben,
I:	$E\cdot J\cdot \Delta_{ze} = \sum \psi_f\cdot R = 4{,}978\cdot Z\cdot 0{,}75$	$= 3{,}735\cdot Z$ oben,
VIIIa:	$= \psi_F\cdot 0{,}754\cdot R = 0{,}285\cdot Z\cdot 0{,}754\cdot 0{,}75$	$= 0{,}161\cdot Z$ oben,
Xc:	$= \psi_M\cdot 0{,}28\cdot R = 0{,}128\cdot Z\cdot 0{,}28\cdot 0{,}75$	$= 0{,}0278\cdot Z$ oben,
I:	$E\cdot J\cdot \Delta_{zc} = \sum \psi_d\cdot R = 5{,}515\cdot Z\cdot 0{,}75$	$= 4{,}135\cdot Z$ oben,
VIIIb:	$= \psi_F\cdot 0{,}754\cdot R = 0{,}647\cdot Z\cdot 0{,}754\cdot 0{,}75$	$= 0{,}366\cdot Z$ oben,
IXc:	$= \psi_M\cdot 0{,}637\cdot R = (-)\,0{,}888\cdot Z\cdot 0{,}637\cdot 0{,}75$	$= 0{,}424\cdot Z$ unten,
I:	$E\cdot J\cdot \Delta_{zb} = \sum \psi_c\cdot R = 5{,}274\cdot Z\cdot 0{,}75$	$= 3{,}955\cdot Z$ oben,
VIIIa:	$= \psi_F\cdot 0{,}754\cdot R = 0{,}285\cdot Z\cdot 0{,}754\cdot 0{,}75$	$= 0{,}161\cdot Z$ oben,
Xc:	$= \psi_M\cdot 0{,}28\cdot R = (-)\,1{,}904\cdot Z\cdot 0{,}28\cdot 0{,}75$	$= 0{,}40\cdot Z$ unten.

Die algebraische Summe der Verschiebungen in beiden Richtungen ist hiernach

$$E\cdot J\cdot \Delta_x = 4{,}338\cdot Z \text{ nach rechts,}$$
$$E\cdot J\cdot \Delta_z = 15{,}7952\cdot Z \text{ nach oben.}$$

Jetzt können in gleicher Achsenrichtung wirkende Verschiebungen zusammengesetzt werden. Hierbei ist folgendes zu beachten.

Positiv ist der Wert der Verschiebung, wenn diese in gleicher Richtung mit der entsprechenden Kraftkomponente erfolgt. Erfolgt dagegen die Verschiebung entgegen der Kraftrichtung, so ist ihr Wert negativ einzusetzen.

Damit ergeben sich folgende drei Beziehungen:

$$E \cdot J \cdot \Delta_x = +\,9{,}7573 \cdot X + 2{,}8245 \cdot X + 7{,}5376 \cdot Y + (-4{,}338) \cdot Z,$$
$$E \cdot J \cdot \Delta_y = +\,7{,}5149 \cdot X + 15{,}4133 \cdot Y + 2{,}8007 \cdot Y + 2{,}122 \cdot Z,$$
$$E \cdot J \cdot \Delta_z = +\,(-4{,}334) \cdot X + 2{,}1191 \cdot Y + 9{,}105 \cdot Z + 15{,}7952 \cdot Z,$$

oder vereinfacht

$$E \cdot J \cdot \Delta_x = 12{,}582 \cdot X + 7{,}5376 \cdot Y - 4{,}338 \cdot Z,$$
$$E \cdot J \cdot \Delta_y = 7{,}515 \cdot X + 18{,}2144 \cdot Y + 2{,}122 \cdot Z,$$
$$E \cdot J \cdot \Delta_z = -4{,}334 \cdot X + 2{,}119 \cdot Y + 24{,}9 \cdot Z.$$

Mit den gleichen Werten für die Komponenten der Wärmedehnung, wie sie im Beispiel 20 ermittelt wurden, ergeben sich endgültig die drei Beziehungen

$$8440 = 12{,}582 \cdot X + 7{,}5376 \cdot Y - 4{,}338 \cdot Z,$$
$$452 = 7{,}515 \cdot X + 18{,}2144 \cdot Y + 2{,}122 \cdot Z,$$
$$3870 = -4{,}334 \cdot X + 2{,}119 \cdot Y + 24{,}9 \cdot Z.$$

Aus diesen drei Gleichungen werden in bekannter Weise die Kraftkomponenten ermittelt und es ergeben sich folgende Werte

$$\underline{X = 1081\ \text{kg}},$$
$$\underline{Y = -466\ \text{kg}},$$
$$\underline{Z = 383\ \text{kg}}.$$

Vergleicht man diese Werte mit den im Beispiel 20 ermittelten, so wird man eine ausgezeichnete Übereinstimmung feststellen. Damit sollte der Beweis erbracht werden, daß die Rechnungsweise von CUTCHAN und CROCKER, allerdings mit sehr viel mehr Zeitaufwand und Mühe, die gleichen Werte liefert, wie die wesentlich einfachere und daher sicherere, vom Verfasser entwickelte Berechnungsart. Tatsächlich schließt der sehr umständliche Rechnungsgang von CUTCHAN und CROCKER und die Notwendigkeit, die vielen Momentenschaubilder zu entwerfen, sehr viele Fehlermöglichkeiten in sich. Schon die Überlegung der Richtung der Verschiebungen ist bei verwickelten Systemen ähnlicher Art recht schwierig und setzt eine außerordentliche Konzentrationsfähigkeit des Rechnenden voraus.

Die Berechnung der in jedem Punkt des Systems wirkenden Momente ist — nachdem die Kräfte bestimmt sind — nach diesem Rechnungsverfahren verhältnismäßig einfach. Man setzt den Wert der entsprechenden Kraft in die Ordinaten der Momentenschaubilder ein und erhält damit unmittelbar die Momente.

Durch Vergleich mit dem perspektivischen Bild des Systems muß durch entsprechende Überlegung für jedes Momentenschaubild festgestellt werden, ob die über oder unter der Nullinie liegenden Momentenordinaten ein positives Moment darstellen. Als positiv sollen wiederum diejenigen Momente bezeichnet werden, die — in der Richtung der senkrecht dazu stehenden Achse blickend — im Uhrzeigersinn drehen. Aus den sechs auf diese Weise für jeden Punkt ermittelten Momenten werden paarweise die in gleicher Ebene wirkenden zusammengefaßt und unter Beachtung des Vorzeichens, d. h. des Drehsinnes algebraisch summiert.

Für jeden Punkt werden auf diese Weise drei Momente, und zwar ein Drehmoment und zwei Biegungsmomente ermittelt. Die Zusammensetzung erfolgt in genau der gleichen Weise, wie es im Beispiel 20 gezeigt war.

Es soll in diesem Falle von einer zahlenmäßigen Ausrechnung der einzelnen Momente Abstand genommen werden, da diese — infolge der Gleichheit der Kräfte — mit denjenigen aus Beispiel 20 genau übereinstimmen müssen.

d) Berechnungsverfahren nach Mitchell[1].

Im Abschnitt B II/3d wurden bereits die Grundzüge dieses Berechnungsverfahrens für ebene Systeme ausführlich besprochen. Auch für räumliche Systeme legt Mitchell die nicht zutreffende Annahme zugrunde, daß die resultierende Kraft parallel zur Verbindungslinie der Endpunkte (Festpunkte) des Systems wirkt.

Außerdem betrachtet Mitchell auch ein räumliches System so, als ob es nur durch Biegungsmomente beansprucht wäre. Er vernachlässigt also die 30% größere Formänderung der auf Drehung beanspruchten Teile des Systems und rechnet nur mit den tatsächlichen Schenkellängen. Dieser Umstand müßte allerdings zu einer zusätzlichen Sicherheit führen, indem eine kleinere Gesamtelastizität des räumlichen Systems in Rechnung gesetzt wird. Demgegenüber hat der Verfasser bei allen von ihm durchgeführten Vergleichsrechnungen feststellen müssen, daß die Kräfte und Beanspruchungen nach der Rechnung von Mitchell durchweg zu klein ausfallen, wobei der Unterschied, je nach der Form des Systems, zwischen 50 und 70% schwankt.

Es zeigt sich eben hier mit besonderer Deutlichkeit, daß die Annahme der Kraftrichtung parallel zur Festpunktverbindungslinie nicht nur

[1] Mitchell: A graphical Method for Determining Expansion Stress in Pipe Lines, Fuels & Steam Power 1930. Trans. Amer. Soc. mech. Engr. Bd. 52. (1930) S. 167.

grundsätzlich falsch, sondern auch sogar für Näherungsrechnungen vollkommen ungeeignet ist, um als Grundlage für ein vereinfachtes Rechenverfahren zu dienen.

Es hat daher keinen Zweck, Zeit und Mühe darauf zu verwenden, dieses Verfahren auch in seiner Anwendung bei räumlichen Systemen zu erläutern. Nachstehend angegebene Vergleichszahlen beweisen deutlich die Unzulänglichkeit dieses Verfahrens.

Für das in Beispiel 20 durchgerechnete räumliche System nach Abb. 171 wurden die Kraftkomponenten $X = 1083$ kg, $Y = -467$ kg, $Z = 384$ kg ermittelt. Das ergibt eine Gesamtkraft

$$P = \sqrt{X^2 + Y^2 + Z^2} = 1240 \text{ kg}.$$

Nach dem Verfahren von MITCHELL erhält man dagegen eine Kraft $P = 670$ kg, d. h. etwas mehr als die Hälfte. Auch die Beanspruchung ergibt sich nach MITCHELL bedeutend kleiner, und zwar $\sigma = 4{,}15$ kg/mm² gegenüber 7,05 kg/mm² nach der richtigen Rechnung.

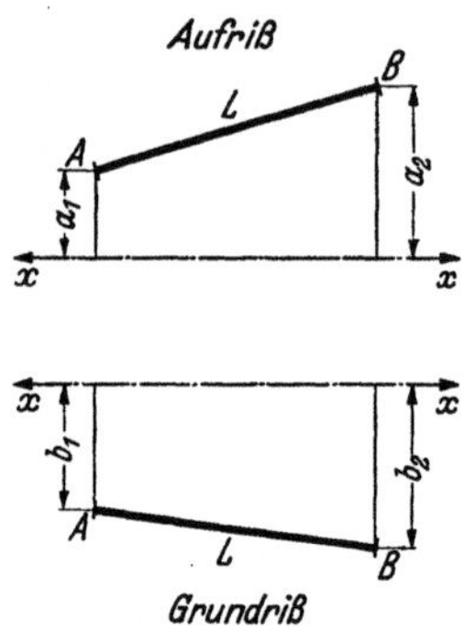

Abb. 189. Windschiefe Gerade im Grund- und Aufriß.

Dieser Vergleich stellt nicht etwa einen Ausnahmefall dar, sondern es zeigen sich durchweg ähnliche Unterschiede in den Ergebnissen, so daß die Anwendung des Verfahrens infolgedessen höchst bedenklich ist.

Im übrigen besteht die Möglichkeit, dieses Verfahren in bezug auf den Arbeitsaufwand noch bedeutend zu vereinfachen. Allerdings muß man sich stets der Ungenauigkeit bewußt bleiben, die durch die falsche Annahme der Kraftrichtung bedingt ist.

Anstatt, wie es MITCHELL vorschlägt, in umständlicher und zeitraubender Weise aus dem Grund- und Aufriß des Systems das Momentenflächenbild zu entwerfen, die Flächen auszurechnen, ihre Schwerpunkte zu bestimmen, um dann schließlich daraus den Elastizitätswert des Systems zu ermitteln, läßt sich rein rechnerisch das Trägheitsmoment des Systems, bezogen auf die Kraftachse, bestimmen.

Sämtliche Schenkel eines räumlichen Systems liegen zur Kraftachse windschief. Für das Trägheitsmoment einer zur Achse windschiefen Geraden gelten folgende Beziehungen.

In Abb. 189 ist eine Gerade L im Aufriß und Grundriß dargestellt. Die entsprechenden Abstände der Endpunkte A und B von der Bezugsachse $x - x$ sind a_1 und a_2 im Aufriß, sowie b_1 und b_2 im Grundriß. Da die Achse jeweils in der betreffenden Ebene liegt, sind die Abstände a_1, a_2 und b_1, b_2 senkrecht zu ihr.

Das auf die x-Achse bezogene Trägheitsmoment der Geraden L lautet dann:

$$J_x = \frac{L}{3}(a_1^2 + a_1 \cdot a_2 + a_2^2 + b_1^2 + b_1 \cdot b_2 + b_2^2).$$

Wird die Gerade L in einem der Risse von der Bezugsachse geschnitten (Abb. 190), so muß zwischen positiven und negativen Abständen unterschieden werden. Irgendeine beliebige Richtung von der Achse legt man als positiv fest, die entgegengesetzte Richtung ist dann negativ.

Beim Einsetzen der Werte in obige Gleichung sind die Vorzeichen zu beachten. Die Längen sind stets positiv. Für die Gerade L in Abb. 190 würde also die Beziehung lauten:

$$J_x = \frac{L}{3}\left[(-a_1)^2 + (-a_1)\cdot a_2 + \right.$$
$$\left. + a_2^2 + b_1^2 + b_1 \cdot b_2 + b_2^2\right].$$

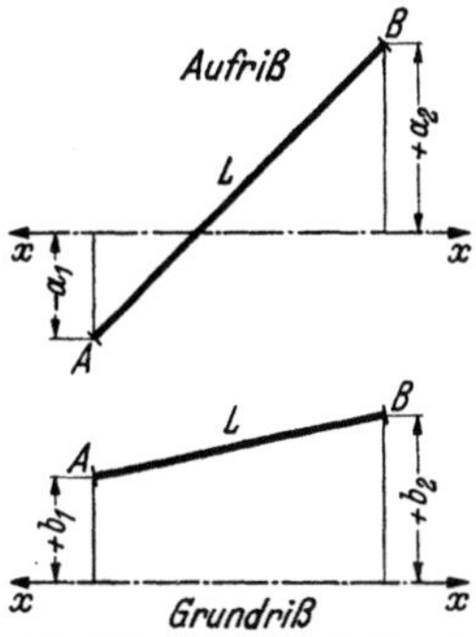

Abb. 190. Windschiefe Gerade im Grund- und Aufriß.

Es ist stets die tatsächliche Länge L einzusetzen und nicht die im Auf- und Grundriß projiziert dargestellten Längen.

Die Berechnung eines Rohrsystems nach dieser Art wird an nachstehendem Zahlenbeispiel klar.

Beispiel 22. Das in Abb. 191 dargestellte System hat 300 NW, d. h. $D = 318$ mm, $s = 9$ mm, $J = 10450$ cm^4 und soll bei $t = 425°$ einer Wärmedehung $\alpha = 14{,}5 \cdot 10^{-6} \cdot 425 \cdot 100 = 0{,}616$ cm/m unterworfen sein. $E = 1{,}86 \cdot 10^6$ kg/cm^2. Man zeichnet eine Draufsicht des Systems so, daß die Verbindungslinie der Endpunkte waagerecht liegt und der mittlere Schenkel L_2 in der Projektion als Punkt erscheint. Die Schenkel L_1 und L_3 sind also in ihrer wahren Länge zu sehen (s. Abb. 192a).

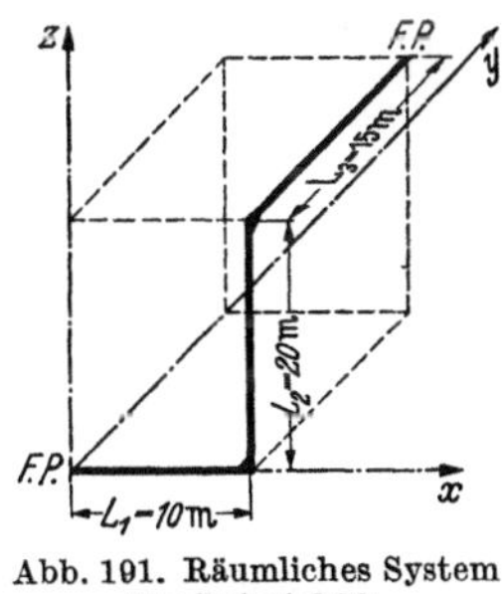

Abb. 191. Räumliches System für Beispiel 22.

Die nächste Projektion (Aufriß) wird so gezeichnet, daß die Verbindungslinie der Endpunkte in ihrer wahren Länge erscheint. Dann ist auch L_2 in seiner wahren Länge zu sehen (Abb. 192b).

Die dritte Projektion (Grundriß) ist wiederum so darzustellen, daß die Verbindungslinie der Endpunkte in ihrer wahren Länge erscheint (Abb. 192c).

Jetzt wird für Aufriß und Grundriß getrennt nach MITCHELL die Lage der neutralen Achse bestimmt, wobei diese parallel zur Endpunktverbindungslinie angenommen wird. Dazu muß die Schwerpunktslage für Aufriß und Grundriß berechnet werden.

Mit den Abmessungen der Abb. 192b und c wird der Abstand der neutralen Achse in bekannter Weise:

$$n_1 = \frac{10 \cdot 2{,}05 - 20 \cdot 2{,}6 - 15 \cdot 4{,}6}{45} = -2{,}23\ \text{m},$$

$$n_2 = \frac{10 \cdot 4{,}15 + 20 \cdot 8{,}35 + 15 \cdot 4{,}15}{45} = 6{,}02\ \text{m}.$$

Die neutrale Achse wird genau im Auf- und Grundriß eingezeichnet und die Abstände aller Endpunkte von dieser abgemessen. Die willkürlich gewählten Vorzeichen der Richtungen haben n_1 negativ und n_2 positiv ergeben. Die entgegengesetzte Richtung von der neutralen Achse erhält jeweils das andere Vorzeichen. Mit diesen in der Abb. 192b und c

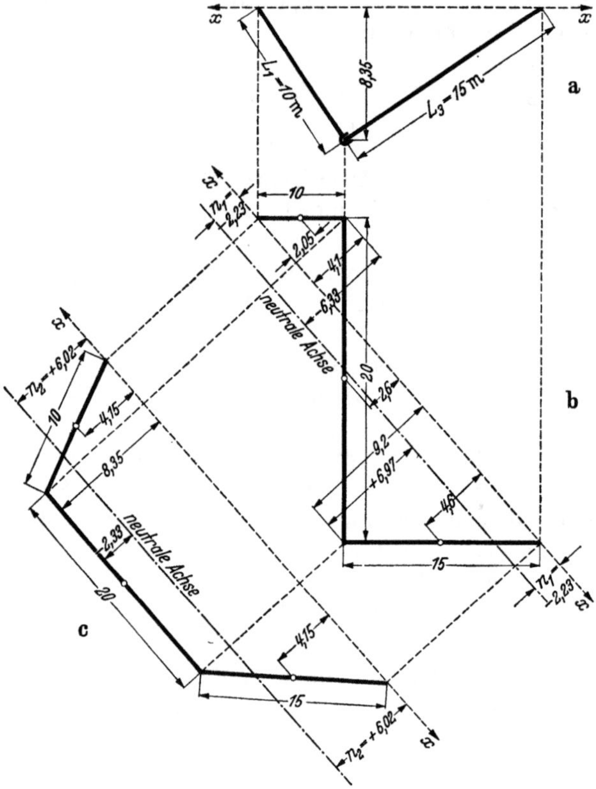

Abb. 192. Projektionen des räumlichen Systems nach MITCHELL.

eingetragenen Maßen erhält man für das auf die neutrale Achse (Kraftachse) bezogene Trägheitsmoment des Systems mit Hilfe der vorgenannten Gleichung folgende Werte für jeden der Schenkel:

$$J_{x1} = \frac{10}{3}\left[(-2{,}23)^2 + (-2{,}23)(-6{,}33) + (-6{,}33)^2 + \right.$$
$$\left. + 6{,}02^2 + 6{,}02\,(-2{,}33) + (-2{,}33)^2\right] \qquad = \quad 290{,}0\ \mathrm{m}^3$$
$$J_{x2} = \frac{20}{3}\left[(-6{,}33)^2 + (-6{,}33)\cdot 6{,}97 + 6{,}97^2 + \right.$$
$$\left. + (-2{,}33)^2 + (-2{,}33)(-2{,}33) + (-2{,}33)^2\right] \qquad = \quad 405{,}5\ \mathrm{m}^3$$
$$J_{x3} = \frac{15}{3}\left[6{,}97^2 + 6{,}97\cdot(-2{,}23) + (-2{,}23)^2 + \right.$$
$$\left. + (-2{,}33)^2 + (-2{,}33)\cdot 6{,}02 + 6{,}02^2\right] \qquad = \quad 328{,}5\ \mathrm{m}^3$$
$$J_P = 1024{,}0\ \mathrm{m}^3$$

Der Elastizitätswert des Systems ist also $J_P = 1024 \text{ m}^3$. Die gerade Entfernung der Festpunkte ist

$$L_0 = \sqrt{L_1^2 + L_2^2 + L_3^2} = 26{,}93 \text{ m}.$$

Die Gesamtwärmedehnung daher

$$\Delta = L_0 \cdot \alpha = 26{,}93 \cdot 0{,}616 = 16{,}6 \text{ cm}.$$

Mit diesen Werten ist die Gesamtkraft ohne Vorspannung

$$P = \frac{\Delta \cdot E \cdot J}{J_P \cdot 10^6} = \frac{16{,}6 \cdot 1{,}86 \cdot 10^6 \cdot 10450}{1024 \cdot 10^6} = \underline{315 \text{ kg}}.$$

Der richtige Wert der Gesamtkraft beträgt

$$P = 472 \text{ kg}$$

für ein System mit biegungssteifen Ecken.

Auch hier ist also der Unterschied 50% und es soll daher nochmals vor der gedankenlosen Anwendung dieses Verfahrens gewarnt werden.

Diese kurzen Erläuterungen dürften für die Kennzeichnung dieses Verfahrens genügen.

e) Kritischer Vergleich der Berechnungsverfahren für räumliche Systeme.

Für die Ermittlung der Elastizität von räumlichen Systemen wurden in den Abschnitten a) bis d) verschiedene Berechnungsverfahren angegeben. Die im Abschnitt B II/3g gegebene kritische Betrachtung der Anwendbarkeit und Genauigkeit der Verfahren gilt sinngemäß auch hier. Dieser Hinweis dürfte genügen, um Wiederholungen zu vermeiden.

Bei der Untersuchung räumlicher Systeme läßt sich die genaue Rechnungsweise nicht umgehen. Jede Vereinfachung, insbesondere in bezug auf die Lage der Hauptkraft, führt unweigerlich zu wesentlichen Abweichungen in den Ergebnissen. Deswegen verliert das auf der MITCHELLschen Annahme aufgebaute Verfahren seine Bedeutung, da der Fehler in der Größe der Kraft überraschend groß werden kann.

Die einzige Vereinfachung, die ohne wesentlichen Einfluß auf das Endergebnis bleibt, besteht in dem Ersatz der Rohrbiegungen durch biegungssteife Ecken. Der Arbeitsaufwand wird dadurch ganz bedeutend herabgesetzt.

Diese Vereinfachung ist aber nur dann statthaft, wenn der Anteil der gebogenen Längen im Verhältnis zur Gesamtlänge des Systems klein ist. Ist der Anteil der Bogen groß, so darf man diese nicht vernachlässigen, wenn eine befriedigende Genauigkeit verlangt wird.

Im übrigen ist besonders bei der Berechnung räumlicher Systeme jede Rechnungserleichterung unbedingt zu begrüßen. Jenes Verfahren, welches ohne Einbuße an Genauigkeit die geringsten Anforderungen an die Aufmerksamkeit des Ingenieurs stellt, verdient hier zweifellos den Vorzug.

Der Verfasser hofft, mit seinem Vorschlag ein Berechnungsverfahren räumlicher Systeme geschaffen zu haben, welches allen Anforderungen gerecht wird und den Arbeitsaufwand auf ein Mindestmaß herabsetzt.

IV. Zusammenfassende Beurteilung der Elastizitätsberechnung.

Während in den vorangegangenen Abschnitten gezeigt wurde, auf welche Art die Elastizität eines ebenen oder räumlichen Systems ermittelt wird, um daraus die durch die Wärmedehnung in ihm hervorgerufenen Kräfte und Spannungen zu berechnen, sollen nachstehend einige Anhaltspunkte für die Auswertung und Beurteilung der ermittelten Spannungsgrößen gegeben werden.

Die Größe der Spannung läßt nur bei einachsigem Spannungszustand eine unmittelbare Bezugnahme auf die zulässige Werkstoffanstrengung zu. Im Rohrleitungsbau hat man es aber durchweg mit einem mindestens zweiachsigen (ebenen), meistens jedoch mit einem dreiachsigen Spannungszustand zu tun und es heißt also, die ermittelten Beanspruchungen in ihrer Gesamtwirkung zu erfassen.

Hier beginnt bereits die Schwierigkeit der richtigen Beurteilung des gegebenen mehrachsigen Spannungszustandes. Die meisten zu technischen Zwecken durchgeführten Werkstoffprüfungen geben uns nur ein Bild über das Verhalten des Werkstoffes unter einachsiger Belastung. Man hat wenigstens stets das Bestreben, den Prüfstab so einzuspannen und so zu belasten, daß sich ein möglichst gleichmäßiger Spannungszustand ausbilden kann, bei dem zwei Hauptspannungen gleich Null sind, während die dritte Hauptspannung entweder eine Zugspannung oder eine Druckspannung ist. In dieser Weise wird, wie eingangs erläutert wurde, die Zugfestigkeit, Streckgrenze bzw. Dauerstandfestigkeit des Werkstoffes ermittelt.

In welchem Verhältnis darf nun der durch die Betriebsbedingungen gegebene mehrachsige Spannungszustand zu der in der Prüfanstalt festgelegten einachsigen Werkstoffestigkeit höchstens stehen, ohne daß die Gefahr einer bleibenden Formänderung oder gar die eines Bruches gegeben ist?

Das ist eine bis heute noch stark umstrittene Frage, deren Beantwortung nur durch zahlreiche Versuche und genaue Beobachtungen in der Praxis möglich ist.

Bevor auf die verschiedenen in dieser Beziehung aufgestellten Theorien näher eingegangen wird, soll der Einfluß der Hauptursachen der auftretenden Beanspruchungen kritisch betrachtet werden.

1. Einfluß von Druck und Temperatur.

Zweifellos wird ein ursprünglich spannungsfreies Rohrsystem bei der Erwärmung durch den durchströmenden Dampf in zweifacher Hinsicht beansprucht: erstens durch den Druck des Dampfes und zweitens durch die infolge der Erwärmung hervorgerufene Wärmedehnung. Solange der Dampfdruck im Rohr besteht, wird auch der Rohrquerschnitt in ganz bestimmter Art beansprucht. Die Beanspruchung verschwindet, sobald der Druck im Rohr auf Null herabgesunken ist.

Nicht ganz so einfach liegen die Verhältnisse in bezug auf die Wärmedehnung. Bekanntlich wird jedes Rohrsystem bei der Montage mit einer Vorspannung eingebaut, die einen Teil — meistens 50% — der Gesamtwärmedehnung ausmacht. Dadurch ist ein auf diese Art vorgespanntes Rohrsystem schon im kalten Zustand nicht spannungslos. Bei der Erwärmung wird die Vorspannung in umgekehrter Richtung durchlaufen, der Spannungszustand sinkt zuerst, bis der neutrale Zustand — entsprechend dem Grade der Vorspannung — erreicht ist. In diesem Augenblick ist das System, abgesehen von den durch den Innendruck bedingten Beanspruchungen, spannungslos. Mit fortschreitender Erwärmung steigt der Spannungszustand mit umgekehrtem Vorzeichen an, bis die Betriebstemperatur erreicht ist.

Sind nun die durch die Wärmedehnung bedingten Biegungsspannungen im Rohrsystem im Betriebszustand so hoch, daß sie örtlich über der Elastizitätsgrenze liegen, so findet eine plastische Verformung statt, wodurch ein Abbau der zu hohen Spannungen bis auf die Elastizitätsgrenze erfolgt. Diese bleibende Verformung kommt einer selbsttätigen Erhöhung der Vorspannung gleich. Man hätte nämlich den gleichen Zustand erreichen können, wenn man von vornherein die Vorspannung um so viel höher gewählt hätte als es dem Maß des Spannungsabbaues entspricht.

Nachdem sich der Werkstoff durch Abbau der zu hohen Spannungen selbsttätig geholfen hat, stellt sich ein stabiler Zustand ein; eine weitere Veranlassung liegt nicht vor, um die Möglichkeit eines fortschreitenden Spannungsabbaues zu erklären.

In Wirklichkeit dürfte dieser Zustand kaum jemals erreicht werden, da, abgesehen von den Werkstoffeigenschaften, noch ganz andere wichtigen Umstände dazu zwingen, nur äußerst elastische Rohrsysteme anzuwenden. Für die Beurteilung der Elastizität eines Rohrsystems sind nämlich nicht nur die auftretenden Biegungsspannungen und ihr Verhältnis zur zulässigen Werkstoffanstrengung maßgebend; einen nicht minder beachtenswerten Maßstab bilden die Biegungsmomente an den Enden des Systems, wo zumeist Flanschverbindungen angeordnet sind. Diese würden infolge der zusätzlichen Beanspruchung durch die Biegungsmomente in den meisten Fällen bei zu starren Systemen Anlaß zu Undichtigkeit geben. Schon aus diesem Grunde wird man die zulässigen Biegungsmomente und damit auch die zulässige Werkstoffanstrengung sehr vorsichtig wählen. Dadurch ist die Forderung einer ausreichenden Mindestelastizität des Systems gegeben, so daß dann natürlich kaum an irgendeiner Stelle eine bleibende Formänderung zu erwarten ist.

Die in letzter Zeit von Prof. E. Siebel gelegentlich ausgesprochene Ansicht, daß für die Beurteilung des Spannungszustandes in einem Rohrsystem nur die durch den Innendruck hervorgerufenen Beanspruchungen maßgebend sind, während die der Wärmedehnung zuzuschreibenden Spannungen durch Abbau ihre Bedeutung verlieren, darf nach Ansicht des Verfassers nicht wörtlich aufgefaßt werden. Zweifellos werden die an einzelnen Stellen des Rohrsystems — z. B. in Rohrbogen — auftretenden besonders hohen Spannungen, die aber eindeutig den Charakter von örtlichen Spannungsspitzen aufweisen, durch ebenfalls örtlich erfolgende plastische Verformung der angrenzenden Werkstoffteile abgebaut. Sie brauchen daher auch nicht bei der Beurteilung des übrigen Spannungszustandes in Betracht gezogen werden, soweit es sich eindeutig um örtliche Spannungsspitzen handelt. Die Vermutung eines weiteren Abklingens der durch die Wärmedehnung bedingten Beanspruchungen kann weder entsprechend begründet werden, noch entspricht sie den Beobachtungen der Praxis. Es müßte nämlich dann bei der Demontage von längere Zeit in Betrieb gewesenen Rohrsystemen eine Vergrößerung der Vorspannung bis nahe an 100% festgestellt werden, was jedoch bisher vom Verfasser nirgends beobachtet wurde.

Zur Zeit ist vom Rohrleitungs-Verband (RV) die Durchführung einer Versuchsreihe in Aussicht genommen, die unter anderem auch diese Frage klarstellen soll.

Die Bedeutung der Wärmespannungen müßte richtiger von folgendem Gesichtspunkt aus betrachtet werden. Beim Entwurf des Rohrleitungsnetzes, insbesondere für eine Hochdruckanlage mit hoher Betriebstemperatur, muß für jedes Rohrsystem ein Höchstmaß an Elastizität, welches sich unter Berücksichtigung der räumlichen Verhältnisse vereinbaren läßt, angestrebt werden. Dann werden die durch die Wärmedehnung bedingten Spannungen von selbst so niedrig ausfallen, daß ihre Bedeutung neben den Beanspruchungen durch den Innendruck nicht mehr überwiegt.

2. Zusammensetzung der Beanspruchungen.

Die in der Festigkeitslehre am häufigsten auftretenden Fälle des Spannungszustandes sind:

I. die einachsige Normalspannung;

II. die reine Schubspannung;

III. einachsige Normalspannung mit gleichzeitig auftretender Schubspannung;

IV. der dreiachsige Spannungszustand mit bekannten Hauptspannungen $\sigma_1 > \sigma_2 > \sigma_3$.

Im Rohrleitungsbau hat man es fast immer mit dem letzten Fall zu tun, d. h. es liegt der dreiachsige Spannungszustand vor.

Bei der Zusammensetzung der im Körper wirkenden Beanspruchungen taucht die Frage auf: welches sind die Bedingungen, die zu einem Bruch oder zu einer bleibenden Formänderung des Körpers führen?

Es kann entweder ein bestimmter Spannungszustand oder eine Formänderung dafür entscheidend sein. Die Lösung dieser Frage kann nur auf Grund von Erfahrungen, d. h. mit Hilfe von eingehenden Versuchen mehr oder weniger eindeutig herbeigeführt werden. Hierin liegt aber auch die Schwierigkeit der Untersuchung, da die Schaffung eines ganz bestimmten mehrachsigen Spannungszustandes und seine klare Umgrenzung auf dem Versuchswege bisher nicht gelungen ist.

Dieses ist aber notwendig, um zu entscheiden, welche von den dazugehörigen Größen für die Bruchgefahr oder für eine plastische Verformung unmittelbar entscheidend sind.

Schon sehr früh trat diese Frage an den Ingenieur heran. Die älteste, aus England stammende Auffassung besagte, daß die größte an irgendeiner Stelle des Körpers auftretende Spannung einen Maßstab für die Anstrengung des Körpers darstellt. Diese Theorie wurde daher als „Größtspannungshypothese" bezeichnet. So sinnfällig diese Auffassung auch sein mag, so wenig konnte sie den bisherigen Forschungsergebnissen entsprechen.

Um die Mitte des vorigen Jahrhunderts wurde von den Franzosen die Annahme eingeführt, daß ε_{max}, d. h. die größte Dehnung ein Maß für die gefährlichste Anstrengung des Werkstoffes darstellt. Diese sog. „Größtdehnungshypothese" fand auch in Deutschland zahlreiche prominente Anhänger, wie z. B. Grashof und Bach, und hat bis in die heutige Zeit ihre Bedeutung nur wenig eingebüßt.

Große Beachtung fand die auf Versuchen von Guest gestützte Auffassung, daß nicht eine der Normalspannungen, sondern die größte Schubspannung ein Maß für die Bruchgefahr bildet. Sie wurde daher als „Größt-Schubspannungshypothese" bezeichnet und erhielt in Deutschland durch Mohr[1] eine wesentliche Erweiterung. Die von Mohr vertretene Ansicht stimmt für die schmiedbaren Metalle mit der von Guest im wesentlichen überein. Gestützt auf das von Mohr entworfene Spannungsschaubild Abb. 193 sagt er aus, daß bei einem gegebenen Spannungszustand σ_x, σ_y und σ_z die günstigsten Bedingungen für das Auftreten eines Bruches oder auch nur einer bleibenden Formänderung dort

[1] Mohr, O.: Technische Mechanik. Berlin: W. Ernst & Sohn 1928.

vorliegen, wo σ und τ oder beide zusammen in irgendeiner Verbindung den größten vorkommenden Wert erreichen. Aus dem Spannungsschaubild Abb. 193 ist aber sofort ersichtlich, daß durch den größten der drei Kreise zu jedem σ gleichzeitig der zugehörige Wert von τ bestimmt ist. Nach MOHR kommt es also bei der Beurteilung der Werkstoffanstrengung nur auf diesen größten Kreis des Spannungsschaubildes an; zwei verschiedene Spannungszustände sind also gleichwertig, wenn sie in diesem größten Kreise, den MOHR den Hauptkreis nennt, miteinander übereinstimmen. Hiernach kommt es auf die mittlere der drei Hauptspannungen überhaupt nicht an, sondern algebraisch genommen nur auf die größte und die kleinste Hauptspannung.

Neuere Versuche haben ergeben, daß für metallische Werkstoffe, die eine gut ausgeprägte Fließgrenze besitzen, der plastische Zustand eintritt, wenn die Summe der Quadrate der Hauptspannungsunterschiede

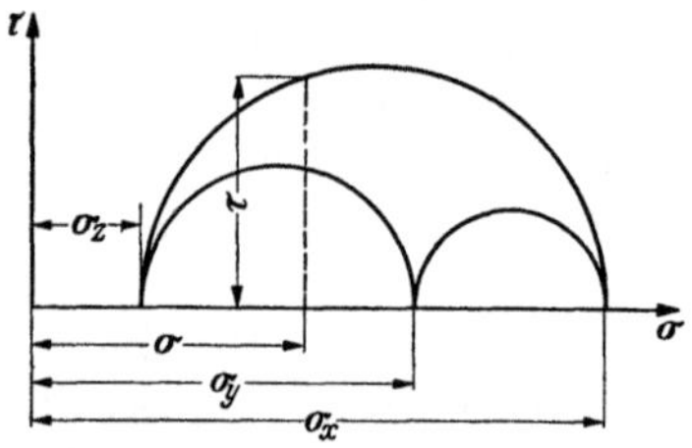

Abb. 193. Spannungskreis nach MOHR.

$$(\sigma_x - \sigma_y)^2 + (\sigma_y - \sigma_z)^2 + (\sigma_z - \sigma_x)^2 = 2 \cdot \sigma_0^2 = \text{konst.}$$

einen bestimmten Wert annimmt. Hier bedeutet σ_0 die Fließgrenze für reine Zugbeanspruchung, denn wenn man $\sigma_y = \sigma_z = 0$ setzt, wird

$$\sigma_x = \sigma_0.$$

Diese Auffassung ist mit der von dem polnischen Forscher M. T. HUBERT (Lemberg) aufgestellten Theorie der Gestaltänderung in gewissem Sinne verwandt.

HUBERT faßt seine Ansicht in folgendem Satz zusammen: „Die Anstrengung des Werkstoffes wird bestimmt durch die Summe jener Teile der bezogenen Formänderungsarbeit, welche durch reine Gestaltänderung und durch reine Volumenvergrößerung bedingt sind."

Nach HENKY[1] wird, unabhängig von der durch HUBERT gegebenen Einschränkung, der Anteil der Volumenvergrößerung außer Acht gelassen und die reine Gestaltänderungsarbeit in Ansatz gebracht. Nach dieser Auffassung muß unmittelbar vor dem Überschreiten der Elastizitätsgrenze, also vor Beginn der plastischen Verformung, die Formänderungsarbeit einen Größtwert aufweisen. Diese Theorie führt den Namen „Gestaltänderungsenergiehypothese" und dürfte nach dem heutigen Stande der Forschung am besten den tatsächlichen Verhältnissen entsprechen.

Im neuzeitlichen Rohrleitungsbau wird daher vorwiegend auf dieser Grundlage gerechnet.

Die vorstehend gegebenen allgemeinen Ausführungen sollen nachstehend noch kurz erläutert und ergänzt werden.

[1] HENKY: Zur Theorie plastischer Deformationen. Z. angew. Math. Mech. Bd. 4 (1924) H. 4, S. 323.

a) Größtspannungshypothese.

Sie ist durch ihre Bezeichnung bereits klargestellt. Bei den eingangs erwähnten Spannungszuständen II bis IV werden die größte Zugspannung $\sigma_{\max} > 0$ und die größte Druckspannung $\sigma_{\min} < 0$ gefunden. Die gleichwertigen einachsigen Normalspannungen sind dann

$$\sigma_v = \sigma_{\max} \text{ für Zug}$$

und

$$\sigma_{dv} = \sigma_{\min} \text{ für Druck.}$$

Diese Vergleichspannungen müssen kleiner sein, als die dem Werkstoff entsprechende zulässige Beanspruchung k_{zul}, d. h.

$$\sigma_v = \sigma_{\max} \leqq k_{zul} \text{ für Zug}$$

und sinngemäß für Druck.

Diese einfachste Theorie hat insofern eine praktische Bedeutung, als sie dem behördlichen Dampfkesselgesetz zugrunde gelegt ist.

b) Größtdehnungshypothese.

Bei einem zweiachsigen Spannungszustand σ_x und σ_y gilt für die Dehnung in der x-Richtung bekanntlich

$$\varepsilon_1 = \varepsilon_x - \frac{1}{m}\varepsilon_y$$

und in der y-Richtung

$$\varepsilon_2 = \varepsilon_y - \frac{1}{m}\varepsilon_x .$$

Der Dehnung ε_x entspricht die wirkliche Hauptspannung σ_x, wobei nach dem Hookeschen Gesetz $\varepsilon_x = \alpha \cdot \sigma_x$ ist. Das gleiche gilt auch für $\varepsilon_y = \alpha \cdot \sigma_y$. Daraus folgt

$$\varepsilon_1 = \alpha \cdot \sigma_x - \frac{1}{m}\alpha \cdot \sigma_y$$

und

$$\varepsilon_2 = \alpha \cdot \sigma_y - \frac{1}{m}\alpha \cdot \sigma_x ,$$

oder umgeformt

$$\frac{\varepsilon_1}{\alpha} = \sigma_x - \frac{1}{m}\sigma_y \quad \text{und} \quad \frac{\varepsilon_2}{\alpha} = \sigma_y - \frac{1}{m}\sigma_x .$$

Auf der rechten Seite haben wir wirkliche Spannungen, während auf der linken Seite eine durch α dividierte Dehnung steht. Diese Dehnung ist wirklich, aber der Quotient ε_1/α bzw. ε_2/α ist keine wirkliche Spannung, sondern kann unter Zugrundelegung des Hookeschen Gesetzes als eine gedachte Spannung gewertet werden, die den durch die beiden wirklichen Spannungen σ_x und σ_y hervorgerufenen Formänderungszustand für sich allein hervorrufen würde.

Man nennt ε/α die **reduzierte Spannung** und schreibt

$$\sigma_{\text{red}} = \sigma_x - \frac{1}{m}\,\sigma_y\,.$$

Für den dreiachsigen Spannungszustand Fall IV: $\sigma_x > \sigma_y > \sigma_z$ gilt diese Gleichung in ähnlicher Form, und zwar

$$\sigma_{\text{red}} = \sigma_x - \frac{1}{m}\,(\sigma_y + \sigma_z) \qquad \text{(falls positiv)}$$

bzw.

$$\sigma'_{\text{red}} = \sigma_z - \frac{1}{m}\,(\sigma_x + \sigma_y) \qquad \text{(falls negativ).}$$

Im Fall III, d. h. bei einachsiger Normalspannung σ und gleichzeitiger Schubspannung τ wird

$$\sigma_{\text{red}} = \frac{m-1}{2\cdot m}\,\sigma \pm \frac{m+1}{2\cdot m}\,\sqrt{\sigma^2 + 4\cdot\tau^2} \qquad \begin{array}{l} + \text{ wenn positiv,} \\ - \text{ wenn negativ.} \end{array}$$

Nimmt man den Fall II der reinen Schubbeanspruchung an, so wird mit $\sigma = 0$

$$\sigma_{\text{red}} = \frac{m+1}{m}\,\tau\,.$$

Hierin erreicht τ den zulässigen Wert, wenn man σ_{red} durch σ_{zul} ersetzt

$$\tau_{\text{zul}} = \frac{m}{m+1}\,\sigma_{\text{zul}} = 0{,}77\cdot\sigma_{\text{zul}},$$

wenn $m = \frac{10}{3}$ eingesetzt wird.

Dieses Verhältnis $\tau_{\text{zul}} : \sigma_{\text{zul}}$ stimmt mit den neueren Versuchen nicht überein. Man hat daher die Annahme, die größte Dehnung sei für den Bruch maßgebend, fallen gelassen.

c) Größtschubspannungshypothese.

Die von Mohr aufgestellte Theorie der größten Schubspannung führt unter Berücksichtigung seines Spannungsschaubildes Abb. 193 bei einem dreiachsigen Spannungszustand (Fall IV) zwangsläufig zu der Schlußfolgerung, daß die Differenz der algebraisch größten und kleinsten Spannung ein Maß für die Anstrengung des Werkstoffes darstellt.

Die Vergleichspannung ist also bei $\sigma_x > \sigma_y > \sigma_z$

$$\sigma_v = \sigma_x - \sigma_z = \sigma_{\max} - \sigma_{\min}\,.$$

Nach Winkel[1] ist für den ebenen, d. h. zweiachsigen Spannungszustand

$$\sigma_x = \sigma_{\max} = \frac{\sigma_u - \sigma_v}{2} + \frac{1}{2}\sqrt{(\sigma_u - \sigma_v)^2 + 4\cdot\tau^2}\,,$$

$$\sigma_z = \sigma_{\min} = \frac{\sigma_u + \sigma_v}{2} - \frac{1}{2}\sqrt{(\sigma_u - \sigma_v)^2 + 4\cdot\tau^2}\,.$$

[1] Winkel, H.: Festigkeitslehre für Ingenieure, S. 57. Berlin: Julius Springer 1927.

Die Bedeutung von σ_u und σ_v geht aus Abb. 194 hervor. Setzt man die Werte für σ_x und σ_z ein, so erhält man

$$\sigma_v = \sqrt{(\sigma_u - \sigma_y)^2 + 4 \cdot \tau^2}.$$

Diese Gleichung ergibt für den Fall der reinen Schubbeanspruchung, d. h. bei $\sigma_u = \sigma_v = 0$

$$\sigma_v = 2 \cdot \tau$$

und somit

$$\tau_{\text{zul}} = 0{,}5 \cdot \sigma_{\text{zul}}.$$

Dieses Verhältnis von τ zu σ entspricht viel besser den neueren Versuchsergebnissen, als der aus der Dehnungstheorie errechnete Wert.

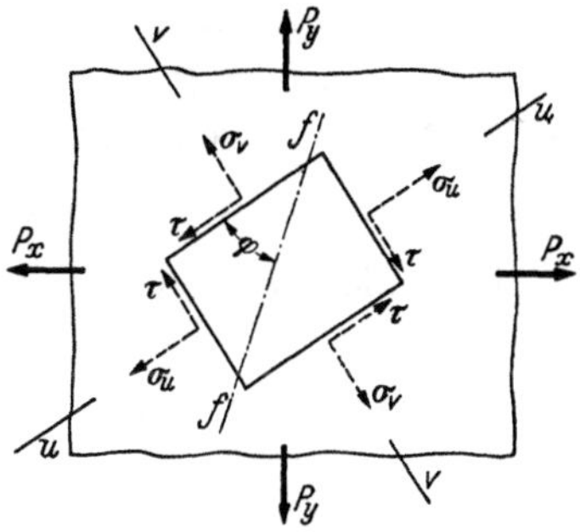

Abb. 194. Ebener Spannungszustand. (Aus H. WINKEL: Festigkeitslehre für Ingenieure).

d) Gestaltänderungsenergiehypothese.

Nach HUBER bildete die Summe der Arbeitsanteile für die reine Gestaltänderung und für die reine Volumenvergrößerung ein Maß für die Anstrengung des Werkstoffes.

FÖPPL[1] entwickelt für den ersten Anteil der Formänderungsarbeit die Beziehung

$$A_g = \frac{1}{12 \cdot G}\left[(\sigma_x - \sigma_y)^2 + (\sigma_y - \sigma_z)^2 + (\sigma_z - \sigma_x)^2\right] + \frac{1}{2 \cdot G}(\tau_{xy}^2 + \tau_{yz}^2 + \tau_{zx}^2) \quad (116)$$

und für den Anteil der Volumenvergrößerung

$$A_p = \frac{m-2}{12(m+1) \cdot G}\sigma^2.$$

Darin ist $G = \frac{m \cdot E}{2(m+1)}$ der Gleitmodul des Werkstoffes, σ_x, σ_y und σ_z die drei Normalspannungen und τ_{xy}, τ_{yz} und τ_{zx} die drei Schubspannungen.

Nach HENKY wird der die Volumenvergrößerung betreffende Arbeitsanteil A_p außer Acht gelassen; es bleibt somit nur die reine Gestaltänderungsarbeit A_g als Maß für die Werkstoffanstrengung bestehen.

Um eine Bezugsspannung zu erhalten, setzen wir in Gleichung (116) alle Normalspannungen mit Ausnahme von einer (der Bezugsspannung) und alle Schubspannungen gleich Null und erhalten

$$A_g = \frac{\sigma_v^2}{6 \cdot G}. \quad (117)$$

Die Beziehungen (116) und (117) gleichgesetzt, wird

$$\frac{\sigma_v^2}{6 \cdot G} = \frac{1}{12 \cdot G}\left[(\sigma_x - \sigma_y)^2 + (\sigma_y - \sigma_z)^2 + (\sigma_z - \sigma_x)^2\right] + \frac{1}{2 \cdot G}(\tau_{xy}^2 + \tau_{yz}^2 + \tau_{zx}^2).$$

[1] FÖPPL: Drang und Zwang, Bd. I S. 40.

Gewöhnlich hat man es nur mit einer Schubspannung zu tun; daraus folgt also

$$\sigma_v = \sqrt{0{,}5\left[(\sigma_x - \sigma_y)^2 + (\sigma_y - \sigma_z)^2 + (\sigma_z - \sigma_x)^2\right] + 3\cdot\tau^2}. \qquad (118)$$

Das ist die allgemeine, für einen dreiachsigen Spannungszustand gültige Vergleichspannung, wobei wieder $\sigma_v \leq k_{zul}$ sein muß.

Bei einem ebenen, also zweiachsigen Spannungszustand, wie er im Rohrleitungsbau z. B. an der Außenhaut eines räumlichen Rohrsystems herrscht ($\sigma_z = 0$) vereinfacht sich Gleichung (118) in

$$\sigma_v = \sqrt{\sigma_x^2 + \sigma_y^2 - \sigma_x\cdot\sigma_y + 3\cdot\tau^2}. \qquad (119)$$

Im Falle einer reinen Schubbeanspruchung, d. h. $\sigma_x = \sigma_y = \sigma_z = 0$ ist

$$\sigma_v = \tau\cdot\sqrt{3}$$

und daraus findet man

$$\tau_{zul} = 0{,}577\cdot\sigma_{zul}$$

gegenüber $0{,}5\cdot\sigma_{zul}$ nach Mohr. Die gute Übereinstimmung des Mohrschen Wertes mit den Versuchsergebnissen ist erwiesen und, da der Unterschied gegenüber demjenigen nach der Theorie von Henky nur klein ist, kann diese Annahme ebenfalls als befriedigend angesehen werden.

e) Anwendung.

Jetzt soll die Anwendung des vorhin Gesagten im einzelnen erläutert werden. Zu diesem Zweck werden alle in Frage kommenden Beanspruchungen in bezug auf ihre Richtung und Lage zu untersuchen sein.

Spannungen parallel zur Rohrachse.

Es soll die Richtung parallel zur Rohrachse mit x bezeichnet werden; dann stehen die y- und die z-Achse senkrecht zur Rohrachse.

In erster Linie ist die dem Innendruck p zuzuschreibende Axialspannung nach Gleichung (18a) zu berücksichtigen:

$$\sigma_a = \frac{p\cdot d^2}{400\,(d+s)\cdot s} \quad \text{in kg/mm}^2.$$

Diese Beanspruchung ist über den ganzen Rohrquerschnitt konstant.

In der gleichen Richtung, also axial, wirkt auch die Biegungsspannung σ_b als Folge der Wärmedehnung.

Hier muß die Stelle der in Betracht kommenden Biegungsspannung berücksichtigt werden.

Im geraden Rohrstück beträgt die Biegungsspannung nach Gleichung (36) bzw. (37)

$$\sigma_{b_a} = \frac{M_b\cdot D}{200\cdot J} \quad \text{in kg/mm}^2 \text{ an der Außenhaut}$$

bzw.

$$\sigma_{b_i} = \frac{M_b\cdot d}{200\cdot J} \quad \text{in kg/mm}^2 \text{ an der Innenhaut}$$

des Rohres.

In den Rohrbogen kommt die Wirkung der Querschnittsabflachung zur Geltung, so daß dort nach dem Abschnitt B II/2c ein zusätzlicher Faktor β (aus Abb. 59) zu berücksichtigen ist. Die Gleichung (66) lautet dann $\sigma_L = \frac{M_b \cdot D}{200 \cdot J} \beta$ in kg/mm² an der Außenhaut des Rohres. An der Innenhaut muß D durch d ersetzt werden.

M_b ist das an der betrachteten Stelle des Rohrsystems herrschende Biegungsmoment in cmkg, welches aus der Elastizitätsberechnung ermittelt wurde.

Bei räumlichen Systemen muß das resultierende Biegungsmoment

$$M_{\text{res}} = \sqrt{M_{xy}^2 + M_{xz}^2}$$

eingesetzt werden.

Infolge der in Richtung der Rohrachse fallenden Komponente X der Reaktionskraft entsteht im Rohrquerschnitt noch eine Druckspannung

$$\sigma_d = \frac{X}{\frac{\pi}{4}(D^2 - d^2)}.$$

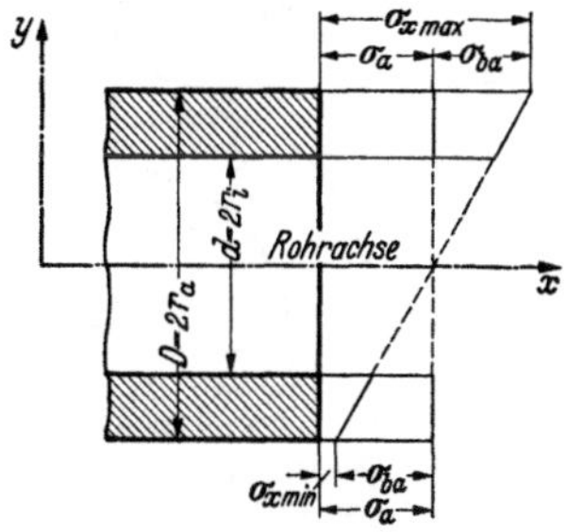

Abb. 195. Überlagerung der axial gerichteten Spannungen im Rohrquerschnitt für ein in der xy-Ebene wirkendes Biegungsmoment.

Diese Beanspruchung ist, wie man sich leicht überzeugen kann, sehr klein und kann daher vernachlässigt werden.

Damit erhält man für die Gesamtspannung in Richtung der Rohrachse an der Außenhaut des geraden Rohres:

$$\sigma_x = \sigma_a + \sigma_{b_a} = \frac{p \cdot d^2}{400\,(d+s) \cdot s} + \frac{M_b \cdot D}{200 \cdot J} \text{ kg/mm}^2$$

und an der Außenhaut des Bogenrohres:

$$\sigma_x = \sigma_a + \sigma_L = \frac{p \cdot d^2}{400\,(d+s) \cdot s} + \frac{M_b \cdot D}{200 \cdot J} \beta \text{ kg/mm}^2.$$

In Abb. 195 ist die Verteilung der genannten Beanspruchungen über dem Rohrquerschnitt und ihre gegenseitige Überlagerung zu einer Gesamtaxialspannung $\sigma_{x\,\text{max}}$ und $\sigma_{x\,\text{min}}$ gezeigt.

Spannungen tangential zum Rohrumfang.

Durch den Innendruck p wird in der Rohrwand entsprechend den Gleichungen (23) und (22) eine Tangentialspannung erzeugt, und zwar an der Außenhaut:

$$\sigma_{t_a} = \frac{p \cdot 2 \cdot r_i^2}{100\,(r_a^2 - r_i^2)} = \frac{p \cdot d^2}{200\,(d+s) \cdot s} \quad \text{kg/mm}^2$$

und an der Innenhaut

$$\sigma_{t_i} = \frac{p \cdot (r_a^2 + r_i^2)}{100\,(r_a^2 - r_i^2)} = \sigma_{ta} + \frac{p}{100} \quad \text{kg/mm}^2.$$

Diese Spannungen können auch aus Abb. 16 in bequemer Weise abgelesen werden.

Im geraden Rohr wird durch die Wärmedehnung keine Tangentialspannung hervorgerufen, weder bei ebenen, noch bei räumlichen Systemen.

Dagegen wird durch die Abflachung im Rohrbogen infolge der Biegungsspannungen als Folge der Wärmedehnung gemäß Abschnitt B II/2c eine Querbiegespannung erzeugt, die ebenfalls tangential zum Rohrumfang gerichtet ist. Diese Beanspruchung ist nach Gleichung (69)

$$\sigma_q = \frac{M_b \cdot D}{200 \cdot J} \gamma \quad \text{kg/mm}^2,$$

wobei γ aus Abb. 62 entnommen werden kann.

Für räumliche Systeme ist wieder statt M_b das resultierende Moment

$$M_{\text{res}} = \sqrt{M_{xy}^2 + M_{xz}^2}$$

einzusetzen.

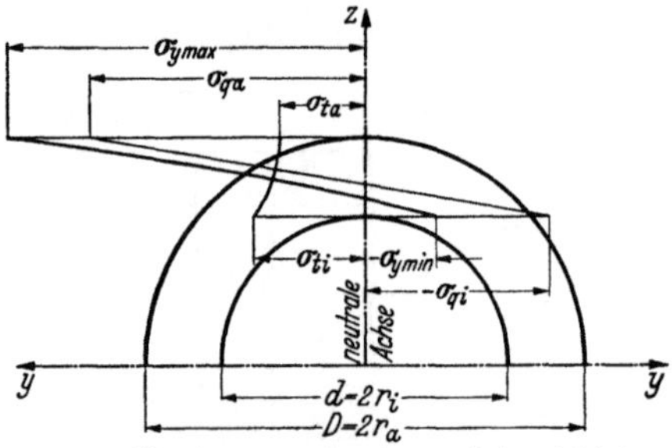

Abb. 196. Überlagerung der tangential gerichteten Spannungen im Bogenquerschnitt in der Ebene der neutralen Achse (xy = Biegungsebene).

Zu beachten ist, daß im Scheitel des Bogens die Querbiegespannung σ_q an der Innenhaut des Rohres mit der Tangentialspannung σ_{ti} gleichgerichtet und an der Außenhaut entgegengesetzt zu σ_{ta} wirkt. Die Überlagerung der Beanspruchungen tangential zum Bogenumfang in der Ebene der neutralen Achse erkennt man aus Abb. 196.

Die größte Gesamtspannung ist also nach Abb. 196

$$\sigma_y = \sigma_{ta} + \sigma_{qa} \quad \text{kg/mm}^2$$

außen in der Ebene der neutralen Achse bzw.

$$\sigma_z = \sigma_{ti} + \sigma_{qi} \quad \text{kg/mm}^2$$

an der Innenhaut des Rohres im Bogenscheitel.

Spannungen in radialer Richtung.

In Richtung des Rohrhalbmessers wirkt nur eine durch den Innendruck erzeugte Druckspannung, und zwar

$$\sigma_{r_i} = -\frac{p}{100} \quad \text{an der Innenhaut,}$$

$$\sigma_{r_a} = 0 \quad \text{an der Außenhaut.}$$

Schubspannungen.

In räumlichen Systemen treten als Folge der Wärmedehnung Drehmomente in der yz-Ebene auf, die Schubspannungen erzeugen

$$\tau = \frac{M_d \cdot D}{400 \cdot J} \quad \text{in kg/mm}^2.$$

Durch die quer zur Achse gerichtete Komponente Y oder Z der Reaktionskraft wird im Rohrquerschnitt ebenfalls eine Schubspannung hervorgerufen

$$\tau' = \frac{Y}{\frac{\pi}{4} \cdot (D^2 - d^2)} \quad \text{bzw.} \quad \frac{Z}{\frac{\pi}{4} \cdot (D^2 - d^2)}.$$

Jedoch ist diese Spannung äußerst klein und kann daher vernachlässigt werden.

Hiernach können die so ermittelten Normal- und Schubspannungen entsprechend den vorhin entwickelten Spannungshypothesen in die betreffenden Gleichungen eingesetzt werden. Die daraus berechnete Vergleichsspannung σ_v muß je nach den Betriebsverhältnissen und je nach der Genauigkeit der erfolgten Spannungsbestimmung einen angemessenen Abstand von der maßgebenden Werkstoffestigkeit (Warmstreckgrenze σ_{str} bzw. Dauerstandfestigkeit σ_{Dauer}) haben.

Dieses wird durch die Beziehung

$$\sigma_v \leqq \frac{\sigma_{\text{str}}}{S_1} \quad \text{bzw.} \quad \frac{\sigma_{\text{Dauer}}}{S_2}$$

ausgedrückt, worin S_1 und S_2 die verlangte Sicherheit gegenüber der Warmstreckgrenze bzw. Dauerstandfestigkeit darstellen.

Die auszuführende Rechnung soll an Hand eines Zahlenbeispiels erläutert werden.

Beispiel 23. Im Beispiel 20 wurden für den Punkt a des Systems nach Abb. 171 (gerades Rohrende) folgende Beanspruchungen berechnet:

$$\sigma_a = 2{,}69 \text{ kg/mm}^2; \quad \sigma_{b_a} = 7{,}05 \text{ kg/mm}^2 \text{ außen,}$$

$$\sigma_{b_i} = 5{,}86 \text{ kg/mm}^2 \text{ innen.}$$

Die Gesamtspannung in axialer Richtung beträgt danach an der Außenhaut

$$\sigma_{x_a} = 2{,}69 + 7{,}05 = 9{,}74 \text{ kg/mm}^2$$

bzw. an der Innenhaut

$$\sigma_{x_i} = 2{,}69 + 5{,}86 = 8{,}55 \text{ kg/mm}^2.$$

Ferner in tangentialer Richtung

$$\sigma_{t_a} = \frac{120 \cdot 148^2}{200 \cdot (148 + 15) \cdot 15} = 5{,}38 \text{ kg/mm}^2 \text{ außen,}$$

$$\sigma_{t_i} = 5{,}38 + \frac{120}{100} = 6{,}58 \text{ kg/mm}^2 \text{ innen.}$$

Da der Punkt a im geraden Rohrteil liegt, treten keine weiteren Tangentialspannungen auf, d. h.

$$\sigma_{y_a} = \sigma_{t_a} = 5{,}38 \text{ kg/mm}^2 \text{ außen,}$$

$$\sigma_{y_i} = \sigma_{t_i} = 6{,}58 \text{ kg/mm}^2 \text{ innen.}$$

In radialer Richtung wirkt nur der Innendruck, und zwar

$$\sigma_{r_a} = 0 \qquad \text{außen,}$$

$$\sigma_{r_i} = -\frac{p}{100} = -1{,}2 \text{ kg/mm}^2 \quad \text{innen.}$$

Zuletzt wirkt noch die Schubspannung

$$\tau_a = 0{,}52 \text{ kg/mm}^2 \quad \text{bzw.} \quad \tau_i = 0{,}432 \text{ kg/mm}^2.$$

Daraus ergibt sich entsprechend der Theorie von HENKY-HUBER nach Gleichung (119) für die Vergleichsspannung an der Außenhaut des Rohres in Punkt a (ebener Spannungszustand)

$$\sigma_{v_a} = \sqrt{9{,}74^2 + 5{,}38^2 - 9{,}74 \cdot 5{,}38 + 3 \cdot 0{,}52^2} = \sqrt{72{,}21}$$
$$= \underline{8{,}5 \text{ kg/mm}^2}$$

und an der Innenhaut nach Gleichung (118) für den dreiachsigen Spannungszustand

$$\sigma_{v_i} = \sqrt{0{,}5\,[(8{,}55 - 6{,}58)^2 + (6{,}58 + 1{,}2)^2 + (-1{,}2 - 8{,}55)^2] + 3 \cdot 0{,}432^2}$$
$$= \sqrt{0{,}5 \cdot 194{,}3 + 0{,}56} = \underline{9{,}89 \text{ kg/mm}^2}.$$

Man sieht also, daß die Vergleichspannung an der Innenhaut bedeutend höher ist als außen, wo nur ein ebener Spannungszustand ($\sigma_r = 0$) herrscht. Daher soll diese Vergleichsspannung als Maß für die Werkstoffanstrengung gewertet werden.

Der Chrom-Molybdän-Stahl, z. B. Marke TH 32, besitzt nach Tabelle 1 bei 510° C eine Dauerstandfestigkeit $\sigma_{\text{Dauer}} = 14$ kg/mm². Die verbleibende Sicherheit beträgt also

$$S = \frac{\sigma_{\text{Dauer}}}{\sigma_{v_i}} = \frac{14}{9{,}89} = \underline{1{,}42}.$$

Diese Sicherheit ist in Anbetracht der sehr genauen Spannungsbestimmung mehr als ausreichend.

Zum Vergleich soll das Maß der Werkstoffanstrengung auch nach den anderen vorher erläuterten Spannungstheorien für den gleichen Fall berechnet werden.

Nach der Größtspannungshypothese:

$$\sigma'_{v_a} = \sigma_{\max_a} = \sigma_{x_a} = 9{,}74 \text{ kg/mm}^2 \text{ außen},$$

$$\sigma'_{v_i} = \sigma_{\max_i} = \sigma_{x_i} = 8{,}55 \text{ kg/mm}^2 \text{ innen}.$$

Nach der Größtdehnungshypothese:

$$\sigma''_{v_a} = \sigma_{\text{red}} = 9{,}74 - \frac{3}{10} \cdot (5{,}38 + 0)$$
$$= 8{,}13 \text{ kg/mm}^2 \text{ außen},$$

$$\sigma''_{v_i} = 8{,}55 - \frac{3}{10} \cdot [6{,}58 + (-1{,}2)]$$
$$= 8{,}13 \text{ kg/mm}^2 \text{ innen (d. h.} = \sigma''_{v_a}).$$

Nach der Schubspannungshypothese:

$$\sigma'''_v = \sigma_{\max} - \sigma_{\min} = 8{,}55 - (-1{,}2)$$
$$= 9{,}75 \text{ kg/mm}^2.$$

Aus diesen Werten erkennt man, daß die Theorie von Henky-Huber die sicherste Grundlage für die Beurteilung der Werkstoffanstrengung bietet.

C. Berechnung der Flansche und Flanschverbindungen.

Im Hochdruck-Rohrleitungsbau stellt die Flanschverbindung einen am höchsten und meistens am ungünstigsten beanspruchten Bauteil dar. Schon die Tatsache, daß die Flanschverbindung am häufigsten als Anschlußteil an Formstücke, Wasserabscheider oder Maschinen in unmittelbarer Nähe der Festpunkte des Systems angeordnet wird, läßt erkennen, daß auch noch verhältnismäßig hohe zusätzliche Beanspruchungen durch Biegungsmomente von der Rohrleitung hinzukommen, die — wie bereits nachgewiesen wurde — am Festpunkt zumeist ihren Höchstwert erreichen.

Es ist daher sehr wichtig, die Art der Beanspruchungen und ihre Größe in den einzelnen Teilen der Flanschverbindung genau zu kennen. Nur dann ist die Gewähr gegeben, daß die Bemessung aller Teile zweckmäßig erfolgt, da die Wechselwirkung einzelner Maßnahmen beim Entwurf erst durch den rechnerischen Zusammenhang erkannt werden kann.

I. Allgemeine Grundlagen.

1. Grundsätzliche Bauarten.

Aus der Vielzahl der Ausführungen muß man grundsätzlich zwei Gruppen der Flanschenbauarten unterscheiden:

a) lose Flanschen,

b) feste Flanschen.

Die erste Gruppe umfaßt alle Ausführungen der losen Hinterlegflanschen hinter Bördeln, Stauchbunden, Aufschweiß- oder Vorschweißbunden, ähnlich Abb. 197. Die losen Flanschen werden meistens als ebene runde Scheiben ausgebildet und lassen sich als solche auf verhältnismäßig einfache Art berechnen; die Theorie der ebenen Platten gibt hierfür ausreichend genaue Hinweise. Im einzelnen soll später darauf noch näher eingegangen werden.

Das grundsätzliche Merkmal dieser Gruppe ist das Fehlen eines Werkstoffzusammenhanges zwischen Flansch und Rohr. Der Flansch liegt lose hinter dem Bund und kann sich ungehindert verformen. Umgekehrt kann sich auch das Rohr bzw. der Bund unabhängig vom Flansch ausdehnen. Das ist eine für Höchstdruck-Dampfleitungen besonders wichtige Eigenschaft dieser Bauart. Erfahrungsgemäß wird das Rohr und auch der Bund infolge der unmittelbaren Berührung mit dem Heißdampf schneller heiß als der Flansch. Sie bleiben auch im Betriebszustand etwas heißer. Durch diesen Temperaturunterschied dehnt sich der Bund gegenüber dem Flansch in radialer Richtung mehr aus, ohne daß unzulässige Schrumpfspannungen auftreten können. Diese Tatsache wird noch immer häufig übersehen, indem für Hochdruckleitungen mit hoher Betriebstemperatur feste Flansche gewählt werden, die in dieser Hinsicht ungünstig beansprucht werden.

Ein zweiter Vorteil des losen Flansches ist seine größere Elastizität, die beim Anwärmen der Leitung einen Teil der auftretenden Dehnungsunterschiede aufnimmt und dadurch die Schrauben vor übermäßig hohen Beanspruchungen schützt.

Der Gewindeflansch und in gewissem Sinne auch der Aufwalzflansch gehören ebenfalls zur Gruppe der losen Flansche, da auch ihnen der

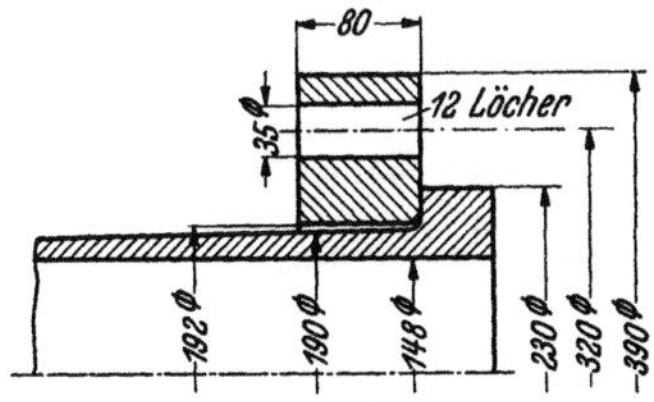

Abb. 197. Stauchbund mit losem Hinterlegflansch.

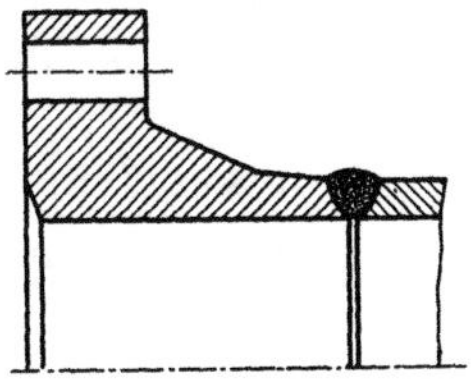

Abb. 198. Fester Flansch.

feste Werkstoffzusammenhang mit dem Rohr fehlt. Allerdings liegt in diesen Fällen das Rohr mehr oder weniger fest am Flansch an, und es besteht somit nicht mehr in dem Maße die Möglichkeit der unabhängigen radialen Ausdehnung. Das trifft in besonderem Maße für den Walzflansch zu. Dieser wird allerdings im Hochdruckrohrleitungsbau nicht angewendet, da die wirkenden Dehnungsunterschiede zwischen Rohr und Flansch den durch das Aufwalzen gegebenen Zusammenhang gefährden und mit der Zeit lockern würden.

Auch der Gewindeflansch hat sich aus ähnlichen Gründen im Höchstdruck-Rohrleitungsbau nicht durchsetzen können und kommt höchstens bei ganz kleinen Abmessungen in Frage.

Zu der Gruppe der festen Flansche gehören in erster Linie angegossene Flansche der Gußformstücke und Armaturen, sowie Vorschweißflansche an Rohrleitungen gemäß Abb. 198.

Die Berechnung der festen Flansche ist wesentlich schwieriger, weil durch den Zusammenhang zwischen Flansch und Rohr eine Formänderung des ersteren zwangläufig auch eine Gestaltänderung des Flanschansatzes bzw. des damit verbundenen Rohres bedingt. Die rechnerische Erfassung dieses Zusammenhanges führt zu äußerst langwierigen und umständlichen Entwicklungen.

Wie bereits angedeutet, ist der feste Flansch steifer als der lose und wird daher auch meistens bei nicht zu hohen Betriebstemperaturen angewendet. Auch das Auftreten von erheblichen Schrumpfspannungen infolge des Wärmeflusses nach außen macht ihn für Dampfleitungen mit hoher Temperatur weniger zweckmäßig als den losen Flansch.

Für normale Betriebsverhältnisse bis 400° C sind die Abmessungen der Flansche in den Dinormen festgelegt, und zwar bis ND 100. Normentwürfe liegen für Vorschweiß- und Stahlgußflansche bis ND 320 vor. Hier handelt es sich aber meistens um Betriebstemperaturen über 400° C, so daß eine rechnerische Nachprüfung der Abmessung notwendig ist. Lose Hinterlegflansche für höhere Betriebsdrucke sind bisher nicht genormt. Die Anschlußabmessungen wird man selbstverständlich denjenigen fester Flansche anpassen, während die Blattstärke rechnerisch bestimmt werden muß.

Die Grundlage für die genormten Flansche bildeten die auf der BACHschen Theorie beruhenden Näherungsverfahren für die Berechnung von

losen Flanschen entsprechend DIN 2506 und

festen Flanschen entsprechend DIN 2505.

Eine ausführliche Bewertung des den Normen zugrunde liegenden Berechnungsverfahrens ist von E. SCHULZ und A. SCHILLER[1] gegeben worden. Darauf wird noch ausführlicher eingegangen. Eine Übersicht der wichtigsten Flanschennormen ist im Handbuch der Rohrleitungen[2] gegeben.

2. Vorspannung und Betriebsbelastung.

Bei der Berechnung muß die Flanschverbindung zunächst stets als Ganzes betrachtet werden. Erst dann lassen sich die auftretenden Kräfte und ihre Wirkung auf die einzelnen Teile ermitteln.

Wird eine Flanschverbindung durch Anziehen der Muttern an den Schrauben zusammengespannt, so entsteht in allen Teilen der Verbindung ein Spannungszustand, den man kurz mit Vorspannung bezeichnet. Hierbei sei vorausgesetzt, daß der Spannungszustand im elastischen Gebiet bleibt, da man unter betriebsmäßigen Verhältnissen die Überschreitung der Streckgrenze mit Rücksicht auf die Erhaltung der Vorspannung vermeidet.

Bei den nachfolgenden Betrachtungen sollen in erster Linie die auftretenden Kräfte, nicht die Nennspannungen, untersucht werden. Letztere werden in einem späteren Abschnitt behandelt.

[1] SCHULZ, E. u. A. SCHILLER: Wie berechnet man Flanschverbindungen. Wärme 1935 Nr. 31 u. 32.

[2] SCHWEDLER, F. u. H. v. JÜRGENSONN: Handbuch der Rohrleitungen. Berlin: Julius Springer 1939.

Die Wirkung der Vorspannung wird durch das Verspannungsschaubild Abb. 199 verdeutlicht. Im rechten Teil des Schaubildes (rechts von der Ordinate) ist das elastische Verhalten der spannenden Teile dargestellt. Die Längenänderung λ_v dieser Teile setzt sich zusammen aus der elastischen Längung der Schraube, der federnden Nachgiebigkeit der Muttern, des Kopfes, des Gewindes, etwaiger Unterlegscheiben und der verbindenden Flansche einschließlich ihrer Durchbiegung unter der Wirkung der Vorspannkraft. Links von der Ordinate ist das elastische Verhalten der gespannten Teile dargestellt. Die Längenänderung δ_v der verspannten Teile setzt sich aus der federnden Nachgiebigkeit der Dichtung und der anliegenden gedrückten Flanschdichtfläche zusammen. Die Gesamtlängenänderung der spannenden und verspannten Teile beträgt also $\lambda_v + \delta_v$.

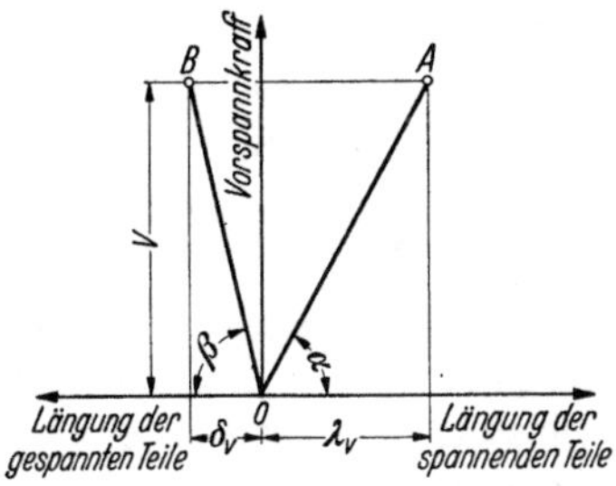

Abb. 199. Verspannungsschaubild.

Die Neigung der Geraden OA zur Abszisse (Dehnungsachse) wird durch die Tangente des Winkels α

$$\operatorname{tg}\alpha = \frac{V}{\lambda_v} = C_s$$

ausgedrückt und stellt den Federwert der spannenden Teile dar. Dieser Federwert setzt sich aus den Federwerten jedes einzelnen der spannenden Teile zusammen, indem

$$\frac{1}{C_s} = \frac{1}{C_{s1}} + \frac{1}{C_{s2}} + \frac{1}{C_{s3}} + \frac{1}{C_{s4}} + \cdots. \tag{120}$$

Man muß also den Federwert der Schrauben, der Mutter, der Flanschen usw. einzeln bestimmen und sie zum Gesamtfederwert der spannenden Teile nach der Gleichung (120) zusammensetzen.

In gleicher Weise ist

$$\operatorname{tg}\beta = \frac{V}{\delta_v} = C_d$$

der Federwert der verspannten Teile, wobei ebenfalls

$$\frac{1}{C_d} = \frac{1}{C_{d1}} + \frac{1}{C_{d2}} + \cdots \tag{121}$$

ist.

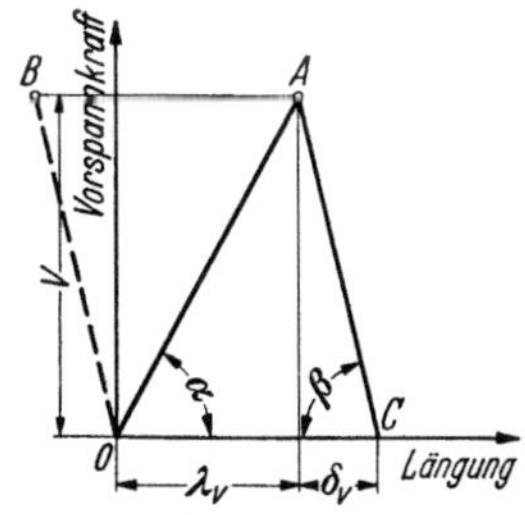

Abb. 200. Verspannungsschaubild.

Das Schaubild Abb. 199 wird zweckmäßigerweise so gezeichnet, daß durch den Schnittpunkt A der Geraden OA mit der Ordinate der Vorspannung V die Gerade CA mit dem Winkel β zur Abszissenachse gelegt wird. Es entsteht das Schaubild gemäß Abb. 200.

Danach ist die Gesamtlängenänderung der beanspruchten Teile, wie bereits angegeben war, $\sum \lambda_v = \lambda_v + \delta_v$.

Der Federwert der einzelnen Teile wird bestimmt, indem man die elastische Formänderung λ_v des betreffenden Teiles in cm unter der Wirkung der Vorspannkraft V in kg berechnet oder durch Versuch bestimmt. Für die Schraube ist z. B. der Federwert

$$C_1 = \frac{f_1 \cdot E_1}{l_1} \text{ in kg/cm,} \tag{122}$$

worin

l_1 = wirksame Schraubenlänge in cm,
f_1 = Querschnitt der Schraube in cm^2,
E_1 = Elastizitätsmodul des Schraubenwerkstoffes in kg/cm^2

darstellen.

Die rechnerische Bestimmung der elastischen Formänderung der Flansche ist äußerst schwierig und konnte bisher nur näherungsweise gelöst werden. Die zahlenmäßige Berechnung der Federwerte aller Teile wird im Abschnitt II behandelt.

Wird eine auf die beschriebene Art vorgespannte Flanschverbindung durch eine hinzukommende Betriebslast — z. B. durch den Innendruck — belastet, so entsteht eine Spannungsüberlagerung in den Teilen der Flanschverbindung.

Entgegen der vielfach verbreiteten Ansicht, daß die Schrauben nunmehr außer der durch die Vorspannung gegebenen Beanspruchung zusätzlich auch noch die volle durch den Dampfdruck bedingte Last zu übernehmen hätten, entfällt auf die Schrauben nur ein gewisser Teil der Betriebslast.

Hier müssen nach P. KAEHLER[1] zwei voneinander verschiedene Belastungsfälle unterschieden werden:

a) Gleiche Federwerte beim Vorspannen und bei der Betriebsbelastung.

b) Ungleich große Federwerte beim Vorspannen und bei der Betriebsbelastung.

Im Rohrleitungsbau kommen eng nebeneinander, meistens sogar ineinander verflochten, beide Belastungsfälle vor.

Eine Flanschverbindung mit Bunden und losen Flanschen gehört zur Gruppe a); dagegen sind Flanschverbindungen mit festen Flanschen (Vorschweißflanschen oder Stahlgußflanschen) grundsätzlich zur Gruppe b) zu zählen. Ein weiterer Fall von ungleich großen Federwerten beim Vorspannen und bei der Betriebsbelastung (Fall b) liegt bei mittels Blindflansch verschlossenen Flanschverbindungen vor. Hier entsteht durch die unmittelbare Einwirkung des Dampfdruckes auf den Blindflansch eine Durchbiegung desselben, der im allgemeinen ein anderer Federwert zugrunde liegen wird als derjenige bei der Vorspannung.

[1] KAEHLER, P.: Belastung der Schrauben in verspannten Schraubenverbindungen. Wärme Bd. 63 (1940) Heft 1 u. 2.

Der grundsätzliche Unterschied zwischen den beiden Belastungsfällen ist nach KAEHLER folgender:

Treten nur Zusammendrücke und keine Durchbiegungen der spannenden Teile auf, so hat man es mit dem Belastungsfall a) zu tun. Dieser Fall liegt aber auch dann noch vor, wenn Durchbiegungen der spannenden Teile auftreten; diese müssen aber beim Vorspannen und bei Betriebsbelastung bei gleicher Kraftgröße gleich groß sein. Die Durchbiegung ist dann im Federwert der Vorspannung zu berücksichtigen. Bei Flanschverbindungen mit Bunden und losen Flanschen ist das der Fall, da infolge des gleichen Angriffspunktes der Kräfte die Durchbiegung der losen Flansche beim Vorspannen und bei Betriebsbelastung bei gleicher Kraftgröße gleich groß ausfällt.

Ist aber die Durchbiegung der Flansche bei der Betriebslast von derjenigen bei der Vorspannung verschieden groß, wie es auf Grund der abweichenden Angriffspunkte der Kräfte bei den festen Flanschen der Fall ist, so liegt der Belastungsfall b) vor. Die federnde Durchbiegung beim Vorspannen erscheint im Federwert C_s, die zusätzliche Durchbiegung bei der Betriebslast im Federwert C_b.

Bei kombinierten Flanschverbindungen — Bundflansch mit festem Flansch — müssen beide Fälle jeweils beachtet werden.

Diese grundsätzliche Unterscheidung ist an sich richtig, hat aber nur theoretische Bedeutung. Bei der Unsicherheit und den großen Abweichungen in der Berechnung der Durchbiegung fester Flansche spielen die geringen Unterschiede in den Federwerten der Vorspannung und der Betriebsbelastung gar keine Rolle.

In den meisten Fällen wird man also ohne nenennswerten Fehler mit dem Belastungsfall a), d. h. mit gleichen Federwerten rechnen können.

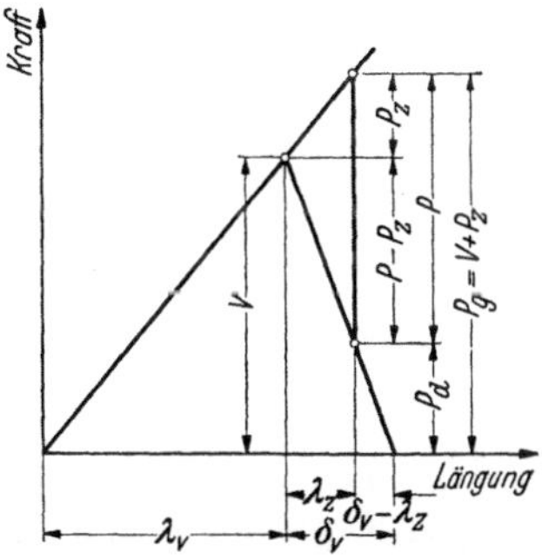

Abb. 201. Verspannungsschaubild mit Betriebslast.

a) Belastungsfall mit gleichen Federwerten beim Vorspannen und bei Betriebslast.

Eine durch den Betrieb bedingte Zugkraft P ruft sowohl in den spannenden Teilen als auch in den verspannten Teilen eine Längenänderung λ_z hervor, Abb. 201. Die durch die Vorspannung bedingte Längenänderung λ_v erhöht sich demnach auf $\lambda_v + \lambda_z$. Die verspannten Teile waren durch die Vorspannung um δ_v gestaucht; durch die Längung λ_z infolge der Betriebskraft P erfahren sie eine Verminderung dieser Stauchung auf $\delta_v - \lambda_z$.

Der Verlängerung der spannenden Teile um $\lambda_v + \lambda_z$ entspricht eine Schraubenkraft P_g; der Stauchung $\delta_v - \lambda_z$ der verspannten Teile entspricht nur noch eine Dichtungskraft P_d.

Die Vorspannung V muß also so groß gewählt werden, daß bei der im Betrieb zu erwartenden Belastung P der restliche Teil der Dichtungskraft P_d ausreicht, um ein Dichthalten der Verbindung zu gewährleisten.

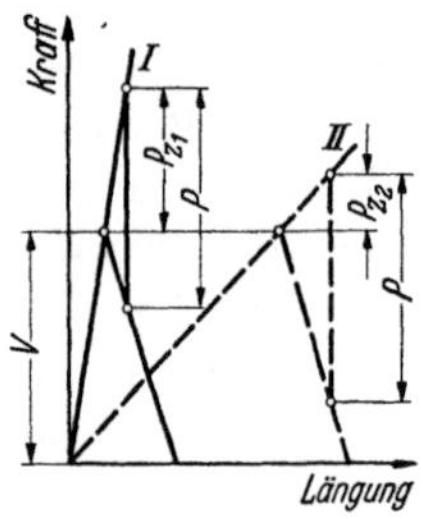

Abb. 202. Einfluß des Federwertes der spannenden Teile auf die Betriebsbeanspruchung der Schrauben.

A. THUM und F. DEBUS[1] beweisen an Hand dieses Verspannungsschaubildes, daß bei gleicher Vorspannung V der Anteil P_z der auf die Schrauben entfallenden Betriebskraft um so kleiner wird, je geringer der Federwert der spannenden Teile ist. Das wird durch Abb. 202 verdeutlicht. Die Linie II entspricht einem kleineren Federwert der spannenden Teile, wodurch bei gleich großer Vorspannung V und Betriebslast P der Anteil P_z bedeutend kleiner ist als bei der Linie I.

Die Verringerung des Federwertes C_s der spannenden Teile wird z. B. durch Verwendung einer Schraube mit unter Kerndurchmesser abgedrehtem Schaft (sog. Dehnschraube), ferner durch Vergrößerung der Flanschelastizität begünstigt. Wie später gezeigt wird, sind lose Hinterlegflansche bei gleicher und sogar größerer Blattstärke wesentlich elastischer als feste Flansche (Vorschweißflansche) und ergeben daher günstigere Schraubenbeanspruchung.

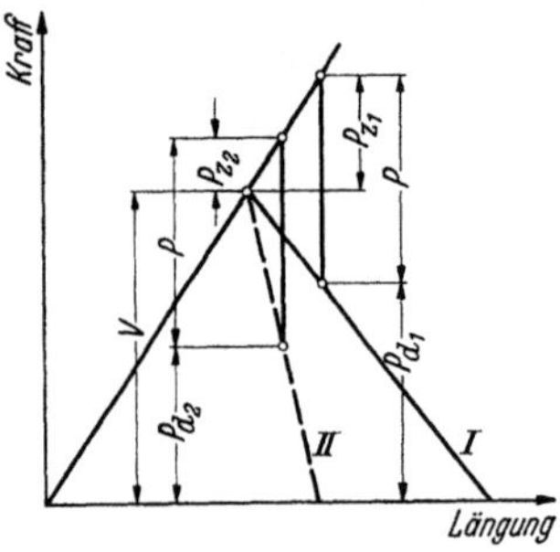

Abb. 203. Einfluß des Federwertes der verspannten Teile auf die Betriebsbeanspruchung der Schrauben.

Auch die von der Schraube aufzunehmende Schlagkraft ist bei Verwendung der Dehnschraube bei gleicher Schlagarbeit kleiner als bei normalen Schrauben.

Eine ähnliche Wirkung, jedoch mit umgekehrtem Vorzeichen, übt auch der Federwert der verspannten Teile aus. In Abb. 203 ist gezeigt, daß mit steiler werdender Linie der verspannten Teile — entsprechend einer Vergrößerung von C_d — der Anteil P_z der Schraubenkraft ebenfalls verringert wird (s. Linie II). Daraus folgt, daß es günstig ist, den Federwert der Dichtung möglichst groß zu machen. Die dichtungslosen Flanschverbindungen (mit tuschierten Flanschdichtflächen) stellen in dieser Beziehung ein Musterbeispiel dar.

Allerdings muß in diesem Fall mit größerer Vorspannung gearbeitet werden, da schon eine geringe Vergrößerung von P zu einer sehr starken Beeinflussung der Dichtungskraft P_{d2} führt.

Das geht aus den Gleichungen

$$P_z = \frac{C_s}{C_s + C_d} \cdot P \tag{123}$$

[1] THUM, A. u. F. DEBUS: Vorspannung und Dauerhaltbarkeit von Schraubenverbindungen. Mitt. MPA. Darmstadt. VDI-Verlag 1936.

und für die Verminderung des Dichtungsdruckes

$$V - P_d = P - P_z = \frac{C_d}{C_s + C_d} \cdot P \tag{124}$$

deutlich hervor.

b) Belastungsfall mit ungleich großen Federwerten beim Vorspannen und bei Betriebslast.

Dieser Fall gilt — wie bereits gesagt — für feste Flanschen und blindgeflanschte Flanschverbindungen. Die durch die Betriebslast P entsprechend dem Innendruck hervorgerufene Durchbiegung δ_b (Abb. 204) gehorcht dem Federwert

$$C_b = \frac{P}{\delta_b} = \operatorname{tg}\gamma \tag{125}$$

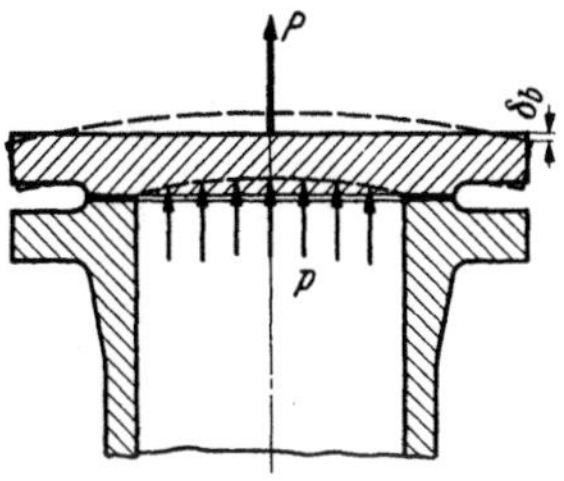

Abb. 204. Betriebsbeanspruchung eines Blindflansches.

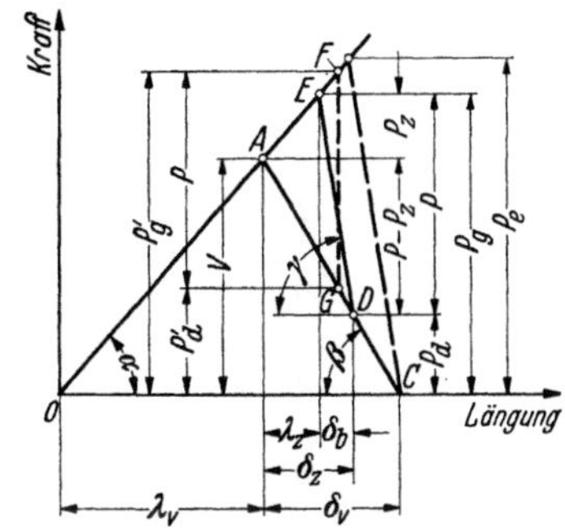

Abb. 205. Verspannungsschaubild für ungleiche Federwerte bei Vorspannung und Betriebslast.

im Gegensatz zur Formänderung infolge der Vorspannung. Diese Durchbiegung δ_b bewirkt, daß die Linie der Betriebsbelastung nicht mehr parallel zur Kraftachse verläuft, sondern unter einem Winkel γ zur Abszisse geneigt ist (s. Linie DE in Abb. 205). Trägt man in diese Abbildung die einer gleich großen Betriebsbelastung P entsprechende Linie ohne Berücksichtigung von δ_b, d. h. parallel zur Kraftachse ein (s. Linie FG), so stellt man fest, daß δ_b einerseits eine Verringerung der Gesamtschraubenkraft P_g' auf P_g und andererseits auch eine Minderung des Dichtungsdruckes P_d' auf P_d bedingt. Auch der auf die Schrauben entfallende Anteil P_z der Betriebslast P wird dadurch kleiner.

Im übrigen sind hier die gleichen Überlegungen maßgebend, wie für den Belastungsfall unter a).

Aus Abb. 205 geht hervor

$$P_z = C \cdot P \cdot \left(\frac{1}{C_d} - \frac{1}{C_b}\right), \tag{126}$$

worin $C = \dfrac{C_s \cdot C_d}{C_s + C_d}$ der Gesamtfederwert der Verbindung ist.

$$P - P_z = C \cdot P \cdot \left(\frac{1}{C_s} + \frac{1}{C_b}\right). \tag{127}$$

Ferner

$$P_d = C \cdot \left(\frac{1}{C_s} + \frac{1}{C_b}\right)(P_e - P)\,, \tag{128}$$

wobei P_e die Betriebsbelastung ist, bei der die Dichtungskraft $P_d = 0$ wird.

Die Gesamtkraft der Schrauben ist

$$P_g = P + P_d = V + P_z\,. \tag{129}$$

KAEHLER[1] untersucht ferner sog. Flanschverbindungen mehrfachen Vorbelastungsgrades. Ein Beispiel hierfür ist die mit Stiftschrauben versehene Verbindung gemäß Abb. 206. Hier sind zwei Verspannbereiche zu unterscheiden. Der erste Verspannbereich ist durch die Vorspannung der Flanschdichtfläche, also die durch die Mutter der Stiftschraube bedingte Vorspannung gegeben. Der zweite Verspannbereich ist durch

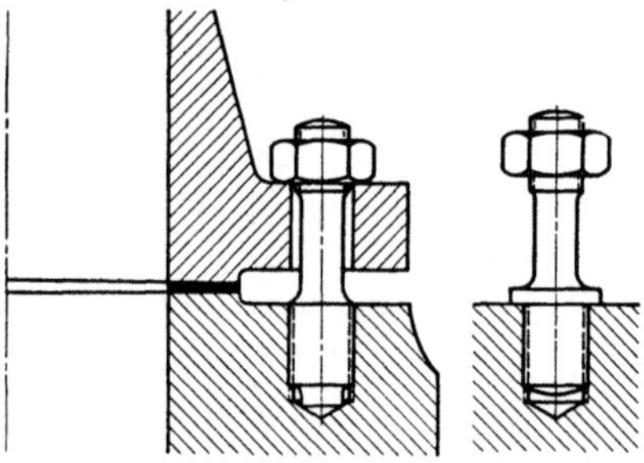

Abb. 206. Verbindung mit Stiftschrauben.

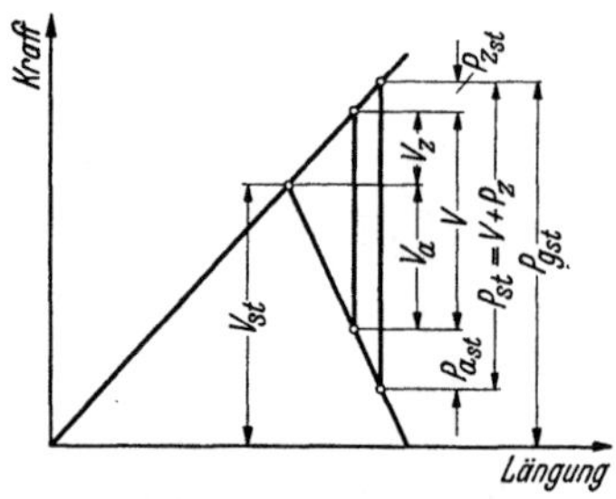

Abb. 207. Lastverteilung im Verspannbereich zweiten Grades.

die Abstützung des Stiftschraubenendes im Grund der Gewindebohrung (oder durch die jetzt verlassene Ausführung der Stiftschraube mit Bund in Abb. 206 rechts) gegeben.

Bei solchen Verbindungen ist jeder nachfolgende Verspannbereich durch die Vorspannkraft des vorgeschalteten Verspannbereiches vorbelastet.

In Abb. 207 ist die Lastverteilung im Verspannbereich zweiten Grades dargestellt.

Das im Mutterflansch eingeschraubte Stiftschraubenende ist mit V_{st} kg verspannt, während der Dichtungsdruck zwischen den Flanschen durch die Vorspannung V erzielt wird. V belastet die Stiftverschraubung (im Mutterflansch sitzender Gewindeteil) wie eine Betriebslast.

$C_{z_{st}}$ stellt den Federwert der Stiftschraube außerhalb des Mutterflansches dar, während $C_{a_{st}}$ den Federwert der Stiftverschraubung innerhalb des Mutterflansches bestimmt. Der Gesamtfederwert der Stiftverschraubung ist C_{st}, wobei

$$\frac{1}{C_{st}} = \frac{1}{C_{z_{st}}} + \frac{1}{C_{a_{st}}}\,. \tag{130}$$

[1] Siehe S. 282.

Die Summe $(C_{z_{st}} + C_{a_{st}})$ ist ein Teilfederwert des Federwertes C_s des Verspannbereiches ersten Grades, d. h.

$$\frac{1}{C_s} = \frac{1}{(C_{z_{st}} + C_{a_{st}})} + \frac{1}{C_{s\,1}} + \frac{1}{C_{s\,2}} + \cdots . \tag{131}$$

Die Belastungszunahme der Schrauben im Verspannbereich zweiten Grades infolge der Vorspannkraft V ist

$$V_z = V \cdot \frac{C_{z_{st}}}{C_{z_{st}} + C_{a_{st}}} . \tag{132}$$

Durch eine Betriebsbelastung P wird die Schraube innerhalb des Verspannbereiches ersten Grades belastet mit

$$P_z' = C \cdot P \cdot \left(\frac{1}{C_d} - \frac{1}{C_b}\right)$$

oder, wenn $C_b = 0$ ist, gemäß Gleichung (123)

$$P_z = \frac{C_s}{C_s + C_d} \cdot P = \frac{C}{C_d} \cdot P,$$

wobei

$$C = \frac{C_s \cdot C_d}{C_s + C_d}$$

ist.

Daraus ergibt sich für den Verspannbereich zweiten Grades eine Belastung (durch Betriebslast P) von

$$P_{st} = V + P_z . \tag{133}$$

Der auf das eingeschraubte Stiftschraubenende entfallende Anteil der Betriebslast ist also

$$P_{z_{st}} = \frac{C_{z_{st}}}{C_{z_{st}} + C_{a_{st}}} \cdot P_z = \frac{C_{z_{st}}}{C_{z_{st}} + C_{a_{st}}} \cdot \frac{C_s}{C_s + C_d} \cdot P . \tag{134}$$

Daraus kann man erkennen, daß der auf das eingeschraubte Stiftende (zweiter Verspannbereich) entfallende Anteil der Betriebslast P nur sehr gering ist. Kaehler ermittelt für ein bestimmtes Beispiel mit

$$\frac{C_s}{C_d} = \frac{1}{5} \quad \text{und} \quad \frac{C_{z_{st}}}{C_{a_{st}}} = \frac{1}{2}; \quad C_b = 0$$

den Anteil der Betriebslast gemäß Gleichung (134) zu

$$P_{z_{st}} = \frac{0{,}5}{0{,}5 + 1} \cdot P_z = \frac{1}{3} \cdot P_z$$
$$= \frac{1}{3} \cdot \frac{0{,}2}{0{,}2 + 1} \cdot P = \frac{1}{18} \cdot P.$$

Allerdings muß berücksichtigt werden, daß die Stiftschraube im Verspannbereich zweiten Grades wesentlich höher vorgespannt ist, als es bei normalen Durchsteckschrauben gewöhnlich der Fall ist (siehe Abb. 207).

Außerordentlich wichtig ist der von KAEHLER[1] behandelte kraftschlüssige Zusammenhang bei Flanschverbindungen unter Betriebstemperatur und bei Erwärmung bzw. Abkühlung.

Es ist klar, daß die Änderung der Temperatur auch eine Änderung des Elastizitätsmoduls E hervorruft. Die durch die Wärmedehnung bedingte Änderung der Querschnitte und Längen übt bei Annahme gleicher Temperaturverteilung für die ganze Verbindung praktisch keinen Einfluß auf die Kraftverhältnisse aus. Man wird also genügend genau mit einem entsprechend verminderten Federwert

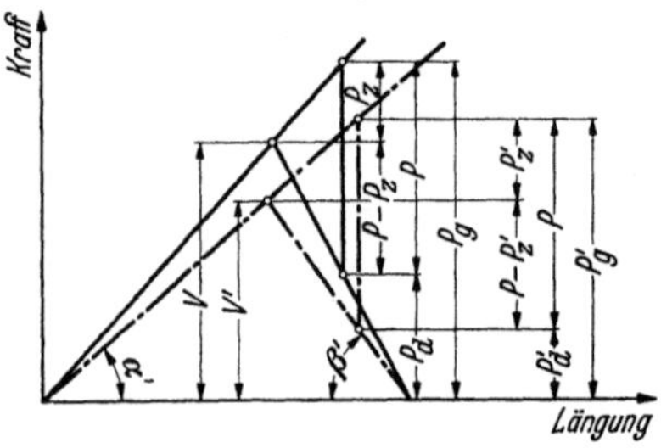

Abb. 208. Einfluß der Temperatur auf das Verspannungsbild.

$$C' = \frac{E_t}{E_0} \cdot C \qquad (135)$$

rechnen. Auch der Federwert C_b der zusätzlichen Durchbiegung durch den Innendruck ändert sich in

$$C_b' = \frac{E_t}{E_0} \cdot C_b .$$

Dieser tritt erst bei der Betriebslast in Erscheinung.

Infolge des Temperatureinflusses werden die Linien der Lastverteilung im Verspannungsschaubild flacher, die Vorspannung sinkt von V auf V' (s. Abb. 208), wobei

$$V' = V \cdot \frac{C'}{C} = \frac{E_t}{E_0}$$

wird.

Auch der auf die Schrauben entfallende Anteil P_z der Betriebslast P sinkt auf P_z' ebenso wie auch die Gesamtschraubenbelastung P_g auf P_g' herabgesetzt wird. Gleichzeitig vermindert sich auch der Dichtungsdruck P_d.

Die Berechnung der einzelnen Lastanteile erfolgt genau wie im kalten Zustand, jedoch unter Berücksichtigung der verminderten Federwerte C'.

Es sei nochmals betont, daß hier eine gleichmäßige Temperaturverteilung angenommen wurde.

In Wirklichkeit stellen sich aber nicht nur im Betriebszustand, sondern vor allen Dingen während des Anwärmens der Leitung mehr oder weniger große Temperaturunterschiede innerhalb der einzelnen Teile der Flanschverbindung ein. Dadurch wird eine verschieden starke Wärmedehnung der Flansche und der Schrauben bedingt. Der am häufigsten vorkommende Fall ist der eines Temperaturgefälles von den Flanschen zu den Schrauben, d. h. die Flanschen besitzen eine höhere Temperatur als die Schrauben.

[1] Siehe Fußnote S. 282.

Der Unterschied der Wärmedehnung Δl_t ergibt eine entsprechende Steigerung der Vorspannkraft V. Es ist

$$\Delta l_t = \varepsilon_1 \cdot t_1 \cdot l_1 + \varepsilon_2 \cdot t_2 \cdot l_2 + \varepsilon_3 \cdot t_3 \cdot l_3 + \varepsilon_4 \cdot t_4 \cdot l_4 - \varepsilon_5 \cdot t_5 \cdot l_5, \tag{136}$$

worin

t = Betriebstemperatur des jeweiligen Teils in °C,
ε = Wärmedehnungszahl entsprechend t° C aus Abb. 31 bzw. 32,
l = wirksame Wärmedehnlänge in cm

bedeuten.

Der Index 1 bezieht sich auf beide Flanschen, 2 auf einen etwaigen Bund (bei losen Flanschen), 3 auf die Dichtung, 4 auf die Unterlegescheiben, 5 auf die Schrauben.

Es ist also $l_1 + l_2 + l_3 + l_4 = l_5$.

Die infolge des Temperatureinflusses verminderte Vorspannkraft V' steigt nun durch den wirksamen Wärmedehnungsunterschied Δl_t auf den Wert

$$V_t = V' + P_t, \tag{137}$$

worin der Zuwachs P_t aus

$$P_t = C_s' \cdot \Delta l_t = \operatorname{tg} \alpha' \cdot \Delta l_t \tag{138}$$

ermittelt wird.

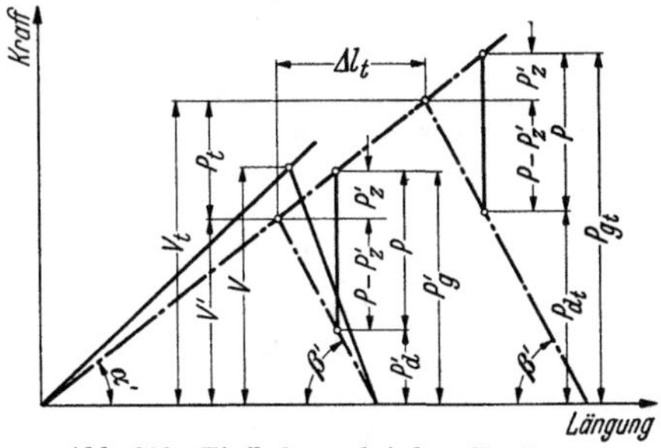

Abb. 209. Einfluß ungleicher Erwärmung auf das Verspannungsbild.

Aus Abb. 209 erkennt man, daß der auf die Schrauben entfallende Anteil P_z' der Betriebslast P von den Unterschieden in der Wärmedehnung unbeeinflußt bleibt.

Dagegen steigt die Gesamtbelastung der Schrauben von P_g' auf P_{g_t}

$$P_{g_t} = P_g' + P_t = P_g' + C_s' \cdot \Delta l_t. \tag{139}$$

Um den gleichen Betrag P_t steigt auch die Dichtungskraft P_d', und zwar

$$P_{d_t} = P_d' + P_t.$$

Die Anwendung auf den Belastungsfall unter b) ist genau die gleiche, jedoch muß hier der Federwert

$$C_b' = \frac{E_t}{E_0} \cdot C_b = \operatorname{tg} \gamma'$$

zusätzlich berücksichtigt werden.

Aus Abb. 210 erkennt man die maßgebenden Zusammenhänge. Die Vorspannung V im kalten Zustand wird durch die Erwärmung auf V' herabgesetzt. Infolge der außerdem noch auftretenden Temperaturunterschiede und der dadurch bedingten Wärmedehnungsdifferenz Δl_t steigt die Vorspannung V' auf V_t um den Betrag $P_t = C_s' \cdot \Delta l_t$. In gleichem Maße werden auch die Gesamtschraubenkraft P_g' auf P_{g_t} und die Dichtungskraft P_d' auf P_{d_t} gesteigert, während der auf die Schrauben entfallende Anteil P_z' der Betriebslast P unverändert bleibt.

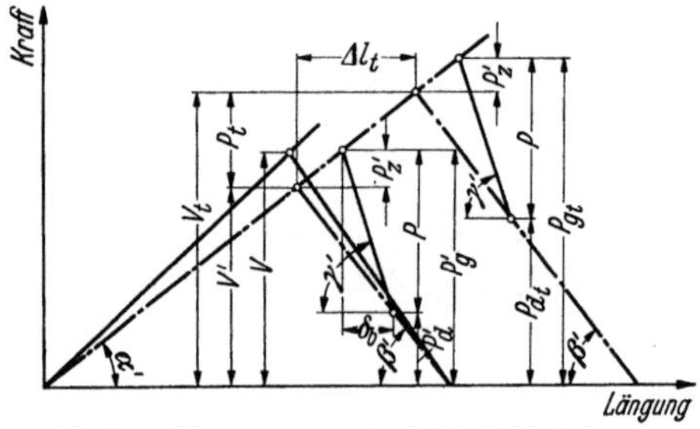

Abb. 210. Verspannungsschaubild für Belastungsfall *b* bei ungleichmäßiger Erwärmung.

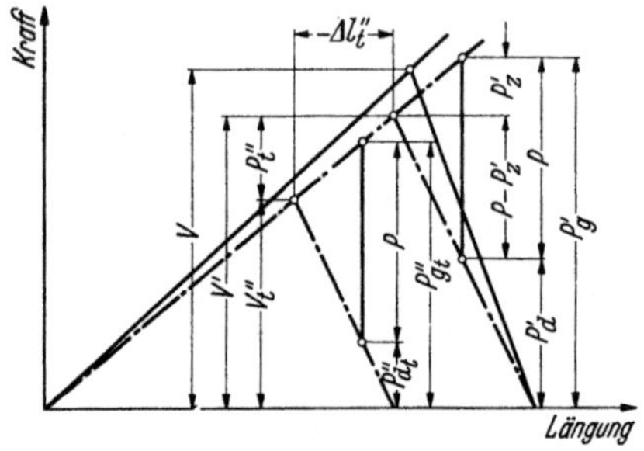

Abb. 211. Einfluß ungleicher Abkühlung auf das Verspannungsbild.

Entsteht durch eine Abkühlung der Flansche ein Temperaturgefälle von den Schrauben zu den Flanschen, so findet der umgekehrte Vorgang statt. Der durch das Temperaturgefälle zwischen Schraube und Flansch bedingte Wärmedehnungsunterschied $\Delta l_t''$ wird nunmehr nach Gleichung (136) negativ und bewirkt eine Entspannung der Flanschverbindung um $P_t'' = C_s'' \cdot \Delta l_t''$ (Abb. 211).

Die Vorspannkraft sinkt auf

$$V_t'' = V \cdot \frac{C''}{C} - P_t''$$

und um den gleichen Betrag P_t'' verringert sich die Gesamtschraubenkraft und die Dichtungskraft. Dabei kann es vorkommen, daß die Dichtungskraft

$$P_{d_t}'' = P_d' - P_t''$$

so klein wird, daß sie nicht mehr zum Dichthalten ausreicht — die Verbindung wird bis zum Eintritt des Temperaturausgleichs undicht.

3. Der Dichtungsdruck.

Es wurde gezeigt, daß die in einer verspannten Flanschverbindung vorliegende Dichtungskraft von der Höhe der Vorspannung und der Betriebsbelastung beeinflußt wird. Wenn also die zum Dichthalten erforderliche Dichtungskraft bekannt ist, kann man aus dem Verspannungsschaubild des vorigen Abschnittes die zu einer gegebenen Betriebsbelastung erforderliche Vorspannung ermitteln.

E. Siebel, W. G. Hering und A. Raible[1] haben das Verhalten von Dichtungen verschiedenster Form und Ausführung unter Verhältnissen untersucht, die den betriebsmäßigen Belastungen möglichst nahe kommen. Es fanden an Dichtungen aus verschiedenen Werkstoffen

[1] Siebel, E., W. G. Hering u. A. Raible: Versuche über das Verhalten von Dichtungen. Forschungen Bd. 5 (1934) Heft 6 S. 298.

nichtmetallischer und metallischer Art auch Versuche unter höherer Betriebstemperatur statt.

Die Versuche wurden in der Weise durchgeführt, daß bei einer bestimmten spezifischen Dichtpressung p_d der Innendruck p_i gemessen wurde, bei dem ein erstmaliges Undichtwerden beobachtet werden konnte.

Unter den nichtmetallischen Dichtungen wurden von den genannten Forschern neben anderen Asbest, Gummi, Fiber und Klingerit untersucht. Bei Gummi wurde festgestellt, daß die erforderliche Dichtpressung kaum den Innendruck übersteigt und daß die Abmessungen der Dichtung fast keinen Einfluß haben. Auch Asbest verhält sich ähnlich, wie der Vergleich der Abb. 212 und 213 zeigt[1].

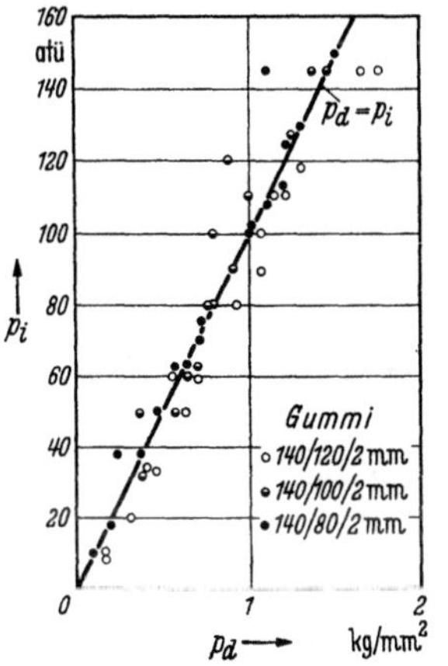

Abb. 212. Kaltversuche mit Gummidichtungen[1].

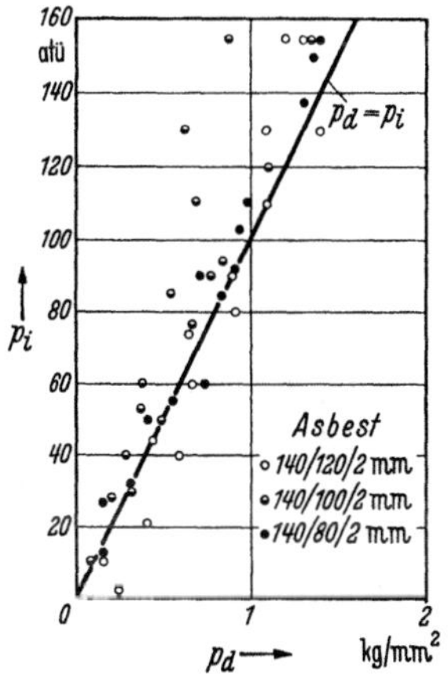

Abb. 213. Kaltversuche mit Asbest[1].

Die Auswertung der weiteren Versuche erfolgte im übrigen auf etwas abgeänderter Grundlage, und zwar wurde das Verhältnis $P_k : P_i$ in Abhängigkeit vom Innendruck p_i aufgetragen. Hierbei ist P_k die zum Erzielen einer Abdichtung von der Flanschverbindung aufzunehmende Kraft, während

$$P_i = p_i \cdot \frac{\pi}{4} \cdot d^2$$

die durch den Innendruck P_i bedingte Betriebsbelastung P darstellt. In dem Wert von P_k ist demnach auch die Dichtungskraft P_d enthalten, was nach der Darstellung im vorigen Abschnitt

$$P_k = P_g = P + P_d$$

bedeutet.

Die Auswertung dieser von den genannten Forschern durchgeführten Versuche mit Dichtungen aus Kupfer und Aluminium bei verschiedenen Temperaturen zeigen die Abb. 214, 215 und 216.

[1] Die Abb. 212 bis 216 sind vorgenannter Arbeit entnommen.

Man erkennt daraus, daß metallische Flachdichtungen in kaltem Zustande sehr hohe Dichtkräfte erfordern. Das Verhältnis $P_k : P_i$ wird mit steigendem Innendruck günstiger.

Darauf ist es zurückzuführen, daß metallische Dichtungen (und auch dichtungslose Verbindungen) nach erfolgter Montage beim Kaltwasserdruckversuch häufig versagen, während sie im späteren Betrieb nach erfolgter Erwärmung ausgezeichnet dicht halten.

Metallprofildichtungen (z. B. Linsen-, Spießkant-, Rillendichtungen sowie wellenförmige V2A-Ringe) bieten den Vorteil, daß die zum Dicht-

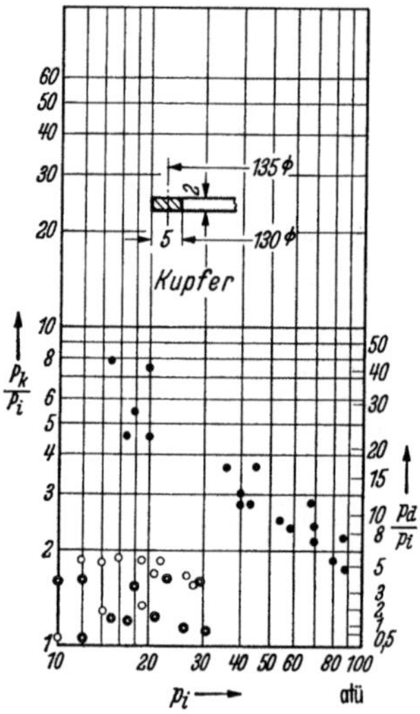

Abb. 214.

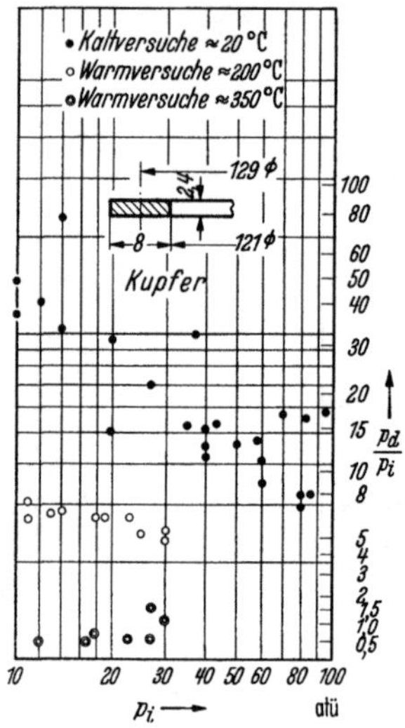

Abb. 215.

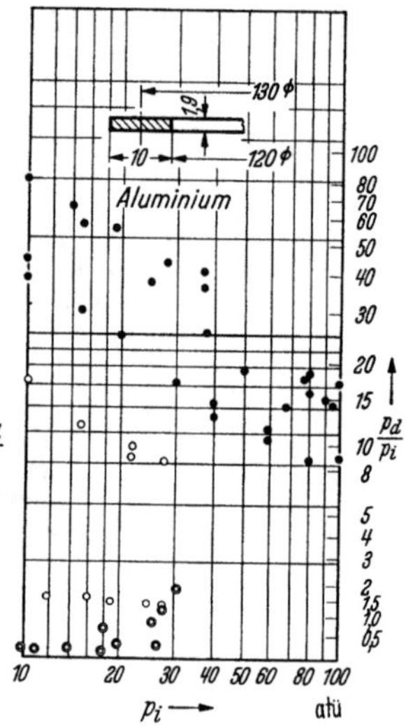

Abb. 216.

Abb. 214 bis 216. Versuche mit Metalldichtungen von rechteckigem Querschnitt bei verschiedenen Temperaturen (s. Fußnote 1, S. 291).

halten erforderliche Kraft P_k, besonders bei kleinen Innendrücken wesentlich niedriger ist. Dagegen gleicht sich der Einfluß der Temperatur bei den Metallprofildichtungen in starkem Maße aus.

Aus den bisher veröffentlichten Versuchsergebnissen kann zusammenfassend gefolgert werden, daß die Versuchswerte in Abhängigkeit vom Innendruck p_i innerhalb eines bestimmten nach oben und unten begrenzten Gebietes liegen (Abb. 217 und 218). Der kreuzschraffierte Teil umfaßt die Metallprofildichtungen in Spießkant-, Linsen- und Rundform, ferner gewellte V2A-Blechringe, sowie äußerst schmale Flachdichtungen. Die niedrigsten Werte gelten für die Spießkantform.

Der einfach schraffierte Teil berücksichtigt Flachdichtungen mit rechteckigem Querschnitt mit glatter sowie mit gerillter Oberfläche von etwa 20 mm Breite.

Es ist deutlich erkennbar, daß Metall-Profildichtungen bei niedrigen Betriebsdrücken sehr hohe Anpreßkräfte zum Dichthalten erfordern. Man sollte sie also erst von dem Betriebsdruck an anwenden, wo der Wert $P_k : P_i < 3$ wird.

SIEBEL gibt als Faustregel an, daß für die Berechnung der Flanschverbindung ein Verhältnis

$$\frac{P_k}{P_i} \geq 3$$

eingesetzt werden kann.

Dieser Wert dürfte jedoch im allgemeinen zu nahe an der Grenze liegen. Die obengenannten Versuchswerte berücksichtigen die stets noch zusätzlich auftretenden Beanspruchungen durch Biegungsmomente nicht. Diese Momente setzen auf der einen Seite der Flanschverbindung die

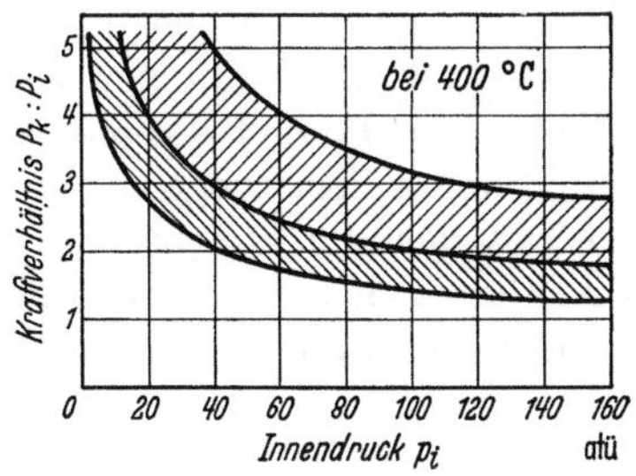

Abb. 217. Verhalten verschiedener Dichtungen bei 400° C.

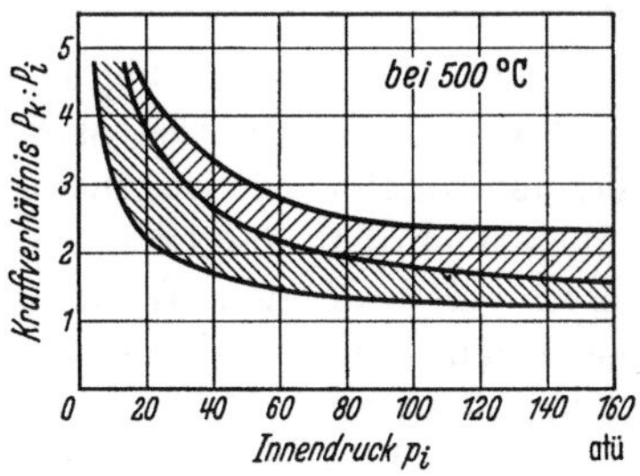

Abb. 218. Verhalten verschiedener Dichtungen bei 500° C.

Dichtungskraft herab. Es ist daher notwendig, je nach der gewählten Dichtungsart und dem Betriebsdruck einen Zuschlag zum Verhältnis $P_k : P_i$ zu machen, um ganz sicher zu sein, daß die Dichtkraft nicht unter den kritischen Wert P_k sinken kann.

Dieser Sicherheitszuschlag c hängt außerdem von der Montagesorgfalt, sowie von der Elastizität des Leitungssystems ab und wird zumeist zwischen $c = 1$ bis 2 liegen.

Leider liegen für dichtungslose Flanschverbindungen, die im Höchstdruck Rohrleitungsbau steigende Verbreitung finden, ähnliche Versuchsergebnisse bisher nicht vor. Die Erfahrungen des Verfassers mit solchen Verbindungen haben aber gezeigt, daß obenstehende Überlegungen richtig sind und auf dieser Grundlage eine dichte Verbindung erreicht werden kann.

4. Werkstoffauswahl und Werkstoffeigenschaften für Flanschverbindungen.

Während für mittlere Drücke und bis zu einer Temperatur von etwa 350° C die Werkstoffauswahl in den Normen verankert ist, muß bei höheren Temperaturen und insbesondere bei solchen über 400° C der

Werkstoff unter Berücksichtigung der zu erwartenden Beanspruchungen gewählt werden. Über 400° C kommen grundsätzlich legierte Werkstoffe für die Flanschen und Schrauben in Frage.

Für die Flanschen wird gewöhnlich der dem Rohr entsprechende Werkstoff, also ein Mo- oder Cr-Mo-Stahl gewählt. Die Warmfestigkeitseigenschaften, insbesondere die Dauerstandfestigkeit dieser Stähle reicht bei vernünftig gestalteten und bemessenen Flanschverbindungen in allen Fällen aus. Im Temperaturgebiet von 500° C und darüber genügt aber die Wahl eines legierten Stahls unter Beibehaltung der in den Vornormen bereits vorgeschlagenen Flanschabmessungen nicht immer. Es muß unter allen Umständen durch eine Festigkeitsberechnung nachgeprüft werden, ob nicht etwa außerdem noch einige Abmessungen, wie z. B. die Blattstärke, vergrößert werden müssen.

Die Schrauben, deren Ausbildung insbesondere für Höchstdruck-Dampfleitungen zweckmäßig nach DIN 2507 bzw. 2510 erfolgen soll, sind das am höchsten beanspruchte Glied einer Flanschverbindung. Außer den von ihnen zu tragenden, an sich sehr hohen Belastungen müssen sie auch noch den Ausgleich eines großen Teils der durch Temperaturunterschiede bedingten Wärmedehnungen übernehmen. Neben hoher Dauerstandfestigkeit soll der Schraubenwerkstoff also noch ausreichende Dehnung besitzen.

Ferner ist bekanntlich ein mit Kerben versehener Bauteil besonders stark gefährdet. Das Gewinde stellt aber eine ganze Reihe von sehr spitzen Kerben dar, weshalb von einem geeigneten Schraubenwerkstoff möglichst hohe Kerbschlagzähigkeit zu verlangen ist.

Früher bevorzugte man in erster Linie die Cr-Ni-Mo-Stähle für die höchstbeanspruchten Bolzenschrauben. Die bisher gemachten Erfahrungen scheinen aber darauf hinzudeuten, daß der Nickelzusatz die Neigung zu verformungslosen Brüchen unter dem gleichzeitigen Einfluß der hohen Temperatur und Beanspruchung begünstigt. Man hat daher in letzter Zeit bei Temperaturen von 500° C und darüber den Cr-Mo-Va-Stählen ohne Nickelzusatz den Vorzug gegeben. Bis 500° C reichen im allgemeinen auch die nur mit Chrom und Molybdän legierten Stähle aus.

Die Muttern werden gewöhnlich aus einem weniger hoch legierten Werkstoff ausgeführt. Erstens sind sie nicht so hoch beansprucht wie die Bolzenschrauben; zweitens muß schon zum Vermeiden des Fressens im Gewinde ein gewisser Abstand in der Oberflächenhärte zwischen Bolzen und Mutter gewahrt bleiben. Im allgemeinen dürfte hierfür ein Unterschied von 15 bis 20 kg/mm^2 in der Kaltfestigkeit zwischen Bolzen- und Mutternwerkstoff ausreichen. Vielfach werden auch unlegierte C-Stähle oder mit Mangan bzw. Mn-Si legierte Vergütungsstähle mit Erfolg für Muttern vorgesehen.

Für die Wahl des Dichtungswerkstoffes wurden im vorigen Abschnitt bereits einige maßgebende Gesichtspunkte angegeben.

Zu verwerfen sind solche Dichtungen, deren Form auf Grund der Dichtpressung zu hohen Spannungen am Außenrand führt. Ein Beispiel einer solchen Dichtungsart ist diejenige mit trapezförmigem Querschnitt[1].

Nachstehende Tabellen 7 und 8, in denen die wesentlichsten Festigkeitseigenschaften von Flanschen-, Bolzen- und Mutternstählen zusammengestellt sind, wurden teilweise dem Handbuch der Rohrleitungen[2] entnommen und entsprechend ergänzt und erweitert. Die so wichtigen Werte der Kerbschlagzähigkeit für Schrauben- und Mutternstähle sind ebenfalls angegeben.

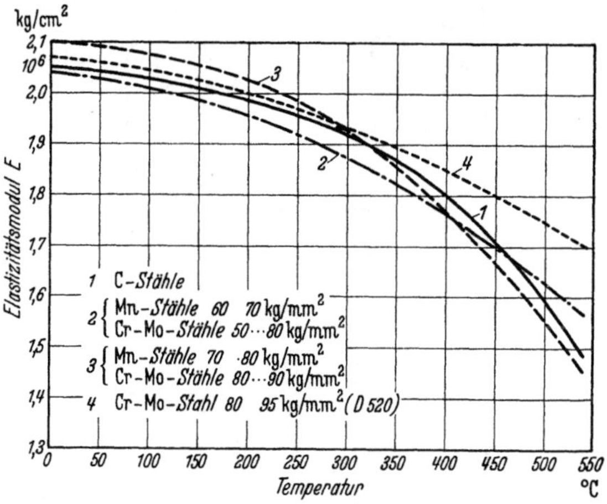

Abb. 219. Elastizitätsmodul E für einige Bolzen- und Mutterstähle in Abhängigkeit von der Temperatur.

Für die Berechnung der Flanschverbindungen ist ferner die Kenntnis des Elastizitätsmoduls erforderlich. Hierüber liegen nur sehr unvollständige und sich teilweise widersprechende Versuchswerte vor. Für die Flanschenstähle können die E-Werte größtenteils aus Abb. 8 entnommen werden. Für die Bolzen- und Mutternstähle wurde das Schaubild Abb. 219 als Ergebnis von Mittelwerten aus verschiedenen Werksangaben entworfen. Für Stahlguß wurden von einer namhaften Stahlgießerei[3] die in Abb. 220 aufgetragenen Werte angegeben; sie liegen auffallend hoch und zeigen bei 300° einen nicht zu erklärenden Höchstwert mit sehr starkem Abfall nach der Seite der höheren Temperaturen. Eingehende Versuche wären hier zur Nachprüfung am Platze.

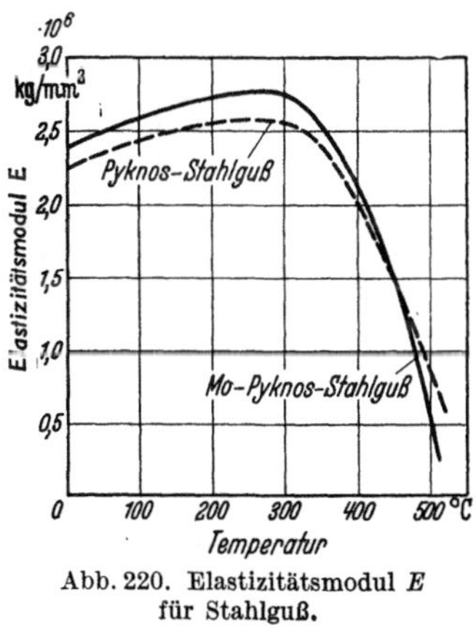

Abb. 220. Elastizitätsmodul E für Stahlguß.

Für die Ermittlung der durch ungleichmäßige Temperaturverteilung entstehenden Wärmedehnungsunterschiede ist eine möglichst genaue

---

[1] Siehe E. MAYER: Die Höchstdruck-Flanschverbindung. Forschung Bd. 3 (1932) Heft 5.

[2] SCHWEDLER, F.-v. JÜRGENSONN: Handbuch der Rohrleitungen. Berlin: Julius Springer 1939.

[3] Schäffer & Budenberg G. m. b. H., Magdeburg-Buckau.

Tabelle 7. Flanschenstähle sowie Stahlguß.

Werkstoffe		Hersteller[1]	Dehnung	Zugfestigkeit				Streckgrenze (0,2%-Dehngrenze)					Dauerstandfestigkeit nach DVM				
Stahlart	Einige Markenbezeichnungen		%	in kg/mm²				in kg/mm²					in kg/mm²				
			20°	20°	300°	400°	500°	20°	300°	400°	450°	500°	400°	450°	500°	525°	550°
Unlegiert	St 42.11 (DIN 1611)	verschiedene Werke	20	42/50	39	31	20	23	13	9,5	7,5	6					
Unlegiert	St 50.11 (DIN 1611)	verschiedene Werke	18	50/60	46	38	25	27	18	14	12	10					
Mo-Cu	TH 31 SK 11h	DRW PWR	18	45/55	42	38	32	29	24	19	17	15	17	15	12	9	5
Cr-Mo	TH 32 FK 653 SK 12h	DRW FK PWR	19	45/55	36	33	25	28	24	20	18	16	19	17	13	10	6
Cr-Mo	D 515	RW	23	50/60	48	45	38	35	27	23	21	20	22	20	18	15	10
Unlegiert	El-Stahlguß II (nach VGB)	S & B Jahn	25	45	46	38	25	22	18	16	14	12					
Unlegiert	Pyknos-Stahlguß	S & B	28	50	52	43	28	30	25	20	18	16	19		10		
Mo	El-Stahlguß	RW Jahn	22	45				25	22	18			18	14	12		
Mo	Pyknos-Stahlguß	S & B	25	52	53	52	40	31	26	25	23	21			16	11	6
Cr-Mo	W 4	RW	20	53	58			30	26	22			21	19	16		

[1] DRW = Deutsche Röhrenwerke AG., Düsseldorf; FK = Friedrich Krupp AG., Essen; RW = Ruhrstahl AG., Witten; S & B = Schäffer & Budenberg G. m. b. H., Magdeburg-Buckau; Jahn = Max. Jahn G. m. b. H., Leipzig W 35.

Tabelle 8. Bolzenschrauben-, Muttern- und Dichtungsstähle.

Werkstoffe		Hersteller[1]	Dehnung	Zugfestigkeit				Streckgrenze (0,2%-Dehngrenze)					Dauerstandfestigkeit nach DVM					Kerbschlagzähigkeit
Stahlart	Einige Markenbezeichnungen		%	in kg/mm²				in kg/mm²					in kg/mm²					mkg/cm²
			20°	20°	300°	400°	500°	20°	300°	400°	450°	500°	400°	450°	500°	525°	550°	20°
C	A 9.0	FK	22	60/70	52	38	25	30	21	16	14	13	12	8	5	—	—	4
C	A 3.0	FK	27	38/46	36	29	20	23	14	10	9	8	10	5	3	—	—	10
Mn	St C 35.61 (DIN 1661)	verschiedene Werke	23	50/60	45	35	23	28	18	14	12	11	12	8	4	—	—	6
Mn	St C 45.61 (DIN 1661)	verschiedene Werke	19	60/70	52	38	25	34	22	16	14	13	12	8	5	—	—	4
Mn	DMH	DEW	17	70/80	65	50	30	50	34	27	24	20	12	7	2	—	—	4
Mn	HMS 70	DEW	18	60/70	55	42	25	34	27	21	16	13	10	6	2	—	—	6
Mn	C 75.0 NN	FK	22	65/75	52	37	24	40	25	20	17	14	12	7	4	—	—	10
Mn	C 86.0 NN	FK	19	75/85	65	45	34	50	34	30	27	20	12	8	4	—	—	8
Mn	D 408	RW	20	50/60	45	40	30	30	19	15	13	11	10	7	5	—	—	6
Cr-Mo	MC-Spezial	DEW	14	90/110	70	60	50	75	60	50	45	40	40	36	30	26	21	—
Cr-Mo	MC 120	DEW	16	80/90	75	65	50	60	50	40	36	32	35	28	20	13	5	6
Cr-Mo	MC 70	DEW	25	50/60	47	40	30	30	25	21	19	18	17	16	15	9	3	10
Cr-Mo	MC 30	DEW	17	70/80	60	50	40	45	37	32	30	27	25	17	8	5	1	6
Cr-Mo	FK 34	FK	16	80/90	68	58	48	60	47	40	36	33	35	20	10	3	1	12
Cr-Mo	D 520	RW	16	80/95	77	68	55	62	55	48	44	40	40	32	24	10	2	8
Cr-Mo	D 515	RW	23	50/60	48	45	38	35	27	23	21	20	22	20	18	10	2	10
Cr-Ni-Mo	EFK 2338	FK	16	80/90	71	65	53	60	54	49	45	40	45	34	26	5	1,5	8
Cr-Ni-Mo	MC 100	DEW	16	80/90	75	65	50	60	50	40	36	32	35	28	20	11	1	8
Cr-Mo-Va	FKM 54H	FK	10	110/120	90	74	60	90	70	60	54	45	40	24	18	5	1	8
Cr-Mo-Va	FKM 6612	FK	16	80/95	71	—	—	60	50	40	—	—	35	—	26	—	—	10
Cr	Remanit 1510	DEW	19	70/80	—	—	48	60	—	—	—	37	—	—	—	—	—	—
Cr-Mo	Remanit 1740	DEW	20	70/80	—	—	51	50	—	—	—	40	35	—	19	—	—	—
Cr-Ni	V2A-Extra	FK	50	60/75	46	44	40	27	16	14	—	13	—	—	14	13	12	15—20

[1] FK = Friedrich Krupp AG., Essen; DEW = Deutsche Edelstahlwerke AG., Krefeld; RW = Ruhrstahl AG., Witten.

Kenntnis der Temperaturen aller einzelnen Teile der Flanschverbindung und der zugehörigen Wärmedehnungszahlen notwendig. Letztere können aus den Abb. 31 und 32 für verschiedene Werkstoffe entnommen werden.

5. Temperaturverteilung innerhalb der Flanschverbindung.

Es ist bekannt, daß während der Inbetriebsetzung wesentlich andere Arbeitsbedingungen vorliegen als im Beharrungszustand. Während des Anwärmens der Leitung ist das Temperaturgefälle von innen nach außen besonders groß. Die äußeren Teile bleiben länger kühl als die inneren.

Es treten also zwischen Rohr und Flansch bzw. zwischen Flansch und Bolzenschraube größere Temperaturunterschiede auf. Zu einem bestimmten Zeitpunkt nimmt dieser Temperaturunterschied einen Höchstwert an. Im weiteren Verlauf der Durchwärmung gleichen sich die Temperaturen immer mehr und mehr einander an, bis im Beharrungszustand nur geringe Unterschiede bestehen bleiben.

Messungen der Temperaturverteilung in Flanschverbindungen während des Anfahrens sind schon vielfach ausgeführt worden. Es fehlt jedoch eine systematische Erforschung in bezug auf den Einfluß der verschiedenen in der Praxis möglichen Umstände. Trotzdem lassen sich aus den vorliegenden Meßergebnissen — wenn auch nicht quantitativ, so doch qualitativ — gewisse Schlüsse ziehen, die sowohl für die Berechnung wichtig sind als auch dem Betriebsmann gewisse Richtlinien geben.

So steht z. B. eindeutig fest, daß die Größe der während der Anwärmung auftretenden Temperaturunterschiede in hohem Maße von der Zeit abhängt, in welcher die Leitung aus dem kalten in den betriebsmäßigen Zustand gebracht wird. Je schneller die Anwärmung erfolgt, um so höher fallen die Temperaturunterschiede aus. Ebenso ist es nicht gleichgültig, ob die Leitung nur kurze Zeit, z. B. während der Nacht, stillstand und noch relativ warm ist, oder ob es sich um ein erstmaliges Hochfahren handelt.

Sehr wesentlich ist die Wärmeisolierung. Eine unisolierte Flanschverbindung zeigt beim Anfahren ein bedeutend größeres Temperaturgefälle als eine gut isolierte. Deswegen sollte man vermeiden, die Leitung mit nackten Flanschen anzufahren, um angeblich die Dichtheit derselben besser beobachten zu können.

Auch die Ausführung der Flanschverbindung hat hier eine gewisse Bedeutung, wie der Vergleich der folgenden Abbildungen zeigt.

In Abb. 221 sind die Meßergebnisse einer Verbindung Rohr mit Rohr mittels zweier Stauchbunde und losen Hinterlegflanschen dargestellt. Man erkennt, daß der Wärmeübergang vom Bund auf den losen Flansch ziemlich schlecht ist, und letzterer daher in der Durchwärmung stärker zurückbleibt. Dadurch wird natürlich auch die Bolzenschraube langsamer erwärmt. Der Vorteil des ersten Umstandes wird also durch den

Nachteil des zweiten ungefähr ausgeglichen. Der größte Temperaturunterschied tritt hier nach etwa 80 min auf. Zwischen Bund und Bolzen beträgt $\Delta t_1 = 130°$ und zwischen losem Flansch und Bolzen $\Delta t_2 = 40°$.

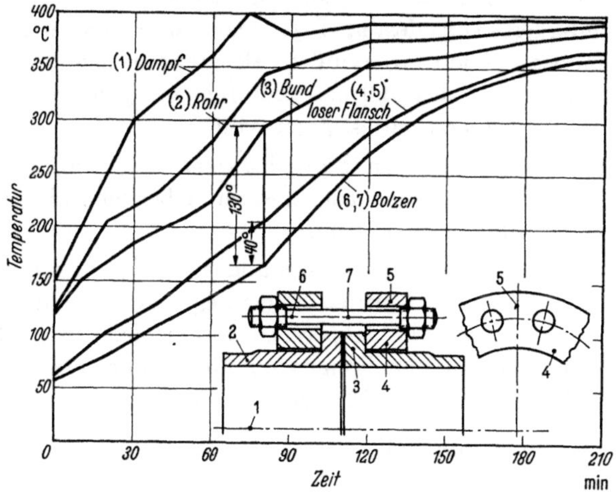

Abb. 221. Temperaturverteilung in einer Flanschverbindung mit zwei Bundflanschen.

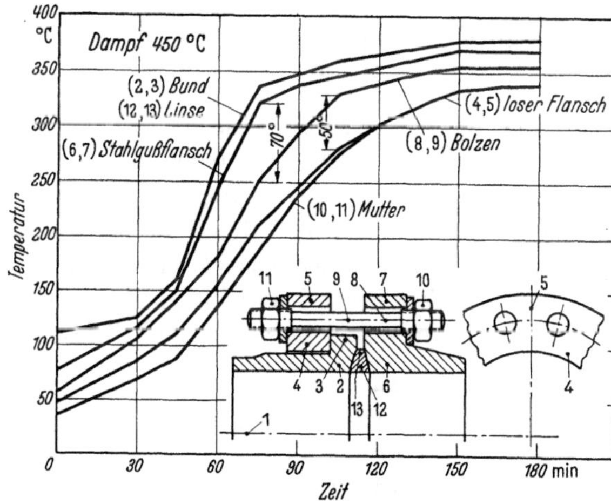

Abb. 222. Temperaturverteilung in einer Flanschverbindung zwischen Bundflansch und Stahlgußflansch für 450° C Dampftemperatur.

Einen wesentlichen Unterschied in der Temperaturverteilung zeigt Abb. 222. Hier hat der Bolzen eine höhere Temperatur als der lose Flansch. Das kommt von der guten Wärmeleitfähigkeit des Stahlgußflansches, durch welchen die Schraube schneller aufgeheizt wird, als es der infolge des schlechten Wärmeüberganges in der Temperatur zurückgebliebene lose Flansch vermag. Diese Verbindung, die als Anschluß an Armaturen und Formstücke in Frage kommt, zeigt also während des Anwärmens in bezug auf die Temperaturverteilung ein sehr günstiges Bild. Dieser Umstand dürfte bei Verbindungen von zwei Stahlgußflanschen noch stärker in Erscheinung treten. Der Nachteil der größeren Steifigkeit von festen Flanschen wird dadurch teilweise wieder aufgehoben. Allerdings muß in Betracht gezogen werden, daß die Betriebstemperatur des Bolzens dadurch im ganzen höher liegen wird, was auf die Dauerstandfestigkeit von Einfluß ist.

Die Meßpunkte sind in den Flanschskizzen der Abb. 221 und 222 angegeben. Die Linien wurden zur besseren Übersicht als Mittelwerte der jeweiligen Messungen entworfen.

In Abb. 222 ist der Beharrungszustand noch lange nicht erreicht, da die Dampftemperatur wesentlich höher liegt. Nach genügend langer Betriebszeit gleichen sich die Temperaturunterschiede sehr stark aus. Aus verschiedenen Messungen konnte im Mittel folgende Temperaturverteilung im Betriebszustand festgelegt werden.

Dichtung (Linse)	95	in % der Dampftemperatur.
Stauchbund	96	
Loser Flansch	90	
Stahlgußflansch	95,5	
Bolzenschraube	90,5	
Mutter	89	

Man sieht also, daß im Beharrungszustand die Temperatur des losen Flansches sich derjenigen der Bolzenschrauben fast angeglichen hat, jedoch noch bedeutend tiefer liegt als diejenige des Stahlgußflansches.

Von Bedeutung sind noch die Unterschiede der Temperatur innerhalb der Flansche, da diese, wie später gezeigt wird, zu Schrumpfspannungen führen. Aus den Messungen konnte folgende Abhängigkeit im Betriebszustand ermittelt werden (s. Skizze in Abb. 222).

Loser Flansch innen	92	in % der Dampftemperatur.
Loser Flansch außen	88,5	
Stahlgußflansch innen	97	
Stahlgußflansch außen	94,5	

Bei 500° C würde also beim losen Flansch zwischen innen und außen ein Temperaturunterschied von

$$\Delta t = \frac{500\,(92 - 88{,}5)}{100} = 17{,}5^\circ$$

bestehen, während beim Stahlgußflansch dieser nur 12,5° beträgt.

Im Abschnitt C I/2 wurde gezeigt, daß die Temperaturunterschiede zwischen Bolzen und Bund bzw. Flansch bei der Belastung eine große

Rolle spielen. Legt man die bei Höchstdruckflanschverbindungen üblichen Werkstoffe zugrunde, und zwar

Dichtung (Linse)	Cr-Mo-Stahl	(z. B. FK 335)
Stauchbund	Cr-MoStahl	(z. B. TH 32)
Loser Flansch	Cr-Mo-Stahl	(z. B. TH 32)
Stahlgußflansch	Mo-Stahl	(z. B. Pyknos-Mo-St)
Bolzenschrauben	Cr-Mo-Va-Stahl	(z. B. D 520)
Unterlegscheiben	Mo-Stahl	(z. B. K 35)

so können mit Hilfe der Wärmedehnungszahlen aus den Abb. 31 und 32 die folgenden Beziehungen für den Wärmedehnungsunterschied aufgestellt werden [aus Gleichung (136) entwickelt]. Diese gelten für den Betriebszustand, also nicht für den Zeitraum der Anwärmung.

Bei 450° C Dampftemperatur:

$$\Delta l_t = 0{,}006 \cdot l_1 + 0{,}0062 \cdot l_2 + 0{,}0065 \cdot l_3 + 0{,}0059 \cdot l_4 + \\ + 0{,}006 \cdot 2 \cdot l_5 - 0{,}0057 \cdot l_6 \quad \text{in cm.}$$

Bei 500° C Dampftemperatur:

$$\Delta l_t = 0{,}0068 \cdot l_1 + 0{,}0069 \cdot l_2 + 0{,}0074 \cdot l_3 + 0{,}0066 \cdot l_4 + \\ + 0{,}0067 \cdot 2 \cdot l_5 - 0{,}0064 \cdot l_6 \quad \text{in cm.}$$

Darin bedeuten in cm

l_1 = wirksame Wärmedehnlänge des losen Flansches,

l_2 = wirksame Wärmedehnlänge des Stahlgußflansches,

l_3 = wirksame Wärmedehnlänge des Stauchbundes,

l_4 = wirksame Wärmedehnlänge der Dichtung,

l_5 = wirksame Wärmedehnlänge der Unterlegscheiben,

l_6 = wirksame Wärmedehnlänge der Bolzenschraube.

Es ist also

$$l_1 + l_2 + l_3 + l_4 + 2 \cdot l_5 = l_6 .$$

Durch entsprechende Kombination der Glieder kann die Ausrechnung für beliebige Arten der Flanschverbindungen erfolgen. Bei einer Verbindung von zwei Stahlgußflanschen fallen die Glieder mit l_1 und l_3 fort und das Glied mit l_2 muß doppelt genommen werden.

Für die Anwärmung muß die Ausrechnung jeweils unter Berücksichtigung der entsprechenden Bauart vorgenommen werden, da hier auch nur annähernd allgemeingültige Beziehungen nicht aufgestellt werden können.

Im weiteren sind Zahlenbeispiele gegeben.

II. Elastizität innerhalb der Flanschverbindung.

Die federnde Nachgiebigkeit der einzelnen Teile einer Flanschverbindung übt — wie im Abschnitt I/2 gezeigt wurde — auf die Größe der Schraubengesamtlast einen bedeutenden Einfluß aus. Es ist daher für die richtige Beurteilung des vorliegenden Spannungszustandes grundsätzlich die Elastizität aller Teile in Betracht zu ziehen und nicht, wie es vielfach der Einfachheit halber getan wird, der Schraube allein die ganze Federungsarbeit zuzuschreiben.

Dieses Näherungsverfahren könnte höchstens dort genügen, wo es sich um die rohe Prüfung einer in den Abmessungen an sich festliegenden Flanschverbindung handelt (z. B. bei DIN-Flanschen mittlerer Nenndrucke). Dagegen muß beim Entwurf von Höchstdruck-Flanschverbindungen die federnde Nachgiebigkeit aller Teile möglichst genau berücksichtigt werden, um keine unnötige Überbemessung zu erhalten.

Den Hauptanteil der Gesamtelastizität der Flanschverbindung stellt neben der Dehnung der Schrauben die Durchbiegung der Flansche dar. Einen nicht unbedeutenden Anteil hat auch die Nachgiebigkeit im Gewinde zwischen Bolzen und Mutter, während die reinen Zusammendrückungen der unter Druckspannung stehenden Teile nur eine untergeordnete Rolle spielen.

Es sollen nachstehend die elastischen Eigenschaften der einzelnen Teile untersucht werden.

1. Federwert der Schrauben.

Der Federwert eines geraden zylindrischen Stabes vom Durchmesser d cm und der wirksamen Länge l cm ist unter einer Belastung P in kg im Bereich der Proportionalitätsgrenze des Werkstoffes nach dem HOOKEschen Gesetz allgemein

$$C = \frac{f \cdot E}{l} = \frac{\pi \cdot d^2 \cdot E}{4 \cdot l} = \frac{P}{\Delta l} \quad \text{kg/cm}. \tag{140}$$

Daraus die federnde Verlängerung

$$\Delta l = \frac{P \cdot l}{E \cdot f} = \frac{4 \cdot P \cdot l}{E \cdot \pi \cdot d^2} \tag{141}$$

Ist der Stab aus mehreren Teilen mit verschiedenen Querschnitten f_1, f_2, f_3 usw. und mit den entsprechenden Längen l_1, l_2, l_3 zusammengesetzt, so beträgt die Gesamtfederung

$$\Delta l = \frac{P \cdot l_1}{E \cdot f_1} + \frac{P \cdot l_2}{E \cdot f_2} + \frac{P \cdot l_3}{E \cdot f_3} + \cdots$$

$$= \frac{P}{C_1} + \frac{P}{C_2} + \frac{P}{C_3} + \cdots$$

oder umgeformt

$$\frac{\Delta l}{P} = \frac{1}{C} = \frac{1}{C_1} + \frac{1}{C_2} + \frac{1}{C_3} + \cdots. \tag{142}$$

Aus Gleichung (142) erkennt man, in welcher Weise der Gesamtfederwert C aus den Einzelfederwerten C_1, C_2, C_3 usw. berechnet wird.

Hieraus kann also der Federwert einer Bolzenschraube mit einem Gewindedurchmesser d_k und einem Schaftdurchmesser d_s leicht ermittelt werden. Wird der Schaftdurchmesser so abgedreht, daß — wie es zumeist geschieht — der Schaftquerschnitt f_s etwa 10% kleiner als der Kernquerschnitt f_k ist, so wird der Federwert der Schraube

$$\frac{1}{C} = \frac{l_s}{f_s \cdot E} + \frac{l_k}{f_k \cdot E} = \frac{1}{f_k \cdot E}(1{,}11 \cdot l_s + l_k)$$

da $f_s = 0{,}9 \cdot f_k$ ist.

Mit l_s ist die Schaftlänge und mit l_k die an der Federung teilnehmende Gewindelänge bezeichnet.

Daraus

$$C = \frac{f_k \cdot E}{1{,}11 \cdot l_s + l_k}.$$

2. Federwert des Gewindes.

Die federnde Nachgiebigkeit des Gewindes wird ausführlich in einer Arbeit von MADUSCHKA[1] behandelt. Das im Rohrleitungsbau fast ausschließlich interessierende scharfgängige Gewinde, z. B. von der Art des Whitworthgewindes DIN 11, wird von ihm genau untersucht.

Die Erfahrungen haben gezeigt, und die rechnerischen Ableitungen von MADUSCHKA beweisen es, daß die ersten beiden Gewindegänge am stärksten belastet sind und die ersten vier Gänge fast die ganze Last übertragen, soweit es sich um eine ungleichartige Beanspruchung von Bolzen und Mutter handelt.

MADUSCHKA unterscheidet im wesentlichen zwei Belastungsarten:

a) Ungleichartige Beanspruchung, d. h. Bolzen gezogen, Mutter gedrückt, wie es bei normal ausgeführten Schrauben mit Mutter der Fall ist.

b) Gleichartige Beanspruchung, d. h. Bolzen und Mutter gezogen, wie sie z. B. bei dem im Mutterflansch sitzenden Gewinde von Stiftschrauben zutrifft.

Im einzelnen ist darauf im Abschnitt C III/1 genauer eingegangen. Hier sollen lediglich die maßgebenden Beziehungen für die elastische Nachgiebigkeit im Gewinde angegeben werden, die auf Grund der Arbeit von MADUSCHKA abgeleitet sind.

Sind bei der am häufigsten vorkommenden ungleichartigen Belastung vom Bolzen und Mutter (Fall a) mit $P_1, P_2, \ldots, P_n$ die Kraftwirkungen der Gewindegänge 1 bis n bezeichnet und sei

$$P_s = P_1 + P_2 + P_3 + \cdots + P_n$$

[1] MADUSCHKA, L.: Beanspruchung von Schraubenverbindungen und zweckmäßige Gestaltung der Gewindeträger. Forschung Bd. 7 (1936) Heft 6, S. 299.

die Gesamtlast der Schraube in kg, so wird der Bolzenteil zwischen dem $n-1$-ten und n-ten Gang durch die Kraft

$$P_s - (P_1 + P_2 + \cdots + P_{n-1})$$

um den Betrag

$$\beta_{n-1,n} = \frac{h}{E_B \cdot F_B} [P_s - (P_1 + P_2 + \cdots + P_{n-1})] \text{ in cm} \quad (143)$$

verlängert und der entsprechende Mutterteil durch dieselbe Kraft um den Betrag

$$\mu_{n-1,n} = \frac{h}{E_M \cdot F_M} [P_s - (P_1 + P_2 + \cdots + P_{n-1})] \text{ in cm} \quad (144)$$

verkürzt. Darin bedeuten

h = Ganghöhe (Steigung) in cm,

E_B bzw. E_M = Elastizitätsmodul des Bolzen- bzw. Mutternwerkstoffes in kg/cm²,

$F_B = \frac{\pi}{4} d_k^2$ = Kernquerschnitt des Bolzens in cm²,

$F_M = \frac{\pi}{4} (s^2 - d_a^2)$ = Querschnitt der Mutter in cm², wobei s Schlüsselweite und d_a äußerer Gewindedurchmesser ist.

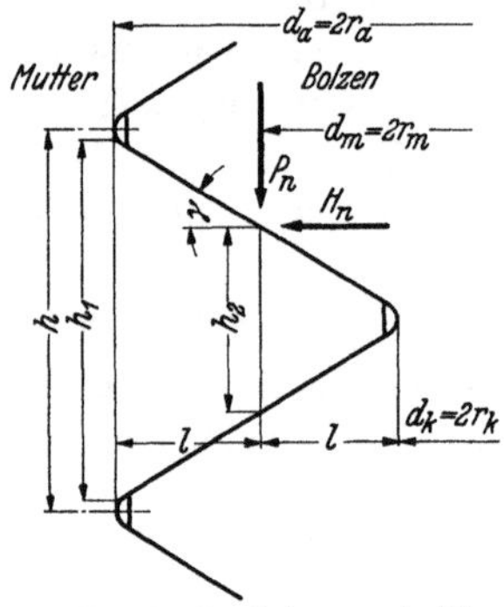

Abb. 223. Gewindequerschnitt.

Die Gesamtlängenänderung beträgt für eine Ganghöhe

$$\beta_{n-1,n} + \mu_{n-1,n} \text{ in cm.}$$

Aus Abb. 223 erkennt man, daß die horizontale Kraftkomponente $H_n = P_n \cdot \operatorname{tg} \gamma$ eine Aufweitung der Mutter und eine Zusammendrückung des Bolzens bewirkt.

Die Änderung des radialen Gewindespiels durch diese Durchmesseränderung beträgt im n-ten Gang

$$\varrho_n = \varrho_{n_B} + \varrho_{n_M}$$

und die dadurch bedingte Änderung der Ganghöhe zwischen dem $n-1$-ten und n-ten Gang

$$\Delta h_{n-1,n} = (\varrho_{n-1} - \varrho_n) \cdot \operatorname{tg} \gamma \text{ in cm.}$$

Hierin ist für den Bolzen

$$\varrho_{n_B} = \frac{0{,}112}{h \cdot E_B} \cdot H_n = k_B \cdot H_n \text{ in cm}$$

und für die Mutter

$$\varrho_{n_M} = \frac{0{,}048 \cdot r_m^2}{h \cdot E_M (r_a^2 - r_m^2)} \left[2{,}33 + 4{,}33 \left(\frac{r_a}{r_m}\right)^2\right] \cdot H_n$$

$$= k_M \cdot H_n \text{ in cm.}$$

Die Bedeutung der Zeichen geht aus Abb. 223 hervor.

Der Gesamtwert der Ganghöhenänderung beträgt also zwischen dem $n-1$-ten und n-ten Gang

$$\sum \Delta h_{n-1,n} = (\beta_{n-1,n} + \mu_{n-1,n}) + \Delta h_{n-1,n}.$$

Die Summe dieser Änderungen der Ganghöhe für die n tragenden Gewindegänge ergibt die federnde Nachgiebigkeit des Gewindes, woraus dann der Federwert ermittelt wird.

Zu diesem Zweck müßten die Belastungen $P_1, P_2, P_3, \ldots, P_n$ der Gewindegänge berechnet werden, was in einem späteren Abschnitt geschehen soll. Hier wird lediglich das Ergebnis für Whitworthgewinde nach DIN 11 angegeben.

Nimmt man an, daß bei einer Mutterhöhe = Gewindedurchmesser nur höchstens 80% aller Gewindegänge tragen, so sind bei allen Gewindegrößen von $^3/_4''$ bis $1^3/_4''$ übereinstimmend sechs tragende Gewindegänge vorhanden. Unter dieser Voraussetzung ergibt sich für eine Schraubenbelastung P_s die federnde Nachgiebigkeit des Gewindes als Summe der Ganghöhenänderungen der 6 Gänge zu

$$\sum \Delta h_{1\ \text{bis}\ 6} = [2{,}6295 \cdot (c_B + c_M) + 0{,}0692 \cdot (k_B + k_M)] \cdot P_s \text{ in cm.} \quad (145)$$

Diese Beziehung gilt für den Fall a). Für das Stiftgewinde (Fall b) werden $c_M = 0$ und $k_M = 0$.

Der Wert in der eckigen Klammer stellt den reziproken Wert des Federwertes des Gewindes dar.

In nachstehender Tabelle 9 sind die Werte

$$c_B \cdot E_B = \frac{h}{F_B} \quad \text{und} \quad c_M \cdot E_M = \frac{h}{F_M},$$

sowie die früher schon erläuterten Werte $k_B \cdot E_B$ und $k_M \cdot E_M$ für $^3/_4''$ bis $1^3/_4''$ des Whitworthgewindes DIN 11 ausgerechnet.

Tabelle 9. Federwerte für Gewinde DIN 11.

Gewinde	$^3/_4''$	$^7/_8''$	$1''$	$1^1/_8''$	$1^1/_4''$	$1^3/_8''$	$1^1/_2''$	$1^5/_8''$	$1^3/_4''$
$c_B \cdot E_B$	0,1295	0,1037	0,0889	0,0807	0,0629	0,062	0,0505	0,0535	0,045
$c_M \cdot E_M$	0,0488	0,0447	0,0391	0,0357	0,031	0,0298	0,0251	0,0257	0,0221
$k_B \cdot E_B$	0,441	0,397	0,353	0,309	0,309	0,265	0,265	0,221	0,221
$k_M \cdot E_M$	1,35	1,277	1,14	1,0	1,038	0,887	0,875	0,735	0,743
C_{Gewinde} für Fall a	$\frac{E}{0{,}593}$	$\frac{E}{0{,}506}$	$\frac{E}{0{,}440}$	$\frac{E}{0{,}396}$	$\frac{E}{0{,}34}$	$\frac{E}{0{,}321}$	$\frac{E}{0{,}278}$	$\frac{E}{0{,}275}$	$\frac{E}{0{,}243}$
C_{Stift}	$\frac{E}{0{,}371}$	$\frac{E}{0{,}30}$	$\frac{E}{0{,}259}$	$\frac{E}{0{,}233}$	$\frac{E}{0{,}187}$	$\frac{E}{0{,}181}$	$\frac{E}{0{,}151}$	$\frac{E}{0{,}156}$	$\frac{E}{0{,}134}$

In den beiden letzten Spalten dieser Tabelle ist auch der Federwert C des Gewindes angegeben unter der Annahme, daß $E_B = E_M = E$ ist.

Dabei bezieht sich C_{Gewinde} auf einen Bolzen mit normaler Mutter $h = d$ (d. h. Fall a) und C_{Stift} auf das Stiftgewinde einer Stiftschraube im Mutterflansch ($c_M = 0$ und $k_M = 0$).

Nach HAAS[1] genügt auch im Höchstdruckbau eine Mutterhöhe $H = 0{,}8\,d$, weil die letzten Gewindegänge sowieso nicht mehr als tragend angesehen werden können. Das bestätigen auch die Untersuchungen von MADUSCHKA[2]. HAAS empfiehlt auch noch die Verringerung der Schlüsselweite auf den nächst kleineren Wert, wodurch ohne Beeinträchtigung der Dauerhaltbarkeit der Verbindung eine bedeutende Gewichts- und Werkstoffersparnis erzielt wird. Wählt man bei verringerter Schlüsselweite die Mutterhöhe H nach der Beziehung

$$\frac{H}{d} = 0{,}165\left(\frac{d}{h}\right)^{0{,}68},$$

wobei d den Gewindedurchmesser bedeutet, so erhält man eine Schraubenverbindung mit gleicher Tragfähigkeit des Bolzenkerns und des Gewindes. Diese Beziehung ergibt z. B. für 1″ Whitworthgewinde $H = 0{,}68\,d$. Daraus folgt auch, daß der normale Wert von $0{,}8\,d$ ausreichend sein dürfte.

3. Federwert der Flansche.

Über die Durchbiegung von losen und festen Flanschen liegt eine große Anzahl von Forschungsarbeiten vor. Die Verfasser gehen aber zum Teil von verschiedenen Voraussetzungen aus, so daß mehr oder weniger voneinander abweichende Beziehungen für die Federung von Flanschen angegeben werden. Das Versuchsmaterial ist leider nur äußerst unvollständig, so daß bis heute noch kein abschließendes Urteil darüber gefällt werden kann.

Bei losen Flanschen (ebene Ringe ohne Ansatz) sind die Berechnungsunterschiede nicht groß, da hier verhältnismäßig einfache Formänderungsverhältnisse vorliegen. Weit schwieriger gestaltet sich die theoretische Untersuchung von festen Flanschen, deren Ansatz eine versteifende Wirkung ausübt und die Beziehungen dadurch sehr verwickelt macht.

Die nachstehenden Beziehungen für die Nachgiebigkeit der Flansche sind dem Schrifttum entnommen. Eine Ableitung derselben soll nicht gebracht werden, da diese den Umfang des Buches zu sehr belasten würden. In dieser Hinsicht sei auf die angegebenen Quellen verwiesen.

Es muß besonders darauf hingewiesen werden, daß die den Flansch belastende Kraft P' von vielen Forschern am Außenrand wirkend angenommen wurde (s. z. B. Abb. 228 und 230). In den nachstehenden Beziehungen wurde der Einheitlichkeit halber durchweg die Umrechnung

[1] HAAS, B.: Einfluß der Muttergröße auf die Festigkeit der Schraubenverbindung. Z VDI, Bd. 82 (1938) Nr. 44, S. 1269.

[2] Vgl. Fußnote S. 303.

auf den Lochkreis entsprechend

$$P = P' \frac{D_a - D_i}{D_l - D_i} \quad \text{für lose Flanschen}$$

und

$$P = P' \frac{D_a - D_m}{D_l - D_m} \quad \text{für feste Flanschen}$$

vorgenommen.

a) Lose Flansche.

Nachstehend sind die aus Abb. 224 ersichtlichen Bezeichnungen in cm eingeführt; weiter bedeuten:

φ = Neigungswinkel der Flanschmittelebene,
y_l = Durchbiegung des Flansches in cm am Lochkreisdurchmesser,
P = Gesamtkraft aller Schrauben in kg, die im Lochkreis verteilt angreift,
E = Elastizitätsmodul des Flanschwerkstoffes in kg/cm².

Es ist angenommen, daß die Neigung φ des Flansches über die ganze Breite gleichbleibend ist.

Timoshenko[1] und Westphal[2] geben übereinstimmend für die Flanschdurchbiegung folgende Beziehung an:

$$y_l = \varphi \cdot \frac{D_l - D_i}{2} = \frac{0{,}478 \cdot P \cdot (D_l - D_i)^2}{E \cdot h^3 \cdot \ln \frac{D_a}{D_i}} \text{ in cm.} \quad (146)$$

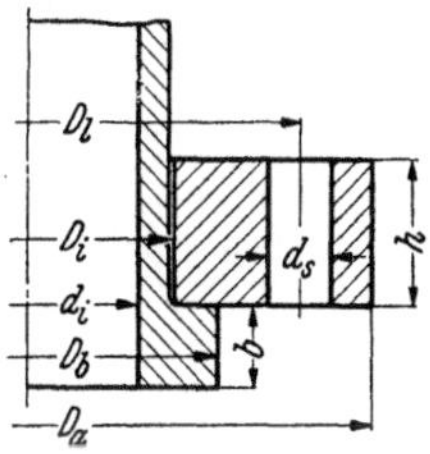

Abb. 224. Loser Flansch.

Diese ist auf der Annahme aufgebaut, daß die Wirkung der Kraft P durch ein gleich großes Moment ersetzt wird, bei welchem am Außenrand des Flansches gleichmäßig verteilt eine entsprechend verminderte Kraft

$$P' = P \frac{D_l - D_i}{D_a - D_i}$$

angreift.

Die Flanschmittelebene biegt sich zu einer Kegelfläche um den Winkel φ um.

Diese äußerst einfache Beziehung stimmt gut mit den aus Versuchen ermittelten Werten überein (s. Abb. 226). Die geringen Abweichungen erklären sich dadurch, daß der Biegungshebelarm in Wirklichkeit kleiner ist als mit $0{,}5 \cdot (D_l - D_i)$ angenommen ist. Andererseits ist in dieser Gleichung der Einfluß der Schraubenlöcher nicht berücksichtigt. Versuche von Siebel haben jedoch gezeigt, daß die Erhöhung der Flanschelastizität durch die Schraubenlöcher lange nicht so groß ist, wie es der Querschnittsverschwächung entspricht.

[1] Timoshenko: Methods of determining the strength of pipe flanges. Mech. Engng Bd. 49 (1927) S. 1340.

[2] Westphal, M.: Berechnung der Festigkeit loser und fester Flansche. Z. VDI Bd. 41 (1897) Nr. 36, S. 1036.

Infolge der Flanschdurchbiegung findet außerdem noch eine Verlagerung des Angriffspunktes der Schraubenkräfte in Richtung zur Rohrachse hin statt, so daß dadurch eine Verringerung des Biegungshebelarmes bewirkt wird.

MAYER[1] gibt ebenfalls eine Beziehung für die Durchbiegung der losen Flansche an. Diese stimmt mit der vorhin angegebenen Gleichung (146) ebenfalls gut überein, ist aber so umständlich, daß sie sich für den praktischen Gebrauch kaum eignet.

Auch die von WATERS und TAYLOR[2] aus der Plattentheorie abgeleitete Berechnungsweise für die Federung der losen Flansche stimmt, wie Abb. 226 zeigt, mit den Versuchsergebnissen sehr gut überein.

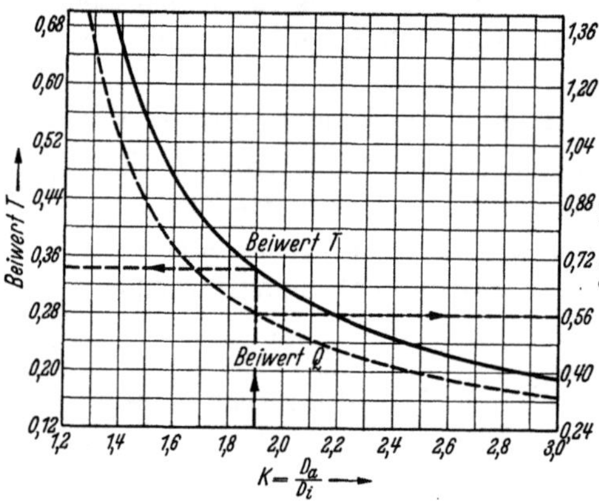

Abb. 225. Beiwerte für Berechnung loser Flansche nach WATERS und TAYLOR.

Die Durchbiegung im Lochkreis ist nach WATERS und TAYLOR

$$y_l = \frac{2{,}138 \cdot P}{E \cdot h^3} (D_l - D_i)^2 \cdot T \text{ in cm}, \tag{147}$$

darin bedeuten:

$$T = \frac{1}{(K-1)^2} \left[\frac{K^2 (\lg K)^2}{K^2 - 1} + 0{,}0644 \cdot (K^2 - 1) \right],$$

$$K = \frac{D_a}{D_i}.$$

Der Beiwert T kann aus Abb. 225 entnommen werden.

Legt man die Gleichung (146) von TIMOSHENKO zugrunde, so ist aus dieser der Federwert des losen Ringflansches

$$C_{lF} = \frac{E \cdot h^3 \cdot \ln \frac{D_a}{D_i}}{0{,}478 (D_l - D_i)^2} \text{ in kg/cm}. \tag{148}$$

---

[1] MAYER, E.: Die Hochdruck-Flanschverbindung. Forschung Bd. 3 (1932) Heft 5 S. 221.

[2] WATERS u. TAYLOR: The Strength of Pipe Flanges. Mech. Engineering Bd. 49 (1927) S. 531.

Ein Vergleich der Berechnungsergebnisse unter Zugrundelegung der von den genannten Forschern angegebenen Beziehungen für die Durchbiegung ebener loser Flansche ist aus der Abb. 226 ersichtlich. Hier ist ein Flanschring mit $D_a = 300$, $D_l = 254$, $D_i = 164$ und $h = 24$ mm (ungebohrt) berechnet.

In der Abbildung ist auch noch die Linie der aus einem Versuch gewonnenen Werte der Durchbiegung enthalten.

In der Praxis genügt für lose Flanschen die Anwendung der einfachen Beziehung von TIMOSHENKO und WESTPHAL, da diese die Größe der Durchbiegung genau genug berechnen lassen.

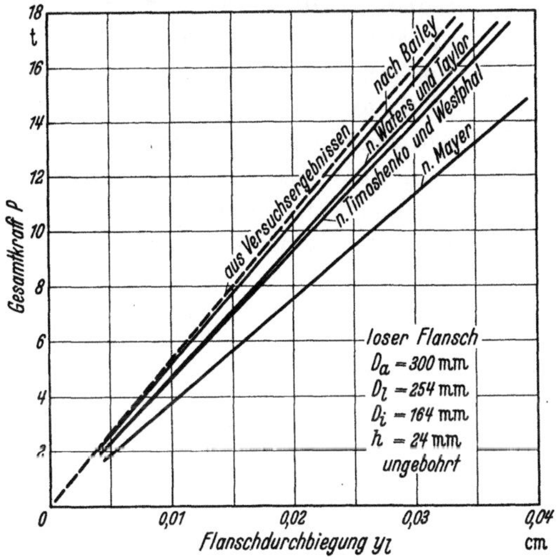

Abb. 226. Vergleich verschiedener Rechnungsergebnisse mit Versuchswerten für lose Flansche.

b) Feste Flansche.

Die Auswertung und der Vergleich der im Schrifttum bisher veröffentlichten Arbeiten über feste Flanschen ist sehr viel schwieriger. Die einzelnen Forscher gehen von zum Teil sehr stark voneinander abweichenden Voraussetzungen aus. Die Schwierigkeit liegt hauptsächlich in der rechnerischen Erfassung des zwischen Flanschteller und Flanschkragen vorliegenden Spannungszustandes. Eine sehr eingehende Gegenüberstellung der verschiedenen Annahmen und der sich daraus ergebenden Berechnungsgrundlagen findet man bei E. SCHULZ und A. SCHILLER[1].

Hier soll ebenfalls die durchweg sehr umständliche und mühevolle Entwicklung der Formeln weggelassen werden und lediglich die endgültigen Formeln für die Durchbiegung fester Flansche gebracht werden. Der Vergleich mit Versuchswerten ermöglicht eine kritische Beurteilung.

[1] SCHULZ, E. u. A. SCHILLER: Wie berechnet man Flanschverbindungen? Wärme Bd. 58 (1935) Heft 31 u. 32.

Die benutzten Bezeichnungen sind aus Abb. 227 ersichtlich; im übrigen gelten die Werte, wie sie für lose Flanschen angegeben wurden.

Um eine möglichst genaue Bestimmung des Spannungszustandes im festen Flansch zu erhalten, muß die Formänderung des Flanschüberganges mit anschließendem Rohr neben derjenigen des Flansches selbst berücksichtigt werden. Durch die Flanschneigung φ wird auch der Ansatz am Übergang zum Flanschteller um denselben Winkel φ verformt. Der Übergang wird also an dieser Stelle aufgeweitet, wobei diese Formänderung mit zunehmendem Abstand vom Flanschteller sehr schnell abklingt. Es wird ferner angenommen, daß die Mittelebene des Flansches sich nicht aufweitet, sondern nur zu einer Kegelfläche verbogen wird.

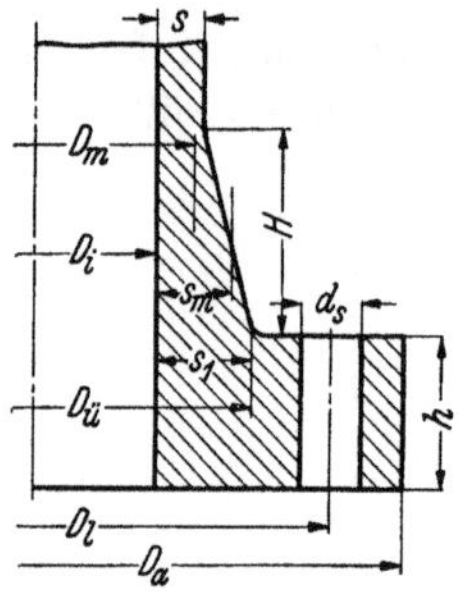

Abb. 227. Fester Flansch.

Timoshenko[1] gibt unter Vernachlässigung der Aufweitung des Ansatzes aus der Theorie der Biegung eines unendlich langen Rohres für die im Lochkreis geltende Durchbiegung des festen Flansches folgende Beziehung an:

$$y_f = \varphi \frac{D_l - D_m}{2} = \frac{6 \cdot M_0}{\beta \cdot E \cdot s_1^3} \cdot \frac{D_l - D_m}{2} \quad \text{cm}. \qquad (149)$$

Darin bedeuten

$$D_m = D_i + \frac{s_1 + s}{2} \quad \text{cm},$$

$$\beta = \frac{1{,}818}{\sqrt{s_m \cdot D_m}} \quad \text{cm}^{-1}, \qquad (150)$$

$$M_0 = \frac{P \cdot (D_l - D_m)}{2 \cdot \pi \cdot D_i} \cdot \frac{1}{m+n} \quad \frac{\text{cmkg}}{\text{cm}}. \qquad (151)$$

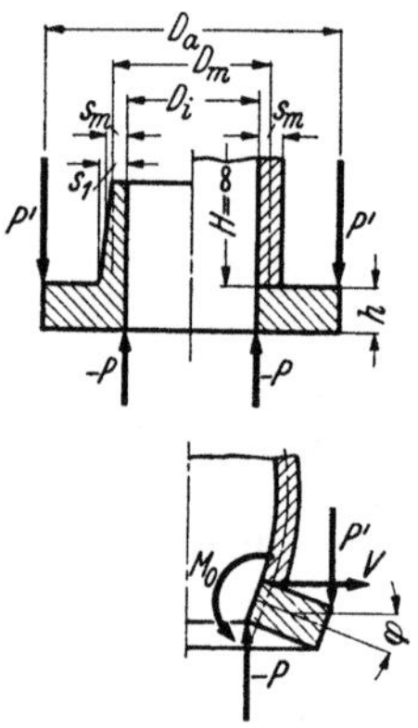

Abb. 228. Rechnerische Annahmen nach Timoshenko.

Die Werte

$$m = 1 + \frac{\beta \cdot h}{2} \quad \text{und} \quad n = \left(\frac{h}{s_m}\right)^3 \cdot \frac{\ln \frac{D_a}{D_i}}{\beta \cdot D_m}$$

können den Abb. 239 und 240 entnommen werden.

Den Flanschübergang ersetzt Timoshenko durch ein zylindrisches Rohrstück von der Stärke $\frac{s_1 + s}{2}$ (Abb. 228) und beweist, daß der Ansatz hinreichend genau als unendlich langes Rohr angesehen werden kann, wenn das Produkt $\beta \cdot H \geq 2$ ist. Die Abb. 229 zeigt eine gute Übereinstimmung mit Versuchsergebnissen.

Das Berechnungsverfahren von Waters und Taylor[2] ist aus der strengen Theorie der auf Biegung beanspruchten Platte entwickelt. Im Gegensatz zu Timoshenko nehmen diese Forscher als Verbindung

[1] Vgl. Fußnote 1, S. 307. [2] Vgl. Fußnote 2, S. 308.

zwischen Flanschteller und Übergang die Mittelebene des Flansches an (s. Abb. 230). Der meist kegelig ausgeführte Ansatz wird auch hier der Einfachheit halber als zylindrisches Rohrstück, jedoch mit endlicher Länge angesehen. Die Höhe H des Ansatzes gilt also einschließlich der halben Blattstärke h. Die mittlere Stärke des Ansatzes ist auch hier wieder $s_m = \frac{s_1 + s}{2}$. Die lichte Weite des Flanschtellers wird nicht mit D_i sondern mit $D_i + s_m$ eingeführt.

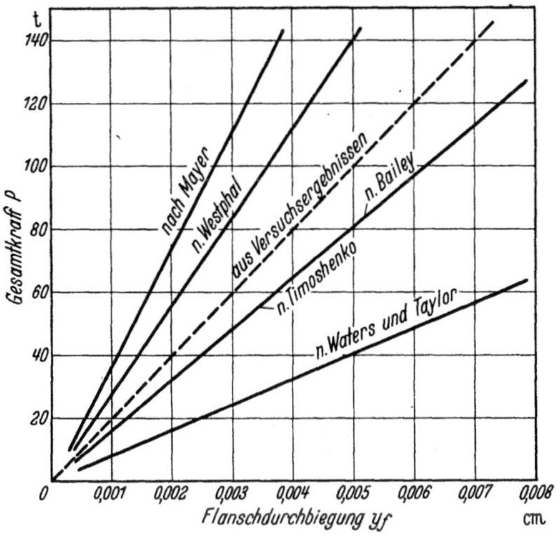

Abb. 229. Vergleich verschiedener Rechnungsergebnisse mit Versuchswerten für feste Flansche. $D_a = 368$, $D_l = 324$, $D_ü = 267$, $D_i = 203$, $h = 50{,}8$, $s = 19$, $s_1 = 32$ mm, ungebohrt.

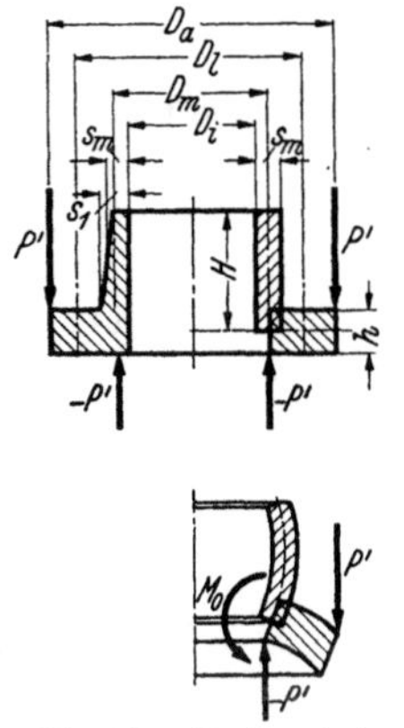

Abb. 230. Rechnerische Annahmen nach WATERS und TAYLOR.

Aus der Plattentheorie ergibt sich dann für die im Lochkreis geltende Durchbiegung

$$y_f = \frac{2{,}138 \cdot P}{E \cdot h^3} (D_l - D_m)^2 \cdot N \text{ cm}, \tag{152}$$

Darin bedeuten:

$$N = \frac{1}{(K_1 - 1)^2} \left[\frac{K_1^2 (\lg K_1)^2}{K_1^2 - 1} + 0{,}0644 (K_1^2 - 1) - \right.$$
$$\left. - \frac{0{,}0911 \cdot (K_1^2 - 1) + 1{,}56 \cdot K_1^2 \cdot \lg K_1 + 6{,}67 \cdot \frac{K_1^4 (\lg K_1)^2}{K_1^2 - 1}}{4{,}33 \cdot K_1^2 + 2{,}33 + A \cdot (K_1^2 - 1)} \right],$$

$$K_1 = \frac{D_a}{D_m} = \frac{D_a}{D_i + s_m},$$

$$A = \frac{9{,}75 \cdot h^3}{\sqrt{s_m^5 \cdot D_m}}.$$

Diese sehr umständliche Beziehung wird ganz wesentlich durch die Benutzung der Linientafeln Abb. 231 für den Hilfswert A und Abb. 232 für den Wert N erleichtert.

Eigene Versuche von WATERS und TAYLOR ergaben eine scheinbar sehr gute Übereinstimmung mit den Rechnungsergebnissen. Dagegen zeigte der Vergleich mit Versuchen anderer Forscher[1] größere Unterschiede, wie es übrigens auch aus Abb. 229 hervorgeht.

Die Berechnung der Flanschdurchbiegung nach WESTPHAL[2] hat für die Praxis wenig Bedeutung, da die von ihm entwickelten Beziehungen sehr viel Rechenarbeit erfordern.

Nach WESTPHAL ist die Durchbiegung des Flansches im Lochkreis:

$$y_f = \varphi \frac{D_l - D_m}{2} = \frac{0{,}478 \cdot P_1 \cdot (D_l - D_m)^2}{E \cdot h^3 \cdot \ln \frac{D_a}{D_i}} \quad \text{in cm},$$

darin bedeuten:

$$P_1 = P \cdot \frac{1 + M - N}{1 + L + K} \quad \text{in kg},$$

$$M = 1{,}306 \frac{h}{D_l - D_m} \sqrt{\frac{s_1 + s}{D_m}},$$

$$N = \frac{s_1 + s}{D_l - D_m} \left(\frac{s_1 + s}{12 \cdot D_m} - 0{,}51 \right),$$

$$L = 1{,}176 \cdot D_m \frac{\sqrt{\left(\frac{s_1 + s}{D_m}\right)^3} \cdot \left[h + \frac{\sqrt{D_m (s_1 + s)}}{2{,}556}\right]}{h^2 \cdot \ln \frac{D_a}{D_i}},$$

$$K = 1{,}835 \frac{(s_1 + s)^2 \left[h + \frac{\sqrt{D_m (s_1 + s)}}{1{,}278}\right]}{h^3 \cdot \ln \frac{D_a}{D_i}}.$$

In Abb. 229 ist auch die der WESTPHALschen Berechnung entsprechende Linie zum Vergleich eingezeichnet. WESTPHAL geht von der Annahme aus, daß die Gesamtbelastung P sich aus drei Teilkräften zusammensetzt, und zwar ist

$$P_1 = \frac{\pi \cdot E \cdot h^3 \cdot \ln \frac{D_a}{D_i}}{3 \cdot (D_l - D_m)} \varphi$$

die Teilkraft, die der Verbiegung des Flansches um den Winkel φ das Gleichgewicht hält.

$P_2 \frac{D_l - D_m}{2}$ ist das Moment, welches der durch die Aufweitung des Flanschansatzes um $\varphi \frac{h}{2}$ bedingten Schubkraft S mit dem Moment $S \frac{h}{2}$ das Gleichgewicht hält.

[1] First Report of the Pipe Flanges Research Committee, S. 331. H. J. Gough 1936.
[2] Vgl. Fußnote 2, S. 307.

Das Bruchmoment im Übergang zum Flanschteller wird durch die dritte Teilkraft P_3 ausgeglichen. Grundsätzlich betrachtet WESTPHAL den Flansch nur als durch eine vom Innendruck herrührende Kraft belastet.

MAYER[1] macht für seine Berechnung fester Flansche die Annahme, daß der Flanschteller an seiner Innenfläche durch die versteifende Wirkung des Flanschansatzes fest eingespannt ist. Die Nachgiebigkeit des Ansatzes und des anschließenden Rohres wird von ihm vernachlässigt. Diese Annahme stellt einen Grenzfall dar, der den wirklichen Verhältnissen keineswegs entspricht und daher auch eine viel zu große Steifheit des festen Flansches vortäuscht (vgl. Abb. 229). Die außerdem sehr umständlichen Beziehungen von MAYER brauchen daher hier nicht weiter berücksichtigt zu werden.

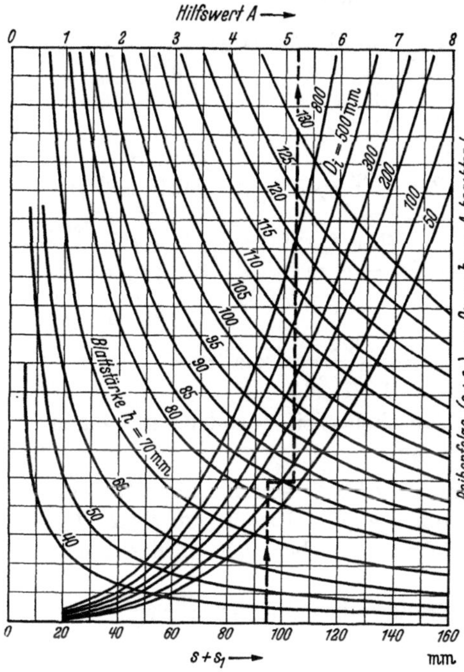

Abb. 231. Hilfswert A nach WATERS und TAYLOR [Reihenfolge der Ablesung $(s+s_1)-Di-h-A$].

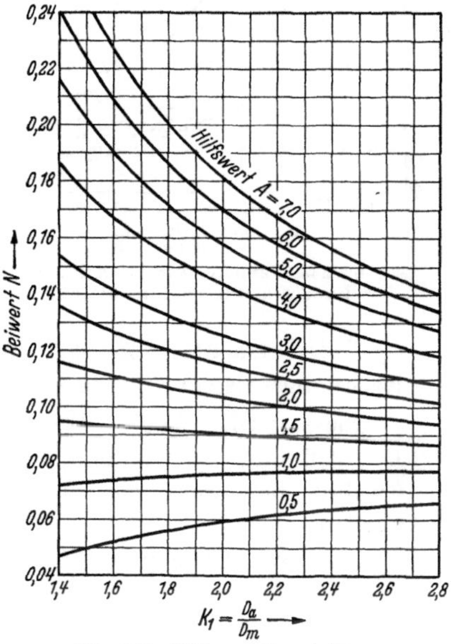

Abb. 232. Hilfswert N nach WATERS und TAYLOR.

Endlich wäre noch die von dem Engländer BAILEY[2] vorgeschlagene Berechnungsweise zu erwähnen, die ebenfalls ganz gut mit den Versuchsergebnissen übereinstimmt (Abb. 229).

---

[1] Vgl. Fußnote 1, S. 308.

[2] BAILEY, R. W.: Flanged Pipe Joints for High Pressures and Temperatures. Engineering Bd. 142 (1937) S. 364ff.

BAILEY gibt für die im Lochkreis geltende Durchbiegung des festen Flansches die folgende nicht ganz einfache Beziehung an:

$$y_f = c \cdot R \frac{1 + b\,(1 + c \cdot g)}{1 + c \cdot g} \cdot P \quad \text{in cm},$$

darin bedeuten:

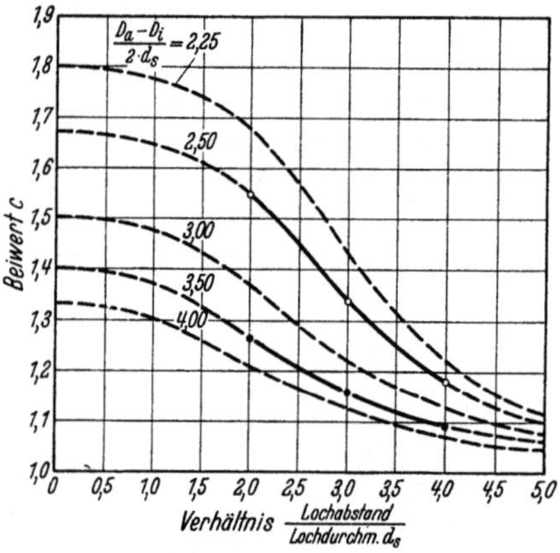

Abb. 233. Verhältniswert nach BAILEY für Schraubenlöcher im Flansch.

$c = 1$ für ungebohrten Flansch,

$c =$ aus Abb. 233 für gebohrten Flansch,

$$R = \frac{0{,}0717 \cdot (D_l - D_m)^2}{E \cdot h^3} \cdot \frac{K^{0,3} + 1}{K^{0,3} - 1} \quad \text{cm/kg},$$

$$K = \frac{D_a}{D_i}$$

$$b = 6{,}92 \frac{h^2}{(D_l - D_m)^2} \cdot \frac{K^{0,3} - 1}{K^{0,3} + 1} \ln \frac{D_l}{D_m},$$

$$g = \frac{D_m \cdot s_m^3 \cdot n^2 \cdot \left(\dfrac{n}{2{,}83} \cdot h^2 + h + \dfrac{1{,}415}{n}\right)}{h^3 \cdot 3{,}33 \left[1 - \left(\dfrac{1}{K}\right)^{0,6}\right]}$$

$$n = \frac{2{,}63}{\sqrt{D_m \cdot s_m}} \quad \text{cm}^{-1}.$$

Die Betrachtungen über die Flanschelastizität sollen mit einem Rechnungsbeispiel abgeschlossen werden.

Beispiel 24. Loser Flansch nach Abb. 224 mit $D_a = 425$ mm, $D_l = 350$ mm, $D_i = 193$ mm, $h = 95$ mm, gebohrt 12×38 mm Dmr. Der Einfluß der Bohrungen für die Schraubenlöcher soll vernachlässigt werden.

Nach der Gleichung (146) von TIMOSHENKO-WESTPHAL ist

$$y_l = \frac{0{,}478 \cdot P \cdot (35 - 19{,}3)^2}{2{,}15 \cdot 10^6 \cdot 9{,}5^3 \cdot \ln \dfrac{42{,}5}{19{,}3}}$$

$$\ln \frac{42{,}5}{19{,}3} = 2{,}303 \cdot \lg 2{,}2 = 2{,}303 \cdot 0{,}3425 = 0{,}788.$$

Daraus nach Gleichung (146)

$$y_l = \frac{0{,}478 \cdot 15{,}7^2\, P}{2{,}15 \cdot 10^6 \cdot 9{,}5^3 \cdot 0{,}788} = \underline{\frac{0{,}0812 \cdot P}{10^6} \quad \text{cm}}.$$

Daraus ergibt sich der Federwert zu

$$C_{lF} = \frac{P}{y_l} = \frac{10^6}{0{,}0812} \quad \text{kg/cm}.$$

Nach BAILEY ergibt sich die Durchbiegung für die gleichen Abmessungen zu

$$y_l = \frac{0{,}0961 \cdot P}{10^6} \quad \text{cm}$$

und nach WATERS und TAYLOR gemäß Gleichung (147)

$$y_l = \frac{0{,}0785 \cdot P}{10^6} \text{ cm.}$$

Beispiel 25. Fester Flansch nach Abb. 227 mit $D_a = 425$ mm, $D_l = 350$ mm, $D_i = 150$ mm, $D_ü = 272$ mm, $h = 86$ mm, $s = 33$ mm, $s_1 = 61$ mm.

Am einfachsten ist die Berechnung nach WATERS und TAYLOR mit Hilfe der Abb. 231 und 232.

Der Hilfswert A ist daraus mit $s + s_1 = 94$ mm, $A = 5{,}2$.

$$D_m = D_i + \frac{s_1 + s}{2} = 150 + 47 = 197 \text{ mm,}$$

somit

$$K_1 = \frac{425}{197} = 2{,}155$$

und aus Abb. 232

$$N = 0{,}152.$$

Hiermit wird nach Gleichung (152)

$$y_f = \frac{2{,}138 \cdot P}{2{,}15 \cdot 10 \cdot 8{,}6^3} \cdot (35 - 19{,}7)^2 \cdot 0{,}152$$

$$= \frac{0{,}0556 \cdot P}{10^6} \text{ cm.}$$

Zum Vergleich sind nachstehend auch die Ergebnisse gemäß den anderen Berechnungsverfahren angegeben.

	Berechnungsart nach			
	WESTPHAL	TIMOSHENKO	BAILEY	
			ungebohrt	gebohrt
Durchbiegung $y_f =$	$\frac{0{,}0222 \cdot P}{10^6}$	$\frac{0{,}0275 \cdot P}{10^6}$	$\frac{0{,}034 \cdot P}{10^6}$	$\frac{0{,}038 \cdot P}{10^6}$

Der Wert nach der Formel von WATERS und TAYLOR scheint entschieden zu hoch zu sein, wie es auch schon früher bereits festgestellt wurde. Nimmt man den nach TIMOSHENKO ermittelten Wert als maßgebend an, so erkennt man durch Vergleich mit der vorhin berechneten Durchbiegung eines losen Flansches, daß letzterer trotz der um 10% größeren Blattstärke rd. 3mal elastischer ist als der feste Flansch. Darin liegt der Vorteil des losen Flansches.

Im allgemeinen erkennt man, daß die Berechnung der Durchbiegung fester Flansche nach den verschiedenen Vorschlägen wesentlich größere Unterschiede in den Ergebnissen zeigt, als es bei losen Flanschen der Fall ist. Diese Abweichungen verlieren aber mit Rücksicht auf die

Unsicherheit in der Bestimmung der Gesamtkraft P zum größten Teil ihre Bedeutung.

Immerhin wäre die Durchführung weiterer Versuche in dieser Richtung sehr erwünscht.

4. Federwert der Dichtung und der sonstigen Teile.

Über die federnde Nachgiebigkeit der verschiedenen Dichtungsarten liegen gar keine Erfahrungswerte vor, so daß Versuche in dieser Beziehung erwünscht sind. Flachdichtungen mit rechteckigem Querschnitt werden im Höchstdruckbau praktisch nicht verwendet. Für profilierte Dichtungen müssen also auf rein theoretischer Grundlage einige Anhaltspunkte gegeben werden.

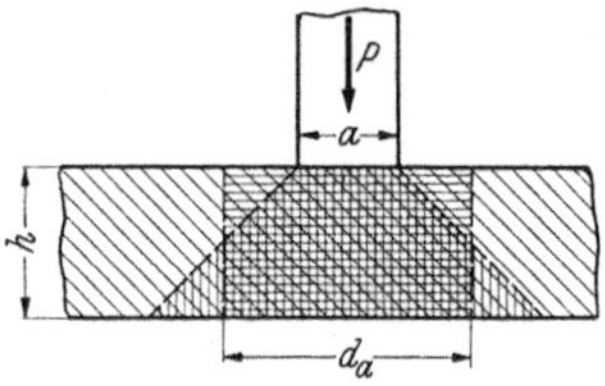

Abb. 234. Einflußkegel nach RÖTSCHER.

Nach RÖTSCHER[1] setzt sich die Druckwirkung in einem Körper in einem sog. Einflußkegel fort, dessen Mantellinien unter 45° verlaufen (s. Abb. 234). Nur das Material innerhalb des Einflußkegels nimmt an der elastischen Formänderung infolge der Druckwirkung teil. Die rechnerische Erfassung des Federwertes dieses kegelstumpfförmigen Einflußkegels ist schwierig. Dieser Einflußkegel kann aber nach RÖTSCHER genügend genau durch einen Zylinder ersetzt werden, dessen Außendurchmesser d_a durch Halbieren der Mantellinien erhalten wird. Aus Abb. 234 folgt also

$$d_a = h + a.$$

Bezeichnet man die elastische Formänderung dieses Zylinders unter der Kraft P mit Δh, so ist

$$\Delta h = h \cdot \frac{\sigma}{E} \quad \text{und} \quad \sigma = \frac{P}{\frac{\pi}{4} \cdot d_a^2},$$

somit

$$\Delta h = \frac{4 \cdot h \cdot P}{\pi \cdot E \cdot d_a^2} = \frac{1{,}275 \cdot h}{E \cdot (h + a)^2} \cdot P \text{ cm}.$$

Alle Maße sind in cm, P in kg und E in kg/cm² einzusetzen. Der Federwert des Einflußkegels ist also näherungsweise

$$C_E = \frac{P}{\Delta h} = \frac{E \cdot (h + a)^2}{1{,}275 \cdot h} \text{ kg/cm.} \tag{153}$$

Will man also die im Flansch durch die Muttern erzeugte federnde Nachgiebigkeit berechnen, so ist für h die Blattstärke des Flansches und für a die Schlüsselweite s der Muttern einzusetzen. Mit d_s = Schrau-

[1] RÖTSCHER, F.: Die Maschinen-Elemente. Berlin: Julius Springer 1927.

benlochdurchmesser und z = Lochanzahl wird der Federwert für den durch die Mutter gedrückten Flansch

$$C_{FM} = \frac{E \cdot [(h+s)^2 - d_s^2] \cdot z}{1{,}275 \cdot h} \text{ kg/cm.} \qquad (154)$$

Sinngemäß sind alle unter einer bestimmten Flächenpressung stehenden Teile, wie z. B. Bund und Flansch, zu behandeln.

Ist D_b der Bunddurchmesser, D_i der innere Flanschdurchmesser und h die Flanschstärke, so ist der mittlere Durchmesser des Einflußkegels vom gedrückten Flanschvolumen $d_a = h + D_b$ und der entsprechende Federwert

$$C_{FB} = \frac{E \cdot [(h+D_b)^2 - D_i^2]}{1{,}275 \cdot h} \text{ kg/cm} \qquad (155)$$

und für den Bund bei einer Bundhöhe b

$$C_{BF} = \frac{E\,[D_b^2 - (D_i - b)^2]}{1{,}275 \cdot b} \text{ kg/cm.} \qquad (156)$$

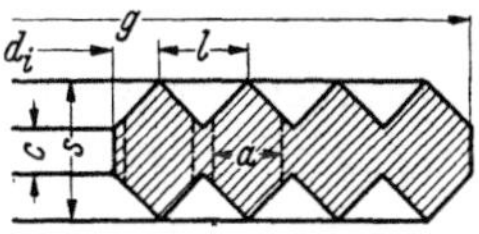

Abb. 235. Gerillte Hartdichtung.

Der Federwert einer gerillten Hartdichtung gemäß Abb. 235 kann wie folgt angenähert abgeleitet werden.

Mit dem mittleren Durchmesser der Dichtung $d_m = \frac{g + d_i}{2}$ ist der reduzierte Querschnitt des Einflußkegels einer Rille

$$f = \frac{g+d_i}{2}\pi \cdot a = \frac{g+d_i}{2} \cdot \pi \cdot \frac{s}{2}.$$

Die Anzahl der Rillen ist

$$z = \frac{g - d_i}{2 \cdot l}$$

$$\sum f = f \cdot z = \frac{g+d_i}{2}\pi\frac{s}{2} \cdot \frac{g-d_i}{2 \cdot l} = \frac{(g^2 - d_i^2) \cdot s}{2{,}55 \cdot l}.$$

Die federnde Nachgiebigkeit für die Dichtung wird

$$\Delta s = s \cdot \frac{\sigma}{E} = s \cdot \frac{P}{E \cdot \sum f} = \frac{2{,}55 \cdot l \cdot P}{E\,(g^2 - d_i^2)} \text{ cm.}$$

Daraus folgt der Federwert der gerillten Dichtung angenähert:

$$C_D = \frac{P}{\Delta s} = \frac{(g^2 - d_i^2) \cdot E}{2{,}55 \cdot l} = \frac{(g^2 - d_i^2) \cdot E}{2{,}55 \cdot (s - c)} \text{ kg/cm.} \qquad (157)$$

Bei der Linsendichtung muß die durch die schräge Auflage bedingte Horizontalkomponente $H = P \cdot \operatorname{tg}\gamma$ der Kraft berücksichtigt werden, die ein Schrumpfen der Linse verursacht. Die durch dieses Schrumpfen hervorgerufene axiale Federung ist

$$\Delta e_1 = \frac{0{,}048 \cdot d_a^2}{e_m \cdot E \cdot (d_a^2 - d_i^2)} \cdot \left(2{,}33 + 4{,}33\,\frac{d_i^2}{d_a^2}\right) \cdot 2 \cdot P \cdot \operatorname{tg}^2\gamma\,^*.$$

* Abgeleitet aus der Beziehung für eine durch Außendruck belastete Gefäßwandung.

Die Bedeutung der Zeichen geht aus Abb. 236 hervor. Der Winkel γ wird normalerweise mit 20° ausgeführt. Dann kann diese Gleichung vereinfacht werden

$$\varDelta e_1 = \frac{2 \cdot P}{e_m \cdot E} \cdot z \quad \text{in cm.}$$

Für e_m wird der Mittelwert $\frac{2 \cdot e + i}{3}$ eingeführt.

Außerdem wird die Linsendichtung durch die Kraft P axial verformt um

$$\varDelta e_2 = \frac{4 \cdot P}{E \cdot (d_a + d_i) \cdot \pi} = \frac{1{,}275 \cdot P}{(d_a + d_i) \cdot E} \text{ in cm}$$

Gesamtfederung der Linse ist also

$$\varDelta e = \varDelta e_1 + \varDelta e_2 = \frac{P}{E}\left(\frac{2}{e_m} \cdot z + \frac{1{,}275}{d_a + d_i}\right) \text{ cm,} \tag{158}$$

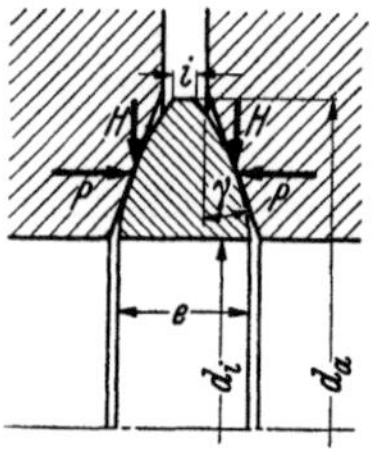

Abb. 236. Kraftwirkung an einer Linsendichtung.

worin

$$z = \frac{0{,}048 \cdot d_a^2}{d_a^2 - d_i^2}\left(2{,}33 + 4{,}33\,\frac{d_i^2}{d_a^2}\right) \operatorname{tg}^2 \gamma$$

aus Abb. 237 entnommen werden kann.

Der Federwert der Linsendichtung ist also

$$C_L = \frac{P}{\varDelta e} = \frac{E}{\frac{2}{e_m} \cdot z + \frac{1{,}275}{d_a + d_i}} \text{ kg/cm.} \tag{159}$$

Ausgehend von diesen für alle Teile einer Flanschverbindung abgeleiteten Beziehungen wird nachstehend das Verspannungsschaubild für eine solche entworfen.

Beispiel 26. Als Beispiel soll eine Flanschverbindung einerseits mit Stauchbund und losem Flansch nach Abb. 224 und andererseits mit festem Stahlgußflansch nach Abb. 227 mit den Abmessungen der Zahlenbeispiele 24 und 25 gewählt werden. Als Dichtung ist eine Linse mit den Abmessungen $d_a = 195$, $d_i = 150$, $e = 20$, $i = 5$ mm nach Abb. 236 angenommen.

Der Federwert des losen und festen Flansches wurde bereits berechnet, und zwar für den kalten Zustand

$$\left.\begin{aligned} &\text{aus Beispiel 24:} \quad C_{lF} = \frac{10^6}{0{,}0812} \text{ kg/cm} \\ &\text{aus Beispiel 25:} \quad C_{fF} = \frac{10^6}{0{,}0275} \text{ kg/cm} \end{aligned}\right\} \text{ nach Timoshenko.}$$

Die Berechnung soll unter der Annahme eines gleich großen E-Wertes für alle Teile der Verbindung durchgeführt werden, und zwar für $E = 2{,}15 \cdot 10^6$ kg/cm² im kalten Zustand.

Der Federwert der 12 Bolzenschrauben $1^3/_8''$ mit abgedrehtem Schaft von 28 mm Dmr., glatte Schaftlänge $l = 240$ mm ist nach Gleichung (140)

$$C_{\text{Sch}} = \frac{\pi \cdot d_s^2 \cdot E \cdot z}{4 \cdot l} = \frac{\pi \cdot 2{,}8^2 \cdot 2{,}15 \cdot 10^6 \cdot 12}{4 \cdot 24}$$

$$= \frac{10^6}{0{,}151} \text{ kg/cm.}$$

Der Federwert des Gewindes $1^3/_8''$ ist gemäß Tabelle 9 für $z = 12$ Schrauben

$$C_{\text{Gew}} = \frac{E \cdot z}{0{,}321} = \frac{2{,}15 \cdot 10^6 \cdot 12}{0{,}321} = \frac{10^6}{0{,}0124} \text{ kg/cm.}$$

Dieser Wert ist für den ganzen Bolzen, also für beiderseitiges Gewinde 2mal einzusetzen [jedoch nicht doppelt so groß zu nehmen, wie Gleichung (142) zeigt!].

Federwert des durch die Mutter gedrückten Flanschvolumens nach Gleichung (154) mit $h = 95$ bzw. 86 mm, s = Schlüsselweite der Mutter = 55 mm und Schraubenloch $d_s = 38$ mm

$$C_{lFM} = \frac{2{,}15 \cdot 10^6\,[(9{,}5 + 5{,}5)^2 - 3{,}8^2]\,12}{1{,}275 \cdot 9{,}5}$$

$$= \frac{10^6}{0{,}00223} \text{ kg/cm für den losen Flansch,}$$

$$C_{fFM} = \frac{2{,}15 \cdot 10^6\,[(8{,}6 + 5{,}5)^2 - 3{,}8^2]\,12}{1{,}275 \cdot 8{,}6}$$

$$= \frac{10^6}{0{,}0023} \text{ kg/cm für den festen Flansch.}$$

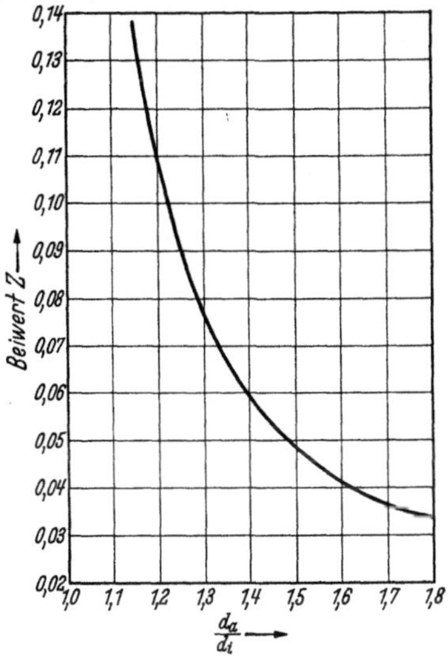

Abb. 237. Beiwert z für die Berechnung der Linsenfederung.

Federwert des durch den Bund gedrückten Flanschvolumens nach Gleichung (155) mit einem Bunddurchmesser $D_b = 235$ mm und einem Flanschinnendurchmesser $D_i = 193$ mm

$$C_{FB} = \frac{2{,}15 \cdot 10^6\,[(9{,}5 + 23{,}5)^2 - 19{,}3^2]}{1{,}275 \cdot 9{,}5}$$

$$= \frac{10^6}{0{,}00786} \text{ kg/cm.}$$

Der Federwert des durch den Flansch gedrückten Bundvolumens ist nach Gleichung (156) mit einer Bundhöhe $b = 50$ mm und einem Bundinnendurchmesser $D_i = 150$ mm

$$C_{BF} = \frac{2{,}15 \cdot 10^6\,[23{,}5^2 - (15 - 5)^2]}{1{,}275 \cdot 5}$$

$$= \frac{10^6}{0{,}00656} \text{ kg/cm.}$$

Federwert der Linsendichtung nach Gleichung (158) mit $z = 0{,}077$ für $d_a : d_i = 1{,}3$ aus Abb. 237 und

$$e_m = \frac{2 \cdot 20 + 5}{3} = 15 \text{ mm},$$

$$C_L = \frac{2{,}15 \cdot 10^6}{\frac{2 \cdot 0{,}077}{1{,}5} + \frac{1{,}275}{19{,}5 + 15}} = \frac{10^6}{0{,}065} \text{ kg/cm}.$$

Der Federwert des durch die Linse gedrückten Flansch- bzw. Bundvolumens ist bei einem Druckkreis der Linse von $d_d = 165$ mm

$$C \approx \pi \cdot d_d \cdot E = \pi \cdot 16{,}5 \cdot 2{,}15 \cdot 10^6$$
$$= \frac{10^6}{0{,}009} \text{ kg/cm}.$$

Damit ergibt sich der Gesamtfederwert der spannenden Teile nach Gleichung (120) zu

$$\frac{1}{C_s} = \frac{1}{10^6}(0{,}0812 + 0{,}0275 + 0{,}151 + 0{,}0124 + 0{,}0124 + $$
$$+ 0{,}00223 + 0{,}0023 + 0{,}00786 + 0{,}00656)$$
$$= \frac{0{,}30\,345}{10^6} \text{ cm/kg}$$

oder

$$C_s = \frac{10^6}{0{,}30\,345} = 3\,300\,000 \text{ kg/cm}$$

der Federwert der verspannten Teile

$$\frac{1}{C_d} = \frac{1}{10^6}(0{,}065 + 0{,}009 + 0{,}009) = \frac{0{,}083}{10^6},$$

daraus

$$C_d = \frac{10^6}{0{,}083} = 12\,050\,000 \text{ kg/cm}.$$

Das Dreieck OAB in Abb. 238 stellt das maßstäbliche Verspannungsschaubild für die berechnete Flanschverbindung bei einer Vorspannung $V = 83\,000$ kg dar. Setzt man den unter dem Einfluß der Temperatur herabgeminderten Elastizitätsmodul im betriebswarmen Zustand für alle Teile gleich hoch mit $E_t = 1{,}75 \cdot 10^6$ kg/cm² ein, so müssen alle Federwerte im Verhältnis $E_t : E = 1{,}75 : 2{,}15 = 0{,}813$ verkleinert werden. Es ergibt sich dann für das Verspannungsschaubild das Dreieck $OA'B$ (Abb. 238). Die Vorspannung V sinkt auf $V' = 67\,500$ kg.

Unter der Annahme eines nach Gleichung (136) berechneten Wärmedehnungsunterschiedes bei 500° C Dampftemperatur

$$\Delta l_t = 0{,}0068 \cdot 9{,}5 + 0{,}0069 \cdot 8{,}6 + 0{,}0074 \cdot 5 + 0{,}0066 \cdot 0{,}9 - 0{,}0064 \cdot 24 =$$
$$= 0{,}16689 - 0{,}1535$$
$$= 0{,}0134 \text{ cm}$$

ergibt sich das Verspannungsbild ohne Betriebsbelastung gemäß Dreieck *OCD* (Abb. 238). Die Vorspannung ist also auf $V_t' = 102500$ kg gestiegen [s. Gleichung (137) und (138)].

Eine angenommene Betriebsbelastung $P = 21000$ kg ergibt danach gemäß Abb. 238 eine Gesamtlast für die Schrauben von

$$P_{g_t}' = V' + P_t' + P_z',$$

worin

$$P_t' = C_s' \cdot \Delta l_t = 0{,}813 \cdot 3{,}30 \cdot 10^6 \cdot 0{,}0134 = 35900 \text{ kg}$$

und gemäß Gleichung (123)

$$P_z' = \frac{C_s'}{C_s' + C_d'} \cdot P = \frac{2{,}68 \cdot 10^6}{(2{,}68 + 9{,}8) \cdot 10^6} \cdot 21000 = 4500 \text{ kg},$$

somit

$$P_{g_t}' = 67500 + 35900 + 4500 = \underline{107900 \text{ kg}}.$$

Das ergibt eine Betriebsbeanspruchung im Schaft der Schrauben von

$$\sigma_{\text{Schaft}} = \frac{P_{g_t}}{\frac{\pi}{4} \cdot d_s^2 \cdot z} = \frac{107900}{6{,}15 \cdot 12 \cdot 100} = \underline{14{,}6 \text{ kg/mm}^2}.$$

Bei einer Dampftemperatur von 500° C hat der Bolzen im Betriebszustand nach Abschnitt C I/5 etwa 450° C. Ein Cr-Mo-Stahl (z. B. MC 120) weist bei 450° C eine Dauerstandfestigkeit von 28 kg/mm². Die Sicherheit beträgt daher $S = 28 : 14{,}6 = 1{,}92$, ist also vollkommen ausreichend. Betrachtet man dagegen die gleiche Flanschverbindung, jedoch ohne Dichtung, d. h. mit tuschierten Flächen, so muß man die Vorspannung höher ansetzen, um eine Dichtheit zu gewährleisten. Es sei $V = 105000$ kg im kalten und $V' = 0{,}813 \cdot 105000 =$ rd. 85000 kg im warmen Zustande.

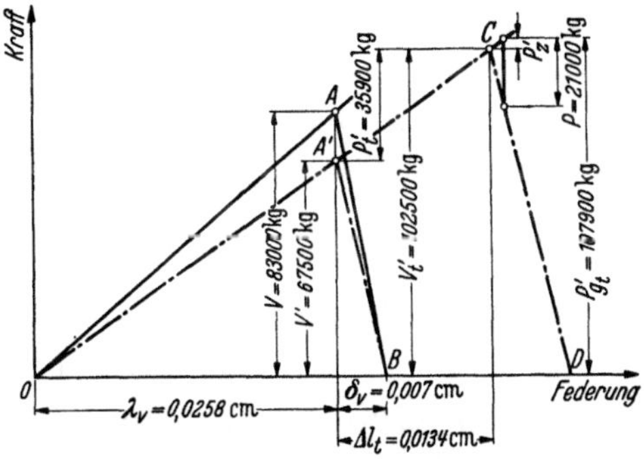

Abb. 238. Verspannungsschaubild für das Beispiel 26.

Der Federwert der gespannten Teile kann dann als unendlich groß angesehen werden, d. h. $C_d \approx \infty$. Die Linie *AB* bzw. *A'B* in Abb. 238 würde also vertikal verlaufen. Der Wärmedehnungsunterschied im Betriebszustand bei 500° C Dampftemperatur ist dann

$$\Delta l_t = 0{,}0068 \cdot 9{,}5 + 0{,}0069 \cdot 8{,}6 + 0{,}0074 \cdot 5 -$$
$$- 0{,}0064 \cdot 23{,}1 = 0{,}16095 - 0{,}14775 = 0{,}0132 \text{ cm}.$$

Daraus ergeben sich, wie vorhin erläutert, folgende Werte:

$$P'_t = C'_s \cdot \Delta l_t = 0{,}813 \cdot 3{,}3 \cdot 10^6 \cdot 0{,}0132 = 35400 \text{ kg}$$

und

$$P'_z = \frac{C'_s}{C'_s + C'_d} \cdot P = 0$$

(da $C'_d = \infty$ ist). Somit

$$P'_{g_t} = 85000 + 35400 + 0 = 120400 \text{ kg}$$

und

$$\sigma_{\text{Schaft}} = \frac{120400}{6{,}15 \cdot 12 \cdot 100} = \underline{16{,}3 \text{ kg/mm}^2}$$

$$\text{Sicherheit } S = \frac{28}{16{,}3} = 1{,}72.$$

Die Bolzenschrauben werden bei einer dichtungslosen Flanschverbindung folglich etwas höher belastet, bleiben aber dafür von einer etwaigen Steigerung der Betriebslast P, z. B. infolge eines zeitweiligen Druckanstiegs, vollkommen unberührt, da $P'_z = 0$ ist. Ein Wasserschlag würde die Schrauben also nicht gefährden.

Betrachtet man die Temperaturverteilung in der Flanschverbindung während des Anfahrzustandes, so muß man die Bauart der Verbindung berücksichtigen. Wie die Abb. 222 zeigt, werden bei einer Verbindung Bundflansch mit Stahlgußflansch die Bolzenschrauben während des Anfahrens durch den sehr schnell heiß werdenden Stahlgußflansch stärker aufgeheizt und sind daher heißer als der lose Flansch. Dadurch wird bei dieser Bauart der Wärmedehnungsunterschied $\Delta l''_t$ gering ausfallen (im vorliegenden Fall wäre $\Delta l''_t = 0{,}0132$ cm).

Anders ist es bei einer Verbindung von zwei Bundflanschen. Unter Zugrundelegung der Temperaturverteilung gemäß Abb. 221 ergibt sich für den Anfahrzustand ein Wärmedehnungsunterschied $\Delta l''_t = 0{,}0317$ cm. Für eine Verbindung von zwei Bundflanschen wäre der Federwert der spannenden Teile mit den vorhin berechneten Zahlen

$$C_s = 2{,}45 \cdot 10^6 \text{ kg/cm}.$$

Der Federwert der gespannten Teile bleibt

$$C_d = 12{,}05 \cdot 10^6 \text{ kg/cm}.$$

Durch die Einwirkung der Temperatur sinken die Federwerte ab, und zwar auf etwa

$$C''_s = 2{,}25 \cdot 10^6 \quad \text{und} \quad C''_d = 11{,}05 \cdot 10^6 \quad \text{kg/cm}.$$

Die Kräfte ergeben sich dann zu

$$V'' = 76300 \text{ kg},$$

$$P''_t = C''_s \cdot \Delta l''_t = 71300 \text{ kg},$$

$$P''_z = \frac{2{,}25 \cdot 10^6}{(2{,}25 + 11{,}05) \cdot 10^6} \cdot 21000 = 3570 \text{ kg},$$

$$P''_{g_t} = 76300 + 71300 + 3570 = 151170 \text{ kg}$$

und daraus die Beanspruchung im Schaft

$$\sigma''_{\text{Schaft}} = \frac{151170}{6,15 \cdot 12 \cdot 100} = \underline{20,5 \text{ kg/mm}^2}.$$

Da der Bolzenwerkstoff bei einer Temperatur von 165° C noch eine sehr hohe Streckgrenze besitzt (etwa 50 kg/mm²), besteht somit keine Gefahr der Überlastung.

Welchen Einfluß die genaue Erfassung der Federwerte aller Teile der Flanschverbindung hat, soll hier ebenfalls gezeigt werden.

Würde man nur die elastische Dehnung der Bolzenschrauben und die Durchbiegung der Flansche berücksichtigen, so ergibt sich im Betriebszustand eine Bolzenbeanspruchung für die vorhin genau durchgerechnete Flanschverbindung (Bundflansch mit Stahlgußflansch) von

$$\sigma_{\text{Schaft}} = 16 \text{ kg/mm}^2.$$

Hier ist der Unterschied noch relativ gering. Ganz unzulässig ist es aber, auch die Flanschdurchbiegung zu vernachlässigen und die gesamte Federungsarbeit als von den Bolzen aufgenommen zu betrachten. Dann würde man eine Betriebsbeanspruchung im Schaft von 19,2 kg/mm² erhalten, was eine Überbeanspruchung des Bolzenwerkstoffes vortäuscht, die gar nicht vorliegt.

III. Beanspruchung innerhalb der Flanschverbindung.

Im letzten Abschnitt wurde gezeigt, daß zur Ermittlung der auftretenden Kräfte die Elastizität einer Flanschverbindung bestimmt werden muß. Die Wahl der Vorspannung richtet sich nach den Betriebsverhältnissen und hängt weiter von der Art der verwendeten Dichtung ab.

Nachdem auf diese Art die Gesamtkraft P_{g_t} bestimmt ist, können die in den einzelnen Teilen einer Flanschverbindung durch sie hervorgerufenen Beanspruchungen berechnet werden.

Der Einfachheit halber soll im weiteren die in der Verbindung wirkende Gesamtkraft mit P bezeichnet werden.

1. Beanspruchung der Schrauben.

Die Ermittlung der im glatten Schaft der Schrauben wirkenden Zugspannung σ_z macht keinerlei Schwierigkeiten. Sie wurde im Beispiel 26 bereits ausgerechnet. Es gilt

$$\sigma_z = \frac{P}{\frac{\pi}{4} d_s \cdot z \cdot 100} \quad \text{kg/mm}^2,$$

worin d_s = Schaftdurchmesser in cm und z = Schraubenanzahl bedeutet.

Es wurde bereits angedeutet, daß im Gewinde der Schrauben ganz andere Verhältnisse vorliegen. Der erste tragende Gewindegang übernimmt den größten Teil der Last. Die Verteilung der Kraft auf die einzelnen Gewindegänge wurde von L. MADUSCHKA[1] eingehend untersucht.

Unter Hinweis auf die im Abschnitt C II/2 für die Berechnung des Federwertes des Gewindes gezeigten Zusammenhänge sind weiterhin folgende Überlegungen maßgebend.

Die Summe der Längenänderungen $\beta_{n-1,n}$ zwischen dem $n-1$-ten und n-ten Gang des Bolzens und $\mu_{n-1,n}$ zwischen den entsprechenden Gängen der Mutter muß durch den Unterschied der Durchbiegung y_{n-1} und y_n der gleichen Gewindegänge ausgeglichen werden. Die auf die Mutter noch wirkenden Momente der Gewindebelastungen können nach MADUSCHKA infolge der Gegenwirkung der Ringspannungen als unerheblich außer acht gelassen werden.

Mit den Bezeichnungen der Abb. 223 ist die Durchbiegung des n-ten Gewindeganges nach MADUSCHKA

$$y_n = \frac{3}{E \cdot d_m \cdot \pi}\left\{\left[-1{,}5 + 2\frac{h_2}{h_1} - \frac{1}{2}\left(\frac{h_2}{h_1}\right)^2 + (1+\mathrm{tg}^2\gamma)\ln\frac{h_1}{h_2}\right]\mathrm{ctg}^3\gamma - {} -4\cdot\left(\frac{l}{h_1}\right)^2\cdot\mathrm{tg}\,\gamma\right\} P_n = c_G \cdot P_n. \qquad (160)$$

Die im Abschnitt C II/2 ebenfalls schon berechnete Aufweitung der Mutter $\varrho_{n_M} = k_M \cdot H_n$ und Querzusammenpressung des Gewindebolzens $\varrho_{n_B} = k_B \cdot H_n$ infolge der Horizontalkomponente $H_n = P_n \cdot \mathrm{tg}\,\gamma$ ergibt eine weitere axiale Federung des Gewindes

$$\Delta h_{n-1,n} = (\varrho_{n-1} - \varrho_n)\cdot \mathrm{tg}\,\gamma,$$

die für den Ausgleich der Dehnungsunterschiede ebenfalls maßgebend ist.

Daraus ergeben sich die Beziehungen für den Fall a) der ungleichartigen Belastung des Bolzens der Mutter

$$y_n = y_{n-1} - (\beta_{n-1,n} + \mu_{n-1,n}) + \Delta h_{n-1,n} \qquad (161)$$

bzw. bei gleichartiger Belastung (Fall b):

$$y_n = y_{n-1} - (\beta_{n-1,n} - \mu_{n-1,n}) + \Delta h_{n-1,n}. \qquad (162)$$

Daraus entwickelt MADUSCHKA für den Belastungsfall a) das Gleichungssystem

$$P_2 = P_1 - \alpha\,[P_s - P_1]$$
$$P_3 = P_2 - \alpha\,[P_s - (P_1 + P_2)]$$
$$\cdots\cdots\cdots\cdots\cdots\cdots$$
$$P_n = P_{n-1} - \alpha\,[P_s - (P_1 + P_2 + \cdots + P_{n-1})],$$

[1] MADUSCHKA, L.: Beanspruchung von Schraubenverbindungen und zweckmäßige Gestaltung der Gewindeträger. Forschung Bd. 7 (1936) Heft 6, S. 299.

wobei außerdem

$$P_s = P_1 + P_2 + \cdots + P_n$$

ist.

Für den Beiwert α gilt:

$$\alpha = \frac{c_B + c_M}{c_G + (k_B + k_M) \cdot \mathrm{tg}^2 \gamma}.$$

Die Werte c_B, c_M, k_B und k_M sind in der Tabelle 9 für Whitworthgewinde $^3/_4''$ bis $1^3/_4''$ ausgerechnet. Unter der Annahme, daß $E_B = E_M = E$ ist, folgen die Werte für c_G und α.

Tabelle 10. Beiwerte c_G, α und ε.

	Gewinde								
	$^3/_4''$	$^7/_8''$	$1''$	$1^1/_8''$	$1^1/_4''$	$1^3/_8''$	$1^1/_2''$	$1^5/_8''$	$1^3/_4''$
$c_G \cdot E$	0,4915	0,419	0,366	0,326	0,291	0,2655	0,2415	0,225	0,2075
α	0,183	0,17	0,166	0,171	0,143	0,159	0,137	0,162	0,143
ε	0,1328	0,119	0,1153	0,1185	0,096	0,1074	0,0919	0,1105	0,0962
$\alpha_1 = \varepsilon_1$	0,212	0,197	0,193	0,197	0,168	0,184	0,161	0,188	0,168

Die Erläuterung der Beiwerte ε, α_1 und ε_1 folgt weiter S. 327.

Damit können die Einzelkräfte P_1, P_2 usw. für jede Gewindegröße berechnet werden. Der gleichartige Aufbau des Whitworthgewindes nach DIN 11 ergibt, wie der Verfasser festgestellt hat, eine fast vollkommene Unabhängigkeit der Kraftverteilung von der Gewindegröße. Unter der Annahme, daß bei einer Mutterhöhe = Gewindedurchmesser höchstens 80% aller Gewindegänge tragen, kommt für alle Gewindegrößen von $^3/_4$ bis $1^3/_4''$ als maßgebende Gangzahl 6 in Frage. Man kann also für alle diese Gewindegrößen mit größter Genauigkeit folgende Kraftverteilung zugrunde legen.

Tabelle 11. Kraftverteilung für Whitworthgewinde $^3/_4''$ bis $1^3/_4$ nach DIN 11.

	Gewindegang					
	1	2	3	4	5	6
Teilkraft	P_1	P_2	P_3	P_4	P_5	P_6
	Verhältnis der Teilkraft zur Schraubenkraft P_s					
Verhältnis	0,332	0,229	0,159	0,115	0,089	0,076

Daraus erkennt man, daß der erste Gewindegang schon ein Drittel der Gesamtlast aufzunehmen hat. Im Beispiel 26 wurde die Schraubenkraft $P_s = \frac{1}{z} \cdot P_{g_t} = \frac{1}{12} \cdot 107\,900 = 9000$ kg ermittelt. Auf den ersten Gewindegang würden also danach $P_1 = 0{,}332 \cdot 9000 = 2990$ kg entfallen.

Nach MADUSCHKA wird der n-te Gewindegang gemäß Abb. 223 durch das Moment

$$M_{b_n} = P_n \cdot l - H_n \cdot \frac{h_2}{2}$$
$$= P_n \cdot \left(l - \frac{h_2}{2} \operatorname{tg}\gamma\right) \quad \text{cm/kg}$$

belastet. Das Widerstandsmoment des gefährlichen Querschnittes vom Gewindegang ist

$$W = \frac{d_k \cdot \pi \cdot h_1^2}{6} \quad \text{cm}^3.$$

Somit die Biegungsspannung im Gewindegrund des n-ten Ganges

$$\sigma_{b_n} = \frac{M_{b_n}}{W} = \frac{6 \cdot (l - 0{,}5 \cdot h_2 \cdot \operatorname{tg}\gamma)}{d_k \cdot \pi \cdot h_1^2 \cdot 100} P_n \quad \text{kg/mm}^2. \tag{163}$$

Für Whitworthgewinde nach DIN 11 vereinfacht sich diese Beziehung zu

$$\sigma_{b_n} = \frac{P_n}{191{,}7 \cdot h \cdot d_k} \quad \text{kg/mm}^2.$$

Ferner wirkt im Gewinde noch die Scherspannung

$$\tau_{s_n} = \frac{P_n}{100 \cdot d_k \cdot \pi \cdot h_1} = \frac{P_n}{262 \cdot d_k \cdot h} \quad \text{kg/mm}^2,$$

d_k = Kerndurchmesser des Gewindes in cm, h = Ganghöhe in cm.

In der Tabelle 12 sind die Werte für Whitworthgewinde DIN 11 ausgerechnet..

Tabelle 12. Biegungs- und Scherspannungen im n-ten Gewindegang für Gewinde nach DIN 11.

	Gewinde								
	3/4″	7/8″	1″	1 1/8″	1 1/4″	1 3/8″	1 1/2″	1 5/8″	1 3/4″
σ_{b_n} in kg/mm²	$\frac{P_n}{77}$	$\frac{P_n}{100{,}5}$	$\frac{P_n}{130}$	$\frac{P_n}{166{,}5}$	$\frac{P_n}{188{,}5}$	$\frac{P_n}{240}$	$\frac{P_n}{265}$	$\frac{P_n}{338}$	$\frac{P_n}{370}$
τ_{s_n} in kg/mm²	$\frac{P_n}{105}$	$\frac{P_n}{137{,}5}$	$\frac{P_n}{178}$	$\frac{P_n}{227}$	$\frac{P_n}{258}$	$\frac{P_n}{327}$	$\frac{P_n}{362}$	$\frac{P_n}{462}$	$\frac{P_n}{505}$

Aus Beispiel 26 folgt für 12 Schrauben $1^3/_8''$

$$P_s = \frac{1}{12} \cdot 107\,900 = 9000 \text{ kg},$$
$$P_1 = 0{,}332 \cdot P_s = 2990 \text{ kg},$$

daraus die Biegungsspannung im ersten Gewindegang nach Tabelle 12

$$\sigma_b = \frac{2990}{240} = 12{,}45 \text{ kg/mm}^2.$$

Man erkennt daraus, wie sehr gerade der erste Gewindegang gefährdet ist.

Für die im Rohrleitungsbau selten vorkommende gleichartige Beanspruchung von Bolzen und Mutter (Fall b) gelten nach MADUSCHKA folgende Beziehungen:

$$P_2 = P_1 - \varepsilon \cdot P_s + \alpha \cdot P_1$$
$$P_3 = P_2 - \varepsilon \cdot P_s + \alpha \cdot (P_1 + P_2)$$
$$\dots\dots\dots\dots\dots\dots\dots\dots \quad \dots$$
$$P_n = P_{n-1} - \varepsilon \cdot P_s + \alpha \cdot (P_1 + P_2 + \cdots + P_{n-1})$$

außerdem

$$P_s = P_1 + P_2 + \cdots + P_n.$$

Der Beiwert α ist der gleiche wie vor; für ε gilt

$$\varepsilon = \frac{c_B}{c_G + (k_B + k_M) \cdot \mathrm{tg}^2 \gamma}.$$

Siehe auch Tabelle 10.

Für das eingeschraubte Stiftgewinde von Stiftschrauben gilt der Belastungsfall b), d. h. gleichartige Beanspruchung von Bolzen- und Mutterflanschgewinde. In diesem Fall können jedoch c_M und k_M gleich Null gesetzt werden, da die Längung und Aufweitung des Mutterflansches vernachlässigbar klein werden. Die Beiwerte α_1 und ε_1 werden damit gleich groß, und zwar

$$\alpha_1 = \varepsilon_1 = \frac{c_B}{c_G + k_B \cdot \mathrm{tg}^2},$$

wofür in der Tabelle 10 ebenfalls die Zahlenwerte ausgerechnet sind.

Die größte Teilkraft wirkt auch im Belastungsfall b) im ersten Gewindegang und kann aus

$$P_1 = \frac{1 + 15 \cdot \varepsilon + 35 \cdot \alpha \cdot \varepsilon + 28\,\alpha^2 \cdot \varepsilon + 9\,\alpha^3 \cdot \varepsilon + \alpha^4 \cdot \varepsilon}{6 + 35\,\alpha + 56\,\alpha^2 + 36\,\alpha^3 + 10\,\alpha^4 + \alpha^5} \cdot P_s \tag{164}$$

berechnet werden, wenn wieder sechs tragende Gewindegänge angenommen werden.

Bei einer Stiftschraube $1^3/_8''$ ist mit Gleichung (164) die Teilkraft im ersten Gewindegang $P_1 = 0{,}352 \cdot P_s$ und im zweiten Gang $P_2 = 0{,}233 \cdot P_s$ (unter Berücksichtigung von $\alpha_1 = \varepsilon_1 = 0{,}184$ aus Tabelle 10).

Verdrehungsspannung. Beim Anziehen einer Schraubenverbindung treten durch das an der Mutter wirkende Drehmoment infolge der Reibung im Gewinde Verdrehungsspannungen in der Schraube auf. Maßgebend ist für diese Spannung das innere Drehmoment

$$M_i = V \cdot r_m \cdot \mathrm{tg}\,(\alpha + \varrho') \quad \text{cmkg}. \tag{165}$$

Daraus die Verdrehungsspannung

$$\tau = \frac{M_i}{\frac{\pi}{16} d_k^3} = \frac{16 \cdot V \cdot r_m \cdot \mathrm{tg}\,(\alpha + \varrho')}{\pi \cdot d_k^3 \cdot 100} \quad \mathrm{kg/mm^2}, \tag{166}$$

worin

V = Vorspannung in kg,

r_m = mittlerer Gewindehalbmesser in cm,

d_k = Kerndurchmesser der Schraube,

$\mathrm{tg}\,\alpha = \frac{h}{\pi \cdot d_m}$ = Gewindesteigung,

$\mathrm{tg}\,\varrho' = \mu$ = Reibungsziffer

bedeuten.

In Wirklichkeit ist aber die Verdrehungsspannung durch die Rückfederung der Mutter kleiner, als sie sich nach obiger Gleichung ergibt. THUM und DEBUS[1] haben auf Grund von Versuchen einwandfrei festgestellt, daß die unter der Wirkung des Drehmoments beim Anziehen der Schraube sich einstellende Gesamtspannung 30% höher liegt als die durch die Vorspannung allein erzeugte Zugspannung σ_z, also

$$\sigma = 1{,}3 \cdot \sigma_z.$$

Biegungsbeanspruchung. KAEHLER[2] macht besonders auf die zusätzlichen Biegungsspannungen in den Schrauben aufmerksam. Diese Biegung der Schrauben entsteht infolge der Flanschdurchbiegung und die hierdurch bedingte schiefe Auflage der Muttern.

Diese Schräglage der Schraubenachse $\mathrm{tg}\,\varphi_s$ verringert sich durch einseitiges federndes Nachgeben der Muttern und etwaiger Unterlegscheiben oder Hülsen um $\mathrm{tg}\,\varphi_m$.

Ist die Neigung der Mutterauflagefläche infolge der Durchbiegung eines Flansches gleich $\mathrm{tg}\,\varphi$ (s. Abschnitt C II/3), so wird angenähert

$$\mathrm{tg}\,\varphi_s \approx \mathrm{tg}\,\varphi - \mathrm{tg}\,\varphi_m.$$

Diese Neigung $\mathrm{tg}\,\varphi_s$ der Schraubenachse ergibt ein Biegungsmoment

$$M_b = \frac{\pi \cdot E \cdot d_s^4 \cdot \mathrm{tg}\,\varphi_s}{32 \cdot L} \quad \mathrm{cmkg} \tag{167}$$

und eine Biegungsspannung

$$\sigma_b = \frac{M_b}{W_s} = \frac{E \cdot d_s \cdot \mathrm{tg}\,\varphi_s}{100 \cdot L} \quad \mathrm{kg/mm^2} \tag{168}$$

[1] THUM, A. u. F. DEBUS: Vorspannung und Dauerhaltbarkeit von Schraubenverbindungen. Mitt. MPA. Darmstadt. Berlin: VDI-Verlag 1936.

[2] KAEHLER, P.: Die Belastung der Schrauben in verspannten Schraubenverbindungen. Wärme Bd. 63 (1940) Heft 2.

darin bedeuten:

d_s = Schaftdurchmesser der Schraube in cm,

L = Biegelänge (Einspannlänge) der Schrauben in cm.

Im Beispiel 26 wurde für den losen Flansch der Federwert zu

$$C_{lF} = \frac{10^6}{0{,}0812} = \frac{P}{y_l} \text{ kg/cm}$$

ermittelt. Daraus die Flanschneigung

$$\operatorname{tg}\varphi \approx \varphi = \frac{2 \cdot P}{(D_l - D_i) \cdot C_{lF}} = \frac{2 \cdot P \cdot 0{,}0812}{(35 - 19{,}3) \cdot 10^6} = \frac{0{,}01034}{10^6} \cdot P .$$

Setzt man die Kraft, wie schon ermittelt wurde, mit $P = 107\,900$ kg ein, so folgt

$$\operatorname{tg}\varphi = 0{,}001\,115 .$$

Nimmt man ferner an, daß die einseitige federnde Nachgiebigkeit $\operatorname{tg}\varphi_m$ der Muttern und des Gewindes etwa halb so groß ist, so folgt

$$\operatorname{tg}\varphi_s = 0{,}001\,115 - 0{,}000\,555 = 0{,}00056 .$$

Daraus die Biegungsspannung im Betriebszustand nach Gleichung (168)

$$\sigma_b = \frac{1{,}75 \cdot 10^6 \cdot 2{,}8 \cdot 0{,}00056}{100 \cdot 24} = \underline{1{,}14 \text{ kg/mm}^2.}$$

Diese Biegungsspannung ist relativ niedrig, weil es sich erstens um sehr lange Schrauben handelt, und ferner weil der Schaft unter Kerndurchmesser abgedreht ist. Aus der Gleichung (168) erkennt man sofort, welchen Einfluß diese Abmessungen auf die Biegungsspannung ausüben.

Bei kurzen Schrauben ist es daher doppelt wichtig, das entstehende Biegungsmoment möglichst klein zu halten. Das ist z. B. dadurch möglich, daß entweder Unterlegscheiben mit Kugelfläche verwendet werden, oder die Mutter selbst einerseits mit Kugelfläche ausgebildet wird. Wenn auch ein Gleiten der Kugelflächen aufeinander in gespannter Ruhelage des Betriebszustandes nicht stattfinden wird, so können sich die Muttern wenigstens während des Anziehens der Verbindung auf die entstehende Schräglage der Flanschen selbsttätig einstellen. Dadurch wird die Schraube nur durch die wesentlich kleinere zusätzliche auf die Betriebsspannung zurückzuführende Flanschdurchbiegung gebogen und es fällt σ_b entsprechend kleiner aus.

Im vorstehenden Zahlenbeispiel würde nach obigem die Biegungsspannung bei

$$P = P_t' + P_z' = 35\,900 + 4500 = 40\,400 \text{ kg}$$

auf $\sigma_b = 0{,}425$ kg/mm² sinken.

2. Beanspruchung der Flanschen durch die Schraubenspannung.

Bei der Untersuchung der im Flansch wirkenden Spannungen sind die zugrunde gelegten Annahmen noch wesentlicher als für die im Abschnitt C II/3 bereits gezeigte Ermittlung der Durchbiegung. Das trifft in ganz besonderem Maße auf die festen Flansche zu; bei den losen Ringflanschen liegen die Verhältnisse wesentlich einfacher, sofern es sich um ebene Ringe handelt.

Eine Übersicht über die verschiedenen Berechnungsverfahren loser und fester Flansche geben SCHULZ und SCHILLER[1] an. Hier sollen nur einige der wesentlichsten Berechnungsvorschläge erläutert werden. Abweichend von der bisherigen Einteilung ist es in diesem Falle zweckmäßiger, nicht die losen und festen Flansche getrennt zu behandeln, sondern die Aufteilung nach den Berechnungsverfahren vorzunehmen, um Wiederholungen zu vermeiden.

a) Berechnung nach DIN 2506 bzw. 2505.

Für lose Flansche gilt das DIN-Blatt 2506. Es ist auf den Arbeiten von BACH aufgebaut und behandelt den Flansch als ringförmige Platte.

Unter Hinweis auf die Abb. 224 sind folgende Annahmen gemacht.

Die Kraft P ist gleichmäßig auf dem Lochkreisumfang, die Gegenkraft $-P$ ebenso auf dem Bundaußenumfang verteilt. Das Biegungsmoment ist

$$M_b = \frac{P \cdot (D_l - D_B)}{2 \cdot \pi} \text{ cm kg}.$$

Der DIN-Vorschlag berücksichtigt nur die Umfangsspannungen und diese werden als unabhängig vom Mittelpunktsabstand angesehen. Das trifft in Wirklichkeit nicht zu, denn die Umfangsspannungen haben ihren größten Wert am Innenrand und fallen nach außen hin ab. Es wird also nur ein Mittelwert berechnet.

Die stets vorhandenen Radialspannungen werden vernachlässigt.

Ferner ist der Einfluß der Schraubenlöcher nach Versuchen von SIEBEL kleiner, als es der Abnahme des Widerstandsmoments des Flanschquerschnittes entspricht.

Nach DIN 2506 ist die mittlere Umfangsspannung mit den hier eingeführten Bezeichnungen:

$$\sigma_{tm} = \frac{M_b}{W} = \frac{P \cdot (D_l - D_B) \cdot 6}{2 \cdot \pi (D_a - D_i - 2 \cdot d_s) \cdot h^2} \text{ kg/cm}^2. \tag{169}$$

Infolge der Durchbiegung des Flansches liegen die Muttern nur mit ihrer dem Rohr zugekehrten Kante auf. Dadurch verringert sich der

[1] SCHULZ, E. u. A. SCHILLER: Wie berechnet man Flanschverbindungen? Wärme Bd. 58 (1935) Heft 31 u. 32.

Hebelarm des Moments auf den Wert $\varphi \cdot x$. Wie groß der Beiwert φ ist, gibt DIN 2506 nicht an, sondern er wird im Zusammenhang mit anderen Festwerten aus im Betrieb bewährten Bauarten entnommen.

Diese Voraussetzung ist auch nur bedingt richtig, denn die Schräglage der Flanschen ergibt ein einseitiges Nachgeben der Muttern und eine Verbiegung der Schrauben und dürfte den Biegungshebelarm des Flansches nur wenig beeinflussen.

Interessant ist, daß die zulässige Beanspruchung vom Produkt Nennweite mal Nenndruck abhängig gemacht wird. Was für die Festlegung der genormten Abmessungen notwendig und zweckmäßig ist, führt dagegen im Höchstdruckbau bei hohen Nenndrücken zu verhältnismäßig schwachen Blattstärken.

Für feste Flanschen legt DIN 2505, ebenfalls auf BACHschen Arbeiten fußend, folgende Annahmen zugrunde. Der Flansch wird als eine Reihe nebeneinander angeordneter Balken betrachtet, die an der Innenkante eingespannt sind. Die Schraubenlast P ist auf dem Lochkreisumfang verteilt und die Gegenkraft $-P$ auf dem Umfang mit einem Durchmesser $d_1 = D_i + s_1$.

Daraus das Biegungsmoment

$$M_b = \frac{P \cdot (D_l - D_i - s_1)}{2}.$$

Der gefährliche Querschnitt wird als eine Kegelfläche angesehen, deren Erzeugende unter dem Winkel α zur Rohrachse geneigt ist und die Hohlkehle zwischen Flanschteller und Übergang mit der inneren Kante des Flansches verbindet.

Nach DIN 2505 werden nur die Radialspannungen

$$\left.\begin{aligned} \sigma_r = \frac{M_b}{W} &= \frac{P \cdot (D_l - D_i - s_1) \cdot 6}{2 \cdot \pi \cdot (D_i + s_1) \cdot (h^2 + s_1^2)} \\ &= \frac{P \cdot (D_l - D_i - s_1)}{1{,}03 \cdot (D_i + s_1) \cdot (h^2 + s_1^2)} \ \text{kg/cm}^2 \end{aligned}\right\} \quad (170)$$

berücksichtigt, während die Umfangsspannungen vernachlässigt werden.

SCHULZ und SCHILLER weisen darauf hin, daß diese Annahme nicht zutrifft. Spätere Ermittlungen werden das beweisen.

Ferner ist die Beanspruchung in der Hohlkehle zwischen Flanschteller und Übergang meistens höher als diejenige in der Kegelfläche, die nach DIN 2505 als gefährlicher Querschnitt angesehen wird.

Die verlockende Einfachheit der DIN-Berechnung darf also nicht dazu verleiten, die Formeln ohne Überlegung anzuwenden. Man muß sich vielmehr stets die zugrunde gelegten vereinfachenden Annahmen vor Augen halten.

b) Vorschlag von Timoshenko[1].

Nach Timoshenko wird der lose Flansch zu einer Kegelfläche mit dem Winkel φ umgebogen, wobei der Flansch eben bleibt. Dieser Forscher berücksichtigt die Abhängigkeit der Umfangsspannung vom Mittelpunktsabstand. Für die Radialspannungen werden von ihm keine Beziehungen angegeben. Diese sind allerdings am Innenrand, wo die Umfangsspannung ihren Größtwert besitzt, gleich Null (auch am Außenrand ist $\sigma_r = 0$).

Nach diesen Annahmen ergibt sich die größte Umfangsspannung am Innenrand

$$\sigma_{t\,\max} = \sigma_{t_i} = \frac{3 \cdot P \cdot (D_l - D_i)}{\pi \cdot D_i \cdot h^2 \ln \frac{D_a}{D_i}} \quad \text{kg/cm}^2. \qquad (171)$$

Die am Außenrand des Flansches wirkend angenommene Kraft P' ist in dieser Gleichung bereits auf den Lochkreis entsprechend

$$P = P' \cdot \frac{D_a - D_i}{D_l - D_i}$$

umgerechnet.

Timoshenko zeigt, daß diese anschauliche und zu sehr einfachen Beziehungen führende Annahme kaum von den Ergebnissen der genauen Plattentheorie abweicht.

Die Umfangsspannung sinkt vom Innenrand linear nach dem Außenrand hin ab.

Für feste Flansche macht Timoshenko die in Abb. 228 gezeigten Annahmen. Hierbei wird der Ansatz als unendlich langes Rohr mit der Wandstärke s_m angesehen, und die Aufweitung des Ansatzes infolge der Flanschverbiegung vernachlässigt.

Die Beziehung zwischen der an der Verbindungsstelle zwischen Flanschteller und Ansatz wirkenden Schubkraft Q und dem Einspannmoment M_0 lautet

$$Q = \beta \cdot M_0 .$$

Für β und M_0 gelten die Gleichungen (150) und (151).

Durch die Belastung des Flansches durch die Kraft P (auf den Lochkreis bezogen) wird der Ansatz auf Biegung beansprucht. Das dem Widerstand des Ansatzes entsprechende Moment ist

$$M_1 = M_0 + Q \cdot \frac{h}{2} .$$

Im Zusammenwirken mit dem durch P bedingten Moment entsteht an der Flanschinnenkante eine Umfangsspannung

$$\sigma_{t_i} = \frac{3 \cdot P \cdot (D_l - D_m)}{\pi \cdot D_i \cdot h^2 \cdot \ln \frac{D_a}{D_i}} \left[1 - \frac{m}{m+n}\right] \quad \text{kg/cm}^2. \qquad (172)$$

[1] Timoshenko, S.: Siehe Abschnitt C II/3.

Die Werte

$$m = 1 + \frac{\beta \cdot h}{2}$$

und

$$n = \left(\frac{h}{s_m}\right)^3 \cdot \frac{\ln \frac{D_a}{D_i}}{\beta \cdot D_m}$$

können aus den Abb. 239 und 240 entnommen werden.

Nach den Annahmen von TIMOSHENKO gelten vorstehende Beziehungen nur dann, wenn das Produkt $\beta \cdot H \geq 2$ ist.

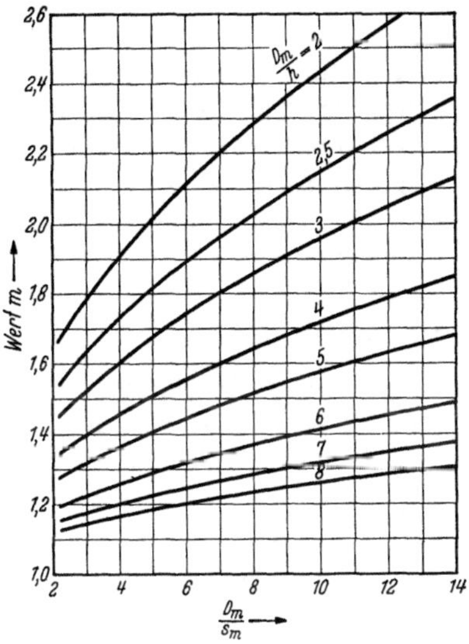

Abb. 239. Beiwert m für Flanschberechnung nach TIMOSHENKO.

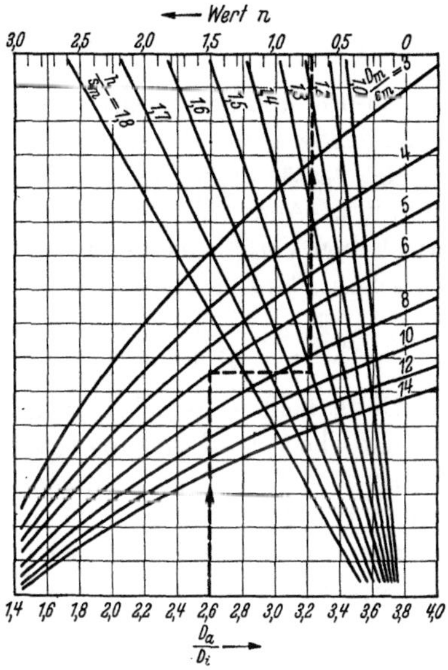

Abb. 240. Beiwert n für Flanschberechnung nach TIMOSHENKO.

Das trifft bei festen Flanschen in den meisten Fällen zu. Nötigenfalls kann eine Berichtigung vorgenommen werden, indem statt m und n die Werte

$$m' = 1 + u \frac{\beta \cdot h}{2}$$

und

$$n' = v \left(\frac{h}{s_m}\right)^3 \cdot \frac{\ln \frac{D_a}{D_i}}{\beta \cdot D_m}$$

eingesetzt werden. Für u und v gilt

$\beta \cdot H =$ 0,5	0,8	1,0	1,2	1,4	1,6	1,8
$u =$ 3	1,89	1,54	1,32	1,17	1,09	1,04
$v =$ 12,2	3,3	1,97	1,43	1,19	1,09	1,04

Die gleiche Berichtigung muß auch für M_0 nach Gleichung (151) vorgenommen werden; für die Schubkraft gilt dann $Q' = u \cdot \beta \cdot M_0$ und für die Flanschneigung $\varphi' = v \frac{6 \cdot M_0}{E \cdot \beta \cdot s_1^3}$.

Nach den von TIMOSHENKO zugrunde gelegten Annahmen ist die Biegungsspannung am Übergang vom Flanschteller zum Ansatz

$$\sigma_b = \frac{6 \cdot M_0}{s_1^2} = \frac{3 \cdot P \cdot (D_l - D_m)}{\pi \cdot s_1^2 \cdot D_i} \cdot \frac{1}{m+n} \text{ kg/cm}^2 \tag{173}$$

und die Radialspannung am Innenrand des Flanschtellers

$$\sigma_{r_i} = \left(\frac{s_1}{h}\right)^2 \cdot \sigma_b \text{ kg/cm}^2. \tag{174}$$

SCHULZ und SCHILLER stellen fest, daß TIMOSHENKO in einigen Punkten zutreffendere Annahmen macht, als andere Forscher z. B. dadurch, daß er die tatsächliche lichte Weite des Flanschtellers in die Rechnung einführt. Auch die Ermittlung der Biegungsspannung σ_b dürfte den wirklichen Verhältnissen gut entsprechen, weil der tatsächliche Übergang zwischen Flansch und Ansatz in Betracht gezogen wird.

c) Vorschlag von WATERS und TAYLOR[1].

Diese beiden Forscher stützen sich bei ihrer Entwicklung auf die strenge Theorie auf Biegung beanspruchter Platten. Die Anwendung ihrer Beziehungen auf lose Flanschen zeigt, wie bereits erwähnt wurde, eine gute Übereinstimmung mit den Versuchsergebnissen.

Aus der Biegungsgleichung der ebenen Platte geben sie für die Umfangsspannung am Innenrand (Größtwert) folgende Formel an:

$$\left.\begin{aligned} \sigma_{t_i} &= \frac{2{,}86 \cdot P \cdot (D_l - D_i)}{h^2 \cdot D_i \cdot (K-1)} \left[\frac{K^2 \cdot \log K}{K^2 - 1} + 0{,}117\right] \\ &= \frac{2{,}86 \cdot P \cdot (D_l - D_i)}{h^2 \cdot D_i} Q \cdot \text{ kg/cm}^2, \end{aligned}\right\} \tag{175}$$

wobei Q aus Abb. 225 (rechte Ordinate!) in Abhängigkeit von $K = D_a/D_i$ entnommen werden kann.

Die Kraftwirkung wurde von WATERS und TAYLOR am Außen- und Innenrand des Flansches angenommen. In Gleichung (175) ist die Umrechnung auf den Lochkreis bereits berücksichtigt.

Da die Radialspannung am Außen- und Innenrand gleich Null ist, wird diese Spannung von den Forschern nicht besonders berücksichtigt.

Der feste Flansch (mit Ansatz) wird von WATERS und TAYLOR als ein ebener Ring mit den Durchmessern D_a und D_m betrachtet, der durch ein angesetztes zylindrisches Rohrstück endlicher Länge verstärkt

[1] WATERS, E. u. H. TAYLOR: The Strength of Pipe Flanges. Mech. Engng. Bd. 49 (1927) S. 531.

ist. Diese Annahmen gehen auch aus Abb. 230 hervor. Die Kraft $P' = P\frac{D_l - D_m}{D_a - D_m}$ ist einerseits auf dem Außenrand, andererseits auf dem Innenrand (D_m) verteilt angenommen.

Für die im Flanschteller infolge des Biegungsmoments

$$M = \frac{P' \cdot (D_a - D_m)}{2} = \frac{P \cdot (D_l - D_m)}{2}$$

entstehenden Umfangs- und Radialspannungen geben die Forscher recht umständliche Beziehungen an. Der Ansatz wird um den gleichen Winkel nach innen verwölbt, um den sich die Innenkante des Flanschtellers verbiegt. Dadurch entstehen an der Verbindungsstelle Biegespannungen.

Es gilt für die Umfangsspannung am Innenrand:

$$\left.\begin{aligned}\sigma_{t_i} &= \frac{2{,}86 \cdot P \cdot (D_l - D_m)}{h^2 \cdot D_m \cdot (K_1 - 1)} \left[\frac{K_1^2 \cdot \log K_1}{K_1^2 - 1} + 0{,}117 - \right. \\ &\qquad \left. - \frac{(K_1^2 + 1) \cdot 3{,}33 \cdot K_1^2 \cdot \lg K_1 + 0{,}389\,(K_1^2 - 1)}{(K_1^2 - 1) \cdot 4{,}33 \cdot K_1^2 + 2{,}33 + A \cdot (K_1^2 - 1)}\right] \\ &= \frac{2{,}86 \cdot P \cdot (D_l - D_m)}{h^2 \cdot D_m} \cdot B \quad \text{kg/cm}^2\end{aligned}\right\} \tag{176}$$

und für die Radialspannung am Innenrand:

$$\left.\begin{aligned}\sigma_{r_i} &= \frac{2{,}86 \cdot P \cdot (D_l - D_m)}{h^2 \cdot D_m \cdot (K_1 - 1)} \left[\frac{3{,}33 \cdot K_1^2 \cdot \lg K_1 + 0{,}389 \cdot (K_1^2 - 1)}{4{,}33 \cdot K_1^2 + 2{,}33 + A \cdot (K_1^2 - 1)}\right] \\ &= \frac{2{,}86 \cdot P \cdot (D_l - D_m)}{h^2 \cdot D_m} \cdot C \quad \text{kg/cm}^2.\end{aligned}\right\} \tag{177}$$

Der Hilfswert A wird aus Abb. 231 entnommen, während für die Beiwerte B und C die Linientafeln Abb. 241 und 242 gelten. Hierdurch vereinfacht sich die Anwendung dieser Gleichungen ganz bedeutend. Es ist hier $K_1 = D_a/D_m$.

Für die Biegungsspannung wird angegeben

$$\sigma_b = \left(\frac{h}{s_m}\right)^2 \cdot \sigma_{r_i} \quad \text{kg/cm}^2. \tag{178}$$

Die von Waters und Taylor zugrunde gelegten Annahmen ergeben eine zu hohe Biegungsbeanspruchung σ_b. Das kommt daher, daß die Biegungsspannung für die gedachte Verbindungsstelle zwischen Flanschenteller und Ansatz (s. Abb. 230) und nicht für den wirklichen Übergang (Hohlkehle) berechnet wird.

Um eine Vereinfachung der Rechnung unter Zuhilfenahme von Linientafeln zu ermöglichen wurde für die Höhe des Ansatzes die Beziehung $H = 1{,}1\sqrt{s_m \cdot D_m}$ zugrunde gelegt. Das dürfte in den meisten Fällen den tatsächlichen Verhältnissen sehr nahe kommen. Außerdem haben etwaige geringe Abweichungen von diesem Wert keine nennenswerte Bedeutung. WATERS und TAYLOR weisen nach, daß die Vergrößerung der Ansatzhöhe H über das angegebene Maß keine wesentliche Abnahme der Beanspruchung ergibt.

Die Umfangsspannung erscheint im Vergleich zu den Ergebnissen anderer Berechnungsverfahren ebenfalls etwas zu hoch. Sie hat ihren Größtwert am Innenrand und fällt nahezu linear nach dem Außenrand hin ab. Auch die Radialspannung ist am Innenrand am größten, während sie außen gleich Null wird.

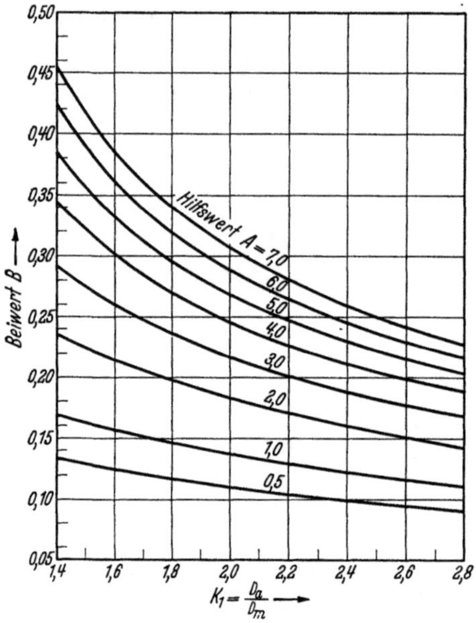

Abb. 241. Beiwert B für Flanschberechnung nach WATERS und TAYLOR.

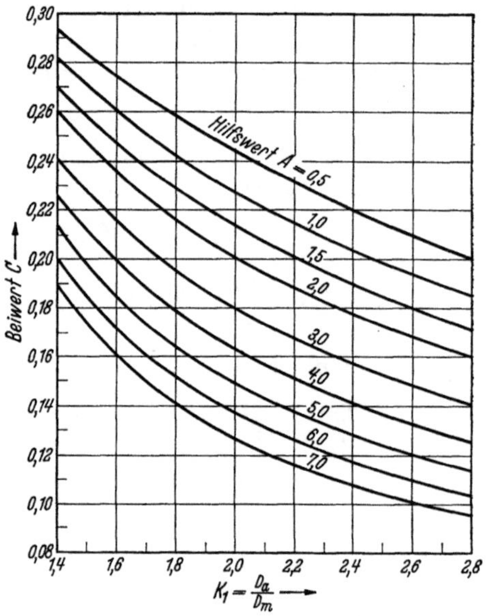

Abb. 242. Beiwert C für Flanschberechnung nach WATERS und TAYLOR.

Setzt man in der Gleichung (176) für σ_{t_i} die Ansatzhöhe gleich Null, so wird A unendlich groß und die Gleichung der Umfangsspannung erhält die gleiche Form wie für den losen Ringflansch. Desgleichen verschwindet die Radialspannung. Die Formeln für lose und feste Flansche haben also einen gesetzmäßigen und der Wirklichkeit angepaßten Zusammenhang.

d) Vorschlag von HOLMBERG und AXELSON[1].

Auch diese Forscher legen für die Entwicklung ihrer Formeln die Plattentheorie zugrunde. Außerdem machen sie, worauf schon SCHULZ und SCHILLER hingewiesen haben, als einzige folgende wirklichkeitsgetreue Annahmen:

[1] HOLMBERG, E. O. u. K. AXELSON: Analysis of Stress in Circular Plates and Rings. Trans. Amer. Soc. mech. Engrs. Applied Mechanics Bd. 54 (1932) Nr. 2.

Das Biegungsmoment wird einerseits durch eine auf dem Lochkreisumfang verteilte Kraft P und andererseits durch eine auf dem D_m-Kreis verteilte Gegenkraft $-P$ erzeugt. Ferner wird die Wirkung des Innendruckes p in radialer Richtung sowohl auf den Ansatz, als auch auf den Flanschteller selbst berücksichtigt.

Der Flansch wird als eine am unendlich langen Rohr starr befestigte ringförmige Platte aufgefaßt.

Leider sind die Beziehungen so umfangreich und umständlich, daß sie für den praktischen Gebrauch kaum in Frage kommen. Auch lassen sie sich nicht wesentlich durch Verwendung von Linientafeln vereinfachen.

Es dürfte sich jedoch im Hinblick auf die bedeutungsvollen Annahmen trotzdem lohnen, die Beziehungen kurz anzugeben, da zum Schluß auch die Rechnungsergebnisse nach diesem Vorschlag zum Vergleich angegeben sind.

Für den festen Flansch leiten Holmberg und Axelson folgende Beziehungen ab.

Schubkraft im Übergang vom Flansch zum Ansatz:

$$Q = \frac{\left(z^2 - \frac{h^3}{2\,s_m} T\right) \cdot (s_m + 0{,}2325 \cdot z \cdot T) \cdot p - 2 \cdot U\,(h + 0{,}5377 \cdot z) \cdot P}{1{,}86 \cdot z \cdot s_m + T\left[h^2 \left(2 + 0{,}116 \frac{z}{s_m} \cdot T\right) + 1{,}61 \cdot z \cdot h + 0{,}866 \cdot z^2\right]}$$

in kg auf 1 cm Umfang bezogen (erscheint negativ!) und das Moment an der gleichen Stelle

$$M_0 = \frac{(h^2 \cdot T + 1{,}86 \cdot z \cdot s_m) \cdot Q + h \cdot U \cdot P - 0{,}5 \cdot s_m \cdot p\left(z^2 - \frac{h^3}{2\,s_m} \cdot T\right)}{1{,}5 \cdot h \cdot T - 3{,}464 \cdot s_m}$$

in cmkg auf 1 cm Umfang bezogen.

Hierin bedeuten:

$$z = \sqrt{s_m \cdot D_m}\,,$$

$$T = \left(\frac{s_m}{h}\right)^3 \cdot \frac{(5 \cdot D_a^2 + 3 \cdot D_m^2)}{D_a^2 - D_m^2}\,,$$

$$U = \left(\frac{s_m}{h}\right)^3 \cdot \frac{3{,}58}{D_a^2 - D_m^2}\left[\frac{D_a^2}{3} \ln \frac{D_l}{D_m} + 0{,}1\,(D_l^2 - D_m^2)\right],$$

P = Gesamtlast in kg,

p = Innendruck in atü.

Die übrigen Bezeichnungen gehen aus Abb. 227 hervor. Daraus ermitteln sich folgende Spannungen:

Im Übergang vom Flansch zum Ansatz:

Eine Biegungsspannung infolge M_0

$$\sigma_b = \frac{6 \cdot M_0}{s_1^2} \quad \text{in kg/cm}^2.$$

Eine Längsspannung infolge p

$$\sigma_l = \frac{p \cdot D_i}{2 \cdot s_m} \quad \text{in kg/cm}^2.$$

Im Flanschteller:

Eine Radialspannung am Innenrand des Flansches infolge des Moments seitens der Schubkraft Q

$$\sigma'_{r_i} = \frac{6}{h^2}\left(M_0 - \frac{h}{2} Q\right) \quad \text{in kg/cm}^2.$$

Eine weitere Radialspannung infolge der Schubkraft Q und des Innendruckes p

$$\sigma''_r = \frac{Q}{h} + p \quad \text{in kg/cm}^2.$$

Diese beiden Spannungen überlagern sich zu einer Gesamtradialspannung

$$\sigma_{r_i} = \sigma'_{r_i} + \sigma''_r.$$

Die Umfangsspannung in den Eckfasern der Innenkante beträgt

$$\sigma'_{t_i} = \sigma'_{r_i} + \frac{1}{h^2 \cdot (D_a^2 - D_m^2)} \left[D_a^2 \cdot \left(6 \cdot h \cdot Q - 12\, M_0 + 1{,}195 \cdot P \cdot \ln \frac{D_l}{D_m}\right) + \right.$$
$$\left. + \, 0{,}358 \cdot P \cdot (D_l^2 - D_m^2) \right] \quad \text{kg/cm}^2.$$

Dieser Spannung überlagert sich ein von der Schubkraft und dem Innendruck herrührender Anteil der Umfangsspannung

$$\sigma''_t = \frac{h^2}{4\, s_m^3} \cdot T \cdot (Q + h \cdot p) \quad \text{kg/cm}^2.$$

Die Gesamtumfangsspannung ist

$$\sigma_{t_i} = \sigma'_{t_i} + \sigma''_t.$$

Bei der Ausrechnung von σ'_{r_i}, σ''_r, σ'_{t_i} und σ''_t achte man auf das Vorzeichen von Q!

Die vorstehenden Gleichungen gelten nur dann, wenn der Ansatz genügend genau als unendlich angesehen werden kann. Dazu muß die Höhe des Ansatzes $H \geq \sqrt{D_m \cdot s_m}$ sein, also ähnlich wie bei den Formeln von Waters und Taylor.

Nach DIN ist die Höhe H des Überganges

$$H = 5\,(s_1 - s) \quad \text{bei Stahlgußflanschen}$$

und

$$H = 2{,}5\,(s_1 - s) \quad \text{bei Vorschweißflanschen.}$$

Die normenmäßige Ausführung der Stahlgußflansche genügt vorstehender Bedingung, während bei den Vorschweißflanschen der Übergang kürzer ist. Für diese wird man also in bezug auf die Beanspruchungen nur annähernd richtige Werte erhalten.

Zum Schluß werden für die in Beispiel 24 und 25 erwähnten losen und festen Flansche die Beanspruchungen nach den verschiedenen Rechnungsverfahren in einer Tabelle zusammengestellt, um einen Vergleich der Ergebnisse zu ermöglichen. Die zugrunde gelegten Abmessungen sind folgende:

Tabelle 13. Vergleich der Ergebnisse verschiedener Flanschberechnungen.

Bezeichnung	Loser Flansch	Fester Flansch
Außendurchmesser D_a	425 mm	425 mm
Lochkreisdurchmesser D_l	350 mm	350 mm
Innendurchmesser D_i	193 mm	150 mm
Blattstärke h	95 mm	86 mm
Größte Übergangsstärke s_1	—	61 mm
Mittlere Übergangsstärke s_m	—	47 mm
Wandstärke s	—	33 mm
Mittlerer Übergangsdurchmesser D_m	—	197 mm
Gesamtschraubenkraft P	107 900 kg	107 900 kg
Innendruck in atü p	120 atü	120 atü

Berechnungsart	Loser Flansch		Fester Flansch				
	σ_{lm}	σ_{ti}	Q	M_0	σ_{ti}	σ_{ri}	σ_b
	kg/cm²	kg/cm²	kg/cm	$\frac{\text{cmkg}}{\text{cm}}$	kg/cm²	kg/cm²	kg/cm²
DIN 2506 bzw. 2505	842	—	—	—	—	650	—
TIMOSHENKO	—	1182	935	4950	665	402	798
WATERS u. TAYLOR	—	1271	—	—	826	447	1495
HOLMBERG u. AXELSON	—	—	—1176	4920	305	791	793

Für den losen Flansch stimmen die Ergebnisse von TIMOSHENKO und WATERS und TAYLOR sehr gut miteinander überein, während DIN 2506, wie zu erwarten war, einen zu geringen Wert ergibt.

Für den festen Flansch ist die nach HOLMBERG und AXELSON berechnete Umfangsspannung σ_{t_i} offensichtlich zu klein und die Radialspannung σ_{r_i} zu groß, während die Biegungsspannung in der Hohlkehle zwischen Flansch und Übergang gut mit derjenigen nach TIMOSHENKO übereinstimmt. Die Werte von WATERS und TAYLOR dürften alle etwas zu hoch sein, worauf schon früher hingewiesen wurde.

Es scheint, daß die Rechnungsweise von TIMOSHENKO für die Praxis am zweckmäßigsten ist, denn die ermittelten Werte dürften den tatsächlichen Verhältnissen recht nahe kommen, und es ist der Arbeitsaufwand bei der Anwendung seiner Formeln nicht groß.

Zahlreiche vom Verfasser unter Zugrundelegung der Formeln von TIMOSHENKO ausgeführte und im Betrieb sich bestens bewährende Hochdruckflanschen bestätigen diese Auffassung.

Wenn auch im Schrifttum noch mehr Berechnungsvorschläge fester und loser Flansche zu finden sind, so sind diese entweder zu umständlich und für den ausführenden Ingenieur daher ungeeignet, oder sie sind auf Annahmen aufgebaut, die den tatsächlichen Verhältnissen nicht entsprechen (s. z. B. E. MAYER[1]).

Auch die von BAILEY[2] angegebenen Formeln für die Beanspruchung erfordern sehr viel mühselige Rechenarbeit.

3. Wärmespannungen in einem Flansch.

Bekanntlich ist die Temperatur am Außenrand des Flansches niedriger als am Innenrand. Der Temperaturunterschied kann je nach Größe und Bauart im Betriebszustand bis zu 15° C betragen; beim Anwärmen kann dieser bis auf 30° C ansteigen.

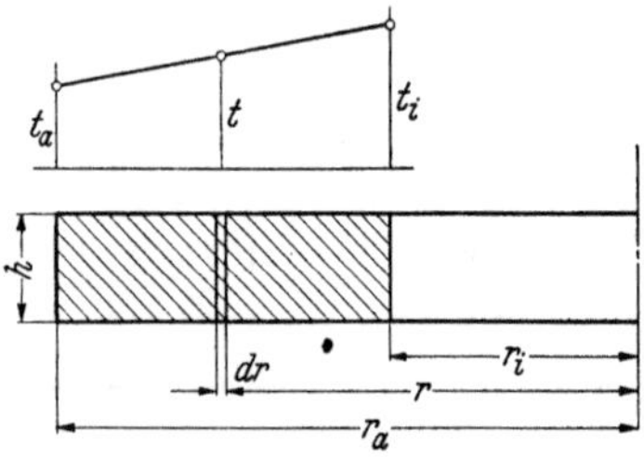

Abb. 243. Lineare Temperaturverteilung im Flansch.

Dadurch werden ziemlich beachtliche Schrumpfspannungen im Flansch hervorgerufen, deren Ermittlung hier angegeben werden soll.

Mit Rücksicht auf eine möglichst einfache Rechnung sind folgende Voraussetzungen gemacht.

a) Lineare Temperaturänderung in radialer Richtung.

b) Keine Temperaturänderung in axialer und tangentialer Richtung.

Die Voraussetzung unter a) trifft nicht genau zu, denn die Temperatur ändert sich in radialer Richtung nicht linear

$$t = \frac{t_i \cdot r_a - t_a \cdot r_i}{r_a - r_i} - \frac{t_i - t_a}{r_a - r_i}\, r\,, \tag{I}$$

sondern nach einem logarithmischen Gesetz

$$t = \frac{t_i \cdot \ln r_a - t_a \cdot \ln r_i}{\ln r_a - \ln r_i} - \frac{t_i - t_a}{\ln r_a - \ln r_i} \cdot \ln r\,. \tag{I a}$$

Der Unterschied ist, wie gezeigt werden soll, sehr gering und spielt im Hinblick auf die nicht genaue Kenntnis von t_i und t_a praktisch keine Rolle.

Die Voraussetzung unter b) stimmt nur in bezug auf die Umfangsrichtung, während in axialer Richtung die Temperatur nach den Seiten hin etwas abfällt, was jedoch ebenfalls vernachlässigt werden soll.

Der Abb. 243 ist die Gleichung (I) für die lineare Temperaturänderung zugrunde gelegt.

---

[1] MAYER, E.: Die Hochdruckflanschverbindung, s. Abschnitt C II/3.

[2] BAILEY, R. W.: Flanged Pipe Joints for High Pressures and Temperatures. Engineering Bd. 142 (1937) S. 364.

Denkt man sich ein unendlich kleines Ringteil mit dem Innenwinkel $d\varphi$, dem Halbmesser r und der Breite dr unter der Wirkung der Wärmedehnung aus der nicht schraffierten in die schraffierte Lage gerückt (s. Abb. 244), so gilt für die Dehnungen

$$\text{tangential:}\quad \varepsilon_t = \frac{(r+y)\cdot d\varphi - r\cdot d\varphi}{r\cdot d\varphi} = \frac{y}{r}$$

und

$$\text{radial:}\quad \varepsilon_r = \frac{dr + dy - dr}{dr} = \frac{dy}{dr}\,.$$

Die wirkenden Spannungen, σ_t in Umfangsrichtung und σ_r in radialer Richtung, bedingen im Zusammenhang mit der Wärmedehnung $\varepsilon\cdot t$ eine Dehnung der Fasern

$$\text{tangential:}\quad \varepsilon_t = \varepsilon\cdot t + \frac{1}{E}\cdot\left(\sigma_t - \frac{1}{m}\,\sigma_r\right),$$

$$\text{radial:}\quad \varepsilon_r = \varepsilon\cdot t + \frac{1}{E}\cdot\left(\sigma_r - \frac{1}{m}\,\sigma_t\right),$$

worin ε die Wärmedehnungszahl gemäß Abb. 31 und 32 bedeutet. Daraus durch Umformung

$$\sigma_r = \frac{m^2\cdot E}{m^2-1}\left[\frac{dy}{dr} + \frac{1}{m}\cdot\frac{y}{r} - \varepsilon\cdot t\cdot\left(1+\frac{1}{m}\right)\right], \qquad \text{(II)}$$

$$\sigma_t = \frac{m^2\cdot E}{m^2-1}\left[\frac{y}{r} + \frac{1}{m}\cdot\frac{dy}{dr} - \varepsilon\cdot t\cdot\left(1+\frac{1}{m}\right)\right]. \qquad \text{(III)}$$

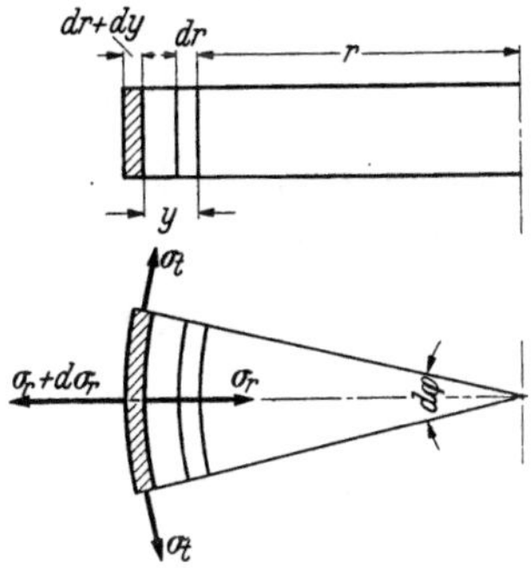

Abb. 244. Spannungen am Ringsegment im Flansch.

Die Gleichgewichtsbedingung der Spannungen am Ringteil ergibt nach Abb. 244

$$\sigma_t = \sigma_r + r\,\frac{d\sigma_r}{dr}\,. \qquad \text{(IV)}$$

Setzt man die Gleichung (I) für t, und zwar

$$t = k_1 - k_2\cdot r$$

in Gleichung (II) ein, wobei

$$k_1 = \frac{t_i\cdot r_a - t_a\cdot r_i}{r_a - r_i} \quad\text{und}\quad k_2 = \frac{t_i - t_a}{r_a - r_i}$$

so erhält man

$$\sigma_r = \frac{m^2\cdot E}{m^2-1}\left[\frac{dy}{dr} + \frac{1}{m}\cdot\frac{y}{r} - \varepsilon\cdot\left(1+\frac{1}{m}\right)(k_1 - k_2\cdot r)\right]$$

und differentiert nach dr

$$\frac{d\sigma_r}{dr} = \frac{m^2\cdot E}{m^2-1}\left[\frac{d^2y}{dr^2} + \frac{1}{m}\,\frac{\frac{dy}{dr}r - y}{r^2} + \varepsilon\cdot\left(1+\frac{1}{m}\right)k_2\right].$$

Diese Beziehungen in Gleichung (IV) eingesetzt und umgeformt ergibt folgende Differentialgleichung 2. Ordnung

$$r^2\cdot\frac{d^2y}{dr^2} = r\,\frac{dy}{dr} - y = -\varepsilon\cdot\left(1+\frac{1}{m}\right)\cdot r^2\cdot k_2\,.$$

Die Lösung lautet

$$y = C_1 \cdot r + \frac{C_2}{r} - \frac{\varepsilon}{3}\left(1 + \frac{1}{m}\right) \cdot r^2 \cdot k_2 .$$

Setzt man diese Gleichung für y, sowie das Differential derselben

$$\frac{dy}{dr} = C_1 - \frac{C_2}{r^2} - \frac{2 \cdot \varepsilon}{3}\left(1 + \frac{1}{m}\right) \cdot r \cdot k_2$$

in die Gleichung (II) ein, so erhält man für σ_r

$$\sigma_r = \frac{m^2 \cdot E}{m^2 - 1}\left\{C_1 \cdot \left(1 + \frac{1}{m}\right) - \frac{C_2}{r^2}\left(1 - \frac{1}{m}\right) - \frac{m+1}{3 \cdot m}\,\varepsilon\left[3 \cdot k_1 - k_2 \cdot r \cdot \left(1 - \frac{1}{m}\right)\right]\right\}.$$

Die Festwerte C_1 und C_2 bestimmen sich aus den Randbedingungen, indem

$$\sigma_r = 0 \text{ für } r = r_i \text{ und } r = r_a ,$$

weil am Rande keine radialen Spannungen auftreten. Daraus erhält man endgültig

$$\sigma_r = E \cdot \varepsilon \cdot (t_i - t_a) \frac{r^3 (r_a + r_i) - r^2 (r_a^2 + r_a \cdot r_i + r_i^2) + r_a^2 \cdot r_i^2}{3 \cdot (r_a^2 - r_i^2) \cdot r^2} \quad \text{in kg/cm}^2 \quad (179)$$

und

$$\sigma_t = E \cdot \varepsilon \cdot (t_i - t_a) \frac{2 \cdot r^3 (r_a + r_i) - r^2 (r_a^2 + r_a \cdot r_i + r_i^2) - r_a^2 \cdot r_i^2}{3 \cdot (r_a^2 - r_i^2) \cdot r^2} \quad \text{in kg/cm}^2 \quad (180)$$

Die Radialspannungen sind durchweg negativ, stellen also Druckspannungen dar. Sie sind am Innen- und Außenrand Null. Der Größtwert der Radialspannung wirkt bei

$$r = \sqrt[3]{\frac{2 \cdot r_a^2 \cdot r_i^2}{r_a + r_i}}$$

und ist

$$\sigma_{r\,\max} = E \cdot \varepsilon \cdot (t_i - t_a) \frac{1{,}89 \sqrt{r_a^2 \cdot r_i^2 \cdot (r_a + r_i)^2} - r_a^2 - r_a \cdot r_i - r_i^2}{3 \cdot (r_a^2 - r_i^2)} .$$

Die Radialspannung ist unbedeutend im Vergleich zu der Umfangsspannung, die am Innen- und Außenrand ihre größten Werte besitzt. σ_t allein ist für den Spannungszustand maßgebend.

Am Innenrand, also für $r = r_i$, ist

$$\sigma_{t_i} = E \cdot \varepsilon \cdot (t_i - t_a) \frac{r_i^2 + r_a \cdot r_i - 2 \cdot r_a^2}{3 \cdot (r_a^2 - r_i^2)} \quad \text{kg/cm}^2 \quad (181)$$

und für $r = r_a$, also am Außenrand, ist

$$\sigma_{t_a} = E \cdot \varepsilon \cdot (t_i - t_a) \cdot \frac{r_a^2 + r_a \cdot r_i - 2 \cdot r_i^2}{3 \cdot (r_a^2 - r_i^2)} \quad \text{kg/cm}^2 . \quad (182)$$

Am Innenrand ist die Umfangsspannung negativ (Druck), am Außenrand positiv (Zug). Bei $r \approx 0{,}522 \cdot r_i + 0{,}4615 \cdot r_a$ wird $\sigma_t = 0$, wechselt also dort das Vorzeichen. In Abb. 245 ist der Verlauf und die Größe der Spannungen σ_t und σ_r für den losen Flansch gemäß nachstehendem Beispiel aufgetragen. In dieser ist auch die Spannung σ_t' bei logarithmischer Temperaturverteilung (s. gestrichelte Linie) angegeben, um den geringen Unterschied gegenüber der einfacheren Annahme einer linearen Temperaturänderung zu zeigen. Die entsprechende Radialspannung σ_r' weist praktisch keinen Unterschied gegenüber σ_r auf.

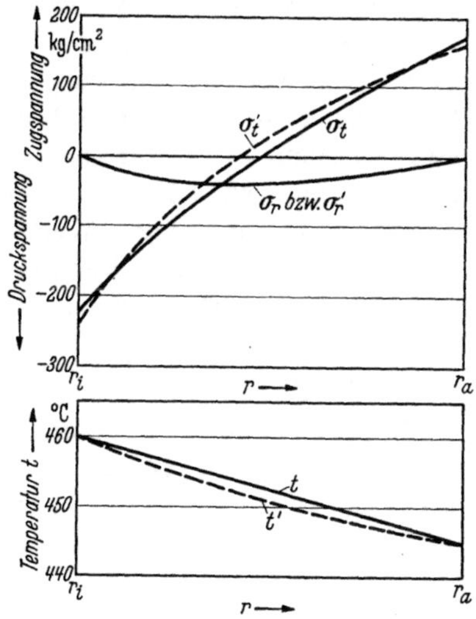

Abb. 245. Verlauf der Wärmespannungen im Flansch.

Beispiel 27. Für die im Beispiel 26 zugrunde gelegten Abmessungen eines losen und festen Flansches sei der Wert für den losen Flansch

$$E \cdot \varepsilon \cdot (t_i - t_a)$$
$$= 1{,}75 \cdot 10^6 \cdot 15{,}2 \cdot 10^{-6} \cdot (460 - 445)$$
$$= 399$$

und für den festen Flansch

$$E \cdot \varepsilon \cdot (t_i - t_a)$$
$$= 1{,}75 \cdot 10^6 \cdot 14{,}5 \cdot 10^{-6} \cdot (480 - 475)$$
$$= 127.$$

Dann folgt mit den gegebenen Abmessungen für den losen Flansch

$$\sigma_{t_i\,\text{lose}} = 399 \frac{372 + 820 - 2 \cdot 1805}{3 \cdot (1805 - 372)} = -225 \text{ kg/cm}^2,$$

$$\sigma_{t_a\,\text{lose}} = 399 \frac{1805 + 820 - 2 \cdot 372}{3 \cdot (1805 - 372)} = +175 \text{ kg/cm}^2,$$

und für den festen Flansch

$$\sigma_{t_i\,\text{fest}} = 127 \cdot \frac{225 + 637 - 2 \cdot 1805}{3 \cdot (1805 - 225)} = -111 \text{ kg/cm}^2,$$

$$\sigma_{t_a\,\text{fest}} = 127 \cdot \frac{1805 + 637 - 2 \cdot 225}{3 \cdot (1805 - 225)} = +80 \text{ kg/cm}^2.$$

Bei gleichem Temperaturgefälle wären also in den festen Flanschen die Spannungen wesentlich höher als im losen Flansch. Jedoch ist der Temperaturausgleich im festen Flansch besser.

4. Lebensdauer der Flanschverbindung.

Die Beanspruchungen, denen die Teile einer Flanschverbindung, wie Flansche, Bolzen, Muttern usw. unterworfen sind, liegen in einem Gebiet, bei welchem nach Ansicht vieler Forscher gewisse, wenn auch kleine Kriecherscheinungen des Werkstoffes nicht zu vermeiden sind. Kennt man den Kriechwert des Werkstoffes bei der betreffenden Spannung, so läßt sich theoretisch die Zeit ausrechnen, nach welcher die Dichtpressung infolge der fortschreitenden Dehnungen aller Teile von ihrem bekannten Anfangswert auf einen bestimmten Mindestwert abgesunken ist, der die Grenze der Dichtheit darstellt.

Bailey[1] hat beispielsweise die Beziehungen hierfür aufgestellt. Er ging hierbei von der Annahme aus, daß bei den in Frage kommenden Belastungen ein Kriechen unbedingt stattfindet. Die ursprünglich bei Betriebsbeginn — also zur Zeit $t = 0$ — bestehende Anfangsspannung der Bolzen σ_0 nach einer Zeit t auf einen ganz bestimmten, von der Bauart, den Abmessungen und dem Werkstoff der Flanschverbindung abhängigen Wert σ absinken wird. Entsprach σ_0 der festgelegten Anfangs-Dichtkraft P_0 und ist P die der Spannung σ zugeordnete zum Dichthalten mindestens notwendige Dichtkraft, so stellt t die Lebensdauer der Flanschverbindung dar.

Ausgehend von der Annahme, daß der Kriechweg je Zeiteinheit durch die Beziehung $c = \bar{A} \cdot \sigma^n$ gegeben ist, daß er also — abweichend von der deutschen Auffassung — unabhängig von der Zeit ist, leitet Bailey[2] für die Lebensdauer t der Flanschverbindung folgende Formel ab

$$t = \frac{\sum y_0}{\sum c_0} \cdot \frac{\sigma_0^{n-1}}{n-1} \left[\frac{1}{\sigma^{n-1}} - \frac{1}{\sigma_0^{n-1}} \right]. \tag{183}$$

Darin bedeuten:

$\sum y_0 = y_0' + y_0'' + y_0''' + \cdots =$ Summe der ursprünglichen elastischen Verformungen der einzelnen Teile, wie Bolzen, Muttern, Flansche, Dichtung usw. in cm bei einer Bolzenspannung σ_0;

$\sum c_0 = c_0' + c_0'' + c_0''' + \cdots =$ Summe der ursprünglichen Kriechwege der gleichen Teile in der Zeiteinheit;

$n =$ Spannungsexponent in der dem Werkstoff charakteristischen Beziehung für den Kriechweg je Zeiteinheit $c = \bar{A} \cdot \sigma^n$.

Für den Spannungsexponenten gibt Bailey auf Grund von Dauerstandsversuchen allgemein den Wert $n = 6$ für Stahl an.

Der Verhältniswert A muß für den jeweiligen Werkstoff aus Versuchen bestimmt werden. Die Gleichung (183) gilt unter der Voraussetzung, daß die für Bolzen, Flansche, Muttern usw. zugrunde gelegten Werkstoffe alle den gleichen Spannungsexponenten n besitzen, was näherungsweise angenommen werden dürfte.

[1] Bailey, R. W.: Flanged Pipe Joints for High Pressures and Temperatures. Engineering Bd. 142 (1937) S. 364.

[2] Bailey, R. W.: Utilisation of Crepp Test Data in Engineering Design. Proc. I. Mech. Engrs. Bd. 132 (1936) S. 233.

Ist nun σ die Bolzenspannung, bei der die Verbindung undicht wird oder die nicht unterschritten werden soll, da sonst nachgezogen werden müßte, und nimmt man ferner die Dicke des Flansches so groß an, daß dessen Anteil an der elastischen und plastischen Verformung gegenüber derjenigen der Bolzen vernachlässigbar klein wird, so ist die Lebensdauer t mit $L =$ Bolzenlänge gegeben durch

$$\bar{t} = \frac{\frac{\sigma_0 \cdot L}{E}}{\bar{A} \cdot \sigma_0^n \cdot L} \cdot \frac{\sigma_0^{n-1}}{n-1} \left[\frac{1}{\sigma^{n-1}} - \frac{1}{\sigma_0^{n-1}}\right]$$
$$= \frac{1}{(n-1) \cdot E \cdot \bar{A}} \left[\frac{1}{\sigma^{n-1}} - \frac{1}{\sigma_0^{n-1}}\right]$$

oder sehr angenähert, wenn man $\frac{1}{\sigma_0^{n-1}}$ gegenüber $\frac{1}{\sigma^{n-1}}$ vernachlässigt

$$\bar{t} = \frac{1}{(n-1) \cdot E \cdot \bar{A}} \cdot \frac{1}{\sigma^{n-1}}. \tag{184}$$

Bailey empfiehlt, die Lebensdauer t der Verbindung durch die Lebensdauer $\bar{t}$ des vorhin geschilderten Sonderfalles auszudrücken, indem

$$t = \tau \cdot \bar{t} \tag{185}$$

ist, wobei

$$\tau = \frac{\Sigma y_0}{\Sigma c_0} \bar{A} \cdot E \cdot \sigma_0^{n-1}$$

den Lebensfaktor bedeutet und $\bar{t}$ aus Gleichung (184) ermittelt wird.

Bailey führt ferner den Begriff des Kriechwiderstandes ein, indem er annimmt, daß der Bolzenwerkstoff einen q-mal so großen Kriechwiderstand gegenüber dem Flanschenwerkstoff besitzt. Dann ist der Kriechweg q^n-mal kleiner, d. h.

$$\text{Kriechweg des Bolzenwerkstoffes} \quad = \bar{A} \cdot \sigma^n,$$
$$\text{Kriechweg des Flanschenwerkstoffes} = \bar{A} \cdot q^n \cdot \sigma^n.$$

Die Berechnung der elastischen Verformungen $\sum y_0$ wurde im Abschnitt C II für Bolzen, Flansche und Muttern gezeigt. Für die Ermittlung der ursprünglichen Kriechwege $\sum c_0$ gibt Bailey folgende Beziehungen an:

Für den Bolzen mit Mutter und etwaigen Unterlegscheiben

$$c_0' = (L + L_c) \cdot \bar{A} \cdot \sigma_0^n,$$

worin

$L =$ Bolzenlänge zwischen den Mutterauflageflächen in cm;

$L_c =$ etwa 5facher Bolzendurchmesser als Zuschlag zur Bolzenlänge, womit der Kriechweg der Muttern und Unterlegscheiben berücksichtigt werden soll.

Und für den Kriechweg eines Flansches (Bezeichnungen s. Abb. 227)

$$c_0'' = e \cdot k_3 \frac{(D_l - D_m) \cdot D_i}{2 \cdot h} \cdot \bar{A} \cdot \left[\frac{(D_l - D_m) \cdot z \cdot d_b^2 \cdot q\,\sigma_0}{2 \cdot k_2 (D_a - D_i) \cdot h^2}\right].$$

Darin bedeuten

e = Verhältnis der Kriechwege eines gebohrten zu einem ungebohrten Flansch (s. Abb. 246). Die Werte e wurden von BAILEY aus Versuchen bei 500° C und einer Spannung von 95 kg/cm² gewonnen.

$$k_2 = \frac{4 \cdot n^2}{(2n-3) \cdot (2 \cdot n + 1)} \cdot \frac{\left(\frac{D_a}{D_i}\right)^{\frac{2n-3}{2n}} - 1}{\frac{D_a}{D_i} - 1} - \frac{2n}{2n+1}\left(\frac{D_i}{D_l}\right)^{\frac{3}{2n}} \cdot \frac{2 \cdot d_s}{D_a - D_i}.$$

$$k_3 = \frac{4 \cdot n^2}{(2n+1)(n-3)} \cdot \frac{\left(\frac{D_a}{D_i}\right)^{\frac{n-3}{2n}} - 1 - \left(\frac{D_l}{D_i} + \frac{d_s}{D_i}\right)^{\frac{n-3}{2n}} + \left(\frac{D_l}{D_i} - \frac{d_s}{D_i}\right)^{\frac{n-3}{2n}}}{k_2 \cdot \left(\frac{D_a}{D_i} - 1\right)}.$$

Diese Beziehungen für k_2 und k_3 lassen sich wesentlich vereinfachen und in Linienform darstellen, wenn man D_l durch D_a ersetzt, was nach BAILEY ohne weiteres zulässig ist. In Abb. 247 und 248 sind diese Werte für $n = 6$ aufgetragen.

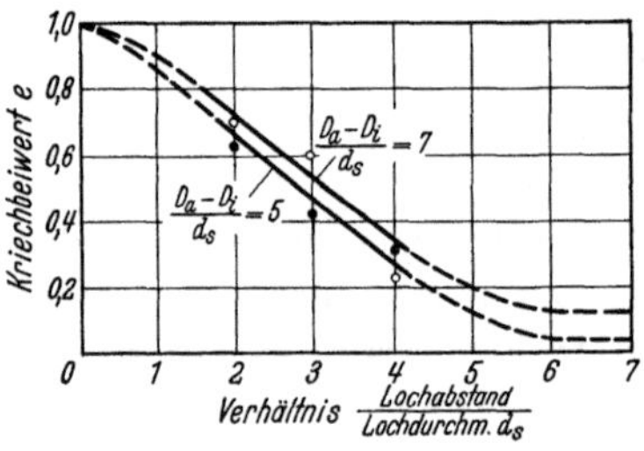

Abb. 246. Umrechnungszahl e für die Schraubenlöcher nach BAILEY. (Aus R. W. BAILEY: Flanged Pipe Joints for High Pressures and Temperatures. Engineering 1937.)

Mit z ist die Bolzenanzahl, mit d_s der Schraubenlochdurchmesser und mit d_b der Bolzendurchmesser bezeichnet. Die übrigen Bezeichnungen sind aus der Flanschberechnung bekannt. Alle Werte müssen in cm eingesetzt werden.

Für sehr starke Flanschen (h groß) wird der Lebensfaktor $\tau \approx 1$. Bei kleinem h wird τ kleiner als 1 und bei einem ganz bestimmten Wert von h erreicht τ seinen Größtwert. Dieser Wert von h ist also anzustreben, um die größte Lebensdauer zu gewährleisten. Hierbei dürfen aber die wirtschaftlichen Gesichtspunkte nicht außer acht gelassen werden.

Das Kriechverhalten der Werkstoffe bei gleichbleibender Belastung ist recht gut erforscht. Dagegen fehlen fast gänzlich Angaben über das Kriechverhalten bei spannungsabbauenden Bedingungen. Es ist daher nicht möglich, die Beziehungen für c_0', c_0'' usw. zahlenmäßig für eine gegebene Verbindung auszurechnen, solange nicht die Werte $\bar{A}$ durch Versuche ermittelt sind.

BAILEY gibt auf Grund von Vergleichsversuchen an einem legierten Stahl mit 0,5% Mo bei 500° C den Wert $\bar{A} \cdot \sigma_0^n = 0{,}01 \cdot 10^{-6}$ cm/cm h an, ohne allerdings die Höhe der Anfangsspannung σ_0 zu nennen. Nimmt man an, daß dieser Wert auch für eine Bolzenspannung $\sigma_0 = 1460$ kg/cm² — entsprechend dem im Beispiel 26 errechneten Wert für die Betriebsspannung — gültig ist, so kann die Lebensdauer der in diesem Beispiel geprüften Verbindung wie folgt ermittelt werden.

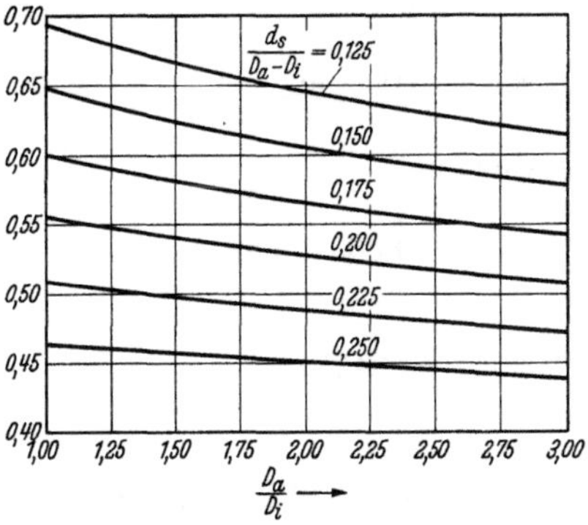

Abb. 247. Beiwert k_2 nach BAILEY. (Aus R. W. BAILEY: Flanged Pipe Joints for High Pressures and Temperatures. Engineering 1937.)

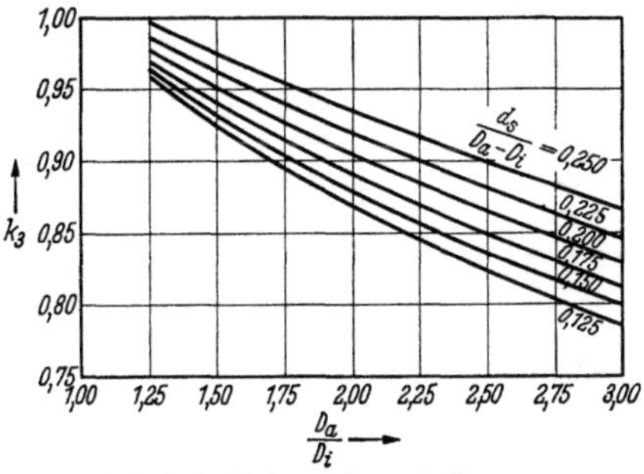

Abb. 248. Beiwert k_3 nach BAILEY. (Aus R. W. BAILEY: Flanged Pipe Joints for High Pressures and Temperatures. Engineering 1937.)

Beispiel 28. Zu ermitteln ist die Lebensdauer der Flanschverbindung aus Beispiel 26.

Gemäß der obengenannten Annahme ist mit $\sigma_0 = 1460$

$$\sigma_0^n = 1460^6 = 9{,}65 \cdot 10^{18}.$$

Daraus

$$\bar{A} = \frac{0{,}01}{9{,}65 \cdot 10^{18} \cdot 10^6} = \frac{1{,}036}{10^{27}},$$

$$E = 1{,}75 \cdot 10^6 \text{ kg/cm}^2.$$

Die zum Dichthalten mindestens erforderliche Endbolzenspannung sei mit $\sigma = 0{,}7 \cdot \sigma_0$ angenommen, d. h.

$$\sigma = 0{,}7 \cdot 1460 = 1020 \text{ kg/cm}^2,$$

$$\sigma^{n-1} = 1020^5 = 1{,}104 \cdot 10^{15}.$$

Damit aus Gleichung (184)

$$\bar{t} = \frac{10^{27}}{(6-1) \cdot 1{,}75 \cdot 10^6 \cdot 1{,}036 \cdot 1{,}104 \cdot 10^{15}} = 10^5.$$

Die elastischen Verformungen der Einzelteile sind mit $P_{g_t} = 107\,900$ kg gemäß Beispiel 24, 25 und 26 unter Betriebstemperatur folgende (Umrechnung im Verhältnis von $E_0/E_t = 2{,}15/1{,}75$):

für den losen Flansch:

$$y_l = \frac{2{,}15}{1{,}75} \cdot \frac{0{,}0812}{10^6}\, 107\,900 = 0{,}01077 \text{ cm},$$

für den festen Flansch:

$$y_f = \frac{2{,}15}{1{,}75} \cdot \frac{0{,}0275}{10^6} \cdot 107\,900 = 0{,}00365 \text{ cm},$$

für die Bolzenschrauben:

$$y_b = \frac{2{,}15}{1{,}75} \cdot \frac{0{,}151}{10^6} \cdot 107\,900 = 0{,}020 \text{ cm},$$

für die beiden Muttern einschließlich Gewinde:

$$y_M = 2 \cdot \frac{2{,}15}{1{,}75} \cdot \frac{0{,}0124}{10^6} \cdot 107\,900 = 0{,}00329 \text{ cm},$$

für die Linse:

$$y_L = \frac{2{,}15}{1{,}75} \cdot \frac{0{,}0325}{10^6} \cdot 107\,900 = 0{,}00431 \text{ cm}.$$

Daher

$$\sum y_0 = 0{,}01077 + 0{,}00365 + 0{,}02 + 0{,}00329 + 0{,}00431 \underline{= 0{,}04502 \text{ cm}.}$$

Kriechweg der Bolzen je Stunde:

$$c_0' = (L + L_c) \cdot \bar{A} \cdot \sigma_0^n = (24 + 5 \cdot 2{,}8) \cdot 0{,}01 \cdot 10^{-6} = 0{,}38 \cdot 10^{-6} \text{ cm/h}.$$

Kriechweg der Flansche je Stunde:

Mit $\frac{d_s}{D_a - D_i} = \frac{3{,}8}{42{,}5 - 15} = 0{,}138$ und $\frac{D_a}{D_i} = \frac{425}{150} = 2{,}83$ folgt aus Abb. 246, 247 und 248 $e = 0{,}67$, $k_2 = 0{,}6$, $k_3 = 0{,}81$.

Für den festen Flansch ist mit $q = 2$

$$c_0'' = 0{,}67 \cdot 0{,}81 \cdot \frac{(35 - 19{,}7) \cdot 15}{2 \cdot 8{,}6} \frac{1{,}036}{10^{27}} \left[\frac{(35 - 19{,}7)\, 12 \cdot 2{,}8^2 \cdot 2 \cdot 1460}{2 \cdot 0{,}6\,(42{,}5 - 15) \cdot 8{,}6^2}\right]^6$$
$$= 0{,}194 \cdot 10^{-6} \text{ cm/h},$$

für den losen Flansch

$$c_0''' = 0{,}67 \cdot 0{,}81 \frac{(35 - 19{,}3) \cdot 19{,}3}{2 \cdot 9{,}5} \frac{1{,}036}{10^{27}} \left[\frac{(35 - 19{,}3) \cdot 12 \cdot 2{,}8^2 \cdot 2 \cdot 1460}{2 \cdot 0{,}6\,(42{,}5 - 19{,}3) \cdot 9{,}5^2}\right]^6$$
$$= 0{,}23 \cdot 10^{-6} \text{ cm/h}.$$

Daraus

$$\sum c_0 = (0{,}38 + 0{,}194 + 0{,}23) \cdot 10^{-6} = \underline{0{,}804 \cdot 10^{-6} \text{ cm/h}.}$$

Mit diesen Werten wird

$$\tau = \frac{0{,}04502 \cdot 10^6}{0{,}804} \cdot \frac{1{,}036}{10^{27}} \cdot 1{,}75 \cdot 10^6 \cdot 1460^5$$
$$= 0{,}672.$$

Daraus die Lebensdauer

$$t = \tau \cdot \bar{t} = 0{,}672 \cdot 10^5 = \underline{67\,200 \text{ Stunden}},$$

also entsprechend 7,7 Jahre ununterbrochener Betrieb.

Diese Zahl erscheint sehr hoch, was vermutlich darauf zurückzuführen ist, daß der zugrunde gelegte Kriechwert bei der bestehenden Spannung zu niedrig angesetzt wurde. Hierüber fehlen Versuchsunterlagen leider ganz.

Von Interesse ist zum Schluß eine von Bailey angegebene, sehr einfache Formel für die Ermittlung der günstigsten Blattstärke des Flansches, um annähernd die größtmögliche Lebensdauer der Verbindung zu erzielen. Die günstigste Blattstärke ist

$$h \approx d_b \sqrt{\frac{x \cdot z \cdot q}{k_2 \cdot (D_a - D_i)}} \quad \text{in cm}. \qquad (186)$$

Darin bedeuten

d_b = Schaftdurchmesser des Bolzens in cm,
x = Biegungshebelarm des Flansches in cm,
z = Bolzenanzahl,
k_2 = Beiwert aus Abb. 247,
q = Verhältnis des Kriechwiderstandes des Bolzenwerkstoffes gegenüber dem Flanschwerkstoff.

Bailey weist in diesem Zusammenhang nach, daß der Unterschied in den Kriechwerten eines losen Flansches gegenüber einem festen Flansch sehr gering ist. Der Übergang und das anschließende Rohr des festen Flansches versteifen ihn wohl in bezug auf die elastischen Formänderungen; dagegen wird das plastische Nachgeben infolge der größeren Kriechwerte des Rohres und des Ansatzes durch diese begünstigt.

Daher kann die genannte Gleichung (186) für die günstigste Blattstärke nach Bailey mit guter Annäherung auf beide Flanschen angewendet werden.

Die Erfahrungen des Verfassers haben dagegen gezeigt, daß die Gleichung (186) für feste Flanschen zu hohe Werte der Blättstärke ergibt.

Für den in Beispiel 24 gewählten losen Flansch ergibt sich unter der Annahme $q = 2$ eine günstigste Blattstärke nach Gleichung (186).

$$h = 2{,}8 \sqrt{\frac{7{,}85 \cdot 12 \cdot 2}{0{,}6 \cdot (42{,}5 - 19{,}3)}} = 10{,}3 \text{ cm} = \underline{103 \text{ mm}}.$$

Der Flansch besitzt dagegen eine Blattstärke von 95 mm, kommt also an die günstigste Stärke sehr nahe heran.

Man muß, wie schon gesagt war, auch hier die wirtschaftlichen Gesichtspunkte in Betracht ziehen.

Tabelle 14. Trägheitsmoment $J = \frac{\pi}{64}(D^4 - d^4)$ cm^4.

Wandstärke in mm	Äußerer Rohrdurchmesser D in mm									
	57	70	76	89	95	102	108	(114)	121	(127)	133
2,5	15,9										
3	18,7	35,4									
3,5	21,1	40,5	52,5	86,2	105,6	112	156				
4	23,5	45,4	59,4	96,9	119	148	177	211	253	290	339
4,5	25,7	49,9	64,8	107	132	165	197	233	283	325	376
5	27,8	54,2	70,5	117	144	180	215	256	307	359	413
5,5	29,8	58,3	76,1	127	156	195	233	278	334	388	447
6	31,7	62,3	81,3	136	167	209	251	300	361	418	484
6,5	33,4	66	86,5	144	178	223	268	319	386	448	518
7	35	69,5	91,3	153	189	237	285	339	410	477	553
7,5	36,5	72,9	95,9	161	199	250	301	359	433	506	585
8	37,9	76,1	100	169	209	262	316	377	457	534	618
8,5	39,3	79,1	104,3	176	219	275	331	396	479	558	648
9	40,5	82	108,3	184	227	287	345	413	510	584	677
9,5	41,6	84,6	112	190	236	298	360	430	523	609	708
10	42,6	87,2	115,3	197	244	310	373	447	543	633	737
10,5		89,6	119	204	253	320	387	463	563	658	766
11		91,7	122	209	261	330	399	478	582	680	794
11,5			125	215	268	341	412	493	600	703	818
12			128	221	275	350	423	508	618	725	845
12,5			130,5	226	282	359	435	522	636	744	870
13			133	231	289	367	446	535	653	767	895
13,5				236	295	376	457	548	670	787	918
14				240	301	384	466	560	686	805	940
14,5					307	392	477	573	702	825	963
15						399	486	585	717	842	988
16							504	608	746	877	1026
17										910	1067

Rohre mit eingeklammerten Außendurchmessern werden nicht mehr gewalzt.

Tabelle 15. Trägheitsmoment $J = \frac{\pi}{64}(D^4 - d^4)$ cm^4.

Wandstärke in mm	Äußerer Rohrdurchmesser D in mm									
	146	152	159	165	171	(178)	191	(203)	216	(229)
4	449									
4,5	499	567	658							
5	548	623	720	805	902	1016				
5,5	599	675	786	874	982	1105	1375			
6	645	734	850	948	1055	1198	1493	1804		
6,5	693	788	912	1020	1133	1290	1602	1925	2325	2820
7	742	838	974	1085	1210	1375	1710	2073	2495	3020
7,5	786	889	1030	1150	1289	1464	1820	2197	2660	3240
8	825	938	1090	1218	1355	1548	1930	2345	2825	3390
8,5	869	990	1147	1280	1430	1635	2035	2465	2970	3585
9	914	1037	1198	1345	1500	1715	2135	2590	3130	3780
9,5	952	1083	1257	1410	1572	1788	2235	2707	3286	3950
10	993	1133	1310	1468	1645	1866	2335	2835	3440	4125
10,5	1031	1177	1360	1527	1715	1945	2430	2950	3600	4320

Rohre mit eingeklammerten Außendurchmessern werden nicht mehr gewalzt.

Tabelle 15. (Fortsetzung.)

Wandstärke in mm	Äußerer Rohrdurchmesser D in mm									
	146	152	159	165	171	(178)	191	(203)	216	(229)
11	1069	1216	1415	1585	1784	2020	2520	3065	3730	4490
11,5	1108	1260	1461	1643	1847	2100	2615	3180	3880	4670
12	1139	1305	1515	1694	1910	2165	2710	3293	4015	4830
12,5	1177	1344	1560	1753	1970	2240	2800	3405	4165	5005
13	1210	1383	1610	1807	2030	2310	2895	3513	4280	5165
13,5	1242	1422	1655	1856	2092	2380	2980	3620	4430	5325
14	1276	1460	1695	1907	2150	2445	3070	3722	4555	5475
14,5	1310	1498	1739	1957	2208	2510	3150	3835	4700	5650
15	1340	1530	1785	2010	2263	2575	3230	3935	4820	5800
16	1400	1602	1865	2100	2370	2700	3390	4133	5070	6115
17	1460	1668	1950	2195	2470	2820	3550	4325	5315	6410
18			2020	2280	2565	2935	3700	4510	5535	6690
19							3840	4700	5760	6975
20								4870	5980	7245

Rohre mit eingeklammerten Außendurchmessern werden nicht mehr gewalzt.

Tabelle 16. Trägheitsmoment $J = \frac{\pi}{64}(D^4 - d^4)$ cm^4.

Wandstärke in mm	Äußerer Rohrdurchmesser D in mm								
	241	267	292	318	(330)	343	368	394	419
7	3540	4830							
7,5	3770	5165							
8	3995	5450	7225	9390	10500	11890	14780		
8,5	4225	5750	7620	9925	11110	12520	15570		
9	4440	6070	8060	10450	11650	13370	16500	20100	
9,5	4650	6390	8450	11050	12210	13950	17300	21200	
10	4850	6690	8870	11540	12810	14550	18180	22250	26900
10,5	5075	6950	9200	12000	13450	15210	19000	23330	28300
11	5260	7270	9630	12580	14010	15850	19800	24300	29400
11,5	5450	7530	10000	13040	14550	16450	20600	25350	30730
12	5650	7850	10400	13530	15160	17150	21400	26300	31800
12,5	5850	8100	10720	14100	15660	17720	22200	27200	33300
13	6060	8400	11110	14660	16250	18400	22900	28200	34250
13,5	6280	8630	11470	15000	16800	19050	23800	29270	35900
14	6440	8950	11860	15500	17350	19640	24500	30200	36500
14,5	6625	9200	12150	15960	17900	20300	25350	31200	38100
15	6830	9450	12570	16460	18370	20900	26100	32200	38800
16	7175	9980	13260	17400	19450	22100	27650	34000	41350
17	7540	10460	13950	18300	20500	23200	29100	35850	43500
18	7890	10940	14600	19200	21480	24400	30500	37600	45730
19	8200	11430	15280	20100	22500	25550	31900	39400	48000
20	8530	11900	15900	20900	23460	26600	33300	41250	50100
21			16550	21720	24400	27700	34600	42900	52600
22			17150	22600	25350	28850	36000	44700	54250
23						29750	37400	46300	56600
24							38700	48000	58500
25									60500

Rohre mit eingeklammerten Außendurchmessern werden nicht mehr gewalzt.

Weiteres Schrifttum, das im Text nicht besonders erwähnt ist.

ADK, Berlin: Betriebseignung von Dehnungsausgleichern. Mitt. Rohrltgsaussch. der ADK Berlin. Arch. Wärmew. Bd. 18 (1937) H. 8 S. 211.

Bergmann, G.: Aufrechterhaltung der Vorspannung in Stiftverschraubungen. Z. VDI Bd. 84 (1940) H. 3 S. 52.

Beyer, K.: Über Werkstoff-Fragen im Rohrleitungsbau. Dtsch. Techn. Nr. 5 (1937) S. 403, K. u. E. Ausgabe 199.

Brunner: Das Verhalten von Dichtungen bei Dampfdrücken bis 650 at und Temperaturen bis 500° C. Z. VDI Bd. 80 (1936) H. 52 S. 1553.

Buchner, H.: Die Elastizitätsgrenze von Stählen bei Dauerbeanspruchung. Forschung Bd. 9 (1938) H. 1 S. 14.

Carlier, H.: L'aptitude élastique des tuyauteries à vapeur. Carlier Hermant 1925.

— Étude d'un tracé de tuyauterie à vapeur au point de vue de la dilatation, Chaleur et Industrie, S. 171.

Finniecome, J. R.: The Flexibility of Plain Pipes. Metropolitan Vickers Gaz., Manchr. (1928) Circular Nr. 1440/9—1.

Goetzewerk: Die Dichtung. Z. d. Fa. Goetzewerk, Burscheid b. Köln, Nr. 3 und 8.

Grüner, P.: Beitrag zur Berechnung bandagierter Rohre. Arch. Eisenhüttenw. Nr. 5 (1938) S. 233.

Hovgaard, W.: Test on High-pressure Pipe Bends. J. Math. Phys. of Massachusetts Institute of Technology. Bd. 8 (1929) S. 293.

Huber, M. T.: Die spezifische Formänderungsarbeit als Maß der Anstrengung eines Materials. Lemberg 1904.

Körber, Fr. u. A. Pomp: Warmstreckgrenze und Dauerstandfestigkeit des Stahles. Stahl u. Eisen Bd. 52 (1932) Nr. 23 S. 553.

Maier, A. F.: Bedeutung der neueren Festigkeitsbegriffe für die Dampftechnik. Arch. Wärmew. (1937) S. 265.

— Die Beherrschung von hohen Drücken bei Gefäßen mit Verschlüssen, unter Hervorhebung der Schraube als häufigstes Verschlußteil. Techn. Mitt. Krupp (1937) H. 7 S. 197.

Marguerre, F.: Hohe Dampftemperaturen. VDI Bd. 76 Nr. 12 (1932) S. 287.

Marin, J.: Stresses and deformations in pipe flanges subjected to creep at high temperatures. Rutgers University, New Brunswick.

Mikocki, E.: Verstärkung von Ausschnitten in zylindrischen Mänteln von Druckbehältern. Wärme (1938) H. 36 S. 660.

Paul, W.: Werkstoffe für Dampfleitungen mit hohen Temperaturen. Wärme 58. J. (1935) Nr. 51 S. 839.

— Kompensatoren für Rohrleitungen. Röhren- u. Armaturen-Z. (1936) H. 2 S. 22.

Raupach, K.: Dauerstandfeste Baustähle für den Dampfkessel-, Maschinen- und Apparatebau. Apparatebau (1937) H. 15 S. 157.

Roš, M. u. A. Eichinger: Versuche zur Klärung der Frage der Bruchgefahr. Mitt. MPA. Zürich 1926.

Ruthmann, W. u. A. F. Maier: Anwendung neuer Festigkeitsbegriffe im Kesselbau. Arch. Wärmew. (1937) H. 12 S. 337.

SCHERER, R. u. H. KIESSLER: Versprödung warmfester Stähle bei höheren Temperaturen. Arch. Eisenhüttenw. 12. J. (1939) H. 8 S. 381.

SCHOTTKY, H. u. W. RUTTMANN: Über Dauerstandversuche an Schweißverbindungen. Wärme 61. J. (1938) Nr. 8 S. 144.

SCHWENK, E.: Festigkeitsberechnung von Hochdruckdampfleitungen. Arch. Wärmew. Bd. 17 (1936) H. 10 S. 273.

— Gestaltung und Festigkeitsberechnung der Rohrverbindungen von Hochdruckdampfleitungen unter Berücksichtigung der Wärmespannungen. Wärme Nr. 9 (1937) S. 149.

SIEBEL, E.: Die Anpreßkräfte bei Dichtungen. Arch. Wärmew. Bd. 16 (1935) H. 6 S. 154.

— Neuere Untersuchungen an Dampfkesseln und Behältern. Berlin: VDI-Verlag 1940.

SIEBEL, E. u. S. SCHWAIGERER: Neuere Untersuchungen an Dampfkesselteilen. Arch. Wärmew. Bd. 21 (1940) H. 1 S. 11.

TOFAUTE, W. u. W. RUTTMANN: Warmfeste Werkstoffe für Temperaturen bis zu 600°. Wärme 60 J. (1937) Nr. 43 S. 703.

UDE, H.: Steigerung der Dauerhaltbarkeit der Konstruktionen. Z. VDI Bd. 79 (1935) Nr. 2 S. 47.

ULRICH, M.: Werkstoff-Fragen des heutigen Dampfkesselbaues. Berlin 1930.

— Das Verhalten der Werkstoffe bei hohen Temperaturen. Arch. Wärmew. Bd. 18 (1937) H. 6 S. 169.

WEDEMEYER, E. A.: Dichte Flanschverbindungen. Wärme 62. J. (1939) Nr. 1 S. 11.

WIEGAND, H. u. B. HAAS: Berechnung und Gestaltung von Schraubenverbindungen. Berlin: Julius Springer 1940.

GPSR Compliance

The European Union's (EU) General Product Safety Regulation (GPSR) is a set of rules that requires consumer products to be safe and our obligations to ensure this.

If you have any concerns about our products, you can contact us on ProductSafety@springernature.com

In case Publisher is established outside the EU, the EU authorized representative is:

Springer Nature Customer Service Center GmbH
Europaplatz 3
69115 Heidelberg, Germany

Batch number: 10620143

Printed by Printforce, the Netherlands